U0284032

水闸安全检测与评估分析

（第二版）

唐云清　陈亮　柯敏勇　龙志勇 等　编著

中国水利水电出版社
www.waterpub.com.cn
· 北京 ·

内 容 提 要

本书在南京水利科学研究院近40年水闸安全检测与评估分析工程实践的基础上，总结国内外水闸安全检测与评估分析的理论和方法，结合结构检测、安全评估理论等国家和行业标准编写，对水闸安全鉴定的各项工作进行了阐述。内容包括：工程现状调查的内容和要求，安全检测的内容和要求，复核计算的内容和要求，水闸检测方法，安全评估的准则、指标和方法，耐久性的评估方法，水闸安全类别的评定标准和方法等。本书提供了12座典型的水闸安全检测与评估分析的工程实例。

本书可供水闸管理单位及其上级主管部门的管理人员，水闸安全检测与评估单位及其工作人员学习、使用，也可作为高等学校水利类专业的教材或参考书。

图书在版编目（CIP）数据

水闸安全检测与评估分析 / 唐云清等编著. -- 2版. -- 北京 : 中国水利水电出版社, 2023.12
ISBN 978-7-5226-2123-4

Ⅰ. ①水… Ⅱ. ①唐… Ⅲ. ①水闸－安全评价 Ⅳ. ①TV66

中国国家版本馆CIP数据核字(2024)第016442号

书　　名	**水闸安全检测与评估分析（第二版）** SHUIZHA ANQUAN JIANCE YU PINGGU FENXI
作　　者	唐云清　陈　亮　柯敏勇　龙志勇　等　编著
出版发行	中国水利水电出版社 （北京市海淀区玉渊潭南路1号D座　100038） 网址：www.waterpub.com.cn E-mail：sales@mwr.gov.cn 电话：（010）68545888（营销中心）
经　　售	北京科水图书销售有限公司 电话：（010）68545874、63202643 全国各地新华书店和相关出版物销售网点
排　　版	中国水利水电出版社微机排版中心
印　　刷	天津嘉恒印务有限公司
规　　格	184mm×260mm　16开本　27.5印张　675千字　2插页
版　　次	2007年1月第1版第1次印刷 2023年12月第2版　2023年12月第1次印刷
定　　价	**88.00**元

再版前言

安全鉴定工作作为水闸工程安全运行的重要保障，并作为水闸工程安全生产标准化的前置条件之一，得到了水闸运行管理单位和行业主管部门的高度关注。自从《水闸安全检测与评估分析》2007年1月出版以来，为开展水闸安全鉴定提供了技术参考，得到了相关专业技术人员的欢迎和好评。由于《水闸安全评价导则》《水利水电工程等级划分及洪水标准》《水闸设计规范》《水工建筑物抗震设计标准》《水工建筑物荷载设计规范》《水工混凝土结构设计规范》《水工钢闸门和启闭机安全检测技术规程》《水利水电工程钢闸门设计规范》等相关行业标准均已修订，因此有必要根据行业标准修订及时再版本书。

本书在修订过程中力求结合最新的国家和行业标准，紧密联系南京水利科学研究院近40年水闸安全检测与评估分析工程理论研究、工程实践和行业管理经验，深入阐述了水闸安全鉴定的各项工作和要求。本书第1章、第2章、第3章、第5章、第8章、第9章第1～3节、第10章、第11章第1～2节、第10～12节由唐云清、陈亮、曹翔宇、柯敏勇共同编写；第4章、第7章、第11章第3～9节由龙志勇、桂玉枝编写；第6章由李军和陈亮编写；第9章第4、5节由陈灿明编写。全书由陈亮负责统稿，龙志勇和曹翔宇参与统稿工作。

在本书第一版编著出版过程中，洪晓林、金初阳、张燕迟、傅翔、陈忠华、朱锡昶、李军、刘海祥等参与了编写，他们将多年从事水闸安全检测和评估分析的科研成果和工程经验悉心总结，为再版提供了基础资料。同时再版得到了南京水利科学研究院出版基金的资助。在此，一并表示衷心的感谢。

本书可供水闸管理单位及其上级行政主管部门，水闸安全检测与评估单位及其工作人员学习、使用，也可作为高等学校水利类专业的教材或参考书。由于作者水平所限，不当之处敬请读者批评指正。

编著者

2023年11月

目 录

再版前言

第 1 章 绪论…… 1
1.1 研究背景 …… 1
1.2 水闸概述 …… 4
1.3 病险水闸的主要问题 …… 7

第 2 章 水闸安全鉴定 …… 16
2.1 检查与监测…… 16
2.2 安全鉴定的内容与要求…… 18
2.3 安全鉴定的程序与分工…… 20
2.4 水闸安全鉴定的特点…… 20
2.5 水闸安全鉴定的讨论…… 21

第 3 章 工程现状调查分析 …… 25
3.1 相关规定…… 25
3.2 检查内容与要求…… 27
3.3 基本情况调查与分析内容…… 30

第 4 章 混凝土与钢筋混凝土结构的耐久性检测 …… 35
4.1 概述…… 35
4.2 混凝土外观检测…… 36
4.3 混凝土强度检测…… 37
4.4 钢筋分布和锈蚀检测…… 45
4.5 混凝土碳化深度检测…… 52
4.6 混凝土裂缝深度检测…… 52
4.7 混凝土抗侵蚀检测…… 59
4.8 混凝土内部缺陷检测…… 65
4.9 结构位移和变形观测…… 76

第 5 章 闸门及启闭机安全检测 …… 78
5.1 概述…… 78
5.2 安全检测的基本要求…… 80

5.3 检测内容与方法…… 81
5.4 电气设备和保护装置的安全检测 …… 111
5.5 检测结果及处理 …… 114

第6章 监测设施的检测与监测资料的整编分析…… 115
6.1 概述 …… 115
6.2 监测项目的检测 …… 115
6.3 监测资料的整编分析 …… 122

第7章 水下缺陷的检测技术…… 132
7.1 概述 …… 132
7.2 水下检测内容 …… 132
7.3 排水检测 …… 134
7.4 人工潜水检测 …… 134
7.5 声呐渗流检测技术 …… 135
7.6 水下声呐成像检测技术 …… 136
7.7 基于搭载平台的水下检测技术 …… 138
7.8 水下检测技术的总结及发展趋势 …… 142

第8章 工程复核计算与分析…… 143
8.1 概述 …… 143
8.2 防洪标准复核 …… 145
8.3 渗流安全复核 …… 156
8.4 结构稳定计算复核 …… 161
8.5 消能防冲设施复核 …… 178
8.6 钢筋锈蚀混凝土构件的复核分析 …… 182
8.7 抗震安全复核 …… 186
8.8 机电设备安全复核 …… 190

第9章 腐蚀后水工钢闸门的复核计算和安全评估…… 193
9.1 概述 …… 193
9.2 钢闸门的腐蚀后评估 …… 193
9.3 平面闸门的校核 …… 200
9.4 弧形闸门的校核 …… 211
9.5 安全评估方法 …… 215
9.6 实例分析 …… 218

第10章 水闸安全评估方法 …… 225
10.1 概述…… 225
10.2 评估依据与准则…… 226
10.3 评估指标与方法…… 232

10.4　确定性的整体评估法…………………………………………………………… 236
10.5　灰色理论评估法…………………………………………………………………… 241
10.6　可靠度理论评估法………………………………………………………………… 242
10.7　多层次模糊综合评判法…………………………………………………………… 246
10.8　BP 反馈型神经网络评估法 ……………………………………………………… 252
10.9　中小型水闸安全评估的传力树法………………………………………………… 257
10.10　专家系统评估法 ………………………………………………………………… 265
10.11　多因素评估法 …………………………………………………………………… 269
10.12　模式识别法 ……………………………………………………………………… 276
10.13　水闸安全评估方法总结 ………………………………………………………… 279
第 11 章　水闸安全检测与评估分析的工程实践 ……………………………………… 281
11.1　浏河节制闸安全检测与评估分析………………………………………………… 281
11.2　蠡河控制工程安全检测与评估分析……………………………………………… 294
11.3　乌坎水闸安全检测与评估分析…………………………………………………… 306
11.4　蚌埠闸枢纽工程安全检测与评估分析…………………………………………… 316
11.5　黑沟渠首水闸安全检测与评估分析……………………………………………… 332
11.6　刘埠一级渔港水闸安全检测与评估分析………………………………………… 343
11.7　护漕港节制闸安全检测与评估分析……………………………………………… 357
11.8　横江水闸安全检测与评估分析…………………………………………………… 363
11.9　洪泽站挡洪闸安全检测与评估分析……………………………………………… 374
11.10　澮台湖枢纽安全检测与评估分析 ……………………………………………… 383
11.11　独流减河防潮闸安全检测与评估分析 ………………………………………… 391
11.12　太浦闸安全检测与评估分析 …………………………………………………… 408
参考文献 ………………………………………………………………………………… 425

第1章 绪　论

1.1 研究背景

水闸是防洪保安、水资源调控、蓄水灌溉的重要公共基础设施，具有很强的公益性，社会效益巨大。在资源水利中，水闸除了在流域的工业、农业生产及水运和交通等方面发挥重大作用外，还具有洪水资源的调控和利用作用。2023年，受强台风“杜苏芮”影响，海河流域发生了“23·7”流域性特大洪水，通过水闸枢纽进行科学决策和调度，永定新河进洪闸累计泄洪4.2亿m^3，独流减河进洪闸累计泄洪27.7亿m^3，使海河洪水始终处于可控状态。临淮岗洪水控制工程是淮河防洪体系不可缺少的流域战略性骨干工程。修建后使正阳关以下，淮北大堤保护区和沿淮重要工矿城市防洪标准从50年一遇提高到100年一遇。水闸具有保护生态和环境作用。我国曾数次利用水闸、泵站等枢纽工程在黄河、黑河、塔里木河和嫩江等流域进行生态和环境补水。2002年，南四湖发生特大干旱，从长江向南四湖应急生态补水1.1亿m^3，保护了南四湖湖区的生态系统和环境。可见，水闸在资源水利中占有非常重要的位置。

根据《中国水利年鉴2021》，截至2020年年底，我国有水闸103474座，其中大型水闸914座，中型水闸6697座，小型水闸95863座，数量之多为世界之冠。与水库大坝相比，水闸具有设计和施工水平相对较低，先天不足的劣势，加之管理和维护较差、运行条件改变等后天因素，在运行过程中逐渐产生老化病害，导致建筑物的安全性、适用性和耐久性下降，功能得不到正常发挥，逐步产生安全隐患。2019—2021年，水利部组织对全国31个省（自治区、直辖市）和新疆生产建设兵团的7428座水闸安全运行情况开展了监督检查，包括大型水闸921座，中型水闸4555座，小型水闸1952座。其中，存在重大安全隐患的水闸1374座，约占18.5%；存在一般安全隐患的水闸2984座，约占40.2%。而数量巨大的小型水闸，由于运行环境相对恶劣，设计标准偏低、安全富余量较小，其出现病险的比例将远高于大、中型水闸。水闸作为洪水调控和水资源合理利用的重要手段，老化病害的存在不仅严重威胁工程上、下游地区安全，而且影响当地经济和社会的全面进步；老化病害和年久失修大大降低了水闸结构本身的可靠性，垮闸的可能性也逐渐增加；病险水闸作为防洪保障体系的重要部分，使工程防洪保障抵御风险能力大大降低，影响了兴利作用的发挥。另外，病险水闸的存在，影响了社会公众的安定心理，对社会发展和稳定有不良的心理暗示。

从整个国家的基本建设投资来看，随着国家经济和社会的全面进步，用于维修改造的投资会逐步增加，以致超过新建工程的投资比重（发达资本主义国家，有的维修改造比重已经达70%），因而对既有建筑物的诊断将面临艰巨的任务，对检测方法和评估准则的研究和规范也刻不容缓。如日本、美国、苏联、德国等十分重视这项工作，并设立专门机构，广泛组织力量进行理论研究和技术开发。我国这项工作起步较晚，虽早在20世纪50年代，建工部门曾翻译出版了苏联的《建筑物缺陷和对策》，铁道部门出版了《铁路维修工作》等书。但直到80年代初，我们国家强调工业技术改造是工业发展的重要任务后，建筑物诊断问题才开始受到普遍关注。

20世纪80年代后期，我国先后制定了混凝土强度、民用及工业厂房建筑质量检验和评定的规程和标准。如《危险房屋鉴定标准》（CJ 13—86）、《混凝土强度检验评定标准》（GBJ 107—87）、《钢铁工业建（构）筑物可靠性鉴定规程》（YBJ 219—89）、《工业厂房可靠性鉴定标准》（GBJ 144—90）以及《房屋完损等级评定标准（试行）》等。在90年代初，出版了有关旧建筑物质量检测、评定及加固方面的论著。我国交通部门在旧桥测试、承载能力评定及加固技术的试验研究方面，进行了大量工作。在《公路养护技术规范》（JTJ 073—96）中，对桥梁技术状况评定标准及裂缝宽度评定级别做了规定。

在水利工程方面，1967年第9届国际大坝会议上已经提出水工建筑物检测与评估方面的方向需求。20世纪80年代以来，许多国家对大坝老化病害的监测诊断、可靠性评估及工程加固等问题开展了研究。随后，美国、加拿大等国家也相继制定出关于水工建筑物的评估标准与准则。我国在港工、水工建筑物的老化、病害方面的研究也较早开展，南京水利科学研究院从20世纪50年代就开始注意到混凝土耐久性问题，60年代在混凝土耐久性、钢筋混凝土及钢结构的金属腐蚀与防腐等方面开展了大量的室内试验研究工作；70年代之后，开展了现场暴露试验及港口码头、矿桥的现场检测与评估。在水闸方面，80年代，对嶂山闸进行了抗振检测与评估。此外，在水工建筑物的老化病害调查和评估方面，江苏省水利科学研究所、安徽省（水利部淮河水利委员会）水利科学研究院、浙江水利科学研究所、中国水利水电科学研究院、河海大学等单位也做了大量的工作。1992年，国家自然科学基金委员会批准“水工混凝土建筑物老化病害的防治及评估研究”这一重点项目，水闸也是其中一个方面。

水利部对水闸的鉴定十分重视，早在20世纪80年代初就意识到了这个问题。在1981年发布的《水闸工程管理通则》（SLJ 704—81）中明确提出，水闸建成后，在头3～5年进行一次安全鉴定，以后每隔5～10年进行一次。但由于当时的要求偏高，难以得到有效执行。新中国成立以来，只有在1973年进行的一次水利大检查和1983年进行的“三查三定”工程大检查可作为安全鉴定。1994年，水利部发布的《水闸技术管理规程》（SL 75—94）明确规定了水闸安全鉴定周期：水闸投入运行后，每隔15～20年应进行一次全面的安全鉴定；当工程达到折旧年限时，也应进行一次安全鉴定；对存在安全问题的单项工程和易受腐蚀损坏的结构设备，应根据情况适时进行安全鉴定。自20世纪90年代以来制定了一系列标准，包括《水闸技术管理规程》（SL 75—94）、《水工钢闸门和启闭机安全检测技术规程》（SL 101—94）、《水闸工程管理设计规范》（SL 170—96）、《水闸安全鉴定规定》（SL 214—98）、《水利水电工程金属结构报废标准》（SL 226—98）、《水利水电工程闸门及启闭机、升船机设备管理等级评定标准》（SL 240—1999）等。

1998年，我国长江中下游和嫩江、松花江流域发生特大洪水后，水利部于1999年委托天津水利水电勘测设计研究院编制了《全国病险水闸除险加固专项规划》，提议在“十五”（2001—2005 年）期间完成包括大江大河、蓄滞洪区、海口挡潮和西部地区等四个方面的 583 座大中型病险水闸的除险加固工作；在 2006—2015 年间完成其余 1199 座水闸的加固工作；对于有条件的、地方资金到位的病险水闸，也可提前安排除险加固。因此，国家已投入大量经费进行病险水闸的加固工作。根据水闸除险加固基本建设程序，要求对这些水闸进行现场检测和评估分析，实施安全鉴定，提出修复加固的方案。

为加强水闸安全管理，水利部于 2008 年根据《中华人民共和国水法》《中华人民共和国防洪法》《中华人民共和国河道管理条例》等规定，制定了《水闸安全鉴定管理办法》（以下简称《办法》）（水建管〔2008〕214 号）。《办法》对水闸安全鉴定制度、基本程序及组织、工作内容等各方面都作出了明确规定。《办法》的发布对于加强水闸的安全管理，规范水闸安全鉴定工作，保障水闸的安全运行，起到了积极的促进作用。2015 年修订了《水闸安全鉴定规定》（SL 214—98），并更名为《水闸安全评价导则》（SL 214—2015），该导则极大地规范和推进了水闸安全评价工作。2011 年水利部依托水利部大坝管理中心成立了水利部水闸安全管理中心，负责全国水闸的注册登记工作，承担全国水闸基础数据库信息系统的开发建设工作；负责全国水闸安全鉴定工作，承担水闸安全鉴定成果核查有关工作，参与水闸安全管理法规与标准的拟订和宣传贯彻工作，参与水闸工程应急管理工作；参与水闸安全管理法规与标准的拟订和宣传贯彻工作，参与水闸工程应急管理工作；组织开展水闸安全管理方面的科学研究、技术交流、人员培训等工作；承担水闸建设与管理相关单位委托的试验、检测、评估等技术服务工作。

现在水利系统有许多单位从事该项工作，但采用的技术、工作的深度、分析的方法等方面都各不相同，评估报告的质量也存在较大差异。为了能客观、实事求是地做好评估鉴定工作，有必要在现有规范的基础上制定一份检测评估细则。

本书基于南京水利科学研究院近 40 年水闸安全检测与评估分析工程实践的经验，总结了国内外水闸安全检测与评估分析的理论和方法，并结合结构检测、安全评估理论等行业和国家标准进行编写。它对水闸安全鉴定的各项工作进行了详细阐述，包括工程现状调查的内容和要求，安全检测的内容与要求，复核计算内容和要求，水闸检测方法，安全评估准则、指标和方法，耐久性评估方法，水闸安全类别评定标准与方法等。该书可为水闸管理单位开展安全鉴定提供参考，并对检测单位和工作人员的检测评估工作提供指导。

本书参照的标准如下：

（1）《水闸安全评价导则》（SL 214—2015）；

（2）《水闸设计规范》（SL 265—2016）；

（3）《水闸技术管理规程》（SL 75—2014）；

（4）《水利水电工程钢闸门设计规范》（SL 74—2019）；

（5）《水利水电工程启闭机设计规范》（SL 41—2018）；

（6）《水工钢闸门和启闭机安全检测技术规程》（SL 101—2014）；

（7）《水利水电工程启闭机制造安装及验收规范》（SL/T 381—2021）；

（8）《水利水电工程金属结构报废标准》（SL 226—98）；

（9）《水利水电工程等级划分及洪水标准》（SL 252—2017）；

（10）《水工建筑物荷载设计规范》（SL 744—2016）；

(11)《水工混凝土试验规程》(SL/T 352—2020);

(12)《水工混凝土结构设计规范》(SL 191—2008);

(13)《水工挡土墙设计规范》(SL 379—2007);

(14)《水工混凝土建筑物缺陷检测和评估技术规程》(DL/T 5251—2010);

(15)《中国地震动参数区划图》(GB 18306—2015);

(16)《水工建筑物抗震设计标准》(GB 51247—2018);

(17)《电气装置安装工程电气设备交接试验标准》(GB 50150—2016);

(18)《水利水电工程机电设计技术规范》(SL 511—2011);

(19)《灌排泵站机电设备报废标准》(SL 510—2011)。

1.2 水闸概述

1.2.1 水闸的功能与分类

水闸是一种利用闸门来挡水和泄水的低水头水工建筑物，通常建于河道、渠系、水库和湖泊的岸边。关闭闸门可以用于拦洪、挡潮、抬高水位以满足上游引水和通航的需要；而开启闸门则可以泄洪、排涝、冲沙，或根据下游用水需求来调节流量。水闸在水利工程中的应用十分广泛。

我国修建水闸的历史可追溯到公元前6世纪的春秋时代，根据《水经注》的记载，在今天安徽省寿县城南的芍陂灌区中，设有进水和供水用的5个水门。截至1991年，全国已建成水闸约3万座，其中包括大型水闸300余座。这些水闸的建设促进了我国工农业生产的不断发展，给国民经济带来了巨大的效益，并积累了丰富的工程经验。例如，1988年建成的长江葛洲坝水利枢纽中的二江泄洪闸，共27孔，闸高33m，最大泄量达83900m^3/s，位居全国之首，运行情况良好。现代的水闸建设，正朝着形式多样化、结构轻型化、施工装配化、操作自动化和遥控化方向发展。目前，荷兰的东斯海尔德挡潮闸是世界上最高和规模最大的水闸，共63孔，闸高53m，闸身净长3000m，连同两端的海堤，全长4425m，被誉为“海上长城”。

水闸按其所承担的任务不同，主要分为6种，如图1.1所示。

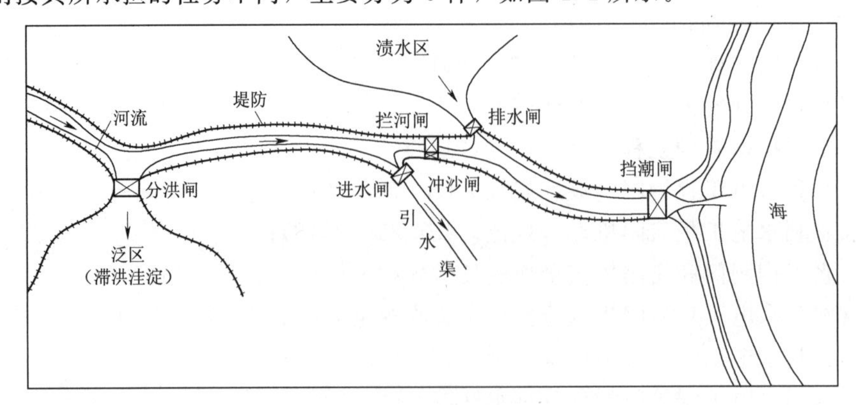

图1.1 水闸分类示意图

（1）拦河闸（节制闸、泄洪闸）。在河道或渠道上建造，用于拦洪、调节水位以满足上游引水或航运的需求，控制下泄流量，保证下游河道安全，或根据下游用水需求调节放水流量。位于河道上的拦河闸也称为节制闸。

（2）进水闸。建在河道、水库或湖泊的岸边、灌溉引水渠道的首部，用于控制引水流量，以满足灌溉、发电或供水的需要。进水闸也称为取水闸或渠首闸。

（3）分洪闸（分水闸）。常建于河道的一侧，用于将超过下游河道安全泄量的洪水泄入分洪区（蓄洪区或滞洪区）或分洪道。

（4）排水闸。常建于江河沿岸，用于排除内河或低洼地区对农作物有害的渍水。当外河水位上涨时，可以关闸，防止外水倒灌。当洼地有蓄水、灌溉要求时，也可关门蓄水或从江河引水，具有双向挡水，有时还有双向过流的特点。

（5）挡潮闸。建在入海河口附近，涨潮时关闸，防止海水倒灌；退潮时开闸泄水，具有双向挡水的特点。

（6）冲沙闸（排沙闸）。建在多泥沙河流上，用于排除进水闸、节制闸前或渠系中沉积的泥沙，减少引水水流的含沙量，防止渠道和闸前河道淤积。冲沙闸常建在进水闸一侧的河道上，与拦河闸并排布置或设在引水渠内的进水闸旁。

此外还有为排除冰块、漂浮物等而设置的排冰闸、排污闸等。

根据闸室结构型式不同，水闸可分为开敞式、胸墙式及涵洞式等，如图 1.2 所示。对有泄洪、过木、排冰或其他漂浮物要求的水闸，如节制闸、分洪闸等大多采用开敞式。胸墙式一般用于上游水位变幅较大、水闸净宽又为低水位过闸流量所控制、在高水位时尚需用闸门控制流量的水闸，如进水闸、排水闸、挡潮闸多用这种型式。涵洞式多用于穿堤取水或排水。

1.2.2 水闸的组成部分

水闸一般由闸室，上、下游连接段和两岸连接段三部分组成，如图 1.3 所示。

闸室是水闸的主体，包括闸门、闸墩、边墩、底板、胸墙、工作桥、交通桥、启闭机等。闸门用于控制水位和调节流量。闸墩用于分隔闸孔和支承闸门、胸墙、工作桥、交通桥。底板是闸室的基础，承担上部结构的重量和荷载，并兼有防渗和防冲的作用。工作桥和交通桥用于安装启闭设备、操作闸门和联系两岸交通。

上游连接段包括两岸的翼墙、护坡以及河床部分的铺盖，有时还会加设防冲槽和护底，用于引导水流平顺地进入闸室，保护两岸及河床免受冲刷，并与闸室等共同构成防渗地下轮廓，确保两岸和闸基在渗透水流作用下的抗渗稳定性。

下游连接段包括护坦（消力池）、海漫、防冲槽以及两岸的翼墙和护坡等，用于消除过闸水流的剩余能量，引导出闸水流均匀扩散，调整流速分布和减缓流速，防止水流出闸后对下游的冲刷。同时，也用于安全排出闸基及两岸的渗流。

两岸连接段的主要作用是实现闸室与两岸堤坝的过渡连接。

1.2.3 水闸的工作特点

大多数水闸建在平原或丘陵地区的软土地基上，一般具有以下工作特点：

（1）在软土地基上，抗滑系数往往较低，闸室的稳定性往往难以满足要求。水闸在挡水时，水闸的上下游形成一定的水头差，使闸室承受巨大的水平推力，会导致闸室向下游

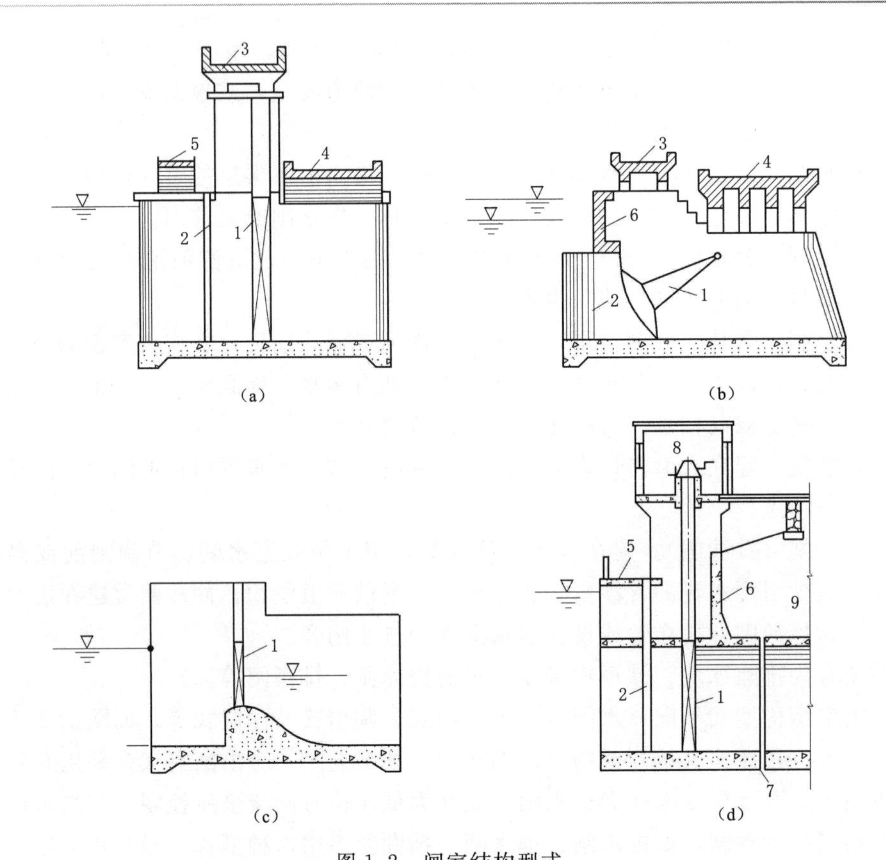

图 1.2 闸室结构型式

(a) 开敞式（一）；(b) 胸墙式；(c) 开敞式（二）；(d) 涵洞式

1—闸门；2—检修门槽；3—工作桥；4—交通桥；5—便桥；6—胸墙；7—沉降缝；8—启闭机房；9—回填土

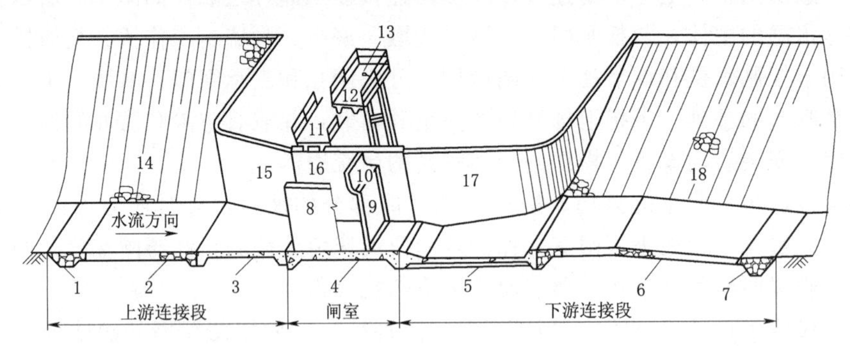

图 1.3 水闸的组成部分

1—上游防冲槽；2—上游护底；3—铺盖；4—底板；5—护坦（消力池）；6—海漫；7—下游防冲槽；8—闸墩；9—闸门；10—胸墙；11—交通桥；12—工作桥；13—启闭机；14—上游护坡；15—上游翼墙；16—边墩；17—下游翼墙；18—下游护坡

移动。当闸基是软土地基时，闸基土与闸底板间的抗滑摩擦系数会因闸基土类别的不同而变化很大，系数范围可以从 0.15 变化到 0.6。

(2) 软土地基的压缩性大，承载能力低，细砂容易发生液化，且抗冲能力较差。在闸室自重及外荷载的作用下，地基可能产生较大的沉降或沉降差，造成闸室倾斜，止水破坏，闸底板断裂，甚至发生塑性破坏，引发水闸事故。

(3) 水闸泄流时，尽管流速不高，但水流仍具有一定的剩余能量，而土基的抗冲能力较低，可能导致水闸下游的冲刷。此外，水闸下游常出现的波状水跃和折冲水流，进一步加剧对河床和两岸的淘刷。同时，由于闸下游水位变幅大，闸下出流可能形成远驱水跃、临界水跃直至淹没度较大的水跃。因此，消能防冲设施需要在各种运行情况下都能满足设计要求。

(4) 土基在渗透水流作用下，容易发生渗透变形，特别是粉砂和细砂地基在水闸后易出现翻砂冒水现象，严重时会导致闸基和两岸被掏空，引发水闸沉降、倾斜、断裂甚至倒塌。部分水闸为穿堤建筑物，两岸与土质堤岸相接，闸室段直接挡水，在上下游水头的作用下，容易出现绕闸渗流现象。

1.3 病险水闸的主要问题

2019—2021年，水利部对全国7428座水闸的安全运行状况进行了全面的排查与监督检查。结果显示，1374座水闸存在重大安全隐患，占总数的18.5%。根据统计，病险水闸的主要问题可以归纳为以下几个方面：

(1) 防洪标准低，区域整体沉降或闸室沉降导致防洪能力不满足现行规范要求。

(2) 闸室不稳定，抗滑稳定安全系数不满足要求。

(3) 渗流不稳定，闸基或墩墙后填土产生渗流破坏。

(4) 抗震能力不满足要求或震害后没有彻底修复。

(5) 闸室结构混凝土强度低，老化及损坏严重，特别是交通桥的损坏严重。

(6) 闸下游的消能防冲设施严重损坏。

(7) 泥沙淤积问题严重。

(8) 闸门及机电设备老化失修或严重损坏。

(9) 观测设施缺少或损坏失效的水闸相当普遍。

(10) 存在其他问题，如枢纽布置不合理，铺盖、翼墙、护坡损坏，未编制控制运用计划，启闭设备无安全保护装置，启闭异响卡阻，缺少备用电源等。

值得注意的是，在上述10种病险类型中，大量水闸发现同时存在一种以上的病害。

1.3.1 工程基础条件薄弱

我国水闸多数建造于20世纪50—70年代，受当时的社会经济环境影响，设计缺乏统一标准。加之勘察不规范、施工水平低、建筑材料紧缺、缺少检测手段以及组织管理落后等因素的影响，“三边”工程或者“倒三边”工程比比皆是，建设标准偏低，施工质量较差。由于这些工程始建时间较早，建筑物及机电设备和金属结构等已接近或超过使用寿命，加之水闸管理资金不足，建筑物和设备得不到及时维修养护或更新改造。这些问题的存在导致了大量的病险水闸的形成，使工程不能正常运行和发挥效益。

1.3.2 防洪标准偏低

我国建成的水闸，大多数是新中国成立后兴建的。造成防洪标准低的主要原因有三个方面：首先，由于当时水文系列较短，加之水闸长期运行后，自然环境发生了变化，如城市防洪工程建设、上游水利工程建设以及上游河道淤积导致河床抬高，河道过流能力降低；其次，建在软土地基上的水闸不可避免地会产生沉降，或者区域整体沉降，导致闸顶高程降低；最后，部分水闸受当时技术、经济和历史条件的限制，防洪标准偏低。在1998年长江特大洪水后，长江沿线的各种堤防均相应提高了防洪标准。2000年，《工程建设标准强制性条文》(水利工程部分）发布实施，对水利工程勘测、规划、设计和施工提出了强制性规定。

例如，位于湖北蕲州与八里湖农场交界处的蕲春牛皮坳排水闸的原设计标准偏低，达不到防御1954年洪水的标准。又如位于大清河与子牙河汇合处的独流减河的进洪闸，由于闸室整体沉降，该闸已不能满足正常蓄水位4.64m的要求。广东省汕头市梅溪水闸位于韩江下游出海支流，原设计分流量为韩江干流总流量的1/20，即823m^3/s。然而，1975年后由于韩江另一出海支流红莲池河分洪闸的封堵，改变了各出海支流的分流比，梅溪水闸的分流量增大到超过1000m^3/s，较原设计加大了21.5%以上，造成下游护坦冲刷损坏。广东省肇庆市高要区新兴江上的泥塘嘴水闸，于1951年设计建造，设计时的外江水位为12.0m（珠江基面)，而根据广东省水电厅1995年颁布的防洪（潮）标准，按该水闸的防护对象，防洪标准应定为50年一遇，相应外江水位为13.66m，与设计相差1.66m。

1.3.3 不均匀沉降引起的损坏

地基不均匀沉降一般由地基抗力不均匀及荷载分布不均匀引起的。荷载的不均匀性影响较大，且易为人们忽视。如边墙后填土的荷载大于闸室，闸室的荷载大于上游铺盖及下游护坦，闸室顺水流方向的荷载分布相差悬殊等。荷载大的部位沉降值也大，当沉降差过大时，则会造成闸基及上部结构一系列病害，主要表现如下：

(1) 闸室倾斜，导致止水破坏而漏水，闸门启动失灵。

(2) 闸室缝墩张开，上下游护坦接缝错动，导致止水片断裂失效。

(3) 闸室的胸墙、底板、桥梁等由于支座的相对变位（由相邻闸墩沉降差引起）而出现裂缝。

(4) 上下游护坦因闸室和翼墙的沉降影响而开裂。

(5) 边墙在墙后填土作用下，墙后地基沉降大于墙前，致使边墙后仰等。

例如，安徽省安庆市枞阳闸由于岸墙与上下游翼墙联结处未设分缝以及地基的不均匀沉降，造成上游左翼墙和右翼墙以及下游右翼墙各有一条竖向裂缝，裂缝最宽达13.0mm，最长的裂缝长度有6.85m。江苏省盐城市大丰区的斗龙港闸由于地基不均匀沉降，通航孔发生倾斜，从左到右的各分缝的宽度已从设计时的20mm变成53mm、139mm、42mm、110mm和45mm，闸墙与岸墙也有较大的错位，8号孔T梁与右端支座的搁置移动达25mm，严重影响了水闸的安全运行。浙江省温州市苍南县龙港镇的朱家站水闸闸室发生不均匀沉降，导致闸门启闭非常困难。江苏省南通市如东县的小洋口闸地基不均匀沉降，胸墙上形成了贯穿性的剪切裂缝。另外，浙江省瑞安市的东山下埠水闸也发生了不均匀沉降，结构缝被严重拉开，止水已经全部失效。

1.3.4 水闸的渗漏破坏

建在土基上的水闸，由于渗流控制不当，会引起地基及两岸土的渗透变形（管涌及流土）、塌坡、扬压力增加等，直接影响闸室的稳定。造成这种病害的原因及表现形式主要有以下几种：

（1）地下轮廓和两岸边墙后的防渗设施不协调，防渗设施向两岸延伸不足，造成绕岸渗流水头损失小于闸下渗流水头损失，形成空间渗流。实际渗流情况与设计（一般按平面渗流计算）结果不符，导致渗流坡降及扬压力的变化。

（2）渗流出逸点（排水孔）布置在消力池斜坡急流低压区内，水闸泄水时，该处水流流速大，压力低，如出口反滤层级配不良或厚度过小，有可能导致反滤料被带出和地基土的渗透变形。

（3）反滤层、排水孔堵塞失效，或地下轮廓线范围内伸缩缝止水不严或开裂失效，防渗设施不可靠，均可导致闸底板扬压力增加，直接危及水闸的稳定安全。

例如位于湖南省益阳市烂泥湖垸内撇洪渠下游的大路坪节制闸属典型的“三边”工程，设计过于追求经济节省，施工过于追求速度，施工质量未达到规范要求。在水闸投入运行后，上游铺盖和两岸翼墙裂缝，产生严重渗漏。安全鉴定表明，水闸闸基抗渗稳定和抗滑稳定不满足规范要求。同处益阳市烂泥湖垸内的新河节制闸，在1993年冬枯水位时发现闸前钢筋混凝土铺盖有3条横向贯穿裂缝穿透铺盖，形状比较规则，最大缝宽达45mm，且原有2条结构缝的止水橡皮多处破坏，铺盖渗径减短，防渗性能降低。湖北省荆州市公安县刘家湾涵闸由于建闸时没有进行地质勘探，未进行防渗设计，水平防渗长度仅56.6m，远远不能满足防渗要求，多次发生管涌。

1.3.5 闸室结构混凝土老化及损坏严重

闸室结构混凝土老化是指其在所处环境（包括时间和空间）的作用下，混凝土的性能开始下降，并随着时间的增长，性能下降愈甚，最终导致破坏的过程。对水闸混凝土最有危害性的外来作用有：环境水和其所含有溶解物质的化学作用；负温和正温的更迭作用；混凝土交替更迭的湿润和干燥作用；由于毛细管吸水以及矿化水蒸发而引起的盐类在混凝土内部的结晶作用。第一种是化学或化学和物理共同作用，而后三种则归结为物理作用。正是它们的长期作用造成混凝土的老化破坏。通常混凝土的老化破坏有如下几类：碳化、开裂、钢筋锈蚀破坏、混凝土渗漏、冻融破坏、冲磨和空蚀等。

（1）混凝土碳化。混凝土是由水泥与砂、石骨料和水混合后硬化，并随时间延长其强度不断增长的包括有固、液、气相的多相体物质。其中容纳液、气两相物质的空间，是由混凝土内部不同直径的孔隙相互贯通、连接而成的孔隙网络。空气中的二氧化碳进入混凝土的孔隙内，与溶于孔隙液的氢氧化钙发生化学反应生成碳酸钙和水。其反应式为

$$Ca(OH)_2+CO_2 = CaCO_3+H_2O \tag{1.1}$$

结果使孔隙液的pH值由13.5下降到9以下。这种因二氧化碳进入混凝土而造成混凝土中性化的现象，叫作混凝土的碳化现象。

在碳化的混凝土中，碳酸盐的分散度随二氧化碳浓度的提高而提高。混凝土碳化时，开始形成无定形碳酸钙，然后结晶，在碱性条件下，有生成碱性复合盐的可能性，但最后产物是碳酸钙。研究表明，碳化后固相体积与原氢氧化钙的体积相比，可增加12%～

17%，同时化学反应生成的水向外排出。因此，碳化会使混凝土产生一系列物理上的、化学上的以及力学上的变化，而这必然会导致混凝土一些性能发生变化。

（2）混凝土开裂。裂缝是水工混凝土建筑物最常见的病害之一。裂缝主要由荷载、温度、干缩、地基变形、钢筋锈蚀、碱骨料反应、地基冻胀、混凝土质量差、水泥水化热温升等原因引起，往往是多种因素联合作用的结果。裂缝对水闸混凝土建筑物的危害程度不一，严重的裂缝不仅会危害建筑物整体性和稳定性，而且会导致大量漏水，使水闸的安全受到严重威胁。另外，裂缝往往会引发其他病害的发生与发展，如渗漏溶蚀、环境水侵蚀、冻融破坏及钢筋锈蚀等。这些病害与裂缝相互作用，形成恶性循环，会对建筑物的耐久性产生极大危害。裂缝按深度的不同，可分为表层裂缝、深层裂缝和贯穿裂缝；按裂缝开度变化可分为死缝、活缝和增长缝；按成因可为成温度裂缝、干缩裂缝、钢筋锈蚀裂缝、超载裂缝、碱骨料反应裂缝、地基不均匀沉陷裂缝等。

（3）钢筋锈蚀破坏。水工混凝土中钢筋锈蚀的原因主要有两方面：一是由混凝土在空气中发生碳化而使混凝土内部碱度降低，钢筋钝化膜被破坏，从而引发钢筋的电化学腐蚀现象；二是氯离子侵入到混凝土中，同样会破坏钢筋的钝化膜，进而引发钢筋的电化学腐蚀。因此，钢筋锈蚀过程实际是大气（二氧化碳、氧气）、水、侵蚀介质（氢离子等）向混凝土内部渗透、迁移，引起钢筋钝化膜破坏，并产生电化学反应，使铁变成氢氧化铁的过程。钢筋生锈后，其锈蚀产物的体积比原来增长 2～4 倍，从而在其周围的混凝土中产生膨胀应力，最终导致钢筋保护层混凝土的开裂和剥落。而保护层的剥落又会进一步加速钢筋锈蚀。这一恶性循环将使混凝土结构的钢筋保护层大量剥落、钢筋截面积减小，从而降低结构的承载能力和稳定性，影响结构物的安全。

（4）混凝土渗漏。渗漏对水工混凝土建筑物的危害性很大。首先，渗漏会使混凝土产生溶蚀破坏。所谓溶蚀，即渗漏水对混凝土产生溶出性侵蚀。混凝土中水泥的水化产物主要有水化硅酸钙、水化铝酸钙、水化铁铝酸钙及氢氧化钙，而足够的氢氧化钙又是其他水化产物凝聚、结晶稳定的前提。在以上水化产物中，氢氧化钙在水中的溶解度较高。在正常情况下，混凝土毛细孔中均存在饱和氢氧化钙溶液。而一旦产生渗漏，渗漏水就可能把混凝土中的氢氧化钙溶出带走，在混凝土外部形成白色碳酸钙结晶。这样就破坏了水泥其他水化产物稳定存在的平衡条件，从而引起水化产物的分解，导致混凝土性能的下降。当混凝土中总的氢氧化钙含量（以氧化钙量计算）被溶出 25%时，混凝土抗压强度下降 50%；而当溶出量超过 33%时，混凝土将完全失去强度而松散破坏。由此可见，渗漏对混凝土产生溶蚀将造成严重的后果。其次，渗漏会引起并加速其他病害的发生与发展。当环境水对混凝土有侵蚀作用时，渗漏会促使环境水侵蚀向混凝土内部发展，从而增加破坏的深度与广度；在寒冷地区，渗漏会使混凝土的含水量增大，促进混凝土的冻融破坏；对水工钢筋混凝土结构物，渗漏还会加速钢筋锈蚀等。

（5）冻融破坏。混凝土产生冻融破坏，从宏观上看是混凝土在水和正负温度交替作用下而产生的疲劳破坏。在微观上，其破坏机理有多种解释，较有代表性和公认程度较高的是美国学者 T. C. Powers 的冻胀压和渗透压理论。这种理论认为，混凝土在冻融过程中受到的破坏应力主要有两方面来源。一方面混凝土孔隙中充满水时，当温度降低至冰点以下而使孔隙水产生物态变化，即水变成冰，其体积要膨胀 9%，从而产生膨胀应力；另一方面混凝土在冻结过程中还可能出现过冷水在孔隙中的迁移和重分布，从而在混凝土的微观结构中产生渗透压。这两种破坏应力在混凝土冻融过程中反复出现，并相互促进，最终造成混凝土的疲劳破坏。

(6) 冲磨和空蚀。冲磨和空蚀破坏往往发生在水闸过流部位。相对高坝建筑物而言，水闸水头差较小，通常以冲磨和机械（撞击）磨损为主。冲磨破坏是一种单纯的机械作用，它既有水流作用下固体材料间的相互摩擦，又有相互间的冲击碰撞。不同粒径的固体介质，其硬度大于混凝土硬度时，在水流作用下就形成对混凝土表面的磨损与冲击。这种作用是连续的和不规则的，最终对混凝土面造成冲磨破坏。

结构混凝土出现病害在水闸工程中非常常见。1985 年对全国 40 处中小型钢筋混凝土水闸结构物进行调查发现，因混凝土碳化引起钢筋锈蚀而导致闸墩、胸墙和大梁开裂破坏的比例为 47.5%。同年对安徽 14 座钢筋混凝土水闸进行的调查发现，所有的建筑物都不同程度地出现了因混凝土碳化引起的钢筋锈蚀破坏。1964—1987 年，对江苏省 105 座钢筋混凝土水闸进行的调查表明，在沿海挡潮闸上，由于氯离子侵入混凝土内导致钢筋锈蚀破坏；而位于远离海岸的内地河流上的水闸则主要是由于混凝土碳化引起钢筋锈蚀破坏。1989 年对浙江省 13 座沿海挡潮闸进行的调查发现，其中运行时间最短的为 7 年，最长的为 30 年。已经完全报废停止使用的有 1 座，进行大修的有 6 座，进行局部修补的有 4 座，仅有 2 座基本完好。1987 年对江苏省连云港市和南通市的 32 座挡潮闸进行的调查表明，连云港有 11 座因钢筋锈蚀严重而导致结构破坏，其中建筑物的运行时间最短的仅 3 年，最长的有 29 年；南通市有 9 座也因钢筋锈蚀严重而导致结构破坏，其中运行时间最短的为 9 年，最长的有 29 年。自 1986 年以来，对北京市 130 余座涵闸的钢筋锈蚀引起的开裂破坏进行的调查结果显示，最大的威胁是碳化引起的混凝土内部钢筋锈蚀，导致结构物发生开裂破坏。1965 年建成的长河闸表面缺陷多达 60 处；1965 年兴建的玉渊潭进口闸中墩表面混凝土崩落面积达 20m^2，下游进口闸右岸 1 号柱主筋钢筋锈蚀率达 12.1%，箍筋达 21%；1983 年建成的清河闸左岸下游柱裂缝最长达 5m，宽 13mm，墩柱、梁、顶板和栏杆等部位钢筋锈蚀导致混凝土破坏的面积达 990.7m^2；1978 年建成的团城闸各部位的钢筋锈蚀导致混凝土破坏的面积总计达 872.9m^2；1966 年建成的南护城河上的龙潭闸各部位的钢筋锈蚀导致混凝土破坏的面积达 546.36m^2。湖北省洪湖新堤排水闸的许多部位已出现大量裂缝，伸缩止水片漏水，混凝土碳化严重，严重影响建筑物的安全运行，现已基本弃置不用。另外，荆江分洪闸南闸的检测结果显示，防渗板每块均有一条垂直水流向且较宽的贯通、贯穿裂缝，其他裂缝呈龟裂状；大部分阻滑板已开裂，裂缝深度平均在 15cm 以内，裂缝平均宽度在 0.2mm 内；闸底板在每孔底板加厚部分下游端结束处的断面变化处的区域，有一条横穿底板的贯穿裂缝；在闸门支墩末端和公路桥墩附近区域，有放射状裂缝，长度为 1～2m，裂缝深度平均约为 18.0cm，裂缝的表面宽度均在 0.2mm 以内。在消力二板和消力三板约 1/2 板长处均有一条垂直水流向的贯通裂缝，将板分为上下两段，消力三板的裂缝缝面有渗出物；消力二板裂缝的平均深度约 18cm，缝面宽度为 0.1～0.2mm，消力三板的裂缝已贯穿。挡土墙有多条贯通整个高度的垂直裂缝，缝面有渗水和渗出物，裂缝已贯穿。分洪闸北闸阻滑板出现了类似南闸的贯穿裂缝。据统计，阻滑板裂缝总长已达 4350.4m，其中贯穿裂缝为 2042m；闸室底板 1954 年即出现裂缝，经

1960年检查，发现裂缝增多，有的已经贯穿。54孔情况大致相似，1979年采用超声波测试，发现缝宽为0.4～1.8mm，深度40cm的占40%，其余深度约为20cm。护坦和消力坡也出现贯穿性裂缝，并且发现有渗水现象。广西壮族自治区北海市青山头挡潮闸发现胸墙、工作桥、交通桥、检修桥、启闭机房和发电机房及牛腿等上部钢筋混凝土结构出现顺筋胀裂，其中胸墙、交通桥、工作桥和牛腿最为严重，开裂宽度达6mm或表面保护层脱落，梁柱出现贯穿横断面裂缝。例如，江苏省扬州市的万福闸在1963年发现闸墩水位变动区出现冻融剥蚀。随着运行年限的增加，剥蚀面积和深度也逐年在增加。到1985年调查时，水位变化区混凝土剥蚀面积达1500m^2，最大剥蚀深度达10cm，部分主筋已经裸露。1987年对江苏省连云港市多个水闸进行调查，也发现了冻融破坏现象。吉林省梨树灌区的十二拦河闸，由于基土的冻胀作用，闸上游右侧混凝土底板上抬达48cm，距右岸3.5m处的底板还发生了顺流方向的贯穿性裂缝，一直延伸到闸室。该灌区的六千进水闸，由于地基土冻胀作用，进水口段齿墙上抬，在春季冻土融化后仍难于恢复，齿墙仍有36cm的残余上抬量，严重影响水闸的正常运行；该闸消力池右侧混凝土挡墙也因受到土的冻胀、融沉作用，10.8m的墙体断裂为5段，缝宽1cm，墙体内倾4～6cm。该灌区类似破坏的墙体占被调查数的70%。

1992年对黑龙江省大庆市的库里泡老闸、青肯泡旧闸、中内泡老闸、玉花泡闸、污水泡闸、北廿里新闸和中内泡新闸等几座水闸的钢筋锈蚀破坏情况进行了调查。调查结果表明，该地区钢筋混凝土结构的钢筋锈蚀是由于混凝土在经受冻融循环的作用下，表面酥松剥落，或加速混凝土的碳化速度（老闸），碳化深度达到了钢筋位置，或使钢筋裸露在外（新闸）造成的。此外，闸底板混凝土因泄洪时遭到含泥沙水流的冲刷和磨蚀，钢筋裸露也是造成钢筋锈蚀的原因。

浙江金清新闸工程发现大闸下游局部混凝土结构老化，病害不断产生，部分结构病害较为严重，其中排架柱、检修平台桥板等结构普遍存在混凝土胀裂、钢筋裸露并严重锈蚀等问题。经检测发现，结构混凝土强度均基本满足设计强度指标要求。混凝土碳化深度被检17个结构中，除8号孔工作门左右侧立柱碳化深度为10～20mm外，其余结构碳化深度均小于或等于10mm。在目前产生病害的结构中，钢筋裸露部位的钢筋保护层厚度一般小于或等于20mm，其中不少结构的保护层厚度小于或等于10mm，局部结构基本无保护层。采用电磁法检测了29处结构的钢筋保护层厚度，检测结果显示钢筋保护层厚度均小于或等于40mm，其中大部分结构的钢筋保护层厚度为20～30mm，部分结构的钢筋保护层厚度仅为10～20mm，所有被检测结构的钢筋保护层厚度均不满足设计要求，大多数被检测的结构的钢筋保护层厚度与设计要求相差甚远，有的已接近或小于实测混凝土碳化深度。从目前钢筋已裸露的结构检查来看，钢筋普遍出现严重锈蚀，部分结构的钢筋锈蚀呈片状剥落，钢筋的有效面积明显减小，截面上的最大锈蚀率约为60%。采用半电池电位法检测了19处钢筋的锈蚀程度，所有被检的结构的钢筋都已发生锈蚀，部分结构的钢筋已处于严重锈蚀状态。排架柱、胸墙、梁、板、检修平台等混凝土结构存在许多严重的裂缝，裂缝宽度值均超过规范规定的0.20mm，最大裂缝宽度达到3.0mm，对钢筋混凝土结构的安全性产生了严重影响。大闸下游海水中氯离子离子含量大于1000mg/L，属于强腐蚀等级，极易引起钢筋锈蚀。

安徽安庆枞阳闸公路桥第 10 孔拱顶以及拱顶侧墙上有一道裂缝，原因是右侧拱脚与第 11 孔的电站侧拱脚不在同一高程，导致拱脚处的水平推力不平衡，从而使结构产生拉应力而产生裂缝。近年来过桥车辆的数量增加以及车辆的大型化、重型化，增加了第 10 孔的挠度，促使裂缝的开展。翼墙的排水设施失效，检查上下游翼墙所有的排水孔，仅有 6 个有排水迹象。

1.3.6 闸下游消能防冲设施严重损坏

冲刷、磨损和气蚀是泄水建筑物（水闸、溢流坝、陡坡、跌水等）下游最常见的损坏形式，对水闸下游病害的分析，同样也适用于其他泄水建筑物。下游冲刷是由于流速较高的下泄水流消能不充分造成的。高流速的水流还会对闸室及下游护坦过流部分产生气蚀、磨损等破坏作用，当水流中挟带大量悬移质及推移质泥沙时，磨损、气蚀尤为严重。以上三种病害中，以下游冲刷现象最普遍，引起事故的危害性最大。冲刷产生的具体原因及破坏作用如下：

（1）消能设施水位组合不当或尺寸不当，如消力池过浅或过短，池中不能形成淹没式水跃，甚至发生急流冲击消力池，产生远驱式水跃；或由于消力槛过高，过槛时跌差过大，形成二次水跃，从而引起海漫冲刷破坏。

（2）消力池结构单薄，强度不足而被冲毁。

（3）下游翼墙扩散角过大，形成回流，主流不能在短距离内扩散，如海漫长度不够，导致冲刷。

（4）管理运用不当往往是造成下游冲刷的主要原因。如未根据上下游水位大小，按多孔同步、均匀、对称开启闸门的操作规程进行操作；或由于启闭机失灵，不能在上游高水位时及时关闸等，使单宽流量超过设计标准或导致折冲水流出现，造成下游严重冲刷等。

湖南省益阳市大路坪节制闸由于消力池底板下未设置反滤层，底板出现裂缝，消力池深度不够；海漫长度不够，且大面积冲毁；上下游河床和堤防冲刷严重。这些问题严重危及水闸及堤防的安全，必须重建消力池和海漫，并设置防冲槽，对堤防进行护砌。如上海外高桥泵闸为双向引水，上下游的设计水位差较小，虽然按照设计规范在内河侧也设置了消力池，但并没有达到预期效果，部分水流直接冲向内河岸侧，导致内河部分区域受到冲刷破坏。浙江省温州市朱家站水闸的设计水位组合不当，在运行中未能按照控制运用条件运行。为防汛需要，经常不得不在下游潮位较低、上下游水位差较大的情况下开闸泄洪，导致消力池和护坦受到冲毁，多次抛石加固仍未得到有效解决。浑河闸在 1994 年和 1995 年大水过后，经检查发现，在拦河闸 7～10 号孔下游防冲槽反坡段出现长 2～4m 的纵向破坏区，经水下测量，发现破坏区坑深约为 3m、宽 40m。广东省磨碟头水闸按 20 年一遇洪水进行设计，50 年一遇洪水校核，设计和校核闸上水位（泄洪流量）分别为 3.21m 和 3.51m（1200m^3/s 和 1400m^3/s）。1994 年 6 月特大洪水后，磨碟头水闸紧接防冲槽的下游河床出现了“锅”状冲刷坑，最大深度达 18.0m（即冲深 10m），冲刷范围位于河床中间偏左，顺水流向 60m，垂直水流向 55m。长利涌水闸位于肇庆市鼎湖区长利涌出口，该闸共设 7 孔，每孔高 3.5m，宽 3.0m，闸底高程 6.1m，可宣泄流量 220m^3/s。1989 年 5 月 22—26 日受到 3 号强台风暴雨的袭击，水闸闸门全开泄洪。由于下游西江水位低，水闸自由出流，最大流量 212.7m^3/s。水闸的陡坡、消力池、海漫遭到严重破坏。山东省青州市弥河拦河闸受2019年第九号台风“利奇马”的影响，8月11日12时，弥河拦河闸下游两侧翼墙及外侧发生险情。左岸翼墙先冲毁，随后右岸翼墙也被冲毁。随即影响左岸变压器室，后发电机房也随即冲毁，导致桥头堡闸室、交通桥相继坍塌。拦河闸于2019年8月11日16时整体冲毁。福建的北溪南港、北溪北港、龙海西溪、龙海南溪、惠安洛阳、角美壶屿港、福清柯屿、连江大官垣、漳铺旧镇、厦门石洱和晋江安平等闸也有类似问题。

1.3.7 泥沙淤积

河口建闸后，出现了上游径流量减少、落潮历时延长、流速减弱、潮流量变小、潮波变形等现象，使落潮泥沙易于沉淀，涨落潮流的含沙量产生了变化，这是闸下河道淤积的一个重要原因。此外，潮汐水道的变化、闸下引河的地形、围垦不当等也对闸下河道的淤积产生重要影响。闸下河口的淤积特征为：建闸初期淤积量猛增，之后如来水正常则多年变化量保持微变，但缺水年份淤积速度加快，而丰水年冲刷量大。

根据海河水利委员会的资料，海河河口建挡潮闸（也包括河道整治的其他措施的综合作用）后，出现了以下情况：海河河口建挡潮闸（以及河道整治的其他综合措施）后，主要面临的问题是淤积严重。海河建闸以来，闸下淤积量累计已达2200多万m^3，河床淤积高达4.7m，河宽由250m缩窄至100m，过水断面缩小了85%，河口泄流能力从2100m^3/s降到800m^3/s。据太湖流域管理局的资料，明代与太湖相通的河道有320条，至20世纪60年代，有的被封堵，有的被淤塞，还剩240条；在建环湖大堤之前，总共还有225个口门，而在环湖大堤建设时，封堵了54处，建了126座闸坝。现在真正敞开的口门只剩下45个，水系的连通性受到严重破坏。20世纪50—70年代，江苏省盐城市沿海兴建海堤，同时建设了35座挡潮闸。这些挡潮闸常年关闭，只在排涝或换水时偶尔开启。根据建闸后的观测，有的河道如竹港，建闸第二年就被淤死；自1994年来，射阳河、新洋港、黄沙港、斗龙港合计年均淤积1022万m^3。又如漳州市九龙江南溪下游在建南溪桥闸以后淤积也十分严重。

1.3.8 闸门及启闭设备的破坏

闸门及启闭设备的老化损坏主要有以下形式：

（1）闸门老损。各种闸门，如钢闸门、钢筋混凝土闸门及铸铁闸门，在长时间使用后会出现不同的破坏。受各种环境因素的影响，闸门可能变形或被腐蚀，漏水严重；钢闸门突出的问题是锈蚀，严重者面板可锈穿。材料老化会导致闸门强度降低、变形过大。

（2）止水老化失效。水闸多采用橡胶止水，其寿命较短，使用5～10年后则严重老化，甚至失效。安装橡胶止水的螺栓长期受大气、水、气温变化影响，很多已锈死，更新止水困难。

（3）启闭机、工作桥损坏。除锈蚀、卡死、磨损严重等损坏外，管理操作失误也是导致启闭机、工作桥损坏的主要原因之一。如中小型闸多采用螺杆式启闭机，在关闸过程中，由于闸门下面有异物无法关门而过分施加压力，或闸门已关闭仍继续施加闭门力，造成螺杆弯曲者甚多，严重时会将启闭墩、龙门架抬起而导致墩、柱断裂。

（4）人为破坏。闸门上的橡胶止水被割、启闭机或其零件被盗的现象在有些地方十分严重；在灌水季节为了抢水而撬坏、砸坏闸门的现象也屡见不鲜，给灌区的管理工作和建筑物的安全运行造成了很大威胁。

如湖南省资水一级支流夫夷水中游的老虎坝水闸工程钢质弧形门锈蚀厚度及漏水情况检测表明，钢质弧形闸门大多已锈蚀，锈蚀特点是锈坑及表层剥落，一般锈蚀厚度在0.5～1.0mm，横梁翼板锈蚀厚度较大，为0.8～2.5mm，闸门钢筋混凝土支臂有变形弯曲现象。此外，闸门的止水效果较差，其中11扇闸门有7扇漏水，其中4号、6号闸门漏水量较大。

在荆江分洪南闸，闸门28号孔2号支臂出现了屈曲变形，支铰处的基脚螺栓普遍锈蚀，止水橡皮已全部老化、变形，边止水脱落严重，侧墙无轨板，导轮锈蚀，脱离闸墙；防腐涂膜厚度、外观质量及附着力均不能满足规范要求；闸门面板平均锈蚀量为0.28mm，最大锈蚀量3.34mm，其他各部位平均锈蚀量0.27mm，最大锈蚀量0.91mm；闸门各部件材质硬度普遍偏低；启闭机传动轴普遍存在粗晶缺陷，其中15号、16号传动轴检出面积型超标缺陷；支铰轴座的不同心度及单轴倾斜度均不能满足规范要求。

华阳闸检测表明每扇闸门的表面涂层存在氧化消耗。闸门止水橡皮已老化，变硬变脆，受闸门启闭和温度变化影响，橡皮或被撕裂或出现一段段裂纹。闸门下半部均大面积锈蚀，蚀坑成片，蚀坑面积占地为80%～85%，蚀坑深度为0.8～2.4mm，闸门边缘、底梁和止水压板面层全部锈蚀，锈蚀深度最大达4mm。闸门滚轮全部锈蚀，锈蚀深度为6.3～11.5mm，只有极个别滚轮转动。铆钉钉头均出现不同程度的锈蚀，最低两排铆钉有10%的钉头已锈蚀掉；闸门涂层平均厚度0.12mm，最小值0～0.08mm，远不能满足规范要求；所有钢板实际厚度均小于钢板厚度负偏差的允许值，锈蚀坑深均值为1.43mm，最大值2.8mm，边纵梁锈蚀坑深均值3.24mm，最大值达4.0mm，其余各梁锈蚀坑深均值2.07mm，最大值3.2mm，属严重锈蚀。

1.3.9 交通桥标准偏低

我国水闸多数建造于20世纪50—70年代，早期交通桥设计荷载为汽-8、汽-10、汽-13等，桥面净宽小，无人行道，不适应交通日益发展的需要。交通桥主梁、盖梁等混凝土剥落严重、人行道板冻融破坏。承重构件大量钢筋锈蚀引起主筋或者箍筋、顺筋产生裂缝，甚至部分钢筋锈断。横向联系松动、纵向接缝开裂，铰缝失效。主梁控制截面出现大量弯曲或剪切等结构性裂缝。梁体缺少挡块或者挡块失效。因闸室整体沉降较大，会导致梁底阻水等安全隐患。

第2章 水闸安全鉴定

水闸安全鉴定工作要考虑建筑物、设备的安全可靠性，还要考虑水闸运用时的控制条件是否满足。按《水闸安全评价导则》(SL 214—2015) 的要求，水闸安全鉴定范围包括：闸室，上下游连接段，闸门，启闭机，机电设备和管理范围内的上下游河道、堤防。主要包括管理范围内、影响水闸安全的各部分主要挡水、泄水建筑物，如电站、通航建筑物、导流墩等。《水闸安全鉴定管理办法》(水建管〔2008〕214 号) 规定：水闸实行定期安全鉴定制度。首次安全鉴定应在竣工验收后 5 年内进行，以后应每隔 10 年进行一次全面安全鉴定。运行中遭遇超标准洪水、强烈地震、增水高度超过校核潮位的风暴潮、工程发生重大事故后，应及时进行安全检查，如出现影响安全的异常现象，应及时进行安全鉴定。闸门等单项工程达到折旧年限时，应按有关规定和规范适时进行单项安全鉴定。但作为水闸安全管理工作的重要组成部分，水闸安全鉴定工作在各地并未得到应有的重视，也未能按照规定进行定期鉴定。有的水闸即存在影响安全的隐患，也得不到及时的安全鉴定，处于带病工作状态。这给水闸的安全运行带来了隐患。

在水闸管理中，首先要进行日常检查、定期检查和专项检查，开展监测工作并做好记录和分析工作，在此基础上由管理单位编写工程现状调查报告，并委托符合要求的有关单位开展水闸安全评价。水闸现场检查和定期监测的资料是工程现状调查中的重要组成部分，也是评估水闸是否安全的原始资料的重要部分之一。

2.1 检查与监测

根据《水闸技术管理规程》(SL 75—2014)，日常检查、定期检查和专项检查是水闸技术管理的重要组成部分。水闸检查应填写记录，及时整理检查资料，编写检查报告，为安全鉴定积累资料，这也是水闸安全鉴定工作的基础。现场检查的具体检查内容和检查结果表格可依据《水闸安全监测技术规范》(SL 768—2018) 附录 B 执行。《水闸技术管理规程》(SL 75—2014) 与《水闸安全监测技术规范》(SL 768—2018) 的检查内容略有不同，可结合两个规范开展工作。

日常检查由水闸运行管理人员负责进行。试运行期，宜每周 3 次；正常运行期，可减少次数，每月不少于 1 次；在汛期及遭遇特殊工况时，应增加检查次数；当水闸在设计水位及以上运行时，每天应至少检查 1 次。日常检查以巡视为主，由具有相当经验的专业人员进行。检查频率根据水闸重要程度、新旧程度或老化状况、运行情况确定，特殊时期增加检查次数。水闸的日常检查是用眼看、耳听、手摸等方法，辅以锤、钎、量尺、放大镜、望远镜、照相摄像设备、视频监控系统或智能巡检系统对建筑物、闸门、启闭机、机电设备、通信设施和水流形态等进行观察和巡视。当水闸受到不利因素影响时，对容易出现问题的部位应加强检查。由于方法简单易行，既全面又及时，一些事故苗头或工程隐患常常通过日常检查首先被发现，一并得到及时处理，因此必须予以足够的重视。

日常检查的周期在各地区规定不一，根据水闸的工程规模大小、建成时间长短和运用频繁程度等具体情况确定，但都不少于每月1次。水闸管理单位可根据本工程的具体情况确定，当水闸处于不正常情况时，如宣泄较大流量、出现较高水位、冬季冰冻以及暴风雨或地震影响本地区时，都要增加检查次数。

定期检查由管理单位或其上级主管部门组织专业人员进行。包括每年汛前、汛后、引水前后、严寒地区的冰冻期起始和结束时进行。要对水闸的各部位及各项设施进行全面检查，并审阅水闸检查、运行、维护记录和监测数据等档案资料。汛前着重检查岁修工程完成情况，度汛存在问题及相应措施；汛后着重检查工程变化和损坏情况，以制定相应的岁修工程计划。在冰冻期间，还应检查防冻措施的落实及其效果等。

水闸经受地震、风暴潮、台风或其他自然灾害或超过设计水位运行后，发现较大隐患、异常或拟进行技术改造时，应进行专项检查，检查由管理单位或其上级主管部门组织专业人员进行。当水闸遭遇到特大洪水、风暴潮、强烈地震和发生重大工程事故等特殊情况时，很容易使工程受损甚至破坏，严重影响工程安全运用，故必须及时进行专项检查。例如出现以下情况：

（1）水闸上游如出现特大洪水，将会出现超过设计最高水位的可能，迫使水闸不得不实行超设计最大流量的泄流，从而导致闸身失稳或下游冲刷破坏。

（2）风暴潮系指由气压、大风等气象因素急剧变化造成的沿海海面或河水位异常升降的现象。我国是频受风暴潮侵袭的国家之一，在南方沿海，夏、秋季节受温带气旋影响，形成台风登陆，发生风暴潮；而在北方，冬、春季节，北方强冷空气与江淮气旋组合影响，也易引起风暴潮。风暴潮发生时，潮水位可能陡涨1～3m，对水闸会产生很大的破坏力。

（3）强烈地震系指我国地震震级强度标准的6～7级，一般是相当于震中烈度Ⅶ～Ⅸ度。根据国内外地震灾害的资料来看，当地震震中烈度超过Ⅶ度时，水闸一般会发生不同程度的损害。

（4）在水闸运用中常会发生重大的工程事故，如启闭机受损、消能设施损坏等，影响工程正常运用，也要进行专项检查查明情况，以便采取措施。

日常检查、定期检查和专项检查应包括以下内容：

1）管理范围内有无违章建筑和危害工程安全的活动，是否有影响水闸安全运行的障碍物，环境是否整洁、美观。

2）闸室结构的垂直位移和水平位移情况；永久缝的开合、错动；分缝止水有无损坏、漏水及填充物流失等情况。闸室混凝土及砌石结构有无破损，混凝土裂缝、剥蚀、冻胀、碳化、露筋及钢筋锈蚀的情况；门槽埋件有无破损；启闭机房及交通桥结构有无破损等。

3）混凝土铺盖是否完整，黏土铺盖有无沉陷、塌坑、裂缝；排水孔是否淤堵；排水量、浑浊度有无变化。

4）土工建筑物有无雨淋沟、塌陷、裂缝、渗漏、滑坡和白蚁等；排水系统、导渗及减压设施有无损坏、堵塞、失效；堤闸连接段有无渗漏等迹象。石工建筑物块石护坡有无塌陷、松动、隆起、底部淘空、垫层散失；墩、墙有无倾斜、滑动、勾缝脱落。

5）消能设施有无磨损、冲蚀、有无砂石堆积；河床及岸坡是否有冲刷或淤积；过闸水流流态情况，应注意观察水流是否平稳，水跃是否发生在消力池内，有无折冲水流、回流、漩涡等不良流态；河道水质污染与水面漂浮物情况。

6）岸墙及上下游翼墙分缝是否错动；止水是否失效；翼墙排水管有无堵塞，排水量及浑浊度有无变化；岸坡有无滑错动、开裂迹象。混凝土是否破损、裂缝、剥蚀、冻胀、露筋及钢筋锈蚀等问题。

7）堤岸顶面有无塌陷、裂缝；背水坡及堤脚有无渗漏、破坏等。堤顶已硬化的路面有无破损。

8）闸门有无表面涂层剥落、门体变形、锈蚀、焊缝开裂，螺栓、铆钉有无松动或缺失；支承行走机构各部件是否完好，运转是否灵活；止水装置是否完好；闸门运行时有无偏斜、卡阻现象，局部开启时振动区有无变化或异常；门叶上、下游有无泥沙、杂物淤积；闸门防冰冻系统是否完好，运行是否正常；闸门淋水是否完好，运行是否正常等。

9）启闭机械是否运转灵活、制动可靠，有无腐蚀和异常声响；机架有无损伤、焊缝开裂、螺栓松动；钢丝绳有无断丝、卡阻、磨损、锈蚀、接头不牢、变形；零部件有无缺损、裂纹、凹陷、磨损；螺杆有无弯曲变形；油路是否通畅、有无泄漏，油量、油质是否符合要求等。

10）机电设备运行状况是否正常；外表是否整洁，有无涂层脱落、锈蚀；安装是否稳固可靠；电线、电缆绝缘有无破损，接头是否牢固；开关、按钮是否动作灵活、准确可靠；指示仪表是否指示正确；接地是否可靠，绝缘电阻值是否满足规定要求；安全保护装置是否动作准确可靠；防雷设施是否安全可靠；备用电源是否完好可靠。

11）远程控制、监控系统是否正常；预警系统是否正常；办公自动化系统是否正常；照明、通信、安全防护设施、应急设施、视频监控及信号、标志是否完好。

12）安全监测仪器设备、传输线缆、通信设施、防雷和保护设施、供电系统是否正常工作。

水闸监测包括环境量监测、变形监测、渗流监测、应力应变监测、温度监测和专项监测。环境量监测项目应包括水位、流量、降水量、气温、上下游河床淤积和冲刷等。降水量、气温监测可采用当地水文站、气象站监测资料。变形监测项目应包括垂直位移、水平位移、倾斜、裂缝和结构缝开合度等。专项监测项目主要包括水力学、地震反应和冰凌等。具体监测要求和频次详见《水闸安全监测技术规范》（SL 768—2018）。

2.2 安全鉴定的内容与要求

水闸安全鉴定的内容在《水闸安全鉴定管理办法》和《水闸安全评价导则》（SL 214—2015）均有规定，前者有原则性的规定，后者则规定得更为详尽。在《水闸安全鉴定管理办法》中水闸安全鉴定的内容包括：

（1）现状调查应进行设计、施工、管理等技术资料收集，在了解工程概况、设计和施工、运行管理等基本情况的基础上，初步分析工程存在的问题，提出现场安全检测和工程复核计算的项目，并编写工程现状调查分析报告。工程现状调查分析由水闸管理单位负责实施和报告编写。然而，在水闸安全鉴定过程中，由于水闸管理单位的技术力量单薄，工程现状调查分析报告一般由安全评价单位一并承担。根据经验建议管理单位先编写自查报告，然后由承担单位在管理单位自查报告的基础上开展工程现状调查分析工作，并编写工程现状调查分析报告，这样更有利于该项工作的开展。

（2）现场安全检测包括确定检测项目、内容和方法，主要是针对地基土和填料土的基本工程性质，防渗导渗和消能防冲设施的有效性和完整性，混凝土结构的强度、变形和耐久性，闸门、启闭机的安全性，电气设备的安全性，监测设施的有效性等，按有关规程进行检测后，分析检测资料，评价检测部位和结构的安全状态，并编写现场安全检测报告。现场安全检测由具有资质的检测单位开展。大型水利工程（含1级堤防）主要建筑物以及水利工程质量与安全事故鉴定的质量检测业务，必须由具有甲级资质的检测单位承担。取得乙级资质的检测单位，可以承担除大型水利工程（含1级堤防）主要建筑物以外的其他各等级水利工程的质量检测业务。在对堤防所属水闸进行安全检测时，应根据堤防的级别选择对应的安全检测承担单位，而不能仅仅依据水闸的规模进行选择。如黄河大堤上中小型水闸，应由具有甲级资质的检测单位承担。雷电防护装置投入使用后实行定期检测制度，每年一次。取得气象部门认定的雷电防护装置检测资质可以承担相应工作。

（3）工程复核计算应以最新的规划数据、检查监测资料和安全检测成果为依据，按照有关规范进行闸室、岸墙和翼墙的整体稳定性、抗渗稳定性、抗震能力、水闸过水能力、消能防冲、结构强度以及闸门、启闭机、电气设备等复核计算，并编写工程复核计算分析报告。工程复核分析工作应根据水闸规模，委托具有相应勘测设计资质的单位完成。具有工程设计综合资质、水利水电勘测设计甲级资质和经水利部认定的水利科研院所可以承担大型水闸安全复核工作。取得水利水电勘测设计乙级资质的单位和经水利部认定的水利科研院所可以承担中小型水闸安全复核工作。一般来说，安全复核单位资质不应低于原工程设计单位资质等级。原则上，工程原参建单位不能承担该项目的安全评价工作。对堤防工程上的水闸进行安全复核时，应根据堤防的级别选择对应的安全复核承担单位，而不能仅仅依据水闸的规模进行选择。如黄河大堤上中小型水闸，应由具有甲级资质的勘测单位承担。

（4）安全评价应在现状调查、现场安全检测和工程复核计算基础上，充分论证数据资料的可靠性，以及安全检测、复核计算方法及其结果的合理性。提出工程存在的主要问题、水闸安全类别评定结果和处理措施建议，并编制水闸安全评价总报告。安全评价报告要有足够广度和深度，以为后期除险加固或者拆除重建提供足够的技术支撑。如使用多年的感潮闸，安全鉴定不开展水下检测，仅凭几个水位开展消能设施复核计算，很难有效指导后期除险加固工作，很有可能导致加固后不久又要除险加固。

在《水闸安全鉴定管理办法》的基础上，《水闸安全评价导则》（SL 214—2015）详细规定了水闸安全评价的内容，包括工程现状调查分析、现场安全检测、复核计算和安全评价等四个方面，并提供了四个分报告的各章节编写要求。工程现状调查分析由水闸管理单位负责实施和报告编写。现场检测报告和工程复核报告由相应承担单位负责编写。

2.3 安全鉴定的程序与分工

水闸安全鉴定包括水闸安全评价、水闸安全评价成果审查和水闸安全鉴定报告书审定三个基本程序。

（1）水闸安全评价。鉴定组织单位进行水闸工程现状调查，委托符合资质要求的有关单位开展水闸安全评价。鉴定承担单位对水闸安全状况进行分析评价，提出水闸安全评价报告。

（2）水闸安全评价成果审查。由鉴定审定部门或委托有关单位，主持召开水闸安全鉴定审查会，组织成立专家组，对水闸安全评价报告进行审查，形成水闸安全鉴定报告书。

（3）水闸安全鉴定报告书审定。鉴定审定部门审定并印发水闸安全鉴定报告书。

水闸管理单位应承担制定水闸安全鉴定工作计划和工程现状的调查分析工作，在申报要求安全鉴定时，将工程现状调查分析报告报上级主管部门。在开展安全鉴定工作过程中，管理单位配合安全检测、复核计算单位和安全鉴定专家组的各项工作。

现场安全检测与工程复核计算工作，一般应委托具备相应资质的检测单位和设计单位（水利部认定的水利科研院所）进行。承担上述任务的单位必须按时、保质提交现场检测报告和工程复核计算分析报告。鉴定承担单位对水闸安全状况进行总体评价，提出工程存在主要问题、水闸安全类别鉴定结果和处理措施建议等，编写水闸安全评价总报告；最后按鉴定审定部门的审查意见，补充相关工作，修改水闸安全评价报告。

水闸安全鉴定专家组应审查工程现状调查分析报告、现场安全检测报告和工程复核计算分析报告；参加安全鉴定会议，审查水闸安全评价报告，评定水闸安全类别，提出水闸安全鉴定结论，形成水闸安全鉴定报告书。

经安全鉴定，水闸安全类别发生改变的，水闸管理单位应在接到水闸安全鉴定报告书之日起3个月内，向水闸注册登记机构申请变更注册登记。鉴定组织单位应当按照档案管理的有关规定，及时对水闸安全评价报告和水闸安全鉴定报告书等资料进行归档，并妥善保管。

2.4 水闸安全鉴定的特点

（1）涉及面广。从水闸安全鉴定的程序和分工看，参与的单位包括：水闸工程的管理单位、上级主管部门、审定部门、现场安全检测单位、复核计算分析单位和水闸安全鉴定专家组。现场安全检测单位根据检测资质和能力选择数家单位对不同建筑物、不同设备进行现场安全检测。鉴定工作中发现，管理单位、检测单位和复核计算单位交流组织和协调尤为重要。

（2）技术性强，覆盖专业面多。水闸安全鉴定工作技术性强、覆盖的专业面多，内容比较复杂。水闸结构物类型包括混凝土结构、土工建筑物、石工建筑物、金属结构及启闭机、电气设备、监测设施、计算机监控和信息系统等。《水闸安全评价导则》（SL 214—2015）从原则上规定了水闸安全鉴定的内容，但具体现场安全检测和复核计算等应符合国家现行有关标准的规定。如水闸的分级应按照《水利水电工程等级划分及洪水标准》(SL 252—2017)有关规定执行;工程检查监测内容及监测设施有效性的检验等,应符合《水闸安全监测技术规范》(SL 768—2018)有关要求;地基土和填料土基本工程性能指标的测定,混凝土结构、闸门和启闭机以及电气设备等检测工作,应分别按照《土工试验方法标准》(GB/T 50123—2019)、《水工混凝土试验规程》(SL/T 352—2020)、《钻芯法检测混凝土强度技术规程》(JGJ/T 384—2016)、《超声回弹综合法检测混凝土抗压强度技术规程》(T/CECS 02—2020)、《水工钢闸门和启闭机安全检测技术规程》(SL 101—2014)、《电气装置安装工程电气设备交接试验标准》(GB 50150—2016)等有关规定执行;其他项目的检测工作还需按照相关标准执行;水闸工程复核计算应符合《水闸设计规范》(SL 265—2016)及其相关的《水工混凝土结构设计规范》(SL 191—2008)、《水利水电工程钢闸门设计规范》(SL 74—2019)和《水工建筑物抗震设计标准》(GB 51247—2018)等有关规定要求。

2.5 水闸安全鉴定的讨论

水闸安全鉴定与设计有很大不同。为使安全鉴定更具合理性,鉴定结论更符合工程实际情况,须开展安全监测设施的更新和改造,建立标准化体系,加强新技术的推广应用,深入开展安全鉴定理论体系研究,并进一步发挥计算机在安全鉴定工作中的作用。

(1)增加专家组的参与度。《水闸安全评价导则》(SL 214—2015)规定了水闸安全鉴定专家组的成立时间,即在开展现状调研时就应成立专家组,并对专家组的职责进行规定。然而,在实际工作中,存在安全鉴定专家组成立时间滞后和专家所属区域及专家专业与工程关系不符合规定的现象。在鉴定承担单位提交安全评价报告后,水闸鉴定审定部门应组织专家组,对水闸安全评价报告直接进行审核,并形成安全鉴定报告书,可能对水闸安全鉴定类别的客观性、公正性产生一定的影响。因此,如何更大程度发挥专家组的作用值得商榷。水行政主管部门可以向专业化社会力量购买技术服务,提前并深度介入安全鉴定工作。

(2)拓宽资料收集渠道。水闸安全鉴定工作的基础是详细分析评价勘察设计、施工、运行管理和工程规划与功能变化等四方面的资料。只有准确了解这些情况,鉴定才能有的放矢,真正反映水闸病险,为运行管理和除险加固提供可靠的依据。但由于有些水闸建成年份较早,或者资料归档不及时,很多当时设计、施工等方面的基本资料缺失。同时,运行管理水平较差,水闸建设、运行、检查、监测、维修养护等资料不完整。尤其是水闸监测资料不连续,或者监测项目不齐全,无法真实反映水闸运行期间的安全状态。因此,无法保证安全鉴定内容的全面和系统,也无法查找工程的所有安全隐患。

针对建设年代早、原始资料欠缺的水闸,除了向水闸管理单位收集资料以外,还应尽可能地向水闸各参建单位收集资料。尤其是当时设计、施工和监理单位的项目负责人,通常都会留存相关的图纸和资料。可以多走访当时参加水闸建设的老同志,向他们了解水闸前期规划方案设计、施工组织以及项目验收情况,并收集相关资料。收集到的资料既可以保障鉴定成果质量,又可以作为管理单位日常管理的基础资料,一举两得。承担单位一方面要从多渠道收集原始资料；另一方面还要深入挖掘现有资料，并在水闸安全鉴定中采取一些技术措施以弥补基础资料的不足。

（3）重视水闸安全管理。水闸安全管理是保障水闸安全运行的重要措施，是确保水闸发挥各类效益的基础。然而，在《水闸安全评价导则》中，在开展工程现状调查分析时，只对水闸安全管理进行初步评价，仅从工程管理范围、技术人员定岗定编及管理经费、规章、制度、控制运用计划和工程设施、管理设施、安全监测等方面定性分析，评价结论也仅有良好、较好、差三个等次，无法准确分析评价水闸的安全管理。同时，安全管理评价结论不作为水闸安全类别划分依据，在安全鉴定权重不够，不能鼓励做好水闸安全管理工作。水闸的安全管理对于水闸的使用寿命和经济社会效益有着重要影响，需要更加突出人的因素。

（4）提高对水闸安全鉴定的认识。水闸安全鉴定是国家法规规定必须进行的环节。安全鉴定是水利工程除险加固、安全运行、发挥效益的依据。然而，在实际工作中，部分水闸管理单位和主管单位未充分认识水闸安全鉴定的重要性，而导致水闸超期未鉴定的现象时有发生。

通过安全鉴定提高管理人员技术水平是非常重要的。在安全鉴定的工作过程中，要求管理单位收集整理工程历史上设计、施工和运行、监测资料，检查工程情况，分析研究提出需要复核计算的专题，并进行工程安全状态的初步评价。这为管理单位技术人员提供了一个锻炼和提高的机会。同时，安全鉴定专家的审查和评议过程也是管理单位技术人员学习和提高认识的过程。特别是 20 世纪 70 年代前修建的工程，原参与设计、施工和运行管理的人员已经或将近退休，通过安全鉴定工作，新参加管理的年轻技术人员可以抓紧向老同志学习。

然而，有些部门和单位由于地方局部利益的考虑，存在认识上的偏差。在水闸安全鉴定过程中，可能出现资料交代和论证不够等问题，此外，部分鉴定组织单位为节省鉴定经费，鉴定基础工作重视不够，不愿意进行物探检测、水下检测、地质勘探等工作。为抢时间、争项目，仓促进行鉴定组织工作，导致鉴定技术工作的不充分。

（5）抓住安全鉴定工作的主要矛盾。安全鉴定的最终目的是确定工程的安全分类，关键在于弄清工程是否存在问题以及问题的严重程度，兼顾工程的处理方式和处理方案的选择。工作的广度和深度应以能够解决主要矛盾为准。这样即便能够保证安全鉴定成果的质量，又能确保工作进度。

（6）规范安全评价技术工作。虽然《水闸安全评价导则》从技术层面对水闸安全鉴定各项内容进行了规定，但实际操作中仍存在三、四类水闸划分不明确。此外，水闸鉴定承担单位往往都以市场效益为主导，根据合同款投入人力物力，以全面检查水闸安全隐患为目的的较少，大多对地勘、现场检测、复核计算工作不够深入，不足判断工程安全隐患性质、分析病险原因、揭示病险程度存在偏差，导致水闸分析评价存在漏项缺项，分析结论和处理措施不当。在安全鉴定审查会时，才发现缺项漏项需要进行补充完善，导致安全鉴定工作周期延长，不能及时有效为安全管理和除险加固提供依据。

在实际工作中，鉴定承担单位根据自身对《水闸安全评价导则》的理解和掌握，较短时间独自进行工程现状调查，并编写现状调查分析报告。存在未能充分发挥鉴定组织单位的作用，也没有专家组的参与指导等问题。因此难以充分针对各水闸的差异性进行调查，也未能充分摸清水闸的安全隐患，最终导致工程现状调查分析的深度不够。

在复核计算方面，若完全采用原设计参数与原设计依据的规程规范复核，就失去了复核计算的意义。因此，在复核计算时应采用现行规范，并说明现行规范和原规范的差别，包括计算参数取值的变化等。复核计算强调基于现状，包括水闸所在流域的水系图，查清水系上对水闸流量水位有影响的大中小型水库、水闸和陂头等蓄挡泄水建筑物的位置及特征参数；还需要考虑现场实测的尺寸、混凝土强度、钢筋蚀余直径、闸门蚀余厚度、土的物理力学指标、闸顶高程、现状地形（特别是河道下切时）、止水失效、防洪挡潮要求变化、地震设防烈度变化、荷载变化情况等检测结果。特别是近 10 年内完成的工程，复核计算依据的规程规范可能与设计相同，如果设计参数没有变化，结论明确的内容可简化分析。

（7）统一鉴定结论评判标准。《水闸安全评价导则》（SL 214—2015）中要求依据调查分析、安全检测和复核计算 3 项成果的审查结果，在综合分析工程质量和各项安全分级的基础上，得出水闸安全鉴定结论。但每个人对规定的理解和掌握程度不同，在内容和深度上的把握也有所不同。例如，主管部门更多地从日常运行、功能保障和资金保障等角度进行评判，而专家组则更多地关注规则和安全复核计算结果。因此，时常会出现分歧，需要通过反复商讨才能最终确定鉴定结论。

在具体评价工作中，隐蔽部位缺陷难以精准检测，加上现有复核计算方法对缺陷也难以模拟，致使现场检测与安全复核未能紧密结合，安全评价结果难以准确反映工程的病险情况。从评定标准可知，决定水闸所属类别主要归结为三个方面：一是运用指标是否能达到设计标准；二是工程损伤的程度；三是结构的可修复性。而在实际鉴定过程中，考虑到现有规定直接引用到水工建筑物老化病害的评估时，内容不够全面，标准也不完全合适。因此，还应根据评估的要求，重新划定或调整指标的分级，使之具有可操作性。

（8）实施安全监测设施的更新和改造。安全监测资料是分析建筑物工作性态，保障工程安全运行的重要依据。当建筑物出现位移、变形、渗漏、裂缝扩展时，主要依靠原型监测资料来评价建筑物的安全与否，目前多以效应量的变化趋势作为评估依据。然而，由于种种原因，水闸的监测设施普遍比较匮乏，有些甚至没有监测设施。原型监测资料的匮乏，导致目前安全鉴定更多依靠有经验的专业人员和专家相结合进行现场观察检查，对照规范开展复核计算，根据类似工程开展安全评价。然而，从安全评价的复杂性看，应采用内、外部监测资料和现场检测相结合的综合分析方法，力争全面、正确地评价建筑物的安全状况。因此，有必要开展安全监测设施的更新和改造，实现监测资料的实时分析，定量评估水闸安全运行形态与发展趋势。

（9）加强新技术的推广应用。混凝土建筑物缺陷主要有裂缝、渗漏、剥蚀三种。其中影响安全和使用的最大病害是裂缝。在安全检测中，确定裂缝病害的关键是探测。传统的探测方法有超声波法、声波跨孔法等。混凝土内部缺陷检测主要采用超声波法和射线法，超声波法需要两个被测物有两个相对临空面，且穿透深度有限，同时受到结构物材料中的钢筋和含水量的影响；射线法现场测试难度大，且对测试者有一定伤害。

随着科学技术的发展，近年又发展了脉冲应力法、表面波仪、超声 CT 和地质雷达技术。工程应用表明，表面波和地质雷达检测混凝土安全检测技术是当前比较省时、省力、快速检测混凝土工程质量的新技术，且检测结果具有一定的可靠性，值得加以推广应用。

（10）加强理论体系研究。水闸安全鉴定是针对现有具体结构当前的安全程度和功能状态，通过适当的方法得到其老化阶段可靠性，给出定量（定性）结论，并最终预测该结构今后可靠性降低情况。耐久性微观机理是对现有建筑物进行诊断、鉴定的基础。目前我国在耐久性方面研究较多，但在结合耐久性评估的结构安全可靠度、结构风险分析等方面的研究较少，仍处于探索阶段。虽初步建立了混凝土冻融破坏预测模型和大气环境下混凝土中钢筋锈蚀预测模型，但在结构耐久性分析中，环境因素与破坏机理、结构性质和外界作用等均存在不确定和不确知因素。因此，在加强基础研究的同时，建议引入模糊数学和随机过程，建立基于多因素和不确定性的推理方法、神经网络模型和专家系统，以提高耐久性评估水平。

结构损伤诊断与评估是一个相互关联的问题，实际工程往往可以分为两种情况：一种是系统识别问题，即已知结构所受的荷载和整体响应，求出结构参数，从结构参数的变化来推断损伤程度及结构的完整性；另一种是统计推理和模糊评价，即已知结构的基本参数及损伤特征等不完整的信息，要求对结构的耐久性和安全性做出评估。

结合水闸在运行过程中的随机性、模糊性和不确定性，开展水闸广义可靠性理论研究，分析建筑物在外部环境和系统本身所包含的任何不确定性因素作用下，在设计使用年限内能正常工作的概率。另外，在运行过程中，其可靠性指标随时间推移而发生变化，如何建立服役期建筑物随时间变化的动态可靠度分析方法亟待解决。

水闸作为水利工程基础设施的重要组成部分，将对主要病险种类、成因及发展规律，病险指标与构件安全的量化技术，水闸可靠性评估指标体系等方面开展研究，建立水闸的可靠性鉴定技术体系，逐渐由目前以水闸安全鉴定专家组为主的可靠性鉴定方法转化为以客观的病险程度指标为准的综合指标评价体系法。如借鉴桥梁工程技术状况评定和承载能力评定的经验，可以作为目前水闸安全鉴定的有益参考。

第3章 工程现状调查分析

3.1 相关规定

水闸工程现状调查内容包括工程技术资料的收集，工程现状的全面检查和工程存在问题的初步分析，提出进一步安全检测和复核的项目和内容的建议，并给出工程处理的初步意见，最后编写工程现状调查分析报告。按照《水闸安全评价导则》（SL 214—2015）的相关规定，分述如下。

3.1.1 技术资料收集

技术资料收集应包括工程（新建、改扩建或除险加固）设计、工程建设、运行管理和工程规划与功能变化等资料。

1. 工程设计资料

（1）工程地质勘察资料。

（2）工程（新建、改扩建或除险加固）的设计文件和图纸。

（3）水工模型试验资料和其他相关资料。

2. 工程建设资料

（1）施工技术总结资料。

（2）工程检测、监理和质量监督资料。

（3）工程安全监测设施的安装埋设与监测资料（含施工期）。

（4）金属结构与机电设备的制造、安装资料。

（5）工程质量事故和处理资料。

（6）工程竣工图和验收交接资料。

3. 运行管理资料

（1）管理单位机构设置、人员配备和经费安排情况，工程管理确权划界情况。

（2）运行管理的规章制度。

（3）控制运用技术文件及运行记录。

（4）历年的定期检查、特别检查、专项检测和历次安全鉴定资料。

（5）工程安全监测数据整编和分析资料。

（6）工程养护、修理、大修和重大工程事故处理资料。

（7）应急预案和遭遇洪水、地震、台风等应急处理资料。

4. 工程规划与功能变化资料

（1）水文、气象资料。

（2）水利规划变化情况和最新规划数据。

（3）环境条件变化情况，包括河道淤积与冲刷、水质等。

（4）工程运用条件、运用方式和功能指标变化情况。

在确保资料完整性的前提下，要特别注重水闸技术管理资料的收集。水闸在运行过程的养护修理工作较多，但管理机构变迁，技术管理人员的更换，容易造成技术资料的缺失甚至丢失。

3.1.2 现场调查

现场调查应包括土工建筑物、石工建筑物、混凝土建筑物、金属结构、机电设备、工程管理和安全监测设施等，应重点检查建筑物、设备、设施的完整性和运行状态等。

（1）土工建筑物现场检查应包括水闸两侧岸、翼墙后回填土，水闸管理范围内上下游河道堤防等。

（2）石工建筑物现场检查应包括水闸两侧岸、翼墙，上下游护坡和砌体结构的其他建筑物。

（3）混凝土建筑物现场检查应包括闸墩、岸墙、底板、胸墙、工作桥、排架、检修便桥、交通桥等。

（4）金属结构现场检查主要包括闸门和启闭机。闸门检查应包括闸门门体、埋件、支承行走结构、止水装置等。启闭机检查应包括动力系统、传动部件、制动装置和附属设备等。

（5）机电设备现场检查应包括电动机、柴油发电机、变配电设备、控制设备（含自动化监控）和辅助设备等。

（6）工程管理设施现场检查应包括办公、生产和辅助用房，通信设施，水文测报系统，交通道路与交通工具，维修养护设备等。

（7）工程安全监测现场检查应包括安全监测项目、监测设施（含自动化监测）、监测流程和资料整编分析等。

3.1.3 现状调查分析

现状调查分析应结合工程存在的安全问题、隐患和疑点，对工程安全管理进行初步评价，提出进一步安全检测项目和安全复核内容的建议。

水闸安全管理应按 SL 75—2014、SL 265—2016 和 SL/T 722—2020 的要求重点分析评价下列内容：

（1）管理范围是否明确可控，技术人员是否满足管理要求，运行管理和维修养护经费是否落实。

（2）安全管理制度是否完备，水闸控制运用计划是否审批并满足标准要求。

（3）工程建筑物、金属结构和机电设备是否经常维护，并处于安全和完好的工作状态。

（4）管理设施是否满足要求，工程安全监测是否按要求开展。

如果以上三项全部或基本满足，安全管理为良好；如果满足或基本满足第三项和其余两项之一，安全管理为较好；如果仅满足一项或均不满足，安全管理为差。

3.1.4 工程现状调查分析报告编制要求

1. 基本情况

（1）工程概况。包括水闸所处位置、建成时间、工程规模、主要结构、闸门和启闭机型式、工程设计效益和实际效益、最新规划成果、工程建设程序、工程建设单位、工程特性表等。

（2）设计、施工情况。包括工程等别、建筑物级别、设计的工程特征值、地基情况与处理措施、施工中发生的主要质量问题与处理措施等，工程改扩建或加固情况及发生的主要质量问题与处理措施等。

（3）运行管理情况。包括运行管理制度制定与执行情况、工程管理与保护范围、主要管理设施、工程调度运用方式和控制运用情况，运行期间遭遇洪水、台风、地震或工程发生事故情况与应对处理措施等。

2. 工程安全状态初步分析

应对水闸的土石工程、混凝土结构、闸门等工程设施的安全状态和闸门与启闭机、电气设备等的完好程度以及观测设施的有效性等逐项进行详细描述，并对工程存在问题、缺陷产生原因和观测资料等进行初步分析。

3. 安全管理评价

应对前文“3.1.3 现状调查分析”中内容进行评价。

4. 结论与建议

水闸安全管理评价结果；明确现场安全检测和安全复核项目，给出工程处理的初步意见与建议。

3.2 检查内容与要求

现状检查是安全评价的基础工作，由水闸安全鉴定组织单位按照《水闸安全鉴定管理办法》组成专家组开展现状检查。专家组应由水闸主管部门的代表、水闸管理单位的技术负责人和从事水利水电专业技术工作的专家组成。专家组应根据需要由水工、地质、金属结构、机电和管理等相关专业的专家组成，组成经验丰富、专业齐备的专家组开展现状检查，并对安全评价工作提出指导性建议。专家组检查前，宜首先召开座谈会，听取鉴定组织单位关于水闸日常检查、定期检查和专项检查、监测等成果汇报交流。了解运行管理中存在的问题，水情、工情和水利规划调整情况，工程运用条件、运用方式和功能指标变化情况。

检查应包括水闸管理单位直接管理和使用的范围，应包括以下方面：

（1）水闸工程各组成部分的覆盖范围。包括上游连接段、闸室段、下游连接段，管理范围内的上下游河道、堤防以及与水闸工程安全有关的挡水建筑物和管理设施。

上游连接段包括铺盖、上游护坡及护底、消力池、上游海漫及防冲槽以及上游翼墙和堤闸连接段；闸室段是水闸工程的主体，包括闸底板、闸墩、岸墙、胸墙、排架、闸门、工作桥、交通桥、检修便桥等；下游连接段包括消力池、下游护坡及护底、下游海漫和防冲槽，以及两岸的翼墙和堤闸连接段等。

（2）为保证工程安全，加固维修、美化环境等需要，在水闸工程建筑物覆盖范围以外划出的一定范围，可参照工程划界范围，如未划界其值可参照《水闸设计规范》（SL 265—2016）确定。

（3）管理和运行所必需的其他设施占地。包括管理单位的生产、生活区，多种经营生产以及职工文化、福利设施等建设占地。

现状调查分析按以下要求进行：①技术资料的真实性与完整性是做好水闸安全评价工作的重要保证，需尽可能全面、数据翔实、描述准确，反映工程设计、工程建设、运行管理、工程规划和功能变化等基本情况，满足安全评价的要求。②现场检查应全面，重点检查工程的薄弱部位和隐蔽部位，以及日常不易检查到的部位。水闸管理过程中检查和监测发现的问题部位专家组应重点关注，对检查中发现的问题、缺陷或不足，应初步分析其成因和对工程安全运用的影响。③水闸管理单位调查要了解水闸管理制度是否健全，以及责任落实情况。

现场检查应包括土工建筑物、石工建筑物、混凝土建筑物、金属结构、机电设备、工程管理和安全监测设施等；应重点检查建筑物、设备、设施的完整性和运行状态等。具体见表3.1。

表3.1　　水闸现场检查

日期：　　　　闸前水位：　　　　闸后水位：　　　　天气：

组成部分	项目（部位）		检查情况	检查人员	备注
闸室段	闸室	闸底板			
		闸墩			
		边墩			
		永久缝			
		胸墙			
	工作桥	工作桥			
	交通桥	交通桥			
	检修便桥	检修便桥			
	排架	排架			
	岸墙	岸墙			自身及回填土
	涵洞	涵洞			自身及回填土
上游连接段	铺盖	铺盖			
		排水、导渗系统			
	上游翼墙	翼墙			自身及回填土
		排水设施			
	消力池	消能工			双向运行
		排水、导渗系统			
	上游海漫及防冲槽	海漫			双向运行
		防冲槽			
	上游护坡及护底	上游护坡			
		上游护底			
	堤闸连接段	堤闸连接段			结合部

续表

组成部分	项目（部位）		检查情况	检查人员	备注
下游连接段	下游翼墙	翼墙			自身及回填土
		排水设施			
	消力池	消能工			
		排水、导渗系统			
	海漫及防冲槽	海漫			
		防冲槽			
	下游护坡、护底	下游护坡			
		下游护底			
	堤闸连接段	堤闸连接段			
闸门和启闭机	闸门	闸门环境			
		门体			
		吊耳			
		支臂、支承铰			
		埋件			
		止水			
		行走支承			
		防冰冻系统			
		淋水装置			
		开度指示器			
	启闭机	启闭机房			
		防护罩			
		机体表面			
		电动机			
		传动装置			
		零部件			
		制动装置			
		连接件			
		启闭方式			
		安全保护装置			
机电及防雷	机电	变配电设备			
		备用发电机组			
	防雷设施	防雷设施			
监控及监测系统	监控系统	计算机监控系统			
		视频监视系统			

续表

组成部分	项目（部位）		检查情况	检查人员	备注
监控及监测系统	监测系统	监测项目			包括流态
		监测仪器			
		监测设施及通信线路			
		资料整编分析			
管理设施	管理设施	管理设施			
其他	管理环境	工程简介牌			
		责任人公示牌			
		管理及保护范围			
		警示标志			
		界桩			

3.3 基本情况调查与分析内容

在分析报告中，对水闸基本情况进行描述，清楚地说明水闸工程概况。包括水闸所处位置（必要时给出工程经纬度），工程布置，建成时间（完工、竣工、投入运行），功能、工程规模，孔数、单孔净宽，设计流量和洪水标准，主要结构和闸门、启闭机型式，工程设计效益和实际效益，最新规划成果，工程建设程序，工程建设单位（项目法人、设计、施工、监理、闸门和启闭机制造单位、自动化），工程特性表等；水闸设计、施工中的主要情况及技术管理情况，从总体上反映工程的重要性、技术水平及工程的薄弱环节。具体的可参考表3.2进行。

表3.2　　基本情况调查与分析内容

调查项目		内　容	说　明
工程概况	建成时间	完工验收、投入运行时间、竣工验收时间	
	工程规模	大、中、小型	
	主要结构	（包括闸室型式，底板型式，底板分段，底板长度、宽度、厚度，底板高程，闸顶高程，闸墩厚度，消能型式、防渗布置、翼墙结构型式）	
	闸门型式	钢闸门、混凝土闸门、铸铁闸门等； 平面、弧形、“人”字门、三角闸门和横拉闸门等	包括工作闸门和检修闸门
	启闭机型式和容量	液压式、电动卷扬式、螺杆式、链式和移动式启闭机等	
	工程设计、实际效益	防洪（潮），引排水，通航，治涝灌溉面积，经济效益及社会效益	
设计施工情况	工程等别、建筑物级别	原设计工程等别、建筑物级别情况	
	设计工程特征值	洪水标准、挡潮标准、设计水位组合、地震设防烈度、交通桥荷载标准等	

续表

调查项目		内容	说明
设计施工情况	地基情况及处理情况	工程地质勘察报告，地基土土质类别及相应物理力学指标；地基处理后地基土或桩的力学性能；地基处理，包括防渗、承载力、沉降和抗震防液化等方面处理方式	
	施工中的主要问题及处理措施	施工中质量缺陷、处理方案和处理后缺陷部位现状情况	含工程改扩建或加固情况
	竣工验收情况	竣工验收结论及遗留问题	

3.3.1 水闸管理单位调查

1. 水闸科学管理的必要性

由于水闸工程建设时受当时政治、经济、技术等条件的制约，不同程度上存在着先天不足的问题，部分老化损坏状况相当严重。要使这些工程充分发挥作用，就必须对这些水闸工程进行细致、全面、规范的管理。对工程中存在的问题需要随时掌握，并及时排除。因此，就必须用科学的态度、规范化的管理进行各项管理操作。否则，工程的安全运行就无法得到保证。调查表明，有为数不少的水闸发生交通桥超载断裂，或通航水闸闸墩、闸门底梁被船只严重撞损情况，水闸出现异常渗流，或人为因素导致水闸运行发生故障，直接影响了水闸结构的整体安全，主要由科学管理不够到位造成的。

2. 科学管理方法

根据工程的设计和实际情况，制定相关的技术管理实施细则。水闸工程管理是一项技术性较强的工作，技术管理实施细则是指导管理进行操作的依据。因此，应参照《水闸技术管理规程》(SL 75—2014)、《水工钢闸门和启闭机安全运行规程》(SL/T 722—2020)、《水闸安全监测技术规范》(SL 768—2018) 等有关规定，结合工程实际情况，编写水闸技术管理实施细则，并要求管理单位严格贯彻执行。除了包括总则、工程控制运用制度、闸门启闭机操作规程、工程检查和安全监测制度、工程维修养护制度、安全生产管理制度、档案管理制度外，还需要重点强调以下几个方面的内容：

(1) 要求建立完善的岗位责任制，将岗位责任落到实处。

(2) 制定一套工作管理记录表。

(3) 对环境管理要有较高的要求。

(4) 安排人员参加相关技术培训，提高技术水平。

(5) 重视监测资料分析，不能流于形式。

制定工程管理办法时，要结合工程实际，不能照抄上级制定的规范、规程。因此，在制定本单位的工程管理办法时，需注意以下几点：

1) 上级管理规定具有法定性质的规定，在此基础上结合工程管理实际制定，不能违背而单独制定一套规范。

2) 对于与本单位工程实际联系密切的，经过努力可以做到的内容，要予以保留，并进行细化；对于没有涉及的内容，要根据本单位工程实际情况进行补充。

安全管理是水闸工程安全运行的重要因素。在管理单位调查结束后，需要对工程安全管理进行评价，具体评价内容和评价标准可以详见第 3.1.3 节。对于大型与重要的中型水闸（如位于1级堤防的水闸），还需对应急预案、防汛抢险备料等应急条件进行评价。

科学管理情况可参考表3.3进行调查。

表3.3 科学管理情况

制度	情况	制度	情况
《水闸技术管理实施细则》		《水闸工程管理养护修理记录表》	
《工程控制运用制度》		《安全生产管理制度》	
《闸门启闭机操作规程》		《防汛抢险应急预案》	
《闸门操作运用记录表》		《教育培训制度》	
《工程检查和安全监测制度》		《档案管理制度》	
《检查监测记录表》		《网络平台安全管理制度》	
《工程维修养护制度》		《标准化管理工作手册》	

3.3.2 技术资料收集

技术资料包括设计、建设、运行管理、工程规划与功能变化四个方面资料。一般情况下，管理单位应保存相关资料。一旦发现资料缺失，可以到原设计单位、施工单位、街道、城建档案馆等地方进一步收集，并及时整理和甄别，为后续工作提出合理的建议和意见。但由于种种原因，也有地勘、设计施工、运行管理等工程基础资料缺乏或遗失的现象。因此，不仅要挖掘原有的资料，还要采取一些措施以补充基础资料的不足。除了向管理单位和在职管理人员收集资料外，还需走访参加工程建设的老同志，了解水闸开挖、地基处理、水闸施工等情况。

调查可参考表3.4进行。

表3.4 技术资料情况

资料种类		收集情况说明
设计资料	工程地质勘察资料	
	水工模型试验	
	工程（包括新建、改建或加固）的设计文件和图纸、设计变更	
	设计计算书和其他相关资料	
建设资料	建设程序	
	施工技术总结资料	
	工程检测（特别是隐蔽工程）、监理和质量监督资料	
	工程安全监测设施的安装埋设与监测资料（含施工期）	
	金属结构与机电设备的制造、安装资料	
	工程质量事故和处理资料	
	工程竣工图和验收交接资料	
运行管理资料	管理单位机构设置、人员配备和经费安排情况，工程管理确权划界情况	
	运行管理的规章制度	
	控制运用技术文件及运行记录	
	历年的定期检查、特别检查、专项检测、预防性试验和历次安全鉴定资料	

续表

资 料 种 类		收集情况说明
运行管理资料	工程安全监测数据整编和分析资料	
	工程养护、修理、大修和重大工程事故处理资料	
	应急预案、防汛抢险备料和遭遇洪水、地震、台风、冻害等应急处理资料及状态	
	历年上下游最高和最低水位、最大水位差和流量资料	
工程规划与功能变化资料	工程规划资料	
	地形资料（现状地形测量，特别是河道下切情况）	
	水文、气象资料，包括水文分析、水利计算等	
	水利规划变化情况和最新规划数据	
	环境条件变化情况，包括河道淤积与冲刷、水质等	
	工程运用条件、运用方式和功能指标变化情况	对水闸水位流量有影响的蓄挡泄水建筑物的调查

3.3.3 工程安全状态初步分析

工程安全状态分析对象包括组成水闸工程的土石工程、混凝土结构、闸门、启闭机、电气设备、安全监测设施等，初步分析工程设施是否完好，能否正常使用，应对工程的各个部分要逐项详细描述，并分析工程中存在问题和缺陷产生原因及对工程安全运行影响。分析应结合现场检查、运行情况和工程监测资料等进行，为工程进一步的安全检测和复核计算等工作提供充分的基础。对于结论明确的内容，或者根据现状调查分析认为工程运行达到一类闸标准时，可以适当简化后续评价工作内容。分析内容及方法可以参考表 3.5。

如果工程日常管理单位人力、物力等条件允许，可以参考安全检测内容与方法进行相对深入些的调查与分析，如混凝土的碳化深度检测、闸室沉降资料分析、扬压力监测资料分析等。

表 3.5　　工程安全状态初步分析

项目	安全状态、有效性描述	存在问题产生原因、工程安全运用影响分析
土石工程	土工建筑物是否出现雨淋沟、塌陷、裂缝、滑坡、白蚁害兽、冲刷坑、河床淤积等； 石工建筑物是否出现块石护坡塌陷、松动、隆起、底部淘空、垫层流失，墩墙倾斜、滑动、裂缝、勾缝脱落、块石缺失，堤闸连接段塌陷开裂等现象	
混凝土结构	混凝土构件裂缝、倾斜、错动、磨损、剥落、破损、露筋、钢筋锈蚀、冻融损伤、渗水、排水孔有无堵塞、风化、伸缩缝止水损坏、填充物流失、永久缝的开合、错动等不正常现象	
闸门	闸门是否完好，门体有无锈蚀、变形与损坏，支承行走机构完好灵活性，止水装置完好性，闸门卡阻和振动等问题	

续表

项目	安全状态、有效性描述	存在问题产生原因、工程安全运用影响分析
启闭机	启闭是否灵活、制动可靠，各部件是否处在正常状态	
电气设备	供电是否有保障、是否处在正常状态	
安全监测	监测内容齐全、频次合理、设施完好性，监测结果合理分析等	

第4章 混凝土与钢筋混凝土结构的耐久性检测

4.1 概述

混凝土是水闸中应用最广泛的建筑材料。水工混凝土建筑物除有强度要求外，还需要根据工程功能和工作条件，分别或同时满足抗渗、抗裂、抗冻、抗冲磨、抗风化和抗侵蚀的要求，水闸混凝土结构常见的主要病害有裂缝、渗漏、冻融剥蚀、冲刷磨损、空蚀、钢筋锈蚀、碱骨料反应以及环境水侵蚀等。由于混凝土的质量极大地影响着结构的安全性能，开展现状混凝土结构质量检测，对于准确评定工程安全性具有重要意义。

水工混凝土结构型式多样，运行条件和环境与普通钢筋混凝土结构也有较大差别。大体积水工混凝土应用广泛，其突出特点是水闸混凝土结构在腐蚀环境和结构应力等因素下的作用，部分需要结合其他建设行业标准进行检测，现行的检测依据主要包括以下标准：

(1)《水闸安全评价导则》(SL 214—2015)；

(2)《超声法检测混凝土缺陷技术规程》(CECS 21：2000)；

(3)《超声回弹综合法检测混凝土抗压强度技术规程》(T/CECS 02-2020)；

(4)《回弹法检测混凝土抗压强度技术规程》(JGJ/T 23—2011)；

(5)《混凝土中钢筋检测技术标准》(JGJ/T 152—2019)；

(6)《水工混凝土结构缺陷检测技术规程》(SL 713—2015)；

(7)《水工混凝土试验规程》(SL/T 352—2020)；

(8)《砌体工程现场检测技术标准》(GB/T 50315—2011)；

(9)《工程测量标准》(GB 50026—2020)；

(10)《水利水电工程施工测量规范》(SL 52—2015)；

(11)《水闸技术管理规程》(SL 75—2014)；

(12)《水运工程混凝土试验检测技术规范》(JTS 236—2019)；

(13)《水运工程混凝土结构实体检测技术规程》(JTS 239—2015)。

依据《水闸安全评价导则》(SL 214—2015) 第 3.1.3 条的规定，在进行多孔闸的安全评价时，应在普查的基础上，选取能较全面反映整个工程实际安全状态的闸孔进行抽样检测。抽样比例应综合闸孔数量、运行情况、检测内容和条件等因素来确定。多孔水闸闸孔抽样检测比例见表 4.1。

边孔受力特点与中孔区别较大，故应至少抽检一个边孔。另外，使用频率较高或外观质量较差的闸孔一般能反映整个工程的实际安全状态，宜选为抽检闸孔。如果水闸外观质量较好且差异不大时，可以采用随机抽样的方法确定抽检的闸孔。

表 4.1　　多孔水闸闸孔抽样检测比例

多孔水闸闸孔数	≤5	6～10	11～20	>20
抽样比例/%	50～100	30～50	20～30	20

确定了抽检的闸孔后，应对闸孔内各构件进行相应的项目检测，闸孔各构件应按检测单元进行划分。

对于水闸的外观缺陷检查，检查比例为100%。

检测内容应包括下列内容：

（1）混凝土性能指标检测，包括强度、抗冻、抗渗性能等。

（2）混凝土外观质量和内部缺陷检测，包括裂缝检测、碳化深度等。

（3）钢筋布置和保护层厚度检测，以及钢筋锈蚀程度检测。

（4）结构变形和位移检测，以及基础不均匀沉降检测。

（5）混凝土结构的抗侵蚀检测。

4.2　混凝土外观检测

混凝土结构的外观缺陷是指可能对混凝土外观质量和结构使用功能造成影响的蜂窝、麻面、孔洞、露筋、裂缝、疏松脱落等外在形式的欠缺或不完整。外观缺陷的调查方法通常采用普查方式，结合资料调查、描述、目测、简单量测、照片和录像记录等方法。

根据《水工混凝土结构缺陷检测技术规程》（SL 713—2015），调查主要包括以下内容：

（1）外观缺陷：蜂窝、麻面、露石、孔洞、露筋、裂缝、疏松区等。

（2）裂缝情况：部位、数量、走向、长度、宽度，并了解裂缝的变化情况。

（3）混凝土损伤状态：压碎、冻融、剥蚀、脱落及冲蚀（空蚀和磨蚀）等情况；尤其是钢筋锈蚀引起的锈迹、裂缝、起鼓、剥落和露筋等的位置、数量、宽度、长度和面积。过流面磨损腐蚀检查，当溢洪道或泄水孔等抗冲磨区域的混凝土存在严重的磨损和空蚀，在高速水流作用下，会加速冲刷破坏，危及水工结构的安全运行。易遭受冲磨与空蚀破坏的水工结构部位主要有闸门槽与底槛、溢流堰面、坡降突变部位、底板与边墙的交界部位、不同类型衬砌材料的连接部位、消力墩、消力池（塘）护坦与基础连接部位等。

检查需要查明遭受磨蚀破坏的状况，分析破坏类型与原因，判别磨损和空蚀的主要原因；检查判断消能工内残积物数量、分布范围及特征；检查判断水工结构与基岩连接部位的破坏状况，并做详细记录和描绘。当泄水建筑物经短期运行即发生较严重磨蚀破坏，或长期运行发生周期性、重复性破坏时，要重新审查与评估结构布置与体形设计的合理性、溢流面体形和施工不平整度、护面材料的抗磨蚀性能以及不同护面材料间的接缝合理性。

（4）渗漏状态：点、线或面渗漏情况。

（5）伸缩缝的工作状态及变形情况。

（6）混凝土结构的形体尺寸、基础及整体位移和变形情况。

外观缺陷调查需要根据缺陷的分布情况绘制缺陷分布图，如蜂窝、麻面、孔洞等的分布图。

4.3 混凝土强度检测

4.3.1 混凝土强度检测方法

1. 回弹法

回弹法因其方法成熟、操作简便、测试快速、对结构无损伤、检测费用低等优点，在结构混凝土强度无损检测中广泛使用。

（1）仪器设备。回弹法测试的主要设备包括：回弹仪、酚酞酒精溶液、游标卡尺以及电锤（或锤、凿）、吸耳球、砂轮等辅助工具。

回弹仪有指针直读式和数字式两种，通常使用的是前一种。

回弹仪在工程检测前后及使用前需进行检定：在仪器的各项参数、装配尺寸符合规定的情况下，回弹仪在洛氏硬度 HRC 为 60±2 的钢砧上，回弹仪的率定值为 80±2。

酚酞酒精溶液、游标卡尺、电锤（或锤、凿）、吸耳球等为测试混凝土碳化深度的设备，砂轮用于打磨平整回弹测区表面的工具。

（2）检测技术。

1）测试数量。测试可按单个构件检测，当一批构件的配合比、运行环境等基本相同，也可按批进行抽检，抽检数量不少于构件总数的 30%且构件数量不得少于 10 件。抽检构件随机抽取并使所选构件具有代表性。

2）测区要求。①回弹测区面积不小于 $0.04m^2$。②每一结构或构件的测区数不应少于 10 个，对尺寸较小（长度小于 4.5m，高度小于 0.3m）的构件，其测区数量可适当减少，但不应少于 5 个。③相邻两测区的间距控制在 2m 以内，测区距结构（或施工缝）边缘不宜太近。④测区尽量选在使回弹仪处于水平方向检测混凝土浇筑侧面。当不能满足这一要求时，可使回弹仪处于非水平方向检测混凝土浇筑侧面、表面或底面。⑤测区应避开预埋件。⑥测区面为混凝土表面，并清洁、平整，不应有疏松层、浮浆、油垢、涂层以及蜂窝、麻面，必要时可用砂轮清除疏松层和杂物，且不应有残留的粉末或碎屑。

3）回弹值测量。检测时，回弹仪的轴线应始终垂直于结构或构件的混凝土检测面，缓慢施压，准确读数，快速复位。测点在测区范围内均匀分布，相邻两测点的净距不小于 20mm；测点避开外露钢筋、预埋件、气孔或外露石子；同一测点应只弹击一次。每一测区记取 16 个回弹值，每一测点的回弹值读数估读至 1。

4）碳化深度值测量。回弹值测量完毕后，在有代表性的位置上测量碳化深度值，测点数不少于构件测区数的 30%，取其平均值为该构件每测区的碳化深度值。当碳化深度值极差大于 2mm 时，应在每一测区测量碳化深度值。

（3）回弹值计算。计算测区平均回弹值：从该测区的 16 个回弹值中剔除 3 个最大值和 3 个最小值，余下的 10 个回弹值按式（4.1）计算。

$$R_{\mathrm{m}}=\frac{\sum_{i=1}^{10}R_i}{10} \tag{4.1}$$

式中 R_{m}——测区平均回弹值，精确至0.1；

R_i——第i个测点的回弹值。

非水平方向检测混凝土浇筑侧面时（图4.1），按式（4.2）修正。

$$R_{\mathrm{m}}=R_{\mathrm{m}\alpha}+R_{\mathrm{a}\alpha} \tag{4.2}$$

式中 $R_{\mathrm{m}\alpha}$——非水平状态检测时测区的平均回弹值，精确至0.1；

$R_{\mathrm{a}\alpha}$——非水平状态检测时回弹值修正值，按表4.2采用。

表4.2 非水平状态检测时回弹值修正值

$R_{\mathrm{m}\alpha}$	测试角度α							
	+90°	+60°	+45°	+30°	−90°	−60°	−45°	−30°
20	−6.0	−5.0	−4.0	−3.5	+2.5	+3.0	+3.5	+4.0
30	−5.0	−4.0	−3.5	−2.5	+2.0	+2.5	+3.0	+3.5
40	−4.0	−3.5	−3.0	−2.0	+1.5	+2.0	+2.5	+3.0
50	−3.5	−3.0	−2.5	−1.5	+1.0	+1.5	+2.0	+2.5

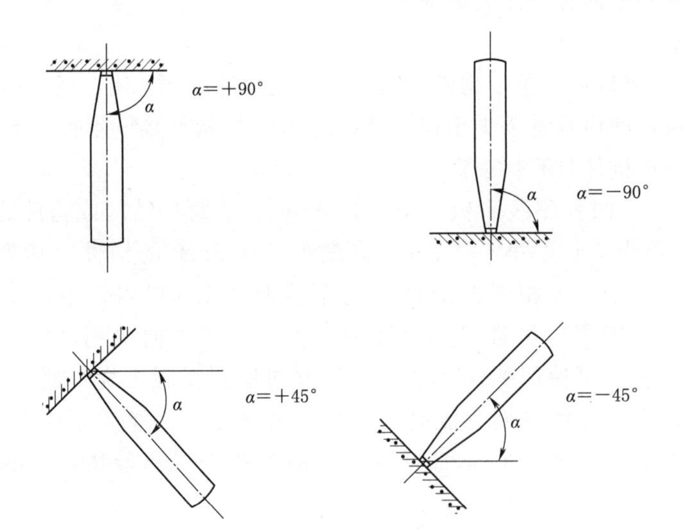

图4.1 回弹仪非水平方向测试示意图

水平方向检测混凝土浇筑顶面或底面时，按式（4.3）和式（4.4）修正。

$$R_{\mathrm{m}}=R_{\mathrm{m}}^{t}+R_{a}^{t} \tag{4.3}$$

$$R_{\mathrm{m}}=R_{\mathrm{m}}^{b}+R_{a}^{b} \tag{4.4}$$

式中 R_{m}^{t}、R_{m}^{b}——水平方向检测混凝土浇筑表面、底面时，测区的平均回弹值，精确至0.1；

R_{a}^{t}、R_{a}^{b}——混凝土浇筑表面、底面回弹值的修正值，按《回弹法检测混凝土抗压强度技术规程》（JGJ/T 23—2011）中附录D采用。

表 4.3　　不同浇注面的回弹值修正值

R_m^t 或 R_m^b	20	25	30	35	40	45	50
表面修正值（R_a^t）	+2.5	+2.0	+1.5	+1.0	+0.5	0	0
底面修正值（R_a^b）	−3.0	−2.5	−2.0	−1.5	−1.0	−0.5	0

注　R_m^t 或 R_m^b 小于 20 或大于 50 时，分别按 20 或 50 查表。

当检测时回弹仪为非水平方向且测试面为非混凝土的浇筑侧面时，先按表 4.3 对回弹值进行角度修正，再按表 4.4 对修正后的值进行浇筑面修正。

（4）混凝土强度计算。在计算混凝土强度时，优先采用专用混凝土强度公式，当无专用混凝土强度公式时，采用混凝土强度公式［式（4.5）］计算：

$$f_{cu,r0}=0.02497R_m^{2.0108}C \tag{4.5}$$

式中　$f_{cu,r0}$——混凝土强度计算值，MPa；

R_m——测区回弹平均值，MPa。

当构件或结构的混凝土碳化深度大于 1mm 时，须将计算的混凝土强度值按式（4.6）修正：

$$f_{cu,r}^c=f_{cu,r0}^cC \tag{4.6}$$

式中　$f_{cu,r}$——修正后的混凝土强度值，MPa；

C——碳化深度修正系数，按表 4.4 采用。

表 4.4　　碳化深度修正系数

测区强度 /MPa	碳化深度/mm					
	1.0	2.0	3.0	4.0	5.0	>6.0
	修正系数					
10.0～19.5	0.95	0.90	0.85	0.80	0.75	0.70
19.6～29.5	0.94	0.88	0.75	0.75	0.73	0.65
29.6～39.5	0.93	0.86	0.73	0.73	0.68	0.60
39.6～50.0	0.92	0.84	0.71	0.68	0.65	0.58

（5）回弹法强度值的修正。回弹法所测得的强度值是通过混凝土表面硬度与强度之间的关系换算得到。一方面，由于换算强度与实际抗压强度存在一定误差；另一方面，水闸检测所涉及的结构或构件大多缺乏专用的测强曲线，且存在混凝土龄期长、材料品种复杂、结构表面状况等因素的影响，导致回弹法测强结果产生误差。因此，需要对回弹检测所得强度值进行修正。实际检测中常采用钻取混凝土芯样对回弹强度进行修正，钻取芯样数量不少于 6 个。试验及修正方法如下：

在 n 个测区上同时进行回弹法和钻芯试验，分别得到 n 个回弹强度换算值 $f_{cu,r}$ 和芯样强度值 $f_{cu,c}$，按式（4.7）计算得到回弹强度的修正系数 K：

$$K=\frac{1}{n}\sum_{i=1}^{n}\frac{f_{cu,ci}}{f_{cu,ri}} \tag{4.7}$$

式中　$f_{cu,ci}$、$f_{cu,ri}$——第 i 个测区的芯样强度值、回弹强度换算值，MPa。

以修正系数 K 乘以测区回弹混凝土强度换算值，得到每一测区的回弹强度值。

（6）结构或构件的混凝土强度推定。

1）计算结构或构件测区混凝土强度平均值 $mf_{cu,r}$、标准差 $sf_{cu,r}$。

$$mf_{cu,r}=\frac{\sum_{i=1}^{n}f_{cu,ri}}{n} \tag{4.8}$$

$$sf_{cu,r}=\sqrt{\frac{\sum_{i=1}^{n}(f_{cu,ri})^2-n(mf_{cu,r})^2}{n-1}} \tag{4.9}$$

式中　$f_{cu,ri}$——第 i 个测区回弹强度值，MPa。

2）结构或构件的混凝土强度推定值 $f_{cu,e}$ 按以下方式确定：①当结构或构件测区数少于10个时，$f_{cu,e}$ 等于构件中最小的测区混凝土强度值。②当结构或构件的测区强度值中出现小于10.0MPa时，$f_{cu,e}$ 小于10.0MPa。③当结构或构件的测区数不少于10个或按批量检测时，按式（4.10）计算。

$$f_{cu,e}=mf_{cu,r}-1.645sf_{cu,r} \tag{4.10}$$

注：结构或构件的混凝土强度推定值是指相应于强度换算值总体分布中保证率不低于95%的结构或构件中的混凝土抗压强度值。

2. 超声回弹综合法

超声回弹综合法是利用超声法与回弹法各自的优点，弥补单一方法的不足，以提高检测精度。

（1）测区布置。

1）当按单个构件检测时，在构件上均匀布置测区，每个构件上的测区数不应少于10个。

2）对同批构件按批抽样检测时，构件抽样数不少于同批构件的30%，且不少于10件，每个构件测区数不应少于10个。作为按批检测的构件，其混凝土强度等级、原材料配合比、成型工艺、养护条件及龄期、构件种类、运行环境等需基本相同。

3）对长度小于或等于2m的构件，其测区数量可适当减少，但不少于3个。

4）测区布置要使得：测区布置在构件混凝土浇灌方向的侧面；测区均匀分布，相邻两测区的间距不宜大于2m；测区避开钢筋密集区和预埋件；测区尺寸为200mm×200mm；测试面应清洁、平整、干燥，不应有接缝、饰面层、浮浆和油垢，并避开蜂窝、麻面部位，必要时可用砂轮片清除杂物和磨平不平整处，并擦净残留粉尘。

5）结构或构件的每一测区，先进行回弹测试，后进行超声测试。非同一测区内的回弹值及超声声速值，在计算混凝土强度换算值时不能混用。

（2）回弹值的测量与计算。回弹测试、计算及角度、测试面的修正方法同第4.1.2.2节。值得注意的是，该方法的同一回弹测区在结构的两相对测试面对称布置，每一面的测区内布置8个回弹测点，两面共16个测点。

（3）声速值测量与计算。超声测点布置在回弹测试的同一测区内。测量超声声时时，需保证换能器与混凝土耦合良好；测试的声时值精确至0.1μs，声速值精确至0.01km/s。

超声测距的测量误差不大于±1%；在每个测区内的相对测试面上，应各布置3个测点，且发射和接收换能器的轴线应在同一轴线上。

测区声速应按式（4.11）、式（4.12）计算：

$$C=\frac{l}{t_m} \tag{4.11}$$

$$t_m=(t_1+t_2+t_3)/3 \tag{4.12}$$

式中　C——测区声速值，km/s；

l——超声测距，mm

t_m——测区平均声时值，μs；

t_1、t_2、t_3——测区中3个测点的声时值。

当在混凝土浇灌的顶面与底面测试时，测区声速值应按式（4.13）修正：

$$C_a=\beta C \tag{4.13}$$

式中　C_a——修正后的测区声速值，km/s；

β——超声测试面修正系数，在混凝土浇灌顶面及底面测试时，$\beta=1.034$。

（4）混凝土强度的推定。

1）强度计算及修正。结构或构件混凝土测区的混凝土强度换算值 f_i 根据修正后的测区回弹值 R_i 及修正后的测区声速值 C_i，优先采用专用或地区测强曲线推算，当无该类曲线时可参考式（4.14）、式（4.15）计算。

当粗骨料为卵石时：

$$f_i=0.0038C_i^{1.23}R_i^{1.95} \tag{4.14}$$

当粗骨料为碎石时：

$$f_i=0.008C_i^{1.72}R_i^{1.57} \tag{4.15}$$

经过计算得到的测区混凝土强度值，还需要根据钻芯试验对其进行修正，钻芯数量不少于3个，钻芯位置应在回弹、超声测区上。修正系数值 K 的确定及修正方法与4.3.1.1节要求一致，只要将公式中的回弹强度替换为回弹综合法强度即可。

2）强度推定。结构或构件的混凝土强度推定值 f_{cu}，可按下列条件确定：①当按单个构件检测时，单个构件的混凝土强度推定值 f_{cu}，取该构件各测区中最小的混凝土强度换算值 $f_{cu,min}$。②当按批抽样检测时，该批构件的混凝土强度推定值按式（4.16）计算：

$$f_{cu,e}=m_{f_{cu}}-1.645S_{f_{cu}} \tag{4.16}$$

式中　$f_{cu,e}$——结构或构件的混凝土推定值，MPa；

$m_{f_{cu}}$——结构或构件各测区混凝土强度换算值的平均值，MPa；

$S_{f_{cu}}$——结构或构件各测区混凝土强度换算值的标准差，MPa。

3）当同批测区混凝土强度换算值标准差过大时，这批构件的混凝土强度推定值为该批每个构件中最小的测区混凝土强度换算值的平均值，即

$$f_{cu,e}=\frac{1}{m}\sum_{j=1}^{m}f_{cu,min,i} \tag{4.17}$$

式中　$f_{cu,min,i}$——第 j 个构件中的最小测区混凝土强度换算值，MPa。

3. 钻芯法

钻芯法是一种半破损的混凝土强度检测方法，它通过在结构物上钻取芯样并在压力试

验机上试压得到被测结构的混凝土强度值。该方法结果准确、直观，但对结构有局部损坏。钻芯法作为对其他无损检测方法的补充，是水闸结构混凝土强度中的一项基本的检测内容。

(1) 仪器设备。目前国内外生产的取芯机有多种型号，用于水闸结构物上取芯的设备一般采用体积小、重量轻、电动机功率在1.7kW以上、有电器安全保护装置的钻芯机。芯样加工设备包括岩芯切割机、磨平机、补平器等。钻取芯样的钻头采用人造金刚石薄壁钻头。

其他辅助设备有：冲击电锤、膨胀螺栓、水冷却管、水桶、用于取出芯样的榔头、扁凿、芯样夹（或细铅丝）等。

(2) 芯样数量。按单个构件检测时，每个构件的钻芯数量应不少于3个；对于较小构件，钻芯数量可取2个；对构件局部区域进行检测时，由检测单位提出钻芯位置及芯样数量。

(3) 芯样的钻取。

1) 钻头直径选择。钻取芯样的钻头直径，不得小于粗骨料最大直径的2倍。

2) 确定取样点。芯样取样点应选择，结构的非主要受力部位；混凝土强度质量具有代表性的部位；便于钻芯机安放与操作的部位；避开钢筋、预埋件、管线等。

用钢筋保护层测定仪探测钢筋，避开钢筋位置布置钻芯孔。

3) 钻芯机安装。根据钻芯孔位置确定固定钻芯机的膨胀螺栓孔位置（一般为两个孔），用冲击电锤钻与膨胀螺栓胀头直径相应的孔，孔深比膨胀管深约20mm。插入膨胀螺栓并将取芯机上的固定孔与之相对套入安装上，旋上并拧紧膨胀螺栓的固定螺母。

钻芯机安装过程中应注意：尽量使钻芯钻头与结构的表面垂直；钻芯机底座与结构表面的支撑点不得有松动。

接通水源、电源即可开始钻芯。

4) 芯样钻取。调整钻芯机的钻速：大直径钻头采用低速，小直径采用高速。开机后钻头慢慢接触混凝土表面，待钻头刃部入槽稳定后方可加压。进钻过程中的加压力量以电机的转速无明显降低为宜。

进钻深度一般大于芯样直径约70mm（对于直径小于100mm的芯样，钻入深度可适当减小），以保证取出的芯样有效长度大于芯样的直径。

进钻到预定深度后，反向转动操作手柄，将钻头提升到接近混凝土表面然后停电停水、卸下钻机。

将扁凿插入芯样槽中用榔头敲打致使芯样与混凝土断开，再用芯样夹或铅丝套住芯样将其取出。对于水平钻取的芯样用扁螺丝刀插入槽中将芯样向外拨动，使芯样露出混凝土后用手将芯样取出。

从钻孔中取出的芯样在稍微晾干后，标上清晰的标记。若所取芯样的高度及质量不能满足要求，则重新钻取芯样。

结构或构件钻芯后所留下的孔洞应及时进行修补，以保证其正常工作。

(4) 芯样试件加工。芯样抗压试件的高度和直径之比在1～2的范围内。

采用锯切机加工芯样试件时，将芯样固定，使锯片平面垂直于芯样轴线。锯切过程中用水冷却人造金刚石圆锯片和芯样。

芯样试件内不应含有钢筋，如不能满足则每个试件内最多只允许含有两根直径小于10mm的钢筋，且钢筋应与芯样轴线基本垂直并不得露出端面。

锯切后的芯样，当不能满足平整度及垂直度要求时，可采用以下方法进行端面加工：①在磨平机上磨平；②用水泥砂浆（或水泥净浆）或硫磺胶泥（或硫磺）等材料在专用补平装置上补平，水泥砂浆（或水泥净浆）补平厚度不宜大于5mm，硫磺胶泥（或硫磺）补平厚度不宜大于1.5mm。

补平层应与芯样结合牢固，以使受压时补平层与芯样的结合面不提前破坏。

（5）抗压强度试验。

1）芯样试件几何尺寸测量。①平均直径：用游标卡尺测量芯样中部，在相互垂直的两个位置上，取其二次测量的算术平均值，精确至0.5mm。②芯样高度：用钢卷尺或钢板尺进行测量，精确至1mm。③垂直度：用游标量角器测量两个端面与母线的夹角，精确至0.10。④平整度：用钢板（玻璃）或角尺紧靠在芯样端面上，一面转动板尺，一面用塞尺测量与芯样端面之间的缝隙。

2）芯样尺寸偏差及外观质量超过以下数值时，不能做抗压强度试验：①端面补平后的芯样高度小于0.8d（d为芯样试件平均直径），或大于2.0d时。②沿芯样高度任一直径与平均直径相差达2mm以上时。③端面的不平整度在100mm长度内超过0.1mm时。④端面与轴线的不垂直度超过2°时。⑤芯样有裂缝或有其他较大缺陷时。

3）芯样抗压。芯样试件的抗压试验按现行国家标准《普通混凝土力学性能试验方法》（GB/T 50081—2009）中对立方体试块抗压试验的规定进行。

芯样试件在与被检测结构或构件混凝土湿度基本一致的条件下进行抗压试验。如结构工作条件比较干燥，芯样试件应以自然干燥状态进行试验，如结构工作条件比较潮湿，芯样试件应以潮湿状态进行试验。

按自然干燥状态进行试验时，芯样试件在受压前应在室内自然干燥3d；按潮湿状态进行试验时，芯样试件应在20℃±5℃的清水中浸泡40～48h，从水中取出后应立即进行抗压试验。

（6）芯样混凝土强度的计算。混凝土芯样试件抗压强度$f_{co,r}$按式（4.18）计算：

$$f_{co,r}=A\frac{4P}{\pi d^2} \tag{4.18}$$

式中 A——不同高径比的芯样试件混凝土强度换算系数，从表4.5选用；

P——芯样试件抗压试验测得的最大压力，kN；

d——芯样试件的平均直径，mm。

表4.5　芯样试件混凝土强度换算系数

高径比	0.8	0.9	1.0	1.1	1.2	1.3	1.4	1.5	1.8	2.0
系数A	0.9	0.95	1.0	1.04	1.07	1.10	1.13	1.15	1.20	1.24

芯样试件抗压强度$f_{co,r}$换算为相应于测试龄期的、边长为150mm的立方体试块的抗压强度值$f_{cu,ce}$，按式（4.19）计算：

$$f_{cu,ce}=Kf_{co,r} \tag{4.19}$$

式中 K——换算系数，按表 4.6 选用。

表 4.6 换算系数 K

芯样直径/mm	150	100	70	55
换算系数 K	1.0		1.12	

(7) 芯样混凝土试件强度代表值的确定。在同一构件上钻取的芯样，取芯样试件混凝土强度换算值中的最小值作为其代表值。

4.3.2 砌体强度检测

部分水闸尤其是建设年代较早的水闸，主要结构会采用砌体结构型式，在进行水闸安全鉴定工作时，可按《砌体工程现场检测技术标准》(GB/T 50315—2011) 检测和推定既有砌体工程的砌筑砂浆强度、砖的强度或砌体强度。

根据水闸安全鉴定需要，砌体工程的现场检测方法，可按测试内容分为下列几类：

(1) 检测砌体抗压强度：原位轴压法、扁顶法、切制抗压试件法。

(2) 检测砌筑砂浆强度：推出法、筒压法、砂浆片剪切法、砂浆回弹法、点荷法、砂浆片局压法。

根据检测需要求，相关方法的选用详见表 4.7。

表 4.7 砌体结构检测方法汇总

序号	检测方法	特点	用途	限制条件
1	轴压法	1. 属原位检测，直接在墙体上测试，检测结果综合反映了材料质量和施工质量； 2. 直观性、可比性较强； 3. 设备较重； 4. 检测部位有较大局部破损	1. 检测普通砖和多孔砖砌体的抗压强度； 2. 火灾、化学腐蚀后的砌体剩余抗压强度	1. 槽间砌体每侧的墙体宽度不应小于 1.5m，测点宜选在墙体长度方向的中部； 2. 限用于 240mm 厚砖墙
2	扁顶法	1. 属原位检测，直接在墙体上测试，检测结果综合反映了材料质量和施工质量； 2. 直观性、可比性较强； 3. 扁顶重复使用率较低； 4. 砌体强度较高或轴向变形较大时，难以测出抗压强度； 5. 设备较轻； 6. 检测部位有较大局部破损	1. 检测普通砖和多孔砖砌体的抗压强度； 2. 检测古建筑和重要建筑的受压工作应力； 3. 检测具体工程的砌体弹性模量； 4. 火灾、环境侵蚀后的砌体剩余抗压强度	1. 槽间砌体每侧的墙体宽度不应小于 1.5m，测点宜选在墙体长度方向的中部； 2. 不适用于测试墙体破坏荷载大于 400kN 的墙体
3	切制抗压试件法	1. 属取样检测，检测结果综合反映了材料质量和施工质量； 2. 直观性、可比性较强； 3. 设备较重，现场取样时有水污染； 4. 取样部位有较大局部破损； 5. 检测结果不需换算系数	1. 检测普通砖和多孔砖砌体的抗压强度； 2. 火灾、环境侵蚀后的砌体剩余抗压强度	取样部位每侧的墙体宽度不应小于 1.5m；且应为墙体长度方向的中部或受力较小的地方

续表

序号	检测方法	特　　点	用　　途	限制条件
4	推出法	1. 属原位检测，直接在墙体上检测，检测结果综合反映了材料质量和施工质量； 2. 设备较轻便； 3. 检测部位局部破损	检测烧结普通砖、烧结多孔砖和蒸压灰砂砖或蒸压粉煤灰墙体的砂浆强度	当水平灰缝的砂浆饱满度低于65%时，不宜选用
5	筒压法	1. 属取样检测； 2. 仅需利用一般混凝土试验室的常用设备； 3. 取样部位局部损伤	检测烧结普通砖和烧结多孔砖墙体中的砂浆强度	
6	砂浆片剪切法	1. 属取样检测； 2. 专用的砂浆测强仪和其标定仪，较为轻便； 3. 试验工作较简便； 4. 取样部位局部损伤	检测烧结普通砖和烧结多孔砖墙体中的砂浆强度	
7	砂浆回弹法	1. 属原位无损检测，测区选择不受限制； 2. 回弹仪有定型产品性能较稳定，操作简便； 3. 检测部位的装修面层仅局部损伤	1. 主要用于砂浆强度均质性检查； 2. 检测烧结普通砖和烧结多孔砖墙体中的砂浆强度	1. 不适用于砂浆强度小于2MPa的墙体； 2. 水平灰缝表面粗糙且难以磨平时，不得采用
8	点荷法	1. 属取样检测； 2. 试验工作较简便； 3. 取样部位局部损伤	检测烧结普通砖和烧结多孔砖墙体中的砂浆强度	不适用于砂浆强度小于2MPa的墙体
9	砂浆片局压法	1. 属取样检测； 2. 择压仪有定型产品，性能较稳定，操作简便； 3. 取样部位局部损伤	检测烧结普通砖和烧结多孔砖墙体中的砂浆强度	适用范围限于： 1. 水泥石灰砂浆强度：1～10MPa； 2. 水泥砂浆强度：1～20MPa

4.4 钢筋分布和锈蚀检测

4.4.1 钢筋分布检测方法

1. 电磁感应法

电磁感应法适用于混凝土中钢筋的间距、直径和混凝土保护层厚度的检测。

（1）检测仪器设备应包括钢筋探测仪、游标卡尺等。钢筋探测仪检测前应采用保护层厚度为10～50mm的校准试件进行校准。

（2）钢筋间距、混凝土保护层厚度检测步骤方法如下。

1）应根据检测区域内钢筋可能分布状况，选择适当的检测面。检测面应清洁、平整，并应避开金属预埋件。对于具有饰面层的结构及构件，应清除饰面层后在混凝土面上进行检测。

2）在检测前，首先应对钢筋探测仪探头进行校正调零。校正时，探头应放置在空气中，远离金属等导磁介质干扰，校正完毕后方可进行检测。检测过程中，当对结果有怀疑时，应随时核查钢筋探测仪的零点状态，避免磁场干扰影响测试数据的准确性。

3）检测过程中应匀速移动探头，探头移动速度不应大于 20mm/s，在找到钢筋以前应避免往复移动探头，以免造成误判。

4）应根据设计资料确定钢筋走向等布设状况。如无法确定，应在两个正交方向多点扫描，以确定钢筋位置。检测时应避开钢筋接头和绑丝。探头在检测面上移动，要找到钢筋正上方的位置，首先粗略扫描，听到仪器报警声后往回平移探头，放慢速度，如此往复直到钢筋探测仪保护层厚度示值最小，此时探头中心线与钢筋轴线应重合，在相应位置做好标记。按上述步骤将相邻的其他钢筋位置标出。

5）混凝土保护层厚度的检测。在确定钢筋位置后，应按下列步骤检测混凝土保护层厚度：

a. 检测前应设定钢筋探测仪量程范围，并根据设计资料设定钢筋公称直径。检测时沿被测钢筋轴线选择相邻钢筋影响较小的位置，缓慢匀速移动探头，读取第一次检测的混凝土保护层厚度检测值。在同一位置重复检测一次，读取第二次检测的混凝土保护层厚度检测值。

b. 当同一处读取的两个混凝土保护层厚度检测值相差大于 1mm 时，该组检测数据无效，此时应查明钢筋位置准确性、探头零点状态、仪器电量等影响因素，然后应在该处重新进行检测。仍不满足要求时，应更换钢筋检测仪或采用钻孔、剔凿的方法验证。

c. 钢筋探测仪要求钢筋公称直径已知，方能准确检测混凝土保护层厚度，因此必须按照钢筋公称直径对应设置。

d. 当混凝土实际保护层厚度小于钢筋探测仪最小示值时，应采用在探头下附加垫块的方法进行检测。垫块对钢筋探测仪检测结果不应产生干扰、表面应光滑平整，其各方向厚度值偏差不应大于 0.1mm。所加垫块厚度在计算时应予扣除。

6）按上述第 4）步骤将相邻的其他钢筋位置标出，然后逐个量测钢筋的间距。

（3）当发生下列情况之一，必要时可采用钻孔、剔凿等方法验证。钻孔、剔凿时，不得损坏钢筋，实测时应采用游标卡尺。

1）相邻钢筋对检测结果有影响。

2）钢筋公称直径未知或有异议。

3）钢筋实际根数、位置与设计有较大偏差。

4）钢筋以及混凝土材质与校准试件有显著差异。

（4）钢筋直径检测应符合下列要求：

1）应根据检测区域内钢筋可能分布状况，选择适当的检测面。检测面应清洁、平整，并应避开金属预埋件。对于具有饰面层的结构及构件，应清除饰面层后在混凝土面上进行检测。

2）对于校准试件，钢筋探测仪对钢筋公称直径的检测允许误差为±1mm。

3）检测前应根据设计资料，确定被测结构及构件中钢筋的排列方向，并采用钢筋探测仪对被测结构及构件中钢筋及其相邻钢筋进行准确定位并做标记。

4）被测钢筋与相邻钢筋的间距应大于 100mm，且其周边的其他钢筋不应影响检测结果，并应避开钢筋接头及绑丝。在定位的标记上记录钢筋探测仪显示的钢筋公称直径。每根钢筋重复检测 2 次，第二次检测时探头应旋转 180°，每次读数应一致。

5）当需要通过混凝土保护层厚度值检测钢筋直径时，应事先钻孔确定钢筋的混凝土保护层厚度。

（5）需要通过实物对钢筋直径检测结果进行验证时，应采取下列措施：

1）钢筋的直径检测宜结合钻孔、剔凿的方法进行，钻孔、剔凿的数量不应少于该规格已测钢筋的 30%且不应少于 3 处，当实际检测数量不到 3 处时应全部选取。钻孔、剔凿时，不得损坏钢筋，实测应采用游标卡尺。

2）根据游标卡尺的测量结果，可通过钢筋产品标准查出对应的钢筋公称直径。

3）当钢筋探测仪测得的钢筋直径与钢筋实际公称直径之差大于 1mm 时，应以实测结果为准。

（6）检测数据处理。混凝土保护层厚度平均检测值应按式（4.20）计算：

$$c_{\mathrm{m},i}^{t}=(c_1^t+c_2^t+2c_c-2c_0)/2 \tag{4.20}$$

式中 $c_{\mathrm{m},i}^{t}$——第 i 测点混凝土保护层厚度平均检测值，精确至 1mm；

c_1^t、c_2^t——第一次、第二次检测的混凝土保护层厚度检测值，精确至 1mm；

c_c——混凝土保护层厚度修正值，为同一规格钢筋的混凝土保护层厚度实测验证值减去检测值，精确至 0.1mm；

c_0——探头垫块厚度，精确至 0.1mm，不加垫块时 $c_0=0$。

检测钢筋间距时，可根据实际需要采用绘图方式给出结果。当同一构件检测钢筋不少于 7 根钢筋（6 个间隔）时，也可给出被测钢筋的最大间距、最小间距，并按式（4.21）计算钢筋平均间距：

$$S_{\mathrm{mm},i}=\frac{\sum_{i=1}^{n}S_i}{n} \tag{4.21}$$

式中 $S_{\mathrm{mm},i}$——钢筋平均间距，精确至 1mm；

n——钢筋间隔数；

S_i——第 i 个钢筋间距，精确至 1mm。

2. 探地雷达法

雷达法可用于混凝土中钢筋间距的快速扫描检测，也可用于混凝土保护层厚度检测。

在采用雷达检测时，检测前应根据设计资料结合现场试验，选择合适的雷达天线中心频率。然后，根据设计资料中被测混凝土中钢筋的排列方向，雷达仪天线应沿垂直于选定的被测钢筋轴线方向扫描，应根据钢筋的反射波位置确定钢筋间距和混凝土保护层厚度检测值。

检测过程中存在相邻钢筋的影响、检测钢筋的实际根数、位置与设计有较大偏差或无资料可查、混凝土的含水率较高、被测的钢筋及混凝土材质与校准试件有显著差异等情况时，必要的时候可采用钻孔、剔凿等方法验证。

检测数据的处理，跟电磁感应法数据处理要求一致。

4.4.2 钢筋腐蚀检测

钢筋腐蚀检测包括两方面的内容：一是检测和判定钢筋是否腐蚀，二是检测钢筋腐蚀程度。

1. 基本原理

确定钢筋腐蚀状态，即确定是否腐蚀，可根据混凝土的碳化程度、氯离子含量、钢筋的自然电位和钢筋的电阻率等来确定。若混凝土的碳化深度达钢筋表面，或钢筋位置处氯离子含量达钢筋腐蚀的临界值时，钢筋一般发生腐蚀。

混凝土中钢筋腐蚀是一种电化学腐蚀过程，钢筋有腐蚀，必然会产生电流，影响钢筋的电位值。混凝土中钢筋半电池电位是测点处钢筋表面微阳极和微阴极的混合电位。当构件中钢筋表面阴极极化性能变化不大时，钢筋半电池电位主要取决于阳极性状：阳极钝化，电位偏正；活化，电位偏负。美国、日本和中国的钢筋腐蚀状态的判别方法分别见表4.8～表4.10。由表可见，用电位法判断腐蚀状态，各国的判别标准不尽相同。

表4.8 钢筋腐蚀状态的判别方法（美国）

混凝土钢筋电位/mV（对硫酸铜电极）	−200～0	−350～−200	<−350
腐蚀状态	钝化状态	50%腐蚀的可能性	95%腐蚀的可能性

表4.9 钢筋腐蚀状态的判别方法（日本）

混凝土钢筋电位/mV（对硫酸铜电极）	>−300	−300左右	<−300
腐蚀状态	钝化状态	局部腐蚀	全部腐蚀

表4.10 钢筋腐蚀状态的判别方法（中国）

混凝土钢筋电位/mV（对硫酸铜电极）	−200～0	−350～−200	<−350
腐蚀概率	<10%	不确定	>90%

钢筋半电池电位测定适用于现场无损检测钢筋混凝土建筑物中钢筋半电池电位，以确定钢筋腐蚀性状，但不适用于混凝土已饱和或接近饱和的构件。测量钢筋电位值的方法如图4.2所示。一般用铜/硫酸铜作为参比电极，使其与被测钢筋连接，中间串联毫伏表。根据毫伏表的读数，参照表4.11判断钢筋腐蚀的状态。

2. 测试仪器

自制铜/硫酸铜参比电极：用内径不小于20mm、长度不小于100mm的玻璃管或刚性塑料管。在管的下端塞软木塞，在上端用橡皮塞或火漆封闭。将管内灌满饱和硫酸铜溶液（当有一定量硫酸铜晶体积聚在溶液底部时，即认为此溶液已饱和）。通过橡皮塞，在溶液中插入一根直径不小于5mm的紫铜棒。紫铜棒预先经过擦锈、去脂。在电极下端软木塞外面用海绵包裹。测量前电极下端浸在硫酸铜溶液中备用。

电压表：量程2000mV，最小分刻度10mV，输入阻抗应不低于10MΩ。

电瓶夹头一只；导线总长不大于100m。

3．试验步骤

在构件表面以网格形式布置测点。一般测点纵、横向间距为300～500mm。当相邻两测点测值之差超过150mV时，应适当缩小测点间距，但最小间距一般应保持不小于100mV的读数差。

在混凝土构件表面，通过电瓶夹头引出导线，连接到内部钢筋网上的露头钢筋。钢筋与夹头电连接处，预先用砂布除锈、擦光。引出的导线接电压表的正极。若无电连接的露头钢筋时，要在建筑物表面某一处凿去混凝土保护层，使钢筋暴露，并引线。

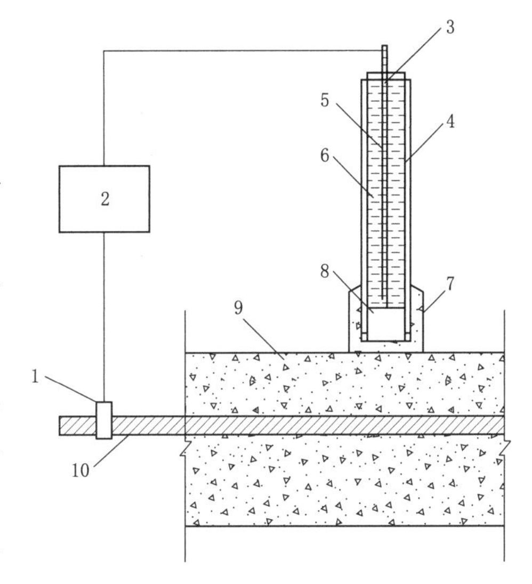

图4.2　测量钢筋电位值的方法

1—电瓶夹；2—电压表；3—橡皮塞；4—紫铜棒；5—刚性塑料棒；6—饱和硫酸铜溶液；7—海绵；8—软木塞；9—混凝土；10—钢筋

从铜/硫酸铜参比电极的紫铜棒上引出导线，接电压表的负极。将铜/硫酸铜参比电极下端依次放置在各测点处，同时保持电极纵轴线与构件表面垂直，读出并记录各测点的钢筋半电池电位，精确至10mV。测量时，半电池电位读数应稳定，不随时间变化或摆动，在5min内电位读数变化应在±20mV以内。否则，应用浸透硫酸铜溶液的海绵预先在各测点预湿，在混凝土较干的情况下，也可用喷淋等方法预湿整个混凝土表面，使读数稳定。若用以上预湿方法，仍未能使电位稳定在±20mV以内，则不能使用该方法。在水平向或垂直向上测量时，要确保参比电极中的硫酸铜溶液始终与软木塞、紫铜棒接触。

4．结果处理

对测量结果可按下列两种方法处理：

(1) 绘制构件表面钢筋半电池等电位图。它提供了构件中可能发生钢筋腐蚀活动性区域图。在比例适当的构件表面图上，点绘出各测点的位置和测值。通过电位等值点和内插等值点，画等电位线。等电位线的最大间隔应为100mV。

(2) 绘出累积频率图。它提供了构件钢筋腐蚀活动区域的大小（占的百分比）。将所有的半电池电位，按其负值从小到大排列（电位相同的测点之间，可任意排列次序），并连续编号。按式（4.22）计算各测值的累积频率：

$$f_x=\frac{r}{\sum n+1}\times 100\% \tag{4.22}$$

式中　f_x——所测值的累积频率；

r——各个半电池电位的排序；

$\sum n$——总测值个数。

累积频率图的纵坐标为半电池电位（mV）；横坐标为累积频率（%）。根据各测点的半电池电位和累积频率，在图上绘出累积频率曲线。

除此之外，还可以在混凝土表面进行电位梯度测量。若两电极间距200mm时能测出

100～150mV 的电位差来，低电位处可判断为腐蚀状态。

钢筋腐蚀与混凝土的电阻率有关，表 4.11 给出了根据混凝土电阻率判断混凝土腐蚀状态的方法。

表 4.11　　钢筋腐蚀状态与混凝土电阻率

混凝土电阻率/(Ω·cm)	＞12000	5000～12000	＜5000
腐蚀的可能性	不腐蚀	可能腐蚀	肯定腐蚀

5. 钢筋腐蚀程度检测

钢筋腐蚀程度的检测有以下三种方法：

(1) 综合法。综合法是用钢筋腐蚀电流确定钢筋腐蚀速度。钢筋腐蚀电流可以根据钢筋的自然电位、极化程度、混凝土的电阻率等参数求出。

$$i=(E_A-E_C)/(R_{PA}+R_{PC}+R) \tag{4.23}$$

式中 E_A——阳极电位，μV；

E_C——阴极电位，μV；

R_{PA}——阳极极化电阻，Ω；

R_{PC}——阴极极化电阻，Ω；

R——阴阳极之间混凝土电阻，Ω；

i——腐蚀电流，μA。

在大气环境下，氧的浓度足以供给阴极过程，腐蚀速度取决于阳极过程，也称阳极控制。因此，一般情况下，钢筋腐蚀电流可以改写为

$$i=(E_A-E_C)/(R_{PA}+R) \tag{4.24}$$

尽管无法直接测出腐蚀电流，但根据腐蚀电流的表达式，可以给混凝土中的钢筋加一电位 V，在电位 V 下，钢筋电流应为：

$$I=V/(R_{PA}+R) \tag{4.25}$$

比较式 (4.24) 和式 (4.25)，电流 I 与腐蚀速度必然成正比。研究表明钢筋腐蚀率与电流 I 的关系：

$$\lambda=2.3\times10^{-4}I \tag{4.26}$$

式中 λ——钢筋截面腐蚀率，mm/a；

I——电流，μA。

根据电流分析钢筋腐蚀速度的判别分类见表 4.12。

表 4.12　　钢筋腐蚀速度的判别分类

电流 I/μA	$I\leqslant15$	$15<I\leqslant30$	$30<I\leqslant100$	$I\geqslant100$
腐蚀速度/(mm/a)	$\lambda<0.003$	$0.003\leqslant\lambda<0.006$	$0.006\leqslant\lambda<0.02$	$\lambda\geqslant0.02$
分类	慢速	中速	快速	特快

(2) 裂缝观察法。裂缝观察法是根据混凝土构件的裂缝形状、分布和裂缝宽度等来判别钢筋是否腐蚀及腐蚀程度。

钢筋腐蚀后会产生体积膨胀，造成混凝土出现顺筋裂缝，因此，通过观察混凝土构件

上有无顺筋裂缝和裂缝的开裂程度可判别钢筋腐蚀程度，见表4.13。

表4.13　钢筋混凝土构件裂缝与钢筋截面损失率

裂缝状态	钢筋截面损失率	裂缝状态	钢筋截面损失率
无顺筋裂缝	0%～1%	保护层局部剥落	5%～20%
有顺筋裂缝	0.5%～10%	保护层全部剥落	15%～25%

钢筋的截面损失率与裂缝宽度、保护层厚度、钢筋直径和混凝土的强度等有关，文献把它们之间的关系表示为

$$\lambda=507e^{0.007a}f_{cu}^{0.009}d^{-1.76}\quad(0\leqslant\delta_t<0.2\text{mm})\tag{4.27}$$

$$\lambda=232e^{0.008a}f_{cu}^{0.567}d^{-1.108}\quad(0.2\text{mm}\leqslant\delta_t<0.4\text{mm})\tag{4.28}$$

式中　λ——钢筋截面损失率；

a——混凝土的保护层厚度，mm；

d——钢筋直径，mm；

f_{cu}——混凝土的立方强度，MPa；

δ_t——腐蚀裂缝宽度，mm。

(3) 取样检查法。取样检查法就是去掉混凝土保护层直接检查腐蚀情况，如剩余直径、腐蚀坑的长度、深度和截面腐蚀率等。检测既可在钢筋上直接进行，也可以取钢筋试样在实验室进行分析。分析钢筋锈蚀率、钢筋截面损失率或钢筋质量损失率。

1) 钢筋锈蚀率按式(4.29)计算：

$$R=\frac{S_n}{S_0}\times100\%\tag{4.29}$$

式中　R——钢筋锈蚀率，%；

S_n——钢筋锈蚀面积，mm^2；

S_0——钢筋表面积，mm^2。

2) 钢筋截面损失率按式(4.30)计算：

$$\lambda=\frac{A_0-A_n}{A_0}\times100\%\tag{4.30}$$

式中　λ——钢筋截面损失率；

A_n——钢筋锈蚀后的截面面积，mm^2；

A_0——钢筋截面面积，mm^2。

3) 钢筋质量损失率按式(4.31)计算：

$$M=\frac{W_0-W-\dfrac{(W_{01}-W_1)+(W_{02}-W_2)}{2}}{W_0}\times100\%\tag{4.31}$$

式中　M——钢筋质量损失率；

W_{01}、W_{02}——空白校正用的两根钢筋的初始质量，g；

W_1、W_2——空白校正用的两根钢筋酸洗后相应的质量，g；

W_0——试验钢筋初始质量，g；

W——试验后钢筋质量，g。

4.5 混凝土碳化深度检测

4.5.1 现场检测工具

现场检测工具包括：小锤（0.5kg 铁锤）、刚钻、测深尺（可用 0.02mm 读数值游标卡尺）、1%酚酞乙醇溶液（含 20%的蒸馏水）、喷雾器气吹（或小毛刷）等。

4.5.2 检测步骤

用适合的工具，于被测混凝土结构表面向内部开凿直径 20mm 和适当深度的小孔。除净空洞中的粉末和碎屑，随即喷上（或滴上）1%酚酞乙醇溶液，经 30s 后测出碳化深度。

4.5.3 测点布置

检测结构或构件混凝土的碳化可采用下列两种方式：

(1) 单个检测：适用于单独的结构或构件的检测。

(2) 批量检测：适用于在相同混凝土条件和生产工艺条件下的同类构件。按批检测的构件，抽检数量不得少于同批构件总数的 30%，且测区数量不少于 30 个。

每一构件的测区对长度不少于 3m 的构件，其测区数不少于 2 个。每个测区中检测点不少于 2 个。

4.6 混凝土裂缝深度检测

混凝土结构裂缝深度的检测，根据结构型式、裂缝开展深度的不同可采用不同的检测方法。目前成熟规范采纳的方法有超声波法、面波法以及钻孔法。

4.6.1 超声波单面平测法

1. 检测原理

超声波对混凝土裂缝进行探测时，主要利用的是纵波（也称 P 波）在混凝土中的传播特性。任何弹性介质都会在自身体积发生变化时，出现弹性力，正由于此，P 波可以在固体、液体和气体等任何弹性介质中传播。P 波的质点振动方向和传播方向一致，使其在各种波中的传播速度最快，其传播速度可以用式（4.32）～式（4.34）表示。

当物体为无限尺寸的介质时，纵波的波速可以表示为

$$v_{P1}=\sqrt{\frac{E(1-\mu)}{\rho(1+\mu)(1-2\mu)}} \tag{4.32}$$

当 P 波的波长较长时，且介质为柱、桩时，波速为

$$v_{P2}=\sqrt{\frac{E}{\rho}} \tag{4.33}$$

当 P 波的波长较长时，且介质为平面板状物体时，波速为

$$v_{P3}=\sqrt{\frac{E}{\rho(1-\mu^2)}} \tag{4.34}$$

式中 E——材料的弹性模量，Pa；

μ——泊松比；

ρ——密度，kg/m^3。

混凝土为非均质体，即便混凝土严格按照规范浇筑、振捣与养护成型，其内部依旧不可避免地存在复杂界面，例如砂浆与骨料的界面、裂缝界面、空洞和不密实区界面等。因此，超声波在检测混凝土裂缝时，声波射线在混凝土中的传播情况相比于在均质体中传播要复杂很多。利用超声波法对混凝土裂缝进行检测时，通常关注超声波在混凝土中传播的以下几个方面的特点：

（1）超声波频率高，但是衰减较大，由于混凝土内部骨料的不均匀性，使得超声波在混凝土内部传播时散射和折射现象十分明显，而波的散射和折射均会造成能量的耗散。频率越高，散射越明显，因此为了使超声波在混凝土中尽可能扩大传播距离，在超声波频率的选择上往往采用较低的频率。

（2）利用超声波对混凝土进行探测时，在声波频率的选择上采纳了较低的频率，但频率越低，波长越长，波束的扩散角越大，超声波的指向性越差。超声波在混凝土内部传播时，在不均匀的界面处会产生反射波和折射波，多种波束的干扰和叠加对超声波的指向性也会造成严重的干扰。

（3）超声波在混凝土中传播时，存在着入射波、反射波和折射波等多种形式的声波。接收换能器所接收到的声波信号并非单一的一种声波，而是多种声波的叠加。入射波因直接穿越过混凝土，所传播的距离最短，最先到达接收换能器，但是由于声波在传播过程中遇到缺陷时的衰减效应，接收到的入射波通常会很微弱。折射波、反射波等经过多次的反射和折射，所传播的距离变长，花费的时间要比入射波更长，但是多种波的叠加，令接收到的信号变大，使波形发生畸变。超声波检测裂缝时，利用发射换能器从混凝土结构体表面向内部发射弹性脉冲波，利用接收换能器对该脉冲波进行接收，并记录声时、声速与波幅特征。超声波在质量均匀的混凝土中，各测点的声学参数的变化较小，当混凝土表面出现裂缝时，通常情况下裂缝之间填充有空气，空气的波阻抗约为 $340km/(m^2 \cdot s)$，远低于混凝土的波阻抗 $7.2\times10^6\sim10.8\times10^6km/(m^2 \cdot s)$，超声波到达空气界面时，几乎发生全反射，因而，可以认为接收换能器接收到的声波信号为绕过裂缝传来的衍射波。根据波的初始到达时刻进行分析与计算，可以获得裂缝深度的信息。

2. 检测步骤

单面平测法，用于测量结构混凝土中深度不大于 500mm 的裂缝深度。不适用于裂缝内有水或穿过裂缝的钢筋密集等情况。

（1）在无缝处进行平测声时和传播距离。

1）将发、收换能器平置于裂缝附近有代表性的、质量均匀的混凝土表面上，两换能器内边缘相距为 d'。在不同的 d' 值（如 50mm、100mm、150mm、200mm、250mm、300mm 等，必要时再适当增加），分别测读出相应的传播时间 t_0。

2）以距离 d' 为纵坐标，时间 t_0 为横坐标，将数据点绘在坐标纸上。若被测处的混凝土质量均匀、无缺陷，则各点应大致在一条不通过原点的直线上。

3）根据图形计算出这直线的斜率（用直线回归计算法），即为超声波在该处混凝土中的传播速度 v。按 $d=t_0 v$，计算出发、收换能器在不同 t_0 值下相应的超声波传播距离 d（d 略大于 d'）。

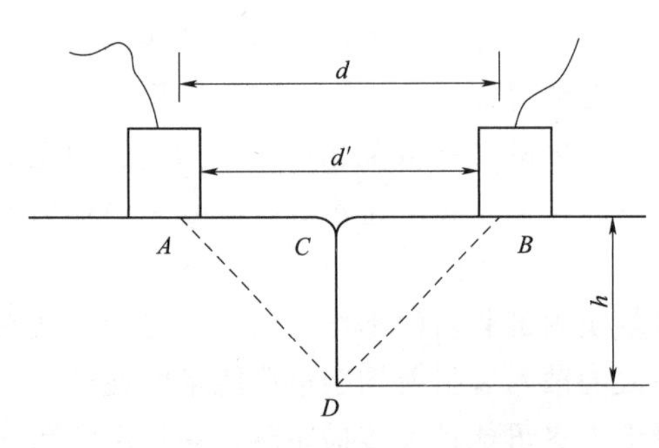

图4.3　垂直裂缝传播时间的测量

d'—两换能器之间的净距；d—超声传播的实际距离

（2）绕缝传播时间的测量应按下列步骤进行。

1）垂直裂缝。将发、收换能器平置于混凝土表面上裂缝的各一侧，并以裂缝为轴相对称，两换能器中心的连线应垂直于裂缝的走向，如图4.3所示。沿着同一直线，改变换能器边缘距离 d'。在不同的 d' 值（如50mm、100mm、150mm、200mm、250mm、300mm等）分别读出相应的绕裂缝传播时间 t_1。

2）倾斜裂缝。

a. 如图4.4所示，先将发、收换能器分别布置在 A、B 位置（对称于裂缝顶），测读出传播时间 t_1。然后 A 换能器固定，将 B 换能器移至 C，测读出另一传播时间 t_2。以上为一组测量数据。改变 AB、AC 距离，即可测得不同的几组数据。

b. 裂缝倾斜方向判断法：如图4.5所示，将一只换能器 B 靠近裂缝，另一只位于 A 处，测传播时间。接着将 B 换能器向外稍许移动，若传播时间减小，则裂缝向换能器移动方向倾斜；若传播时间增加，则进行固定 B 移动 A 的反方向检测。

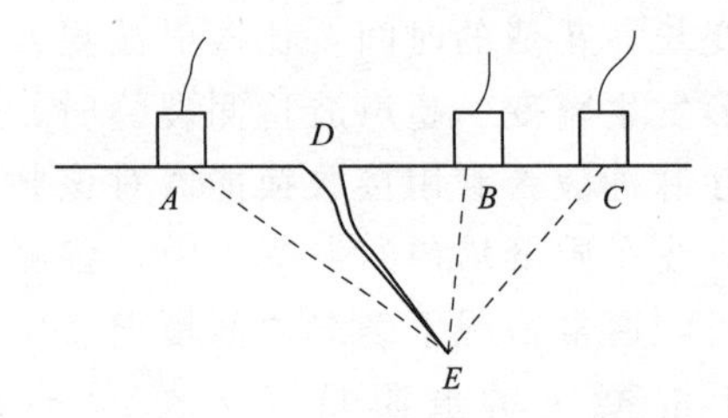

图4.4　倾斜裂缝时间的测量

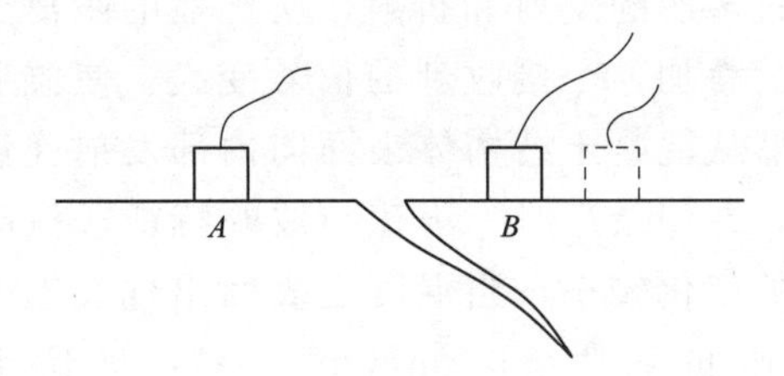

图4.5　裂缝倾斜方向判断法

（3）试验过程还应符合的规定。

1）测试时，换能器应与混凝土耦合良好。

2）当有钢筋穿过裂缝时，发、收换能器的布置应使换能器连线离开钢筋轴线，离开的最短距离宜为裂缝深度的1.5倍。

3）在测量绕缝传播时间时，应读取第一个接收信号。如换能器与混凝土耦合不良等造成第一个信号微弱，误读后面的叠加信号，将造成测量错误。随着探头相互距离逐级增加，第一个接收信号的幅度应逐渐减小。如果情况反常，应检查测量有无错误。

3. 检测结果

（1）垂直裂缝深度。垂直裂缝深度按式（4.35）计算：

$$h=\frac{d}{2}\sqrt{(t_1/t_0)^2-1} \tag{4.35}$$

式中　h——垂直裂缝深度，mm；

t_1——绕缝的传播时间，μs；

t_0——相应的无缝平测传播时间，μs；

d——相应的换能器之间声波的传播距离，mm。

1）根据换能器在不同距离下测得的 t_1、t_0 和 d 值，可算出一系列的 h 值。把凡是 $d<h$ 和 $d>2h$ 的数据舍弃，取其余（不少于两个）h 值的算术平均值作为裂缝深度的测试结果。

2）在进行跨缝测量时注意观察接收波首波的相位。当换能器间距从较小距离增大到裂缝深度的 1.5 倍左右时，接收波首波会反相。当观察到这一现象时，可用反相前后两次测量结果计算裂缝深度，并以其平均值作为最后结果。

（2）倾斜裂缝深度。倾斜裂缝深度用作图法求得。如图 4.6 所示，在坐标纸上按比例标出换能器及裂缝顶的位置（按超声传播距离 d 计）。以第一次测量时两换能器位置 A、B 为焦点，以 t_1、v 为两动径之和作一椭圆。再以第二次测量时两换能器的位置 A、C 为焦点，以 t_2、v 为两动径之和作另一椭圆。两椭圆的交点 E 即为裂缝末端，DE 为裂缝深度 h。

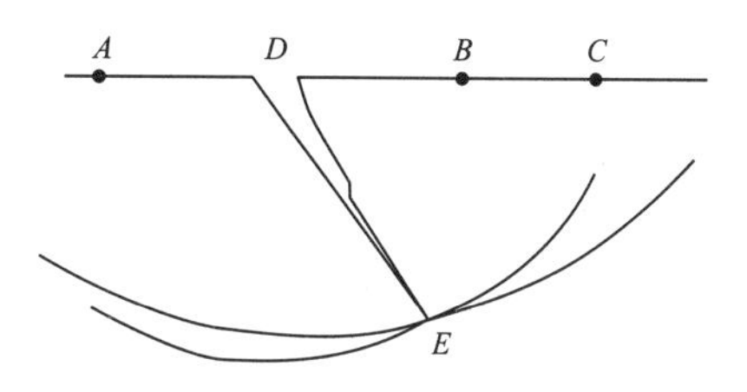

图 4.6　用作图法求倾斜裂缝深度

4.6.2　超声波对测、斜测法

当结构的裂缝部位具有两个相互平行的测试表面或可钻孔对测的混凝土建筑物时，可采用对测及斜测法，上述情况不适用裂缝中有水的情况。

1. 两面斜测法

对于有条件两面对测的结构，如梁、墩、墙体，可采用两面斜测法。试验步骤应按下列规定执行：

（1）在结构（如梁）一侧或两侧发现裂缝 A 和 B，可如图 4.7 所示布置换能器进行斜测。其中 1—1′、2—2′、3—3′、4—4′、5—5′测线斜穿过裂缝所在平面 AB。作为比较，再布置不穿过裂缝所在平面的测线 6—6′。测试面必须平整，换能器与结构表面声耦合必须良好。

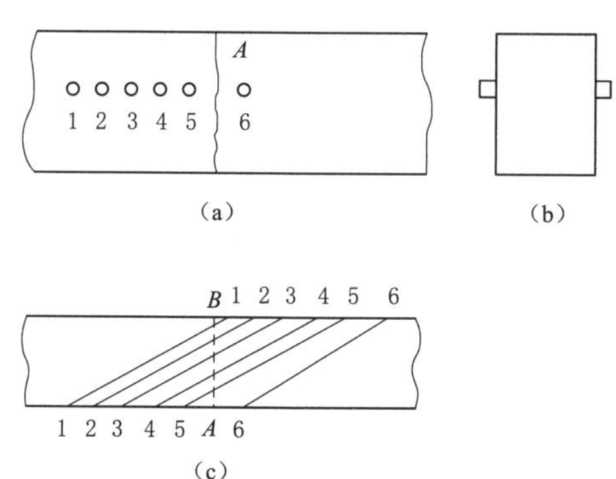

图 4.7　双面斜测法

（a）测试图；（b）端视图；（c）俯视图

（2）测量各条测线接收信号振幅和声传播时间，以振幅参数作为判断的主要依据。

（3）在穿裂缝所在平面的各条测线中，若某（些）条测线振幅测值明显小于 6—6′测线，则表明裂缝已深入到这些测线位置，从而确定裂缝的深度。

2. 钻孔对测法

对于没有条件两面对测但可钻孔对测的结构，如墩、底板等，可采用钻孔对测法。试验步骤应按下列规定执行：

（1）在裂缝两侧对称地打两个垂直于混凝土表面的钻孔，两孔口的连线应与裂缝走向垂直。孔径大小以能自由地放入径向换能器为度。两孔的间距、深度，按以下原则选择：

1）超声波穿过两孔之间的无缝混凝土后，接收信号第一个半波的振幅应大于20mm。

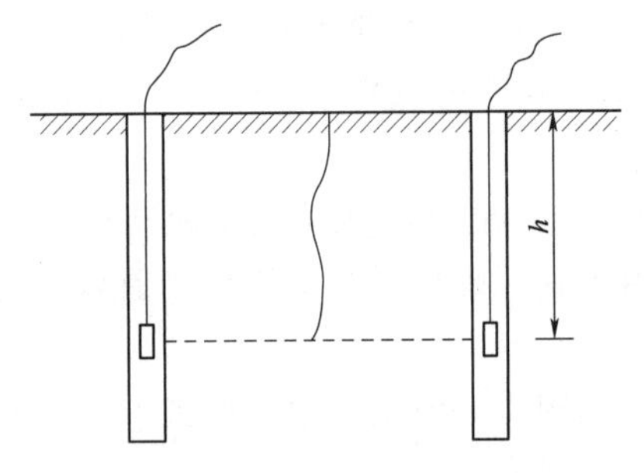

图4.8 钻孔对测法

2）当裂缝倾斜时，估计裂缝底部不致超出两孔之间。两孔间距宜为1～3m，如图4.8所示。

3）钻孔深度应至少大于裂缝深度0.5m。

（2）钻孔应冲洗干净，注满清水，将发、收换能器分别置于两钻孔中同样高程上。测量并记录超声传播时间、接收信号振幅等参数。

（3）关于接收信号的振幅，可采用两种方法测读。

1）直接测量示波器荧光屏上接收信号第一个半波（或第二个半波）的振幅毫米数。

2）利用串接在接收回路中的衰减器，将接收信号衰减至某一预定高度（此高度应小于测量过程中最小的振幅），然后读取衰减器上的数值。

（4）使换能器在孔中上下移动进行测量，直至发现当换能器达到某一深度 h 时，振幅出现最大值，再向下则基本上稳定在这个数值左右。此时，换能器在孔中的深度 h，即为裂缝的深度（以换能器中部计）。在整个测量过程中，仪器增益固定不变。

（5）为便于判断，可绘制孔深-振幅曲线（图4.9）。根据振幅沿孔深变化情况来判断裂缝深度。可在无裂缝混凝土处加钻孔距相等，孔深为500～600mm的第三个孔，以校核等孔距无缝混凝土的超声波信号。

（6）当裂缝倾斜时，可用如图4.10所示方法进行测量：使换能器在两孔中不同深度以等速移动方式斜测，寻找测量参数突变时两换能器中部的连线，多条（图上只画两条）连线的交点 N 即为裂缝的末端。判别的根据主要是振幅。

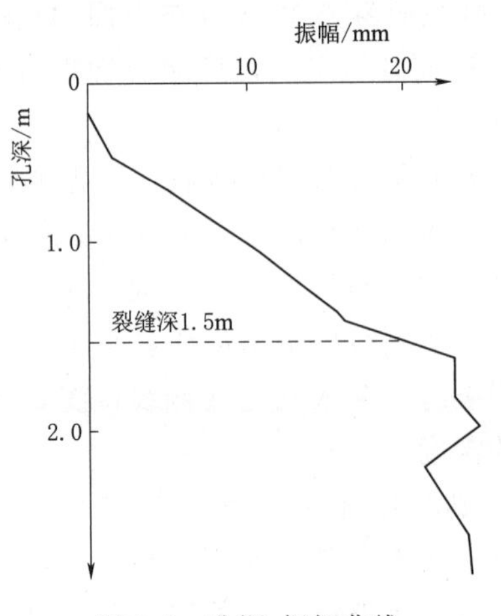

图4.9 孔深-振幅曲线

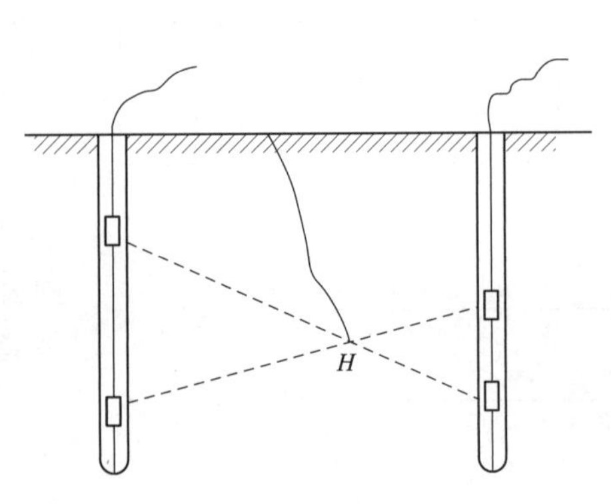

图4.10 倾斜裂缝测量法示意图

4.6.3 面波法

1. 检测原理

面波法适用于检测形状规则、测试面较大的混凝土内部的深层裂缝。表面波的主要成分为瑞利波，也称R波。瑞利波是综合了纵向振动和横向振动特性的一种合成振动，在介质的表面传播。瑞利波的振幅会随着深度的增加而快速减小，此特性限制它沿着固体的表面进行传播，传播深度大致和其波长相等。表面波衰减较小，测试简单，在对混凝土进行检测时，被广泛应用。

瑞利波主要集中在弹性介质的表面和浅层部分，其特性非常适合于探测裂缝的深度。在待测结构体的表面，利用冲击锤施加一个瞬时的冲击激振，这样会产生一定频率的弹性波，其中包括纵波、横波和瑞利波等多种形式的波，不同频率的瑞利波相互叠加，一起在结构体表面传播，可以通过系统补正等方法保持其振幅不变，但当瑞利波遇到裂缝时，它的传播在某种程度上被遮断，通过裂缝后，它的能量和振幅均会减少，如图4.11所示，通过裂缝前后瑞利波振幅的变化，可以推算裂缝的深度。

2. 检测方法

主要的检测仪器和设备应包括：冲击器、传感器、数据采样分析系统、游标卡尺、钢卷尺等。

(1) 按要求布置测点。

测点布置应避开混凝土表面蜂窝、结构缝位置。测线宜与裂缝走向正交。

测点表面应平整，传感器应垂直于检测表面。

(2) 应采用“一发双收”测试方式。接收点应跨缝等距离布置，冲击点与一接收点应置于裂缝同侧。各点应处在同一测线上，如图4.12所示。

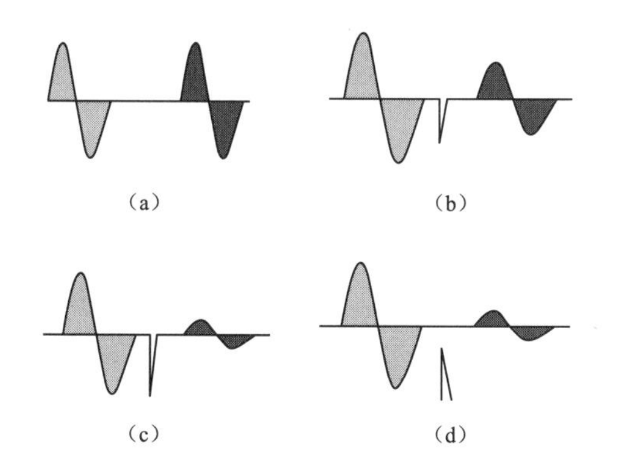

图4.11 面波法概念图

(a) 无裂缝，几乎不衰减；(b) 浅裂缝，几乎比较小；(c) 深裂缝，衰减明显；(d) 内部裂缝，衰减明显

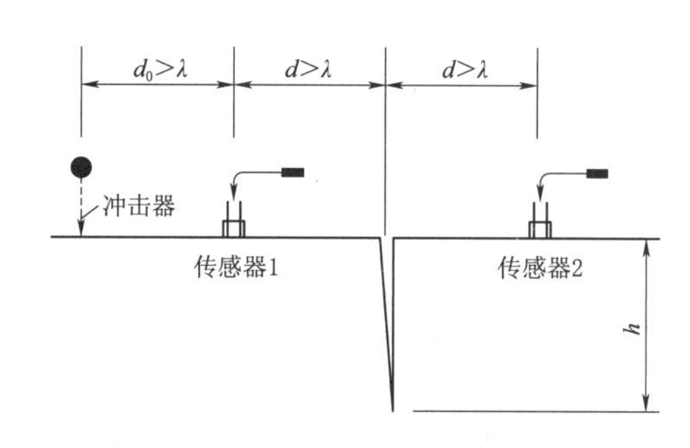

图4.12 “一发双收”测试方式示意图

h—裂缝深度；d_0—冲击点与传感器1的距离；d—传感器裂缝距离

(3) 冲击点与接收点间距、接收点与裂缝间距应大于激发的面波波长λ，可取1～2倍λ，λ值可按式(4.36)估算：

$$\lambda \approx 2t_e C_R \tag{4.36}$$

式中 t_e——冲击持续时间，s；

C_R——混凝土面波波速，m/s，估算时可取2000m/s。

（4）冲击产生的面波传递至裂缝另一侧传感器的振幅比应按式（4.37）计算：

$$x=\frac{A_2}{A_1}\sqrt{\frac{2d+d_0}{d_0}} \tag{4.37}$$

式中 x——振幅比；

A_1——传感器1测试得到的面波最大振幅，mm；

A_2——传感器测试得到的面波最大振幅，mm；

d_0——冲击点与传感器1距离，m；

d——传感器1和传感器2与裂缝距离，m。

（5）当裂缝面穿过钢筋时，振幅比可按式（4.38）修正：

$$\hat{x}=x-n \tag{4.38}$$

式中 $\hat{x}$——修正后振幅比；

n——钢筋率。

（6）裂缝深度应按式（4.39）计算：

$$h=-\xi\lambda\ln\hat{x} \tag{4.39}$$

式中 h——裂缝深度，m；

ξ——常数，宜通过标定得出。

3. 检测结果校核

裂缝深度检测结果h不应大于1.3倍面波波长λ，否则应更换击振钢球的大小重复测试。

当h满足上述要求时，应按4.6.3.4节对面波波长λ进行复核，并按式（4.37）进行裂缝深度修正。

4. 面波波长λ复核

（1）应选取与裂缝测线相近的、完整的混凝土结构。

（2）应按照与裂缝深度测试相同的布点方式选取同样的冲击器。

（3）冲击产生的面波波速C_R应按式（4.40）计算：

$$C_R=\frac{2d}{t_2-t_1} \tag{4.40}$$

式中 d——两个传感器之间的距离，m；

t_1——面波到达传感器1的时间，s；

t_2——面波到达传感器2的时间，s。

（4）面波波长应按式（4.41）计算：

$$\lambda=\frac{C_R}{f_1} \tag{4.41}$$

式中 f_1——在裂缝测试时传感器1测试面波的卓越频率，可通过快速傅里叶变换（FFT）得到。

4.6.4 钻孔法

钻孔法适用于当其他无损检测设备无法准确测出混凝土裂缝深度，以及某些工程重要部位需精确测量裂缝深度或裂缝预估深度大于 50cm，且该部位可进行钻孔试验的混凝土结构。

试验设备主要包括取芯机、压水试验设备、锯切机和磨平机、钢直尺、钢筋定位仪，其中探测钢筋位置的定位仪，应适用于现场操作，最大探测深度不应小于 60cm，探测位置偏差不宜大于 5mm。钻孔应避开结构内部钢筋、管件等线路。

钻孔直接测量法检测时，预估裂缝倾向应与混凝土表面相垂直，如图 4.13 所示；并尽量保证裂缝走向与钻孔口某条直径重合，钻孔深度应大于裂缝预估深度，并与混凝土表面垂直。预估裂缝深度不大于 50cm 时，钻孔的深度应达到 50～60cm；钢直尺测量时，应将钢直尺紧贴芯样棱边，并保持钢尺与芯样中轴线平行，读取裂缝深度值。钻芯后留下的空洞应及时进行修补。

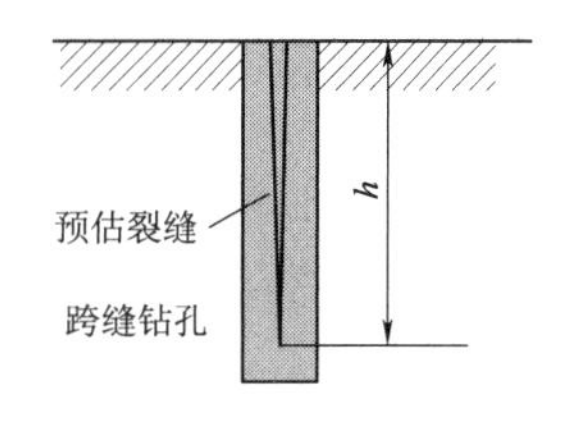

图 4.13　钻孔直接测量法

钻孔压水测量法检测时，垂直取芯测量无法确定的裂缝深度或预估裂缝倾向与混凝土表面斜交时，可采用钻孔压水测量法，深度检测时在裂缝两侧同时钻孔，钻孔的布置在两个竖直平面上由浅至深，钻孔钻进倾角为 60°，钻孔侧面与平面布置如图 4.14 和图 4.15 所示。钻孔结束后，测量钻孔距裂缝水平距离、钻孔倾角、孔长。

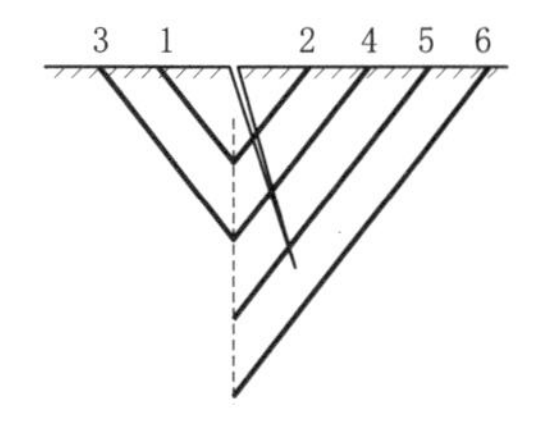

图 4.14　钻孔侧面布置图

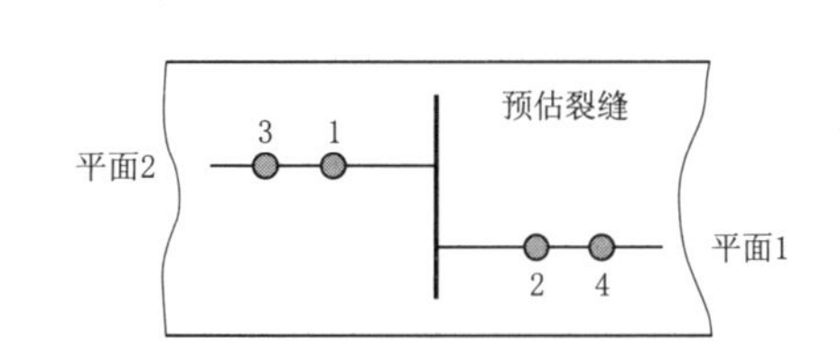

图 4.15　钻孔平面布置图

4.7　混凝土抗侵蚀检测

4.7.1　混凝土抗渗检测

对于水闸混凝土结构有抗渗设计要求的，抗渗透性能通过在混凝土结构上钻取芯样试件采用逐级加压法进行测定，抗渗透等级相同且同一配合比的水工混凝土结构可划为一个检测批。钻取芯样的方向与混凝土结构承受水压的方向应一致，钻取芯样直径宜为 150mm，且长度不宜小于 200mm，芯样宜锯切成直径和高度均为 150mm±2mm 的圆柱体试件。

由于和标准芯样（上口直径 175mm，下口直径 185mm，高 150mm 的截头圆锥体）有所不同，为确保试验尽可能接近《水工混凝土试验规程》（SL/T 352—2020）的试验条件，应将放入抗渗试模中的试件与抗渗试模同心，圆柱体试件与抗渗试模之间的缝隙可采用环氧树脂砂浆灌满捣实，并避免圆柱体端面上沾染环氧树脂砂浆；然后在环氧树脂砂浆硬化后脱模，脱模后环氧树脂砂浆与圆柱体试件共同形成抗渗试件。

每 6 个试件为一组，每批应至少制取一组芯样试件。试件应浸没于 (20±2)℃水或饱和石灰水中养护至试验龄期。试验过程参照《水工混凝土试验规程》(SL/T 352—2020)。混凝土的抗渗等级，以每组六个试件中四个未出现渗水时的最大水压力表示。抗渗等级的判定按照式(4.42)计算。

$$P=10H-1 \tag{4.42}$$

式中 P——混凝土抗渗等级数值；

H——6个试件中表面渗水的试件超过两个时的最小水压力，MPa。

若在某个水压力(小于规定水压力)，表面渗水的试件初次超过两个，则按照公式(4.42)计算抗渗等级数值，加前缀W表示混凝土抗渗等级。若至规定水压力，表面渗水的试件不超过两个，则混凝土的抗渗等级大于设计抗渗等级。

4.7.2 混凝土抗冻检测

检测混凝土抗冻性能宜采用混凝土芯样试件冻融循环检测或硬化混凝土气泡间距系数检测，其检测结果可作为评定现有混凝土结构中混凝土抗冻等级或抗冻性能的依据。

1. 冻融循环试验

钻取混凝土芯样检测时，抗冻等级相同且同一混凝土配合比的芯样应为一组，每组芯样的取样数量不应少于3个；当结构部位已经出现冻融破坏等明显劣化现象时，每组芯样的取样数量应增加一倍，同一结构部位的芯样应为同一组。在随机抽取的每个样本上应钻取至少1个直径为100mm且长度不小于400mm的芯样，芯样应锯切成ϕ100mm×400mm的抗冻试件，应制取至少3组试件，每组试件应包含3个试件。试件应浸没于20℃±2℃水或饱和石灰水中养护至试验龄期。进行冻融试验，并应以所经受的最大冻融循环次数评定混凝土抗冻等级。

抗冻试验应符合现行行业标准《水工混凝土试验规程》(SL/T 352—2020)的有关规定。抗冻等级的判定时，同一检测批的每组试件抗冻试验结果均参与评定，不能舍弃任一组数据；当试件组数为3组时，至少有两组达到设计抗冻等级；当试件组数大于3组时，达到设计等级的组数不低于总组数的75%；当设计抗冻等级不大于F250时，最低1组的抗冻等级最多比设计抗冻等级低50次循环；当设计抗冻等级不小于F300时，最低1组的抗冻等级最多比设计抗冻等级低100次循环。

2. 试验结果处理及评定

(1) 试件的相对动弹性模量按照式(4.43)计算：

$$P_n=\frac{f_n^2}{f_0^2}\times 100\% \tag{4.43}$$

式中 P_n——n次冻融循环后试件相对动弹性模量；

f_0——冻融循环前的试件自振频率，Hz；

f_n——n次冻融循环后的试件自振频率，Hz。

(2) 试件的质量损失率按照式(4.44)计算：

$$W_n=\frac{G_0-G_n}{G_n}\times 100\% \tag{4.44}$$

式中 W_n——n次冻融循环后试件质量损失率；

G_0——冻融循环前的试件质量，g；

G_n——n 次冻融循环后的试件质量，g。

(3) 以 3 个试件相对动弹性模量、质量损失率的平均值作为该组试件的试验结果（修约间隔分别为 1%、0.1%）。若试件的质量损失率出现负值，宜作为异常数据不纳入计算，取其余数值的平均值作为试验结果。如果 3 个试件的质量损失率均为负值，不应采用质量损失率进行试验结果评定。

(4) 试验结果评定应符合下列规定：

1) 当一组试件的相对动弹性模量小于 60%或质量损失率大于 5%时，取前一次检测时的冻融循环次数，加前缀 F 表示混凝土抗冻等级。

2) 若至抗冻等级对应的冻融循环次数，相对动弹性模量和质量损失率均未到达上述指标，则混凝土抗冻等级大于设计抗冻等级。

3. 气泡间距系数检测

在随机抽取的每个样本上垂直于浇筑面应至少钻取一个芯样，芯样直径不宜小于 100mm 且长度不宜小于 60mm；芯样宜切取为 4 片，切片厚度宜为 10～15mm，切口面应作为观测面，每组试件应至少包含 3 个切片。

气泡间距系数观测试验应符合现行行业标准《水工混凝土试验规程》（SL/T 352—2020）的有关规定。当气泡间距系数有设计要求时，气泡间距系数平均值按式（4.45）计算，同时满足式（4.46）和式（4.47）时，抗冻性能判定为合格，否则为不合格。

$$L_{\mathrm{m}}=\frac{\sum_{i=1}^{n}L_i}{n} \tag{4.45}$$

$$L_{\mathrm{m}}\leqslant L_{\mathrm{s}} \tag{4.46}$$

$$L_{\max}\leqslant L_{\mathrm{s}}+50 \tag{4.47}$$

当气泡间距系数没有设计要求时，能满足式（4.48）和式（4.49）时，抗冻性能判定为合格，否则为不合格。

$$L_{\mathrm{m}}\leqslant 300 \tag{4.48}$$

$$L_{\max}\leqslant 350 \tag{4.49}$$

式中 L_{m}——气泡间距系数平均值，μm，精确至 0.1μm；

L_i——第 i 组气泡间距系数代表值，μm，精确至 0.1μm；

L_{s}——设计气泡间距系数最大值，μm；

n——气泡间距系数试验组数；

$L_{\max}$——气泡间距系数代表值的最大值，μm，精确至 0.1μm。

4.7.3 抗氯离子渗透性能检测

沿海水闸水工混凝土结构，受海水环境侵蚀影响较大。在役水闸混凝土结构抗氯离子渗透性能宜采用电通量法或抗氯离子渗透性扩散系数电迁移试验方法测定混凝土结构上钻取芯样试件的抗氯离子渗透性能来判定。

钻取混凝土芯样检测时，相同混凝土配合比的芯样应为一组，每组芯样的取样数量不应少于 3 个；当结构部位已经出现钢筋锈蚀，顺筋裂缝等明显劣化现象时，每组芯样的取样数量应增加一倍，同一结构部位的芯样应为同一组。当验证性检验时，应至少随机钻取

3个芯样；当批检验时，对每个样本应至少钻取一组芯样试件，3个芯样试件为一组；当单个样本检验时，应至少钻取3组芯样试件；每个孔位钻取芯样直径宜为100mm，且长度不宜小于70mm，并宜加工成一个芯样试件；芯样试件应采用直径为（100±1）mm、高度为（50±2)mm的圆柱体试件，试件端面应光滑平整；芯样试件骨料最大粒径不宜大于25mm。

切取试件时，应垂直于芯样轴线从芯样原始混凝土表面切除10mm，并将该切口面作为暴露于氯离子溶液的测试面，保留该表面，再垂直于芯样轴线将芯样切割成高度为（50±2)mm的圆柱体试件，试件两端应采用水砂纸或细锉刀打磨光滑；试件应浸没于（20±2)℃水或饱和石灰水中养护至试验龄期。试验前后应分别对芯样进行外观检查、破型检查，芯样中不得含有钢筋、钢纤维等良导体材料，也不能含有缝隙、孔洞、蜂窝等缺陷，该试件的检测数据无效。

1. 电通量法

电通量法（Rapid Chloride Permeability Test，RCPT）是当今国际上最有影响力，也是较早制定标准的氯化物电迁移试验方法。该法由美国硅酸盐水泥协会的Whiting于1981年首创，1983年被美国国家运输局（AASHTO）批准为T277标准试验方法，1991年被美国试验与材料协会定为ASTM C1202标准，并于2005年进行了最新修订。我国水运工程以及铁路工程的一些相关标准也已采纳此法。

电通量法是在扩散槽试验的基础上，利用外加电场来加速试件两端溶液离子的迁移速度；此时外加电场成为氯离子迁移的主要驱动力，以区别于扩散槽中浓度梯度导致的驱动力。在直流电压作用下，溶液中离子能够快速渗透，向正极方向移动，测定一定时间内通过的电量即可反映混凝土抵抗氯离子渗透的能力，如图4.16所示。该法适用于水灰比在0.3～0.7之间的混凝土，但不适用于掺亚硝酸钙的混凝土。若遇到其他疑问时，应进行氯化物溶液的长期浸泡试验。

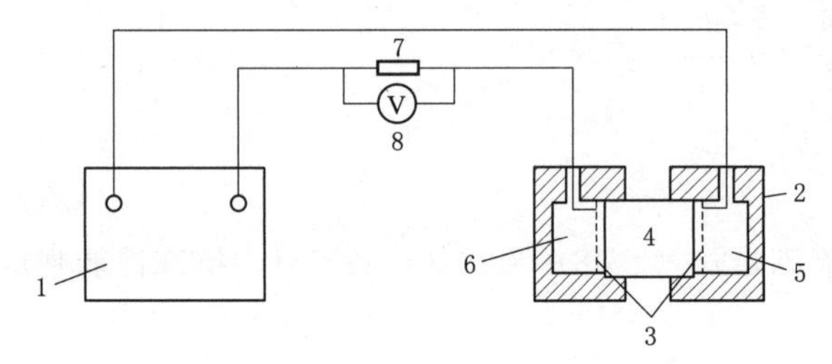

图4.16　电通量法测试装置

1—直流稳压电源；2—试验槽；3—通网；4—混凝土试件；5—3.0%NaCl溶液；6—0.3mol/L的NaOH溶液；7—1Ω标准电阻；8—直流数字式电压表

2. 扩散系数电迁移试验法

扩散系数电迁移试验法（Rapid Chloride Migration，RCM）是华裔瑞典学者唐路平等于1982年首创，后被定为北欧标准NTBuild492，德国的ibac-test采用的RCM法也是以此为依据，此外也被欧共体的Duracrete项目所采纳。我国几个相关规范指南，如交通部发布的《公路工程混凝土结构耐久性设计规范》（JTG/T 3310—2019），以及《混凝土结构耐久性设计与施工指南》（CCES 01-2004）中也推荐使用RCM法。RCM法试验装置如图4.17所示。试件标准尺寸为直径（100±1)mm，高度$h=(50\pm2)$mm。

试件从试验室制作或实际混凝土结构中取芯，先切割成标准尺寸，再在标准养护水池中浸泡4d，然后才可以进行试验。在橡胶筒中注入约300mL的0.2mol/L的氢氧化钾溶液，使阳极板和试件表面均浸没于溶液中。在试验槽中注入含5%NaCl的0.2mol/L的氢氧化钾溶液，直至与橡胶筒中的KOH溶液的液面齐平。打开电源，记录时间立即同步测定并联电压、串联电流和电解液初始温度（精确到0.2℃）。试验需要的时间按测得的初始电流确定。通电完毕取出试件，将其劈成两半，利用0.1mol/L的硝酸银滴定氯离子的扩散深度。

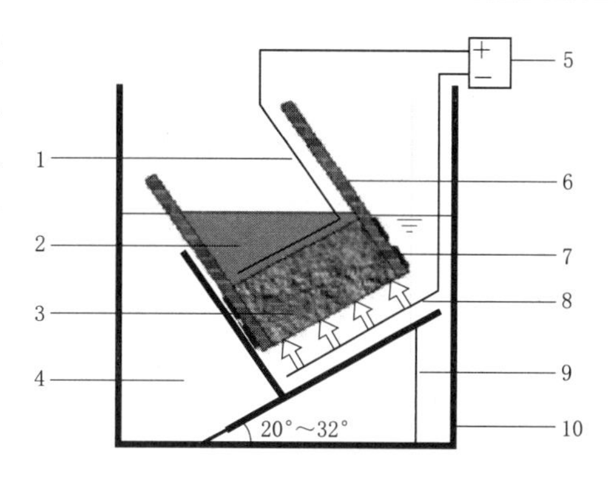

图4.17　RCM法试验测试装置

1—阳极；2—阳极溶液；3—试件；4—阴极溶液；5—直流稳压电源；6—橡胶桶；7—环箍；8—阴极；9—支架；10—试验槽

测定抗氯离子渗透性能的试验要求和步骤可参照《水运工程混凝土结构实体检测技术规程》（JTS 239—2015）附录H的有关规定。

3. 判定方法和分析

（1）电通量法。采用电通量法检测抗氯离子渗透性能的判定分批和单个样本、验证性检测两种方法。

当批和单个样本检测时，电通量平均值应按式（4.50）进行计算，同时满足式（4.51）和式（4.52）时，可判为合格，反之，则判为不合格。

$$Q_m=\frac{\sum_{i=1}^{n}Q_i}{n} \tag{4.50}$$

$$Q_m \leqslant Q_s \tag{4.51}$$

$$Q_{max} \leqslant 1.15Q_s \tag{4.52}$$

式中　Q_m——电通量平均值，C，精确至1C；

Q_i——第i组电通量代表值，C，精确至1C；

Q_s——电通量设计值，C；

n——试件组数；

Q_{max}——电通量代表值的最大值，C，精确至1C。

当验证性检测或芯样试件数量为3～8个时，电通量平均值应按式（4.53）进行计算，同时满足式（4.54）和式（4.55）时，可判为合格，反之，则判为不合格。

$$Q'_m=\frac{\sum_{i=1}^{n}Q_j}{n} \tag{4.53}$$

$$Q'_m \leqslant Q_s \tag{4.54}$$

$$Q'_{max} \leqslant 1.15Q_s \tag{4.55}$$

式中　Q'_m——电通量平均值，C，精确至1C；

Q_j——第j组电通量代表值，C，精确至1C；

Q_s——电通量设计值，C；

j——试件组数；

Q'_{max}——电通量代表值的最大值，C，精确至1C。

(2) 扩散系数电迁移试验法。采用扩散系数电迁移试验法检测抗氯离子渗透性能的判定分批和单个样本、验证性检测两种方法。

当批和单个样本检测时，氯离子扩散系数平均值应按式（4.56）进行计算，同时满足式（4.57）和式（4.58）时，判为合格，反之，则判为不合格。

$$D_{m}=\frac{\sum_{i=1}^{n} D_{i}}{n} \tag{4.56}$$

$$D_{m} \leqslant D_{s} \tag{4.57}$$

$$D_{max} \leqslant 1.15 D_{s} \tag{4.58}$$

式中 D_m——氯离子扩散系数平均值，$10^{-12}m^2/s$，精确至$0.1\times10^{-12}m^2/s$；

D_i——第i组氯离子扩散系数代表值，$10^{-12}m^2/s$，精确至$0.1\times10^{-12}m^2/s$；

D_s——氯离子扩散系数最大值，$10^{-12}m^2/s$；

n——氯离子扩散系数试验组数；

D_{max}——氯离子扩散系数代表值的最大值，$10^{-12}m^2/s$，精确至$0.1\times10^{-12}m^2/s$。

当验证性检测或芯样试件数量为3～8个时，氯离子扩散系数平均值应按式（4.59）计算，同时满足式（4.60）和式（4.61）时，判为合格，反之，则判为不合格。

$$D'_{m}=\frac{\sum_{j=1}^{n} D_{j}}{n} \tag{4.59}$$

$$D'_{m} \leqslant D_{s} \tag{4.60}$$

$$D'_{max} \leqslant 1.15 D_{s} \tag{4.61}$$

式中 D'_m——氯离子扩散系数平均值，$10^{-12}m^2/s$，精确至$0.1\times10^{-12}m^2/s$；

D_j——第j个氯离子扩散系数测定值，$10^{-12}m^2/s$，精确至$0.110^{-12}m^2/s$；

D_s——设计氯离子扩散系数最大值，$10^{-12}m^2/s$；

n——试件个数；

D'_{max}——氯离子扩散系数测定值的最大值，$10^{-12}m^2/s$，精确至$0.1\times10^{-12}m^2/s$。

4.7.4 氯离子含量

1. 试验方法

(1) 由结构构件表面钻取直径5cm芯样，深至钢筋位置的混凝土试件，按设定的深度，从结构表面向深层取试件上适量的混凝土试样（约40g），用小锤仔细除去混凝土试样中石子部分，保存砂浆，把砂浆研碎成粉状。置于105℃±5℃烘箱中烘2h。取出放入干燥器内冷却至室温，用感量为0.01g的天平称取10～20g砂浆试样倒入三角烧瓶；

(2) 容量瓶盛100mL稀硝酸（按体积比为浓硝酸：蒸馏水＝15：85）倒入盛有砂浆试样的三角烧瓶内，盖上瓶塞，防止蒸发；

(3) 浆试样浸泡一昼夜左右（以水泥全部溶解为度），其间应摇动三角烧瓶，然后用滤纸过滤，除去沉淀；用移液管准确量取滤液20mL两份，置于三角锥瓶，每份由滴定管加入硝酸银溶液约20mL（可估算氯离子含量的多少而酌量增减），分别用硫氰酸钾溶液滴定。滴定时激烈摇动溶液，当滴至红色能维持5～10s不褪时即终点。

氯离子含量试验检测可参考《水运工程混凝土试验检测技术规范》(JTS 236—2019)要求进行。

2. 试验结果

氯离子总含量按式(4.62)计算：

$$P=\frac{0.03545(C_{AgNO_3}V-C_{KSCN}V_1)}{G\dfrac{V_2}{V_3}}\times 100\% \tag{4.62}$$

式中 P——混凝土试样中氯离子总含量；

C_{AgNO_3}——硝酸银标准溶液的标准浓度，mol/L；

V——加入滤液试样中的硝酸银标准溶液量，mL；

C_{KSCN}——硫氰酸钾标准溶液的标准浓度，mol/L；

V_1——滴定时消耗的硫氰酸钾标准溶液，mL；

V_2——硝酸银标准溶液，mL；

V_3——浸样品的水量，mL；

G——混凝土试样质量，g。

4.8 混凝土内部缺陷检测

4.8.1 概述

水工混凝土结构内部缺陷是指结构或构件内部存在不密实区、低强度区、空洞、夹杂等。内部缺陷的检测方法有超声波法、超声波CT法、超声横波反射法、冲击回波法、探地雷达法，必要时可钻取少量芯样试件进行验证。

对于影响较大，问题复杂或重要工程的水工混凝土结构内部缺陷检测，宜采用两种以上的检测方法，以便相互印证检测结果，以期获得较准确的检测结果。对于大批量或大面积的混凝土结构缺陷普查检测时，可先进行缺陷定位，然后进行缺陷类型精确测定。因此，可先采用探地雷达法粗略定位缺陷，然后结合冲击回波法或超声波法在疑似缺陷位置进行精确定位和类型识别。

4.8.2 超声波法

1. 仪器

(1) 超声仪。用于混凝土的超声波检测仪器分为两类：

1) 模拟式：接收信号为连续模拟量，可由时域波信号测读声学参数，如汕头超声仪器厂生产的CTS-25型超声仪等。

2) 数字式：接收信号转化为离散的数字量，具有采集、存储数字信号、测读声学参数和对数字信号处理的智能化功能，如北京康科瑞公司生产的NM-4A、NM-4B型超声仪等。

(2) 换能器。常用的换能器具有厚度振动（平面）方式和径向（柱状）振动方式两种类型。当结构上具有两个相对的测试面时，可采用平面换能器测试；当结构上不具备两个相对测试面时，在结构混凝土上钻孔，这时采用柱状换能器孔中测量。

平面换能器的频率范围采用 20～250kHz，柱状换能器声波换能器一般采用 20～60kHz 的频率范围。测试距离长选择低频换能器，测试距离短则选择高频换能器。

2. 方法原理

超声波检测混凝土内部缺陷的原理如图 4.18 所示，超声仪产生的超声波通过发射探头射入被测混凝土，声波经混凝土介质传播后被接收探头接收。当声波传播路径中存在孔洞、蜂窝等缺陷时，声波因缺陷的反射、绕射而使得接收波信号的幅度（A）减小、传播时间（t）增大，根据所测得的混凝土声学参数值（声时 t、振幅 A）的变化可判断混凝土的内部质量情况。

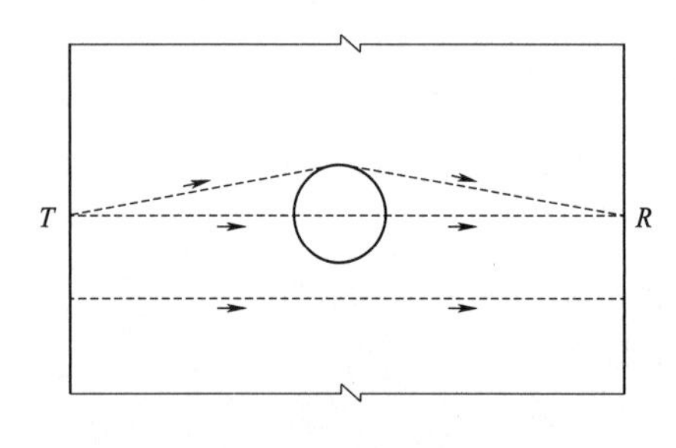

图 4.18　超声波检测混凝土内部缺陷的原理图

T—发射换能器，用于发射超声波信号；
R—接收换能器，用于接收超声波信号

3. 测试步骤

(1) 仪器零读数校正。在超声仪上测读到的声时 t 是声波经过仪器、导线、换能器、被测混凝土的系统传播时间的总和。设声波在仪器、导线、换能器上的传播时间为 t_0（称为仪器的零读数），声波在混凝土中的传播时间为 t_c，则 $t_c=t-t_0$。仪器的 t_0 通常采用以下的方式进行校正：用仪器厂家提供的有标称声时 $t_{标}$ 的标准棒，将发射、接收换能器涂抹少量黄油，分别与标准棒两端耦合、压紧，然后测读仪器上的声时值 t，从而得到 $t_0=t-t_{标}$。

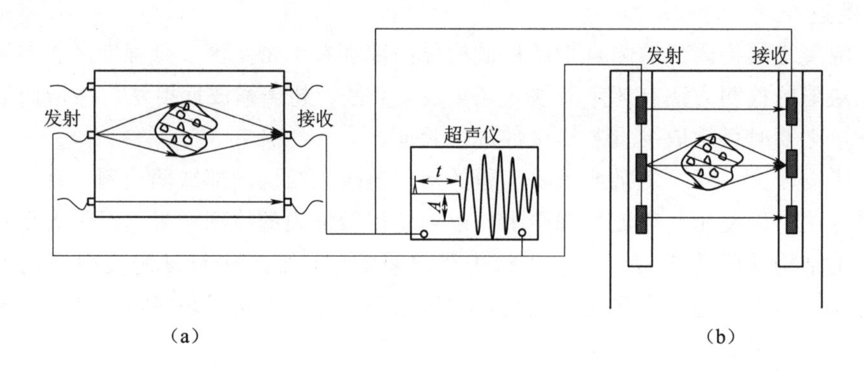

图 4.19　超声波探测缺陷示意图

(a) 平面对测；(b) 钻孔对测

另当仪器上有调零功能时，可利用调零旋钮或按键，使得仪器上的 t 值与标准棒上的 $t_{标}$ 值相等，则仪器自动将 t_0 扣除，那么在检测时就不必再扣除零读数。

由于目前超声波仪器的型号比较多，各种型号仪器的零读数校正不完全一样，操作时应按说明书中的要求进行操作。

(2) 测试方法。混凝土内部缺陷检测根据被测构件实际情况，选择以下方法之一：

1) 当构件具有两对相互平行的测试面时，采用对测法。如图 4.20 所示，在测试部位两对相互平行的测试面上，分别画出等间距的网格（网格间距一般为 100～300mm，大体积结构物可适当放宽)，并编号确定对应的测点位置。

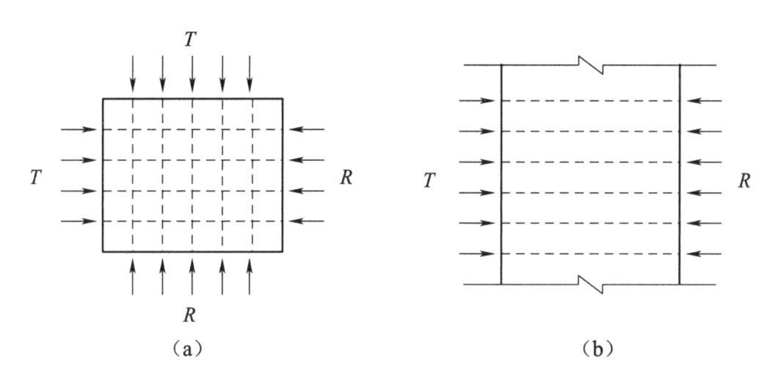

图 4.20　两个平行测试面对测法示意图

(a) 平面；(b) 立面

2) 当构件只有一对相互平行的测试面时，可采用对测和斜测相结合的方法。如图4.21所示，在测点两个相互平行的测试面上分别画出网格线，可在对测的基础上进行交叉斜测。

3) 当构件测距较大或不具备两平行的测试面时，可采用钻孔或预埋管对测。如图4.19 (b) 和图4.21所示，在测点预埋声测管或钻出竖向测试孔，预埋管内径或钻孔直径宜比换能器直径大5～10mm，预埋管或钻孔间距宜为2～3m，其深度可根据测试需要确定。检测时可用两个径向（柱状）换能器分别置于两测孔中进行测试。

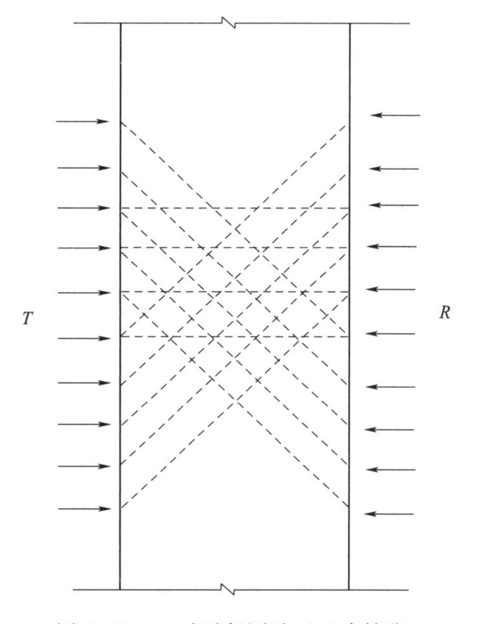

图 4.21　一对平行测试面（或钻孔）

被测构件的测试范围应大于有怀疑的区域，测点数量不少于20个，同时还应进行同条件的正常混凝土的对比，对比测点数不少于20个。

(3) 声学参数测量。采用平面换能器检测时，测点混凝土表面应清洁、平整，必要时可用砂轮磨平。测点上抹上黄油作为声耦合剂，换能器通过耦合剂与混凝土测试面保持紧密结合，耦合层不得夹杂泥沙或空气。

声学参数主要测量声时（t_i）、振幅（A_i）值。按照已布置好的测点，测量每一测点的声学参数值，发现明显异常的测点需进行复测，对可疑的部位进行加密测线、斜交叉测量，确定可疑的范围。

测量发射、接收探头之间的距离，由声传播距离除以声时值（扣除零读数后的）得到声传播速度（v_i）。

检测时除对声时、振幅测量记录外，还应注意观察接收波的波形，一般当混凝土内部存在缺陷时，易产生接收波波形畸变。

(4) 数据处理、判断。由于混凝土的非均质性，内部各处质量有正常的波动与离散，因此各测点的测值也必然波动与离散。应当从这些正常的波动离散中分辨出那些非正常的异常测值。异常数据可按下列方法判别：

将判断总体（测点的波速或波幅）各测点测值按大小顺序排列，即 $X_1>X_2>X_3>\cdots>X_{n-1}>X_n>X_{n+1}>\cdots$。

将排在后面且明显小的某些测值（例如 X_{n+1}、X_{n+2}、…）视为可疑值予以舍弃，把 X_n 及其以上各值参加统计，计算这些值的平均值 m_x 及标准差 S_x：

$$m_x=\sum X_i/n \tag{4.63}$$

$$S_x=\sqrt{(\sum X_i^2-nm_x^2)/(n-1)} \tag{4.64}$$

式中 X_i——第 i 点的声学参数测量值；

n——参与统计的测点数。

并按式（4.65）计算异常数据的判断值（X_0）：

$$X_0=m_x-\lambda_1 s_x \tag{4.65}$$

式中 λ_1 按表4.14取值。将判断值（X_0）与可疑数据的最大值（X_n）相比较，当 X_n 不大于 X_0 时，则 X_n 及其排列于其后的各数据均为异常值，并且去掉 X_n，再用 $X_i\sim X_{n-1}$ 进行计算和判别，直至判不出异常值为止；当 X_n 大于 X_0 时，应再将 X_{n+1} 放进去重新进行统计计算和判别。

当测点中判出异常测点时，可根据异常测点的分布情况，按式（4.66）进一步判别其相邻测点是否异常：

$$X_0=m_x-\lambda_2 S_x \text{ 或 } X_0=m_x-\lambda_3 S_x \tag{4.66}$$

式中 λ_2、λ_3 按表4.14取值。当测点布置为网格状时取 λ_2，当在孔中布置测点时取 λ_3。

表4.14　统计的个数 n 与对应的 λ_1、λ_2、λ_3 值

n	20	22	24	26	28	30	32	34	36	38
λ_1	1.65	1.69	1.73	1.77	1.80	1.83	1.86	1.89	1.92	1.94
λ_2	1.25	1.27	1.29	1.31	1.33	1.34	1.36	1.37	1.38	1.39
λ_3	1.05	1.07	1.09	1.11	1.12	1.14	1.16	1.17	1.18	1.19
n	40	42	44	46	48	50	52	54	56	58
λ_1	1.96	1.98	2.00	2.02	2.04	2.05	2.07	2.09	2.10	2.12
λ_2	1.41	1.42	1.43	1.44	1.45	1.46	1.47	1.48	1.49	1.49
λ_3	1.20	1.22	1.23	1.25	1.26	1.27	1.28	1.29	1.30	1.31
n	60	62	64	66	68	70	72	74	76	78
λ_1	2.13	2.14	2.15	2.17	2.18	2.19	2.20	2.21	2.22	2.23
λ_2	1.50	1.51	1.52	1.53	1.53	1.54	1.55	1.56	1.56	1.57
λ_3	1.31	1.32	1.33	1.34	1.35	1.36	1.36	1.37	1.38	1.39

续表

n	80	82	84	86	88	90	92	94	96	98
λ_1	2.24	2.25	2.26	2.27	2.28	2.29	2.30	2.30	2.31	2.31
λ_2	1.58	1.58	1.59	1.60	1.61	1.61	1.62	1.62	1.63	1.63
λ_3	1.39	1.40	1.41	1.42	1.42	1.43	1.44	1.45	1.45	1.45
n	100	105	110	115	120	125	130	140	150	160
λ_1	2.32	2.35	2.36	2.38	2.40	2.41	2.43	2.45	2.48	2.50
λ_2	1.64	1.65	1.66	1.67	1.68	1.69	1.71	1.73	1.75	1.77
λ_3	1.46	1.47	1.48	1.49	1.51	1.53	1.54	1.56	1.58	1.59

在对测量数据计算、判别时应注意到，当探头的耦合条件不一致或测试距离相差较大时，波幅值不能作为统计判别的判据。

当某些测点的声学参数被判为异常值时，可结合异常测点的分布及波形状况确定混凝土内部缺陷的位置、范围。

另由构件声速测值的总体统计特征值：平均声速值 m_v、声速标准差 S_v 和变异系数 δ_v（$\delta_v=m_v/S_v$），根据平均声速值 m_v 和变异系数 δ_v 两个统计特征值可对所测构件混凝土匀质性进行评价。

4.8.3 超声波 CT 法

超声波 CT 法也称声波层析成像技术，该方法可以在不破坏研究目标的情况下，利用声波射线，获得射线投影数据。通过相应的数学模型和图像反演技术，能够呈现出研究目标内部的二维或三维图像，进而对物体内部缺陷进行判断。

超声波 CT 法的数学理论基础是 Radon 变换及其逆变换。在二维平面内，沿一条距离原点为 ρ，方向角为 θ 的直线 L 对平面内的函数 $f(x, y)$ 做线性积分，得到的图像函数 $R(\rho, \theta)$ 即函数的 Radon 变换。在极坐标中，若图像函数是 Radon 变换，要重建图像，则需要对其进行逆变换。理论上，若是想要通过 Radon 变换及其逆变换在结构体上获得精确的 CT 图像，则必须对探测的部位进行各方向、全方位的扫描，同时要保证测点布置的足够紧密，尽可能多地获得投影数据。声波的传播路径应该确保为一条直线，投影数据的探测应该确保无误。在较为精密的医学 CT 上这些要求很容易得到满足，采用解析法，基于 Radon 逆变换，便可准确地重建物体的内部图像。

对于混凝土结构内部缺陷的探测，超声波 CT 法通过记录 P 波的声时和传播路程来进行成像。

在进行超声波 CT 检测时，首先将发射换能器和接收换能器分别耦合于结构体的两个检测面上，利用接收换能器沿测点依次拾取发射换能器发出的声波信号，最终形成检测断面内声波测线的交叉布置形式，见文后彩插 1。利用迭代重建技术（SIRT）和约束最小二乘类算法（ILST）等反演算法求出检测断面上声波速度的分布，即可实现 CT 断层扫描成像。

采用超声波 CT 法对混凝土空洞缺陷进行检测时，可以通过观测图像的声时、声速、波形及振幅等来判断所测区域是否为缺陷区域，对每个测点进行检测，记录声时值，将测得的声时数据制作为SRN文件，利用软件进行分析处理，超声波CT法成像结果见文后彩插2。

4.8.4 超声横波反射法

超声横波反射法也称超声横波反射三维成像技术或相控阵技术，即利用混凝土、钢筋混凝土等构件的一个检测面对其内部进行成像的一种无损检测技术。通常用来探测结构的内部缺陷、不密实区及埋设在内部的管道等，也用来探测未知结构体厚度。该技术是利用超声横波（S波或剪切波）对混凝土内部质量进行探测，由于超声波横波只能在固体中传播，在遇到气体和液体时，横波近乎完全发生反射，因此在混凝土缺陷检测时，横波的应用极为广泛。

超声波横波相对于纵波来说，具有一定优势。首先，在同种介质中，横波的传播速度约为纵波的60%，这就表明在频率相同时，横波波长也大致为纵波波长的60%，波长越短，对小型缺陷的识别能力越强。因此，利用超声波横波可以识别到的缺陷比纵波更小，对缺陷的分辨能力也更强。其次，横波在介质中的散射和衰减比纵波弱，这使得声波在穿过介质时，声波信号保留下的信息比纵波更多，噪声将会更低。最后，空气中不存在剪切刚度，横波无法在空气中传播，当遇到混凝土内部存在的空洞和裂隙夹层时，无法传播，几乎完全被反射回来。它的反射波波幅相对更大，更容易接收，因此在理论上，超声横波比纵波在检测混凝土结构中的内部空洞时，精度会更高，适用性更好。超声横波反射法利用的换能器和传统超声波所用到的换能器不同，其利用的干耦合点接触式换能器，解决了超声波探头和混凝土表面的接触问题。该换能器通过弹簧的弹力使其与混凝土表面进行充分接触，解决了传统超声波换能器需要耦合剂才可以与混凝土面实现紧密接触的问题，加快了混凝土构件检测速度，并减轻了传统的超声波法因为耦合剂涂抹不均匀对结果产生的影响。超声横波反射法通常利用到的另外一个技术就是合成孔径聚焦技术（Synthetic Aperture Focusing Technique，SAFT）。由于混凝土结构内部极不均匀且各向异性，混凝土检测时，需要利用低频干耦合点接触（以下简称“DPC”）阵列式探头在探测部位获得大量数值。由于换能器阵列存在一定的偏移距，这会导致采集到的信号发生相对位移，对裂缝和空洞的成像结果产生一定影响。引入合成孔径聚焦技术（SAFT）对数据进行处理，可以改善超声横波反射的成像质量。在检测时，超声横波反射法利用发射换能器向混凝土中发射脉冲波，接收传感器对回波进行拾取。记录声波从发射到接收的时间，可以计算出底部界面或混凝土内部缺陷的深度。在工作时，由控制单元对4×12阵列的共48个传感器天线进行控制，每个传感器均可以收发信号，天线内的控制单元在短时间内激发一行传感器，其他行的传感器作为接收器对脉冲进行接收，重复此过程直到12行传感器中的每一个都充当了发射器为止，见文后彩插3。

由计算机对每个反射脉冲的声时进行处理。设备在获取声时后，使用合成孔径聚焦（SAFT）的信号处理技术，系统可以在短时间内分析数据，快速高效地以二维图像的形式将结果展示。也可以根据需要，对探测面进行扫描探测，利用分析软件对结构体进行三维成像，使探测结果更加形象。

表 4.15　　A1040 MIRA 超声波断层成像仪性能

项　目	参　数	备　注
扫描装置	内置天线矩阵	
天线陈列中换能器数量	48	
工作频率	10～100kHz	
超声波波速范围	1000～4000m/s	
混凝土中最大探测深度	2500mm	
钢筋混凝土中最大探测深度	800mm	
厚度的允许探测精度的极限	$\pm(0.05x-10)$mm	x 为被探测的厚度

采用超声横波反射法来检测混凝土的内部缺陷，与传统的超声波法和声波 CT 法相比，仅仅利用一个检测面就可以在短时间内对所测的结构体的截面进行实时的显示，且显示效果直观，操作方便简单。采用 A1040 MIRA 超声波断层成像仪见文后彩插 4，对混凝土内部区域进行探测成像见文后彩插 5。

4.8.5　冲击回波法

对于浅层的内部缺陷且只有单面测试条件时，也可以采用冲击-回波法。

1. 检测仪器设备及要求

冲击-回波法检测浅层的内部缺陷，主要检测仪器和设备包括：冲击器、传感器、数据采样分析系统、游标卡尺、钢卷尺等。

仪器和设备应符合下列要求：

(1) 冲击头应根据检测缺陷深度选择并可更换。

(2) 传感器应采用具有接收表面垂直位移响应的宽带换能器，应能够检测到由冲击产生沿着表面传播的 P 波到达时的微小位移信号。

(3) 数据采样分析系统应具有功能查询、信号触发、数据采集、滤波、快速傅里叶变换（FFT）。

(4) 采集系统应具有预触发功能，触发信号到达前应能采集不少于 100 个数据记录。

(5) 接收器与数据采集仪的连接电缆应无电噪声干扰，外表应屏蔽、密封，与插头连接应牢固。

组成测试系统的精度要求应满足厚度测量相对误差不超过 5%。

2. 检测要求

检测前，应先进行被检测混凝土结构无缺陷部位的 P 波波速测试，其波速值作为缺陷深度计算的基本参数。

P 波波速测试应符合下列要求：

(1) 被测试的混凝土应均匀、密实、无缺陷，其 P 波波速值应具有代表性。当检测部位的混凝土材料及配比、施工方法等发生变化时，应重新进行 P 波波速的测试。

(2) 宜采用“一发双收”式测试方法，冲击点、固定接收点、移动接收点应处在同一测线上。固定接收点与冲击点的间距宜为 (150±10)mm。移动接收点不宜少于 4 个，间距宜为 100mm。距离量测应精确到 1mm。

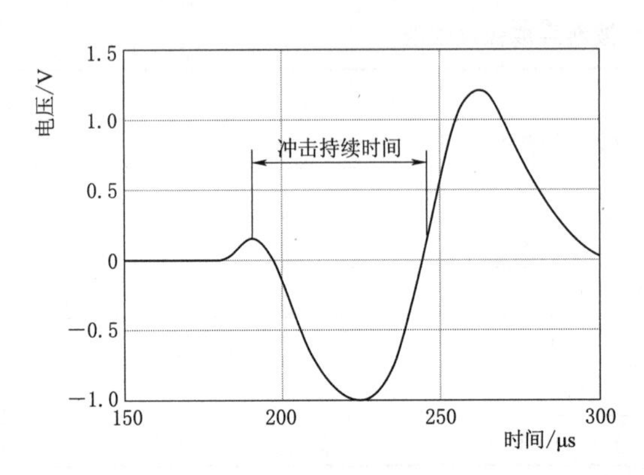

图 4.22 冲击持续时间估测示意图

(3) 冲击操作时，应有足够的能量产生表面位移响应，其冲击持续时间宜为 $(30\pm10)\mu s$。冲击持续时间可从表面到达波的相应部分波形测量验证，如图 4.22 所示。

(4) 应逐一测试每次激振时固定接收点和移动接收点的 P 波首波到达时间 t_{01}、t_{02}，如图 4.23 所示。

(5) P 波波速值宜通过各移动接收点到固定接收点的距离与弹性波在两点之间的传播时间回归曲线获得，如图 4.24 所示，其直线斜率即为 P 波波速值。

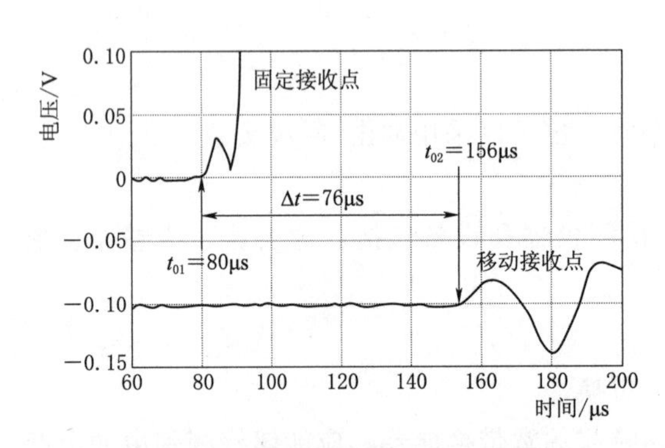

图 4.23 首波到达时间波形示意图

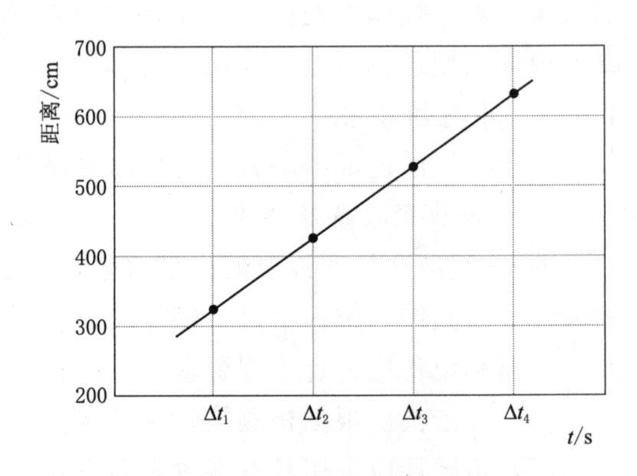

图 4.24 回归曲线示意图

混凝土缺陷检测应符合下列要求：

1) 测点宜呈网状布置，间排距不宜大于 30cm，测试宜按某一方向逐点进行。

2) 冲击点距接收点（测点）不宜大于 0.4 倍预估的缺陷深度。

3) 冲击持续时间应小于 P 波往返传播时间，可按式（4.67）估算：

$$t_c<\frac{2h_c}{C_P} \tag{4.67}$$

式中 t_c——冲击持续时间，s；

C_P——混凝土 P 波波速，m/s；

h_c——被测部位混凝土结构缺陷预估深度，m。

4) 每一测点应测试 2 次，结果相同进行下一点测试，否则应查明原因后复测。

5) 应对采集的波形进行快速傅里叶变换，当所得的振幅谱无明显峰值时，应查明原因或改变激振球的大小重复测试；当只有 1 个峰值时应判定混凝土无缺陷；当有 2 个及以上的峰值时，应判定混凝土存在缺陷，并重复测试进行验证。

6) 存在缺陷的混凝土部位应加密测点，其间距不宜大于原测点间距的 1/2。

测试记录应符合下列要求：

a. 接收的波形应全面完整，波幅大小应适宜，不应有削峰现象。

b. 应记录测试系统所使用的采集参数，包括采样间隔、电压范围、电压解析度，在波形中点的数量以及在振幅谱中的频率间隔。

c. 应记录每个测点的位置，描述测试表面条件等。

3. 检测结果及分析

应给出时间域的波形图和频率域的振幅谱。

应对振幅谱中各峰值进行分析，给出缺陷振幅峰值所对应的频率值。

混凝土结构缺陷深度应按式（4.68）计算：

$$h_c=\frac{\beta C_P}{2f} \tag{4.68}$$

式中 h_c——混凝土结构缺陷顶部深度，m；

f——缺陷振幅峰值所对应的频率，Hz；

C_P——混凝土 P 波波速，m/s；

β——结构截面的几何形状系数，可取 0.96。

最终根据测试结果所确定的缺陷位置绘制缺陷平面图。

4.8.6 探地雷达法

探地雷达法适用于混凝土结构内部空洞、疏松区、脱空区等缺陷的平面位置和埋深检测。

1. 检测仪器设备及要求

主要检测仪器和设备应包括雷达主机、雷达天线、数据采集分析处理系统等。

雷达天线的选择可采用不同频率或不同频率组合，并应符合下列要求：

（1）应具有屏蔽功能，探测的最大深度应大于缺陷体埋深，垂直分辨率宜优于 2cm。

（2）应根据检测的缺陷深度和现场具体条件，选择相应频率天线。在满足检测深度要求下，宜使用中心频率较高的天线。

（3）根据中心频率估算出的检测深度小于缺陷体埋深时，应适当降低中心频率以获得适宜的探测深度。

2. 检测要求

检测前应对混凝土的相对介电常数或电磁波波速做现场标定，标定方法应符合下列要求：

（1）可采用在材料和工作环境相同的混凝土结构或钻取的芯样上进行测试。

（2）测试的目标体已知厚度或长度应不小于 15cm。

（3）记录中的雷达影像图界面反射信号应清楚、准确。

（4）测值应不少于 3 次，单值与平均值的相对误差应小于 5%，其计算结果的平均值作为标定值。

相对介电常数应按式（4.69）计算：

$$\varepsilon_r=\left(\frac{ct}{2h}\right)^2 \tag{4.69}$$

电磁波波速应按式（4.70）计算：

$$v=\frac{2h}{t} \tag{4.70}$$

式中 ε_r——混凝土相对介电常数；

v——混凝土介质中的电磁波速，m/s，

c——真空中的电磁波速度，3×10^8m/s；

t——电磁波从顶面到达底面再返回双程走时时间，s；

h——已知的混凝土结构厚度，m。

测线和测点的布置：

1）对于较大尺寸的混凝土结构，宜采用与结构物长度方向一致的平行测线布置，间距宜为100～500cm。

2）较小尺寸的宜采用网格布置，网格间距宜为10～100cm。

3）进行点测时，测点间距宜为10～50cm，并应满足式（4.71）的要求。

$$\Delta X\leqslant\frac{c}{4f_r\sqrt{\varepsilon_r}} \tag{4.71}$$

式中 ΔX——相邻测点间距，m；

c——真空中的电磁波速率，3×10^8m/s；

f_r——天线中心频率，Hz；

ε_r——混凝土相对介电常数。

混凝土缺陷检测应符合下列要求：

1）检查主机、雷达天线，使之处于正常状态。

2）根据电缆、天线连接的测量方式，在主机上选择相应的测量模式。

3）设置仪器参数，并应符合式（4.72）～式（4.74）的要求。

a. 时窗长度估算：

$$\omega=\alpha\frac{2h_{\max}}{v} \tag{4.72}$$

式中 ω——时窗长度，s；

$h_{\max}$——拟检测目标体的最大深度，m；

v——混凝土介质中电磁波速度，m/s；

α——调整系数，混凝土介质电磁波速度与目标深度变化所留出的残余值，可取1.3～2.0。

b. 每道雷达波形最小采样点数：

$$S_P\geqslant10\omega f \tag{4.73}$$

式中 S_P——雷达波形最小采样点数；

ω——时窗长度，s；

f——天线中心频率，Hz。

c. 时间采样率：

$$\Delta t\leqslant\frac{1}{6\times10^6 f} \tag{4.74}$$

式中 Δt——时间采样率，s；

f——天线中心频率，MHz。

d. 应标出被测结构表面反射波起始零点。雷达天线应与混凝土表面贴壁良好，并沿测线匀速、平稳滑行。移动速度宜符合式（4.75）的要求：

$$V_x \leqslant \frac{S_c d_{\min}}{20} \tag{4.75}$$

式中 V_x——天线速度，m/s；

S_c——天线扫描频率，Hz；

$d_{\min}$——检测目标体最小尺度，m。

宜采用连续测量方式，特殊地段或条件不允许时可采用点测方式。当需要分段测量时，相邻测量段接头重复长度不应小于1m。

现场检测记录应满足下列要求：

1）记录应包括记录测线号、方向、标记间隔以及天线中心频率等。

2）应随时记录可能对测量产生电磁影响的物体及其位置。

3）数据记录应完整，信号应清晰，里程标记应准确。

4）应准确标记测量位置。

3. 检测结果及分析

数据的处理应满足以下要求：

（1）原始数据处理前应回放检验。

（2）标记位置应准确无误。

（3）单个雷达图谱应做下列特征分析：

1）确定反射波组的界面特征。

2）识别地表干扰反射波组。

3）识别正常介质界面反射波组。

4）确定反射层信息。

雷达图像数据的解释应在掌握测区内物性参数和混凝土结构的基础上，应按由已知到未知、定性指导定量的原则进行。

混凝土结构缺陷埋深应按式（4.76）确定：

$$h = \frac{1}{2} vt \tag{4.76}$$

式中 h——混凝土结构缺陷埋深，m；

t——电磁波自混凝土表面至目标体双程历时，s；

v——混凝土介质中的电磁波波速，m/s。

混凝土缺陷初步判定特征如下：

1）密实。信号幅度较弱，甚至没有界面反射信号。

2）不密实。混凝土界面的强反射信号同向轴呈绕射弧形，且不连续、较分散。

3）空洞。混凝土界面反射信号强，三振相明显，在其下部仍有强反射界面信号，两组信号时程差较大。

雷达检测内部缺陷成像如图 4.25 所示。

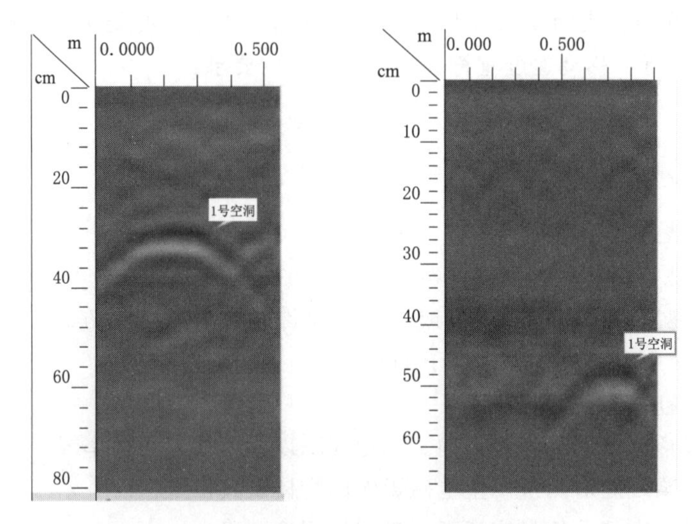

图 4.25 雷达检测内部缺陷成像图

4.8.7 总结分析

利用超声波法，超声横波反射法、探地雷达法和冲击-回波法对不密实区进行检测时，均只需要一个检测面就可以完成探测，超声波法和冲击-回波法对探测面质量要求较高，需要利用耦合剂进行耦合，必要时需要对探测面进行打磨处理。另外，对深度较深的不密实区进行探测时，超声波法和冲击-回波法对探测面的长度有一定要求，如果探测面的长度或者不密实区的面积较小时，可能无法进行有效探测。超声波法和冲击-回波法需要对数据进行后处理，现场无法判断出不密实区的厚度。超声横波反射法和探地雷达法对探测面质量要求相对较低，可以在现场短时间内呈现高精度的探测图像，更加直观、便捷。

4.9 结构位移和变形观测

水闸结构的变形问题分为结构的整体位移和局部变形，主要表现为结构的水平位移和竖直位移超标、混凝土开裂、结构缝的张开，这些病害表现形式之间常常是互相关联的。

结构位移和变形检测结构的位移和变形检测可采用全站仪、激光测距仪、水准仪、激光定位仪和三轴定位仪等进行。水工混凝土结构的基础不均匀沉降，可以用水准仪检测；当需要确定基础沉降发展的情况时，应在混凝土结构上布置测点进行观测，沉降观测点可结合长期位移监测设施并选择在能反映地基变形特征及结构特点的位置，测点数满足腐蚀评价工作需要为准。观测周期和频次可根据《水闸技术管理规程》（SL 74—2014）的要求实施。

变形观测资料应及时整编，并编写观测分析报告，报告应主要包括以下内容：

（1）工程概况。

（2）观测设备情况、包括监测点的布置、型号、完好率、观测初始值等。

（3）观测方法。

（4）主要观测成果。

（5）结论与建议。

第5章　闸门及启闭机安全检测

5.1　概述

我国20世纪50年代和60年代后建造的水工金属结构中有许多已达到或超过经济折旧年限，有些甚至达到设计使用年限，会不可避免地产生不同程度的损伤，长期带病（隐患）运行，易造成突发事故。一旦失事，将给下游广大地区的人民生命财产和国民经济的发展造成严重损失。因此，及时对进行安全检测，及时发现隐患保证安全运行，具有重要的意义。

金属结构物可分三类。第一类是20世纪50—60年代建造、由于使用时间长，金属出现腐蚀造成构件截面的有效尺寸不同程度地减小，及其他的自然损伤或安全等隐患。第二类是在使用中由于意外事故，或条件改变，或管理问题造成损伤的。第三类乃由于设计，制造，安装缺陷造成先天不足的。

闸门和启闭机的结构型式比较多，除有大量的钢闸门外还有少数的混凝土闸门和铸铁闸门；钢闸门的结构型式也比较复杂，有平板门、弧形门、有垂直提升门、升卧门、横拉门等。启闭机型式有多种多样，常用的就有液压式启闭机、螺杆式启闭机、卷扬式启闭机等。我国目前大、中型水闸基本采用钢闸门，对于一些小型支流水闸仍有采用钢筋混凝土闸门和铸铁闸门，甚至还存在一些小型的木闸门，这些非钢结构的闸门在不断进行的更新改造过程逐步淘汰而停止使用。对于这些小型闸门的安全性仍不可忽视，但相对来说小型闸门所辖的流域面积较小，所造成的后果较轻，重点应放在大中型闸门的安全管理上。对于这些小型的钢筋混凝土和铸铁闸门的安全检测可参考钢闸门的检测，钢闸门及启闭机的安全检测内容不包含的，可参考有关混凝土检测的内容和方法以及有关的规范和规程。

5.1.1　安全检测与评估依据

闸门和启闭机的安全检测与评估依据的标准如下：

（1）《水利水电工程钢闸门设计规范》（SL 74—2019）；

（2）《铸铁闸门技术条件》（SL 545—2011）；

（3）《水利水电工程启闭机设计规范》（SL 41—2018）；

（4）《水利水电工程钢闸门制造、安装及验收规范》（GB/T 14173—2008）；

（5）《水利水电工程启闭机制造安装及验收规范》（SL/T 381—2021）；

（6）《水利水电工程单元工程施工质量验收评定标准——水工金属结构安装工程》（SL 635—2012）；

（7）《金属结构防腐蚀规范》（SL 105—2007）；

(8)《水工钢闸门和启闭机安全运行规程》(SL/T 722—2020);

(9)《水利水电工程金属结构报废标准》(SL 226—98);

(10)《水工钢闸门和启闭机安全检测技术规程》(SL 101—2014);

(11)《水工金属结构制造安装质量检验通则》(SL 582—2012);

(12)《水工金属结构焊接通用技术条件》(SL 36—2016);

(13)《焊缝无损检测 超声检测 技术、检测等级和评定》(GB 11345—2023);

(14)《水闸安全评价导则》(SL 214—2015);

(15)《水闸技术管理规程》(SL 75—2014)。

5.1.2 安全检测和评估周期

闸门和启闭机应定期进行安全检测。安全检测周期可根据闸门和启闭机的运行时间及运行状况确定,宜分为首次检测、定期检测和特殊情况检测。根据《水工钢闸门和启闭机安全检测技术规程》(SL 101—2014) 规定,宜按下列情况开展安全检测与评估。

闸门和启闭机投入运行后5年内进行首次检测。首次检测项目应按规程第2.3.2条的规定逐项进行。

首次检测后,闸门和启闭机应每隔6~10年进行定期检测。定期检测项目可根据闸门和启闭机实际运行状况有所侧重。根据《水工钢闸门和启闭机安全运行规程》(SL/T 722—2020) 规定:首次安全检测与评价后,应每隔5年进行定期安全检测与评价。

闸门和启闭机在运行期间如果出现下列情况,应立即进行特殊情况检测。检测项目可根据闸门和启闭机实际状况确定。

(1) 在运行期间曾经超设计工况运行、出现误操作引发的重大事故、遭遇不可抗拒的自然灾害等特殊情况。

(2) 在运行期间发现并确认闸门和启闭机主要结构件或主要零部件存在影响安全的危害性缺陷和重大隐患。

(3) 闸门和启闭机运行状况出现明显异常,影响工程安全运行。

5.1.3 抽样检测数量和项目

现场检测项目分为必检项和抽检项。巡视检查和外观与现状检测为必检项,腐蚀检测、材料检测、无损检测、应力检测、振动检测、启闭力检测和启闭机运行状况检测与考核试验为抽检项。

必检项应逐孔进行检测。抽检项应根据同类型闸门和同类型启闭机的数量,按比例抽样检测。抽样比例宜按表5.1执行。抽样时应考虑闸门和启闭机运行状况及布置位置等因素。一般来说,边孔闸门和启闭机必须抽样。

当闸门和启闭机存在明显影响工程安全的问题时,抽样比例可不受表5.1的限制。

表 5.1　　抽 样 比 例

闸门(启闭机)数量/扇(台)	抽样比例/%	闸门(启闭机)数量/扇(台)	抽样比例/%
1~10	30~100	51~100	10~15
11~30	20~30	>100	10
31~50	15~20		

根据《水工钢闸门和启闭机安全检测技术规程》（SL 101—1014），闸门和启闭机安全检测的主要项目如下：

（1）巡视检查。

（2）外观与现状检测。

（3）腐蚀检测。

（4）材料检测。

（5）无损检测。

（6）应力检测。

（7）振动检测。

（8）启闭力检测。

（9）启闭机运行状况检测与考核试验。

5.2 安全检测的基本要求

5.2.1 检测机构

水闸金属结构安全检测工作责任重大，技术性强，涉及多种专业。其结果是可靠性鉴定和剩余寿命预估的基础。因此，检测工作应由具有国家级或省级质量技术监督机构颁发的计量认证证书的检测机构负责。证书授权的检测产品或类别、检测项目或参数、检测范围应满足安全检测要求。此外，闸门和启闭机安全检测机构应具有水利部或省级水行政主管部门颁发的闸门和启闭机（金属结构）检测资质证书。

5.2.2 检测人员

人员是技术水平的重要体现，应配置合理，包括现场测试、室内试验、测试分析、结构评估等。一般应由技术全面的高级技术骨干负责。

安全检测机构的检测人员应全面了解闸门和启闭机设计、制造、安装和运行情况，熟悉相关业务知识，熟练掌握检测方法。检测人员应具有水利部或省级水利行政主管部门颁发的检测资质证书。检测人员应经由技术培训、实践考核合格后持有上岗证书。

无损检测人员应持有国家水利水电行业或无损检测学会无损检测人员资格鉴定工作委员会颁发的与其工作相对应的资格证书。无损检测结果评定应由取得2级或2级以上资格证书的无损检测人员担任。

5.2.3 检测仪器和设备

检测仪器和设备应按照水利工程金属结构的测试内容配备，并应作为资格单位的基础设施。安全检测使用的仪器设备的精度应满足要求并经地（市）级及以上计量检定机构检定校准。

仪器设备须有专人保养，定期检定校准。

5.2.4 安全检测的原则

依据安全检测的有关技术规程和实际经验，安全检测项目应根据工程情况、管理运用中存在的问题和具体条件等因素综合研究确定，一般而言，设立检测内容应遵守下列原则：

（1）现有的检查观测资料已能满足安全鉴定分析要求的，不再检测。

（2）检测内容应与工程复核计算内容相协调。

（3）检测工作应选在对检测条件有利和对运行干扰较小的时期进行。

（4）检测区域和测点布置应选择在较能反映工程实际安全状态的部位上。

（5）检测方法尽可能采用无破损检测法。如必须采用破损检测时，破损或切割部位取样后不得威胁结构安全或正常运用，尽量减少损伤面；检测结束后，要及时予以修复。

5.2.5 安全检测所需的技术资料

安全检测前应收集设计、制造安装、竣工和运行管理等方面的技术资料，所收集的资料应真实、完整，力求满足检测与安全鉴定的需要。所需技术资料主要如下。

1. 设计资料

（1）设计计算书的有关部分。

（2）设计图包括总布置图、装配图、部件图及必需的零件图等。

（3）制造、安装、运行使用说明书（设计单位编制的）。

（4）设计修改通知单等。

2. 制造安装资料

（1）主要构件和零部件材料出厂质量证明书或复验报告。

（2）焊缝无损检测报告。

（3）防腐蚀检测报告。

（4）分部检验验收记录。

（5）制造安装最终检查、试验记录及有关资料。

（6）重大缺陷处理记录及有关会议纪要。

3. 竣工资料

（1）制造和安装竣工图（含新建、改建或加固工程）。

（2）施工技术总结资料。

（3）制造安装质量第三方检测报告和工程建设监理资料。

（4）工程竣工和验收交接文件。

4. 运行管理资料

（1）操作规程和技术管理规章制度（工程管理单位编制的）。

（2）运行管理、维修保养记录、检查报告（记录）。

（3）历年的定期检查、特别检查和检测评估报告。

（4）工程大修和重大工程事故处理措施记录。

（5）有关水工建筑物的变形观测记录。

（6）运行管理等级评定记录。

（7）其他与安全检测、评估有关的资料。

5.3 检测内容与方法

影响水闸金属结构安全的因素较多，根据评估要求和以往经验，水闸中金属结构安全检测的项目主要有以下内容：

(1) 巡视检查。

(2) 外观与现状检测。

(3) 焊缝质量检测。

(4) 螺栓连接质量检测。

(5) 腐蚀状况检测。

(6) 材料试验。

(7) 结构试验。

(8) 启闭机运行状况试验。

(9) 启闭力检测和考核试验。

(10) 与金属结构安全有关的其他检测。

5.3.1 巡视检查

巡视检查作为水闸管理单位的技术管理重要组成部分，是水闸经常检查和定期检查的重要内容之一。安全检测机构应根据运行管理单位提供的闸门和启闭机巡视检查记录等运行管理资料，现场进行巡视检查。巡视检查是安全检测必检项目，属于目测检查项目。主要检查与钢闸门和启闭机相关的水力学条件、水工建筑物是否有异常现象和附属设施是否完善有效等，并判断对闸门和启闭机的影响。

巡视检查应包括下列主要内容：

(1) 闸门和启闭机的运行状况，特别是振动问题。

(2) 闸门泄水时的所在水道及门槽前后水流流态。

(3) 闸门关闭时的漏水状况。

(4) 门槽及附近区域混凝土的空蚀、冲刷、淘空等。

(5) 闸墩、胸墙、牛腿等部位的裂缝、剥蚀、老化等。

(6) 闸墩及底板伸缩缝的开合错动情况，是否有不利于闸门和启闭机的不均匀沉陷。

(7) 通气孔坍塌、堵塞或排气不畅等。

(8) 启闭机室的裂缝、漏水、漏雨等。

(9) 闸门锁定、淋水、防冻、破冰、检修、配重等附属设施的运行状况。

(10) 启闭机手摇装置、抓梁、拉杆、备用电源等附属设施的运行状况。

安全检测机构宜根据巡查内容编制巡视检查记录表，并做好现场记录。巡视检查记录表格式见表5.2。

表5.2　巡视检查记录表格式

<table>
<tr><td colspan="3">工程名称</td><td></td><td>闸孔号</td><td></td></tr>
<tr><td colspan="3">闸门、启闭机类型规格</td><td colspan="3"></td></tr>
<tr><td>序号</td><td colspan="2">检查内容</td><td colspan="3">检查情况</td></tr>
<tr><td>1</td><td colspan="2">闸门运行状况</td><td colspan="3"></td></tr>
<tr><td>2</td><td colspan="2">启闭机运行状况</td><td colspan="3"></td></tr>
<tr><td rowspan="3">3</td><td rowspan="3">泄水时水流状态</td><td>进水口</td><td colspan="3"></td></tr>
<tr><td>门槽附近</td><td colspan="3"></td></tr>
<tr><td>闸门后</td><td colspan="3"></td></tr>
</table>

续表

<table>
<tr><td>序号</td><td colspan="2">检查内容</td><td>检查情况</td></tr>
<tr><td>4</td><td colspan="2">漏水状况</td><td></td></tr>
<tr><td>5</td><td colspan="2">门槽及附近区域</td><td></td></tr>
<tr><td>6</td><td colspan="2">闸墩</td><td></td></tr>
<tr><td>7</td><td colspan="2">胸墙</td><td></td></tr>
<tr><td>8</td><td colspan="2">牛腿</td><td></td></tr>
<tr><td>9</td><td colspan="2">闸墩及底板伸缩缝的开合错动</td><td></td></tr>
<tr><td>10</td><td colspan="2">通气孔</td><td></td></tr>
<tr><td>11</td><td colspan="2">启闭机室</td><td></td></tr>
<tr><td rowspan="6">12</td><td rowspan="6">闸门附属设施</td><td>锁定装置</td><td></td></tr>
<tr><td>橡皮淋水装置</td><td></td></tr>
<tr><td>防冻设施</td><td></td></tr>
<tr><td>破冰设施</td><td></td></tr>
<tr><td>检修设施</td><td></td></tr>
<tr><td>配重</td><td></td></tr>
<tr><td rowspan="5">13</td><td rowspan="5">启闭机附属设施</td><td>手摇装置</td><td></td></tr>
<tr><td>检修设施</td><td></td></tr>
<tr><td>备用电源</td><td></td></tr>
<tr><td>抓梁</td><td></td></tr>
<tr><td>拉杆</td><td></td></tr>
</table>

5.3.2 闸门外观与现状检测

外观与现状检测是闸门安全检测必须检测项目。外观与现状检测前应详细了解闸门制造、安装、竣工验收情况，重大缺陷处理情况，运行、检修、保养情况和运行中曾出现的各种异常情况。对闸门制造安装时存在缺陷（已经处理）的部位或零部件、运行时曾经发现异常的部位或零部件应重点检测。通过外观检查，可以对闸门整体状况有一个直观的了解。外观检查以目测为主，配合使用量测工具，对闸门的外观形态进行检查。外观与现状检测结果应及时记录，必要时可采用摄像、拍照等辅助方法进行记录和描述。闸门外观与现状检测记录表格式见表 5.3、表 5.4。

表 5.3　　平板闸门外观与现状检测记录表格式

<table>
<tr><td colspan="3">工程名称</td><td></td><td>闸孔号</td><td></td></tr>
<tr><td colspan="3">闸门类型及规格</td><td colspan="3"></td></tr>
<tr><td>序号</td><td colspan="2">检 测 内 容</td><td colspan="3">检 测 情 况</td></tr>
<tr><td>1</td><td rowspan="6">闸门门体</td><td>门体</td><td colspan="3"></td></tr>
<tr><td>2</td><td>主梁、边梁、纵梁、小横梁、面板等</td><td colspan="3"></td></tr>
<tr><td>3</td><td>主要受力焊缝</td><td colspan="3"></td></tr>
<tr><td>4</td><td>连接螺栓</td><td colspan="3"></td></tr>
<tr><td>5</td><td>腐蚀状况</td><td colspan="3"></td></tr>
<tr><td>6</td><td>积水和污物情况</td><td colspan="3"></td></tr>
</table>

续表

序号	检测内容			检测情况
7	闸门支承及行走装置	正向支承	主滑块	
			主滚轮	
8		侧向支承	侧轮	
			侧滑块	
9		反向支承	滚轮	
			滑块	
10		人字门顶枢、底枢		
11	吊耳、吊杆	吊耳、连接情况		
12		吊杆、连接情况		
13	止水装置	底止水	柔性止水	
			刚性止水	
			止水垫板、压板、挡板	
			连接螺栓	
14		侧止水	柔性止水	
			刚性止水	
			止水垫板、压板、挡板	
			连接螺栓	
15		顶止水	柔性止水	
			刚性止水	
			止水垫板、压板、挡板	
			连接螺栓	
16	闸门埋件	主轨和副轨		
17		反轨		
18		侧轨		
19		止水座板		
20		闸槽护角		
21		铰座		
22		底槛		
23		门楣		
24		钢胸墙		
25	闸门平压设备			
26	闸门锁定装置			
27	淋水、防冻、配重等			

表 5.4　　弧形闸门外观检测记录表格式

工程名称					闸孔号	
闸门类型及规格						
序号	检测内容			检测情况		
1	闸门门体	门体				
2		主梁、支臂、边梁、纵梁、小横梁、面板等				
3		主要受力焊缝				
4		连接螺栓				
5		腐蚀状况				
6		积水和污物情况				
7	闸门支承及行走装置	正向支承	主滑块			
			主滚轮			
8			支铰			
9		侧向支承	侧轮			
			侧滑块			
10		反向支承	滚轮			
			滑块			
11	吊耳、吊杆	吊耳、连接情况				
12		吊杆、连接情况				
13	止水装置	底止水	柔性止水			
			刚性止水			
			止水垫板、压板、挡板			
			连接螺栓			
14		侧止水	柔性止水			
			刚性止水			
			止水垫板、压板、挡板			
			连接螺栓			
15		顶止水	柔性止水			
			刚性止水			
			止水垫板、压板、挡板			
			连接螺栓			
16	闸门埋件	主轨和副轨				
17		反轨				
18		侧轨				
19		止水座板				
20		闸槽护角				
21		铰座				
22		底槛				
23		门楣				
24		钢胸墙				

续表

序号	检 测 内 容	检 测 情 况
25	闸门平压设备	
26	闸门锁定装置	
27	淋水、防冻、配重等	

闸门外观与现状检测主要检查闸门门体及主要构件、支承装置、吊耳装置、止水装置、闸门埋件等损伤、明显变形和零部件的缺失、脱落、转动、固定状况等。

1. 闸门外观与现状检测

(1) 闸门门体外观检测。

(2) 闸门支承及行走装置外观检测。

(3) 闸门吊杆、吊耳外观检测。

(4) 闸门止水装置外观检测。

(5) 闸门埋件外观检测。

(6) 闸门平压设备(充水阀或旁通阀)外观检测。

(7) 闸门锁定装置外观检测。

(8) 淋水、防冻、配重等外观检测。

2. 闸门门体外观检测

(1) 门体的变形、扭曲等。

(2) 主梁、支臂、纵梁、边梁、底梁、小横梁、面板等构件的损伤、局部变形等。

(3) 主要受力焊缝的表面缺陷。

(4) 连接螺栓的损伤、变形、缺件及紧固状况等。

(5) 门体主要构件及连接螺栓的腐蚀状况。

(6) 主横梁和次横梁积水和污物情况。

3. 闸门支承及行走装置外观检测

(1) 闸门主轮(滑道)、侧向支承、反向支承的转动灵活程度、啃轨、卡阻现象,润滑、磨损、表面裂纹、损伤、缺件及腐蚀状况等。

(2) 弧形闸门支铰的转动、润滑(加油孔)状况,支铰、铰座的变形、损伤及腐蚀状况;固定螺栓缺件及紧固状况等。

(3) 人字闸门顶枢、底枢的转动、润滑及腐蚀状况。

4. 闸门吊杆、吊耳外观检测

(1) 吊杆的损伤和变形,吊杆之间的连接状况。

(2) 吊耳的损伤和变形,吊耳与闸门的连接状况。

(3) 吊杆与吊耳的连接状况。

(4) 吊杆、吊耳的腐蚀状况。

5. 闸门止水装置外观检测

(1) 柔性止水的磨损、老化、龟裂、破损、脱落等。

(2) 刚性止水的磨蚀、变形等。

(3) 止水压板、垫板、挡板的损伤、变形、缺件及腐蚀状况等。

(4) 螺栓的损伤、变形、缺件、紧固状况及腐蚀状况等。

6. 闸门埋件外观检测

(1) 主轨、侧轨、反轨、止水座板、闸槽护角的磨损、脱落、错位和变形等；弧形闸门轨板、铰座的表面缺陷、损伤等。

(2) 底槛的变形、损伤、错位等。

(3) 门楣、钢胸墙的变形（妨碍闸门运行的突起）、磨损、错位等。

(4) 埋件的腐蚀状况。

(5) 一、二期混凝土接缝的渗漏。

7. 闸门平压设备（充水阀或旁通阀）外观检测

(1) 设备的完整性及操作方便性。

(2) 吊杆和阀体的变形、损伤及腐蚀状况等。

8. 闸门锁定装置外观检测

(1) 锁定装置的操作方便性和灵活性。

(2) 锁定装置的变形、损伤、缺件及腐蚀状况等。

9. 淋水、防冻、配重等外观检测

(1) 淋水、防冻装置能否正常工作。

(2) 配重是否完整，固定是否牢固等。

5.3.3 启闭机外观与现状检测

外观与现状检测是启闭机安全检测必须检测项目。在进行外观与现状检测前，应详细了解启闭机制造、安装、竣工验收情况，以及重大缺陷处理情况，运行、检修、保养情况和运行中曾出现的各种异常情况。对启闭机制造安装时存在缺陷（已经处理）的部位或零部件，以及运行时曾经发现异常的部位或零部件应重点检测。通过外观检查，可以对启闭机整体状况有一个直观的了解。外观检查以目测为主，配合使用量测工具，对启闭机的外观形态进行检查。外观与现状检测结果应及时记录，必要时可采用摄像、拍照等辅助方法进行记录和描述。启闭机现状检测记录表格式见表 5.5～表 5.7。

表 5.5　　固定卷扬式启闭机现状检测记录表格式

工程名称			闸孔号	
启闭机类型及规格				
序号	检测内容	性能要求	检测情况	
1	机架	1. 不得有明显可见的连接缺陷和腐蚀、变形、损伤、裂纹等缺陷； 2. 机架与基础的固定应牢固可靠		
2	制动轮与制动器	1. 制动轮不应有砂眼、气孔、裂纹等缺陷，磨损量不宜超过原厚度的 10%； 2. 制动衬垫与制动轮应接触均匀，不得有影响制动性能的缺陷或油污； 3. 开闭灵活，制动平稳，不应打滑； 4. 磨损量<原厚度的 10%； 5. 制动轮工作表面粗糙度 $Ra \leqslant 3.2\mu m$； 6. 制动轮制动面硬度 $HRC35 \sim 45$		

续表

序号	检测内容	性能要求	检测情况
3	减速器	1. 连接件、紧固件不得松动； 2. 油量合适，油质较好，工作时无异常响声、振动、发热和漏油； 3. 齿轮应啮合平稳、良好，无明显磨损、裂纹、无断齿； 4. 噪声≤85dB (A)	
4	卷筒	1. 不得有裂纹； 2. 无严重磨损（<原壁厚的20%）； 3. 钢丝绳压板不得有缺损或松动； 4. 焊接卷筒的焊接质量良好	
5	开式齿轮副	1. 啮合良好，无裂纹或断齿。接触斑点齿高方向≥40%，齿长方向≥50%； 2. 齿面无严重磨损或损伤； 3. 软齿面小齿轮硬度 HB≥210，大齿轮硬度 HB≥170，硬度差≥30	
6	传动轴	不得有变形、损伤、裂纹和严重腐蚀	
7	联轴器	运转时无撞击、振动，零件无损坏，无裂纹，连接无松动	
8	滑轮组	1. 不得有裂纹； 2. 轮缘无缺损，轮槽表面光洁平滑、不应有损伤钢丝绳的缺陷，无严重磨损； 3. 润滑良好，转动灵活	
9	钢丝绳	1. 吊点在下极限时缠绕圈数≥4圈； 2. 可见断丝数不超过GB/T 5972规定； 3. 直径均匀减少量不超过GB/T 5972规定； 4. 不允许有扭结、局部扁平、折弯、笼状畸变、断股、波浪形、高温损伤、绳径局部增大，不允许有钢丝或绳股、绳芯挤出，绳芯损坏等； 5. 无锈蚀、刮碰，润滑良好； 6. 钢丝绳末端与卷筒及闸门的连接应牢固可靠，在卷筒表面不得跳槽	
10	防护罩	1. 外露的、有可能伤人的活动零部件均应装设防护罩； 2. 露天放置应装设防雨、防尘罩	

表5.6　　液压启闭机现状检测记录表格式

工程名称			闸孔号	
启闭机类型及规格				
序号	检测内容	性能要求	检测情况	
1	机架	1. 不得有明显可见的连接缺陷和腐蚀、变形、损伤、开裂等缺陷； 2. 机架与基础的固定应牢固可靠		

续表

序号	检测内容	性能要求	检测情况
2	液压缸	1. 不得有表面裂纹、损伤、变形等缺陷； 2. 液压缸不得有外部油液泄漏现象	
3	活塞杆	不得有裂纹、损伤、变形等缺陷	
4	吊头	不得有表面裂纹、损伤、变形、脱落等缺陷	
5	油缸内部泄漏	因液压缸内部泄漏引起的闸门沉降量，在24h内不应大于100mm	
6	油箱	不得有变形、损伤和油液泄漏	
7	油泵	不得有变形、损伤和油液泄漏	
8	液压元件	1. 磨损量＜50％； 2. 不得有老化、严重泄漏及动作失灵； 3. 运行时噪声不得超过85dB（A）	
9	液压管路	不得有变形、损伤和油液泄漏	
10	阀件	不得有变形、损伤和油液泄漏	
11	指示仪表	指示仪表应准确可靠	

1. 固定卷扬式启闭机外观现状检测

（1）机架检测：包括损伤、变形、焊缝表面缺陷、腐蚀状况及机架与基础的固定状况检测。

（2）制动轮与制动器检测：包括制动轮表面缺陷、粗糙度、硬度及腐蚀状况检测，液压式制动器油液外渗、摩擦片磨损等。

表5.7　　螺杆启闭机现状检测记录表格式

工程名称			闸孔号	
启闭机类型及规格				
序号	检测内容	性能要求	检测情况	
1	机箱和机座	1. 不得有明显可见的连接缺陷和腐蚀、变形、损伤、开裂等缺陷； 2. 机座与基础的固定应牢固可靠		
2	螺杆和螺母	1. 不得有表面裂纹、损伤、变形等缺陷； 2. 螺杆无明显弯曲		
3	蜗杆和蜗轮	不得有裂纹、损伤、磨损等缺陷		
4	手动机构	完整性和可操作性		

（3）减速器检测：包括齿轮副的啮合状况检测，齿面缺陷、损伤、磨损、腐蚀、胶合状况检测；减速器的油质、油量、渗漏检测等；轴承磨损、润滑检测等。运转噪声；齿面磨损严重时，应进行齿面硬度检测。

（4）卷筒及开式齿轮副检测：包括卷筒表面、辐板、轮缘、轮毂的表面缺陷、损伤、裂纹、腐蚀状况检测；轴与轴承磨损、润滑检测等；开式齿轮副的润滑状况、啮合状况检测，齿面断齿、崩角、压陷、磨损、腐蚀状况检测等；齿面磨损严重时，应进行齿面硬度检测。齿面硬度评定注意区分软齿面齿轮、中硬齿面齿轮和硬齿面齿轮。

(5) 传动轴及联轴器检测：包括表面缺陷、变形、裂纹、腐蚀状况检测等。

(6) 滑轮组检测：包括轮架与滑轮表面缺陷、磨损、损伤、变形、腐蚀状况检测等。轴与轴承磨损、润滑检测等。

(7) 钢丝绳检测：包括钢丝绳的磨损、变形、绳径减小、断丝、润滑、腐蚀状况检测等，钢丝绳末端与卷筒及闸门吊点的固定状况检查，钢丝绳在卷筒表面的最小缠绕圈数及排列状况检查，排绳器的运行状况。钢丝绳检测应按 GB/T 5972—2023 的规定执行。

2. 液压启闭机现状检测

(1) 机架检测：包括损伤、变形、焊缝表面缺陷、腐蚀状况及机架与基础的固定状况检测。

(2) 液压缸检测：包括缸体、缸盖、支座的表面缺陷、损伤、变形、腐蚀状况检测等。

(3) 活塞杆检测：包括表面缺陷、磨损、变形、腐蚀状况检测等。

(4) 液压系统检测：包括油箱、油泵、阀件、管路的泄漏检测，阀件、仪表的灵敏度、准确度检测等。

(5) 液压缸泄漏检测：包括外部泄漏检测和内部泄漏检测。液压缸不应出现外部泄漏现象；因液压缸内部泄漏引起的闸门沉降量，在 24h 内不应大于 100mm。

3. 螺杆启闭机现状检测

(1) 机箱和机座检测：包括表面缺陷、裂缝、损伤、腐蚀状况检测和漏油检查等。

(2) 螺杆和螺母、蜗杆和蜗轮检测：包括表面缺陷、裂纹、变形、损伤、磨损腐蚀及润滑状况检测；螺杆的直线度检测等。

(3) 手动机构检测：包括完整性和可操作性检测。

5.3.4 焊缝质量检测

闸门和启闭机机架多以钢板为基材，采用焊接制作而成。焊接结构的水工钢闸门经长期运行后，其主要受力焊缝可能会产生疲劳裂纹等危害性缺陷。焊缝缺陷会降低焊缝的抗拉强度、延伸率、冲击韧性和疲劳强度，从而对闸门的承载能力和安全运行产生显著影响。

闸门焊缝质量是整体闸门质量优劣的一个决定因素，也最终影响闸门的安全运行和使用寿命。水工金属结构在制造安装时对焊缝已进行过较严格的探伤，但有的闸门制造质量不高，部分焊缝存在漏焊或未焊透等原始缺陷，削弱了闸门构件的焊接强度。部分焊缝经长期运行后，在荷载作用下，焊缝有可能产生新的缺陷，原有经检查在容许范围内的缺陷亦有可能扩展，影响结构的安全运行，因此，对焊缝进行探伤十分重要。

焊缝按其重要性分为三类。一类焊缝包括：闸门主梁、边梁、臂柱的腹板及翼缘板、吊耳板和拉杆等对接焊缝；闸门主梁腹板与边梁腹板连接焊缝；闸门主梁翼缘与边梁翼缘连接焊缝。二类焊缝包括：闸门面板对接焊缝；闸门主梁、边梁、支臂的翼缘板与腹板的组合焊缝或角焊缝；闸门吊耳板与门叶的组合焊缝或角焊缝；主梁、边梁与门叶面板相连接的组合焊缝或角焊缝；支臂与连接板的组合焊缝或角焊缝。不属于一类、二类焊缝的都属于三类焊缝。

对于抽检的检测单元，根据闸门受力状况和焊缝类别，可选定闸门主梁、支臂、边梁、面板、吊耳等探伤构件。

无损检测是在不损伤被测材料的情况下，检查材料的内在或表面缺欠，或测定材料的某些物理量、性能、组织状态等的检测技术。现在无损检测是一种很有效的检测手段，在我国各个经济建设的领域都有广泛的应用。检测方法有很多种，常用的有射线检测、超声波检测、磁粉检测、渗透检测等。在目前的水利金属结构焊缝的质量检测中，金属结构的内部缺陷一般采用超声波检测，金属结构的表面及近表面缺欠一般采用渗透检测或磁粉检测两种。现在还有超声衍射时差法检测，它是一种利用超声波衍射现象，利用缺陷端点的衍射波信号检测和测定缺陷的超声波技术。此外，新兴的无损检测技术还有超声相控阵技术检测等。

超声检测是利用超声波在缺陷处即不连续界面发生的声波反射的现象，利用探头发射信号及接收反射信号，通过信号的波幅来判定缺陷的存在及测量尺寸。探伤前，根据被测构件的材质和厚度，确定缺陷定位和定量方法。水工金属结构的焊缝超声波探伤通常采用水平定位法和深度定位法，当板厚 $\delta>20$mm 时，一般采用深度法定位；当厚度 $\delta\leqslant 20$mm 时，采用水平法定位。超声波探伤时，检出缺陷的回波高度与缺陷大小和距离有关，大小相同的缺陷，由于声程不同回波高度也不同，为此通常利用距离-波幅曲线来对缺陷定量。

焊缝质量检测分为普通检查和仪器检测两个层次。普通检查可初步确定焊缝施工质量概况，仪器检测则可对金属结构焊缝质量进行较精确的测量。此项检测用以说明金属结构工程施工时的焊接质量及经过多年使用后质量的保持情况。

1. 普通检测

（1）外观检查。清除金属结构焊缝上的污垢、腐蚀物后，用 5～10 倍的放大镜检查焊缝质量，观察并记录焊缝的咬边、焊缝表面的电弧擦伤、飞溅情况以及焊瘤、表面气孔、夹渣和裂纹情况等。

（2）尺寸检查。用焊缝检验尺测量焊缝尺寸，并记录测量结果。

（3）钻孔检查。通过外观检查和尺寸检测，对金属结构焊缝存在质量问题或有质量怀疑的部位或区域，用钻机在焊缝上钻孔，边钻孔边观察焊缝内是否存在气孔、夹渣、未焊透以及裂缝。钻头直径一般选用 8～12mm。钻孔深度根据焊接方式确定如下：对接焊缝钻孔深度为焊件厚度的 2/3；角焊缝钻孔深度为焊件厚度的 1.0～1.5 倍。

2. 仪器检测

焊缝的内部缺陷可以采用射线探伤或超声波探伤进行检测，对于受力复杂、易产生疲劳裂纹的零部件，应首先采用渗透或磁粉探伤方法进行表面裂纹检查；铁磁性材料宜优先选用磁粉检测；发现裂纹后，应用射线探伤法或超声波探伤法，确定裂纹的走向、长度和深度。

超声波检测应符合 GB/T 11345 的规定，检验等级应为 B 级，一类焊缝 Ⅰ 级应为合格，二类焊缝Ⅱ级应为合格。射线检测应符合 GB/T 3323 的规定，检验等级应为 B 级，一类焊缝Ⅱ级应为合格，二类焊缝Ⅲ级应为合格。

焊缝内部缺陷探伤检查的长度占焊缝全长的百分比应符合《水工钢闸门和启闭机安全检测技术规程》（SL 101—2014）的规定：

一类焊缝，超声波探伤应不少于 20%，射线探伤应不少于 10%。

二类焊缝，超声波探伤应不少于 10%，射线探伤应不少于 5%。

若焊缝多处存在缺陷，宜增加探伤比例。如发现某条焊缝存在裂纹等连续性超标缺陷，应对整条焊缝进行检测。

内部缺陷检测的焊缝数量一类焊缝应不少于焊缝总条数的 20%。二类焊缝应不少于焊缝总条数的 10%。

使用年限较短的金属结构，抽样比例可以酌减。

发现裂纹时，应根据具体情况在裂纹延伸方向增加探伤长度，直至焊缝全长。

当采用某种检测方法对所发现的缺陷不能准确性和定量时，应采用其他无损检测方法进行复查。同一焊缝按部位或同一焊接缺陷，若采用两种及两种以上无损检测方法检测，应分别按各自的检测标准进行评定，全部合格方为合格。

前次检测发现超标缺陷的部位或经修复处理过的缺陷部位，应在下次检测时进行 100%的复测。对于无损检测发现的裂纹或其他超标缺陷，应分析其产生原因，判断发展趋势，对缺陷的严重程度进行评估，并提出处理意见。

(1) 检测焊缝质量的超声波法。采用金属超声波检测仪，仪器的要求及检测方法应符合《焊缝无损检测　超声检测　技术、检测等级和评定》（GB 11345—2013）规定。

超声波检验是利用超声波能透入金属材料的深处，并由一截面进入另一截面时，在界面边缘发生反射的特点来检查材料缺陷的一种方法。

超声波探伤具有灵敏度高、操作方便、快速、经济、易于实现自动化探伤等优点，得到广泛运用。但对缺陷的性质、不易准确判断，须结合其他情况进行推断。

焊缝质量的超声波法检测有脉冲反射法、穿透法和谐振法三种，用得最多的是脉冲反射法。而脉冲反射法在实际运用中主要有以下两种方法：

1) 接触法。接触法探伤示意如图 5.1 所示。将探头与构件直接接触（接触面上涂油类作耦合剂），探头在构件表面移动时利用探头发出的超声脉冲在构件中传播，一部分遇到缺陷被反射回来，一部分抵达构件底面，经底面反射后回到探头。缺陷的反射波先到达，底面的反射波（底波）后到达。探头接收到的超声脉冲已变换成高频电压，通过接收器进入示波器。

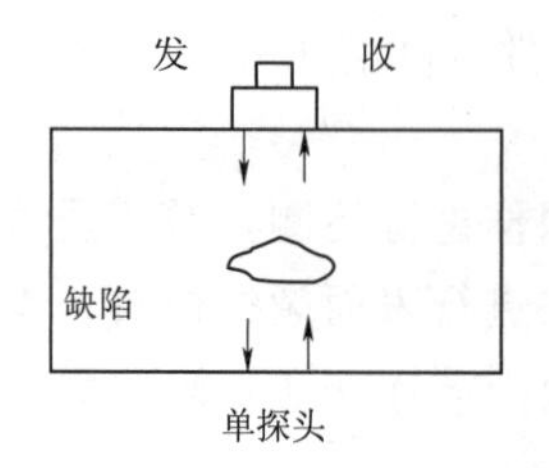

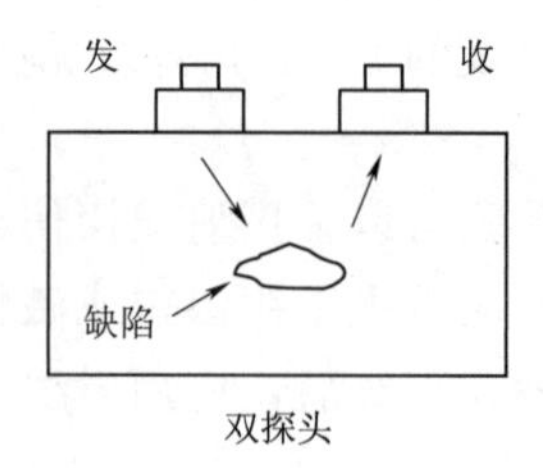

图 5.1　接触法探伤示意图

探头可以用一个或两个，单探头同时起发射和接收超声波的作用。双探头则分别承担发射、接收超声波的作用。双探头法要优于单探头法。

2）斜探头法。斜探头法探伤示意如图 5.2 所示。使超声波以一定的入射角进入构件，根据折射定律产生波形变换，选择适当的入射角和第一介质的材料，可以使构件中只有横波传播。利用改变探头的入射角也可以产生表面波和板波。

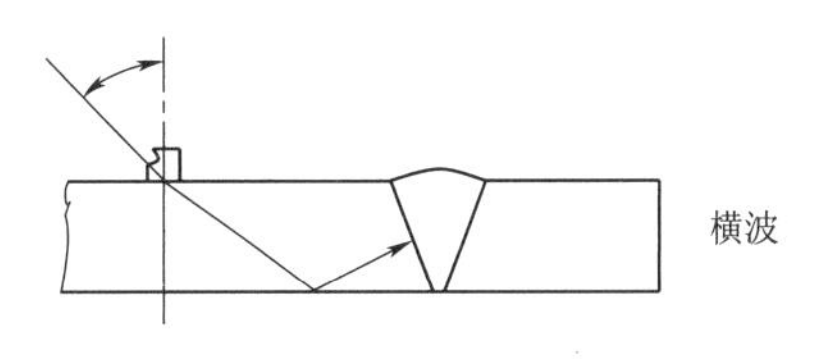

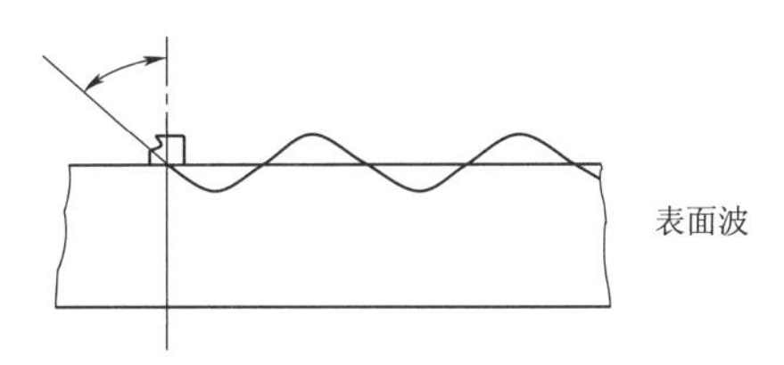

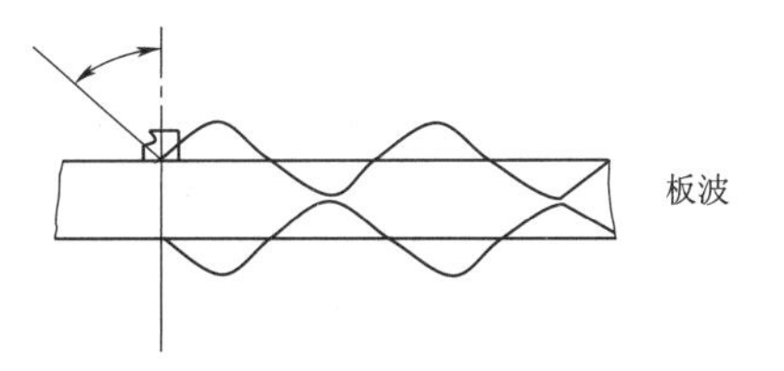

图 5.2 斜探头法探伤示意图

在进行超声波探伤前，焊缝必须先经过外观检查合格后才能进行超声波探伤检验。一般沿焊缝方向 300mm 长为一探测段。当确定和标出探测段后，探测段焊缝两侧表面探头移动和接触的范围均应清除油污、锈斑、熔渣、金属飞溅，并应磨平。

超声波探伤检验焊缝质量，一般按缺陷反射当量（或反射波高在预定的区域范围）和缺陷的指示长度来评定。因此，应在指定的试块上，用规定的探伤灵敏度预先制作距离与波幅曲线。该曲线由测长线、定量线和判废线组成。

（2）检测焊缝质量的射线探伤法。射线探伤法是检测焊缝内部缺陷的一种比较准确和可靠的方法，可以显示出缺陷的平面位置、形状和大小。射线探伤法主要分 X 射线探伤法和 γ 射线探伤法两种，它们在不同程度上都能透过不透明的物体，与照相胶片发生作用。当射线通过被检查的材料时，由于材料内的缺陷对射线的衰减和吸收能力不同，因此通过材料后的射线强度也不一样，作用在胶片上的感光程度也不一样，将感光的胶片冲洗后，用来判断和鉴定材料内部的质量。X 射线探伤法用于厚度不大于 30mm 的焊缝，γ 射线探伤法用于厚度大于 30mm 的焊缝。进行透照的焊缝表面要先进行平整度检查，要求表面状况以不妨碍底片缺陷的辨认为原则，否则应事先予以整修。

射线探伤法的实施应符合《焊缝无损检测 射线检测 第 1 部分：X 和伽马射线的胶片技术》（GB 3323.1—2019）的规定。

探伤检查中发现的裂纹，必须分析其产生的原因并判断发展趋势。

3. 检测方法的选择

根据不同类型的焊接结构型式和材料，选用不同的检测方法。焊接质量检测的常用方法见表 5.8；各检测方法的特点和适用性见表 5.9 和表 5.10。

表 5.8　焊接质量检测的常用方法汇总

检测方法		目　的	手　段
非破坏性	外观检验	检查焊缝的咬边、外部气孔、弧坑、焊瘤、焊穿以及焊缝外部形状尺寸的变化	肉眼观察，也可利用 5～20 倍放大镜。焊缝检验尺
	声响检验	检查焊缝内较大尺寸的缺陷	用小锤敲击构件。谐振法检验

续表

检测方法		目　　的	手　　段
非破坏性	致密性检验	检查焊缝的致密性，确定泄漏位置	各种液（气）压试验
	无损探伤	检查焊缝、焊接接头内部或表面各种类型缺陷的位置、数量、尺寸和性质，如裂纹、气孔、夹杂、未焊透、未熔合等。也可进行应力应变和残余应力等的测定	射线检验、超声波检验、电磁检验、渗透检验、应变测量等
破坏性	性能试验	测定强度值，用以评定各种焊接材料、母材、焊接接头的力学性能	拉伸、冲击、抗剪、扭转、弯曲、硬度、疲劳等
	腐蚀试验	确定焊缝在不同条件下的腐蚀倾向和耐腐蚀性能	应力腐蚀试验、晶间腐蚀试验
	化学成分分析	检查焊接材料、焊缝金属的化学组成成分	化学分析、光谱分析、X射线荧光分析、质谱分析和电子探针微区分析等
	金相组织分析	了解焊接接头各部位的金相组织，包括相组成、相结构、夹杂、氢白点、晶粒度及断口形貌等	光学和电镜分析、相分析、断口分析、X射线结构分析等

表5.9　　焊接缺陷的试验和检测方法汇总

缺陷种类		试验、检测方法
尺寸上的缺陷	变形、错边	目视检查，辅以适配量具量规测定
	焊缝金属大小不当	目视检查，用焊缝金属专用量规测量
	焊缝金属形状不当	目视检查，用焊缝金属专用量规测量
组织结构上的缺陷	气孔	射线探伤、宏观组织分析、断口观察、显微镜检查、超声波探伤
	非金属夹杂、夹渣	
	未熔合或熔合不良	
	未熔透	
组织结构上的缺陷	咬边	目视检查、弯曲试验、X射线透照
	裂纹	目视检查、射线检验、超声波检验、磁粉和涡流检验、宏观和微观金相分析、弯曲试验等
	各种表面缺陷	目视检查、磁粉检验及其他方法
	金相组织（宏观和微观）异常	光学金相和电子显微镜分析、宏观分析、断口分析、X射线结构分析
性能上的缺陷	抗拉强度不足	焊缝金属和接头拉伸试验，角焊缝韧性试验、母材拉伸试验。断口和金相分析
	屈服强度不足	焊缝金属、接头和母材拉伸试验。断口和金相分析
	塑性不良	焊缝金属拉伸试验、自由弯曲试验、靠模弯曲试验、母材拉伸试验
	硬度不合格、疲劳性能低、冲击破坏	相应地进行硬度、疲劳和不同温度的冲击试验
	化学成分不适当	化学成分分析
	耐腐蚀性不良	相应的腐蚀试验、残余应力测定、金相分析

表 5.10　　焊接质量检测的无损探伤方法的特点汇总

探伤方法	工作条件	主要优缺点	适用范围
射线探伤（RT）	便于安装探伤机，需有适当的操作空间，在射线源和被检结构间无遮挡，胶片能有效地紧贴被检部位，无其他射线干扰	可得到直观性强的缺陷平面影像，无须和构件接触，对构件表面状态要求不高，适用各种不同性质的材料。探测厚度受射线能量的限制，费用高，设备较复杂，难以发现与射线方向垂直的裂纹的缺陷，射线对人体有害。 探伤结果可以长期保存	用于发现各种材料和构件中的夹杂、气孔、缩孔等体积性缺陷，以及与射线方向一致的裂纹、未焊透等线性缺陷。可用照相法、荧光屏显示法、电视观察法、电离记录法来记录或观察缺陷
超声波探伤（UT）	构件形状简单规则，有较光滑的可探测面，探头扫查需要足够的距离和空间。双层或多层结构需逐层检验，较厚的构件可能需要双面探伤。	适用范围广，对裂纹类缺陷的探伤灵敏度高，检验迅速灵活，可自动化，能正确判断缺陷位置，成本低。 测得的缺陷大小往往是相对值（当量），估计缺陷性质比较困难，探伤结果的准确性往往取决于检测人员的素质，缺陷显示直观性较差，薄壁（＜8mm）焊接结构的超声波探伤困难	可检查构件焊接接头中夹杂、裂纹、白点、气孔、未焊透，以及构件本身的分层、夹杂和裂纹等
磁粉探伤（MT）	工件表面光洁无锈无油污，能实施磁化操作，探测面外露并便于观察，构件形状规则	操作简便迅速，灵敏度高，缺陷观察直观。 对非铁磁性材料无能为力，对探测面要求高，难以确定缺陷的深度和埋藏深度位置，可检查深度有限	只用于探测铁磁性材料，可发现构件表面或表层内的缺陷，如气孔、夹杂、裂纹等
渗透探伤（PT）	探测面需外露，可以目视观察，表面光洁度要求高，需有足够的操作空间和场地	不受构件材料种类的限制，操作简单，设备简单，缺陷观察直观，发现表面裂纹能力强。 探伤剂易燃，污染环境，不能确定缺陷的深度。着色探伤在现场操作无须能源	各种非多孔性材料表面开口缺陷（如裂纹）和穿透性缺陷等

5.3.5　螺栓连接质量检测

支臂与主横梁采用螺栓连接构成主框架。在采用螺栓连接时，应检验螺栓及螺栓孔的质量及配套性、螺栓连接面的质量及性能以及螺栓的紧固状况。

螺栓质量检验应包括以下方面的检查和测定：

（1）首先要检查螺栓的规格型号、性能、直径、长度、排列等是否满足原设计要求，允许偏差应满足《水利水电工程钢闸门制造、安装及验收规范》（GB/T 14173—2008）的要求。

（2）水闸金属结构的螺栓连接，极易产生锈蚀，因此应检查构件（含连接钢板）和螺杆及螺帽的锈蚀程度。对于较严重和严重锈蚀的螺杆，应测定其螺杆和构件的蚀余尺寸。

（3）螺杆直径相对较小时，还应着重检验其被剪断的可能性；而对于直径相对较大的螺杆，应着重检查与之相邻构件的孔壁是否有被螺栓挤压破坏或产生塑性变形而丧失承载力。

（4）对于构件开孔后截面削弱较多或螺栓孔边距较小的构件，应重点检查构件本身是否出现破损或出现破损的可能。

（5）对于连接钢板较厚的构件，应着重检查螺杆本身是否会产生弯曲破坏。

（6）对于承受冲击、振动或变荷载作用的金属结构，应检查螺栓是否已松动以及是否已采取有效的防松措施。螺栓的紧固程度可采用扭矩法或转角法检查是否满足要求。

5.3.6 腐蚀状况检测

由于闸门长期处于干湿交替、浸没水下及高速水流等环境中，其钢材极易发生锈蚀。锈蚀后的钢结构因为截面尺寸的削弱会导致应力加大、位移增加，材料力学性能不断退化，自振频率也会有较大变化。从而导致水工金属结构强度和刚度的下降，直接影响设备的安全运行。

腐蚀状况检测可分为腐蚀外观检测、涂层厚度检测和蚀余厚度检测。对闸门主要构件的腐蚀量进行检测，可以得到闸门整体及构件的腐蚀量频数分布状况、平均腐蚀量、平均腐蚀速率、最大腐蚀量，判断闸门各构件的锈蚀程度，确定构件的蚀余厚度，为闸门结构复核计算提供必要的数据。根据闸门主要构件的腐蚀程度和腐蚀部位，腐蚀量检测分别采用数字超声波测厚仪、深度游标卡尺、测针和涂层厚度测定仪等量测仪器和工具进行。

1. 腐蚀外观检测

闸门钢结构锈蚀外观检测方法可以采取目测、尺量、锤击、摄影和录像等方法。涂层劣化外观检测方法可采用目测、读数显微镜测量、锤击、摄影和录像等方法进行。腐蚀外观检测应记录锈蚀发生的位置、面积、宽度和长度；钢构件表面锈蚀深度、点蚀或穿孔及其分布情况；若构件蚀坑较深而密布成片时，宜采用橡皮泥填充法。局部腐蚀深度在3mm以上时宜采用深度计测定腐蚀深度；钢构件表面涂层劣化外观检测前应清除检测部位的附着物，记录粉化、变色、裂纹、起泡和脱落生锈等外观变化及分布情况。蚀坑深度检测宜记录蚀坑（或蚀孔）的深度、大小、发生部位密度，并绘制在构件表面展开图上。

2. 涂层厚度

涂层干膜厚度检测可采用测厚仪测量，测厚仪的精度不低于10%，测厚仪应经标准样块调零修正。涂层厚度检测可参照《水工金属结构防腐蚀规范》（SL 105—2007）附录D或附录G方法进行。涂层厚度检测宜按大气区、水位变动区和水下区分别布置测点，测点应根据外观整体变化情况，布置在有代表性的结构部位，异常部位或构件应适当增加测点。每一测点应测取3次读数，每次测量的位置相距25～75mm。取3次读数的算术平均值为此点的测定值。闸门面板每$10m^2$不得少于3个测点，主横梁、纵梁等构件每$2m^2$不得少于1个测点。

3. 蚀余厚度

超声波测厚仪测量闸门钢板蚀余厚度是最常用和最精确的一种无损检测方法，测量精度可达0.01mm。但检测时要求被测表面平整光洁，这样才能与超声波探头更好的耦合。闸门钢构件水下部分蚀余厚度检测可采用钢结构水下超声波厚度测定仪测定；腐蚀量检测前应对被检部位表面进行清理，去除表面附着物、污物、腐蚀物等。测量构件蚀余厚度时，应除去构件表面涂层。如带涂层测量，在厚度读数中要扣除2倍的涂层厚度值。原因是超声波（纵波）在涂层中的声速（环氧类和聚酯类涂料约2400～3000m/s）是其在钢板中声速（约5900m/s）的一半，反映在超声测厚仪上的厚度值则相当于钢的2倍。

闸门面板直接用来挡水，承受水压力，有时与水接触，有时又暴露在大气中，闸门面板应根据环境、板厚及腐蚀状况等因素划分不同的测量单元，测区竖向划分宜针对水上区、水位变动区和水下区3个不同单元进行。每个测量单元的测点应注意分布的均匀性和代表性。每个测量单元测点数不能少于5个。在面板上锈蚀严重的区域，测点应加密。

闸门主要受力构件的安全性状是确保闸门在设计承载下安全运行的基石，对主横梁、纵梁等构件，宜按承载分类，以主要受力构件为腐蚀状况检测的对象。测点位置的选择要设在容易发生锈蚀的部位，如主横梁腹板上的测点宜选在左、中、右三点，弧形闸门支臂腹板的测点一般选在下段最容易发生锈蚀的部位。其中钢结构构件厚度检测应根据外观检测结果选择腐蚀严重和应力大的部位。每根构件的检测截面应不少于3个。另外应根据构件腐蚀的严重程度，适当增加隐蔽部位或严重部位的检测截面和测点。

4. 金属结构的腐蚀分类和检测内容

（1）锈蚀形态的划分。金属结构的锈蚀形态可分为全面锈蚀（普遍性锈蚀）和局部锈蚀。全面锈蚀是表面均匀的锈蚀，而孔蚀、沟蚀、间隙锈蚀、接触处锈蚀、漆膜脱落锈蚀属局部锈蚀。

（2）腐蚀程度评定。钢构件的腐蚀程度一般按以下四级评定：

1）轻微腐蚀：表面涂层基本完好，局部有少量蚀斑或不太明显的蚀迹，金属表面无麻面现象或只有少量浅而分散的蚀坑。在300mm×300mm范围内只有1～2个蚀坑，密集处不超过4个。

2）一般腐蚀：表面涂层局部脱落，有明显的蚀斑、蚀坑、蚀坑深度小于0.5mm，或虽有深度为1.0～2.0mm的蚀坑，密集处不超过60个。蚀坑平均深度小于板厚的5%，且不大于1mm；最大深度小于板厚的10%，且不大于2mm。构件（杆件）尚未明显削弱。

3）较重腐蚀：表面涂层大片脱落，脱落面积不小于100mm×100mm，或涂层与金属分离且中间夹有腐蚀皮，有密集成片的蚀坑，在300mm×300mm范围内超过60个，深度为1.0～2.0mm；或麻面现象较重，在300mm×300mm范围内蚀坑数量虽未超过60个，但深度大于2.0mm。蚀坑平均深度小于板厚的10%，且不大于2mm。最大深度小于板厚的15%，且不大于3mm。构件（杆件）已有一定程度的削弱。

4）严重腐蚀：蚀坑较深且密集成片，局部有很深的蚀坑，蚀坑平均深度超过板厚的10%，且大于2.0mm，最大深度超过板厚的15%，且大于3.0mm；出现孔洞、缺肉等现象。构件（杆件）已严重削弱。

（3）腐蚀检测的主要内容。金属构件或部件的腐蚀检测一般应给出下述结果或腐蚀特征，按照提供的结果拟定检测内容。根据《水工钢闸门和启闭机安全检测技术规程》（SL 101—2014）的要求，应给出的结果有：

1）腐蚀部位及其分布状况，包括蚀坑的深度、大小和密度等。

2）严重腐蚀区域的分布范围和面积，占构件（杆件）面积的百分比。

3）构件（杆件）的整体腐蚀程度评定。

4）结构整体及构件（杆件）的腐蚀量及蚀余厚度。

5）遭受腐蚀损坏构件的蚀余截面尺寸。

5. 腐蚀状况检测的主要方法

腐蚀状况检测一般工具有各种形式的测厚仪和精密量具（如特制的游标卡尺、百分表测针等)。常用检测方法有测厚法、橡皮泥充填法、割取试件法等。

对于均匀腐蚀或虽有锈坑、但深度较浅的构件，通常采用测厚法测量构件的实际厚度。

构件上锈坑较深（如蚀孔腐蚀)、但少而分散时，宜采用特制的量具进行测量，测量各锈坑深度、面积和锈坑的分布，最终给出最大锈坑深度、平均锈坑深度，单个最大锈坑面积，构件的截面的最大减小量。

构件上锈坑较深而且密布成片时，宜采用橡皮泥充填法测量，测量最大锈坑深度，单个最大锈坑面积，构件的截面的最大减小量和平均减小量。

对于允许切割的构件，可采用割取试样法进行检测。

6. 腐蚀量检测结果

（1）构件（杆件）的腐蚀量及其频数分布状况，构件（杆件）的平均腐蚀量、平均腐蚀速率（mm/a)、最大腐蚀量。

（2）结构整体的腐蚀量及其频数分布状况，结构整体的平均腐蚀量、平均腐蚀速率（mm/a)、最大腐蚀量。

（3）构件（杆件）严重腐蚀局部区域的平均腐蚀量、最大腐蚀量、平均腐蚀速率（mm/a）和最大腐蚀速率（mm/a)。

5.3.7 材料试验

由于种种原因，有些水闸的金属结构部分没有材料出厂证明书和工程验收文件，或者材料牌号不清，或者材质性能不明。对于这样的工程，在进行质量鉴定和安全评估时，需要进行金属材料试验，以确定其机械性能和化学成分，鉴别材料牌号。

经过数十年的时效和腐蚀后闸门的钢板材质已趋老化，试件屈服强度、极限强度和断面收缩率明显下降，呈现出从塑性向脆性转化的现象。同样需要在闸门门叶上非受力部位气割切取试样，机械加工成长条形标准试件，对试件进行机械力学性能拉伸试验；另对加工屑样进行化学成分分析。

金属结构材料试验以检测材料强度为主，检测内容包括：①现场取样，送至试验室做拉伸试验；②表面硬度测试，即直接测试钢材上的布氏硬度；③化学分析，从非受力部位取干净的（不含油漆、渗碳层、脱碳层等）屑样，通过化学分析测量出钢材中有关元素的含量。设备允许取样时，按金属材料化学分析和机械性能试验试件标准要求确定材料牌号。设备不允许取时，综合屑样中的碳、硅、锰、磷、硫等化学元素和材料硬度综合分析确定材料牌号。

1. 样品试件的拉伸试验

样品试件的拉伸试验应符合《金属材料　拉伸试验　第1部分：室温试验方法》(GB/T 228.1—2021）的要求。

（1）取样。现场取样应考虑到所取试样须具有代表性，同时又要尽可能地使取样对结构物的损伤达到最小。

（2）试样的加工。试样分为比例试样和非比例试样两种。设 L_0 为试样标距，S_0 为试样横截面面积，则比例试样 $L_0=5.65\sqrt{S_0}$ 时为短试样，$L_0=11.5\sqrt{S_0}$ 时为长试样。非比例试样的实际标距长度与其原横截面间无一定的关系，而是根据构件的尺寸和材质，给以规定的平行长度和标距长度；试样平行长度 $L_c = L_0 + \frac{b_0}{2}$，其中 b_0 为试样标距部分的宽度。

钢板试样的宽度 b_0，可根据构件的厚度采用 12.5mm、15mm、20mm、25mm 和 30mm 五种。构件的厚度应采用实测结果。

板状试样的形状分带头和不带头两种，带头试样两头部轴线与标距部分轴线的偏差不大于 0.5mm。

（3）拉伸试验的加载测试和结果计算。试样在万能试验机上加载，试验时缓慢地在试样两端施加荷载，使试样的工作部分轴向受拉，引起试样沿轴向伸长，一般加载到试样拉断为止。荷载分级、加载方法和测读方法应按符合《金属材料 拉伸试验 第 1 部分：室温试验方法》（GB/T 228.1—2021）的要求。

通过拉伸试验确定试样的弹性模量 E、物屈服极限 R_s、条件屈服极限 $R_{0.2}$、抗拉强度 σ_b、延伸率 δ、断面收缩率 φ 等材质参数。

1）屈服点的确定。对于有明显屈服现象的构件，其屈服点可按拉伸曲线来确定；对于拉伸曲线无明显屈服现象的构件，试样在拉伸过程中标距部分残余伸长达到原标距长度的 0.2%时为其屈服点。

屈服强度为

$$R_s = \frac{F_s}{S_0} \quad \text{（有明显屈服现象构件）} \tag{5.1}$$

$$R_{0.2} = \frac{F_{0.2}}{S_0} \quad \text{（无明显屈服现象构件）} \tag{5.2}$$

抗拉强度为

$$R_m = \frac{F_m}{S_0} \tag{5.3}$$

式中 $R_{0.2}$、R_s——试样的屈服强度，MPa；

R_m——试样的抗拉强度，MPa；

F_s——试样达到屈服平台时最小荷载，N；

$F_{0.2}$——试样在拉伸过程中标距部分残余伸长达到原标距长度的 0.2%时的荷载，N；

F_m——试样拉断后的最大荷载值，N；

S_0——试样标距部分原始的最小横截面面积，mm^2。

2）延伸率和断面收缩率的测定。延伸率 δ 是指试样在拉断后其标距部分所增加的部分与原标距长度的百分比，断面收缩率 Z 则为试样拉断后缩颈处横截面积的最大缩减量与原横截面积的百分比，δ 及 Z 按下述公式计算：

$$\delta = \frac{L_u - L_0}{L_0} \times 100\% \tag{5.4}$$

$$Z = \frac{S_0 - S_u}{S_0} \times 100\% \tag{5.5}$$

式中 L_0——试样原标距长度，mm；

L_u——试样拉断后的标距长度，mm；

S_u——试样断裂后缩颈处横截面面积，mm^2。

2. 金属构件表面硬度测试

金属硬度常用布氏硬度计或洛氏硬度计测定，测定方法应符合《金属材料 布氏硬度试验 第1部分：试验方法》（GB/T 231.1—2018）和《金属材料 洛氏硬度试验 第1部分：试验方法》（GB/T 230.1—2018）之规定。也可以现场采用里氏硬度计对主要构件的硬度进行测试，根据金属硬度强度换算标准，换算出闸门主要构件的抗拉强度。

（1）布氏硬度试验法。金属的布氏硬度试验方法，是用一定的直径的钢球，在规定的负荷作用下压入被试金属表面，保持一定时间后卸除负荷，最后测量试样表面的压痕直径，计算出布氏硬度值。

布氏硬度值（HBW）是指在试样上压痕球形面积所承受的平均压力（N/mm），按下式计算：

$$HBW=0.102\frac{2F}{\pi D(D-\sqrt{D^2-d^2})} \tag{5.6}$$

式中 F——通过钢球加在压痕表面上的负荷，N；

D——钢球直径，一般采用1mm、2.5mm、5.0mm或10.0mm；

d——压痕直径，mm。

试验时应注意钢材厚度应不小于压痕深度的8倍，钢材的平面尺寸和钢球直径公差应符合规范要求。试样表面应平坦光滑，且不应有氧化皮及外界污物，尤其不应有油脂。试样表面应能保证压痕直径的精确测量。

（2）洛氏硬度试验法。采用洛氏硬度标准压头（120°金刚石圆锥或钢球）先后施加两次负荷，即用初负荷（98.07N）和总负荷（初负荷＋主负荷588.4N、980.7N或1471N）压入试样表面，初负荷作用下的压入深度与在总负荷作用后卸去主负荷而保留初负荷时的压入深度之差（h_1-h_0），定为金属的洛氏硬度值。

洛氏硬度值用HR表示，由h（mm）来计算，它相当于压头向下轴向移动的距离，一个硬度值等于0.002mm的距离。试验时h越大，表示钢材硬度越低，反之则硬度越高。

当用A或C标尺试验时：

$$HRA\text{ 或 }HRC=100-\frac{h(\text{mm})}{0.002(\text{mm})} \tag{5.7}$$

当用B标尺试验时：

$$HRB=130-\frac{h(\text{mm})}{0.002(\text{mm})} \tag{5.8}$$

3. 金属的冲击韧性试验

当金属结构由于温度降低、应力集中以及其他因素而具有向脆性状态过渡的倾向时，需进行冲击韧性试验。试验方法应符合《金属材料 夏比摆锤冲击试验方法》（GB/T 229—2020）之规定。

(1) 试样。现场取样后一般应加工标准试样。若采用非标准试样进行试验时，试样类型应在试验记录中注明，各种试样的冲击韧性值不能相互换算，必要时可预先通过试验获得的相关系数，将不同试样的冲击韧性值与同一材料标准试样的冲击韧性值进行比较。

对于试样或刻槽圆弧表面有横向加工痕迹的、试样上有淬火或其他裂缝的、棱边上有毛刺以及外形及尺寸公差不符合规范要求的，不得用作试验。

(2) 试验设备。试验应在试样可自由地安置于两支座上的摆式冲击试验机上进行，试验机的最大能量一般不大于300J。

试验机表盘刻度应保证冲击功读数精确到不低于其最大能量的0.5%。

试验机应由国家计量部门定期检验合格。

(3) 试验结果。试样折断时的冲击功 A_k (J) 可由试验机刻度盘上直接读出，也可由摆锤扬起角度计算 (A_k 值应精确至1J)：

$$A_k = Pl(\cos\beta - \cos\alpha) \tag{5.9}$$

式中 P——摆重，N；

l——摆长（摆轴至摆锤重心距离），m；

α 与 β——试样折断前后摆锤扬起角，(°)。

冲击韧性 a_k (J/cm^2) 可由下式计算：

$$a_k = \frac{A_k}{F} \tag{5.10}$$

式中 A_k——冲断试样所消耗的冲击功，J；

F——试验前试样刻槽处的横截面积，cm^2。

a_k 的计算精度应达到 $1J/cm^2$。如冲击试验机能量不足或金属韧性过大，试验时将冲击能量全部吸收面试样未能折断时，则应在试验记录中注明，并在 a_k 值前加上大于符号。

4. 疲劳试验

金属的疲劳按构件所受应力的大小、应力交变频率高低通常可分为两类：一类是应力较低、应力循环的频率较高，至破断的循环次数在 10^6 次以上；另一类应力大、频率低，至破断的循环次数较少（10^2～10^5 次）。

金属疲劳试验的目的是测定金属在交变荷载作用下的疲劳强度和疲劳寿命。疲劳试验方法较多，主要有拉压疲劳、扭转疲劳、弯曲疲劳和旋转弯曲疲劳等。

5. 化学分析

化学分析的目的是鉴定钢材的化学成分，以判定是否与技术条件中规定的相符合。常用的化学分析方法有：化学分析法、光谱化学分析法、火花鉴别等。

(1) 化学分析法。化学分析法的试样采用试屑，可用刨取法或钻取法制备，取样前应先清除表面涂层和腐蚀层。根据钢材中各种化学成分可以粗略地估算碳素钢强度，估算公式如下：

$$\sigma_b = 285 + 7C + 0.06Mn + 7.5P + 2Si \tag{5.11}$$

式中 C、Mn、P、Si——钢材中的碳、锰、磷和硅等元素的含量，以0.01%为计量单位。

碳、锰、磷和硅等元素含量的测定可按现行国家标准规定进行。

1）含碳量的测定（气体容量法）。将试样置于高温炉中加热并通氧燃烧，使碳氧化成二氧化碳。混合气体经除硫后收集于量气管中，然后以氢氧化钾溶液吸收其中的二氧化碳，吸收前后体积之比即为二氧化碳体积，由此计算碳含量。

2）含锰量的测定（亚砷酸钠-亚硝酸钠容量法）。试样经酸溶解，在硫酸磷酸介质中，以硝酸银为催化剂，用过硫酸铵将锰氧化成七价。用亚砷酸钠-亚硝酸钠标准溶液滴定。试液中含钴5mg以上影响终点的观测时，可加入镍抵消钴离子色泽的影响。

3）含磷量的测定。试样以氧化性酸溶解，在约2.2mol/L硝酸浓度下，加钼酸铵生成磷钼酸铵沉淀，过滤后用过量的氢氧化钠标准溶液溶解，过剩的氢氧化钠用硝酸标准溶液返滴定。试液中存在小于100μg砷，500μg钽，1μg锆、钒或铌，8μg钨，10μg钛和20μg硅时不影响测定结果，超出上述限量，砷用盐酸、氢溴酸挥发除去；锆、铌和钽、钛、硅用氢氟酸掩蔽，钒用盐酸羟胺还原；钨在氨性溶液中，EDTA存在下用铍作载体分离除去。

4）含硅量的测定。试样经酸溶解，用高氯酸蒸发冒烟使硅酸脱水，过滤洗尽后，灼烧成二氧化硅。用硫酸-氢氟酸处理，使硅生成四氟化硅挥发除去。由硅前后的重量差计算硅的百分含量。

（2）光谱化学分析法。被激发的原子或离子的辐射光线经过聚光镜投射到看谱镜的窄缝上后被棱镜色散即成为发射的光谱。每一种元素的原子都具有自己特有的光谱，根据这一原理，在试样的光谱中查找有关元素的特征谱线是否存在，即为光谱定性分析；根据对元素谱线的强度（亮度）来判断该元素的含量，即为光谱的半定量分析。它具有分析速度快，并且可同时分析许多元素，即使含量在0.01%以下的微量元素也可以分析。进行光谱分析的仪器种类很多，目前普遍使用手提光谱分析仪。进行光谱分析时应注意以下事项：

1）光谱分析前固定电极的尖端应仔细磨光。

2）不宜在阳光强烈或有风的室外进行，电源的最大电流强度应大于10A。

3）被分析试件的部位应在材料的端头或零件的非工作面，其表面应清除水分、油漆层、被腐蚀层以及所有缺陷痕迹。

4）试件不带磁性。

5）开始分析时，必须将电弧调整稳定，保证光谱的亮度和光谱线清晰准确；进行分析时，电极与被分析试件之间的间隙保持在2～4mm为宜，每分析一个试件要转动一次电极，防止金属对电极污染。

6）一般先进行定性分析，然后进行定量分析。对于不明牌号的钢材，分析时应采用光谱与火花鉴别相结合的方法。

（3）火花鉴别。火花鉴别是一种最简单鉴别钢材型号的方法，也用于无其他分析手段时对钢材的成分进行大致的定性和半定量分析。火花鉴别主要是通过钢材在砂轮上高速磨削后产生火花的长短、多少、爆裂的规则、颜色的亮度以及火星的形状等特征来进行鉴别的。

5.3.8 结构试验

对于新建造和使用年限较长、结构较重要的金属结构物，为了保证其安全，尽可能地延长使用寿命和防止结构物破坏、倒塌等重大事故的发生，除进行必要的外观调查、现状调查、腐蚀检测、材质参数检测外，还需要进行结构静力试验。对于那些在实际工作中主要承受动力作用的结构或构件，应同时进行动力试验。

1. 内容与要求

闸门的主梁、次梁、边梁、支臂、面板，启闭机的门架结构、桥架结构等受力构件应进行应力检测。应力检测前，应根据材料、结构特点、荷载条件等，按《水利水电工程钢闸门设计规范》（SL 74—2019）和《水利水电工程启闭机设计规范》（SL 41—2018），对闸门和启闭机主要结构进行应力计算，了解应力分布情况，据此布置检测点位置和数量。

闸门和启闭机的结构静应力检测应在实际水头接近设计水头时进行。必要时应充分利用实际条件获得最大水头进行检测。闸门荷载以水压力为主，启闭机荷载主要为闸门自重加水压力。现场检测时，为了获得最大水压力，可采取在工作闸门和检修闸门之间充水，利用汛期高水位（不影响度汛安全），利用水位的变化规律（如挡潮闸的潮涨潮落）等办法来提高上、下游水位差，使检测工况尽可能接近设计工况。

启闭机结构静应力检测需要外加荷载时，荷载的传力方式和作用点应明确，加载必须安全可靠。

检测结果应对照理论计算结果进行分析比较，并推算设计荷载与校核荷载时的应力。检测过程中的荷载往往很难达到设计状态，更难至校核状态。因此，所测应力值是在若干种荷载下的应力值。而实际需要知道设计（校核）状态下结构的承载能力。这就需要根据实测结果进行理论计算。

2. 静力试验

水闸金属结构的静力测试，应根据其受力和变形特征，制定测试方案。测试方案的制定应遵循以下原则。

（1）制定试验方案之前，应详细审查和研究其设计、施工及管理运行中的有关情况和问题，进行实际结构的外观调查，考察运用状况，并先完成材质参数检测。

（2）对于工程现场的鉴定性试验，试验方案必须以不损伤和不破坏结构本身或减损承载力和使用功能为前提。

（3）应有周到的试验设计。它的内容应对所做的试验工作有全面的规划，从而使设计与试验大纲能对整个试验起着统管全局和具体指导的作用。

（4）应拟定较具体的测试方案，方案包括以下几项内容：

1）按整个试验目的要求，列明测试项目。

2）按确定的测试项目要求，选择测试部位，布置测点位置和数量。

3）选择测试仪器和测量方法。

4）仪器安装与埋设，辅助设施安装。

5）加载方法和测试过程的制定。

6）整理计算、提供的测试和分析结果。

（5）确定测试项目时，应充分考虑结构的整体与局部情况，对于控制截面和特殊破损部位应有相应的措施。测试项目的设置必须满足分析和推断结构工作状况的最低需要。

（6）试验设计应充分考虑原结构的设计、施工、管理、使用情况，尤其是对于受损的结构，必须了解受灾的起因、过程与结构的现状。

(7) 应选择满足结构试验精度和量程要求的仪器设备，所有仪器设备应进行标定校准。

(8) 应力检测前对结构进行计算分析，目的是使检测断面选择正确，传感元件布置合理，从而使得实测应力能够全面、真实、准确地反映结构的实际应力状况。测点布置应遵循下列基本原则：

1) 测点应具有代表性，高应力区域和复杂应力区域均应布置足够数量的测点。测点布置要综合考虑检测目的、要求、项目等多种因素。

2) 在满足检测目的的前提下，测点宜少不宜多。为使检测工作重点突出，提高效率，保证质量，测点数量能满足检测目的即可。

3) 对于对称结构，除在一侧布置检测点外，还应在对称侧布置适当数量的比照测点，不得仅在一侧布点代替对称侧。现场检测时，由于各种偶然因素的影响，会有少数测点出现故障，因而需要布置校核测点；校核测点也可提供正式数据，供分析时采用。

4) 测点布置有利于安装、测读。

(9) 仪器选择的要求。

1) 应从实际出发选择仪器，所用的仪器需要符合量测精度与量程要求，试验误差不大于5%。

2) 选用的仪器能够适应现场工作环境和条件，对于水闸的金属结构而言主要应考虑温度、防潮防水等。

3) 仪器的最大被测值宜在满量程的1/5～2/3范围内，最大被测值一般不宜大于选用仪器最大量程的80%。

4) 测试中所有仪器的读数应同时测读或基本上同时测读。

(10) 拟定加载方案时，应充分考虑测试工作的方便与可能；反之，确定测点布置和测读程序时，也要根据试验方案所提供的客观条件，密切结合加载程序加以确定。

(11) 对重要的试验，所测数据应边记录，边作初步整理，并与理论值或预估值进行比较，若有明显差异，宜进行重复试验。

(12) 通过结构试验应能确定结构应力的大小、分布及危险截面的部位。

(13) 荷载可以分级时，应分级加载检测，以确定各级荷载下的结构应力。荷载不能分级时，宜一次加载检测。为保证检测数据的可靠性，每一级荷载均应重复检测3次，每次检测数据采集应不少于3遍。检测数据应及时处理。各次检测数据相差超过10%时，应分析原因并重新检测。检测数据应根据单向、双向、三向电阻应变片的实测值分析计算。

单向测点应力与应变的关系为

$$\sigma = E\varepsilon \tag{5.12}$$

三向测点应力与应变的关系为

$$\sigma_x = \frac{E}{1-\mu^2}(\varepsilon_1 + \mu\varepsilon_3) \tag{5.13}$$

$$\sigma_y = \frac{E}{1-\mu^2}(\varepsilon_3 + \mu\varepsilon_1) \tag{5.14}$$

$$\tau_{xy}=\frac{E}{2(1+\mu)}(2\varepsilon_2-\varepsilon_3-\varepsilon_1) \tag{5.15}$$

$$\tau_{max}=\frac{E}{2(1+\mu)}\sqrt{(\varepsilon_1-\varepsilon_3)^2+(2\varepsilon_2-\varepsilon_3-\varepsilon_1)^2} \tag{5.16}$$

式中 σ——单向测点的应力，MPa；

σ_x、σ_y——x、y 方向的应力（x、y 方向分别与 ε_1、ε_3 方向一致），MPa；

τ_{xy}——与 x 轴夹角 45°方向的应力，MPa；

τ_{max}——测点的最大剪应力，MPa；

E——钢材的弹性模量，MPa；

μ——钢材的泊松比；

ε——单向测点的应变，10^{-6}；

ε_1、ε_2、ε_3——三向测点的应变，10^{-6}。

三向测点的折算应力 σ_{zh} 按下式计算：

$$\sigma_{zh}=\sqrt{\sigma_x^2+\sigma_y^2-\sigma_{xy}+3\tau_{xy}^2} \tag{5.17}$$

（14）为使试验结果准确反映结构在设计状态下的受力情况，试验状态应尽可能接近设计状态，否则应设法分级加载进行多级试验，再利用回归分析方法，建立荷载与应力的关系式，推算设计状态下的结构应力。

3. 动应力试验

高水头下经常动水操作或经常局部开启的工作闸门（发生剧烈振动并影响结构安全）应进行动应力检测。动应力检测的重点应为承受较大动力荷载的受力构件。检测时宜使检测工况接近设计工况，检测荷载不分级。测点数据应连续采集，以得到完整的应变应力过程线。检测应重复 3 次。各次检测数据相差超过 10%时，应分析原因并重新检测。

4. 振动检测

闸门与动水接触时，总会出现不同程度的振动。一般情况下，闸门振动主要表现为水动力荷载作用下的低频振动，振动比较微弱，不致影响闸门的安全运行。但在某些特定运行条件下，如果水流的脉动频率接近闸门的自振频率，不管这种激励频率是外力固有的，还是由于闸门结构与水流发生耦合而次生的，都将导致闸门发生共振，如果振幅达到很大值，还将使闸门整体或局部发生强烈振动，在闸门结构内出现不平常的应力和变形，使闸门受到损害，甚至影响建筑物安全稳定。

闸门振动原因主要有以下几个方面：闸门止水漏水引起闸门振动；闸门底缘形式设计不当引起振动；门槽气蚀引起振动；闸门下游淹没出流的水跃引起闸门振动；波浪冲击闸门（潜孔式弧门）引起振动；补气不足导致闸门振动；闸门部件松动产生的振动；液压启闭机双缸不同步会造成启闭过程中闸门振动；液压启闭机油缸静密封过紧，活塞杆运动时产生卡阻易造成闸门振动；弧形闸门支铰及埋件的位置状态。

闸门操作运用的基本要求之一是避免闸门停留在发生振动的位置运用。但这仅是权宜之计，如果闸门开度调整幅度过大，可能与下游消能防冲有矛盾；调水工程为了适时调节闸门开度以确保下泄流量，工作闸门需长时间作局部开启运行；有的闸门自身整体刚度较小，有的经多年运行后腐蚀等因素引起刚度下降。随着水利工程运行自动化程度的不断提高，闸门运行状况仅靠视频监控设备查看。事实上，由于监视设备仅查看图像，且分布数量有限，故闸门即使发生剧烈振动，运行人员也观察不到，难以立即调整闸门，可能危及水闸安全。

通过结构自身固有特性的变化来识别结构的损伤程度并制定合理的闸门运行操作规程，为结构的可靠度诊断和安全运行提供依据。

金属结构的振动检测主要是：测定作用在金属结构上荷载的动力性（数值、方向、频率等），测定结构的动力特性（自振频率、阻尼和振型等），测定结构在动荷载作用下的响应（动位移、振动加速度、动应力等）。结构动力特性测量方法主要有工作模态分析法和试验模态分析法两种类型，试验模态分析法根据不同性质可分为锤击法、脉动法、共振法，其中锤击法应用范围最广。

振动检测主要是推求结构动力特性及结构在各荷载工况条件共振的可能性与动力放大系数等。

结构振动检测的记录仪器数据采集和分析一体化的智能仪器设备，可以进行实时数据采集分析，并能实现数据存储。

根据常用的测振仪器的性能，一般可构成电磁式测试系统、压电式测试系统和电阻应变式测试系统。选配测试系统时，应注意选择测振仪器的技术指标，使传感器、放大器和记录仪器的灵敏度、动态范围、频率响应和幅值范围等技术指标合理配套，以保证测试结果的准确性和可靠性。

结构动力特性可以采用人工激振法和环境随机振动法（脉动法）求得。

检测时传感器应布置在结构可能产生最大振幅的部位。但要避开某些构件可能产生的局部振动。

进行某一固有频率的结构振动型测试时，各测点仪器必须严格同步，量取测值时，必须注意振动曲线的相位，以确定测值的正负。

结构固有频率的测定，可通过频谱分析直接取得，还可以根据测试系统实测的结构衰减振动波形曲线计算出来：

$$f_0=\frac{Ln}{t_1 S} \tag{5.18}$$

式中 L——一个标准时间在图上的距离，mm；

t_1——标准时间，s；

S——选定的图形长度，mm；

n——S 长度内的波形数量。

结构的阻尼特性一般用对数衰减率 δ（也有用平均衰减率 δ_a）或阻尼比 D 来表示，仍由实测的结构衰减振动波形曲线计算：

$$\delta=\ln\frac{A_i}{A_{i+1}} \tag{5.19}$$

或

$$\delta_a=\frac{1}{n}\ln\frac{A_i}{A_{i+n}} \tag{5.20}$$

式中 A_i，A_{i+1}——相邻两波的振幅值；

n——波形个数。

根据对数衰减率 δ 与阻尼比 D 之间的关系 $\delta=\frac{2\pi D}{\sqrt{1-D^2}}$，即可计算阻尼比。

振型的测定一般采用在结构上安装足够数量的传感器，当激发结构共振时，同时记录结构各部位的振幅和相位，比较各测点的振幅和相位后绘出振型曲线。

在动力荷载作用下，结构的动应力和动挠度一般均大于静荷载作用的情况，结构的动力响应测定，主要就是测定振动引起的动力放大系数，尤其是在闸门漏水或闸门提升过程中达到某一开启度引起闸门剧烈振动时的动力放大系数。根据《水利水电工程钢闸门设计规范》(SL 74—2019) 的建议，以振动应力作为标准，对于经常局部开启的工作闸门，设计时应考虑动力荷载，其动力荷载设计的动力系数上限一般不超过 1.2。另外，金属构件的局部振动应力也要求不大于允许应力的 20%。因此，可以认为钢闸门的动应力应小于材料允许应力的 20%。

以振动位移作为标准，美国陆军工程师团在阿肯色河弧形闸门振动测试中以振动位移的均方根值来划分闸门振动的危害程度，见表 5.11。

表 5.11　　美国阿肯色河弧形闸门振动标准

均方根位移/μm	振动危害程度	均方根位移/μm	振动危害程度
0～50.8	忽略不计	254.0～508.0	中等
50.8～254.0	微小	>508.0	严重

振动位移（振幅）与频率的综合效应作为评价标准。德国工程师认为振动的危害程度取决于振幅和频率的综合效应，以横坐标为频率、纵坐标为振幅在对数坐标轴上将危害程度划分为稳定、尚稳定、可以允许、稍不稳定、不稳定和很不稳定 6 个区间，并给出安全临界振幅 A 和频率 f 的函数表达式：

$$\lg A < 3.14 - 1.16\lg f \tag{5.21}$$

式中 A——安全临界振幅，μm；

f——频率，Hz。

振动频率越高，相应的安全临界振幅越小。以上允许振动位移（振幅）和应力是振动安全度的下限，超过允许值并不意味着闸门结构的破坏，而是意味着振动可能带来不安全，必须对闸门结构进行动力计算校核，并采取相应的预防措施。

对于一些特别重要的大型水闸弧门，可安装振动实时监测系统。将闸门振动的有关数据通过网络传输到运行监控室，计算机对收集数据进行整理分析。一旦发现闸门发生剧烈振动，及时报警，并提醒运行人员调整闸门到非振动区。

5.3.9 启闭机运行状况检测

启闭机运行状况检测应在完成启闭机外观与现状检测工作后进行。

启闭机运行状况检测应包括下列内容：

(1) 启闭机的运行噪声。

(2) 制动器的制动性能。

（3）滑轮的转动灵活性。

（4）双吊点启闭机的同步偏差。

（5）移动式启闭机的行走状况。

（6）荷载限制装置、行程控制装置、开度指标装置的精度及运行可靠性。

（7）移动式启闭机缓冲器、风速仪、夹轨器、锚定装置的运行可靠性。

（8）电动机的电流、电压、温升、转速。

（9）现地控制设备或集中监控设备的运行可靠性。

双吊点启闭机的同步偏差检测非常必要。如果闸门的两吊点不平行，或吊点有水平上下差，会导致闸门在启闭过程中出现倾斜，使得闸门启门力加大，加大启门负荷及钢丝绳的载荷，出现闸门滚轮卡死、启闭机活塞杆跑偏、油封拉坏等问题，导致安全隐患，严重影响启闭机的使用寿命。

螺杆式启闭机的螺杆在使用中容易发生弯曲。这通常是由于闭门时闭门力过大。螺杆由于操作不慎而压弯时，应及时卸下，将其校直，再装上使用。防止螺杆弯曲的措施是除了要加强操作人员的责任感以外，还应在螺纹段闸门行程的顶端，校准位置后固定一个限位的螺母或设置明显的标记，谨慎操作，这样才能防止螺杆的弯曲。

闸门多年运行后，因闸门支承止水老化和转动部位锈死等因素引起闸门的摩阻力增大，导致启闭机超载运行。支铰转动应灵活可靠，定期加油，保持支铰轴与轴套润滑，油接触。两侧钢丝绳应保持长度一致。而事实上存在部分支铰加油失灵、运行时干摩擦、发出异声等现象。钢丝绳两侧长度不可能完全保持一致，以至于产生闸门扭曲问题，使闸门受力状况复杂，降低闸门的刚度。

5.3.10 闸门启闭力检测和启闭机考核试验

1. 闸门启闭力检测

闸门运行多年后，支承装置和止水装置的变形、损坏、锈死等，闸门启闭过程中出现倾斜，河床底部淤泥淤沙等原因使启闭时的摩阻力变大导致启闭力增加，从而引发启闭机超载，造成失事。

闸门启闭力检测的目的是测定闸门在实际挡水水头下的启门力、闭门力及启闭力过程线，并确定在此情况下闸门的最大启门力、最大闭门力。然后根据检测数据反演计算，求得设计情况下的启门力、闭门力和最大启门力、最大闭门力。宜获得多个实测水位下启闭力，以推算摩擦系数。反演计算时，应考虑止水装置、支承装置局部损坏对启闭力的影响。

（1）内容和要求。闸门启闭力检测必须在完成巡视检查和外观现状检测的各项检测工作后进行。检测前，应按《水利水电工程钢闸门设计规范》（SL 74—2019）复核检测条件下的理论启闭力。闸门启闭力检测应在高水头（设计允许范围内）条件下进行。

（2）试验准备。检测工作开始前，应满足下列条件：

1）门槽结构情况良好，门槽内无异物卡阻。

2）闸门整体无影响运行的变形，运行平稳。

3）闸门的支承装置、支铰装置能正常工作。

4）启闭机吊具与闸门连接可靠，卷扬式启闭机（含门机和台车式启闭机，下同）钢丝绳在卷筒和滑轮上缠绕正确，绳端固定牢固；钢丝绳必须安全可靠。

5）双吊点闸门应满足同步要求。

6）移动式启闭机全行程范围内的轨道两旁无影响运行的杂物，制动器动作正确、可靠。

7）启闭机所有机械部件、连接装置、润滑系统、电气设备及控制系统等都能正常工作。

（3）检测仪器。闸门启闭力检测可采用测力计或拉压传感器，也可以采用动态应变仪或其他测力计，液压启闭机可采用油压测试法。可通过在定滑轮轴承座、卷筒轴承座或者螺杆启闭机座上安装传感器，或者在钢丝绳与荷载间串入拉力传感器，或者通过对钢丝绳安装旁压传感器，或者在传动轴上安装传感器测得剪切应变，最后计算得到启闭力。当采用动态应变仪时，启闭力检测的测点应布置在启闭机吊耳、吊杆、拉杆、传动轴等构件的受力均匀部位（尽量避免应力复杂部位），通过应力换算得到启闭力。闸门每个吊点上的应变片不应少于4个。闸门启闭力检测应进行3次，当各次检测数据相差较大时，应找出原因，重新进行检测。

（4）检测注意事项。检测快速闸门的启闭力时，应做好手动停机的准备，以防闸门过速下降。每次检测时，各测点的应力应变数据应连续采集，以得到完整的启闭力变化过程线。闸门启闭力检测完毕，应全面检查闸门的支承装置、止水装置、起吊装置及启闭机传动装置的零部件、机架、电气设备等，有无明显的异常现象和残余变形，并做好记录。

2. 启闭机考核试验

（1）一般规定。启闭机考核试验是一项难度较大且具有破坏作用的试验。移动式启闭机应进行启闭机考核试验。固定卷扬式启闭机、液压启闭机、螺杆启闭机等其他类型启闭机不宜进行启闭机考核试验。启闭机考核试验必须在完成巡视检查、外观现状检测和运行状况检测的各项检测工作以及进行必要的维修后进行。检查所有运转机构、液压系统、减速器及各润滑点等的注油情况。制动器、荷载限制器、液压安全溢流装置、超速限速保护、超电压及欠电压保护、过电流保护装置、安全监控管理系统、实时在线监测系统、无电应急操作装置等应按随机技术文件的要求进行调整和整定。电气系统、行程或扬程限制器、联锁装置和紧急断电装置，应灵敏、正确、可靠。检查各电动机的接线情况，其运转方向、手轮、手柄、按钮和控制器的操作指示方向，应与机构的运动及动作的实际方向要求相一致。对于多电动机驱动的起升机构或行走机构，还需检查各电动机的转向及转速，应一致和同步，各电动机的负载电流应均衡。电缆卷筒、中心导电装置、滑线、电气柜、联动台、变压器及各电动机的接线应正确，不应有松动现象，接地应良好。钢丝绳绳端的固定及其在卷筒、滑轮组中缠绕应正确、可靠。钢丝绳必须安全可靠，对于双吊点的起升机构，两吊点的钢丝绳应调至等长。用手转动各机构的制动轮或盘，使各传动轴至少旋转一周，不应有卡阻现象。缓冲器、车挡、夹轨器、锚定装置、接地装置等应安装正确、动作灵敏、安全可靠。试验前，应清除轨道两侧妨碍运行的物品。

（2）空载试验。空载试验时，起升机构和行走机构应分别在行程内往返3次，要求如下：各机械部件应运行平稳、无异常。运转过程中，制动衬垫与制动轮或制动盘间应有间隙。所有轴承和齿轮应有良好的润滑，轴承温度及温升应符合规定。在无其他噪声干扰时，各机构产生的噪声，在司机室内测量不应大于85dB（A）。大、小车运行时，车轮应无啃轨现象。电动机运行应平稳，电动机三相电流不平衡度不应大于10%。电气设备应无异常发热，控制器的触头应无烧灼。制动器、液压安全溢流装置、行程或扬程限制器、安全保护装置、联锁装置等动作应灵敏、可靠，高度指示装置、急停及其他保护功能应准确可靠，安全监控管理系统、实时在线监测系统、无电应急操作装置安装应牢固。自动挂脱梁就位及穿销传感器信号应精确、可靠。大、小车运行时，电缆卷筒或滑线的导电装置应平稳、无卡阻。

（3）考核荷载。应不超过SL 381或设计文件（图样）规定的静载试验荷载值或动载试验荷载值。启闭机考核试验的荷载宜采用专用配重试块；静载试验荷载宜分为50%、75%、90%、100%、125%额定荷载共五级，动载试验荷载宜分为50%、75%、90%、100%、110%额定荷载共五级。试验时应逐级增加荷载。低一级试验合格后进行高一级试验。

（4）静载试验。静载试验时，应短接荷载控制装置的报警及保护回路，做完动载试验后恢复到设定状态，恢复后荷载限制器装置应准确可靠。静载试验的荷载应根据荷载分级逐渐增加上去，荷载起升高度应为100～200mm，保持时间不得少于10min，并测量机架挠度。然后卸去荷载，再测量机架的变形。试验应重复3次。必要时应进行机架结构应力检测。双向移动式启闭机试验时，小车应位于设计规定的最不利位置。试验结束，未见到各部件有裂纹、永久变形、焊缝开裂、涂层起皱、油漆剥落，连接处无松动或损坏，无影响启闭机性能和安全的损伤，则认为试验结果合格。

（5）动载试验。动载试验时，在额定荷载起升点，起升110%的额定荷载，启闭机在全扬程范围内进行重复的起升、下降、停车等动作，试验时间应不少于1h。动载试验应在全扬程范围内进行3次。双向移动式启闭机试验时，小车应位于设计规定的最不利位置。试验时启闭机应按操作规程进行控制，且必须把加速度、减速度和速度限制在启闭机正常工作的范围内。试验结束，各部件能完成其功能试验，未发现零部件或结构构件损坏，连接处无松动或损坏，液压系统和密封处应无渗漏，则认为试验结果合格。

（6）行走试验。对移动式启闭机应进行行走试验，试验荷载为1.10倍设计行走荷载。试验时应按实际使用情况使启闭机处于最不利运行工况。试验应往返进行3次。试验时，应检查下列内容：

启闭机运行时门架或桥架的摆动情况，是否有碍正常运行，记录最大摆幅。运行机构的制动装置是否灵活，车轮与轨道的配合是否正常，有无啃轨现象。

（7）考核注意事项。考核试验加载安全可靠是关键。在启闭机考核过程中和考核结束后，应对结构和零部件及系统的连接情况、变形和损伤情况、振动情况、有无不正常声响等进行仔细的观察，并做出记录。其他型式的启闭机可参照进行考核。

5.3.11 与金属结构安全有关的其他检测

1. 支承构筑物的变位

水闸金属结构一般支承在水工钢筋混凝土结构上，支承的变位使金属结构的受力状况发生显著变化。可能改变金属结构受力状况的因素主要有地基的不均匀沉降、闸门门槽的破损或变形、吊点位置的偏位、启闭机两侧钢丝绳长度不一致、弧形闸门支臂牛腿的偏位。

2. 腐蚀环境的调查与检测

腐蚀环境的调查与检测主要包括三部分，一是水环境的调查与分析，二是大气环境的调查与分析，三是底质取样。

（1）水环境的调查与分析。金属结构所处位置的水环境包括局部和整体环境。如：区域水质与上游来水水质的变化、水质对金属结构的腐蚀性，上游来水量和闸门开启方式与开度对水流流速、流场的变化以及形成气蚀的可能性，水的含沙量与挟沙水流对金属结构冲磨，水温变化对腐蚀速率的影响。其中水质分析是主要的分析项目，需测定的主要指标有：水的化学成分（pH 值，总酸度，总碱度、Cl^-、SO_4^{2-} 等项指标）、导电率、溶解氧含量、氧化还原电位、含沙量及浮游生物等。

水质水样应取自关闸状态下闸门的上、下游，上、下游水样数应分别不少于 3 个。水质分析可采用现场检测和取样化验相结合，各项目的测定方法应符合相应的规程规范要求。水样的采取与保存是水质分析的重要环节，使用正确的采样及保存方法，目的是为保证分析结果能够如实反映水中被测指标值。为了达到这一目的必须严格遵守取样规则。水质按照《水质 采样技术指导》（HJ 494—2009）方法进行水质采样检测。采样的地点、位置、时间、次数、数量和方式等都应认真酌定，对采样现场、水的来源、水质变化等要做详细的调查研究，使所采取的水样具有代表性并符合水质分析的要求。盛装水样的玻璃瓶应先以铬酸洗液或肥皂水洗去油污或尘垢，再用清水洗净，最后用蒸馏水洗两遍。装水样前，应用所采水样冲洗两遍。水样装瓶时应留有一定空间，以免因温度变化而瓶塞胀开。瓶塞盖好并检查无漏水现象后，应采用石蜡或火漆封口。如长途运送，应用纱布缠紧后再以石蜡密封。

水样存放时间应尽量缩短，对于某些易变离子的分析，应在现场及时进行测定；其他水样采样至分析之间允许的间隔时间，取决于水样的性质和保存条件，一般不超过以下时限：

清洁水　　72h

轻度污染水　　48h

严重污染水　　24h

（2）大气环境的调查与分析。大气环境的调查除对金属结构所处环境（室内、室外、干燥、潮湿、干湿交替等）的大气主要构成，分析对金属结构腐蚀有影响的粉尘与微颗粒等，还需分析结构所在区域的环境条件，分析影响本地区大气环境的主要因素及其变化规律等。

（3）底质取样。应取自闸门梁格上的淤积物、岸坡淤积物及闸底淤积物，每扇闸门取样数不得少于 3 个取样后做好采样记录和采样标签。测定底质所含成分及各成分含量，分析其对闸门腐蚀的影响，给出相应的防腐措施。

5.4 电气设备和保护装置的安全检测

电气专业检测项目主要指《水工钢闸门和启闭机安全检测技术规程》（SL 101—2014）

规定项目，现场主要检查供电可靠性、设备完备性、运行安全性，涵盖供电电源、供配电设备、启闭设备电气、接地系统和电气测试等。对国家或行业已明令淘汰的产品和设备，可不进行现场安全检测，直接列入不合格或淘汰设备，可依据《灌排泵站机电设备报废标准》（SL 510—2011）执行。

电气设备和保护装置的安全检测包括启闭机的现地控制设备或集中监控设备应进行设备完整性检测；启闭机电气设备和供配电线路的绝缘及接地系统应进行可靠性检测；启闭机动力线路及控制保护、操作系统的电缆线路等应进行敷设状况和老化状况检测；启闭机荷载限制装置、行程控制装置、开度指示装置及仪表显示装置等应进行设备完整性检测；移动式启闭机缓冲器、夹轨器、锚定装置、风速仪、避雷器等应进行完整性检测；主要确认供电安全是否有保障，闸门紧急情况下能否正常启闭。其安全检测记录表格式见表5.12。

表5.12　电气设备和保护装置安全检测记录表格式

序号	检查内容	性能要求	检查情况
1	设备配置	1. 现地控制系统应设施齐备，具备完整控制功能； 2. 集中监控设备的配置应符合设计，功能满足要求； 3. 现地或远方控制间应闭锁，控制权在现地切换	
2	供电线路	1. 开关出线端不得连接与启闭机无关的用电设备； 2. 额定负荷时，电动机端子处电压偏差小于等于±10%额定电压	
3	电路和保护	1. 总电源回路应设断路器或熔断器作短路保护； 2. 在每个操作控制点应设有能切断总电源的紧急断电开关或其他分断装置	
4	电气设备	1. 金属外壳、线管等均应与金属结构体做可靠接地，金属结构体应采用接地保护或接零保护； 2. 接地线不得用作载流零线； 3. 对地绝缘电阻不小于1MΩ； 4. 电气元件动作灵活，无黏滞卡阻，触头接触良好、无严重烧灼； 5. 电缆（线）护套无砸伤、刺破、龟裂老化现象。电缆线路敷设合理； 6. 所有电气设备应无异常发热； 7. 控制柜上设置红色自复位急停按钮，紧急情况下可迅速断开总动力电源和制动器电源； 8. 启闭机动力电源通断状态应具有信号指示，并设置故障和报警信号。信号指示应设置在明显位置，并应传送至集中控制室和远方控制室	
5	开度控制器	1. 开度指示误差小于等于5%，设定开度能自动停机； 2. 上下极限限位开关能自动切断主回路并报警	
6	负荷控制器	1. 负荷示值误差小于等于5%； 2. 负荷达到110%额定启闭力时能自动切断主回路并报警	

电气设备在水闸所占比例较小，但设备、线路维护不当，或因种种原因负荷增加较大，而线路与设备没有进行调正，会给水闸带来电气方面的不安全因素，甚至影响闸门启闭机的正常运转，在关键时刻使水闸失去控制功能。所以在水闸安全鉴定规定中，把电气设备的安全检测列为其中之一。水闸的电气设备主要有电动机、操作设备、输电线路、自备电源，与电网联网的变压器及建筑物的防雷设施。

5.4.1 电动机检查

（1）电机外壳应保护清洁（无尘、无污、无锈），接线端子与导线端子必须连接紧密，不受外力，连接用紧固件的锁紧装置完整齐全。接线盒应防潮，裸露的不同相导线间距及导线对地间距必须符合规定。

（2）线圈绝缘层完好，无伤痕、绑线牢靠、槽楔无断裂、不松动、引线焊接牢固；内部清洁，通风孔道无堵塞；绕组的绝缘电阻不小于1MΩ。

（3）轴承工作面光滑清洁，无裂纹或锈蚀，无松动，无磨损，轴承内的润滑脂应保护填满空腔内1/2～1/3，油质合格。

（4）电机运转无异常噪声或发热严重。风扇等冷却系统无损坏。

电动机的电气性能可用于检测绕组的绝缘电阻和吸收比，绕组的直流电阻，可变电阻器、起动电阻器、灭磁电阻器的绝缘电阻，电动机三相电流，温升和接地电阻。

5.4.2 操作设备

控制柜应整洁、接线牢固、标识明显；露天的控制柜应防雨、防潮。各种开关、继电保护装置应保持干净。电器触头表面应光滑，动静触头应接触良好，接触面无毛刺或凹凸不平现象。触头分合应迅速可靠，无缓慢游滑或停顿现象。主令控制器及限位装置应保持定位，准确可靠，触点无烧毛现象。指示仪表和信号灯完好，指示正确。电气闭锁装置动作灵敏可靠。

5.4.3 输电线路

各种电力线路、电缆线路、照明线路均应防止发生漏电、短路、断路、虚连等现象，检查导线是否老化、测量导线绝缘电阻值不应小于1MΩ；检查线路是否超负载运行，测量导线通过电流不应超过线路上允许的电流；线路接头应连接良好，并检查铜铝接头是否锈蚀。电缆桥架接地是否符合规范要求。电缆的电气性能宜检测电缆绝缘电阻。

5.4.4 自备电源与电网连接的变压器

（1）变压器位置正确，安装牢固，注油量、油号准确，油位清晰，油质合格，油箱无渗油现象。

（2）与油箱直接连通的附件安装牢固，连接严密，无渗油现象，油路无堵塞现象。膨胀式温度计毛细管无压扁和急剧的扭折现象，有载调压开关的传动部分是否润滑良好，动作灵活、准确。

（3）连接紧密，连接螺栓的锁紧装置齐全，瓷套管不受外力，零线至接地装置的线段固定牢靠，接地良好。变压器身各附件间连接的导线有保护管，并保护管，接线盒固定牢靠。

（4）备用电源应检查是否具有备用电源，查询备用电源的功率进行对比判断是否与用电设备匹配，并采用相应仪器仪表对备用电源的线路电流、电压、电阻、连接、接头牢固性和线路老化等方面进行检测并判别。检查柴油机各部位油位是否正常，油质是否合格。

并检查备用电源空载和负载试运行情况。

变压器的电气性能宜检测绕组连同套管的绝缘电阻和吸收比，绕组连同套管的直流电阻和接地电阻。备用电源的电气性能宜检测绕组的绝缘电阻和吸收比，绕组的直流电阻和接地电阻。

5.4.5 接地系统

现场检测复核电气系统接地电阻值是否满足设计和规范要求。按照相关规范要求，一般变配电装置接地电阻要求在 4Ω 以下。现在用电设备越来越多，除变配电设备外，越来越多的闸门启闭机配置了闸门计算机监控系统，实现远程/自动操控。闸门设备功能性接地与保护性接地多采用共用接地网，即与防雷系统一起采用综合接地网。除特殊要求外，计算机监控系统、电子设备、电信设备和工业电视监控设备等非电力设备也可采用综合接地网。该综合接地网接地电阻应满足设计文件要求，至少应小于等于电气设备接地要求最小值，一般要求在 1Ω 以下。

5.4.6 建筑物的防雷设施

建筑物的防雷设施检查内容应根据具体情况确定，主要包括下列几方面。

(1) 避雷针（线、带），固定牢靠，防腐良好，避雷针及引下线锈蚀量不得超过截面 30%以上。

(2) 导电部件的焊接点或螺栓接头处，如有脱焊，松动应予补焊或旋紧。

(3) 接地装置的接地电阻值要小于 10Ω，如超过规定值 20%时，应增设补充接地极。防雷接地引下线的保护管应固定牢靠。

5.5 检测结果及处理

对于闸门和启闭机的检测结果应有详细的记录，对测定的数据进行归纳、分析，为有关复核计算提供资料，完成有关复核计算后，提供闸门和启闭机的检测报告。

1. 理论分析计算的项目

(1) 检测条件下闸门应力计算。

(2) 设计及校核条件下闸门应力的计算。

(3) 检测条件下启闭机结构应力（包括门机和桥机）的计算。

(4) 设计及校核条件下启闭机结构应力的计算。

(5) 设计及校核条件下闸门启闭力的计算。

2. 检测报告的内容

(1) 工程概况，包括闸门、启闭机的设计特性。

(2) 运行、维修、保养情况，包括建筑物变形及闸门、启闭机运行。

(3) 闸门和启闭机现场检测成果。

(4) 闸门和启闭机复核计算成果。

(5) 闸门和启闭机安全评价。

(6) 结论，对运行管理、加固维修，技术改造、设备更新等提出建议。

第6章 监测设施的检测与监测资料的整编分析

6.1 概述

水闸工程监测项目通常根据工程规模、等级，并结合地基条件、施工方法和上下游影响等有针对性地确定，并设置相应的监测设施。在水闸运行管理期间，必须保证对监测装置的正确使用以及保护监测设施的完好性。因此，在水闸检测与安全评估中，对监测设施的有效性进行检测是十分必要的，它不仅是日常管理的需要，而且是对管理单位提供的监测资料可靠性的认可，对能否进行正确的安全评估起着重要作用。

水闸监测资料的整理、整编和分析工作，是工程监测工作的重要组成部分。按照《水闸技术管理规程》（SL 75—2014）规定，水闸管理单位在平时进行水闸各项监测工作后，应立即对监测资料进行整理分析，每隔一定时期应将水闸监测资料进行整编。考虑到我国目前仍在运行的一些水闸建设年代较早，管理制度不够健全，资料的整理、归档不完整，甚至有些水闸的运行管理资料可能存在一定误差，水闸检测与安全评估单位有必要对水闸管理单位提供的水闸监测资料进行认真审查和整编分析工作。

6.2 监测项目的检测

6.2.1 依据标准

对水闸监测设施进行检测依据的标准如下：

（1）《水闸技术管理规程》（SL 75—2014）；

（2）《水闸安全评价导则》（SL 214—2015）；

（3）《水闸安全监测技术规范》（SL 766—2018）。

6.2.2 检测内容

根据《水闸安全监测技术规范》（SL 766—2018）规定，水闸监测项目应根据其工程规模、等级，并结合地基条件、施工方法和上下游影响等设置一般性监测项目，并根据需要有针对性地设置专门性监测项目。水闸的一般性监测项目也指常规必须监测项目，是工程施工和运用过程中必不可少的，且多数项目是对工程的安全起监督作用的。水闸专门性监测，往往带有检验水闸工程设计的正确性和提高水闸工程水平的目的。

大中型水闸的安全监测项目及其测次应遵守附录A中表A.0.1和表A.0.2的规定，具体观测项目可根据实际情况选取，详见表6.1、表6.2。水闸的一般性监测项目有：现场检查，垂直位移，水平位移或倾斜，接缝开合度，扬压力，绕闸渗流，结构应力应变，地基反力，墙后土压力，上、下游水位，流量，气温，降水量，上、下游冲刷和淤积。水闸的专门性监测项目有：水力学、强震动、冰凌等。在开展水闸监测设施的有效性分析时，应首先分析工程安全监测项目的完备性、监测位置布设的合理性以及测次的规范性。当发生地震、暴雨、台风、高潮位、闸内外水位骤变、检修及水闸工作状态异常时，应加强现场检查、增加测次，必要时应增加监测项目。

表 6.1　　水闸安全监测项目分类

监测类别	监测项目	水闸级别		
		1	2	3
现场检查	闸室段，上、下游连接段	●	●	●
变形	垂直位移	●	●	●
	水平位移或倾斜	●	●	○
	接缝开合度	●	●	●
渗流	扬压力	●	●	○
	绕闸渗流	●	●	○
应力应变及温度	结构应力应变	○	○	
	地基反力	○	○	
	墙后土压力	○	○	○
环境量	上、下游水位	●	●	●
	流量	●	○	○
	气温	●	○	○
	降水量	●	○	○
	水力学	●	●	●
	上、下游冲刷和淤积	●	●	●
	强震动	●	○	
	冰凌	●	●	●
其他项目	混凝土碳化	○	○	○
	起测点校核	●	●	●
	工作基点校核	●	●	●

注　●为必设项目；○为可选项目；可根据需要选设。

表 6.2　　水闸安全监测项目测次

监测类别	监测项目	施工期	试运行期	正常运行期
现场检查	日常检查	2～3 次/周	3～6 次/周	1 次/月
变形	垂直位移	2～4 次/月	2～6 次/周	2～12 次/年
	水平位移或倾斜	2～4 次/月	2～6 次/周	2～12 次/年
	接缝开合度	1～2 次/周	2～6 次/周	2～12 次/年
渗流	扬压力	1～2 次/周	1 次/天	1～2 次/旬
	绕闸渗流	1～4 次/月	1～6 次/周	1～2 次/旬

续表

监测类别	监测项目	施工期	试运行期	正常运行期
应力应变及温度	结构应力应变	1～4 次/月	1～6 次/周	4～12 次/年
	地基反力	1～2 次/周	1 次/天	4～12 次/年
	墙后土压力	1～4 次/月	1～6 次/周	4～12 次/年
环境量	上、下游水位	按需要	2～4 次/天	2～4 次/天
	流量	按需要	2～4 次/天	2～4 次/天
	气温	逐日量	逐日量	逐日量
	降水量	逐日量	逐日量	逐日量
	水力学	1～2 次/周	1 次/天	过流时，2～4 次/天
	上、下游冲刷和淤积	按需要	2 次/年	1 次/年
	强震动	按需要	按需要	按需要
	冰凌	按需要	按需要	按需要
其他项目	混凝土碳化	按需要	按需要	按需要
	起测点校核	按需要	按需要	1 次/年
	工作基点校核	按需要	按需要	1～2 次/5 年

注 1. 表中测次均系正常情况下人工测读的最低要求，特殊时期（如洪水、地震、风暴潮等）增加测次，自动化观测可根据需要适当加密测次；水闸在设计水位运行时，每天应检查 1 次。
2. 水闸运行初期，测次一般取上限；水闸运行性态稳定后测次可取下限；当多年运行性态稳定时，可减少测次，减少监测项目或停测，但应报主管部门批准。
3. 具有相关性的观测项目需同时进行。
4. 挡潮闸的安全监测项目每月应至少监测 2 次以上，高潮位和低潮位各 1 次。

水闸大多建在平原或丘陵地区的软土地基上，其主要特点为部分水闸为穿堤建筑物，两岸与土质堤岸相接，闸室段直接挡水，在上下游水头作用下，容易出现绕闸渗流现象。另外，水闸出口水流条件复杂，下游常出现波状水跃和折冲水流，可能对河床和两岸造成淘刷。由于水闸多数位于江、河、湖、海附近，基础大多为淤泥、粉砂、流沙及软土等土质，地基土质均匀性差、压缩性大、承载力低，在水闸结构荷载作用下，容易产生基础过大沉降。因而水闸的渗流、基础沉降、扬压力及翼墙变形、下游冲刷等是工程安全监测的重点。若按工程部分考虑，闸室段结构复杂，是整个水闸工程的主体，因而闸室段又是水闸工程的监测重点或关键部位。

传感器类监测项目，在施工中可起到施工监控作用，在运行初期能提供对设计与科研有用的数据，但由于仪器与导线的防水和绝缘要求较高，经过多年运用后往往会失效，所以早期的监测数据对安全评估是有用的。在采用这类监测数据时尤其要注意有效性。

1. 现场检查

现场检查应包括日常检查、定期检查和专项检查，重点检查建筑物、金属结构和电气设备等的状况，具体检查内容见表 6.3。检查频率根据水闸重要程度、建成时间长短、运用频繁程度、老化状况和运行情况确定，特殊时期增加检查次数。

表 6.3　　水闸现场检查内容要求

组成部分	项目（部位）		日常检查	定期检查	专项检查
闸室段	闸室	闸底板	○	●	●
		闸墩	●	●	●
		边墩	●	●	●
		永久缝	●	●	●
	工作桥	工作桥	●	●	●
	交通桥	交通桥	●	●	●
	排架	排架	●	●	●
上游连接段	铺盖	铺盖	○	●	●
		排水、导渗系统	○	●	●
	上游翼墙	翼墙	●	●	●
		排水设施	●	●	●
	上游护坡、护底	上游护坡	●	●	●
		上游护底	○	●	●
	堤闸连接段	堤闸连接段	●	●	●
下游连接段	下游翼墙	翼墙	●	●	●
		排水设施	●	●	●
	消力池	消能工	○	●	●
		排水、导渗系统	○	●	●
	海漫及防冲槽	海漫	○	●	●
		防冲槽	○	●	●
	下游护坡、护底	下游护坡	●	●	●
		下游护底	○	●	●
	堤闸连接段	堤闸连接段	●	●	●
闸门和启闭机	闸门	闸门环境	●	●	●
		门体	●	●	●
		吊耳	●	●	●
		直支臂、支承铰	●	●	●
		门槽	●	●	●
		止水	●	●	●
		行走支撑	●	●	●
		开度指示器	●	●	●
	启闭机	启闭机房	●	●	●
		防护罩	●	●	●
		机体表面	●	●	●
		传动装置	●	●	●

续表

组成部分	项目（部位）		日常检查	定期检查	专项检查
闸门和启闭机	启闭机	零部件	●	●	●
		制动装置	●	●	●
		连接件	●	●	●
		启闭方式	●	●	●
机电及防雷设施	机电	供电系统	○	●	●
		备用电源	○	●	●
	防雷设施	防雷设施	○	●	●
监控及监测系统	监控系统	计算机监控系统	○	●	●
		视频监控系统	○	●	●
	监测设施	监测仪器	○	●	●
		监测设备	○	●	●
其他	管理与保障设施	照明与应急照明设施		●	●
		对外通信与应急通信设施		●	●
		对外交通与应急交通工具		●	●
		管理及保护范围	○	●	●
		警示标志	○	●	●
		界桩	○	●	●
注　有●者为必须检查内容；有○者为可选检查内容。					

（1）日常检查。应由有经验的水闸运行维护人员对水闸进行日常巡视检查。正常运行期，每月不宜少于1次；汛期及遭遇特殊工况时，应增加检查次数；当水闸在设计水位及以上运行时，每天应至少检查1次。

（2）定期检查。每年汛前、汛后，引排水期前后，严寒地区的冰冻期起始和结束时，由管理单位组织专业人员对水闸进行全面或专门的现场检查，并审阅水闸检查、运行、维护记录和监测数据等档案资料。

（3）专项检查。水闸经受地震、风暴潮、台风或其他自然灾害或超过设计水位运行后，发现较大隐患、异常或拟进行技术改造时，管理单位或主管部门及时组织进行专项检查，必要时还应派专人进行连续监视。

2. 环境量监测

环境量监测项目应包括上、下游水位，气温，流量，降水量，上、下游冲刷和淤积等。降水量、气温观测可应用当地水文、气象站观测资料。水闸的上、下游水位和过闸流量观测是一般性监测项目中最基本的监测项目。可通过设自动水位计或水位标尺进行监测，测点应设在水闸上、下水流平顺、水面平稳、受风浪和泄流影响较小处，否则监测结果是不准确的。对于大型水闸，可在适当地点设置测流断面进行监测。测流断面原则上也应设在水位平顺、水面平稳处。水闸的过闸流量可通过水位监测，并用水位-流量关系曲线推求。在进行监测设施有效性检测时，需对自动水位计或水位标尺完好性进行检查，检查水尺零点有无变化；当水尺零点有变化时，应及时进行校测，特别是有区域沉降地区和软基上建设的水闸尤为注意。对水位-流量关系曲线也要校验，因为水闸建成后上、下游的冲淤变化，致使水位-流量关系曲线也有变化。为保证水闸工程的安全和正常运用，应对水闸上、下游河床淤积和下游冲刷情况进行观测。监测范围以上游铺盖或消力池末端为起点，分别向上、下游延伸，宜为1～3倍河宽距离，对于冲刷或淤积较严重的工程可根据具体情况适当延长。

3. 变形监测

变形监测项目应包括水闸垂直位移、水平位移或倾斜及接缝开合度等。其中垂直位移是一般性监测项目中最基本的监测项目。沉降及水平位移一般埋设沉降标点进行监测。垂直位移测点宜布置在闸室结构块体顶部的四角（闸墩顶部）、上下游翼墙顶部各结构分缝两侧、水闸两岸的结合部位或墙背回填土上。

当水闸地基条件较差或水闸受力不均匀时，需进行水平位移监测。监测标点应尽可能与沉降监测点设在同一标点桩上。

被测建筑物上的各类测点应与建筑物牢固结合，能代表被测物的变形。被测物外的各类测点，应保证测点稳固可靠，能代表该处的变形。基准点应建在稳定区域。

在安全检测中要对位移测点的完好性要进行检查，对于沉降标点损坏、沉降资料残缺或不可靠的要用国家的水准点重新引入建立新的沉降标点。主要包括标点柱是否保持铅直，基座是否水平，基准点、工作基点高程变化，测点底座埋入深度变化以及测点强制对中底盘中心倾斜度是否在规定允许范围内等。

基准点是沉降监测的高程原点，大部分水闸建闸施工放样前既已埋设工作基点，并与国家水准网相连。由于国家水准网校测间隔时间较长，以及其他一些原因，基准点高程变化较大。由于地下水位下降，地面沉降，致使基准点高程发生变化，但由于仍采用原基准点高程计算，间隔变化量很小，不能反映出工程的实际沉降变化。因此应加强对基准点和工作基点的保护和定期校测。

工作基点是监测垂直位移的依据，应设在水闸附近，便于引测。工作基点的高程引自基准点，在每年测量前应校测一次，然后再进行水闸工程的垂直位移监测。

当需要了解水闸伸缩变化规律时，应进行结构缝监测，一般在结构缝的测点处埋设金属标点或测缝计进行监测。

监测标点宜设置在闸身两端边闸墩与岸墙之间、岸墙与翼墙之间建筑物顶部的结构缝上。当闸孔数较多时，在中间闸孔结构缝上应适当增设标点。

主要检查伸缩缝固定监测标点、测缝计是否完好等。

水闸发生裂缝后应进行裂缝监测。应先对裂缝进行编号，分别监测裂缝的位置、长度、宽度及深度等项目，并对裂缝成因和危害性进行分析。

利用读数显微镜对裂缝宽度进行检测，测量精度为0.01mm。裂缝深度的监测，一般采用金属丝探测。有条件的也可用超声波裂缝检测仪测定。

对于可能影响结构安全的裂缝，应选择有代表性的位置，设置固定监测标点进行监测，重点关注裂缝变化情况。

4. 渗流监测

渗流监测项目应包括闸基扬压力和绕闸渗流。渗流监测一般埋设测压管或渗压计进行监测。闸基扬压力监测的重点是坐落于松软地基上且运行水头较高或水位变化频繁的水闸。闸基扬压力监测应根据水闸的结构型式、工程规模、闸基轮廓线、地质条件、渗流控制措施等进行布置，并应以能测出闸基扬压力分布及其变化为原则，一般布置在地下轮廓线有代表性的转折处。顺水流向监测断面应不少于闸孔数的1/3，并不少于2个，且应在中间闸室段布置1个。每个顺水流向监测断面测点应不少于3个，测点宜布置在渗流控制设施前后及地下轮廓线有代表性的转折处。若地质条件复杂，可适当加密测点。闸基的渗流控制设施的前后应各设1个测点，闸底板中间设置1个测点。

埋设测压管进行扬压力监测时，测压管内水位变化往往滞后于水闸上、下游水位的变化，当水闸上、下游水位变化频繁或地基透水性甚小（如黏土地基）时，这种影响比较显著；并且测压管周围滤层时有堵塞现象，甚至影响测压管的正常使用。电测渗压计不存在水位滞后的问题，同时埋设比较方便，但是它与其他电测传感器一样，仪器与导线的防水和绝缘要求较高，长期埋设在水下，由于水特别是海水的腐蚀作用，测压计容易失灵，对于水位变化频繁或透水性甚小的黏土地基上的水闸，闸底扬压力监测采用渗压计为好，但同时要注意做好防水与绝缘处理。

在水闸安全检测时，主要检查测压管或渗压计的完好性，以便分析水闸的防渗设施的效果和扬压力。测压管管口高程按水准测量要求校测，闭合差限差为$\pm 1.4\sqrt{n}$ mm（式中n为测站数）。测压管管口高程考证可以结合水闸垂直位移监测进行，测压管可作为水准测量的一个测点加以测量。不受潮汐影响的水闸，应检测测压管的灵敏度，测压管灵敏度检查可按照《土石坝安全监测技术规范》（SL 551—2012）进行注水试验。注水试验时，管内水位恢复到原水位的时间要求为：黏壤土为5d；砂壤土为24h；砂砾土为1～2h等，可认为合格。当管内淤塞已影响监测时，应进行清理，如果灵敏度检查不合格，堵塞、淤积经处理无效，或经资料分析测压管确已失效，宜在该孔附近钻孔重新埋设测压管，以便能继续监测扬压力情况。

据测压管水位监测资料分析，不少水闸实测水位与理论值相差很大，甚至出现管内水位高于上游水位或低于下游水位的现象，即呈现“异常”现象。应配合进行过闸流量、垂直位移、气温等有关项目的监测，分析其“异常”原因，以便掌握测压管水位变化规律，正确判断测压管的有效性。

测压管管内有淤积物，一般是因管外滤层级配不良或进水段外包织物腐烂所致，也可能是测压管管身腐烂之故。若取样查明，确系闸基土料进入测压管内，则将原管弃之不用，另埋新管。

当测压管被碎石堵塞影响监测时，可采用捞石器进行处理。

管口高程应每年测定1次，管口保护设备损坏后应及时修复。采用钢尺水位计测量测压管水位时，应平行测定2次，其读数差应不大于2cm。

扬压力和绕渗观测，应同时观测上、下游水位，并注意观测渗透的滞后现象。对于受潮汐影响的水闸，应在每月最高潮位期间选测1次，观测时间以测到潮汐周期内最高和最低潮位及潮位变化中扬压力过程为准。

5. 结构应力应变监测

应力应变监测项目应包括混凝土内部及表面应力、应变、锚杆应力、锚索受力、钢筋应力等。应力应变检测一般同时测量温度。对特别重要的水闸，需要了解不同工作条件下结构应力的分布和变化规律，为工程的控制运用、验证设计和科学研究提供资料，可设置结构应力监测项目。其测点布置和监测方法，可根据结构设计和科研的需要确定。

6. 地基反力和墙后土压力监测

为了验证工程设计和科研的需要，对于建筑在地质条件较差、土压力和边荷载影响程度高的水闸，闸墙背后有较高填土的水闸，为了了解地基土和回填土对水闸的作用情况，可设置地基反力和墙后土压力监测项目。

7. 其他

根据水闸工程运行、管理和科研的需要，还可增设其他特殊的监测项目。

其他有关专项测试系指特殊工况的水闸，根据安全鉴定需要而进行的非常规性检测。如混凝土结构隐患探测和消能监测、地基土对混凝土模板的抗滑试验和管涌试验、闸门振动监测、强震动和冰凌监测等。

6.3 监测资料的整编分析

6.3.1 监测设施的原始资料及考证资料

目前，尚无水闸监测设施和仪器考证的行业标准，可参照《土石坝安全监测技术规程》(SL 551—2012) 的规定。监测设施和仪器的考证资料一般应包括以下内容：

(1) 安全监测系统设计、布置、埋设、竣工等概况的说明。

(2) 监测设施及测点的平面布置图，标明各建筑物所有监测项目及设备的平面位置。

(3) 监测点的纵横剖面布置图，图中应标明建筑物的轮廓尺寸、材料分区和必要的地质情况。剖面数量以能表明监测设施和测点的位置和高程为原则。

(4) 有关各基准点、工作基点、监测点，以及各种监测设施的平面坐标、高程、结构、安设情况、设置日期和测读起始值、基准值等文字和数据考证表。

(5) 各种仪器的型号、规格、主要附件、购置日期、生产厂家、仪器使用说明书、出厂合格证、出厂日期、购置日期、检验率定等资料。

(6) 有关的数据采集仪表和电缆走线的考证或说明资料。

各种考证资料均应在设施（或测点）设置、安装和仪器购进时进行精心测量和适时、准确地记录。在初次整编时，应按工程实设监测项目对各项考证资料进行全面收集、整理和审核。在以后各整编阶段，监测设施和仪器有变化时，如校测高程改变、设施和设备检验维修、设备或仪表损坏、失效、报废、停测、新增或改（扩）建等，均应重新填制（或补充）相应的考证图表，并注明变更原因、内容、时间等有关情况备查。

下面分别列出主要监测设施的考证表格式：

(1) 垂直位移监测。对沉降监测点的考证涉及基准点、工作基点以及监测点的设置进行考证，一般情况下，基准点高程应每五年校测 1 次，工作基点高程每年校测 1 次，考证表格式见表 6.4。

表 6.4 垂直位移（基准点、工作基点、监测点）的设置考证

引据水准点：型式　　编号　　高程　　m　位置　　接测高程　m

测点编号	型式	埋设日期			埋设位置		基础情况	测定日期			高程/m	备注
		年	月	日	桩号	轴距/m		年	月	日		

主　管：　　校核者：　　监测者　　埋设者

填表者：　　填表时间：　年　月　日

（2）水平位移监测。水平位移工作基点考证表格式见表 6.5，水平位移监测点考证表见表 6.6。工作基点在工程竣工后五年内应每年校测 1 次，以后每五年校测 1 次。

表 6.5 水平位移工作基点考证

工程名称____________　监测方法____________　使用仪器____________

测点编号	型式	埋设日期			埋设位置		基础情况	测定日期			高程/m	备注
		年	月	日	X/m	Y/m		年	月	日	H/m	

主　管：　　校核者：　　监测者　　埋设者

填表者：　　填表时间：　年　月　日

表 6.6 水平位移监测点考证（含视准线法）

工程名称____________　监测方法____________　使用仪器____________

测点编号	测点位置	型式	埋设日期			点位坐标			视准线测量				备注
						X/m	Y/m	H/m	监测日期			始测读数/mm	
			年	月	日				年	月	日		

主　管：　　校核者：　　监测者　　埋设者

填表者：　　填表时间：　年　月　日

（3）渗流监测设施的考证。监测渗流压力的测压管安装埋设考证表格式见表 6.7，振弦式孔隙水压力计的埋设考证表格式见表 6.8、表 6.9。

表 6.7 测压管安装埋设考证

工程部位				测管编号	
垂直水流向离左岸距离/m		顺水流向离左上游距离/m		埋设区域	
钻孔参数	钻孔直径/mm		测压管参数	测压管材质	
	钻孔深度/m			管内径/mm	
	孔口高程/m			管外径/mm	

续表

工程部位				测管编号	
垂直水流向离左岸距离/m		顺水流向离左上游距离/m		埋设区域	
钻孔参数	孔底高程/m		测压管参数	管长度/m	
	钻入基岩或界层深度/m			进水段长度/m	
	回填透水材料			埋设方法	
	透水材料底、顶高程/m	～		管口高程/m	
	回填封孔材料			管底高程/m	
	封孔材料底、顶高程/m	～		埋设前水位/m	
				埋设后水位/m	
上游水位/m		下游水位/m		天气	
埋设示意图及说明	[埋设示意图含有钻孔岩（土）层柱状及测压管结构示意图]				
埋设时段	年　月　日　至　　年　月　日				
有关责任人	主管		埋设者		填表者	
	校核者		监测者		填表日期	

注　此表为测压管钻孔法安装埋设考证表格式，对于测压管埋入法埋设可参照执行。

表6.8　振弦式孔隙水压力计埋设考证（坑式法）

工程部位				测点编号	
埋设参数	垂直水流向离左岸距离/m		仪器参数	仪器型号	
	顺水流向离左上游距离/m			量程/MPa	
	高程/m			出厂编号	
	埋设区域			生产厂家	
	回填材料			仪器系数/[MPa /($f^2\times10^{-3}$)]	
	截水环数量/个			温度系数/(MPa /℃)	
	截水环间距/m			电缆长度/m	
埋设前后仪器测值	埋设前（$f^2\times10^{-3}$）			温度/℃	
	埋设后（$f^2\times10^{-3}$）			温度/℃	
上游水位/m		下游水位/m		天气	
埋设示意图及说明					
埋设时段	年　月　日　至　　年　月　日				
有关责任人	主管		埋设者		填表者	
	校核者		监测者		填表日期	

注　1. 此表为振弦式仪器坑式法安装埋设考证表格式，对于差阻式仪器可参照执行。
　　2. f 为频率。

表 6.9　　振弦式孔隙水压力计安装埋设考证（钻孔法）

<table>
<tr><td>工程部位</td><td colspan="4"></td><td colspan="2">测点编号</td><td></td></tr>
<tr><td>垂直水流向离左岸距离/m</td><td></td><td>顺水流向离左上游距离/m</td><td></td><td>高程/m</td><td></td><td>埋设区域</td><td></td></tr>
<tr><td rowspan="10">钻孔参数</td><td colspan="2">钻孔直径/mm</td><td></td><td rowspan="10">仪器参数</td><td colspan="2">仪器型号</td><td></td></tr>
<tr><td colspan="2">钻孔深度/m</td><td></td><td colspan="2">量程/MPa</td><td></td></tr>
<tr><td colspan="2">孔口高程/m</td><td></td><td colspan="2">出厂编号</td><td></td></tr>
<tr><td colspan="2">孔底高程/m</td><td></td><td colspan="2">生产厂家</td><td></td></tr>
<tr><td colspan="2">回填透水材料</td><td></td><td colspan="2">最小读数/(MPa/0.01%)</td><td></td></tr>
<tr><td colspan="2">透水材料底高程/m</td><td></td><td colspan="2">温修系数/(MPa/℃)</td><td></td></tr>
<tr><td colspan="2">透水材料顶高程/m</td><td></td><td colspan="2">温度系数/(℃/Ω)</td><td></td></tr>
<tr><td colspan="2">回填封孔材料</td><td></td><td colspan="2">0℃电阻/Ω</td><td></td></tr>
<tr><td colspan="2">封孔材料底高程/m</td><td></td><td colspan="2" rowspan="2">电缆长度/m</td><td rowspan="2"></td></tr>
<tr><td colspan="2">封孔材料顶高程/m</td><td></td></tr>
<tr><td>埋设前测值</td><td colspan="2">电阻比/0.01%</td><td colspan="2"></td><td colspan="2">温度电阻/Ω</td><td></td></tr>
<tr><td>埋设后测值</td><td colspan="2">电阻比/0.01%</td><td colspan="2"></td><td colspan="2">温度电阻/Ω</td><td></td></tr>
<tr><td>上游水位/m</td><td colspan="2"></td><td>下游水位/m</td><td></td><td colspan="2">天气</td><td></td></tr>
<tr><td>埋设示意图及说明</td><td colspan="7"></td></tr>
<tr><td>埋设时段</td><td colspan="7">年　月　日　至　年　月　日</td></tr>
<tr><td rowspan="2">有关责任人</td><td>主管</td><td></td><td>埋设者</td><td></td><td>填表者</td><td colspan="2"></td></tr>
<tr><td>校核者</td><td></td><td>监测者</td><td></td><td>填表日期</td><td colspan="2"></td></tr>
<tr><td colspan="8">注　此表为差阻式仪器钻孔法安装埋设考证表格式，对于其他类型仪器可参照执行。</td></tr>
</table>

（4）应力监测设施的考证。监测土压力的振弦式土压力计埋设考证表格式见表 6.10。

表 6.10　　振弦式土压力计埋设考证

<table>
<tr><td>工程部位</td><td colspan="3"></td><td>测点编号</td><td></td></tr>
<tr><td rowspan="8">埋设参数</td><td>垂直水流向离左岸距离/m</td><td></td><td rowspan="8">仪器参数</td><td>仪器型号</td><td></td></tr>
<tr><td>顺水流向离左上游距离/m</td><td></td><td>量程/MPa</td><td></td></tr>
<tr><td>高程/m</td><td></td><td>出厂编号</td><td></td></tr>
<tr><td>埋设区域</td><td></td><td>生产厂家</td><td></td></tr>
<tr><td>回填材料</td><td></td><td>最小读数/(MPa/0.01%)</td><td></td></tr>
<tr><td>截水环数量/个</td><td></td><td>温修系数/(MPa/℃)</td><td></td></tr>
<tr><td>截水环间距/m</td><td></td><td>温度系数/(℃/Ω)</td><td></td></tr>
<tr><td>电缆长度/m</td><td></td><td>0℃电阻/Ω</td><td></td></tr>
<tr><td>埋设前测值</td><td>电阻比/0.01%</td><td colspan="2"></td><td>温度电阻/Ω</td><td></td></tr>
<tr><td>埋设后测值</td><td>电阻比/0.01%</td><td colspan="2"></td><td>温度电阻/Ω</td><td></td></tr>
</table>

续表

工程部位				测点编号		
上游水位/m		下游水位/m		天气		
埋设示意图及说明						
埋设时段	年 月 日 至 年 月 日					
有关责任人	主管		埋设者		填表者	
	校核者		监测者		填表日期	
注 此表为差阻式仪器安装埋设考证表格式，对于振弦式仪器可参照执行。						

监测土压力的应变计埋设考证表格式见表6.11。

表6.11　应变计（无应力计、钢筋计、锚杆应力计）埋设考证

工程部位			仪器参数	仪器型号	
测点编号				量程	
埋设参数	垂直水流向离左岸距离/m			出厂编号	
	顺水流向离左上游距离/m			生产厂家	
	高程/m			最小读数/(ε/0.01%)	
	埋设区域			温修系数/(ε/℃)	
上游水位/m				温度系数/(℃/Ω)	
下游水位/m				0℃电阻/Ω	
天气				电缆长度/m	
埋设前测值	电阻比/0.01%			温度电阻/Ω	
埋设后测值	电阻比/0.01%			温度电阻/Ω	
埋设示意图及说明					
埋设时段	年 月 日 至 年 月 日				
有关责任人	主管		埋设者		填表者
	校核者		监测者		填表日期
注 此表为差阻式仪器安装埋设考证表，对于振弦式仪器可参照执行。					

（5）其他监测设施的考证。水文、气象监测，以及水力学监测等设备的安设考证表格式，可根据工程具体情况参照有关专业的规定执行。

6.3.2 监测资料的整编

人工观测、自动化监测和现场检查均应做好所采集数据（或所检查情况）的记录。记录应准确、清晰、齐全，应记入监测日期、责任人姓名及监测条件的必要说明。每次观测（包括人工观测、自动化监测和现场检查）完成后，应随即对原始记录的准确性、可靠性、完整性加以检查、检验。应根据监测资料，及时检查和判断测值的变化趋势，做出初步分析。如有异常，应检查计算有无错误和监测系统有无故障，经综合比较判断，确认是监测物理量异常时，应立即查找原因并及时上报。

现场检查资料每次整理与整编时，对本时段内现场检查发现的异常问题及其原因分析、处理措施和效果等作出完整编录，同时简要引述前期现场检查结果并加以对比分析。变形监测资料整编，绘制能表示各监测物理量变化的过程线图，以及在时间和空间上的分布特征图和与有关因素的相关关系图（如水位控制过程、气温等）。渗流监测资料整编，绘制扬压力监测孔水位和上、下游水位变化的过程线图，以及在时间和空间上的分布特征图。应力、应变监测资料整编，绘制应力、应变与上、下游水位和测点温度或气温变化的过程线图。

6.3.3 监测资料的分析

监测资料分析的项目、内容和方法应根据实际情况而定。但对于变形量、扬压力及现场检查的资料等应进行分析。

监测资料分析，通常采用比较法、作图法、特征值统计法及数学模型法。使用数学模型法做定量分析时，应同时采用其他方法进行定性分析，加以验证。监测资料分析应分析各监测物理量的大小、变化规律、趋势及效应量与原因量之间（或几个效应量之间）的关系和相关的程度。并应对各项监测成果进行综合分析，揭示水闸的异常情况和不安全因素，评估水闸的工作状态，并拟定或修订安全监控指标。

1. *分析方法*

（1）比较法。

1）比较各次巡视检查资料，定性考察水闸外观异常现象的部位、变化规律和发展趋势。

2）比较同类效应量监测值的变化规律或发展趋势，是否具有一致性和合理性。

3）将监测结果与理论计算或模型试验结果相比较，观察其规律和趋势是否有一致性、合理性；并与工程的某些技术警戒值（水闸在一定工作条件下的变形量、抗滑稳定安全系数、渗透压力、渗漏量等方面的设计或试验允许值，或经历史资料分析得出的推荐监控值）相比较，以判断工程的工作状态是否异常。

（2）作图法。根据分析的要求，画出相应的过程线图、相关图、分布图以及综合过程线图（如将上游水位、气温、监控指标以及同闸室的扬压力等画在同一张图上）等。由图可直观地了解和分析监测值的变化大小和其规律，影响监测值的荷载因素和其对监测值的影响程度，监测值有无异常等。

（3）特征值统计法。特征值包括各物理量历年的最大值和最小值（包括出现时间）、变幅、周期、年平均值及年变化趋势等。通过特征值的统计分析，可以看出监测物理量之间在数量变化方面是否具有一致性和合理性。

（4）数学模型法。建立效应量（如位移、扬压力等）与原因量（如上下游水位、气温等）之间的关系是监测资料定量分析的主要手段。它分为统计模型、确定性模型及混合模型。有较长时间的监测资料时，宜采用统计模型。当有条件求出效应量与原因量之间的确定性关系表达式时（宜通过有限元计算结果得出），亦可采用混合模型或确定性模型。

运行期的数学模型中包括水压分量、温度分量和时效分量三个部分。时效分量的变化形态是评价效应量正常与否的重要依据，对于异常变化需及早查明原因。

2. 分析内容

资料分析宜包含监测资料可靠性分析、监测量的时空分析、特征值分析、异常值分析、数学模型、闸首整体分析、防渗性能分析、闸首稳定性分析以及水闸运行状况评估等。分析监测资料的准确性、可靠性。对由于测量因素（包括仪器故障、人工测读及输入错误等）产生的异常测值进行处理（删除或修改），以保证分析的有效性及可靠性。

（1）分析历次巡视检查资料，通过水闸外观异常现象的部位、变化规律和发展趋势，以定性判断与工程安危的可能联系，为加强定量监测和监测数据的全面分析提供依据。分析时应特别注意以下事项：

1）水闸在遭受超载或地震等作用后，哪些部位出现裂缝、渗漏，哪些部位（或监测的物理量）残留不可恢复量。

2）各阶段中闸身、闸基在变形（如裂缝、沉陷或隆起、滑坡等）和渗流（如发展性集中渗漏、涌水翻砂、水质浑浊和浸润线异常等）两大方面的主要表现。

3）闸室有无危害性的裂缝；结构缝有无逐渐张开。

4）宣泄大洪水后，建筑物或下游河床是否被损坏。

（2）分析效应量随时间的变化规律（利用监测值的过程线图或数学模型），尤其注意相同外因条件下（如特定水位）下的变化趋势和稳定性，以判断工程有无异常和向不利安全方向发展的时效作用。

（3）分析效应量在空间分布上的情况和特点（利用各种相关图或数学模型），以判断工程有无异常区和不安全部位（或层次）。

（4）分析效应量的主要影响因素及其定量关系和变化规律（利用各种相关图和数学模型），以寻求效应量异常的主要原因；考察效应量与原因量相关关系的稳定性；预报效应量的发展趋势并判断其是否影响工程的安全运行。

（5）分析各效应监测量的特征值和异常值，并与相同条件下的设计值、试验值、模型预报值，以及历年变化范围相比较。当监测效应量超出它们的技术警戒值时，应及时对工程进行相应的安全复核或专题论证。

3. 分析报告

分析报告主要是根据监测资料的上述定性、定量分析成果，对水闸当前的工作状态（包括整体安全性和局部存在问题）做出综合评估，并为进一步追查原因、加强安全管理和监测乃至采取防范措施提出指导性意见。分析报告一般应包括内容：

（1）工程概况。

（2）仪器更新改造及监测和现场检查情况说明。

（3）现场检查的主要成果。

（4）资料分析的主要内容和结论。

（5）对水闸工作状态的评估。

（6）说明建立、应用和修改数学模型的情况和使用的效果。

（7）水闸运行以来，出现问题的部位、性质和发现的时间、处理的情况和效果。

（8）拟定主要监测量的监控指标。

（9）根据监测资料的分析和现场检查找出水闸潜在的问题，并提出改善水闸运行管理、养护维修的意见和措施。

(10) 根据监测工作中存在的问题，应对监测设备、方法、准确度及测次等提出改进意见。

6.3.4 渗流压力水位分析

一般应按闸基、绕渗等不同部位和类别分别填写测点渗流压力水位统计表。并同时抄录相应的上、下游水位，必要时加注有关渗流异常现象的说明。渗流压力水位统计表格式见表 6.12。

表 6.12　渗流压力水位统计　单位：m

______年　第____页　共____页

监测日期		监测项目					
		上游水位	下游水位	测点编号			
				1	2	3	…
月　日							
月　日							
……							
……							
全年统计	最大值						
	出现日期						
	最小值						
	出现日期						
	平均值						
备注	说明哪些测点用测压管，哪些测点用振弦式孔隙水压力计，以及其他需说明的情况。						

统计者：(签名)　校核者：(签名)

(1) 滞后时间推算。渗流压力水位开始变化要比上游水位变化来得晚，这一时差称为渗流压力的滞后时间，主要由渗流压力的传递时间和测量仪器反应时间构成。

渗流压力水位可用测压管和孔隙水压力计监测，如孔隙水压力计，则其滞后时间很短，但如用测压管，则其滞后时间可能很长，在使用其数据进行分析时应考虑到这一点。

计算其滞后时间可采用下面回归模型：

$$H(t)=aH_1(t-t_0)+b \tag{6.1}$$

式中　H——渗流压力水位；

H_1——上游水位；

t_0——滞后时间；

t——监测日期；

a、b——模型参数。

对于某时间段的渗流压力水位，设定不同 t_0，可以得到不同的相关系数。假定相关系数最大时的 t_0 即是滞后时间。在实际分析中，t_0 左右这一段时间都被看为滞后时间。t_0 范围可取 0～180d，对于滞后时间超过半年的测压管，对其监测资料进行分析，意义不大。

(2) 相关分析。相关分析目的在于确定渗流压力水位的主要影响因子。相关分析计算渗流压力水位与上游水位、下游水位、降水量和日均气温的相关系数，根据各个相关系数，可得出主要影响因子和次要因子，也是工程技术人员判断测量仪器的好坏，监测资料是否可靠，测点处的渗流状况的一个依据。例如：如果测压管水位的主要影响因子为降水量，则该测压管可能漏水，在分析时，其监测资料不宜采用。

(3) 统计模型。渗流压力水位的多因子统计模型很多，这里主要考虑上游水位、降水量、时间等因子。统计模型为

$$h=a_0+a_1x_1+a_2x_2+a_3x_3+a_4x_4+a_5x_5+a_6x_6+a_7x_7+a_8x_8+a_9x_9+a_{10}x_{10} \tag{6.2}$$

式中 h——渗流压力水位；

x_1——当日上游水位；

x_2——前 1～10 日上游水位平均值；

x_3——前 11～30 日上游水位平均值；

x_4——前 31～60 日上游水位平均值；

x_5——当日降水量；

x_6——前 1 日降水量；

x_7——前 2 日降水量；

x_8——前 3 日降水量；

x_9——（当日－开始蓄水日期）/365；

x_{10}——$\ln x_9$。

通过逐步回归，进行因子筛选，可以得到最优模型。根据该模型复相关系数和剩余标准差，就可以回归效果给出定性结论，确定该测点监测资料的规律性、合理性以及在资料分析中的可信度。同时根据因子的显著程度，确定主要影响因子，这可与滞后时间推算、相关分析相互验证。

如果模型的回归效果比较好，可用该模型对该测点的未来渗流状况进行预测。

(4) 位势分析。位势的计算公式为

$$\varphi=\frac{H-H_2}{H_1-H_2} \tag{6.3}$$

式中 φ——位势；

H——渗流压力水位；

H_1——上游水位；

H_2——下游水位。

位势分析对位势进行一元线性回归，模型为

$$\varphi(t)=at+b \tag{6.4}$$

式中 $\varphi(t)$——位势；

t——监测日期；

a、b——模型参数，其中 a 为斜率。

根据斜率、升高阈值、降低阈值，就可以判断渗流发展趋势：①斜率大于升高阈值，则渗流有逐步升高的趋势；②斜率小于降低阈值，则渗流有逐步降低的趋势；③斜率在两者之间，且位势差值在标准范围内，则渗流较稳定；④位势不符合上面三个条件，则位势无明显趋势。

（5）渗流压力水位变化及分布示意图。

1）水位过程线。一般首先根据渗流压力水位统计表绘制各测点的渗流压力水位过程线图，图上应同时绘出上、下游水位过程线和坝区降水强度分布线。然后，再根据过程线图确定滞后时间，消除滞后影响，用稳定流场的对应关系绘制以下图件。

2）特定过程线。某闸水位下的渗流压力水位过程线。

3）相关线图。渗流压力水位与水位（或上、下游水位差）相关关系图。

第7章　水下缺陷的检测技术

7.1　概述

目前，水下检测在海洋工程领域已得到广泛的应用，并取得较好的成果。然而，在水利工程领域，由于水下部分结构的复杂性及传统思想的限制，水下检测技术一直没有得到很好的发展。目前仍然习惯采用潜水员入水目视观察等方法，也有引进水下机器人进行闸前检测，但存在局限性。随着电子技术、信号处理技术以及水下潜器技术的发展，水下检测技术在水利工程领域必将得到广泛的应用。

随着中国国民经济综合实力的提高，大型水利工程如南水北调等涉及水安全战略的重点工程建成和投入运行，重要水下节点工程的安全检测问题更加突出。为保障涉水结构物，特别是后服役期的工程结构物的服役安全，《水闸安全评价导则》（SL 214—2015）明确提出水闸安全鉴定应对水下工程的损坏情况进行检查。

目前针对水下结构的检测技术种类繁多，水下检测已成为集成潜水检测技术、声学成像技术、光学成像技术、材料力学、结构与断裂力学等多种学科的综合性工程学科，为应对复杂的水下检测环境和水下结构，水下检测技术及装备应用也得到了显著的发展。随着水下检测技术的发展及成熟，相关行业也制定了相关的水下检测技术标准规范，如《航道整治工程水下检测与监测技术规程》（JTS/T 241—2020）、《水工混凝土结构缺陷检测技术规程》（SL 713—2015）等规范对水下检测做了一定的要求。

7.2　水下检测内容

水下检测从检测的内容上去区分，主要可以分为三大类。

1. Ⅰ类检测

Ⅰ类检测指检查人员通过目视、探摸或者携带水下摄像设备对水下待检测结构进行外观检查，通常是最基本的检测方式。检测目的通常为对水下结构的损伤、破坏的定性检查，如裂纹、机械损伤、结构变形等。

2. Ⅱ类检测

Ⅱ类检测又称详细的目视检查，指具有检测资质的检查人员对相应部位进行详细的检查，待检测部位通常为实施作业方案中规划的检测部位、在Ⅰ类检测中发现的缺陷部位。其中按病害类型又可分为以下四类：

（1）机械性损伤、变形、裂缝检查。对在Ⅰ类检测过程中的异常部位和重点检查部位进行目视检查，并记录检测到的机械性损伤、变形、裂缝。检测内容包括：对结构构件损伤、变形与裂缝进行详细记录，还需使用测量工具对病害进行直线性测量，对于结构大变形部位进行影像处理。

（2）金属结构腐蚀检查。对Ⅰ类检测中发现的严重腐蚀部位及规划中的重要易腐蚀部位进行Ⅱ类水下构件腐蚀检查。对于水下结构的腐蚀检查通常通过检测构件的蚀余厚度为依据，对于全面腐蚀部位，可通过选取具有代表性、类比性和规律性的测点进行测厚及加密点测电位来获得蚀余厚度。对于局部腐蚀，一般使用测量工具如焊缝检测尺进行直接深度测量，可以测出蚀坑的深度，进而得到年腐蚀速度。

（3）水生物检查。水生物除覆盖在水下结构表面，对结构自重造成影响外，对结构的性能也会产生巨大影响。目前水生物检查的主要内容为：不同水深条件下的水生物硬质、软质、覆盖率、最大厚度及压缩厚度。具体的操作方法：设置一定尺寸的矩形框架，使用工具将框架内的水生物刮下装袋，对于软质水生物，应由检测人员按压测量厚度，并记录其覆盖范围、尺寸、位置。

（4）基础冲刷检查。冲刷会对闸底板、消能防冲结构以及水闸上下游河道，产生冲淤、沉降、掏空现象。检查内容有：对基础上下游冲淤高度及范围进行测量，与往年检查结果一并记录。目前多使用多波束扫测系统对河床基础进行扫测，可以直接得到河床图像并获得相关数据。

3. Ⅲ类检测

Ⅲ类检测指水下无损检测设备，主要包括交流磁场法技术（Alternating Current Field Measurement，AFMC）、电场特征检测法（Field Signature Method，FSM）、X射线探伤、水下涡流探伤、水下超声波成像等检测方法。

目前水下检测的手段与方法主要可以归纳为：排水检测、人工潜水检测（水下探摸、辅助水下检测设备）、水下声呐成像、基于搭载平台的水下检测技术。

具体水下检测内容以及对应采用的检测方式（手段）见表7.1。

表7.1　水闸水下工程结构物检测主要内容与检测方式

<table>
<tr><th colspan="2">检测部位</th><th>检测内容</th><th>检测方式（手段）</th></tr>
<tr><td rowspan="11">闸室</td><td rowspan="5">边墙</td><td>外观</td><td>水下探摸、水下摄像、三维扫描声呐</td></tr>
<tr><td>结构变形、变位</td><td>墙顶位移观测、水下探摸、水下摄像</td></tr>
<tr><td>渗漏</td><td>声呐渗流法</td></tr>
<tr><td>结构缝与施工缝的错位变形、结构断裂</td><td>水下探摸、水下摄像、三维扫描声呐</td></tr>
<tr><td>裂缝</td><td>水下探摸、水下摄像、辅助水下检测</td></tr>
<tr><td rowspan="6">底板</td><td>外观</td><td>水下探摸、水下摄像、三维扫描声呐</td></tr>
<tr><td>结构变形、变位</td><td>墙顶位移观测、水下探摸、水下摄像</td></tr>
<tr><td>渗漏</td><td>声呐渗流法</td></tr>
<tr><td>结构缝与施工缝的错位变形、结构断裂</td><td>水下探摸、水下摄像、三维扫描声呐</td></tr>
<tr><td>裂缝缺陷</td><td>水下探摸、水下摄像、辅助水下检测设备</td></tr>
<tr><td>淤积、障碍物、冲坑和塌陷</td><td>水下探摸、水下摄像、单波束测深、多波束测深、侧扫声呐、三维扫描声呐</td></tr>
</table>

续表

检测部位	检测内容	检测方式（手段）
上下游连接段及管理范围河道	外观	水下探摸、水下摄像、三维扫描声呐
	结构变形、变位	墙顶位移观测、水下探摸、水下摄像
	渗漏	声呐渗流法
	结构缝与施工缝的错位变形、结构断裂	水下探摸、水下摄像、三维扫描声呐
	裂缝缺陷	水下探摸、水下摄像、辅助水下检测设备
	淤积、障碍物、冲坑和塌陷	水下探摸、水下摄像、单波束测深、多波束测深、侧扫声呐、三维扫描声呐
岸坡	外观	水下探摸、水下摄像、三维扫描声呐
	淤积	水下探摸、水下摄像、单波束测深、多波束测深、侧扫声呐、三维扫描声呐
金属结构	外观、变形、损伤、缺件、腐蚀	水下探摸、水下摄像、辅助水下检测设备

7.3 排水检测

在进行水下检测作业前，应针对施工环境选择合理的检测方法。除对常规时段的水闸工程水下结构进行检测外，河流汛期进行的检测作业面临更大的困难。为保障检测效果，一般采用排水检测方法形成无水环境，并使用设备对外露水下结构进行检测，以便于后续维修作业的进行。

在进行围堰法对水闸水下结构进行检测时，需注意以下两个方面：① 经济性方面，水下检测施工的成本是工程需要重点关注的问题之一。修建围堰的成本相较于其他检测方式较高，虽然检测效果较好，但经济效益低。② 安全性方面，在修筑围堰前，需要根据水利工程特点、施工地形对施工方案和围堰结构进行合理选择，并掌握水文地理情况。进行施工准备和现场施工时要严格遵守相关安全规定，并做好防范措施，如防水、加固措施。

7.4 人工潜水检测

水下结构的外观检测通常由潜水员进行水下目视检测、探摸作业完成。潜水员直接靠近待检测部位，对构件表面进行清理、观察、探摸、摄像等作业，最终完成水下结构表观检测。人工潜水检测是目前使用次数最多、分布范围最广的检测方式，在各行业水下结构的检测作业中均有运用。

潜水检测在可见度高、水流平缓的水下环境能取得良好的检测效果，对被检部位的检测较为全面，除潜水员目视检查和进行水下探摸检查外，还可携带水下相机、水下摄像系统、交流磁场法技术（AFMC）、电场特征检测法（FSM）、X 射线探伤、水下涡流探伤、水下超声波成像、水下超声波测厚仪、水下电位测量仪等设备进行水下无损检测。而记录人员在岸上通过通信设备对潜水员拍摄的病害图像进行记录，并对结构表面出现的机械性损伤、裂缝、钢筋外露、金属锈蚀等进行定性、定量测量。

潜水检测法在实际工程中存在以下不足：①对潜水人员专业素质要求较高，在实际工程中难以识别对水下结构危害较大或对未来运营存在巨大威胁的缺陷。②在能见度较低的水下环境中，水下摄像效果差，即使在浑水中使用照明设备也毫无效用；而在潜水员对水下结构构件的裂缝进行探摸时，清理构件表面附着物会将细小裂缝覆盖，导致检测人员很难发现。③在深水、水流湍急等区域，考虑到潜水作业的安全性、检测效率等，在实际工程中有所限制。

［检测案例］某水利工程水下埋件检测作业中，由潜水员携带高压水枪等水下清理工具去除了结构表面附着的水生物、淤积物以达到检测标准。之后潜水员携带水下电视系统对检查部位摄像完成水下观测。潜水员分别采用人工水下检查和 ROV 机器人对电站消力戽进行定期检查后发现，潜水员水下检查虽然受水下环境的影响，但检查结果更可靠并能够对机器人不能达到的区域进行水下探摸详查。最终采用 ROV 机器人进行全面检查、人工局部详查的检测方案。

7.5 声呐渗流检测技术

7.5.1 测量原理

该技术适用于水深大于 1m，水下混凝土结构破损渗漏、结构界面渗漏等位置、流速、渗漏方向、渗漏流量的检测。

声呐渗流测量技术是利用声波在水中优异的传播特性，实现对水流速度场的测量。声波在静止水体中的传播速度为一常数 C，当声波逆流从传感器 B 传送到传感器 1 时，其传播速度被流体流速 U 所减慢（图 7.1），其传播方程为

$$\frac{L}{T_{\mathrm{B1}}}=C-U\left(\frac{X}{L}\right) \tag{7.1}$$

当声波顺流从传感器 1 传送到传感器 B 时，其传播方程为：

$$\frac{L}{T_{\mathrm{B1}}}=C+U\left(\frac{X}{L}\right) \tag{7.2}$$

式（7.1）减式（7.2），整理后得：

$$U_{\mathrm{f}}=-\frac{L^{2}}{2X}\left(\frac{1}{T_{\mathrm{B1}}}-\frac{1}{T_{\mathrm{1B}}}\right) \tag{7.3}$$

式中 U_{f}——流体通过传感器 B 到 1 或 1 到 B 之间声道上的平均流速，m/s；

L——声波在传感器 B 和 1 之间传播路径的长度，m；

X——传播路径的水平分量，m；

T_{B1}、T_{1B}——从传感器 B 到传感器 1 或从传感器 1 到传感器 B 的传播时间，s。

将声呐传感器阵列测量到的流速的大小投影到直角坐标系，可计算出流速矢量的方向，如图 7.2 所示。

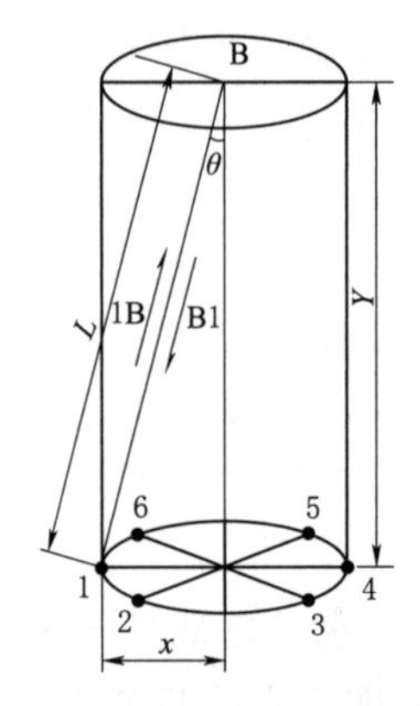

图7.1 声呐流速矢量测量图

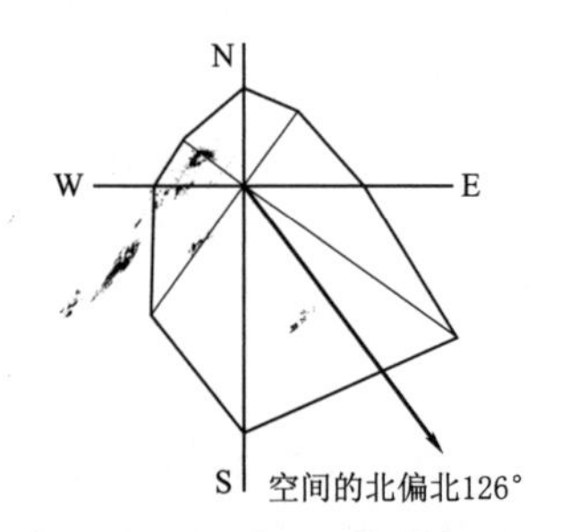

图7.2 声呐流速矢量测量示意图

7.5.2 应用案例

某混凝土面板砂砾堆石坝坝高110m，坝顶长337.6m，坝底最大宽度约400m，正常蓄水位为1649m，水库总库容1.25亿m^3，调节库容7240万m^3，死水位1620m。电站总装机309MW。河床覆盖层厚46m，采用混凝土防渗墙处理，防渗墙底进行帷幕灌浆，两岸趾板（墙）下进行固结灌浆和帷幕灌浆。大坝建成蓄水后，发现坝后有渗漏水的现象，通过现场观测库水位从高程1641m上升到高程1644.07m，最大渗漏量值达357L/s，超过水库大坝安全渗漏量。采用声呐法检测水下面板和左右坝绕坝渗流观测孔的渗透流速和渗流方向，为大坝的安全定检与渗漏治理提供技术支持。检测结果见彩插6～彩插8。

通过对水下带黏土层覆盖和无黏土覆盖的混凝土面板以及左右坝绕渗孔的渗流检测，对其测量数据进行验算、复核、分析、成像之后得出如下结果：

（1）混凝土面板检测出有渗漏异常的均出现在左坝面板上，见文后彩插6所示，有3个突出渗漏点和3个次渗漏点均出现在无黏土覆盖的面板上，还有另外3个小渗漏点出现在带黏土覆盖的面板上。

（2）面板与绕坝渗漏的总水量为17.788m^3/d，其中面板渗漏约占总渗漏水量的36%，绕坝渗漏占总渗漏水量的64%，渗漏的水量主要是右坝的绕坝渗漏。与前期分析检测结果基本一致。

（3）右坝肩3号孔的平均渗透系数为5.65m/d，最大渗透系数12.25m/d出现在高程1579m处；4号孔平均渗透系数为5.21m/d，最大渗透系数9.09m/d出现在高程1563m处。

7.6 水下声呐成像检测技术

由于水下结构检测工程的复杂性，多种声学、光学水下成像设备被运用于水下检测中，包括实时三维声呐系统、多波束测深系统、水下侧扫声呐及双频识别声呐等检测设备。

水下声呐成像是通过发射和接收声波信号以测距定位的检测方式，其中较为常见的有三维成像声呐、多波束测深系统和水下侧扫声呐。三维成像声呐通过向待检测区域发射声信号并接收反射信号，经过计算机成像软件生成三维图像，具有高覆盖、检测结果准确等特点；多波束测深系统相较于单波束系统能够同时发射和接收多束声波，并通过回波信号计算得出被检测部位的位置与水深，检测区域全面、效率更高。

目前采用多波束测深系统与三维声呐检测方式，对工程水下的地形地貌、结构缺陷精细检查、有了比较丰富的使用经验，验证了成像声呐在水下细部检测中的实用性。

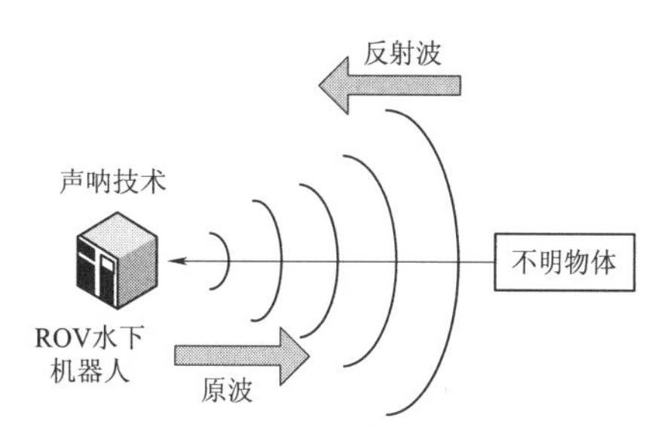

图 7.3 声呐技术原理图

7.6.1 检测环境

水下成像设备以其高精度、高覆盖的特点，广泛应用于能见度低、含砂量大的复杂水域。在港口码头、水库大坝、水工隧洞、大型桥梁及海洋油气设施等其他水下结构的检测工程均有应用。

水下声呐成像技术常用于以下检测用途：

(1) 基床地形检测。包括河床、湖泊、渠道等地形冲刷、淤积情况检查，水下构筑物上下游冲淤情况检查等。

(2) 构件表观病害。包括水下基础冲刷掏空、钢筋外露、蜂窝表面、水生物附着等情况检查，混凝土裂缝位置、尺寸、走向观察记录等。

(3) 结构变形检测。包括水下结构物经受船只、漂浮物碰撞导致的变形；混凝土劣化导致的结构裂缝、收缩徐变；地基下沉、变形引起的残余变形等。

(4) 河床断面检测，绘制河床断面图。

7.6.2 检测流程

(1) 设备固定。严格按照设备安装规范固定于检测平台，如测量船、ROV 水下机器人等，对设备的工作状态进行测试，避免在检测过程中发生故障，及时解决测试过程中出现的问题。

(2) 系统校准。作业开始前需对惯性导航系统进行校准。通过测量船沿固定轨迹航行等方式进行自动校准，直到满足系统要求精度为止。不同的作业环境有不同的校准标准，校准工作通常包括横摇校准、艏向校准、纵摇校准、坐标校准等，以提高测量精度。

(3) 数据采集。测量船沿规划测线对检测区域来回进行扫测。在测量过程中根据水流、风浪情况合理调整船只姿态、换能器阈值等参数使测量船尽量沿测线直线行驶，最终得到测量数据。在测量过程中，当某段区域测量完毕时，检查数据完整性，并对缺漏部分进行补测。

(4) 数据处理。首先进行图像拼接，通过专业软件将图像单元进行拼接，并对拼接后的图像进行点云去噪，即完成噪声一级、二级处理工作。确保最终得到的声学图像干净、准确。

(5) 图像分析。通过最终得到的直观三维图像，对水下结构存在病害进行分析。

7.6.3 检测案例

为了验证双频声呐技术在水工建筑物检测中的效果，在长江的某控制闸进行了应用测试。其中，图 7.4 展示了长江潮位为 4.70m，舱室水深约为 5.1m 的情况下，声呐探头的水下工作深度为 3.0m，探测目标距离控制在 5m 以内，行距为 2m 时的情况；图 7.5 则展示了闸室和下游溢流段的水深约为 3.011m，声呐探头的工作深度为 1.0m，检测目标距离控制在5m以内，声呐成像的检测图像。

从图7.4和图7.5可以清楚地看到水工建筑物的水下结构的损坏和淤积，为水工建筑物的水下检测提供了直观且可记录的图像数据。检测完成后，根据声呐检测中记录的实时标记的GPS坐标，以及检测过程中的水深、声呐工作深度和扫描角度，得到扫捕目标图像的位置信息，通过转换获得，从而实现水下目标的定位。从上图能够表明，对于狭窄通道的空间里和潜水探索的困难地方，声呐成像声透镜探测具有体积小、操作灵活的优点，有利于检测水工建筑物的损坏情况，非常适用可靠。

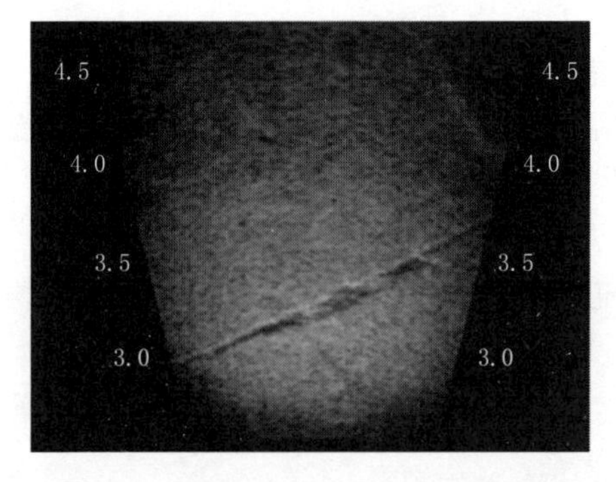

图7.4 某控制闸的水下检测成像截图1

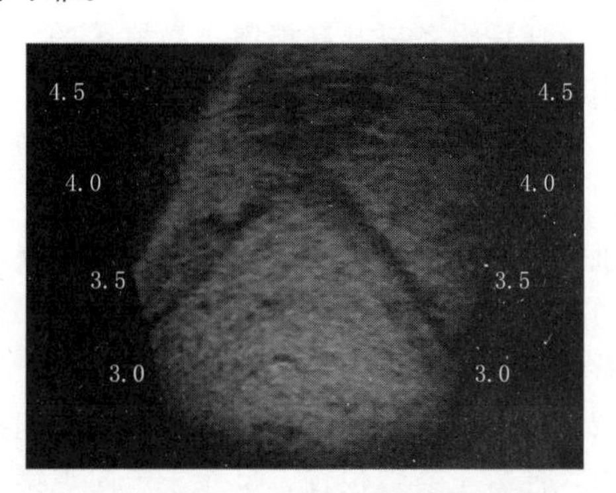

图7.5 某控制闸的水下检测成像截图2

7.7 基于搭载平台的水下检测技术

水下检测设备一般由检测仪器和搭载平台两部分组成。检测仪器有水下超声测厚仪、水下磁粉探伤仪、水下电位测量仪、水下摄影机、水下无人遥控潜水器、水下无损探伤仪、浅层剖面仪、彩色图像声呐、水下测量电视等。搭载平台以无人水下机器人为主，主要有有缆遥控机器人（潜水器）和无缆遥控机器人（潜水器）两种。其中有缆遥控潜水器又分为水中自航式、拖航式和能在水底结构物上爬行的三种。

针对深水、大流速水域及水下复杂结构的检测环境下，潜水员无法入水进行水下目视检查及水下探摸检测。为解决这一问题，可用手持杆、测量船、水下机器人（ROV）等搭载平台，携带水下成像设备对水下结构进行检测。

其中，手持杆的应用范围最小，仅可应用于近岸水域，而且只适用于质量及体积较小的检测设备，安全性差；测量船可根据携带设备的种类、重量及尺寸选择，能搭载大型水下检测设备，但检测范围受航行水域限制，无法在狭小的区域行驶，为保证船只安全，水下检测设备往往无法靠近待检测部位，对检测结果精确度有影响；水下机器人适用于复杂的水域，且可携带目前大部分主流的检测设备，经济性高，因此广泛应用于各种水下结构检测工程中。

水下机器人（ROV），又称无人遥控潜水器，是一种在水下环境中长时间作业的高科技装备。当潜水员无法承担的高强度水下作业、潜水员不能到达的深度和危险条件下，更能体现水下机器人的优势。它可通过搭载不同的设施完成各种水下作业，市场上主流的水下机器人下潜深度可达到100m，搭载设备重量达到10kg，已成为水下检测设备的主要搭载平台。主要搭载的水下检测设备有摄像系统、声呐设备等。

水下机器人在水下检测工程中的优势主要体现在以下几个方面：

（1）深水环境下，相比于潜水员携带潜水钟需要长时间下浮并具有一定危险，水下机器人能够下潜到水面以下至少 100m 的位置，且下潜与上浮速度极快，优势明显。

（2）水下机器人能够搭载 10kg 以上的重物，可以搭载大多数主流的水下检测声呐完成检测任务。

（3）水下机器人能够长时间浮在某一固定位置，并能在多约束空间内接近被检部位进行检测。

不足：由于目前主流的水下机器人只能抵抗 2～4kN 水流冲击，因此在水流湍急、存在漩涡的水下环境无法完成检测任务；同时水下机器人在水下作业过程中，电缆易发生缠绕、磨损等情况，也会限制水下机器人的运动半径。这些不足亦是今后专业水下检测机器人研发需要重点攻克的难题。

［检测案例 1］以某水电站混凝土重力坝坝体结构水下检测项目为例，为了解水电站消力池、坝前泄洪引水设施、地下厂房机组尾水洞和尾水渠的冲刷、磨损等缺陷情况和坝前泥沙淤积情况，需要进行水下检查工作，以掌握水下建筑物和结构设施的运行状况。

检测采用的设备主要有多波束测深系统、三维图像声呐和水下机器人，其中多波束测深系统是 Teledyne RESON 公司的 R2Sonic 2024 型多波束探测系统，安装方便、操作易用；三维图像声呐设备为 Teledyne 公司的 Blue View 5000，该设备可生成水下地形、结构和目标物的高分辨图像，扫描声呐头和集成的云台可以生成扇形扫描和球面扫描数据；水下机器人为海豚Ⅱ型机器人，该机器人性能稳定，抗流能力强，可以满足水电站各类检测业务。图 7.6 为大坝坝体结构水下检测主要装备。

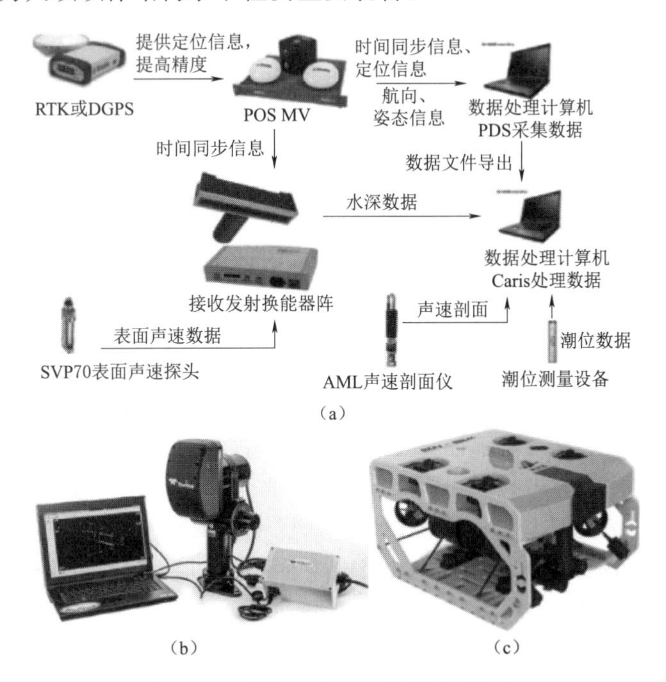

（a）

（b） （c）

图 7.6 坝体结构水下检测主要装备

（a）R2Sonic 2024 型多波束探测系统；（b）Blue View 5000；（c）海豚Ⅱ型机器人

为应对水电站大坝复杂的水下检测环境，水下检测采用“水下机器人携带二维、三维声呐设备全面检测+潜水员水下探摸局部补测”的检测方法：首先水下机器人搭载多波束测深系统和三维声呐进行全覆盖检测，以探明异常规模以及分布情况，如出现水下无人潜航器系统无法详查异常部位等情况，则采用潜水员下水探查。

检测结果与前次实测水底地形对比发现，坝前检测区域整体呈现淤积态势，左岸侧淤积情况要明显高于右岸侧。消力池范围内发现多处明显结构异常，在上游坝面共发现4处异常，可推断疑似混凝土局部破损。图7.7为大坝坝体上游坝面扫测结果。

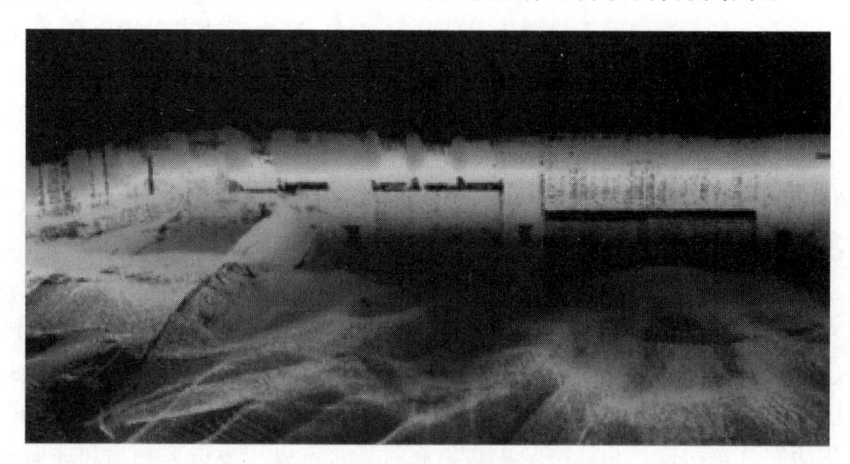

图7.7 大坝坝体上游坝面扫测结果

[检测案例2] 以某水闸水下检测为例，该闸建成后已运行超过5年。根据《水闸安全鉴定管理办法》（水建管〔2008〕214号）的要求，为加强水闸安全管理，保障水闸安全运行，需对其进行一次全面的安全鉴定。由于持续高水位运行，闸门金属结构和涵洞混凝土的情况无法掌握，加上水闸检修平台和两侧填土出现较大沉降，可能对闸室侧墙产生影响，因此，需要对检修闸水下部分进行水下检测，为后期的安全运行提供科学依据。

通过收集原设计资料、原始地形资料，结合工程高水位状态和库区水生植物多的特点，采用从闸门两侧狭小空间进入的方法，对两侧墙、暗涵及闸门底槛进行巡查，重点对侧墙顶部、伸缩缝、暗涵与水闸闸室连接处，出口消力池进行检测，并对存在的典型缺陷尺寸进行了测量。

检测时水闸处于高水位状态且上游涵洞持续补水，利用FIFISH PRO V6 PLUS机器人体积较小的特点，从闸门两侧及底部狭小空间穿行至重点检测位置，如图7.8所示。总体检测思路为“面积性普查与局部详查”。水下作业时，从闸门开始由上至下、从左到右检测至底部，闸门检测完成后进行底板检测，然后检测侧墙及顶部，如图7.9所示。每个区域的测线间距根据水质情况及能见度情况设定，确保视频视角能够全面覆盖巡游范围，如图7.10所示。对重点检测部位，如暗涵与水闸连接处等，可加密测线以确保更细致的观测。

检测过程中发现缺陷需要测量尺寸时，水下机器人悬停，利用高精密双重标尺进行精确测量，见文后彩插9。激光标尺由左右两个激光发射器组成，两个激光发射器定距宽为12cm，在水下作业时可以根据红外线激光标尺结合AR算法来测量目标的尺寸，量测精度为1cm。

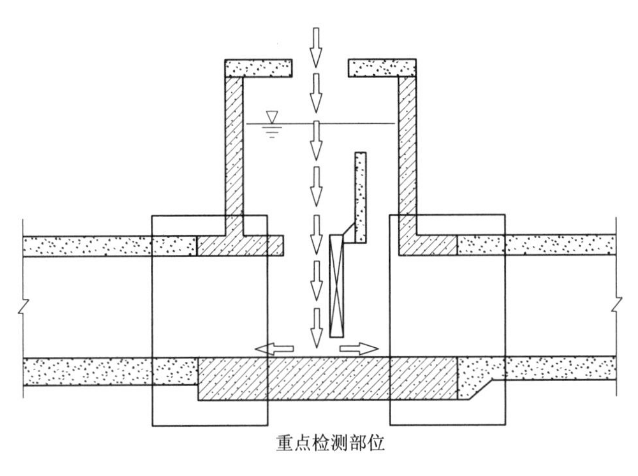

图 7.8　水下检测区域剖面图

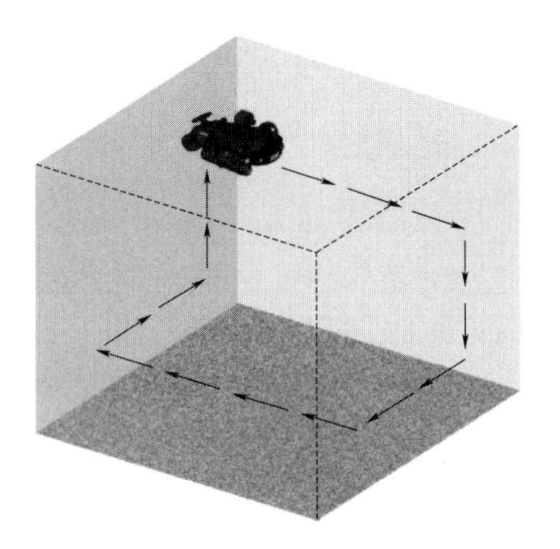

图 7.9　水下巡游路线

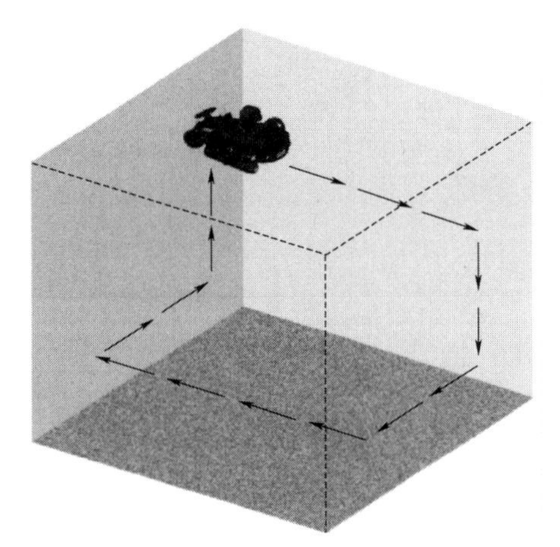

图 7.10　水下检测路线

［检测成果］通过对暗涵出口检修闸 1 号、2 号孔的闸室底板，闸室侧墙、闸室相连的上下游段涵洞侧墙的全覆盖检测，主要缺陷表现为裂缝、混凝土脱落、防水层破损、闸门底槛锈蚀、底板淤积物较多等。

（1）1 号孔闸室上、下游侧墙基本完好，下游底板淤积物较多，涵洞右侧墙有一条纵向裂缝，可见长度约 3m；一条竖向裂缝，可见长度约 2.6m，无其他明显缺陷，见文后彩插 10；1 号孔涵洞下游右侧墙伸缩缝处混凝土局部脱落，见文后彩插 11，尺寸为 0.3m×1.6m，底板基本完好，无其他明显缺陷。

（2）2 号孔闸室及上、下游侧墙基本完好，闸门底槛金属结构有轻微锈蚀现象，见文后彩插 12，闸室底板下游侧淤积物较多，见文后彩插 13，无其他明显缺陷；2 号孔涵洞侧墙及底板基本完好，无明显缺陷。

（3）出口消力池沉积物较多，无较大可见缺陷。本次全覆盖检测未发现较大变形、较宽裂缝、大面积混凝土脱落等严重缺陷，未发现影响水闸整体安全运行的重大缺陷。

7.8 水下检测技术的总结及发展趋势

（1）排水检测效果良好，能够在检测过程中对病害进行处理，但检测成本较高。

（2）人工潜水检测是目前应用最多的检测技术，在浅水、水质好的环境中检测效果良好，但在深水、水流湍急及河床有沉船区域作业风险大。

（3）水下声呐成像检测的应用范围广，受检测环境的影响小，检测结果准确、稳定，检测设备需固定于搭载平台，检测效果受搭载装备制约。

针对传统水下检测方法中所存在的检测效率低、人员和既有设备均难以到达待检测结构部位、既有检测手段获取的检测效果不理想、检测信息难以用于后续的结构技术状况评估等关键问题，结合实际水下检测工程实践，提出了一套应用先进水下技术和装备，将大范围全面检测和异常部位精细检测相结合的水下检测技术方案。并明确了水下检测相关技术难点，为进一步形成可应用、可推广、经济性好的工程结构物水下检测技术提供技术支撑和研究方向。

第8章　工程复核计算与分析

8.1　概述

8.1.1　内容与要求

复核计算与分析是安全鉴定的重要环节。根据《水闸安全评价导则》（SL 214—2015）规定，复核计算应以最新的规划数据，按照《水闸设计规范》（SL 265—2016）及其他标准进行。安全复核目的是复核水闸各建筑物与设施能否按标准与设计要求安全运行。安全复核除复核计算外，尚需涵盖结构布置、构造要求等内容。安全复核要根据实际情况，在现状调查基础上，确定复核计算内容。安全复核一般依据相关标准进行复核；对尚无标准可参照的专项复核内容可复核其是否满足设计要求。安全复核需对基本资料进行核查，在此基础上，根据现场检查、安全检测和计算分析等技术资料进行复核。安全复核需重点分析现场检查发现的问题或疑点，以及历史重大质量缺陷、验收遗留问题与运行中异常、事故或险情的处理措施与效果分析。安全复核有关的荷载、计算参数，需根据观测试验或安全检测的结果确定；缺乏实测资料或检测资料时，可参考设计资料取用，但必须分析对复核结果的影响。

根据《水闸安全评价导则》（SL 214—2015）规定，水闸结构因荷载标准提高、运用条件改变、物理力学参数发生不利变化的，或运用中已出现异常变化或存在异常迹象的，需进行工程安全复核。下列情况应进行复核计算：

（1）水闸因规划数据的改变而影响安全运行的，应区别不同情况进行调整，开展闸室、岸墙和翼墙的整体稳定性、抗渗稳定性、水闸过水能力、消能防冲、结构强度和金属结构等复核计算。

（2）水闸结构因荷载标准的提高而影响工程安全的，应复核其结构强度和变形。

（3）闸室、岸墙、翼墙发生异常沉降、倾斜、滑移，应以新测定的地基土和填料土的基本工程性质指标，核算闸室、岸墙、翼墙的稳定性与地基整体稳定性。

（4）闸室或岸墙、翼墙的地基出现异常渗流，应进行抗渗稳定性验算。

（5）混凝土结构的复核计算应符合下列规定：

1）需要限制裂缝宽度的结构构件，出现超过允许值的裂缝，应进行其结构强度和裂缝宽度复核。

2）需要控制变形值的结构构件，出现超过允许值的变形，应进行结构强度和变形复核。

3）对主要结构构件发生锈胀裂缝和表面剥蚀、磨损而导致钢筋混凝土保护层破坏和钢筋锈蚀的，应按实际截面进行结构构件强度复核。

（6）闸门复核计算应遵守下列规定：

1）钢闸门结构发生严重锈蚀而导致截面削弱的，应进行结构强度、刚度和稳定性复核。

2）混凝土闸门的梁、面板等受力构件发生严重腐蚀、剥蚀、裂缝而致使钢筋（或钢丝网）锈蚀的，应按实际截面进行结构强度、刚度和稳定性复核。

3）闸门的零部件和埋件等发生严重锈蚀或磨损的，应按实际截面进行强度复核。

（7）水闸上、下游河道发生严重淤积或冲刷、河道下切而引起上、下游水位发生变化或潮水位发生变化时，应进行水闸过水能力或消能防冲复核。

（8）地震设防区的水闸、原设计未考虑抗震设防或设计烈度偏低的，应按现行《水工建筑物抗震设计标准》（GB 51247—2018）等有关规定进行复核计算。

可见，《水闸安全评价导则》（SL 214—2015）从原则上规定了水闸复核计算内容和要求。水闸复核计算内容可总结为：防洪标准［洪（潮）水标准、闸顶高程、堤顶高程、过流能力等］，渗流安全（水闸基底渗流稳定、侧向渗流稳定），结构安全（闸室、岸墙与翼墙的稳定，结构应力，消能防冲），抗震安全（抗震稳定和结构强度、抗震措施），金属结构安全（闸门安全复核与启闭机安全复核），机电设备安全（电动机、柴油发电机选型、变配电设备）等。

8.1.2 复核计算依据

在水闸复核计算过程中，最常用的规范包括：

（1）《防洪标准》（GB 50201—2014）；

（2）《水利水电工程等级划分及洪水标准》（SL 252—2017）；

（3）《水利工程水利计算规范》（SL 104—2015）；

（4）《水利水电工程设计洪水计算规范》（SL 44—2006）；

（5）《水闸设计规范》（SL 265—2016）；

（6）《堤防工程设计规范》（GB 50286—2013）；

（7）《海堤工程设计规范》（GB/T 51015—2014）；

（8）《水工挡土墙设计规范》（SL 379—2007）；

（9）《水利水电工程边坡设计规范》（SL 386—2007）；

（10）《中国地震动参数区划图》（GB 18306—2015）；

（11）《水工建筑物抗震设计标准》（GB 51247—2018）；

（12）《水利水电工程地质勘察规范》（GB 50487—2008）；

（13）《水工建筑物荷载设计规范》（SL 744—2016）；

（14）《水工混凝土结构设计规范》（SL 191—2008）；

（15）《公路桥涵设计通用规范》（JTG D60—2015）；

（16）《公路钢筋混凝土及预应力混凝土桥涵设计规范》（JTG 3362—2018）；

（17）《水利水电工程钢闸门设计规范》（SL 74—2019）；

（18）《水工钢闸门和启闭机安全检测技术规程》（SL 101—2014）；

（19）《水利水电工程启闭机设计规范》（SL 41—2018）；

（20）《水利水电工程金属结构报废标准》（SL 226—1998）；

(21)《水利水电工程厂（站）用电系统设计规范》(SL 485—2010)；

(22)《灌排泵站机电设备报废标准》(SL 510—2011) 等。

复核计算前，应收集有关工程规划、勘测、模型试验、施工和运行管理等其他相关资料，基本数据应力求全面、准确。内容包括以下方面：

(1) 设计阶段资料。社会经济资料、工程规划资料、地形资料、水文气象资料、地质资料、试验资料和设计资料。

工程规划资料包括：河流或河段的规划、水闸挡水和泄水的各项任务以及建筑物的设计标准，主要有：①水闸挡水时，上下游可能出现的各种水位及其组合情况；②水闸泄洪时，各种设计频率的洪水流量以及相应的上下游水位；③水闸控泄洪水时，各种泄水流量以及相应的上下游水位；④交通、航运、过鱼、过木等方面的要求以及相应的等级标准。

地形资料包括：闸址附近的地形图和河道纵、横断面图，作为闸址选择、枢纽布置、闸槛高程选择的依据。测图比例尺根据不同设计阶段和工程项目的实际需要选择一般为1：500～1：2000。

水文气象资料包括：各种设计频率的洪水流量、潮汐资料，泥沙、冲淤资料，各种运用条件下的水位流量关系，河道的断面尺寸和糙率，以及工程范围内的降雨、蒸发、气温变化、最大风速和多年平均风速、冰冻等资料。

地质资料包括：工程地质资料和水文地质资料，对于地震区还需收集地震资料。主要是通过已有勘探报告或者重新勘探了解闸址地区内的地层成因、地层层位、岩土类别和相应的物理力学指标，以及地下水的埋藏和活动情况。涵盖工程地质勘察报告，地质剖面图、地基上的物理力学指标、水文地质各项指标，以及工程地点的地震烈度等资料。

试验资料包括：根据设计要求提供地基试验（如原位抗剪试验、桩基试验等)、材料试验、水工模型试验、结构应力试验以及桥梁荷载试验等资料。

设计资料包括：设计依据的规范、设计图纸、设计计算书等。

(2) 施工阶段资料。施工阶段资料包括材料、配合比、试验数据、浇筑及养护、质量控制记录、施工过程中重大技术处理、工程进度、施工环境、竣工报告、验收报告、资料等工程技术资料。

(3) 运行管理阶段资料。运行管理阶段资料主要包括水闸控制运用，遭遇洪水、地震、台风情况，检查观测和养护修理情况。运行管理资料不仅能为水闸安全运行提供科学依据，也为有针对性地开展水闸现场检测和复核计算提供依据。

水闸控制运用条件是确定水闸作用荷载的基础。控制运用是通过有目的地启闭闸门、控制流量、调节水位、发挥水闸作用的重要工作。因此，控制运用指标是实际运用中判别工程是否安全、效益是否发挥的主要依据之一。一般情况下，规划设计所采用的各种水位、流量特征值就是运用指标的限值。当水闸由于各种原因不能达到设计标准运用时，就需要及时论证，重新确定运用指标。

8.2 防洪标准复核

洪水复核及防洪经验分析是复核计算分析中较为重要的环节。我国建成的水闸，大多数是新中国成立后兴建的。由于当时水文系列较短，加之水闸在长期的运行中，建闸后自然环境改变，如城市防洪工程建设、上游水利工程建设，上游河道淤积导致河床抬高，河道过流能力降低；部分水闸受当时技术经济和历史条件的限制，防洪标准偏低。在1998年长江大洪水后，长江沿线各种堤防均相应地提高了防洪标准。

水利水电工程等别划分及洪水标准，既关系到工程自身的安全，又关系到其下游（或保护区）人民生命财产、工矿企业和设施的安全，还对工程效益的正常发挥有直接影响。它的确定是设计中遵循自然规律和经济规律，体现国家经济政策和技术政策的一个重要环节。

防洪标准复核主要内容包括确定工程等别、建筑物级别及洪（潮）水标准；通过水文气象观测资料推求设计洪水，并经过调洪演算来复核各种特征水位（如设计洪水位、校核洪水位）、闸（堤）顶高程、过流能力是否满足规范要求。

8.2.1 等级划分及洪（潮）水标准

1. 等级划分

水利水电工程中的拦河闸，在《水利水电工程等级划分及洪水标准》（SL 252—2000）、《防洪标准》（GB 50201—2014）、《水闸设计规范》（SL 265—2001）等中均规定了分等指标，即把拦河闸和这类建筑物分别作为一个工程来分等。《水利水电工程等级划分及洪水标准》（SL 252—2000）2.1.3条规定，拦河水闸工程的等别，应根据其过闸流量确定，具体规定见表8.1。

表8.1 平原区水闸枢纽工程分等指标

工程等别	Ⅰ	Ⅱ	Ⅲ	Ⅳ	Ⅴ
规模	大（1）型	大（2）型	中型	小（1）型	小（2）型
最大过闸流量/(m^3/s)	≥5000	5000～1000	1000～100	100～20	<20

在《水闸设计规范》（SL 265—2001）执行过程中，对于水闸的等级划分及洪水标准的确定一直存在理解差异，设计者在分寸把握上也有误解。对于水闸枢纽工程的等级划分，《水闸设计规范》（SL 265—2001）在条文中要求按照最大过闸流量和保护对象的重要性确定工程等别，在《水闸设计规范》（SL 265—2001）表2.1的注解中规定当按照最大过闸流量和保护对象的重要性确定的工程等别不同时，工程等别要经综合分析确定。而设计者往往只按照最大过闸流量确定工程等别，而不考虑保护对象的重要性，因建筑物级别由工程等别确定，而建筑物级别是确定洪水标准的依据往往出现确定的洪水标准远高于保护对象的情况。对于最大过闸流量的确定，设计者往往也有误解，一些河流中的漫水闸（平原区、山区、丘陵区都有），本意是为了梯级蓄水，灌溉面积也不大，平时过闸流量也不大，但是行洪时流量很大，一些地方按行洪流量确定工程等级就很高，实无必要。

在实际工程中，拦河水闸往往仅是某类工程中的单项的建筑物，实际使用中易出现工程整体分等、单项建筑物又分等的重复和混乱情况。本次修订时综合多方意见，对拦河水闸作为水利水电工程中的一个组成部分或单个建筑物时不再单独确定工程等别。例如防洪工程中分洪道上的节制闸，按其所在防洪工程的等别确定其级别。作为独立项目立项建设时，其工程等别按照承担的工程任务、规模确定，见表 8.2。对综合利用的水利水电工程，当按各综合利用项目的分等指标确定的等别不同时，其工程等别应按其中最高等别确定。其中，防洪保护区是指其防洪标准洪水淹没区域内的指标，在确定洪水标准时，要先绘制防洪保护区在无工程时遭遇防洪标准洪水情况下的淹没图，统计淹没范围内的指标，而不是整个行政区域的指标。

表 8.2　　水利水电工程分等指标

工程等别	工程规模	水库总库容/10^8m^3	防洪			治涝	灌溉	供水		发电
			保护人口/10^4人	保护农田面积/10^4亩	保护区当量经济规模/10^4人	治涝面积/10^4亩	灌溉面积/10^4亩	供水对象重要性	年引水量/10^8m^3	发电装机容量/MW
Ⅰ	大（1）型	≥10	≥150	≥500	≥300	≥200	≥150	特别重要	≥10	≥1200
Ⅱ	大（2）型	<10，≥1.0	<150，≥50	<500，≥100	<300，≥100	<200，≥60	<150，≥50	重要	<10，≥3	<1200，≥300
Ⅲ	中型	<1.0，≥0.10	<50，≥20	<100，≥30	<100，≥40	<60，≥15	<50，≥5	比较重要	<3，≥1	<300，≥50
Ⅳ	小（1）型	<0.1，≥0.01	<20，≥5	<30，≥5	<40，≥10	<15，≥3	<5，≥0.5	一般	<1，≥0.3	<50，≥10
Ⅴ	小（2）型	<0.01，≥0.001	<5	<5	<10	<3	<0.5		<0.3	<10

注　1. 水库总库容指水库最高水位以下的静库容；治涝面积指设计治涝面积；灌溉面积指设计灌溉面积；年引水量指供水工程渠首设计年均引（取）水量。
2. 保护区当量经济规模指标仅限于城市保护区；防洪、供水中的多项指标满足 1 项即可。
3. 按供水对象的重要性确定工程等别时，该工程应为供水对象的主要水源。

拦河闸永久性水工建筑物的级别，应根据其所属工程的等别按表 8.3 确定。

表 8.3　　永久性水工建筑物级别

工程等别	主要建筑物	次要建筑物	工程等别	主要建筑物	次要建筑物
Ⅰ	1	3	Ⅳ	4	5
Ⅱ	2	3	Ⅴ	5	5
Ⅲ	3	4			

注　永久性建筑物指枢纽工程运行期间使用的建筑物，主要建筑物指失事后将造成下游灾害或严重影响工程效益的建筑物；次要建筑物指失事后不致造成下游灾害或对工程影响不大并易于修复的建筑物。

拦河闸永久性水工建筑物按表 8.3 规定为 2 级、3 级，其校核洪水过闸流量分别大于 $5000m^3/s$、$1000m^3/s$ 时，其建筑物级别可提高一级，但洪水标准可不提高。

灌排渠系上的水闸，其级别按现行的《灌溉与排水工程设计标准》（GB 50288—2018）的规定由表 8.4 确定。分洪道（渠）、分洪与退洪控制闸永久性水工建筑物级别，应不低于所在堤防永久性水工建筑物级别。位于防洪（挡潮）堤上的水闸，其级别不得低于防洪（挡潮）堤的级别。

表 8.4　　　　灌溉与排水渠系永久水工建筑物级别

过水流量/(m^3/s)	≥300	＜300，≥100	＜100，≥20	＜20，≥5	＜5
主要建筑物	1	2	3	4	5
次要建筑物	3	3	4	5	5

治涝、排水、灌溉工程中的水闸等永久性水工建筑物级别，应根据设计流量，按表8.4确定。

特殊水闸工程的等别可按主管部门批准的等别和级别确定。

2. 防洪标准

水利水电工程永久性水工建筑物的洪水标准，应按山区、丘陵区和平原、滨海区分别确定。拦河闸、挡潮闸挡水建筑物及其消能防冲建筑物设计洪（潮）水标准，应根据其建筑物级别按表8.5确定。潮河口段和滨海区水利水电工程永久性水工建筑物的潮水标准，应根据其级别按表8.5确定。对于1级、2级永久性水工建筑物，若确定的设计潮水位低于当地历史最高潮水位时，应按当地历史最高潮水位进行校核。

表 8.5　　　　拦河闸、挡潮闸永久性水工建筑物洪（潮）水标准

永久性水工建筑物级别		1	2	3	4	5
洪水标准/重现期（年）	设计	50～100	30～50	20～30	10～20	10
	校核	200～300	100～200	50～100	30～50	20～30
潮水标准/重现期（年）		≥100	50～100	30～50	20～30	10～20

注　对具有挡潮工况的永久性水工建筑物按表中潮水标准执行。

治涝、排水、灌溉工程永久性水工建筑物的设计洪水标准，应根据其级别按表8.6确定。治涝、排水、灌溉和供水工程的渠系建筑物的校核洪水标准，可根据其级别按表8.6确定，也可视工程具体情况和需要研究确定。

表 8.6　　　　治涝、排水、灌溉工程永久性水工建筑物洪水标准

建筑物级别		1	2	3	4	5
设计洪水重现年/年	设计	50～100	30～50	20～30	10～20	10
设计洪水重现年/年	校核	200～300	100～200	50～100	30～50	20～30

堤防、渠道上的闸的洪水标准不应低于堤防、渠道的防洪标准，并应留有安全裕度。位于防洪（挡潮）堤上的水闸，其防洪（挡潮）标准不低于防洪（挡潮）堤的防洪（挡潮）标准，《防洪标准》（GB 50201—2014）分别规定了城市、乡村、工矿企业、交通运输设施、水利水电工程、动力设施和通信设施的防洪标准。

3. 消能防冲的洪水标准

水闸闸下游消能防冲设施是水闸的重要组成部分，其作用是消除过闸水流的动能，减缓水流流速，防止水流对闸下游河床和岸坡的冲刷。当水闸行洪时，如果闸下游消能防冲设施被冲垮，必然会直接危及闸室安全。平原区水闸闸下消能防冲的洪水标准应与该水闸洪水标准一致，并应考虑泄放小于消能防冲设计洪水标准的流量时可能出现的不利情况。山区、丘陵区水闸闸下游消能防冲设计标准按表8.7确定。由于山区、丘陵区水闸的洪水标准一般是稀遇洪水标准，出现概率很少，且持续时间很短，若闸下消能防冲设施按稀遇洪水标准设计是偏高的。因此，消能防冲洪水标准可以低于水闸本身的防洪标准。由于在许多情况下闸下游消能防冲设施的安全性往往受始流条件控制，往往闸门开度不大，泄放流量小于消能防冲设计洪水标准的流量。因此，须考虑泄放流量小于消能防冲设计洪水标准的流量的不利情况。当泄放超过消能防冲设计洪水标准的流量时，允许消能防冲设施出现局部破坏，但不得危及水闸闸室安全，且易于修复，不致长期影响工程运行。

表 8.7　　山区、丘陵区水闸闸下游消能防冲设计标准

水闸级别	1	2	3	4	5
闸下游消能防冲洪水重现期/年	100	50	30	20	10

8.2.2 设计洪水的推求

防洪规划未改变的或无近期防洪规划的，应按《水利水电工程设计洪水计算规范》（SL 44—2006）规定计算设计洪水；防洪规划已有调整的，应按新的规划数据复核。设计洪水计算包括洪峰流量、时段洪量、洪水过程线、洪（潮）水位、洪（潮）水位过程线、最大排涝流量及其过程线等，根据资料条件，可采用以下一种或几种方法进行计算：

（1）闸址或其上、下游邻近地点具有 30 年以上实测和插补延长洪水流量资料，并有调查历史洪水时，应采用频率分析法计算设计洪水。

（2）工程所在地区具有 30 年以上实测和插补延长暴雨资料，并有暴雨洪水对应关系时，可采用频率分析法计算设计暴雨，并由设计暴雨推求设计洪水。

（3）工程所在流域内洪水和暴雨资料均短缺时，可利用邻近地区实测或调查暴雨和洪水资料进行地区综合分析，推求设计洪水。

以上（1）、（2）属于有资料地区设计洪水的推求，（3）属于无资料地区设计洪水的推求。大、中型水利水电工程应尽可能采用流量资料计算设计洪水。当工程地址附近有水文站且与工程控制的集水面积相差较小时，可直接使用其流量资料作为计算设计洪水的依据。总体而言，实测洪水系列计算的设计洪水成果仍具有较大的抽样误差，因此应结合一定的历史洪水资料，以弥补洪水系列代表性的不足，减少抽样误差。当工程所在河段附近没有可以直接引用的流量资料时，可采用暴雨资料推求设计洪水。由暴雨计算设计洪水时，可认为某一频率的设计暴雨将产生同一频率的设计洪水。用暴雨推求设计洪水有许多环节，如产流、汇流计算中有关参数的确定应有多次暴雨洪水实测资料，以分析这些参数随洪水特性变化的规律，特别是大洪水时的变化规律。当工程所在河段流量资料短缺，且流域内暴雨资料也短缺时，采用地区综合法估算设计洪水是目前比较可行的途径：各省（自治区、直辖市）经审定的暴雨径流或暴雨洪水查算图表也是计算无资料地区设计洪水的常用方法。

《水利工程水利计算规范》（SL 104—2015）和《水利水电工程设计洪水计算规范》（SL 44—2006）均作了较为详细的介绍。

8.2.3 闸（堤）顶高程复核

闸顶高程应按 SL 265—2016 的规定进行复核计算，堤顶高程应按 GB 50286—2013 和 SL 435—2008 的规定进行堤顶高程复核计算，并满足相应标准的要求。

1. 闸顶高程确定

闸顶高程通常是指闸室胸墙或闸门挡水线上游闸墩和岸墙的顶部高程。为了不致使上游来水（特别是洪水）漫过闸顶，危及闸室结构安全。由于水闸是兼有挡水和泄水双重作用的水工建筑物，因此，闸顶高程要根据挡水和泄水两种运用情况计算确定。水闸通常是在正常蓄水位条件下关门挡水，有时因外河行洪或其他原因，不允许水闸向外河泄水，此时可能出现最高挡水位高于正常蓄水位的情况。无论是在正常蓄水位或最高挡水位条件下的关门挡水，由于风力作用，闸前均会出现波浪立波或破碎波波型。当水闸闸前水位达到设计洪水位（或校核洪水位）必须开闸泄水时，由于流速的影响，水面不会形成较高的波浪，至少不会形成立波波型。上述挡水和泄水两种情况下的安全保证条件应同时得到满足。即：

挡水：闸顶高程不低于水闸正常蓄水位（或最高挡水位）加波浪计算高度与相应安全超高值之和。

泄水：闸顶高程不低于设计洪水位（校核洪水位）与相应安全超高之和。

2. 波浪要素和爬高计算

波浪要素和爬高计算包括基本要素、波浪要素计算和波浪爬高计算。其中，基本资料包括年最大风速、多年平均年最大风速、风区长度和风区内的水域平均深度。

年最大平均风速系指地面上空10m高度处10min平均风速的年最大值；对于水面上空Z（m）处的风速，应乘以表8.8中的修正系数K_z后采用。陆地测站的风速，应参照有关资料进行修正。

表8.8 **风速高度修正系数**

高度Z/m	2	5	10	15	20
修正系数K_z	1.25	1.10	1.00	0.96	0.90

关于计算风速的取值问题，现行水工建筑物设计规范多数采用的“最大风速加成法”，即在正常蓄水位或设计洪水位情况下，计算风速采用多年平均年最大风速的1.5～2.0倍；在校核洪水位情况下，计算风速采用多年平均年最大风速。统计分析成果表明，多年平均年最大风速的1.5～2.0倍约相当于重现期为50年的年最大风速。因此，在正常蓄水位或设计洪水位情况下，计算风速可采用重现期为50年的年最大风速；在最高挡水位和校核洪水位情况下，计算风速可采用多年平均年最大风速。

(1) 波浪要素计算。根据水闸的具体条件，按下述三种情况计算波浪要素：

平原、滨海地区水闸，可按莆田试验站公式计算：

$$\frac{gh_m}{v_0^2}=0.13\text{th}\left[0.7\left(\frac{gH_m}{v_0^2}\right)^{0.7}\right]\text{th}\left\{\frac{0.0018(gD/v_0^2)^{0.45}}{0.13\text{th}[0.7(gH_m/v_0^2)^{0.7}]}\right\} \tag{8.1}$$

$$\frac{gT_m}{v_0}=13.9\left(\frac{gh_m}{v_0^2}\right)^{0.5} \tag{8.2}$$

式中 h_m——平均波高，m；

T_m——平均波周期，s；

v_0——计算风速，m/s；

D——风区长度，m，当闸前水域较宽广或对岸最远水面距离不超过水闸前沿水面宽度5倍时，可采用对岸至水闸前沿的直线距离；当闸前水域较狭窄或对岸最远水面距离超过水闸前沿水面宽度5倍时，可采用水闸前沿水面宽度的5倍；

H_m——风区内的平均水深，m，可由沿风向作出的地形剖面图求得，其计算水位应与相应计算情况下的静水位一致；

g——重力加速度，9.81m/s^2。

波浪的累积频率与水闸级别有关，可按《水闸设计规范》（SL 265—2016），由表8.9确定。波高与平均波高的比值可由表8.10查得。表8.10中的h_p为相应于波列累积频率p的波高，m。

表8.9　　波浪的累积频率取值表

水闸级别	1	2	3	4	5
p/%	1	2	5	10	20

表8.10　　h_p/h_m 值

h_p/h_m	p/%				
	1	2	5	10	20
0.0	2.42	2.23	1.95	1.71	1.43
0.1	2.26	2.09	1.87	1.65	1.41
0.2	2.09	1.96	1.76	1.59	1.37
0.3	1.93	1.82	1.66	1.52	1.34
0.4	1.78	1.68	1.56	1.44	1.30
0.5	1.63	1.56	1.46	1.37	1.25

平均波长L_m与平均波周期T_m可按下式换算：

$$L_m=\frac{gT_m^2}{2\pi}\mathrm{th}\frac{2\pi H}{L_m} \tag{8.3}$$

对于深水波，即当$H\geqslant 0.5L_m$时，上式可简化为

$$L_m=\frac{gT_m^2}{2\pi} \tag{8.4}$$

（2）波浪爬高计算。

$$h_b=h_z+h_p=\frac{\pi h_p^2}{L_m}\mathrm{cth}\frac{2\pi H}{L_m}+h_p \tag{8.5}$$

式中　h_z——波浪中心线超出计算水位的高度，m；

H——水闸前沿水深，m。

3. 安全超高

根据《水闸设计规范》（SL 265—2016），安全超高由表8.11确定。位于防洪（挡潮）堤上的水闸，其闸顶高程不得低于防洪（挡潮）堤顶高程。在确定闸顶高程时，还要分别考虑软弱地基上闸基沉降的影响、多泥沙河流上闸前泥沙淤积后水位可能抬高的影响、防

洪（挡潮）堤上水闸两侧堤顶可能加高的影响等。对于软弱地基上闸基沉降的影响，可以按通常的沉降计算方法计算沉降值，并参照类似条件下的已建工程实测沉降值研究确定。对于多泥沙河流上、下游河道变化引起水位升高和降低的影响，可以根据河道演变预测资料并参照同一河流上已建工程的实践经验确定。

表 8.11　　水闸安全超高下限值　　单位：m

运用情况 \ 水闸级别		1	2	3	4、5
挡水时	正常蓄水位	0.7	0.5	0.4	0.3
	最高挡水位	0.5	0.4	0.3	0.2
泄水时	设计洪水位	1.5	1.0	0.7	0.5
	校核洪水位	1.0	0.7	0.8	0.4

8.2.4 下游河道防洪复核

下游河道防洪复核是指中、小河流上建闸后，对其下游河道的洪水演进进行复核。目的是提出水闸下游河道沿程各断面的洪水流量过程线、最大流量、最高水位、洪水波头及波峰的到达时刻等特征数据，为研究水闸下游的防洪措施或设计防洪工程提供依据。

水闸下泄洪水是水闸上游的洪水经过水库调洪后下泄洪水。这种洪水波向下游沿程传递时受河槽调蓄及摩阻力的影响，越向下游越加平缓，波峰渐低波长渐增，是一种连续渐变的长波。这种水流运动属于连续缓变不恒定流。在无区间入流的情况下，洪水波的演进与变形可用圣维南方程组表示。

连续方程：
$$\frac{\partial A}{\partial t}+\frac{\partial Q}{\partial x}=0 \tag{8.6}$$

动力方程：
$$i_0-\frac{\partial h}{\partial x}=\frac{v^2}{C^2R_w}+\frac{\partial}{\partial x}\left(\frac{v^2}{2g}\right)+\frac{1}{g}\frac{\partial v}{\partial t} \tag{8.7}$$

式中　A——过水断面面积，m^2；
Q——流量，m^3/s；
x——距离，m；
i_0——河道坡度；
h——水深，m；
v——流速，m/s；
R_w——水力半径，m；
t——时间，s；
C——系数，$C=\frac{1}{n}R_w^{1/6}$（n 为河床糙率）；
g——重力加速度，m/s^2。

连续方程中的$\frac{\partial Q}{\partial x}$表示流量的沿程变化，涨洪时上断面流量大于下断面流量，流量沿程递减，$\frac{\partial Q}{\partial x}$为负值；落洪时则相反，为正值。$\frac{\partial A}{\partial t}$为过水断面随时间的变化，涨洪时水位上升，$\frac{\partial A}{\partial t}$为正值；落洪时水位下降，$\frac{\partial A}{\partial t}$为负值。

动力方程的左端 $i_0-\frac{\partial h}{\partial x}$表示水面比降，右端第一项$\frac{v^2}{C^2R_w}$是水力摩擦，第二项$\frac{\partial}{\partial x}\left(\frac{v^2}{2g}\right)$是沿程动能的增加，第三项$\frac{1}{g}\frac{\partial v}{\partial t}$是断面动能的增加。第一项又称摩阻项，第二、三项合称惯性项。

根据上述基本方程式（8.6）及式（8.7），可以运用水力学模型试验法、水力学中解连续缓变不恒定流的任何方法（如差分法、特征线法、瞬态法等）或水文预报中的流量演算法，来推求水闸下游任意断面的流量或水位随时间的变化过程。

8.2.5 闸孔总净宽和过流能力复核

根据《水闸安全评价导则》（SL 214—2015）规定，防洪规划未改变的或无近期防洪规划的，应按 SL 44—2006 规定计算设计洪水；防洪规划已有调整的，按新的规划数据复核。当规划数据变化，水闸上、下游河床发生冲淤变化或潮水位发生变化时，应按 SL 265—2016 的规定复核过流能力。有双向过流要求的水闸，应进行双向过流能力复核。

在进行水闸过流能力复核计算中，应考虑天然河床下切及水闸建成后上、下游河床发生淤积或冲刷，以及闸下水位变动等情况对过水能力产生的不利影响。

水闸过闸水流流态可分为两种：一种是泄流时自由水面不受任何阻挡，呈堰流状态；另一种是泄流时水面受到闸门（局部开启）或胸墙的阻挡，呈孔流状态，如图 8.1 所示。在水闸的整个运用过程中，这两种流态均有可能出现，例如当闸门位于某一开度时，可能出现两种流态的互相转换，即由堰流状态转变为孔流状态，或由孔流状态转变为堰流状态。当过闸水流的流量不受下游水位的影响时，呈自由堰流状态；反之，则呈淹没堰流状态。

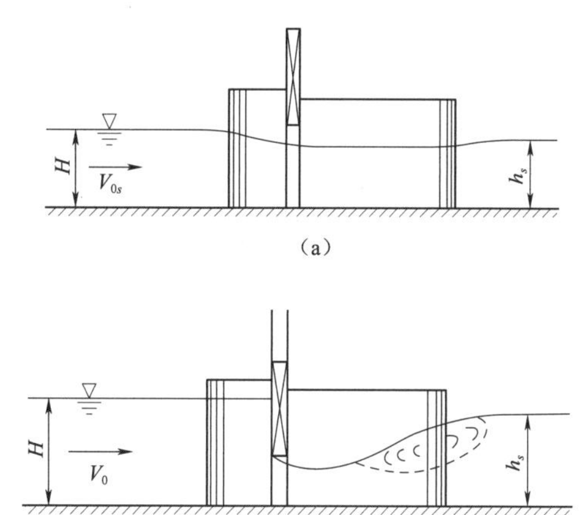

图 8.1 水闸的泄流状态

（a）堰流；（b）孔流

堰流和孔流的界限，可用堰顶以上的开门高度 a 与闸孔堰上总水头 H_0 的比值 a/H_0 划分，它与堰坎的型式有关，对于宽顶堰式的平底水闸：

$\frac{a}{H_0}>0.65$ 时，为堰流；

$\frac{a}{H_0}\leqslant 0.65$ 时，为孔流。

对于实用堰式的水闸：

$\frac{a}{H_0}>0.75$ 时，为堰流；

$\frac{a}{H_0} \leqslant 0.75$ 时，为孔流。

堰流和孔流的界限 a/H_0 值还与闸门在闸室中的相对位置有关。如果闸门位置偏在闸室中游侧，上述界限值就偏小。反之，闸门位置偏在闸室的下游侧，上述界限值就偏大。

水闸最常用的闸坎型式是宽顶堰型。平原区已建水闸绝大多数是无坎高的平底闸（视为未设底坎的宽顶堰），只是由于闸墩的约束引起过闸水流的收缩，产生类似宽顶堰的流态，因此可根据宽顶堰理论计算过闸水流的流量。有些水闸在平底板上设有折线型或曲线型低堰，其目的是减小闸门的高度而又不显著减小泄流能力。丘陵区或浅山区的水闸，有时亦采用实用型低堰。本书仅列出常用的平底闸闸孔总净宽计算公式，对于设有低堰或其他堰型的水闸闸孔总净宽计算可参考有关水力学计算手册。当堰流处于高淹没度（$h_s/H_0 \geqslant 0.9$）时，建议过流能力采用高淹没度公式。

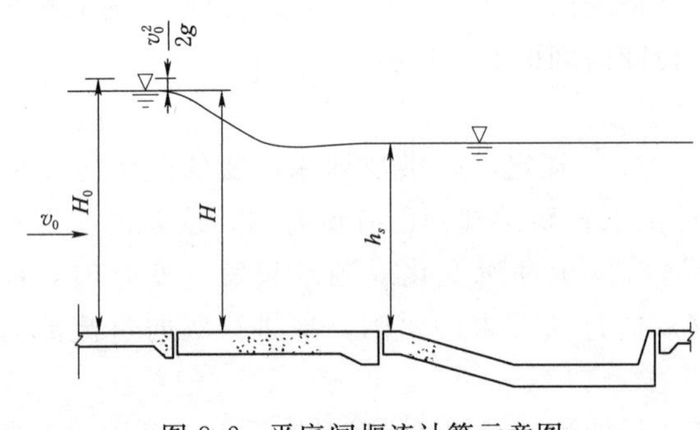

图 8.2　平底闸堰流计算示意图

（1）对于平底闸，当为堰流时，闸孔总净宽可按式（8.8）～式（8.13）计算，其计算示意图如图 8.2 所示。

$$B_0 = \frac{Q}{\sigma \varepsilon m \sqrt{2g} H_0^{\frac{3}{2}}} \tag{8.8}$$

单孔闸：

$$\varepsilon = 1 - 0.171\left(1 - \frac{b_0}{b_s}\right)\sqrt[4]{\frac{b_0}{b_s}} \tag{8.9}$$

多孔闸时，闸墩墩头为圆弧形时：

$$\varepsilon = \frac{\varepsilon_z (N-1) + \varepsilon_b}{N} \tag{8.10}$$

$$\varepsilon_z = 1 - 0.171\left(1 - \frac{b_0}{b_0 + d_z}\right)\sqrt[4]{\frac{b_0}{b_0 + d_z}} \tag{8.11}$$

$$\varepsilon_b = 1 - 0.171\left(1 - \frac{b_0}{b_0 + \frac{d_z}{2} + b_d}\right)\sqrt[4]{\frac{b_0}{b_0 + \frac{d_z}{2} + b_d}} \tag{8.12}$$

$$\sigma = 2.31 \frac{h_s}{H_0}\left(1 - \frac{h_s}{H_0}\right)^{0.4} \tag{8.13}$$

式中　B_0——闸孔总净宽，m；

Q——过闸流量，m^3/s；

H_0——计入行进流速水头的堰上水头，m；

m——堰流流量系数，取 0.385；

ε——堰流侧收缩系数，对于单孔闸按式（8.8）计算求得，对于多孔闸可按式（8.10）计算求得；

b_0——闸孔净宽，m；

b_s——上游河道一半水深处的宽度，m；

N——闸孔数；

ε_z——中闸孔侧收缩系数，可按式（8.11）计算求得；

d_z——中间墩厚度，m；

ε_b——边闸孔侧收缩系数，可按式（8.12）计算求得；

b_d——边闸墩顺水流向边缘线至上游河道水边线之间的距离，m；

σ——堰流淹没系数，可按式（8.13）计算求得；

h_s——由堰顶算起的下游水深，m。

（2）对于平底闸，当堰流处于高淹没度（$h_s/H_0 \geqslant 0.9$）时，闸孔总净宽可按式（8.14）、式（8.15）计算，其计算示意图如图 8.3 所示。

$$B_0=\frac{Q}{\mu_0 h_s \sqrt{2g(H_0-h_s)}} \tag{8.14}$$

$$\mu_0=0.877+\left(\frac{h_s}{H_0}-0.65\right)^2 \tag{8.15}$$

式中　μ_0——淹没堰流的综合流量系数。

（3）对于平底闸，当为孔流时，闸孔总净宽可按式（8.16）、式（8.19）计算，其计算示意图如图 8.4 所示。

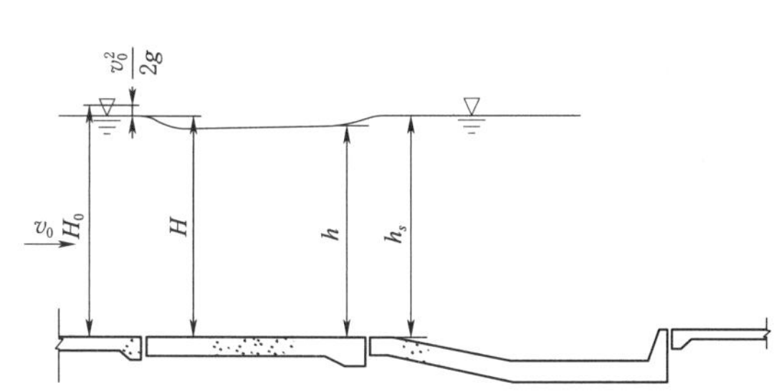

图 8.3　平底闸高淹没度堰流计算示意图

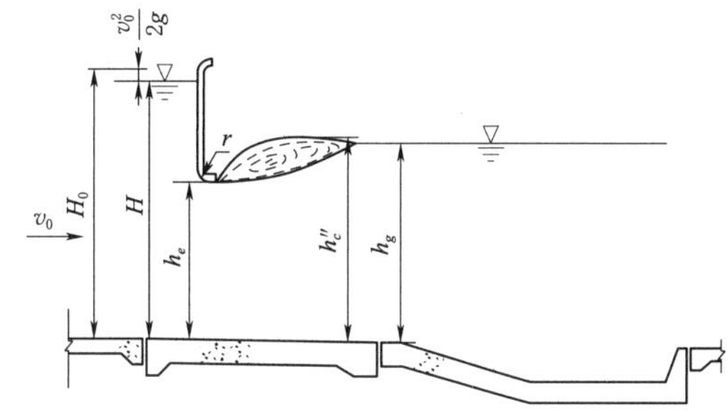

图 8.4　平底闸孔流计算示意图

$$B_0=\frac{Q}{\sigma'\mu_0 h_e \sqrt{2gH_0}} \tag{8.16}$$

$$\mu=\varphi\varepsilon'\sqrt{1-\frac{\varepsilon' h_e}{H}} \tag{8.17}$$

$$\varepsilon'=\frac{1}{1+\sqrt{\lambda\left[1-\left(\frac{h_e}{H}\right)^2\right]}} \tag{8.18}$$

$$\lambda=\frac{0.4}{2.718^{16\frac{r}{h_e}}} \tag{8.19}$$

式中　h_e——孔口高度，m；

μ——孔口流量系数；

φ——孔流流速系数；

ε'——孔流垂直收缩系数；

λ——计算系数，适用于 $0<\frac{r}{h_e}<0.25$；

r——胸墙底圆弧半径，m；

σ'——孔流淹没系数，由表8.12查得，表中 h_c'' 为跃后水深，m。

表8.12　σ' 值

$\frac{h_s-h_c''}{H-h_c''}$	≤0	0.1	0.2	0.3	0.4	0.5	0.6	0.7	0.8	0.9	0.92	0.94	0.96	0.98	0.99	0.995
σ'	1.0	0.86	0.78	0.71	0.66	0.59	0.52	0.45	0.35	0.23	0.19	0.16	0.12	0.07	0.04	0.02

8.3 渗流安全复核

渗透水流对水闸工程的影响有下列几个方面：

(1) 渗流引起水量的损失。

(2) 渗流和普通水流一样，对与之相接触的任何物体产生扬压力。

(3) 渗流在土体的孔隙中流动，其能量消耗在与土颗粒的摩擦上，或施加给土颗粒以压力。若压力超过阻止颗粒移动的阻力，土体就会发生移动，进而引发渗透变形。渗透变形的形式随土体性质的不同而不同。如果渗透变形不断发展，导致土体中骨架顺流移动，闸基将丧失稳定性，进而发生失稳破坏。

土基在渗透水流的作用下，容易产生渗透变形，特别是粉细砂地基，细小颗粒极易被渗流带走，逐渐扩大，造成漏水通道，在闸后出现翻砂冒水现象，严重时闸基和两岸会被掏空，引起水闸沉降、倾斜、断裂甚至倒塌。这类工程事故是屡见不鲜的。目前，渗漏检查和探测尚缺少行之有效的手段，因此防渗排水复核显得尤为重要。在通常情况下，水闸防渗排水复核内容包括构造复核调查和复核计算两部分。复核内容包括渗透压力、抗渗稳定性下排水孔及永久缝止水复核等。其中，排水孔、永久缝止水复核主要从结构构造层面进行，而其他部分则通过计算进行复核。

8.3.1 防渗排水布置复核

1. 渗径长度复核

土质闸基防渗长度（又称渗径长度），即铺盖和垂直防渗体等防渗结构以及闸室底板与地基的接触线长度，是闸基渗流的第一根流线长度。防渗设施布置的形式有两种：一种是水平防渗设施；另一种是垂直防渗设施。规范推荐的地下轮廓线采用渗径系数法按式（8.20）计算：

$$L=c\Delta H \tag{8.20}$$

式中 L——闸基防渗长度，即闸基轮廓线防渗部分水平段和垂直段长度总和，m；

c——允许渗径系数，见表8.13，当闸基设垂直防渗体时，可采用表中所列规定值的小值；

ΔH——水闸承受的最大上下游水位差。

表 8.13　允许渗径系数值

地基类别 排水条件	粉砂	细砂	中砂	粗砂	中砾、细砾	粗砾、夹卵石	轻粉质砂壤土	轻粉壤土	壤土	黏土
有反滤层	9～13	7～9	5～7	4～5	3～4	2.5～3	7～11	5～9	3～5	2～3
无反滤层									4～7	3～4

渗径系数法计算精度不高，特别是由该方法确定的渗透压力及出逸坡降很不准确。许多水闸实际采用的水平地下轮廓线长度大于上述经验公式的计算值，其中存在两方面的原因：一是水闸地基土层不均匀，由多种土层组成，而且并不都是水平分布的，闸基表面常有几种土层出露，而在进行地下轮廓布置设计时，总是按抗渗最不利的土类考虑。二是铺盖可以与上游的混凝土护坦结合，只要在混凝土护坦的伸缩缝中设置止水就可以作为防渗铺盖之用。平底水闸的过闸水流从导水墙前端就开始收缩，水面降落，流速增大，为防止上游冲刷，在水面降落段内一般布置抗冲能力较强的混凝土护坦，长度约为上游水深的2～3倍，往往超过铺盖所需要的长度。这也是铺盖在水闸防渗中最广泛采用的原因之一。

2. 排水设施复核

水闸排水设施一般都布置在紧靠闸室下游的部位，主要作用是导渗。水闸排水设施有水平排水和垂直排水。水平排水位于闸基表层，比较浅，通常需要有一定的宽度，其功能是把上游渗入闸基的地下水汇集起来，通过反滤层过滤后引出地表，以降低地下渗水压力。垂直排水通常是由一排或数排滤水井组成，目的是消除闸基深部的渗透压力，增加闸基的稳定性。因此，排水设施复核要根据水闸运行情况，结合安全检测对排水孔的堵塞情况的调查结果，分析闸基渗透压力，复核排水设施的排水能力。

8.3.2 渗透压力复核

地基中的渗流运动满足拉普拉斯（Laplace）方程。理论上，在一定的边界条件下，可以获得渗透要素（渗透压力、渗透坡降、渗透流量）的解答。但由于数学上的复杂性，只有在边界条件比较简单的情况下，才能得出精确的解答。为了满足工程设计的实际需要，《水闸设计规范》（SL 265—2016）要求：岩基上的水闸基底渗透压力计算可采用全截面直线分布法，但应考虑设置防渗帷幕和排水孔时对降低渗透压力的作用和效果；土基上水闸基底渗透压力计算可采用改进阻力系数法或流网法；复杂土质地基上的重要水闸，应采用数值计算法。

1. 全截面直线分布

当岩基上水闸闸基设有水泥灌浆帷幕和排水孔时，闸底板底面上游端的渗透压力为$H-h_s$，排水孔中心线处为$\alpha(H-h_s)$，下游端为零，其间各段依次以直线连接（图8.5）。作用于闸底板底面上的渗透压力可按式（8.21）计算：

$$U=\frac{1}{2}\gamma(H-h_s)(L_1+\alpha L) \tag{8.21}$$

式中　U——作用于闸底板底面上的渗透压力，kN/m；

L_1——排水孔中心线与闸底板底面上游端的水平距离，m；

α——渗透压力强度系数，可采用 0.25；

L——闸底板底面的水平投影长度，m。

当岩基上水闸闸基未设水泥灌浆帷幕和排水孔时，闸底板底面上游端的渗透作用水头为 $H-h_s$，下游端为零，其间以直线连接（图 8.6）。作用于闸底板底面上的渗透压力可按式（8.22）计算：

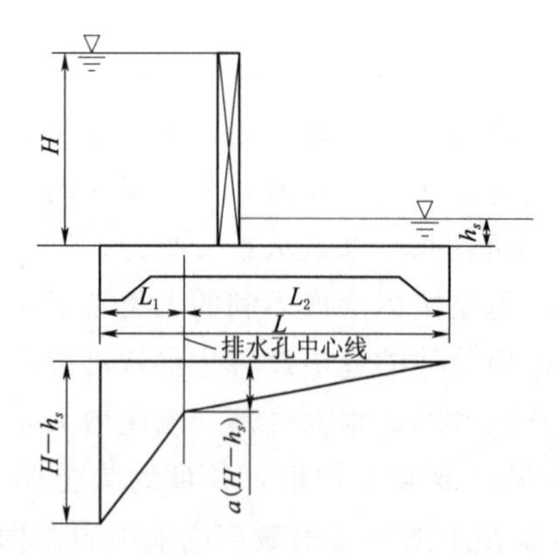

图 8.5 考虑排水孔的闸基渗透压力分布图

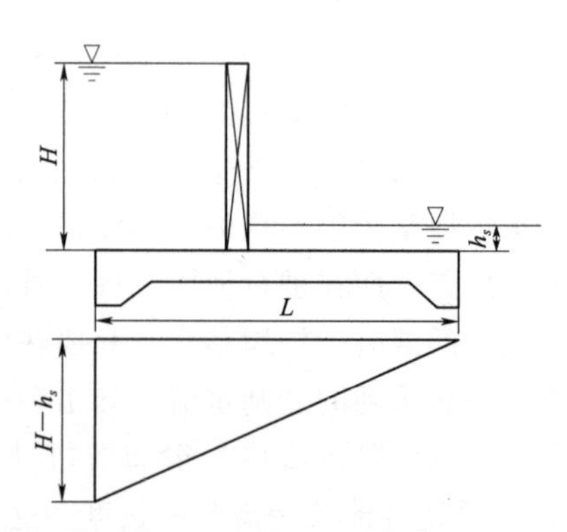

图 8.6 不考虑排水孔的闸基渗透压力分布图

$$U=\frac{1}{2}\gamma(H-h_s)L \tag{8.22}$$

2. *改进阻力系数法*

土基上水闸的地基有效深度可按式（8.23）或式（8.24）计算：

当 $\frac{L_0}{S_0}\geqslant 5$ 时：

$$T_e=0.5L_0 \tag{8.23}$$

当 $\frac{L_0}{S_0}<5$ 时：

$$T_e=\frac{5L_0}{1.6\frac{L_0}{S_0}+2} \tag{8.24}$$

式中 T_e——土基上水闸的地基有效深度，m；

L_0——地下轮廓的水平投影长度，m；

S_0——地下轮廓的垂直投影长度，m。

当计算的 T_e 值大于地基实际深度时，T_e 值应按地基实际深度采用。

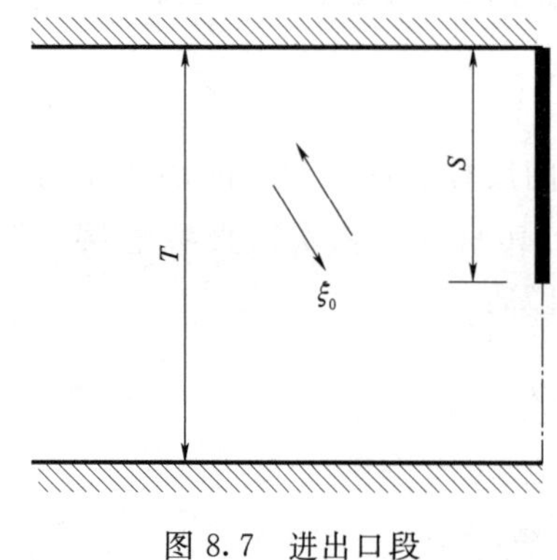

图 8.7 进出口段

分段阻力系数可按式（8.25）～式（8.27）计算：

（1）进、出口段（图 8.7）。

$$\xi_0=1.5\left(\frac{S}{T}\right)^{\frac{3}{2}}+0.441 \tag{8.25}$$

式中 ξ_0——进、出口段的阻力系数；

S——板桩或齿墙的入土深度，m；

T——地基透水层深度，m。

（2）内部直线段（图 8.8）。

$$\xi_y=\frac{2}{\pi}\ln \operatorname{ctg}\left[\frac{\pi}{4}\left(1-\frac{S}{T}\right)\right] \tag{8.26}$$

式中　ξ_y——内部垂直段的阻力系数。

（3）水平段（图 8.9）。

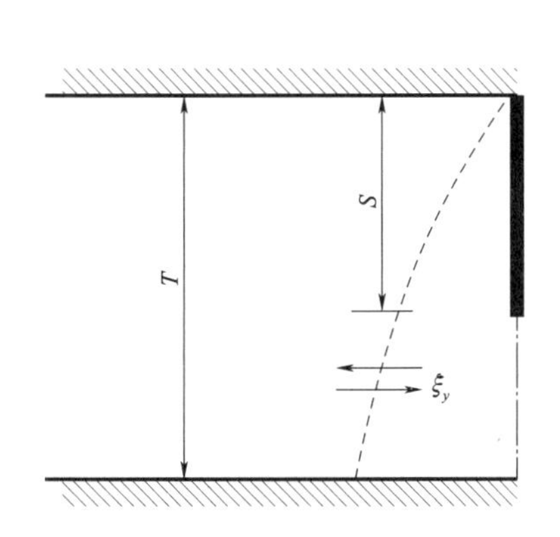

图 8.8　内部垂直段

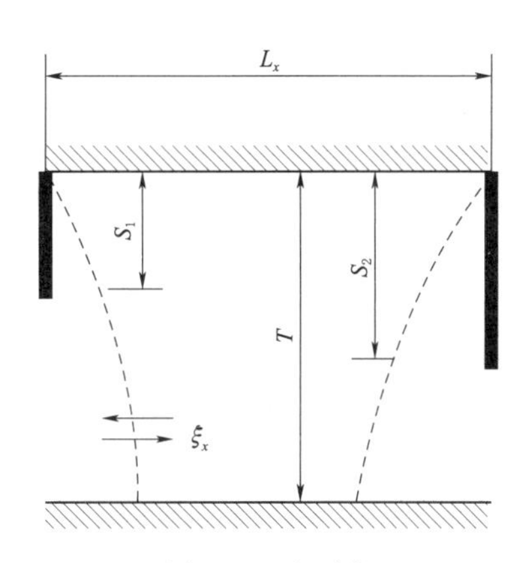

图 8.9　水平段

$$\xi_x=\frac{L_x-0.7(S_1+S_2)}{T} \tag{8.27}$$

式中　ξ_x——水平段的阻力系数；

L_x——水平段长度，m；

S_1、S_2——进、出口段板桩或齿墙的入土深度，m。

（4）各分段水头损失值，可按式（8.28）计算：

$$h_i=\xi_i\frac{\Delta H}{\sum_{i=1}^{n}\xi_i} \tag{8.28}$$

式中　h_i——各分段水头损失值，m；

ξ_i——各分段的阻力系数；

n——总分段数。

以直线连接各分段计算点的水头值，即得渗透压力的分布图形。

3. 进、出口段水头损失值和渗透压力分布图局部修正

（1）进、出口段修正后的水头损失值可按式（8.29）～式（8.31）计算（图 8.10）：

$$h_0'=\beta' h_0 \tag{8.29}$$

$$h_0=\sum_{i=1}^{n}h_i \tag{8.30}$$

$$\beta'=1.21-\frac{1}{\left[12\left(\frac{T'}{T}\right)^2+2\right]\left(\frac{S'}{T}+0.059\right)} \tag{8.31}$$

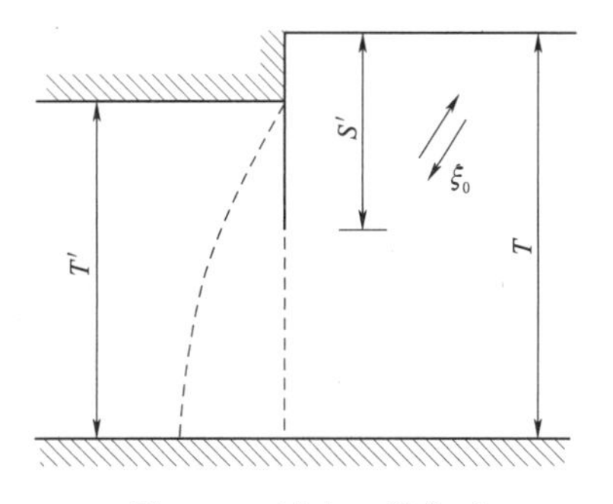

图 8.10　进出口段修正

式中　h_0'——进、出口段修正后的水头损失值，m；

h_0——进、出口段水头损失值，m；

β'——阻力修正系数，当计算的 $\beta'\geqslant 1.0$ 时，采用 $\beta'=1.0$；

S'——底板埋深与板桩入土深度之和，m；

T'——板桩另一侧地基透水层深度，m。

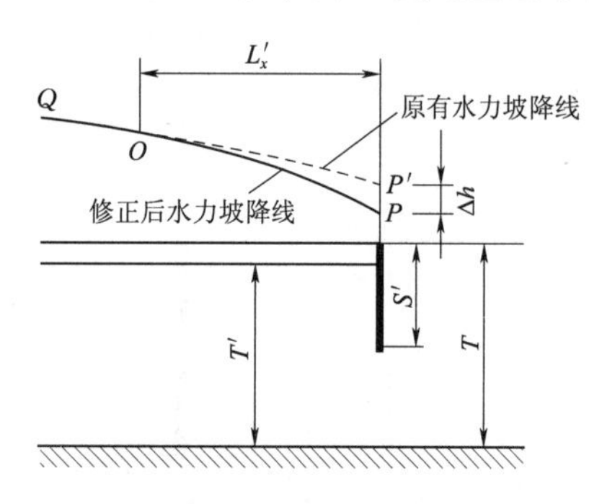

图 8.11　出口段水头损失及扬压力线的修正

(2) 修正后水头损失的减小值，可按式 (8.32) 计算：

$$\Delta h=(1-\beta')h_0 \tag{8.32}$$

式中　Δh——修正后水头损失的减小值，m。

(3) 水力坡降呈急变形式的长度可按式 (8.33) 计算：

$$L'_x=\frac{\Delta h}{\dfrac{\Delta H}{\sum_{i=1}^{n}\xi_i}}T \tag{8.33}$$

式中　L'_x——水力坡降呈急变形式的长度，m。

(4) 出口段渗透压力分布图形可按下列方法进行修正 (图 8.11)。即图 8.11 中的 QP' 为原有水力坡降线，根据式 (8.32) 和式 (8.33) 计算的 Δh 和 L'_x 值，分别定出 P 点和 O 点，连接 QOP，即为修正后的水力坡降线。

4. 进、出口段齿墙不规则部位修正

进、出口段齿墙不规则部位的修正如图 8.12 和图 8.13 所示。

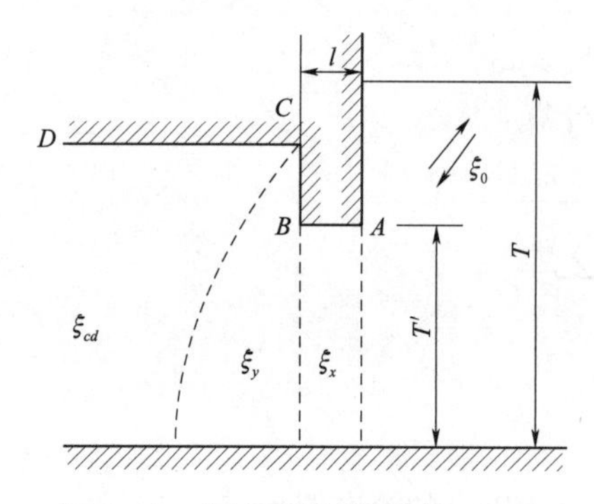

图 8.12　齿墙不规则部位修正 (a)

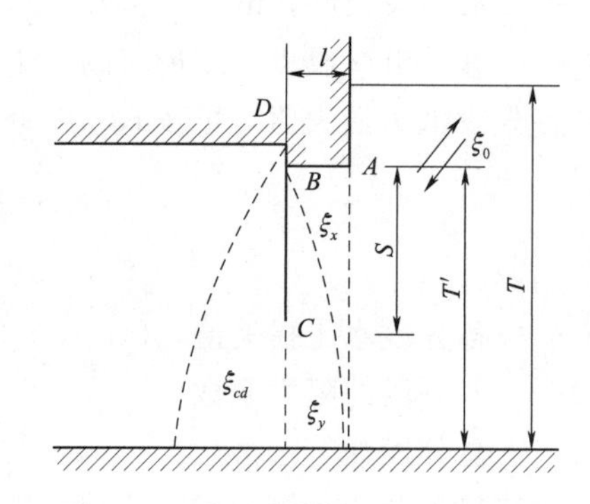

图 8.13　齿墙不规则部位修正 (b)

(1) 当 $h_x\geqslant\Delta h$ 时，可按式 (8.34) 进行修正。

$$h'_x=h_x+\Delta h \tag{8.34}$$

式中　h_x——水平段的水头损失值，m；

h'_x——修后的水平段水头损失值，m。

(2) 当 $h_x<\Delta h$ 时，可按下列两种情况分别进行修正。

若 $h_x+h_y\geqslant\Delta h$，可按式 (8.35) 和式 (8.36) 进行修正。

$$h'_x=2h_{xs} \tag{8.35}$$

$$h'_y=h_y+\Delta h-h_x \tag{8.36}$$

式中　h_y——内部垂直段的水头损失值，m；

h'_y——修正后的内部垂直段水头损失值，m。

若 $h_x+h_y<\Delta h$，可按式 (8.37) 和式 (8.38) 进行修正。

$$h'_y = 2h_y \tag{8.37}$$

$$h'_{cd} = h_{cd} + \Delta h - (h_x + h_y) \tag{8.38}$$

式中 h_{cd}——图 8.13 和图 8.14 中 CD 段的水头损失值，m；

h'_{cd}——修正后的 CD 段水头损失值，m。

以直线连接修正后的各分段计算点的水头值，即得修正后的渗透压力分布图形。

5. 出口段渗流坡降值

出口段渗流坡降值可按式（8.39）计算：

$$J = \frac{h'_0}{S'} \tag{8.39}$$

式中 J——出口段渗流坡降值。

8.3.3 抗渗稳定性复核

（1）允许坡降值。地基的允许坡降必须小于土的临界坡降，并要有一定的安全系数。由于影响地基渗透变形的因素比较复杂，安全系数的取值应考虑土的种类及其性质。南京水利科学研究院通过试验研究，提出闸基水平段及出口垂直段各类土的允许坡降见表 8.14。

表 8.14 闸基水平段及出口垂直段各类土的允许坡降

地基类别	允许坡降		地基类别	允许坡降	
	水平段	出口垂直段		水平段	出口垂直段
粉砂	0.05～0.07	0.25～0.30	砂壤土	0.15～0.25	0.40～0.50
细砂	0.07～0.10	0.30～0.35	壤土	0.25～0.35	0.50～0.60
中砂	0.10～0.15	0.35～0.40	软黏土	0.30～0.40	0.60～0.70
粗砂	0.15～0.17	0.40～0.45	坚硬黏土	0.40～0.50	0.70～0.80
中细砾	0.17～0.22	0.45～0.50	极坚硬黏土	0.50～0.60	0.80～0.90
粗砾夹卵石	0.22～0.28	0.50～0.55			

（2）砂砾石闸基出口段渗透坡降计算。砂砾石闸基出口段渗流破坏形式有流土或管涌两种，因此，在进行抗渗稳定性复核时，首先需要判别可能发生的渗流破坏形式。因为一般土质地基渗流出口段的渗流破坏系流土破坏，只有砂砾石闸基才有可能出现管涌破坏。判别方法可按 GB 50487 的有关规定执行。

8.4 结构稳定计算复核

规划数据的改变、荷载标准变化和水闸出现异常变形、渗流、淤积、冲刷时，可能会对水闸结构稳定和安全运行造成影响，因此有必要复核闸室、岸墙和翼墙的整体稳定性。另外，在运行过程中，如闸室或岸墙和翼墙发生异常沉降、倾斜、滑移，则应以新测定的地基土和填料土的基本工程性质指标，核算闸室或岸墙和翼墙的稳定性与地基整体稳定性。

8.4.1 荷载计算

作用在水闸上的荷载可分为基本荷载和特殊荷载两类。基本荷载主要有下列各项：水闸结构及其上部填料和永久设备的自重，相应于正常蓄水位或设计洪水位水闸底板上的水重、静水压力、扬压力、浪压力、土的冻胀力、冰压力、土压力、淤沙压力、风压力，其他出现机会较多的荷载等；特殊荷载主要有下列各项：相应于校核洪水位水闸底板上的水重、静水压力、扬压力、浪压力、地震荷载，其他出现机会较少的荷载等。值得注意的是，水闸稳定性计算采用的“单一安全系数计算公式”和《水利水电工程结构可靠性设计统一标准》（GB 50199—2013）采用的分项系数法是不完全配套的。因此，为和《水闸设计规范》（SL 265—2016）配套，在荷载计算时不必考虑荷载分项系数。

1. 水闸结构及其上部填料的自重

水闸结构使用的建筑材料主要有混凝土和钢筋混凝土，在有的部位也有采用浆砌条石或浆砌块石的。自重按其几何尺寸及材料容重计算确定。大体积混凝土结构的材料容重可采用 23.5～24.0kN/m^3；钢筋混凝土的容重可采用 24.5～25.0kN/m^3，浆砌块石的容重可采用 21.0～23.0kN/m^3，浆砌条石的容重可采用 22.0～25.0kN/m^3。上部填料容重采用新测定的填料土的容重。其他常用材料的容重可参照 SL 744—2016 选取。启闭机房屋永久荷载的结构自重可参照《建筑结构荷载规范》（GB 50009—2012）选取采用。

2. 闸门、启闭机及其他永久设备

闸门尽量采用实际重量。若缺少实际重量资料，可采用上下游水位相同情况下的闸门启闭力现场检测的结果。一般情况下，启闭机设备重量在出厂时均有铭牌重量；若无，可近似采用启闭力的 1/8～1/10 估计。

3. 水重及静水压力

作用在水闸底板上的水重应按其实际体积及水的容重计算确定，水的容重一般采用 10kN/m^3。在多泥沙河流上的水闸，要考虑水中含有悬移质泥沙对水的容重影响，采用浑水容重。如无实测含沙量资料时，浑水容重可以采用 10.5～11.0kN/m^3。静水压力应根据水闸不同运用工况时的上、下游水位组合条件计算确定。应分别考虑黏土铺盖和混凝土铺盖不同结构形式的上下游水压力计算。作用在水闸上的任一点的静水压力强度 p_{wt} 与该点在水面以下的深度成正比，压力作用方向与作用表面垂直，即

$$p_{wt}=\gamma_w h \tag{8.40}$$

式中 p_{wt}——计算点处静水压力强度，kN/m^2；

h——计算点处的作用水头，按计算水位与计算点之间的高差确定，m。

4. 扬压力

岩基上水闸基底面的扬压力分布图形可按 SL 744—2016 中实体重力坝的规定确定。作用在非岩基水闸基础底面的扬压力应根据地基类别、防渗排水布置及水闸上、下游水位组合条件计算确定。扬压力是渗透水作用于闸室底面的垂直分力。它由两部分组成：一部分是下游水头所造成浮托力，另一部分是上下游水头差所造成的渗透压力。渗透压力要根据各点的渗透水头确定。计算方法可采用前文介绍的全截面直线分布法和改进阻力系数法。计算水闸基础底面扬压力（即浮托力与渗透压力之和）的水位组合条件，要和计算静水压力的水位组合条件相对应。对于沿海地区的挡潮闸，因下游水位受潮汐的影响，闸基渗透压力的传递有滞后现象，这种滞后现象对闸室的抗滑稳定是有利的。

5. 土压力计算

作用在水闸上的土压力应根据填土性质、挡土高度、填土内的地下水位、填土顶面坡角及超荷载等计算确定。对于向外侧移动或转动的挡土结构，可按主动土压力计算；对于保持静止不动的挡土结构，可按静止土压力计算。

在我国水闸工程设计中，对于土基上的岸墙、翼墙结构，无论是重力式（图 8.15）、扶壁式（图 8.16）还是空箱式，绝大多数按照主动土压力计算其墙后土压力，原因是墙后填土的作用，岸墙、翼墙往往产生离开填土方向的移动和转动，其位移量足以达到形成主动土压力的数量级。对于土基上的闸室底板，或者对于土基上的涵洞式闸室结构，在计算其两侧土压力时，虽然也有按照静止土压力计算的，但多数仍然是按主动土压力计算。对于岩基上的挡土结构，由于结构底部嵌固在岩基上，且当断面刚度比较大时，移动量和转动量较小，因此可以按静止土压力计算。总之，作用在水闸挡土结构上的土压力是按主动土压力还是按静止土压力计算，要根据挡土结构在填土作用下产生的位移情况决定。以下三个公式各有其适用条件，切不可乱用。

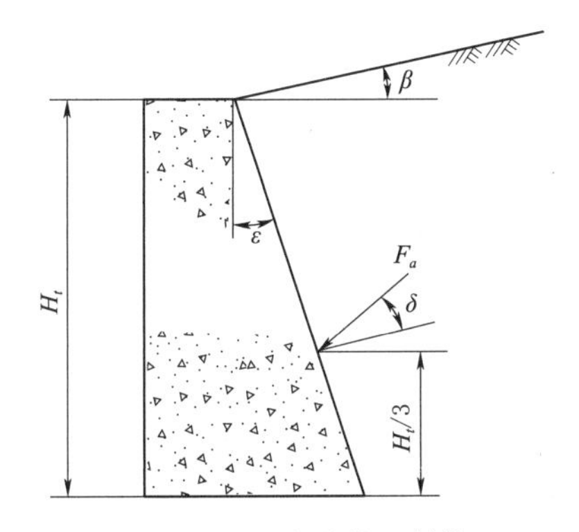

图 8.14　重力式挡土结构

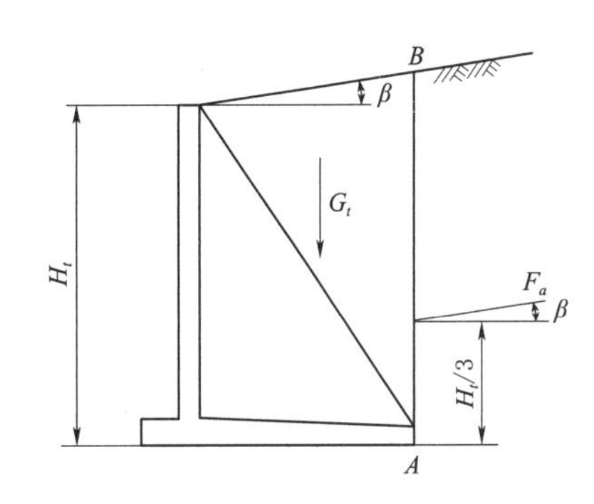

图 8.15　扶壁式挡土结构

（1）主动土压力计算。对于重力式挡土结构，当墙后填土为均质无黏性土时，主动土压力按库仑公式计算：

$$F_a = \frac{1}{2}\gamma_t H_t^2 K_a \tag{8.41}$$

$$K_a = \frac{\cos^2(\phi_t - \varepsilon)}{\cos^2\varepsilon \cdot \cos(\varepsilon + \delta)\left[1 + \sqrt{\dfrac{\sin(\phi_t + \delta)\sin(\phi_t - \beta)}{\cos(\varepsilon + \delta)\cos(\varepsilon - \beta)}}\right]^2} \tag{8.42}$$

式中　F_a——作用在水闸挡土结构上的主动土压力，kN/m，其作用点距墙底为墙高的 1/3 处，作用方向与水平面成（$\delta+\varepsilon$）夹角；

γ_t——挡土结构墙后填土容重，kN/m^3，地下水位以下取浮容重。以新测定的地基土和填料土的容重为准；

H_t——挡土结构高度，m；

K_a——主动土压力系数；

ϕ_t——挡土结构墙后填土的内摩擦角，(°)；

ε——墙背坡角，(°)；

δ——挡土结构墙背面与铅直面的夹角，(°)，可按表 8.15 采用；

β——挡土结构墙后填土表面坡角，(°)。

表 8.15　　　　δ 值

挡土结构墙背面排水状况	δ 值	挡土结构墙背面排水状况	δ 值
墙背光滑，排水不良	$(0.00\sim0.33)\phi_t$	墙背很粗糙，排水良好	$(0.50\sim0.67)\phi_t$
墙背粗糙，排水良好	$(0.33\sim0.50)\phi_t$	墙背与填土之间不可能滑动	$(0.67\sim1.00)\phi_t$

对于扶壁式或空箱式挡土结构，当墙后填土为砂性土时，主动土压力按朗肯公式，即按式（8.41）和式（8.43）计算：

$$K_a=\cos\beta\frac{\cos\beta-\sqrt{\cos^2\beta-\cos^2\phi_t}}{\cos\beta+\sqrt{\cos^2\beta-\cos^2\phi_t}} \tag{8.43}$$

对于扶壁式或空箱式挡土结构，当墙后填土为砂性土时，且填土为水平时，主动土压力按式（8.41）和式（8.44）计算，式（8.44）为上述公式的简化形式：

$$K_a=\text{tg}^2\left(45°-\frac{\phi_t}{2}\right) \tag{8.44}$$

当挡土结构墙后填土为黏性土时，可采用等值内摩擦角法计算作用于墙背或 AB 面上的主动土压力。等值内摩擦角可根据挡土结构的高度、墙后所填黏性土性质及其浸水情况等因素，参照已建工程实践经验确定，挡土结构高度在 6m 以下者，墙后所填黏性土水上部分等值内摩擦角可采用 28°～30°，水下部分等值内摩擦角可采用 25°～28°；挡土结构高度在 6m 以上者，墙后所填黏性土采用的等值内摩擦角随挡土结构高度的增大而相应降低。

当挡土结构后填土表面有均布荷载或车辆荷载作用时，可将均布荷载换算成等效填土高度，计算作用在墙背或 AB 面上的主动土压力。当挡土结构墙后填土表面有车辆荷载作用时，可将车辆荷载近似地按均布荷载换算成等效的填土高度，计算作用于墙背或 AB 面上的主动土压力。

（2）静止土压力计算。对于墙背垂直、墙后填土表面水平的水闸挡土结构（图 8.17），静止土压力可按式（8.45）和式（8.46）计算：

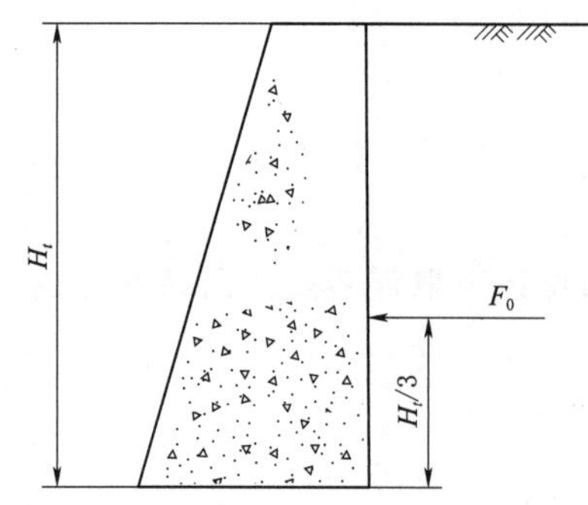

图 8.16　墙背垂直的水闸挡土结构

$$F_0=\frac{1}{2}\gamma_t H_t^2 K_0 \tag{8.45}$$

$$K_0=1-\sin\phi_t' \tag{8.46}$$

式中　F_0——作用在水闸挡土结构上的静止土压力，kN/m；

K_0——静止土压力系数，通过试验确定，若无试验资料，可按表 8.16 选用；

ϕ_t'——墙后填土的有效内摩擦角，(°)。

表 8.16　　K_0 值

墙后填土类别	K_0 值	墙后填土类别	K_0 值
碎石土	0.22～0.40	壤土	0.60～0.62
砂土	0.36～0.42	黏土	0.70～0.75

由于水闸是挡水、泄水建筑物，其侧向也有防渗要求，因此作用在水闸上的土压力虽然是按照墙后填上为砂性土或黏性土选用合适的公式进行计算的，但在实际工程中，墙后往往不宜采用无黏性的砂土回填，而应该尽可能采用所谓的壤土回填。特别应该引起重视的是，对于岸墙和翼墙，在回填黏性土时，往往因为填土速度较快，填土的侧向土压力已经形成而土的内部黏结力尚未产生，在填土未到墙顶时即施工期的水平推力为最大。如果计算时未考虑这一情况，岸墙或翼墙施工期就会产生较大的水平位移，这对岸墙或翼墙的抗滑稳定是不利的。例如：江苏省在长江边修建的一座单孔水闸，上、下游第一节八字形翼墙为U形槽结构，第二节八字形翼墙为重力式，由于地基条件较差，设计中翼墙采用双排钢筋混凝土灌注桩基础，墙后采用黏性土回填。按完建期填土到顶计算，结构是稳定的。但施工后期因江水上涨速度较快，便加快墙后填土速率，当填土高程距离墙顶还有1.5m左右时，发生了第一节翼墙分别向上下游滑移，第二节翼墙向前倾斜的现象，因而施工被迫停止，待水闸放水后再继续进行填土。事后经计算分析，认为是由于墙后填土速度较快，填土的侧向土压力已经形成而土的内部黏结力尚未产生，实际水平推力大于计算水平推力所致，这是事先所未预料到的。因此，设计挡土结构时应按施工期墙后不同的填土高度分别计算水平推力，以策安全。

挡土墙墙前、墙后水位的组合条件应根据挡土墙在运行中实际可能出现的水位情况确定。根据已建水工挡土墙运行的实践经验，对挡土墙抗滑稳定起控制作用的，往往不是墙前抵御最高洪水位时的水位组合条件，而是墙后填土内为可能出现的最高地下水位（也可能是在长时间暴雨后，或是在潮汐河道涨潮后），墙前为最低水位（也可能是在宣泄一定流量情况下尾水被推走时或是在潮汐河道落潮时）或无水时的水位组合条件，因为这时墙前、墙后水位差大，对结构的抗滑稳定不利。

对于潮汐河道上的岸墙或翼墙运行期的墙前、墙后水位差，在以往设计中往往取值偏差较大。有的取最大潮差（即全年内可能出现的一次涨、落潮的高、低潮位之差的最大值），也有的取半个潮差（即全年内可能出现的一次涨、落潮的高、低潮位之差的最大值的一半），也有的干脆凭经验取某一定值（如1.0m等）。实际上，潮汐河道上挡土墙墙前、墙后水位差不仅与潮位差有关，还与墙后土体内的土质渗透性及防渗与排水布置型式有关。江苏省沿海地区水利水电工程的一些观测资料表明，墙后为黏性土时，在墙前达到最高潮位时墙后土体内的地下水一般低于墙前最高潮位，而在墙前达到最低潮位时墙后土体内的地下水往往高于墙前最低潮位，这是土体内渗流的滞后性造成的；当墙后为砂性土时，虽然土体内的渗流速度要快一些，但渗流的滞后性依然存在。从一些资料分析，对于潮汐河道上的挡土墙，其墙前、墙后水位差取相应最不利条件下最大潮差值的1/3～1/2为宜。对于水库或退水迅速的行洪河道上的挡土墙，应考虑水位骤降的影响，其墙前、墙后水位差取相应最不利条件下最大水位差值的1/2为宜。对于墙前墙后水位差较大的挡土墙，有条件时应采取措施，如墙体设置排水管，墙后设置排水体或回填砂性土等，尽可能降低墙后地下水位。

地下水储量丰富的平原地区，由于地下水位高、补给快，真正影响挡土墙稳定的往往是在墙后填土到顶、墙前尚未放水的条件时最为恶劣；如果墙后不采取降水措施，将面临墙后水位很快与当地地表水相平、墙前无水的极限情况。如果按这么大的墙前、墙后水位差进行挡土墙设计，显然会造成很大的浪费。这时，如果不能采取其他降低地下水的措施时，设计上可以考虑在墙前尚未放水时，墙后降低填土高度或仍留有抽降地下水的降水井，待放水后再将墙后填土到顶及封井停抽地下水。

对于无潮汐影响河道的挡土墙，考虑降雨及渗流滞后的影响，在正常运行工况下挡土墙墙前在的水位差可取 0.5～1.0m。

6. 淤沙压力

作用在水闸单位长度上的淤沙压力应根据水闸上、下游可能淤积的厚度及泥沙容重等由式（8.47）计算确定。淤沙的浮容重和内摩擦角，一般可参照类似工程的实测资料分析确定，对于淤沙严重的工程宜通过试验确定。我国刘家峡、八盘峡、官厅等水库多年淤沙取样试验资料分析表明，内摩擦角可达 25°～37°。

$$P_k=\frac{1}{2}\gamma_s h_s^2 \mathrm{tg}^2\left(45°-\frac{\varphi_s}{2}\right) \tag{8.47}$$

$$\gamma_s=\gamma_{sd}-(1-n)\gamma_w \tag{8.48}$$

式中 P_k——淤沙压力，kN/m；

γ_s——淤沙的浮容重，kN/m³；

γ_{sd}——泥沙的干容重，kN/m³；

n——淤沙的孔隙率；

h_s——水闸泥沙淤积厚度，m；

φ_s——淤沙的内摩擦角，(°)。

7. 风压力

作用在水闸上的风压力应根据当地气象台站提供的风向、风速和水闸受风面积等计算确定。计算风压力时应考虑水闸周围地形、地貌及附近建筑物的影响。垂直作用于建筑物表面上的风荷载值，按式（8.49）计算：

$$w_k=\beta_z\mu_z\mu_s w_0 \tag{8.49}$$

式中 w_k——风荷载，kN/m²；

β_z——z 高度处的风振系数，水闸可取 1.0；

μ_z——风压高度变化系数；

μ_s——风荷载体型系数；

w_0——基本风压，kN/m²。

合理使用年限不大于 50 年的结构或建筑物，风压应采用基本风压；合理使用年限大于 50 年或有特殊使用要求的结构或建筑物，风压应按重现期 100 年选取。风压取值应按 GB 50009—2012 的规定确定，且不应小于 0.3kN/m²。

当建设地点的基本风压值在全国基本风压分布图上未给出时，基本风压值可按下列规定确定：

(1) 可根据当地年最大风速资料，按基本风压的定义通过统计分析确定，分析时应考虑样本数量的影响。

(2) 当地没有风速资料时，可根据附近地区规定的基本风压或长期资料，通过气象和地形条件的对比分析确定。山区的基本风压和沿海海岛的基本风压可按照 SL 744—2016 确定。

风压高度变化系数应根据地面粗糙度类别按 GB 50009—2012 的有关规定确定。地面粗糙度类别可分为 A、B 两类。水闸等建筑物顶部的结构，风压高度变化系数可按 GB 50009—2012 中 A 类选取。其距地面高度的计算基准面，可按风向采用相应工况下的水位确定。水工建筑物的风荷载体型系数，可按 GB 50009—2012 和 GB 50135—2019 的有关规定选取。

8. 浪压力

作用在水闸上的浪压力应根据水闸闸前风向、风速、风区长度（吹程）、风区内的平均水深以及闸前实际波态的判别等计算确定。当浪压力参与基本组合时，合理使用年限不大于 50 年的水工建筑物，应采用重现期为 50 年的年最大风速；合理使用年限大于 50 年的水工建筑物，可根据建筑物的级别、结构型式及所在地理位置分析确定。当浪压力参与特殊组合时，应采用多年平均年最大风速。关于计算风速的取值问题，现行水工建筑物设计规范多数采用的“最大风速加成法”，即在正常蓄水位或设计洪水位情况下，计算风速采用多年平均年最大风速的 1.5～2.0 倍；在校核洪水位情况下，计算风速采用多年平均年最大风速。统计分析成果表明，多年平均年最大风速的 1.5～2.0 倍约相当于重现期为 50 年的年最大风速。100 年重现期的年最大风速约相当于 50 年重现期的年最大风速的 1.1～1.15 倍。

波浪要素计算公式参照前文所述，当挡水建筑物的水深大于半个波长时，水域的底部对波浪运动没有影响，称为深水波；当水深小于使波浪破碎的临界水深时，波浪破碎，称为破碎波；当水深介于这二者之间时，水域的底部对波浪运动有影响但并不使之破碎，称为浅水波。浪压力计算可根据闸前实际波态分别采用如下公式计算。

当 $H \geqslant H_k$ 和 $H \geqslant \frac{L_m}{2}$ 时，浪压力可按式 (8.50) 和式 (8.51) 计算，临界水深可按式 (8.52) 计算，计算示意图如图 8.17 所示。

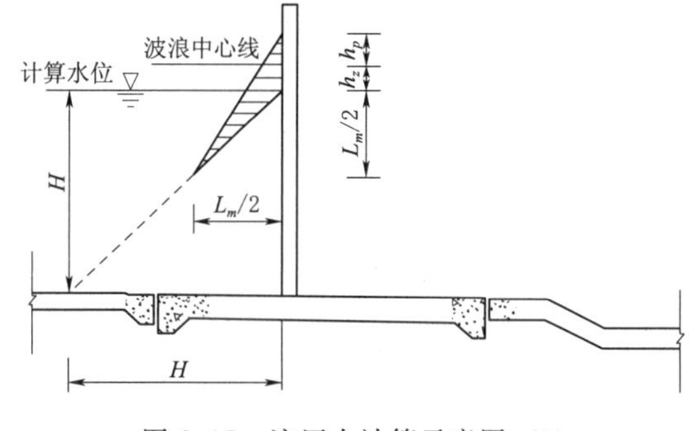

图 8.17 浪压力计算示意图 (1)

$$P_1 = \frac{1}{4}\gamma L_m (h_p + h_z) \tag{8.50}$$

$$h_z = \frac{\pi h_p^2}{L_m} \mathrm{cth} \frac{2\pi H}{L_m} \tag{8.51}$$

$$H_k = \frac{L_m}{4\pi} \ln \frac{L_m + 2\pi h_p}{L_m - 2\pi h_p} \tag{8.52}$$

式中 P_1——作用于水闸单位长度迎水面上的浪压力，kN/m；

h_z——波浪中心线至计算水位的高度，m；

H_k——使波浪破碎的临界水深，m。

当 $H \geqslant H_k$ 和 $H < \frac{L_m}{2}$ 时，浪压力可按式（8.53）和式（8.54）计算，计算示意图如图8.18所示。

$$P_1 = \frac{1}{2}[(h_p + h_z)(\gamma H + p_s) + H p_s] \tag{8.53}$$

$$p_s = \gamma h_p \operatorname{sech} \frac{2\pi H}{L_m} \tag{8.54}$$

式中 p_s——闸墩（闸门）底面处的剩余浪压力强度，kPa；

当 $H < H_k$ 时，浪压力可按式（8.55）和式（8.56）计算，计算示意图如图8.19所示。

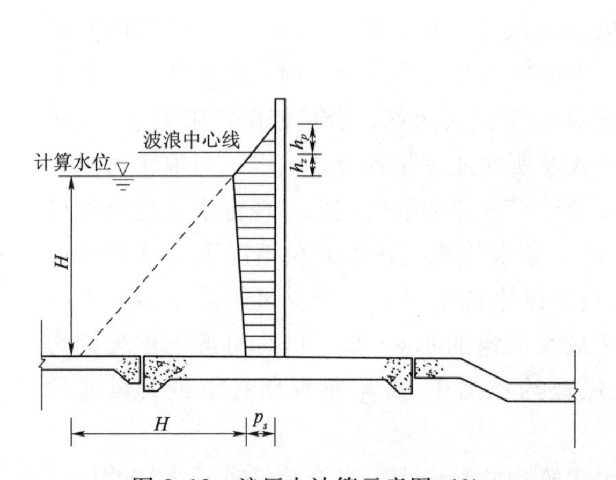

图8.18 浪压力计算示意图（2）

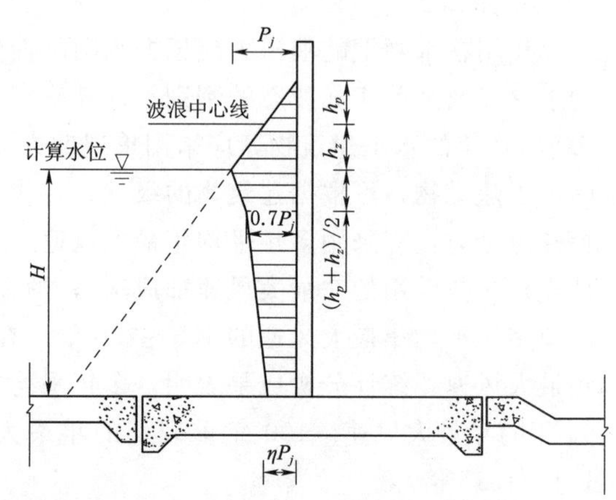

图8.19 浪压力计算示意图（3）

$$P_1 = \frac{1}{2} P_j [(1.5 - 0.5\eta) h_p + (0.7 + \eta) H] \tag{8.55}$$

$$P_j = K_i \gamma h_p \tag{8.56}$$

式中 P_j——计算水位处的浪压力强度，kPa；

η——闸墩（闸门）底面处的浪压力强度折减系数，当 $H \leqslant 1.7h_p$ 时，可采用0.6；当 $H > 1.7h_p$ 时，可采用0.5；

K_i——闸前河底坡影响系数，可按表8.17采用，表8.17中的 i 为闸前一定距离内河（渠）底坡的平均值。

表8.17 闸前河底坡影响系数 K_i 取值表

i	1/10	1/20	1/30	1/40	1/50	1/60	1/80	≤1/100
K_i	1.89	1.61	1.48	1.41	1.36	1.33	1.29	1.25

9. 地震惯性力

地震荷载只在设计烈度为Ⅶ度及Ⅷ度以上地震区的水闸设计中考虑。地震时，由于地面加速度作用，水闸各部分将产生地震惯性力。惯性力的大小和分布要根据闸室结构的地震反应通过计算确定。根据《水工建筑物抗震设计标准》（GB 51247—2018）规定，水闸地震作用效应计算可采用动力法或拟静力法。设计烈度为Ⅷ度、Ⅸ度的1级、2级水闸，或地基为可液化土的1级、2级水闸，应采用动力法进行抗震计算。本书仅介绍拟静力法计算地震作用效应。

水闸可只考虑水平向地震作用，并应同时考虑顺河流方向和垂直河流方向的水平向地震作用。水工建筑物抗震计算应考虑的地震作用为：建筑物自重和其上的荷重所产生的地震惯性力，地震动土压力和地震动水压力。地震对淤沙压力的影响，一般可以不计，此时计算地震动水压力的建筑物前水深应包括淤沙深度。

拟静力法计算地震作用效应时，沿建筑物高度作用于质点 i 的水平向地震惯性力应按式（8.57）计算：

$$F_i=\alpha_h\xi G_{Ei}\alpha_i/g \tag{8.57}$$

式中 F_i——作用在质点 i 的水平地震惯性力代表值，kN；

ξ——地震作用的效应折减系数，除另有规定外，取0.25；

G_{Ei}——集中在质点 i 的重力作用标准值，kN；

α_h——水平向地震加速度代表值；

α_i——质点 i 的地震惯性力的动态分布系数，按表8.18选用；

g——重力加速度，m/s²。

表8.18　水闸动态分布系数 α_i

水闸闸墩		闸顶机架		岸墙、翼墙	
竖向及顺河流方向地震	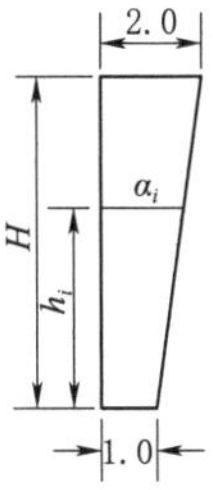 2.0；α_i；H；h_i；1.0	顺河流方向地震	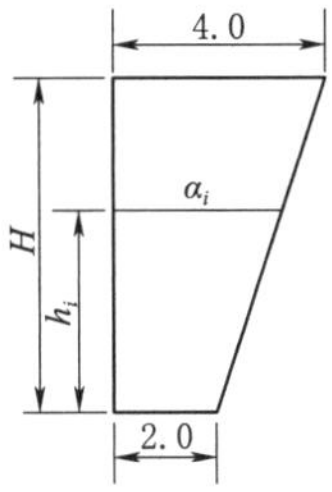 4.0；α_i；H；h_i；2.0	顺河流方向地震	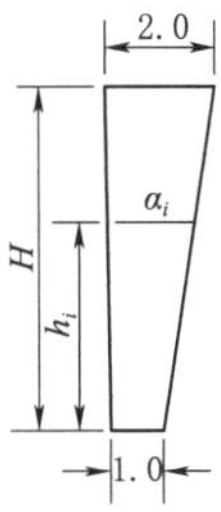 2.0；α_i；H；h_i；1.0
垂直河流方向地震	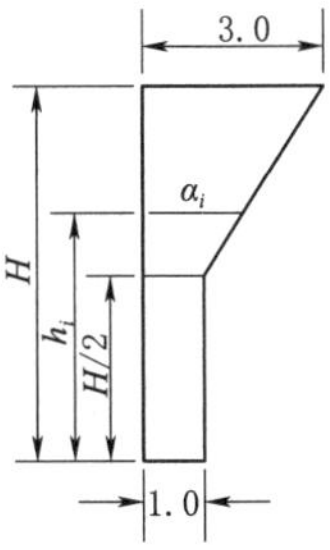 3.0；α_i；H；h_i；$H/2$；1.0	垂直河流方向地震	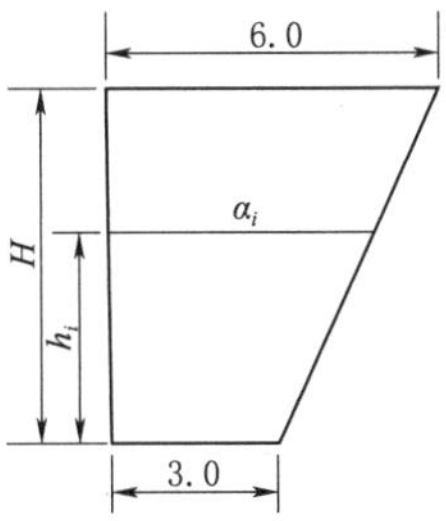 6.0；α_i；H；h_i；3.0	垂直河流方向地震	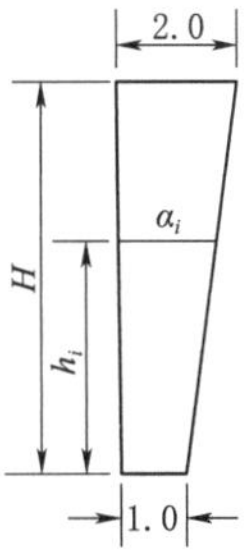 2.0；α_i；H；h_i；1.0

注　水闸墩以下 α_i 取1.0；H 为建筑物高度。

值得注意的是，当同时计算互相正交方向地震的作用效应时，总的地震作用效应可取各方向地震作用效应平方总和的方根值；当同时计算水平向和竖向地震作用效应时，总地震作用效应也可将竖向地震作用效应乘以0.5的遇合系数后与水平向地震作用效应直接相加。

10. 地震动水压力

根据《水工建筑物抗震设计标准》（GB 51247—2018）第 7.1.12 条规定，单位宽度水闸面的总地震动水压力作用在水面以下 0.54H_0 处，其代表值 F_0 应按下式计算。

$$F_0 = 0.65\alpha_h \xi \rho_w H_0^2 \tag{8.58}$$

式中 F_0——单位宽度坝面的总地震动水压力代表值，kN/m；

ρ_w——水的容重代表值，kN/m³；

H_0——单位宽度坝面的总地震动水压力代表值作用水深，m。

11. 动土压力

地震主动动土压力代表值可按式（8.59）计算，并应取式（8.59）中按“+”“－”号计算结果中的大值。

$$F_E = \left[q_0 \frac{\cos\psi_1}{\cos(\psi_1 - \psi_2)} H + \frac{1}{2}\gamma H^2 \right](1 \pm \xi a_v / g) C_e \tag{8.59}$$

$$C_e = \frac{\cos^2(\varphi - \theta_e - \psi_1)}{\cos\theta_e \cos^2\psi_1 \cos(\delta + \psi_1 + \theta_e)(1 + \sqrt{Z})^2} \tag{8.60}$$

$$Z = \frac{\sin(\delta + \varphi)\sin(\varphi - \theta_e - \psi_2)}{\cos(\delta + \psi_1 + \theta_e)\cos(\psi_2 - \psi_1)} \tag{8.61}$$

式中 F_E——地震主动动土压力代表值；

q_0——土表面单位长度的荷重，kN/m²；

ψ_1——挡土墙面与垂直面夹角，(°)；

ψ_2——土表面和水平面夹角，(°)；

H——土的高度，m；

γ——土的容重的标准值，kN/m³；

φ——土的内摩擦角，(°)；

θ_e——地震系数角，(°)，$\theta_e = \tan^{-1}\dfrac{\xi a_h}{g \pm \xi a_v}$；

δ——挡土墙面与土之间的摩擦角，(°)；

ξ——地震作用的效应折减系数，动力法计算地震作用效应时取为 1.00，拟静力法计算地震作用效应时取为 0.25，对钢筋混凝土结构取为 0.35。

12. 冰压力、土的冻胀力以及其他荷载

按国家现行有关标准的规定计算确定。作用在水闸上的冰压力、土的冻胀力可按《水工建筑物荷载设计规范》（SL 744—2016）的规定计算。冰压力、土的冻胀力只在寒冷和严寒地区的水闸中考虑。根据《水工建筑物抗冰冻设计规范》（GB/T 50662—2011）气候分区的划分，最冷月平均气温＜－10℃时，应划分为严寒区。最冷月平均气温－10℃≤t≤－3℃时，应划分为寒冷区。人群及汽车荷载、漂浮物撞击力等其他荷载可按《公路桥涵设计通用规范》（JTG D60—2015）、《水利水电工程钢闸门设计规范》（SL 74—2019）等规范的规定计算。

8.4.2 稳定性计算条件的选择

水闸在施工和长期运用过程中，其工作条件是经常变化的，如过闸流量和上下游水位经常变动。这时，闸室上的一些作用力，如水压力、扬压力、波浪压力等都随之改变，各种力的组合情况也随着运行条件的改变而改变。更重要的是，区域防洪等规划数据的改变，也要求相应改变稳定性计算的条件。因此，在进行闸室稳定性复核时，首先应分析水闸在施工和长期运用过程中可能出现的工况，选取最新规划数据下的水位组合，找出起控制作用的工况，作为稳定性的计算条件。

就闸室抗滑稳定性来说，起控制作用的是在水平向推力大而垂直压力小的情况下，即在关闸挡水时出现的工况。至于闸室底面的压力强度，通常在建造完成尚未放水的情况下达到最大。地基压力分布的不均匀性，也可能在其他情况下达到最大值。

在有新的规划数据情况下，可把下列三种工况作为闸室稳定性的计算条件：

(1) 建造完成时期。只有闸室自身重量的作用，主要计算闸室基底的反力及分布。

(2) 设计水位时期。闸上游为设计水位，下游为相应低水位，闸室的荷载除自重、水压力、水重和扬压力以外，还要考虑风浪压力。

(3) 校核洪水位时期。闸上游为非常挡水位，下游则为相应最低水位，闸室荷载类别与正常蓄水时期相同，但具体数值不同。

第一种工作状态是必然出现的，而且在检修时还会重现；第二种工作状态是经常出现的，一般作为闸室稳定复核条件考虑，相应的荷载组合属于基本的荷载组合；第三种工作状态是偶然出现的工作状态，可以作为闸室稳定复核的校核工况考虑，相应的荷载组合属于特殊的荷载组合。

除上述三种状态以外，在地震区的水闸还应考虑地震荷载。由于地震荷载出现的机会较少，历时亦短暂，一般与正常运行水位的荷载组合，作为特殊的荷载组合。另外，在水闸安全检测中也发现，部分水闸存在排水阻塞和止水失效的问题，导致闸基扬压力较设计时有所变化，与设计水位组合的其他荷载组合，也属一种荷载组合加以考虑。

水闸在施工、运用及检修过程中，各种荷载的大小及分布情况是随机变化的，因此要根据水闸不同的工作条件和荷载机遇情况进行荷载组合。荷载组合的原则是：考虑各种荷载出现的概率，将实际上可能同时出现的各种荷载进行最不利的组合，并将水位作为组合条件。荷载组合可分为基本荷载组合和特殊荷载组合两类。在基本荷载组合中又可分为完建情况、正常蓄水位情况、设计洪水位情况和冰冻情况四种；在特殊荷载组合中又分为施工情况、检修情况、校核洪水位情况和地震情况四种，详见表 8.19。该表规定的计算闸室稳定和应力时要采用的荷载组合，是符合我国水闸设计的实际情况的。至于闸下排水设备完全堵塞的情况，一般是不允许出现的，因此在水闸设计中是不考虑的。当然，运行过程中出现了排水设施堵塞、止水设施失效等情况，水闸复核过程中应考虑相应的荷载组合。由于地震与设计洪水位或校核洪水位同时遭遇的概率极少，因此地震荷载只要与正常蓄水位情况下的相应荷载组合。

计算岸墙、翼墙稳定和应力时的荷载组合可按表 8.19 的规定采用，原则上与计算闸室稳定和应力时的荷载组合是一致的，所不同的是岸墙、翼墙不仅受到水压力的作用，而且墙后还受到土压力的作用。相对于闸室来说，岸墙、翼墙的结构断面比闸室单薄，抗滑

表8.19　荷载组合表

荷载组合	计算情况	荷载												说明
		自重	水重	静水压力	扬压力	土压力	淤沙压力	风压力	浪压力	冰压力	土的冻胀力	地震荷载	其他	
基本组合	完建情况	√	—	—	—	√	—	—	—	—	—	—	√	必要时，可考虑地下水产生的扬压力
	正常蓄水位情况	√	√	√	√	√	√	√	√	—	—	—	√	按正常蓄水位组合计算水重、静水压力、扬压力及浪压力
	设计洪水位情况	√	√	√	√	√	√	√	√	—	—	—	—	按设计洪水位组合计算水重、静水压力、扬压力及浪压力
	冰冻情况	√	√	√	√	√	√	√	—	√	√	—	√	按正常蓄水位组合计算水重、静水压力、扬压力及冰压力
特殊组合	施工情况	√	—	—	—	√	—	—	—	—	—	—	√	应考虑施工过程中各个阶段的临时荷载
	检修情况	√	—	√	√	√	√	√	√	—	—	—	√	按正常蓄水位组合（必要时可按设计洪水位组合或冬季低水位条件）计算静水压力、扬压力及浪压力
	校核洪水位情况	√	√	√	√	√	√	√	√	—	—	—	—	按校核洪水位组合计算水重、静水压力、扬压力及浪压力
	地震情况	√	√	√	√	√	√	√	√	—	—	√	—	按正常蓄水位组合计算水重、静水压力、扬压力及浪压力

注　“√”表示该工况需要考虑的荷载，“—”表示该工况无须考虑的荷载。

力较小，但所受到的水平力（滑动力）却较大，因此，在一般情况下，对岸墙、翼墙施工期、完建期和检修期（墙前无水和墙后有地下水）等工况都是要进行验算的。特别值得注意的是，在计算岸墙、翼墙稳定时，如何确定墙前水位和墙后地下水位非常重要。在一般情况下，墙前和墙后水位差都不大，但对于沿江和沿海地区的挡潮闸，涨潮时墙前潮位会高于墙后地下水位，而退潮时墙前潮位又会低于墙后地下水位，由于潮涨潮落较快，在计算岸墙、翼墙稳定时，一般应取大于或等于最大潮位差的一半作为墙前和墙后水位差进行计算，才是安全的。对于泄洪闸，如泄洪后有迅速退水的情况，也应考虑墙前和墙后水位差较大的因素。

另外，在软土地基上建闸，往往因地基因素，将翼墙设计成墙后允许进水的结构，以谋求墙体结构的稳定平衡。在这种情况下，应考虑墙后进水时有无泥沙淤积的影响问题。在江苏省沿海地区的海口建闸控制时，就发现由了翼墙墙后允许进水从而带进泥沙影响墙体稳定的情况。例如：建在苏北海边的某挡潮闸，由于地基为近代海相沉积地层，地基承载能力极低，为了节省工程量，翼墙采用单排钢筋混凝土灌注桩基础，墙后允许进水。经抗滑稳定计算满足设计要求，但在工程实际运行中发现，由于涨潮时带进的悬沙退潮时不能及时带走，淤积在翼墙的墙前和墙后，一旦开闸排涝，墙前淤积的泥沙被冲走，使墙后土压力增大，造成墙体前倾；而长时期不排涝时，又会因墙前泥沙淤积量大于墙后泥沙淤积量，造成墙体后倾，从而使墙体一直处于前后摇摆状态。为保证墙体安全，每年汛前都需花费一定的人力和经费，以清除墙后淤积的泥沙。这是一个值得吸取的教训。

8.4.3 稳定计算的指标和要求

闸室的稳定性是指闸室在各种力的作用下，既不沿着地基表面滑动，也不发生明显的倾斜。前者用阻滑力与滑动力的比值 K_c 表示；后者则以闸室两端地基反力的比值 η 表示。

K_c 反映抗滑稳定的安全性，故称为抗滑稳定安全系数。对于地基条件、不同级别的水闸，要求不同的安全系数。η 值反映闸室基底反力分布的不均匀性。η 值越大，闸室两端基底反力相差越大，可能造成的沉降差也越大，闸室的倾斜度亦越大。

（1）土基上的闸室、岸墙和翼墙。根据《水闸设计规范》（SL 265—2016），土基上的闸室、岸墙和翼墙稳定计算应满足以下条件。

各种工况组合的闸室平均基底应力小于地基允许承载力，最大基底应力小于地基允许承载力的 1.2 倍；闸室基底应力的最大值与最小值之比小于表 8.20 规定的允许值；沿闸室基底面的抗滑稳定安全系数大于表 8.21 规定的允许值。黏土地基上的闸室基底应力最大值与最小值之比的允许值大小，要根据黏土软硬程度确定。当水闸修建在地震区松散的粉砂或细砂地基上，考虑到这类地基排水不畅，短时间内不易密实，尤其是在地震时容易产生“液化”，可能导致闸室结构的严重破坏的情况，适当严格要求应力比是十分必要

表 8.20　土基上闸室基底应力最大值与最小值之比的允许值

地基土质	荷载组合	
	基本组合	特殊组合
松软	1.50	2.00
中等坚实	2.00	2.50
坚实	2.50	3.00

注 1. 对于特别重要的大型水闸，其闸室基底应力最大值与最小值之比的允许值可按表列数值适当减小。
2. 对于地震区的水闸，闸室基底应力最大值与最小值之比的允许值可按表列数值适当增大。
3. 对于地基特别坚实或可压缩土层甚薄的水闸，可不受本表的规定限制，但要求闸室基底不出现拉应力。

表 8.21　土基上沿闸室基底面抗滑稳定安全系数的允许值

荷载组合		水闸级别			
		1	2	3	4、5
基本组合		1.35	1.30	1.25	1.20
特殊组合	Ⅰ	1.20	1.15	1.10	1.05
	Ⅱ	1.10	1.05	1.05	1.00

注 1. 特殊组合Ⅰ运用于施工情况、检修情况及校核洪水位情况。
2. 特殊组合Ⅱ适用于地震情况。

的；但当水闸修建在地震设计烈度7度以下，且为紧密的砂土地基上，适当放宽对闸室基底应力最大值与最小值之比的允许值要求，也是比较符合实际的。因此，砂土地基上闸室基底应力最大值与最小值之比的允许值大小，要根据砂土的松密程度，并考虑是否受地震的影响确定。有一种情况例外，当地基允许承载力远大于基底应力时，即使基底应力的最大值与最小值之比较大时，闸室结构也不会发生倾覆或者沉降差。

松软地基包括松砂地基和软土地基。坚实地基包括坚硬的黏性土地基和紧密的砂性土地基。介于松软地基和坚实地基之间者，为中等坚实地基。砂类地基主要根据相对密度和标准贯入击数指标进行划分。黏土地基主要根据孔隙比、含水率和标准贯入击数指标进行划分。具体划分详见《水闸设计规范》（SL 265—2016）附录G。

（2）岩基上的闸室。根据《水闸设计规范》（SL 265—2016），岩基上的闸室稳定复核应满足：各种工况组合的闸室最大基底应力小于地基允许承载力；在非地震情况下，闸室基底不出现拉应力；在地震情况下，闸室基底拉应力小于100kPa；沿闸室基底面的抗滑稳定安全系数不小于表8.22规定的允许值。

表8.22　岩基上沿闸室基底面抗滑稳定安全系数的允许值

荷载组合		按式（8.65）计算时			按式（8.67）计算时
		水闸级别			
		1	2、3	4、5	
基本组合		1.10	1.08	1.05	3.00
特殊组合	Ⅰ	1.05	1.03	1.00	2.50
	Ⅱ	1.00			2.30

注　1. 特殊组合Ⅰ适用于施工情况、检修情况及校核洪水位情况。
2. 特殊组合Ⅱ适用于地震情况。

（3）岩基上的岸墙、翼墙。根据《水闸设计规范》（SL 265—2016），岩基上的岸墙、翼墙稳定复核应满足：各种工况组合的闸室最大基底应力小于地基允许承载力；在非地震情况下，闸室基底不出现拉应力；在地震情况下，闸室基底拉应力小于100kPa；沿闸室基底面的抗滑稳定安全系数不小于表8.22规定的允许值。在基本荷载组合下，不论水闸级别，岩基上翼墙抗倾覆稳定安全系数不应小于1.50；在特殊荷载组合条件下，岩基上翼墙抗倾覆稳定安全系数不应小于1.30。

（4）计算指标的选用。根据《水闸设计规范》（SL 265—2016），闸室基底面与土质地基之间摩擦角 ϕ_0 值及黏结力 C_0 值可根据土质地基类别按表8.24所列值采用。

表8.23　不同土质地基的 f 值

地　基　类　别		f
黏土	软弱	0.20～0.25
	中等坚硬	0.25～0.35
	坚硬	0.35～0.45
壤土、粉质壤土		0.25～0.40

续表

地 基 类 别		f
砂壤土、粉砂土		0.35～0.40
细砂、极细砂		0.40～0.45
中砂、粗砂		0.45～0.50
砂砾石		0.40～0.50
砾石、卵石		0.50～0.55
碎石土		0.40～0.50
软质岩石	极软	0.40～0.45
	软	0.45～0.55
	较软	0.55～0.60
硬质岩石	较坚硬	0.60～0.65
	坚硬	0.65～0.70

表 8.24　　不同土质地基的 ϕ_0、C_0 值

土质地基类别	ϕ_0 值	C_0 值
黏性土	0.9ϕ	$(0.2\sim0.3)C$
砂性土	$(0.85\sim0.9)\phi$	0

注　表中 ϕ 为室内饱和固结快剪（黏性土）或饱和快剪（砂性土）试验测得的内摩擦角（°）；C 为室内饱和固结快剪试验测得的黏结力（kPa）。

按表 8.24 的规定采用 ϕ_0 值和 C_0 值时，应按式（8.62）折算闸室基底面与土质地基之间的综合摩擦系数。

$$f_0=\frac{\mathrm{tg}\phi_0\sum G+C_0A}{\sum G} \tag{8.62}$$

式中　f_0——闸室基底面与土质地基之间的综合摩擦系数。

对于黏性土地基，如折算的综合摩擦系数大于 0.45，或对于砂性土地基，如折算的综合摩擦系数大于 0.50，采用的 ϕ_0 值和 C_0 值均应有充分论证。

闸室基底面与岩石地基之间的抗剪断摩擦系数 f' 值及抗剪断黏结力 C' 值可根据 GB 50487 的规定选用（表 8.25），但选用的 f'、C' 值不应超过闸室基础混凝土本身的抗剪断参数值。

表 8.25　　岩石地基的 f'、C' 值

岩体分类	f'	C'/MPa	岩体分类	f'	C'/MPa
Ⅰ	1.3～1.5	1.3～1.5	Ⅳ	0.7～0.9	0.3～0.7
Ⅱ	1.1～1.3	1.1～1.3	Ⅴ	0.4～0.7	0.05～0.3
Ⅲ	0.9～1.1	0.7～1.1			

注　1. 岩体分类参照《工程岩体分级标准》（GB 50218—2014）的规定。

2. 表中参数限于硬质岩，软质岩应根据软化系数进行折减。

8.4.4 结构稳定计算方法

1. 计算单元选择

闸室稳定计算的计算单元应根据水闸结构布置特点确定。闸室稳定计算宜取两相邻顺水流向永久缝之间的闸段作为计算单元。对于未设顺水流向永久缝的单孔、双孔或多孔水闸，则以未设缝的单孔、双孔或多孔水闸作为一个计算单元；对于顺水流向永久缝进行分段的多孔水闸，一般情况下，由于边孔闸段和中孔闸段的结构边界条件及受力状况有所不同，因此应将边闸孔段和中孔闸段分别作为计算单元。稳定计算时，荷载应按标准值取用。

对于未设横向永久缝的重力式岸墙、翼墙结构，应取单位长度墙体作为稳定计算单元。对于设有横向永久缝的重力式、扶壁式或空箱式岸墙、翼墙结构，取分段长度墙体作为稳定计算单元。

2. 基底应力的计算方法

闸室、岸墙和翼墙基底应力应根据结构布置及受力情况，分别按下列公式复核。

当结构布置及受力情况对称时，按式（8.63）计算：

$$P_{\substack{\max\\\min}}=\frac{\sum G}{A}\pm\frac{\sum M}{W} \tag{8.63}$$

式中 $P_{\substack{\max\\\min}}$——闸室基底应力的最大值或最小值，kPa；

$\sum G$——作用在闸室上的全部竖向荷载，包括基础底面扬压力，kN；

$\sum M$——作用在闸室上的全部竖向和水平向荷载对于基础底面垂直水流方向的形心轴的力矩，kN·m；

A——闸室基底面面积，m^2，如果闸墩上分缝的闸室，或者采用接搭式分缝的闸室取一个分段或一个闸室底板的总面积；如果是分离式底板，则取墩基底面积；

W——闸室基底面对于该底面垂直水流方向的形心轴的截面矩，m^3。

当结构布置及受力情况不对称时，按式（8.64）计算：

$$P_{\substack{\max\\\min}}=\frac{\sum G}{A}\pm\frac{\sum M_x}{W_x}\pm\frac{\sum M_y}{W_y} \tag{8.64}$$

式中 $\sum M_x$、$\sum M_y$——作用在闸室上的全部竖向和水平向荷载对于基础底面形心轴 x、y 的力矩，kN·m；

W_x、W_y——闸室基底面对于该底面形心轴 x、y 的截面矩，m^3。

3. 稳定性的计算方法

土基上沿闸室、岸墙和翼墙基底面的抗滑稳定安全系数，应按式（8.65）或式（8.66）计算：

$$K_c=\frac{f\sum G}{\sum H} \tag{8.65}$$

$$K_c=\frac{\tan\phi_0\sum G+C_0A}{\sum H} \tag{8.66}$$

式中 K_c——沿基底面的抗滑稳定安全系数；

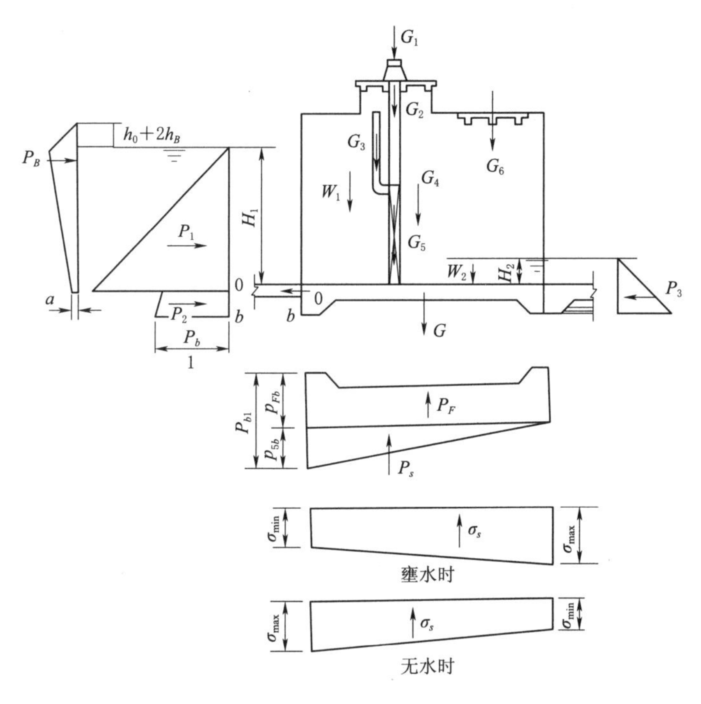

图 8.20　闸室稳定计算示意图

P_1、P_2、P_3—水压力；G_3—胸墙重；P_F—浮托力；P_B—浪压力；G_4—闸墩重；P_s—渗透扬压力；G—底板重；G_5—闸门重；σ_s—地基反力；G_1—启闭机重；G_6—公路桥重；G_2—工作桥重；W_1、W_1—水重

f——基底面与地基之间的摩擦系数，可按表 8.23 选用；

$\sum H$——作用在闸室上的全部水平向荷载，kN；

ϕ_0——基础底面与土质地基之间的摩擦角，(°)，可按表 8.24 选用；

C_0——基底面与土质地基之间的黏结力，kPa，可按表 8.24 选用。

黏性土地基上的大型水闸，沿基底面的抗滑稳定安全系数宜按式 (8.66) 计算。

对于土基上采用钻孔灌注桩基础的水闸，若验算沿闸室、岸墙和翼墙底板底面的抗滑稳定性，应计入桩体材料的抗剪断能力。

岩基上沿闸室、岸墙和翼墙基底面的抗滑稳定安全系数，应按式 (8.65) 或式 (8.67) 计算：

$$K_C=\frac{f'\sum G+C'A}{\sum H} \tag{8.67}$$

式中　f'——基底面与岩石地基之间的抗剪断摩擦系数，可按表 8.25 选用；

C'——基底面与岩石地基之间的抗剪断黏结力，kPa，可按表 8.25 选用。

当闸室、岸墙和翼墙承受双向水平向荷载作用时，应验算其合力方向的抗滑稳定性，其抗滑稳定安全系数应按土基或岩基分别不小于表 8.21 或表 8.22 的允许值。

岩基上翼墙的抗倾覆稳定安全系数，应按式 (8.68) 计算：

$$K_0=\frac{\sum M_V}{\sum M_H} \tag{8.68}$$

式中 K_0——翼墙抗倾覆稳定安全系数；

$\sum M_V$——对翼墙前趾的抗倾覆力矩，kN·m；

$\sum M_H$——对翼墙前趾的倾覆力矩，kN·m。

不论水闸级别，在基本荷载组合条件下，岩基上翼墙的抗倾覆安全系数不应小于1.50；在特殊荷载组合条件下，岩基上翼墙的倾覆安全系数不应小于1.30。

8.5 消能防冲设施复核

8.5.1 消能防冲布置复核

软土地基水闸闸下通常采用底流式消能。当闸下尾水深度小于跃后水深时，可采用下挖式消力池消能。消力池可采用斜坡面与闸底板相连接，斜坡面的坡度宜小于1∶4。消力池的斜坡段与水平段宜为整体结构，若斜坡段与水平段分缝，则还应分别复核其稳定性。当闸下尾水深度小于90%跃后水深时，可采用突槛式消力池消能。当闸下尾水深度小于50%跃后水深，且计算消力池深度又较深时，可采用下挖式消力池与突槛式消力池相结合的综合式消力池进行消能。当水闸上、下游水位差较大，且尾水深度较浅时，宜采用二级或多级消力池消能。下挖式消力池、突槛式消力池或综合式消力池后，均应根据河床地质条件设置海漫和防冲槽（或防冲墙）。消力池内可设置消力墩、消力梁等辅助消能工。

当下游无水或下游水深小于临界水深时，消力池后将出现急流流态，这是不符合消能设计要求的。因此，需采取措施抬高下游水深，以满足下游水深大于临界水深的要求。对于下游河道较长的水闸，可通过闸门开启度分级控制下泄流量，逐步抬高下游水位。设计时，应保证每个流量点时，下游水深大于临界水深。对于下游滨湖或邻海的水闸，一般只能通过加深下游河床来满足下游水深要求，或采取其他消能方式。

在夹有较大砾石的多泥沙河流上，水闸不宜设置消力池，而应采用抗冲耐磨的斜坡护坦与下游河道连接。斜坡护坦的末端应设防冲墙，在高速水流通过的部位，尚应采取抗冲磨与抗空蚀的措施。山区河流一般坡降较陡，流速很大，水流中挟带大量泥沙，特别在汛期推移质泥沙中夹有较大砾石随洪水下泄。如果采用一般底流式消能，则推移质对消力池底板的磨损很大，底板、尾坎及消能工极易破坏，故不宜设消力池。很多山区水闸工程实际采用的是闸后斜坡护坦急流式水面衔接，斜坡护坦坡度很缓，其上不宜设置消能工，同时需加强护坦的抗冲磨和抗空蚀保护。在护坦末端形成的较深冲坑，要设置深齿槽、防冲墙或防冲沉井加以保护，以防止淘刷护坦基础。深齿槽、防冲墙或防冲沉井的深度要大于贴壁冲坑的深度。部分工程在护坦后还设置有海漫，以防止冲坑的进一步扩大。

海漫应具有一定的柔性、透水性和表面粗糙性，其构造和抗冲能力应与水流流速相适应。海漫宜采用小于1∶10的斜坡，末端应设置防冲槽或防冲墙。海漫下面应设置垫层以增强稳定性。

为了防止水流冲刷，海漫末端要设置防冲槽（或防冲墙），其深度一般采用1.0～2.0m。防冲槽的上、下游边坡坡度可采用1∶2～1∶4，两侧边坡坡度可与两岸河坡相同。为了防止水流冲刷，必要时上游护底首端宜增设防冲槽（或防冲墙），其深度一般采用 1.0m 左右即可。但对于有双向运行工况的水闸工程，其上、下游消能防冲设施的布置要按计算确定。必要时，上游护底首端宜增设防冲槽（或防冲墙）。

8.5.2 消能防冲计算

实现消能扩散的主要途径是利用水与固体、水与气体、水与水体自身之间的碰撞掺混和摩擦剪应力的作用。即通过摩阻、冲击、旋滚、挑流、扩散和掺气等方式，将急流或主流尽快转变为扩散均匀的缓流，同时把过剩的动能转换为热能而消失。因此“消能”的含义不仅是总能量的消失，而应更全面地理解为泄流能量的调整、转换和消失。

在进行水闸消能设施复核计算中，应考虑天然河床下切导致的下游河道水位降低、水闸建成后上、下游河床发生的淤积或冲刷，以及闸下水位变动等情况对过水能力和消能防冲设施产生的不利影响。消能设施计算与水闸上下游水位差、过闸单宽流量、下游水位、闸门开启方式、闸门开启速度和下游水位能否迅速抬高等因素有关。若没有消能设施下游水力边界的可靠资料和下游水位流量关系作为设计依据，则消能水力计算根本不可能正确地进行，就无法保证建成的水闸下泄水流不会冲刷损毁下游海漫和河槽，并进而向上发展危及消力池及闸室主体。

下游水深的确定取决于河床的水力特性。由于水闸下游河道通常较长，在下游水深计算中，一般可不考虑下游蓄水建筑物对下游尾水水深的影响，而是按照明渠均匀流原理计算下游水位-流量的关系，从而得到消力池末端河床的水位。但闸下水位流量应根据不同类型水闸的特点，兼顾工程安全、经济等因素综合确定。

各种消能工型式都有其适应的一定范围的水力条件，很难有一种消能措施能适应各级水位流量和任意的闸门开启方式。因此，还必须在工程运行管理时注意闸门开门调度的最佳方式，各闸门应同步均匀开启，分级提升以适应尾水位变化。当不能同步开启闸门时，则可对称间隔开放，一般是先开中间孔，并避免大开度一次到顶造成水流过于集中、偏流或回流。尤其是下游无水或水位很低时的开闸始流情况，必须逐级提升，开始宜小，逐级可稍大（0.2～0.5m），以使能在消力池中产生水跃。

根据水闸设计和运用要求，其上、下游水位，过闸流量，以及泄流方式（如闸门的开启程序、开启孔数和开启高度）、地质情况等常常是复杂多变的。因此，水闸下游的消能防冲设施必须在各种可能出现的水力条件下，都能满足消散动能与均匀扩散水流的要求，且应与下游河道有良好的衔接。在消能防冲复核时，应考虑以下几点：

（1）对于多孔闸，在规划数据有变化的情况下，应考虑启闭机的设置条件、运用方式和运行过程中可能出现的各种不利组合，作为复核计算的设计标准。

（2）上游水位一般采用提闸泄水时的闸上最高挡水位。下游水位，考虑水位升高滞后于泄量增大的情况，选用相应于前一级开度泄量的下游河道水位，并选择可能出现的最低水位作为起始计算水位。

（3）分洪闸视其行洪道的布置情况，来考虑充水时间对闸下游水位的影响；没有行洪道的分洪闸，一般可考虑下游无水情况。

（4）挡潮闸可根据汛期排泄洪沥水过程线，选取泄量最大的闸上水位和闸下相应较低潮位。

水闸的基本消能方式是水跃消能，有底流消能和面流消能两种方式。此外，通过水流与固体边界的摩擦和撞击，促使水流更强烈地紊动，也是水闸设计中常用的辅助消能方式。水闸的消能设施型式主要取决于当时的施工条件、消能效果和经济技术比较。常用的消能设备有消力池、消力坎、综合消力池，以及消力齿、消力墩、消力梁等辅助消能工。平原软基上建闸一般采用消力池。本书仅介绍最常用的消力池复核计算方法和步骤。

1. 消力池复核

(1) 消力池深度。其计算示意图如图8.21所示。

$$d=\sigma_0 h_c''-h_s'-\Delta Z \tag{8.69}$$

$$h_c''=\frac{h_c}{2}\left(\sqrt{1+\frac{8\alpha q^2}{g h_c^3}}-1\right)\left(\frac{b_1}{b_2}\right)^{0.25} \tag{8.70}$$

$$h_c^3-T_0 h_c^2+\frac{\alpha q^2}{2g\varphi^2}=0 \tag{8.71}$$

$$\Delta Z=\frac{\alpha q^2}{2g\varphi^2 h_s'^2}-\frac{\alpha q^2}{2g h_c''^2} \tag{8.72}$$

式中 d——消力池深度，m，构造深度通常取0.5m；

σ_0——水跃淹没系数，取1.05～1.10；

h_c''——跃后水深，m；

h_c——收缩水深，m；

α——水流动能校正系数，可采用1.0～1.05；

q——过闸单宽流量，$m^3/(s\cdot m)$；

b_1——消力池首端宽度，m；

b_2——消力池末端宽度，m；

T_0——由消力池底板顶面算起的总势能，m；

φ——流速系数，一般采用0.95；

ΔZ——出池落差，m；

h_s'——出池河床水深，m。

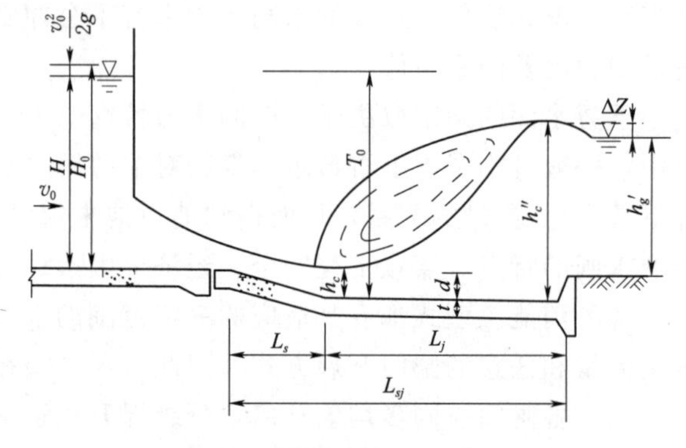

图8.21 消力池深度计算示意图

(2) 消力池长度。

$$L_{sj}=L_s+\beta L_j \tag{8.73}$$

$$L_j=6.9(h_c''-h_c) \tag{8.74}$$

式中 L_{sj}——消力池长度，m；

L_s——消力池斜坡段水平投影长度，m；

L_j——水跃长度，m；

β——水跃长度校正系数，可采用0.7～0.8。

(3) 消力池底板厚度。消力池底板始端厚度可根据抗冲和抗浮要求，分别按式(8.75)和式(8.76)计算，取其大值；末端厚度不宜小于0.5m。

抗冲：
$$t=k_1\sqrt{q\sqrt{\Delta H'}} \tag{8.75}$$

抗浮：

$$t=k_2\frac{U-W\pm P_m}{v_b} \tag{8.76}$$

式中　t——消力池底板始端厚度，m；

$\Delta H'$——闸孔泄水时的上、下游水位差，m；

k_1——消力池底板计算系数，取 $k_1=0.15\sim0.2$；

k_2——消力池底板安全系数，取 $k_2=1.1\sim1.3$；

U——作用在消力池底板底面的扬压力，kPa；

W——作用在消力池底板顶面的水重，kPa；

P_m——作用在消力池底板上的脉动压力，kPa，其值可取跃前收缩断面流速水头值的5%，通常计算消力池底板前半部分的脉动压力时取“＋”号，计算消力池底板的后半部分的脉动压力时取“－”值；

v_b——消力池底板的饱和容重，kN/m^3。

2. 海漫长度

当$\sqrt{q_s\sqrt{\Delta H'}}=1\sim9$时，且消能扩散良好时，海漫长度计算采用式（8.77）计算：

$$L_p=k_s\sqrt{q_s\sqrt{\Delta H'}} \tag{8.77}$$

式中　L_p——海漫长度，m；

q_s——消力池末端单宽流量，$m^3/(s\cdot m)$；

$\Delta H'$——泄水时的上、下游水位差，m；

k_s——海漫长度计算系数，由表8.26确定。

表8.26　k_s 值

河床土质	粉砂、细砂	中砂、粗砂、粉质壤土	粉质黏土	坚硬黏土
k_s	13～14	11～12	9～10	7～8

3. 河床冲刷深度计算

（1）海漫末端河床冲刷深度。其计算采用式（8.78）进行计算：

$$d_m=1.1\frac{q_m}{[v_0]}-h_m \tag{8.78}$$

式中　d_m——海漫末端河床冲刷深度，m；

q_m——海漫末端单宽流量，$m^3/(s\cdot m)$；

$[v_0]$——河床土质允许的不冲流速，m/s；

h_m——海漫末端河床水深，m。

该公式中河床土质允许不冲流速的取值可从《灌溉与排水工程设计标准》（GB 50288—2018）或有关水力学计算手册上查用。

（2）上游护底首端的河床冲刷深度。其计算采用式（8.79）进行计算：

$$d'_m=0.8\frac{q'_m}{[v_0]}-h'_m \tag{8.79}$$

式中 d'_m——上游护底首端河床冲刷深度，m；

q'_m——上游护底首端单宽流量，$m^3/(s\cdot m)$；

h'_m——上游护底首端河床水深，m。

8.6 钢筋锈蚀混凝土构件的复核分析

钢筋锈蚀是混凝土结构最为普遍的耐久性问题之一，尤其在水闸结构等水利设施中更为显著。水闸的钢筋混凝土结构在使用过程中不可避免地产生各种损伤，这些损伤必然导致构件承载能力和耐久性降低，进而影响其运行状况，使其难以满足规范要求。钢筋锈蚀对混凝土的黏结性能的影响机理如图 8.22 所示。锈蚀后的钢筋截面面积比未锈时小，且其抗拉能力也随之降低；同时，钢筋锈蚀产物的体积膨胀导致混凝土保护层产生顺筋锈胀，甚至剥落，进一步减小了构件的有效截面面积。保护层的开裂也使混凝土对钢筋的握裹力降低甚至丧失，使钢筋混凝土的耐久性能加速降低。

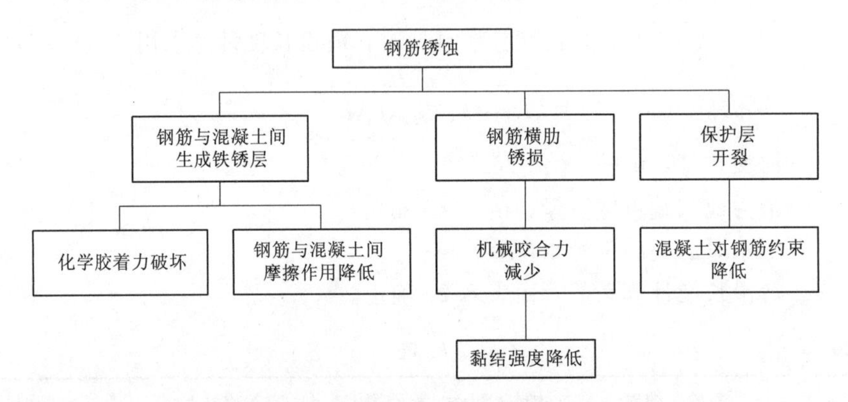

图 8.22 钢筋锈蚀对钢筋混凝土黏结性能的影响机理

由于钢筋锈蚀会引发上述问题，无疑会对混凝土构件的力学性能构成影响。定量分析钢筋锈蚀对混凝土构件力学性能的影响，对于准确评估混凝土结构的安全性能和抗震能力是非常重要的，同时也为确定水闸结构混凝土的加固与维护措施提供可靠的依据。

8.6.1 复核分析基础

1. 锈蚀钢筋的力学性能

(1) 抗拉能力。锈蚀钢筋的总抗拉能力比未锈蚀时降低，降低的比例与钢筋截面锈蚀损失率基本成正比，但比例系数要视具体情况而定。当锈蚀沿钢筋长度方向分布相对比较均匀时，锈蚀钢筋总抗拉能力降低的比例与钢筋截面锈蚀损失率的比例系数趋近于 1.0，即钢筋抗拉能力降低的比例基本上与钢筋截面的锈蚀损失率相当。然而，当锈蚀沿钢筋长度方向分布是非均匀时，特别是出现明显的坑蚀时，这一比例系数通常小于 1.0。锈蚀的均匀性越差，比例系数越低；钢筋直径越大，比例系数也可能越低。此时，按钢筋截面锈蚀损失率来估算钢筋抗拉能力的降低幅度，通常是偏于安全的。非均匀锈蚀钢筋抗拉能力的统计公式：

$\phi 12$：

$$N_{u,n}=N_u\times(1-0.695\lambda) \tag{8.80}$$

$\phi16$：

$$N_{u,n}=N_u\times(1-0.111\lambda) \tag{8.81}$$

式中 $N_{u,n}$——锈蚀钢筋的极限抗拉能力，kN；

N_u——未锈蚀钢筋的极限抗拉能力，kN；

λ——钢筋最大锈蚀截面的截面损失率，%。

(2) 锈蚀钢筋的屈服强度。锈蚀钢筋的屈服强度和极限强度计算涉及不同钢筋锈蚀率和截面面积的取值方法。目前国内外尚无可供借鉴的统一标准。在钢筋锈蚀率的定量计算方法上，可分别按照钢筋截面损失率和重量损失率进行计算。在钢筋强度计算时，可采用公称截面面积和实际钢筋截面面积。因此，试验和理论分析结论也因标准不同而有所差异。锈蚀后钢筋的抗拉强度分析有两种计算方法：一是采用钢筋公称面积，相应的强度称为名义强度；二是采用锈蚀后钢筋的截面积，相应的强度本书定义为蚀后强度，对应屈服荷载的强度值称作蚀后屈服强度，对应极限荷载的强度值称作蚀后抗拉强度。

锈蚀钢筋剩余截面材料的强度受影响较小，可不考虑锈蚀钢筋剩余截面材料强度的变化。根据锈蚀钢筋对其抗拉能力影响的试验现象，可采用钢筋锈蚀剩余截面面积与未锈蚀钢筋强度的乘积来估计钢筋锈蚀后的剩余抗拉能力。锈蚀钢筋强度的退化与锈蚀程度有关，当钢筋截面锈蚀损失率达到50%时，钢筋蚀后屈服强度和抗拉强度的降低比例低。在水闸安全检测与评估分析中，考虑到钢筋剩余截面量测的误差、试验测试误差及材料强度的离散性等因素，可不考虑强度降低。然而，当截面损失率大于50%时，混凝土结构的破坏形态已经发生改变，由预兆塑性破坏转变成脆性破坏，此时钢筋基本失去承载作用，其强度可视为0。

(3) 延伸性能。锈蚀钢筋剩余截面材料的延伸性能会有不同程度的降低。降低的幅度与锈蚀率和锈蚀的均匀性有关。当锈蚀沿钢筋长度方向分布相对比较均匀时，延伸性能的降低幅度小；而当锈蚀沿长度方向分布不均匀时，特别是出现坑蚀时，延伸性能降低的幅度大，且锈蚀量越大，延伸性能的降低幅度也越大。

(4) 疲劳强度。锈蚀钢筋剩余截面材料的疲劳强度可能会明显降低。尽管目前关于这方面缺乏准确的试验研究资料，但根据钢结构材料试验研究的成果，表面微小的瑕疵均可使钢材的抗疲劳性能明显降低。锈蚀钢筋的表面凹凸不平，即使是均匀锈蚀也会在钢筋表面形成一连串小的锈坑，这无疑会对钢筋的疲劳强度产生影响，特别是对光圆钢筋的影响可能更为明显。而对于变形钢筋，由于其表面形状的特点，可能影响较小。然而，坑蚀则对这两种钢筋的疲劳强度均有明显的不利影响。

(5) 冷弯性能。钢筋锈蚀后，Ⅰ级钢筋的冷弯性能高于Ⅱ级钢筋。当Ⅰ级钢筋（直径≤14mm）均匀锈蚀且重量损失率小于20%时，一般不会产生冷弯破坏；当Ⅱ级钢筋（直径≤18mm）坑蚀深度大于1mm时，冷弯时容易在坑蚀处发生局部开裂。

2. 锈蚀钢筋与混凝土的黏结性能

钢筋和混凝土间的黏结力是二者能够协调工作、充分发挥各自物理力学特性的前提。黏结力来自三个方面：①钢筋与混凝土之间的化学胶着力；②由于钢筋与混凝土接触面的凹凸不平而产生的机械咬合力；③混凝土在凝固过程中，由于体积收缩将钢筋紧紧握固而产生的摩擦力。分析以上三个方面，除了化学胶着力主要与混凝土自身的特性关系极为密切之外，其他两个方面不但与混凝土有关，而且与钢筋类别（光面、变形）、保护层厚度也有密切联系。因为钢筋表面越粗糙，与混凝土的摩擦也会越大；同时，在一定范围内，保护层越厚，握裹力也越大。

研究表明，轻度锈蚀通常不会导致黏结性能的明显降低，甚至可能因锈蚀增加了表面粗糙度而略微提高黏结力。在钢筋刚开始锈蚀时，黏结力会略有提高；但随着腐蚀发展到一定程度后出现降低的趋势，钢筋腐蚀后的黏结力减低幅度可达20%～30%。通过修正未腐蚀钢筋与混凝土黏结力公式，得出锈蚀钢筋与混凝土黏结力的计算式：

$$\tau=\left(0.82+0.9\frac{d}{l_a}\right)\cdot\left(2.7+0.8\frac{c}{d}+20\rho_{sv}-7.3\lambda\right)f'_t \tag{8.82}$$

式中 d——钢筋直径，mm；

c——混凝土保护层厚度，mm；

l_a——钢筋与混凝土的锚固长度，mm；

λ——钢筋锈蚀率，%；

ρ_{sv}——腐蚀后钢筋混凝土构件配箍率，%；

f'_t——腐蚀后钢筋混凝土抗拉强度，MPa。

另外也可根据锈胀裂缝的宽度来定性判断钢筋和混凝土的黏结强度。锈胀裂缝宽度 $w=0.1$mm 左右时，黏结强度相当于无锈蚀钢筋的黏结力；裂缝宽度 $0.1\text{mm}<w<0.15\text{mm}$ 时，可采用黏结力降低系数 β_b 来反映锈胀裂缝对黏结力的影响，并提出了式（8.83）的 β_b 计算式：

$$\beta_b=e^{2.1w}(0.13+0.5c/d) \tag{8.83}$$

当锈胀裂缝过宽 $w>0.15$mm 时，粘结强度基本丧失，已很难保证钢筋与周围混凝土的协同工作。

3. 锈蚀钢筋混凝土构件的整体性能

对基本完好、钢筋锈蚀量小于5%的构件，采用实际材料强度和现行规范的计算式能正确地估算出服役构件的承载力；对于损伤较重、钢筋锈蚀量较大的构件，提出了综合考虑锈蚀钢筋截面面积变化、材料力学性能的变化和钢筋与混凝土协同工作性能的变化。

8.6.2 钢筋锈蚀后的构件承载力计算分析

1. 基本假定

现行《水工混凝土结构设计规范》（SL 191—2008）是指导水工混凝土结构设计的标准，该标准以概率理论为基础，采用极限状态的设计方法和近似概率法来研究结构的可靠性。它是基于工程力学、结构试验和工程经验，且不断充实和完善。因此，利用设计规范的计算理论来分析钢筋锈蚀后的构件承载力，具有坚实的理论基础。

（1）基本假设。截面应变保持平面，大量的锈蚀钢筋混凝土受弯构件试验已证实了此点；不考虑混凝土的抗拉强度；锈蚀钢筋的应力-应变关系假设为理想弹塑性，即钢筋屈服前应力和应变成正比；在钢筋屈服以后，钢筋应力保持不变；混凝土应力-应变关系则采用由一条二次抛物线及水平线组成的曲线来描述。

（2）分析计算式。在借用设计规范进行构件承载力计算分析时，建议根据构件外观缺陷和现状混凝土工程质量检测的基础上，综合考虑混凝土外观缺陷、强度、碳化深度、钢筋保护层厚度和钢筋锈蚀等对承载力的影响，对结构抗力和荷载效应进行必要的修正。因此，建议既有钢筋锈蚀后的构件承载力计算式为

$$KS \leqslant R \tag{8.84}$$

式中 K——结构重要性系数；

S——荷载效应组合设计值；

R——结构构件的截面承载力设计值。

2. 轴心受拉构件

轴心受拉构件在达到承载能力极限状态时，构件所承受的拉力由钢筋来承担，此时混凝土已退出工作。钢筋锈蚀后，构件的承载能力直接取决于钢筋截面的锈蚀损失。因此，构件的抗拉能力可用式（8.85）计算：

$$N_u = A_{s,n} \times f_y \tag{8.85}$$

式中 N_u——构件抗拉承载能力，N；

$A_{s,n}$——构件钢筋锈蚀最严重截面的钢筋剩余截面面积，mm^2；

f_y——钢筋屈服强度，N/mm^2。

3. 轴压构件

在轴压构件中，混凝土承受了总压力的大部分。混凝土的截面面积一般占到构件面积的95%左右，混凝土抵抗的总压力可占到构件极限承载能力的80%～90%左右。当保护层混凝土出现顺筋裂缝时，构件混凝土截面的损失率不足5%；如果仅考虑角部的钢筋出现顺筋裂缝，钢筋的截面锈蚀损失率也不足5%，钢筋承载能力损失亦约为此值。两者相加，构件总的抗压承载能力降低不到5%。特别是对于截面尺寸较大的构件，抗压承载能力损失比例降低还要低一些。

此时构件的抗压承载能力可按式（8.86）计算：

$$N_{u,N} = f_c \times A_{c,n} + A_{s,n} \times f_y \tag{8.86}$$

式中 $N_{u,N}$——抗压构件极限承载能力，N；

$A_{c,n}$——钢筋锈蚀后的混凝土面积，mm^2；

$A_{s,n}$——钢筋锈蚀后的钢筋截面面积，mm^2。

4. 受弯构件

根据《水工混凝土结构设计规范》(SL 191—2008)，受弯构件的抗弯承载能力由钢筋控制。但混凝土中钢筋锈蚀后，截面面积减小，构件的抗弯能力也随之减小。正截面抗弯承载能力可用钢筋剩余截面面积按式（8.87）进行估算：

$$M_u = A_{s,n} \times f_y (h_0 - x/2) \tag{8.87}$$

式中 M_u——抗弯极限承载能力，kN·m；

$A_{s,n}$——锈蚀钢筋剩余截面面积，mm^2；

f_y——钢筋名义屈服强度，N/mm^2；

h_0——截面有效高度，m；

x——混凝土等效压区高度，m。

5. 偏心受压构件

偏心受压构件既有压的特性，也有弯的特性。小偏压构件与轴压构件有相似之处，而大偏压构件与受弯构件有相似之处。在这里仅对小偏压界限时的承载能力进行分析。

当构件保护层混凝土出现顺筋裂缝时，构件的承载能力可用式（8.88）进行估算：

$$N = f_c b \varsigma_b h_0 + f'_y A_{s,n}$$
$$N_e = f_c b \xi_b (h_0 - \xi_b h_0 / 2) + f'_y A'_{s,n} (h_0 - a'_s) \tag{8.88}$$

式中 $A'_{s,n}$——截面受压区钢筋剩余截面面积，mm^2。

8.7 抗震安全复核

8.7.1 抗震设防烈度复核

国家质量监督检验检疫总局和国家标准化管理委员会于2015年5月15日批准发布了强制性国家标准《中国地震动参数区划图》（GB 18306—2015）。此标准中的“两图”指的是《中国地震动参数区划图》（GB 18306—2015）中的中国地震动峰值加速度区划图和中国地震动加速度反应谱特征周期区划图，它们是确定抗震设防要求的核心技术要素。

“两图”经过修订后，在《中国地震动参数区划图》（GB 18306—2015）中对全国的抗震设防要求进行了提升。其中，地震动峰值加速度小于0.05g的分区已不再出现；基本地震动峰值加速度0.10g（即Ⅶ度）及以上的地区面积有所增加，从49%上升到58%。特别地，0.20g（即Ⅷ度）及以上地区的面积从12%增加到18%，显示出城市抗震设防水平有所提高。

在全国县级以上城市中，设防水平变化较大的约占12.5%。具体而言，有6.9%的城市其基本地震动峰值加速度分区从0.05g提高至0.10g或0.15g（即从Ⅵ度提高到Ⅶ度），另有4.6%的城市从0.10g或0.15g提高至0.20g，还有1%的城市其基本地震动峰值加速度分区从0.20g提高至0.30g。基本地震动加速度反应谱特征周期0.40s地区的面积从24%增加到27%，0.45s地区的面积从31%增加到32%。

对依据现行国家标准《中国地震动参数区划图》（GB 18306—2015）确定其设防水准的水工建筑物，一般工程应取该图中其场址所在地区的地震动峰值加速度的分区值作为水平向设计地震动峰值加速度代表值，将与之对应的地震基本烈度作为设计烈度；对工程抗震设防类别为甲类的水工建筑物，应在基本烈度基础上提高1度作为设计烈度，水平向设计地震动峰值加速度代表值相应增加1倍。

Ⅱ类场地基本地震动峰值加速度应按《中国地震动参数区划图》图A.1取值，其中，乡镇人民政府所在地、县级以上城市基本地震动峰值加速度应按《中国地震动参数区划图》表C.1～表C.32取值。《中国地震动参数区划图》图A.1分区界线附近的基本地震动峰值加速度应按就高原则或专门研究确定。这里的“就高原则”是指分区界限两侧中较高一侧的地震动分区值，作为工程所在地的地震动峰值加速度。这里的“专门确定”通常指开展特定场地的地震安全性评价工作，以精确确定工程场地上的地震动参数值。《中国地震动参数区划图》（GB 18306—2015）图A.1和图B.1的比例尺为1：400万，受图幅所限也可根据工程所在地经纬度登录中国地震动参数区划图网站（https：//www.

gb18306.net）查询地震动参数和历代区划图。也可以根据中国地震台网（https://www.ceic.ac.cn）查询近些年来工程所在地境内发生地震的情况。

水工建筑物应根据其重要性和工程场地地震基本烈度按表 8.27 确定其工程抗震设防类别。

表 8.27　　工程抗震设防类别

工程抗震设防类别	建筑物级别	场地地震基本烈度
甲类	1 级（壅水和重要泄水）	≥Ⅵ度
乙类	1 级（非壅水）、2 级（壅水）	
丙类	2 级（非壅水）、3 级	≥Ⅶ度
丁类	4 级、5 级	

注　重要泄水建筑物指其失效可能危及壅水建筑物安全的泄水建筑物。

各类水工建筑物的抗震设防水准应以经场地类别调整后的平坦地表设计烈度和水平向设计地震动峰值加速度代表值表征。场地类别应根据场地土类型和场地覆盖层厚度按划分为$Ⅰ_0$、$Ⅰ_1$、Ⅱ、Ⅲ、Ⅳ共五类。场地类别判别应根据《水工建筑物抗震设计标准》（GB 51247—2018）和《中国地震动参数区划图》（GB 18306—2015）的相关规定执行。

当需要采用地震烈度作为地震危险性的宏观衡量尺度，用于工程抗震设防或防震减灾目的时，可根据本标准确定Ⅱ类场地地震动峰值加速度 $a_{maxⅡ}$，按表 8.28 确定地震烈度。

表 8.28　　Ⅱ类场地地震动峰值加速度与地震烈度对照表

Ⅱ类场地地震动峰值加速度	$0.04g \leqslant a_{maxⅡ} < 0.09g$	$0.09g \leqslant a_{maxⅡ} < 0.19g$	$0.19g \leqslant a_{maxⅡ} < 0.38g$	$0.38g \leqslant a_{maxⅡ} < 0.75g$	$a_{maxⅡ} \geqslant 0.75g$
地震烈度	Ⅵ	Ⅶ	Ⅷ	Ⅸ	≥Ⅹ

8.7.2　抗震措施复核

抗震设防烈度为Ⅵ度建筑物，可不进行抗震计算，但对 1 级水工建筑物仍应按《水工建筑物抗震设计标准》（GB 51247—2018）复核其抗震措施。地基中存在软弱土、饱和砂土或饱和粉土时，应进行液化、震陷和抗震承载力的分析。地基中的土层只要满足下列任一指标，即可判定为软弱黏土层：①液性指数大于或等于 0.75；②无侧限抗压强度小于或等于 50kPa；③标准贯入锤击数小于或等于 4；④灵敏度大于或等于 4。

地基中土层液化的判别应按现行国家标准《水利水电工程地质勘察规范（2022 年版）》（GB 50487—2008）的有关规定进行。

地震时饱和无黏性土和少黏性土的液化破坏，应根据土层的天然结构、颗粒组成、松密程度、地震前和地震时的受力状态、边界条件和排水条件以及地震历时等因素，结合现场勘察和室内试验综合分析判定。

土的地震液化判定工作可分初判和复判两个阶段。初判应排除不会发生地震液化的土层。对初判可能发生液化的土层应进行复判。

土的地震液化初判应符合下列规定：

（1）地层年代为第四纪晚更新世 Q_3 或以前的土，可判为不液化。

（2）土的粒径小于 5mm 颗粒含量的质量百分率小于或等于 30%时，可判为不液化。

(3) 对粒径小于5mm颗粒含量质量百分率大于30%的土，其中粒径小于0.005mm的颗粒含量质量百分率相应于地震动峰值加速度为0.10g、0.15g、0.20g、0.30g和0.40g分别不小于16%、17%、18%、19%和20%时，可判为不液化；当黏粒含量不满足上述规定时，可通过试验确定。

(4) 工程正常运用后，地下水位以上的非饱和土，可判为不液化。

(5) 当土层的剪切波速大于计算的上限剪切波速时，可判为不液化。

土的地震液化复判应根据《水利水电工程地质勘察规范（2022年版）》（GB 50487—2008）附录P的规定进行，可采用标准贯入击数法、相对密度法、相对含水率或液性指数复判法。

当需要进行砂土地震液化判别的工程正常运行工况与进行标准贯入试验时贯入点深度和地下水位深度发生比较大的变化时，需要对标准贯入击数进行校正。在实际使用中，经常有单位反映现行国家标准《水利水电工程地质勘察规范（2002年版）》（GB 50487—2008）中采用的公式对试验标准贯入锤击数进行校正时，若上覆有效应力增大，校正后的试验标准贯入锤击数偏大，高估了土体的抗液化能力，导致液化判别结果偏于不安全。若上覆有效应力减小，校正后的标准贯入锤击数偏小，低估了土体的抗液化能力，导致液化判别结果过于保守。本书建议可以参照《水工建筑物抗震设计标准》（GB 51247—2018）第4.2.6条条文说明进行修正。

基础处理应分析评价是否满足建筑物抗震安全的要求。地基抗液化加固处理方案应经技术经济比较确定。液化土层厚度小于等于3.0m时可采用非液化土置换全部液化土层；置换液化土层的非液化土可采用天然土料或掺加水泥的改良土，其填筑质量应满足相应设计烈度条件下地基处于稳定状态时的压实度，采用砂性土置换时相对密度要求不应小于0.8。液化土层厚度大于3.0m时可采用围封、强夯、振冲、挤密碎石桩、桩基础或沉井基础等地基加固处理方法。

水闸抗震措施应符合《水工建筑物抗震设计标准》（GB 51247—2018）中的规定，结构构件抗震构造要求应符合《水工混凝土结构设计规范》（SL 191—2008）和《水工挡土墙设计规范》（SL 379—2007）的相关规定。

水闸地基采用桩基时，应做好桩基与闸底板的连接及防渗措施，底板可设置防渗墙、齿墙、尾坎等措施，防止因地震作用使地基与闸底板脱离而产生管涌或集中渗流。闸室结构的布置宜力求匀称，增强整体性。水闸的闸室宜采用钢筋混凝土整体结构，地震设计烈度为8度及8度以上的水闸不宜采用分离式结构和浆砌块石结构。分缝止水结构应选用耐久并能适应较大变形的型式和材料，关键部位分缝的止水措施应加强。在8度及8度以上地震区修建的挡土墙，由于砌体结构在地震荷载作用下，砌筑用的黏结材料容易被拉开，虽然符合“大震不倒、小震不坏”的抗震设计基本要求，但震后不易修复，因此在水工挡土墙的设计中，不宜采用砌石结构，应尽可能采用钢筋混凝土整体结构。

宜从闸门、启闭机的选型和布置方面设法降低机架桥高度，减轻机架顶部的重量。机架桥宜采用框架式结构，并宜加强机架桥柱与闸和桥面结构的连接，在连接部位宜增大截面及增加钢筋；当机架桥纵梁为预制活动支座时，梁支座应采用挡块、螺栓连接或钢夹板连接等防止地震时梁被震落的措施。机架柱上、下端在净高1/4范围内的箍筋应加密。设计烈度为Ⅸ度时，在全部高度范围内的箍筋都应加密。

为防止地震产生河岸变形及附加侧向荷载而引起的闸孔变形，边墩的岸坡填土高度宜降低，避免在邻近边墩的岸边建造房屋或堆放荷重。1 级、2 级、3 级水闸的上游防渗铺盖应采用混凝土结构并布设钢筋，做好分缝止水及水闸闸室下游和两岸渗流的排水措施。

为保障震后降低水位，防止次生灾害的发生，水闸的正常运行至关重要，因此，应对水闸运行关键设备（机电设备与结构主体的连接件）进行抗震设计。

8.7.3 抗震计算

水闸可不考虑竖向地震作用，只需考虑水平向地震作用，并应同时考虑顺河流方向和垂直河流方向的水平向地震作用。

水工建筑物抗震计算应考虑的地震作用包括：建筑物自重和其上的荷重所产生的地震惯性力，地震动土压力和地震动水压力。地震浪压力和地震对渗透压力、浮托力的影响可以不计。地震对淤沙压力的影响，一般可以不计，但此时计算地震动水压力的建筑物前水深应包括淤沙深度。地震惯性力、地震动土压力和地震动水压力计算可参照《水工建筑物抗震设计标准》（GB 51247—2018）的有关规定进行。水工建筑物做抗震计算时的上游水位可采用正常蓄水位。水闸边墩和翼墙在低水位时，若地下水位较高，垂直河流向地震作用下可能会控制配筋，因此对重要水闸宜补充地震作用和常遇低水位组合的验算。

水闸的抗震计算应包括抗震稳定和结构强度验算。对闸室和两岸连接建筑物及其地基，应进行抗震稳定计算；对各部位的结构构件，应进行抗震强度计算。

水闸地震作用效应的计算可采用动力法或拟静力法。设计烈度为Ⅷ度、Ⅸ度的 1 级、2 级水闸或地基为可液化土的 1 级、2 级水闸，应采用动力法进行抗震计算。

采用动力法计算水闸地震作用效应时，应把闸室段作为整体三维体系结构。宜计算弧形闸门的刚度对水闸结构抗震性能的影响，并应对其牛腿做动力分析。对水工建筑物进行线弹性分析时，其地震作用效应的计算可采用只计地基弹性影响的振型分解反应谱法或振型分解时程分析法。

水闸建筑物各部件的结构强度应按 GB 51247—2018 第 5.7.4 条的规定进行抗震验算，并应符合现行行业标准《水闸设计规范》（SL 265—2016）的有关规定。应校核地震时水闸各部位结构变形对闸门及启闭设备运行的影响。

沿水闸基础底面的抗滑稳定验算应按 GB 51247—2018 第 9.1.3 条或第 9.1.4 条确定地震作用效应，并应符合现行行业标准《水闸设计规范》（SL 265—2016）的有关规定。当采用动力法进行水闸的抗震稳定计算时，应采用与强度验算相一致的地震作用效应。

8.7.4 《中国地震动参数区划图》（GB 18306—2015）的溯及力

按照《水闸安全评价导则》（SL 214—2015），水闸安全评价涉及面比较广泛，内容复杂，该导则引用的规范、规程主要包括设计、施工、管理等方面，当引用标准更新后应采用更新后的有效版本。但根据《中国地震动参数区划图》（GB 18306—2015）宣贯教材表明，GB 18306—2015 是面向现在和未来的抗震设防国家标准，不具备溯及力。

GB 18306—2015 颁布实施后，新建、改建、扩建建设工程依此抗震设防是《中华人民共和国防震减灾法》中明文规定的。那么在 GB 18306—2015 颁布实施前已经建成的工程是否要按 GB 18306—2015 抗震设防，即 GB 18306—2015 对于建成的工程有无溯及力呢？所谓的有无溯及力，简单地说，就是能否用今天的规定去约束昨天的行为。能约束，就是有溯及力；不能约束，就是没有溯及力。从法理方面来讲，为了保持法律的一致性和公众对于法律的可期待性，新的法律法规一般不对其施行之前的行为和事件有约束力。在适用法律中，一般坚持的原则是“从旧”，也就是说在新法颁布实施以前已经形成的行为成果，依当时的法律规定做出合法与否的判断，除非新的规定对于义务人来说意味着更小的义务。对于抗震设防标准的改变而言，已建成的一般项目依建设当时的标准确定其质量合格与否。因此，GB 18306—2015 的发布和实施并不意味着依 GB 18306—2001 设防的建设工程是不符合标准，因而是不合法的。从技术手段方面讲，GB 18306—2015 在制定过程中，一般都会留有一定的预估风险值，即对于未来可能发生的更大的地震风险是有预估的。从社会期待方面看公众需要对社会政策和法律有稳定性和一致性的要求，GB 18306—2015 是面向现在和未来的抗震设防国家标准，不具有溯及力。对于在 GB 18306—2015 颁布实施前已经建成或已经批准并在建的工程应按照建设和批准建设时适用的标准进行抗震设防；对于 GB 18306—2015 颁布实施后新、改、扩建的工程则应按 GB 18306—2015 进行抗震设防，否则将构成对有关法律的违反，需要承担相应的法律责任。

8.8 机电设备安全复核

8.8.1 设备选型复核

水闸用电系统中柴油发电机组作为应急电源，其容量可依据《水利水电工程厂（站）用电系统设计规范》（SL 485—2010）进行计算。计算方式包括按最大稳定负荷计算、按最大尖峰负荷计算、按空载启动最大的单台电动机时母线允许电压降校验发电机容量。计算中需注意电动机启动方式系数 C 和电动机启动倍数 K 的确定，全压启动 C 可取 1.0，星三角启动 C 可取 0.67、软启动 C 可取 0.42。电动机启动倍数 K，一般全压启动可取 4～7，软启动可取 3，其他情况应根据启动方式进行调整。用电母线允许的瞬时电压降建议取 0.15。对于多孔水闸，还需要考虑最不利短时运行方式下容量复核。柴油机使用年限达到 15 年及以上或损坏后无法修复的应予报废。

（1）按最大稳定负荷计算可采用式（8.89）和式（8.90）进行计算：

$$S_{JS}=\frac{P_{\Sigma}}{\eta_{\Sigma}\cos\varphi} \tag{8.89}$$

$$S_{G1}\geqslant S_{JS} \tag{8.90}$$

式中 S_{JS}——计算负荷，kVA；

S_{G1}——发电机的额定容量，kVA；

P_{Σ}——可能同时运行的应急负荷（包括旋转和静止的负荷）的额定功率之和，kW；

η_{Σ}——应急负荷的计算效率，一般取 0.82～0.88；

$\cos\varphi$——计算负荷的功率因数，可取 0.80。

（2）按最大尖峰负荷计算可采用式（8.91）进行计算：

$$S_{G2}=\left(\frac{P_{\Sigma}-P_{m}}{\eta_{\Sigma}}+\frac{P_{m}KC\cos\varphi_{m}}{\eta_{d}\cos\varphi_{d}}\right)\frac{1}{\cos\varphi_{G}} \tag{8.91}$$

式中　S_{G2}——按最大单台电动机或成组电动机启动校验的发电机容量，kVA；

P_m——启动最大单台电动机或成组电动机的容量，kW；

$\cos\varphi_m$——电动机的启动功率因数，一般取0.40；

K——电动机的启动倍数，一般可取4.0～7.0；

C——按电动机启动方式确定的系数，全压启动$C=1$；

$\eta_d\cos\varphi_d$——电动机额定效率和额定功率因数的乘积，简化计算时取0.80；

$\cos\varphi_G$——发电机功率因数，可取0.80。

(3) 按空载启动最大的单台电动机时母线允许电压降校验发电机容量，可采用式(8.92)进行计算：

$$S_{G3}=\frac{P'_n KCX''_d}{\eta_d\cos\varphi_d}\left(\frac{1}{\Delta E}-1\right) \tag{8.92}$$

式中　S_{G3}——按空载启动单台最大的电动机时母线允许电压降校验的发电机容量，kVA；

P'_n——最大的单台电动机功率，kW；

K——电动机的启动倍数；

C——按电动机启动方式确定的系数，全压启动$C=1$；

X''_d——发电机次暂态电抗，一般取0.25；

$\eta_d\cos\varphi_d$——电动机额定效率和额定功率因数的乘积，简化计算时取0.80；

ΔE——用电母线允许的瞬时电压降，一般取0.15。

启闭机起升机构电动机的静功率应按启闭荷载或等效的启闭荷载、吊具重、额定启闭速度和机构效率计算。电动机额定功率应根据机构的静功率、电动机工作方式和负载持续率或负载持续时间确定。采用等效的启闭荷载计算的电动机应校验过载和发热。定子和转子绝缘等级为B级及以下，且使用年限超过25年的低压电动机，应予报废。

起升机构电动机静功率可按式(8.93)进行计算：

$$p_j=\frac{(Q+Q_0)v}{1000\eta} \tag{8.93}$$

式中　Q——额定的启门力，N；

Q_0——吊具自重，N，吊具自重可按照启门力的2%～3%考虑，当有吊杆或拉杆时，则应另行估算入内；

v——起升速度，m/s；

η——起升机构总效率。

8.8.2　变压器容量复核

选择水闸用电变压器容量的最大负荷即计算负荷，宜按分析统计法确定。可按水闸最大运行方式下的最大可能运行负荷，计入功率因数、同时系数、负荷系数及网络损失系数确定。变压器容量可按下列公式计算：

$$S_b\geqslant C_1C_2S_{jb} \tag{8.94}$$

$$S_{jb}=k_1\sum S_1+k_2\sum S_2 \tag{8.95}$$

$$S_1=p_{ed}/\eta_d\cos\varphi_d \tag{8.96}$$

$$S_2 = p_{cg}/\eta_g \cos\varphi_g \quad (8.97)$$

式中 S_b——电变压器容量，kVA；

C_1——网络损失系数，一般取1.05；

C_2——各种不同用电设备的平均负荷系数，根据统计及运行经验确定，一般取0.8；

S_{jb}——计算容量之和，kVA；

S_1、S_2——单项计算容量，kVA；

k_1、k_2——同时系数，根据具体情况确定；

p_{ed}——电动机功率，kW；

η_d——电动机效率；

$\cos\varphi_d$——电动机功率因数；

p_{cg}——硅整流及其他负荷等，kW；

η_g——硅整流及其他负荷的效率。

8.8.3 供电可靠性复核

根据《供配电系统设计规范》(GB 50052—2009)，电力负荷应依据对供电可靠性的要求及中断供电在对人身安全、经济损失上所造成的影响程度进行分级，分为一级负荷和二级负荷。一级负荷应由两个电源供电，当其中一个电源发生故障时，另一个电源不应同时受到损坏。二级负荷的供电系统，宜由两回线路供电。

水利工程建设标准强制性条文（2020版本）、《水利水电工程厂（站）用电系统设计规范》(SL 485—2010)、《水利水电工程机电设计技术规范》(SL 511—2011)、《水利水电工程启闭机设计规范》(SL 41—2018）等都对启闭机供电电源做了明确规定。有泄洪要求的闸门启闭机要求配置双电源，特别重要、有可能影响到防洪安全的重要闸门还应设置能自动快速启动的柴油发电机组或其他应急电源。根据《水利水电工程钢闸门设计规范》(SL 74—2019)，具有防洪功能的泄水和水闸枢纽工作闸门的启闭机必须设置备用电源，必要时设置失电应急液控启闭装置。

近年来，在个别工程中，因天气、地震等不可抗力，主电源和备用电源均失电或启闭机本身故障的原因，可能导致无法及时泄洪，从而发生重大安全事故或隐患。在一些工程中，采用了一种无电液控应急动力装置，作为失电情况下代替电动机驱动启闭机操作闸门，保障了防洪安全。还有个别工程，因各种原因启闭机无法操作闸门影响工程防洪安全时，临时安装该装置，及时驱动启闭机开启泄洪闸门，避免了重大防洪安全事故的发生。

另外，考虑在高地震区，高烈度地震对启闭设备及备用电源可能产生的破坏及其后果，为保证安全，在高地震区泄水系统工作闸门启闭机上设置无电应急动力装置也是非常必要的。

供电可靠性现场主要检查核实供电电源供电方式、是否配置双电源、是否接入农用电、是否采用双回路进线、供电距离等，以确认供电可靠性。同时，检查重要水闸是否配置柴油发电机组作为应急电源，以及柴油发电机组配置情况、柴油发电机房适用性及在设防水位条件下是否不受淹没。

第9章 腐蚀后水工钢闸门的复核计算和安全评估

9.1 概述

水工钢闸门为水工建筑物的主要挡水结构，分为露顶门和潜孔门。由于闸门长期处于干湿交替、浸没水或高速水流等环境中，受到各种水质、大气、水生物的侵蚀，以及泥沙、冰凌和其他漂浮物的冲击摩擦等都会使钢材发生严重腐蚀、变形和损伤。这些变形、损伤、腐蚀使钢结构构件应力分布变化，其强度、刚度和稳定与设计状态相比必有所下降。对于运行几十年的闸门，其钢板的力学性能已经有所降低，如屈服强度、极限强度和断面收缩率下降，钢材有呈现从塑性向脆性转化的趋势。经多年的运行，因闸门腐蚀和变形等因素的影响，应力分布将发生变化，引起闸门主要受力构件应力超标，安全储备下降，严重威胁闸门的安全运行。

由于现行《水利水电工程钢闸门设计规范》（SL 74—2019）采用允许应力方法进行结构设计和验算，不具有“设计使用寿命”的概念；而在服役期间，闸门结构多处于潮湿或干湿交替的环境中，恶劣的周边环境对材料尺寸和材性的侵蚀较为严重；闸门结构的比表面积相对较大，难以全部得到完整有效的保护，所以对在役期的水工钢闸门进行科学合理的抽样检测和结构应力、变形及稳定复核非常必要，否则闸门的失事将严重影响整个水闸的安全。

闸门型式很多，有平面闸门、弧形闸门、人字形闸门、扇形闸门、梁式闸门、圆辊闸门、圆筒闸门等，每一大类中又有若干小类。这里只讨论常见闸门型式的安全评估与校核，其他型式闸门可以参照评估。

水工钢闸门复核计算依据主要包括《水工钢闸门和启闭机安全检测技术规程》（SL 101—2014）、《水利水电工程金属结构报废标准》（SL 226—1998）、《水利水电工程钢闸门设计规范》（SL 74—2019）等。

9.2 钢闸门的腐蚀后评估

对国内在役水工钢闸门的安全性状调查表明：尽管有各种防腐措施，但受闸门运行特点及工作环境影响，腐蚀病害普遍发生；材料出现腐蚀病害时，被蚀面存在大量裂隙和游离状的金相组织等现象。而现有工程检测技术，可检测到的锈蚀率较实际锈蚀率偏小。涉及腐蚀病害导致安全性状恶化而进行更新改造的闸门比例高达90%以上，因此腐蚀病害是影响闸门安全运行的重要因素。根据《水利水电工程金属结构报废标准》（SL 226—

98），当构件蚀余厚度小于6mm时，必须更换；主要构件发生锈损，应进行强度、刚度复核计算，不满足要求，必须更换；当需更换构件达到30%以上，闸门应报废。

腐蚀是金属在其周围环境的作用下引起的破坏或变质现象。金属腐蚀分为两大类，为全面腐蚀和局部腐蚀，其中全面腐蚀可能是均匀的，也可能是非均匀的，表现为某大面积的化学或电化学反应；局部腐蚀包括坑蚀、缝隙腐蚀、水线腐蚀、磨（冲）蚀、气蚀、生物腐蚀及应力腐蚀等。不同的材质其耐腐蚀能力不同。

9.2.1 钢材的型号和力学性能指标

大多数闸门的门叶部分是用轧钢焊接制造的。目前闸门承重结构用的钢材一般采用Q235钢和Q355钢，此外还可以用Q390钢和Q420钢。闸门吊杆轴、连接轴、主轮轴、支铰轴和其他轴可采用35号钢、45号钢，也可采用40Cr、35CrMo、42CrMo合金结构钢。闸门的止水板宜采用GB/T 4237规定的12Cr18Ni9或12Cr18Ni9Si3不锈钢。

2019年水利部颁布的《水利水电工程钢闸门设计规范》（SL 74—2019）以及2003年交通部颁布的《船闸闸阀门设计规范》（JTJ 308—2003），仍采用平面体系假定和容许应力方法，进行闸门的结构设计与计算。

钢材的容许应力根据表9.1的尺寸分组，按表9.2采用；连接材料的容许应力按表9.3或表9.4采用。表9.2、表9.3、表9.4、表9.5的容许应力值，在特殊荷载组下可提高15%，在特殊情况下，除局部应力外，不应超过$0.85\sigma_s$。2号钢或3号钢的容许应力可以参照《水利水电工程钢闸门设计规范》（SL 74—1995）取值。灰铸铁件容许应力应按表9.6采用。轴套容许应力应按表9.7采用。

表9.1　　　　钢材尺寸分组　　　　单位：mm

组别	钢材厚度或直径	
	Q235	Q355、Q390、Q420、Q460
第1组	≤16	≤16
第2组	>16～40	>16～40
第3组	>40～60	>40～63
第4组	>60～100	>63～80
第5组	>100～150	>80～100
第6组	>150～200	>100～150

表9.2　　　　钢材容许应力　　　　单位：N/mm²

应力种类	符号	碳素结构钢						低合金高强度结构钢																							
		Q235						Q355						Q390						Q420						Q460					
		第1组	第2组	第3组	第4组	第5组	第6组	第1组	第2组	第3组	第4组	第5组	第6组	第1组	第2组	第3组	第4组	第5组	第6组	第1组	第2组	第3组	第4组	第5组	第6组	第1组	第2组	第3组	第4组	第5组	第6组
抗拉、抗压和抗弯	[σ]	160	150	145	145	130	125	230	225	220	215	210	195	245	240	235	225	225	215	260	260	250	245	245	235	285	280	275	265	265	255
抗剪	[τ]	95	90	85	85	75	75	135	135	130	125	125	115	145	140	140	135	135	125	155	155	150	145	145	140	170	165	165	155	155	150

续表

应力种类	符号	碳素结构钢						低合金高强度结构钢																							
		Q235						Q355						Q390						Q420						Q460					
		第1组	第2组	第3组	第4组	第5组	第6组	第1组	第2组	第3组	第4组	第5组	第6组	第1组	第2组	第3组	第4组	第5组	第6组	第1组	第2组	第3组	第4组	第5组	第6组	第1组	第2组	第3组	第4组	第5组	第6组
局部承压	$[\sigma_{cd}]$	240	225	215	215	195	185	345	335	330	320	315	290	365	360	350	335	320	315	390	390	375	365	365	350	425	420	410	395	395	380
局部紧接承压	$[\sigma_{cj}]$	120	110	110	110	95	95	170	165	165	160	155	145	180	180	175	165	160	155	195	195	185	180	180	175	210	210	205	195	195	190

注 1. 局部承压应力不乘调整系数。

2. 局部承压指构件腹板的小部分表面受局部荷载的挤压或端面承压（磨平顶紧）等情况。

3. 局部紧接承压指可动性小的铰在接触面的投影平面上的压应力。

表 9.3　　焊缝容许应力　　单位：N/mm^2

焊缝分类	应力种类	符号	Q235				Q355						Q390						Q420						Q460					
			第1组	第2组	第3组	第4组	第1组	第2组	第3组	第4组	第5组	第6组	第1组	第2组	第3组	第4组	第5组	第6组	第1组	第2组	第3组	第4组	第5组	第6组	第1组	第2组	第3组	第4组	第5组	第6组
对接焊缝	抗压	$[\sigma_c^h]$	160	150	145	145	230	225	220	215	210	195	245	240	235	225	225	215	260	260	250	245	245	235	285	280	275	265	265	255
	抗拉，一、二类焊缝	$[\sigma_1^h]$	160	150	145	145	230	225	220	215	210	195	245	240	235	225	225	215	260	260	250	245	245	235	285	280	275	265	265	255
	抗拉，三类焊缝	$[\sigma_1^h]$	135	125	120	120	180	180	175	170	165	155	195	190	185	180	180	170	200	200	200	195	195	185	225	220	220	210	210	200
	抗剪	$[\tau^h]$	95	90	85	85	135	135	130	125	125	115	145	140	140	135	135	125	155	155	150	145	145	140	170	165	165	155	155	150
角焊缝	抗拉、抗压和抗剪	$[\tau_1^h]$	110	105	100	100	160	155	150	150	145	135	170	165	160	155	155	150	180	180	175	170	170	160	195	195	190	185	185	175

注 1. 焊缝分类符合《水利水电工程钢闸门制造、安装及验收规范》（GB/T 14173）的规定。

2. 仰焊焊缝的容许应力按本表降低 20%。

3. 安装焊缝的容许应力按本表降低 10%。

表 9.4　　普通螺栓连接容许应力　　单位：N/mm^2

螺栓的性能等级、锚栓和构件	应力种类	符号	螺栓和锚栓的性能等级或钢号					构件的钢号		
			Q235	Q355	4.6 级、4.8 级	5.6 级	8.8 级	Q235	Q355	Q390
A 级、B 级螺栓	抗拉	$[\sigma_1^l]$				150	310			
	抗剪	$[\tau^l]$				115	230			
C 级螺栓	抗拉	$[\sigma_1^l]$	125	180	125					
	抗剪	$[\tau^l]$	95	135	95					

续表

螺栓的性能等级、锚栓和构件	应力种类	符号	螺栓和锚栓的性能等级或钢号					构件的钢号		
			Q235	Q355	4.6级、4.8级	5.6级	8.8级	Q235	Q355	Q390
锚栓	抗拉	$[\sigma_l^d]$	105	145						
构件	承压	$[\sigma_l^c]$						240	340	365

注 1. A级螺栓用于 $d \leqslant 24$mm 和 $l \leqslant 10d$ 或 $l \leqslant 150$mm（按较小值）的螺栓；B级螺栓用于 $d > 24$mm 或 $l > 10d$ 或 $l > 150$mm（按较小值）的螺栓。d 为公称直径，l 为螺杆公称长度。

2. 螺孔制备符合GB/T 14173的规定。

3. 当Q235钢或Q355钢制作的螺栓直径大于40mm时，螺栓容许应力予以降低，对Q235钢降低4%，对Q355钢降低6%。

表9.5　　机械零件容许应力　　单位：N/mm²

应力种类	符号	碳素结构钢	低合金高强度结构钢				优质碳素结构钢		铸造碳钢				合金铸钢			合金结构钢	
		Q235	Q355	Q390	Q420	Q460	35	45	ZG230-450	ZG270-500	ZG310-570	ZG340-640	ZG50Mn2	ZG35CrlMo	ZG34Cr2Ni2Mo	42CrMo	40Cr
抗拉、抗压和抗弯	$[\sigma_a]$	100	145	155	170	180	135	155	100	115	135	145	195	170 (215)	(295)	(365)	(320)
抗剪	$[\tau]$	60	85	90	100	110	80	90	60	70	80	85	115	100 (130)	(175)	(220)	(190)
局部承压	$[\sigma_{cd}]$	150	215	230	255	270	200	230	150	170	200	215	290	255 (320)	(440)	(545)	(480)
局部紧接承压	$[\sigma_{cj}]$	80	115	120	135	140	105	125	80	90	105	115	155	135 (170)	(235)	(290)	(255)
孔壁抗拉	$[\sigma_k]$	115	165	175	195	200	155	175	115	130	155	165	225	195 (245)	(340)	(420)	(365)

注 1. 括号内为调质处理后的数值。

2. 孔壁抗拉容许应力指固定结合的情况，若系活动结合，则按表值降低20%。

3. 合金结构钢的容许应力，适用于截面尺寸为25mm。由于厚度影响，屈服强度有减少时，各类容许应力可按屈服强度减少比例予以减少。

4. 表列铸造碳钢的容许应力，适用于厚度不大于100mm的铸钢件。

表9.6　　灰铸铁件容许应力　　单位：N/mm²

应力种类	符号	灰铸铁牌号		
		HT150	HT200	HT250
轴心抗压和弯曲抗压	$[\sigma_a]$	120	150	200
弯曲抗拉	$[\sigma_w]$	35	45	60
抗剪	$[\tau]$	25	35	45
局部承压	$[\sigma_{cd}]$	170	210	260
局部紧接承压	$[\sigma_c]$	60	75	90

表 9.7　　轴套容许应力　　单位：N/mm^2

材　料	符号	径向承压
钢对 10-3 铝青铜	$[\sigma_{cg}]$	50
钢对 10-1 锡青铜		40
钢对钢基铜塑复合材料		40

注　水下重要的轴衬、轴套的容许应力降低 20%。

《水利水电工程钢闸门设计规范》(SL 74—2019) 规定，对于大中型工程的工作闸门和重要事故闸门，钢材、焊缝及普通螺栓连接容许应力应乘以 0.90～0.95 的调整系数。复核计算时的材料容许应力不能采用原设计值，在没有材料性能检测成果的情况下可以按使用年限进行修正。《水工钢闸门和启闭机安全检测技术规程》(SL 101—2014) 规定，容许应力除执行 SL 74 的规定外，还应考虑运行时间的影响。时间系数应按下列方法确定：①运行时间不足 10 年的闸门和启闭机，时间系数应为 1.00。②中型工程的闸门和启闭机运行 10～20 年、大型工程的闸门和启闭机运行 10～30 年，时间系数应为 1.00～0.95。③中型工程的闸门和启闭机运行 20 年以上、大型工程的闸门和启闭机运行 30 年以上，时间系数应为 0.95～0.90。如果在门叶上切取试样进行力学性能试验，可以用实测的性能折减系数代替时间系数。小型工程参照执行。

另外有些工程安全鉴定时提出设备已达到或超过经济折旧年限应该报废。不做检查、检测和复核，是不对的。设备达到折旧年限还必须按标准《水利水电工程金属结构报废标准》(SL 226—98) 评定，符合条件才能报废。因此，安全鉴定也不能忽略这些工作。

9.2.2　钢材的腐蚀与耐腐蚀性

1. 自然环境对腐蚀的影响

水工钢闸门的腐蚀主要分为电化学腐蚀和化学腐蚀两类。钢闸门在淡水中发生的腐蚀属电化学腐蚀，是外部介质与钢铁接触后发生电化学反应造成的腐蚀行为，是伴有电流的一种化学反应。如 S、P、Mn 等的金属杂质和非金属杂质，电位较高的为阴极，电位较低的为阳极，使得钢铁基体形成了一系列微电池，这些形成的微电池阳极区域：$Fe \longrightarrow Fe^{2+} + 2e$，以水化离子的形式溶解于水，沿钢铁基体向阴极区运动；在阴极区域，相对应的发生被还原物质夺电子的化学过程，例如，$O_2 + 4e \longrightarrow 2O^{2-}$；$O^{2-} + H_2O \longrightarrow 2OH^-$；阳极溶解的铁离子与氢氧离子结合成氢氧化铁（铁锈）。而对于钢闸门未直接浸没于水中的区域，即干湿交替或完全干燥的地方，在自然环境作用下，钢铁表面容易形成诱发钢闸门发生电化学腐蚀的水膜进而发生电化学腐蚀。因为反应中水与氧共同作用，所以闸门的锈蚀的最主要部分是经常与水和氧接触频繁的地方，即正常水位上下的部分，这里的锈蚀程度往往比闸门的其他部位高上几倍甚至几十倍。研究表明，流速、含氧量、水体的 pH 值及溶解成分等都会对钢闸门的电化学腐蚀造成影响。

金属的腐蚀和环境密切相关，对于水工钢闸门来说，与周边的大气情况、土壤情况、水体的情况等等许多因素有关。

(1) 大气对腐蚀的影响。在大气中，氧、水蒸气和二氧化碳等气体都对钢闸门的腐蚀有影响。钢闸门水上部位易受日晒淋、潮湿大气等的作用而发生腐蚀。地区条件的不同，天然大气具有不同的特征。水乡湿度较大，海洋大气中含有不同的含盐量，工业大气中则含有 SO_2、H_2S、NH_3 和 NO_2 等有害气体。因此，钢闸门在不同的地区的腐蚀速度不同。

（2）水对腐蚀的影响。淡水对金属的腐蚀随其硬度、含氧量、水体流速、氯化物及硫的含量、pH 值和流动状态等因素的变化而不同。闸门积水部位容易锈蚀。钢闸门受到水流及水中夹带的泥沙等磨粒对金属表面高速冲击，产生冲蚀磨损；同时，水体的流动使极化作用加强，比较容易将腐蚀产物从结构表面随水流冲走，使腐蚀加快，所以经常开闸泄水的闸门比长期关闭的闸门腐蚀严重。而海水是含盐量最大的电解质溶液，海水对金属的腐蚀十分严重。据国内学者统计分析，我国普通碳素钢在淡水中的锈蚀速率均值一般在 0.01～0.05mm/a 之间。碳钢在海水中的腐蚀速率为 0.1mm/a。

（3）土壤对腐蚀的影响。土壤是由各种颗粒状的矿物质、有机物、水分、空气和微生物等所组建。其中的水分和可溶解的盐类具有电解质溶液的性质，因而有导电性。土壤中含有氧气，氧的含量与其腐蚀性关系很大。土壤的酸碱性是另一个影响腐蚀的因素，通常酸性土壤的腐蚀性强。土壤中含有微生物，会引起细菌腐蚀，多为点状腐蚀坑。

2. 钢材的耐腐蚀性

钢材的耐腐蚀性有很大差异，水工钢闸门一般采用碳素结构钢、16 号锰钢、15 号锰钒钢。各种碳钢其中碳的含量不同，其耐腐蚀性也有差异。如有些碳钢，在 0.4%范围内，随含碳量增加，其应力腐蚀敏感性增加。磷的影响和碳的影响类似。一些元素在一定的范围内对腐蚀的影响可以忽略，如硫为 0.03%、铬为 2.5%、钼为 1.2%、钴为 3.5%对钢无影响，硅的影响微不足道。钢的热处理对钢的耐腐蚀性也有影响，焊接对钢材的影响很大，可以认为在热影响区附近出现一个应力腐蚀区。有些钢材，包括铸铁耐腐蚀性强，当然其成本也高。

3. 腐蚀速率及其数学表述

为了表述金属腐蚀的快慢，人们引入了腐蚀速率的概念。金属的平均腐蚀速率的表示法有几种，此处采用深度法，即单位时间内发生腐蚀的深度。其他表示速率的方法还有失重法、容重法、电流密度法等。

研究成果表明，影响腐蚀速率的因素很多。应重点关注的是腐蚀速度的大小及其变化规律。一般情况下，用一个数值代表特定条件下的大致腐蚀速率。

$$V=\frac{\overline{X}+\sigma}{T} \tag{9.1}$$

式中 V——腐蚀速率，mm/a；

T——腐蚀时间，a；

$\overline{X}$——平均腐蚀量，mm；

σ——平均腐蚀量的标准差，mm。

$$\sigma=\sqrt{\frac{\sum_{i=1}^{N}(x_i-\overline{X})^2}{N-1}} \tag{9.2}$$

$$\overline{X}=\frac{\sum_{i=1}^{N}x_i}{N} \tag{9.3}$$

式中　N——为采样次数。

如碳钢在乡村大气中的腐蚀速度大约为0.05～0.06mm/a，在工业大气中的腐蚀速度为0.2～0.25mm/a，在海洋大气中的腐蚀速度为0.1～0.15mm/a。

9.2.3　钢闸门腐蚀后评估的基本问题

1. 水工钢闸门腐蚀后断面积的变化

钢闸门腐蚀最明显的变化是断面积的变化。面板、梁、拉杆焊缝等对应的厚度变薄，由原来的δ_0变为$\delta_0-\Delta\delta$。在校核的过程中，对应的中和轴、惯性矩、面积矩等都发生变化。因此，必须计算截面厚度变薄后，对应的校核所需参数的变化。而在一般梁的校核过程中将梁分解为若干个大小不一的矩形。组合梁按截面情况进行分解。因此，矩形截面腐蚀后的参数变化是计算最基本的程序。如图9.1所示，一个矩形中心坐标为（x_0，y_0）边长为a、b。腐蚀后两边由原来的厚度a变为$a-\Delta\delta$、$b-\Delta\delta$对应的参数变化如下所示。

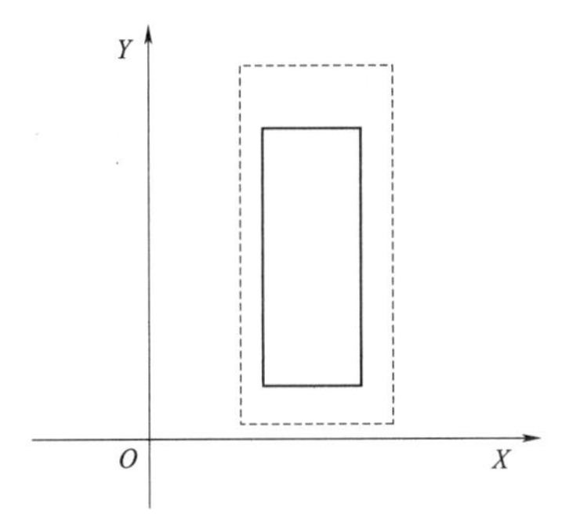

图9.1　腐蚀断面的变化

变化参数量	原参数的计算	腐蚀后的参数计算
面积	$A_0=ab$	$A'=(a-\Delta\delta)(b-\Delta\delta)$
面积矩	$S_x=\int_{x_0-\frac{a}{2}}^{x_0+\frac{a}{2}}\int_{y_0-\frac{b}{2}}^{y_0+\frac{b}{2}}x\mathrm{d}x\mathrm{d}y$	$S'_x=\int_{x_0-\frac{a-\Delta\delta}{2}}^{x_0+\frac{a-\Delta\delta}{2}}\int_{y_0-\frac{b-\Delta\delta}{2}}^{y_0+\frac{b-\Delta\delta}{2}}x\mathrm{d}x\mathrm{d}y$
中和轴	$x_0=\frac{\sum S_y}{\sum A_0}$	$x'_0=\frac{\sum S'_y}{\sum A'}$
惯性矩	$I_{x_0}=\int_{x_0-\frac{a}{2}}^{x_0+\frac{a}{2}}\int_{y_0-\frac{b}{2}}^{y_0+\frac{b}{2}}x^2\mathrm{d}x\mathrm{d}y$	$I'_{x'_0}=\int_{x_0-\frac{a}{2}}^{x_0+\frac{a}{2}}\int_{y_0-\frac{b}{2}}^{y_0+\frac{b}{2}}x^2\mathrm{d}x\mathrm{d}y$
抗弯模量	$W=\frac{I_{x_0}}{x_{\max}}$	$W'=\frac{I'_{x'_0}}{x'_{\max}}$

对于复杂形状的梁，除了上述计算外，还要判断矩形之间是否相交，相交的情况下，腐蚀后面积、抗弯模量等计算更为复杂。

2. 腐蚀后产生的应力集中

钢闸门在腐蚀后局部将产生应力集中，应力集中根据其裂纹、蚀坑的形状不一样，分析的理论极为复杂而且与实际情况有一定的差距，需要做大量的试验。因此，应对其强度极限给一个应力折算系数，强度极限为$k[\sigma]$，k的取值根据情况不同分别取0.5～0.95。

3. 腐蚀后闸门校核点的选取

在闸门设计时，由于构件的截面尺寸（如面板、梁）大多是均匀，或者是有规律的变化，因而很容易找到弯矩、剪切、挠度最大处及安全系数最小点。但在闸门服役使用一段时间后，闸门构件产生腐蚀现象，由于腐蚀的不均匀性，其校核工作与闸门设计时也略有区别。不仅由于均匀的腐蚀，闸门各构件的截面尺寸发生变化；而且由于不均匀腐蚀，使得一部分构件的一些点、截面产生严重的锈蚀现象。因而，这些点也必须增加校核。

4. 腐蚀后闸门复核构件厚度取值原则

钢闸门的腐蚀评价通常根据构件的蚀余厚度和腐蚀速度，并适当考虑蚀坑的影响，进行结构应力计算、刚度计算和安全评估分析。正常水位的上下部分，是闸门金属经常与氧和水频繁接触的部位，也是金属闸门主要的易锈蚀部位。在这个范围间，闸门锈蚀度远较闸门其他部位要高。显然，对闸门的锈蚀情况采用平均锈蚀方法开展模拟是不够合理的。另外，根据《水工钢闸门和启闭机安全运行规程》（SL 722—2020），闸门应每隔5年进行定期安全检测与评价，此时闸门安全复核应考虑锈蚀速率保持不变的情况下下一个检测周期内闸门的安全。现行规范中《水利水电工程金属结构报废标准》（SL 226—98）规定闸门的构件当蚀余厚度小于6mm时该构件必须更换；闸门的面板，主梁及边梁、弧形闸门支臂等主要构件发生锈损该构件必须更换；闸门主要构件发生腐蚀应进行结构检测并根据实际条件作强度刚度复核计算，不满足强度条件和刚度条件的构件必须更换。

5. 铸铁闸门评估

铸铁闸门是水利工程中一种典型的金属结构，与钢结构闸门相比，铸铁闸门具有良好的耐腐蚀、安装简单、使用寿命长、日常维护简单等优点，适用于渠系涵闸、排灌泵站等建筑物的小型闸门和孔口尺寸较小的水库涵洞闸门。由于多方面的原因，铸铁闸门的质量问题在水利工程使用过程中已发生一些问题，铸铁闸门的安全管理亟待加强。水利工程安全评价中，水工闸门等金属结构的受力分析是重要的一个环节。由于使用铸铁闸门的水利工程规模通常较小，其受力分析往往被忽略。对于铸铁闸门结构进行强度校核时，容许应力可根据《水利水电工程钢闸门设计规范》（SL 74—2019）条文5.2.3中关于灰铸铁件容许应力的规定。根据《水利水电工程金属结构报废标准》（SL 226—1998）条文3.2.1中的规定，对于大中型工程的闸门，材料的容许应力应乘以0.90～0.95的使用年限修正系数进行修正，小型工程可参照执行。对于受弯构件，应根据挠度计算结果进行刚度校核。根据《铸铁闸门技术条件》（SL 545—2011）的规定，门板挠度应不大于构件长度的1/1500。铸铁闸门的安全评价必须引起足够的重视，防止事故的发生。

9.3 平面闸门的校核

平面闸门一般由活动部分、锚固部分和启闭设备三大部分组成。活动部分（门叶）由下列部分构成：面板、水平次梁、竖直次梁、水平主梁、边梁、竖向联结系、门背联结系、行走支承装置、吊耳和止水装置。

现行规范仍沿用平面体系复核验算，即将一个空间承重结构划分成几个独立的平面系统。平面体系方法是按结构力学和容许应力法进行分析与计算的。面板直接承受水压力产生局部弯应力，局部弯应力按四边固定（或三边固定一边简支）的弹性薄板理论进行计算。面板还作为梁系的一部分参与主（次）梁的整体弯曲，将面板的局部弯曲应力与主（次）梁的整体弯曲应力按照第四强度理论进行叠加。水平次梁的荷载分配按相邻间距和之半法进行，再根据构造按连续梁或简支梁进行计算。竖直次梁承受的荷载有水平次梁传来的集中荷载和面板直接传来的三角形分布荷载，一般竖直次梁可按悬臂梁或简支梁进行计算，梁系的计算均要考虑面板兼作梁翼缘的影响。

闸门实际上是空间结构，将闸门按空间结构计算无疑更符合闸门工作的实际状况，可以通过有限元分析手段对闸门结构进行复核验算，指导闸门设计和安全评价。但是，该方法牵涉到板（壳）、梁、杆等多种空间结构形态以及复杂的单元选择、网格剖分和连接方式等问题，在理论与实践中都遇到较大障碍，尚未得到普遍采用。

总之，整个闸门的结构计算，应按实际可能发生的最不利荷载组合情况及荷载传递，对各个构件进行强度计算、刚度计算和稳定性计算。

9.3.1 闸门的荷载

1. 荷载的种类

作用在钢闸门上的基本荷载包括以下几个部分：

（1）在设计水头下的静水压力；

（2）在设计水头下的动水压力；

（3）在设计水头下的波浪压力；

（4）闸门自重（包括加重）；

（5）风压力；

（6）泥沙压力；

（7）启闭力；

（8）其他出现机会较多的荷载，如人群重量。

作用在钢闸门上的特殊荷载包括以下几个部分：

（1）在校核水头下的静水压力；

（2）在校核水头下的动水压力；

（3）在校核水头下的波浪压力；

（4）风压力；

（5）动冰、船舶与其他漂浮物及推移质的撞击力；

（6）启闭力；

（7）地震荷载。

经常局部开启的工作闸门静水压力宜考虑动力系数，平面闸门宜取 1.0～1.2；对露顶式弧门主梁与支臂宜取 1.1～1.2。当进行闸门刚度验算时，不应考虑动力系数。

2. 荷载组合

闸门的承重结构与零部件的设计以及闸门启闭力的计算中，应根据闸门不同的运用情况和工条件选取荷载及其组合，考虑可能出现的最不利情况。荷载组合分为基本组合和特殊组合两类。基本组合由基本荷载组成，特殊组合由基本荷载和一种或几种特殊荷载组成，荷载组合应按表9.8采用。

表9.8　　荷载组合

荷载组合	计算情况	荷载												说明
		自重	静水压力	动水压力	浪压力	水锤压力	淤沙压力	风压力	启闭力	地震荷载	撞击力	其他出现机会较多荷载	其他出现机会很少荷载	
基本组合	设计水头情况	√	√	√	√	√	√	√	√			√		按设计水头组合计算
特殊组合	校核水头情况	√	√	√	√	√	√	√	√		√		√	按校核水头组合计算
	地震情况	√	√	√	√		√	√		√				按设计水头组合计算

注　√表示采用。

9.3.2　面板的校核

面板是闸门结构的重要构件，面板一方面直接承受水压力并把它传给梁格，另一方面它又参加了承重结构的整体工作。通常面板按下式进行校核。

$$\sigma_{\max}=K_y qa^2/\alpha\delta^2 \tag{9.4}$$

式中　$\sigma_{\max}$——四边固定板最大应力，MPa；

K_y——弹塑性薄板在支承长边中点的弯应力系数，可按表9.8～表9.12查得；

a、b——面板计算区格的短边和长边长度，m，从面板与主（次）梁的连接焊缝算起；

q——面板计算区格中心的水压强度，MPa；

δ——面板的厚度，mm；

α——弹塑性调整系数，$b/a>3$时，取1.4，$b/a\leqslant3$时，取1.5。

面板的安全系数为

$$n=\frac{[\sigma]}{[\sigma_{\max}]}=\frac{\alpha[\sigma]\delta^2}{K_y qa^2} \tag{9.5}$$

K_y由表9.9、表9.10、表9.11、表9.12查得，查表前须计算区格长边和短边的长度，a为短边，b为长边。

当面板边长比$b/a>1.5$且布置在沿主梁轴线方向时（图9.2），按式（9.6）～式（9.8）验算面板A点折算应力：

$$\sigma_{zh}=\sqrt{\sigma_{my}^2+(\sigma_{mx}-\sigma_{ox})^2-\sigma_{my}(\sigma_{mx}-\sigma_{ox})}\leqslant1.1\alpha[\sigma] \tag{9.6}$$

$$\sigma_{my}=K_y q\alpha^2/\delta^2 \tag{9.7}$$

$$\sigma_{my}=\mu\sigma_{my} \tag{9.8}$$

式中　σ_{zh}——面板的折算应力；

σ_{my}——垂直于主（次）梁轴线方向面板支承长边中点的局部弯曲应力，取绝对值；

σ_{mx}——面板沿主（次）梁轴线方向的局部弯曲应力，取绝对值；

σ_{ox}——对应于面板验算点的主（次）梁上翼缘的整体弯曲应力，取绝对值；

σ——钢材的抗弯容许应力，按表9.2采用；

α——弹塑性调整系数，$b/a>3$ 时，取 1.4，$b/a\leqslant 3$ 时，取 1.5；

K_y——弹塑性薄板在支承长边中点的弯应力系数，可按表 9.9～表 9.12 查得；

q——面板计算区格中心的水压强度，MPa；

μ——泊松比，取 0.3。

表 9.9　　　　四边固定矩形弹性薄板受均载的弯应力系数 $K(\mu=0.3)$

b/a	支承长边中点（A 点）K_y	支承短边中点（B 点）K_x
1.0	0.308	0.308
1.1	0.349	0.323
1.2	0.383	0.332
1.3	0.412	0.338
1.4	0.436	0.341
1.5	0.454	0.342
1.6	0.468	0.343
1.7	0.479	0.343
1.8	0.487	0.343
1.9	0.493	0.343
2.0	0.497	0.343
2.5	0.500	0.343
∞	0.500	0.343

表 9.10　　　三边固定一长边简支矩形弹性薄板受均载的弯应力系数 $K(\mu=0.3)$

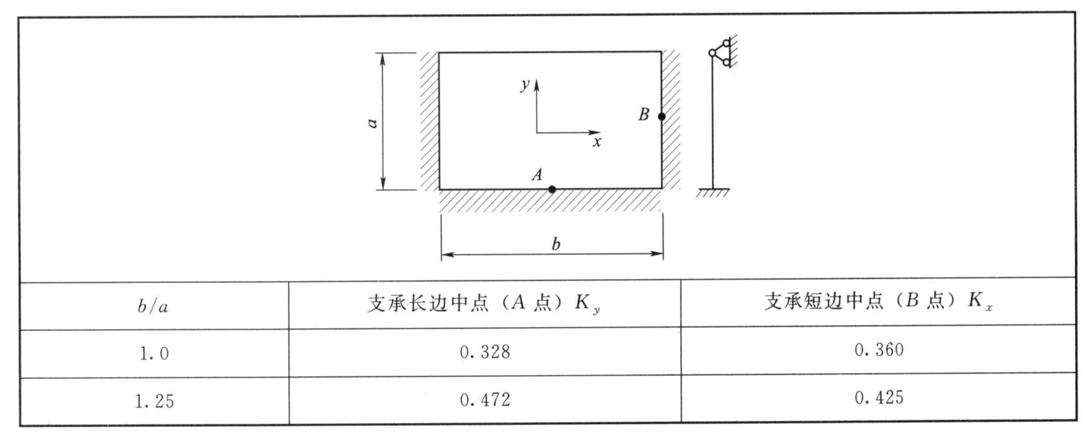

b/a	支承长边中点（A 点）K_y	支承短边中点（B 点）K_x
1.0	0.328	0.360
1.25	0.472	0.425

续表

b/a	支承长边中点（A 点）K_y	支承短边中点（B 点）K_x
1.5	0.565	0.455
1.75	0.632	0.465
2.0	0.683	0.470
2.5	0.732	0.470
3.0	0.740	0.471
∞	0.750	0.472

表 9.11　三边固定一短边简支矩形弹性薄板受均载的弯应力系数 $K(\mu=0.3)$

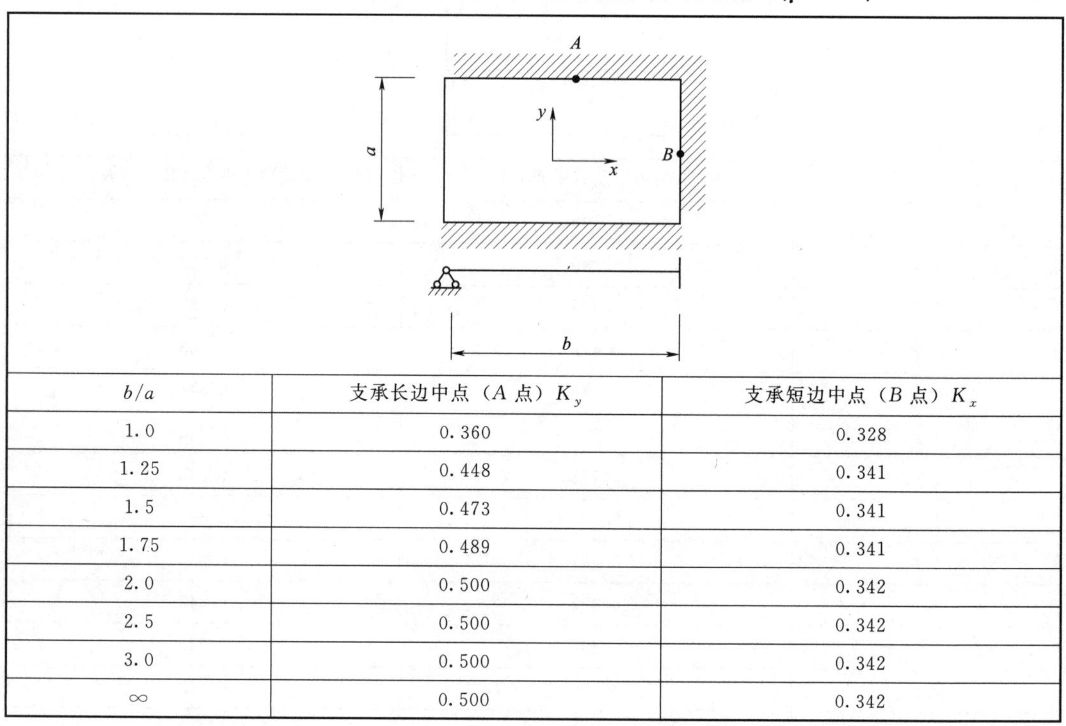

b/a	支承长边中点（A 点）K_y	支承短边中点（B 点）K_x
1.0	0.360	0.328
1.25	0.448	0.341
1.5	0.473	0.341
1.75	0.489	0.341
2.0	0.500	0.342
2.5	0.500	0.342
3.0	0.500	0.342
∞	0.500	0.342

表 9.12　两相邻边简支另两相邻边固定矩形弹性薄板受均载的弯应力系数 $K(\mu=0.3)$

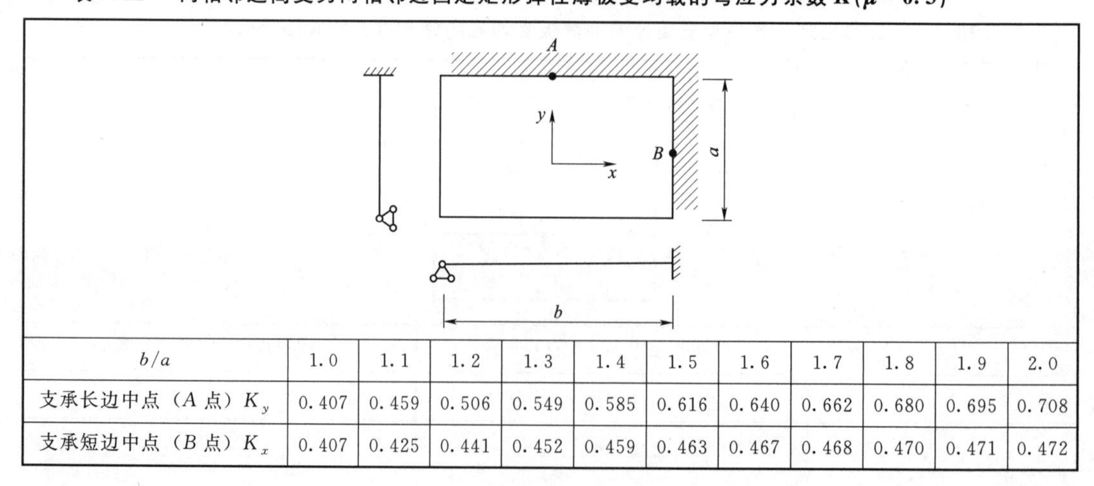

b/a	1.0	1.1	1.2	1.3	1.4	1.5	1.6	1.7	1.8	1.9	2.0
支承长边中点（A 点）K_y	0.407	0.459	0.506	0.549	0.585	0.616	0.640	0.662	0.680	0.695	0.708
支承短边中点（B 点）K_x	0.407	0.425	0.441	0.452	0.459	0.463	0.467	0.468	0.470	0.471	0.472

当面板边长比 $b/a\leqslant1.5$ 或面板长边方向与主梁轴线垂直时（图 9.3），还应按式（9.9）～式（9.12）验算面板 B 点折算应力：

$$\sigma_{zh}=\sqrt{\sigma_{my}^2+(\sigma_{mx}+\sigma_{ox})^2-\sigma_{my}(\sigma_{mx}+\sigma_{ox})}\leqslant1.1\alpha[\sigma] \tag{9.9}$$

$$\sigma_{mx}=Kq\alpha^2/\delta^2 \tag{9.10}$$

$$\sigma_{my}=\mu\sigma_{mx} \tag{9.11}$$

$$\sigma_{ox}=(1.5\xi_1-0.5)M/W \tag{9.12}$$

式中 σ_{mx}——面板沿主梁轴线方向的局部弯曲应力，取绝对值，K 值对图 9.3（a）取 K_x，对图 9.3（b）取 K_y；

σ_{my}——垂直于主梁轴线方向面板的局部弯曲应力，取绝对值；

σ_{ox}——对应于面板验算点主梁上翼缘的整体弯应力，取绝对值；

ξ_1——面板兼作主（次）梁上翼缘的有效宽度系数；

M——对应于面板验算点主梁的弯矩；

W——对应于面板验算点主梁的截面抵抗矩；

μ——泊松比，取 0.3；

其他符号意义同前。

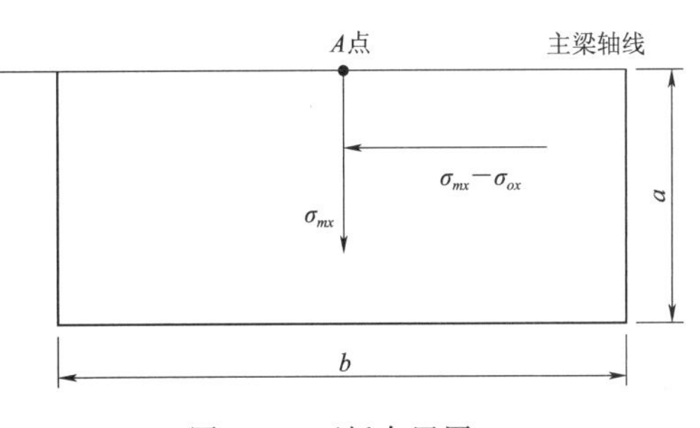

图 9.2 面板布置图 1

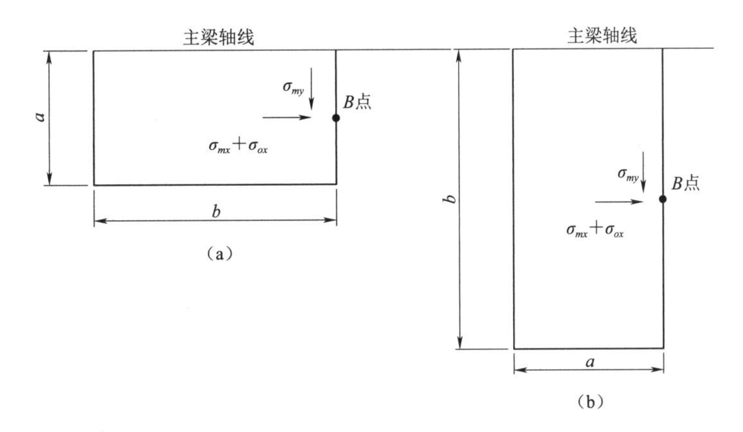

图 9.3 面板布置图 2

9.3.3 主梁的校核

主梁是平面钢闸门中的主要受力构件，可分为轧成梁、组合梁、桁架梁。我国绝大多数闸门都是采用组合梁。考虑面板部分参与主梁弯曲工作，组合梁可设计成不对称截面。对于主梁跨度超过 20m 的露顶门，采用桁架式较为适宜。

1. 主梁的载荷计算

闸门每根主梁上的载荷的计算，实质上是一个超静定的问题。每根主梁承受的载荷不仅与高度方向上布置的几何位置有关，而且在很大程度上还取决于主梁与竖向隔板的相对刚度。但在平面假设体系中，一般没有考虑竖向隔板对主梁荷载的均衡作用。通常采用的近似的计算方法，实际工作中常用的相邻间距和之半法介绍如下。

相邻间距和之半法是假设主梁的承载宽度为上下两相邻梁间距和的一半。主梁单位宽度上的荷载为

$$p=\frac{\gamma}{4}(H_{j-1}+H_j+H_{j+1})\times\frac{1}{2}(l_j+l_{j-1}) \tag{9.13}$$

式中 l_j、l_{j-1}——相邻主梁之间的距离，m；

H_{j-1}、H_j、H_{j+1}——主梁及两相邻主梁的水头，m。

应注意的是顶主梁以上的面板宽度上的荷载全部由顶主梁承担，底主梁以下的面板宽度上的荷载全部由底主梁承担。

2. 梁上的弯矩与剪力计算

由于闸门的荷载跨度与孔口宽度相差很小，主梁一般按承受均布荷载的简支梁计算。$M(x)$、$Q(x)$ 分别为弯矩和剪力在梁上的分布函数。可以表示为

$$M(x)=\frac{1}{2}pLx-\frac{1}{2}px^2 \tag{9.14}$$

$$Q(x)=\frac{1}{2}pL-px \tag{9.15}$$

3. 强度计算

在一个主平面内受弯构件按下式验算相应截面的正应力和剪应力：

正应力：
$$\sigma=\frac{M}{W}\leqslant[\sigma] \tag{9.16}$$

剪应力：
$$\tau=\frac{QS}{I\delta}\leqslant[\tau] \tag{9.17}$$

式中 M、Q——所验算截面的弯矩和剪力；

I——所验算截面对中和轴的惯性矩；

W——所验算正应力截面的抗弯截面模量；

S——所验算剪应力截面处中和轴一侧截面面积对中和轴的面积矩；

δ——腹板厚度；

$[\sigma]$、$[\tau]$——钢材的抗弯、抗剪容许应力，按表9.2采用，并考虑修正系数。

在组合梁中间时受较大正应力和剪应力作用处（如连续梁的支座处或梁截面改变处等），还应按第三强度理论验算折算应力，满足下式：

$$\sigma_{zh}=\sqrt{\sigma^2+3\tau^2}\leqslant1.1[\sigma] \tag{9.18}$$

4. 最大挠度计算

$$f=\frac{5}{384}\frac{PL^4}{EI} \tag{9.19}$$

式中 f——挠度；

E——钢的弹性模量；

I——梁的惯性矩；

L——梁的计算跨度。

受弯构件最大挠度与计算跨度之比，潜孔式工作闸门主梁，不应超过1/750；露顶式工作闸门主梁，不应超过1/600。

5. 稳定性计算

当梁的受压翼缘与面板连接时，可不验算梁的整体稳定性。对受均布荷载的组合工字形截面，应考虑组合梁腹板的稳定性，可按其高厚比 h_0/δ 的大小，按下列几种情况配置加劲肋板：

(1) 当 $\frac{h_0}{\delta}<80\sqrt{\frac{240}{\sigma_s}}$ 时（其中：h_0 为腹板计算高度；δ 为腹板厚度；σ_s 为钢材屈服点），腹板厚度足以保证在强度破坏之前不会丧失局部稳定性，不需配置加劲肋板。

(2) 当 $80\sqrt{\frac{240}{\sigma_s}}\leqslant\frac{h_0}{\delta}\leqslant160\sqrt{\frac{240}{\sigma_s}}$ 时，腹板可能由于剪应力作用而失稳，应配置横向加劲肋板，等高连接的梁系一般可考虑竖直隔板作为横向加劲肋板。

(3) 当 $\frac{h_0}{\delta}>160\sqrt{\frac{240}{\sigma_s}}$ 时，腹板将主要由于弯曲应力作用而失稳，除配置横向加劲肋板外，尚宜配置纵向加劲肋板，纵向加劲肋板宜布置在（0.2～0.25）h 处。

梁的支座处和翼缘上有较大的固定集中荷载外，应设置支承加劲肋。

9.3.4 边梁的校核

边梁位于闸门的两端，边梁的截面有单腹板式和双腹板式两种形式，主要作用是支承主梁、水平次梁、顶底梁，在竖直方向还受到闸门自重、下吸力、上托力、启门力及行走支承与止水上的摩擦阻力等作用。边梁是平面钢闸门中重要的受力构件。

边梁上安置有行走支承（滚轮和滑块）和吊耳，行走支承一般为四个简支式定轮或滑块，也有多轮式闸门，多轮式边梁可按多跨连续梁来计算。当闸门的滑道支承沿边梁全长布置时，边梁一般可不计算，可按照构造要求确定边梁截面尺寸。

1. 边梁承受的水平载荷计算

边梁在水平方向承受主梁、水平次梁以及由面板传来的水压力和行走支承反力，为简化计算，边梁的水平荷载折算成主梁的集中荷载（图9.4）。主梁传递来的载荷分别为 P_1、P_2、…、P_j、…、P_m，参见式（9.20）和式（9.21）。假定滚轮的位置为 y_A、y_B，可以得出滚轮的支承反力为：

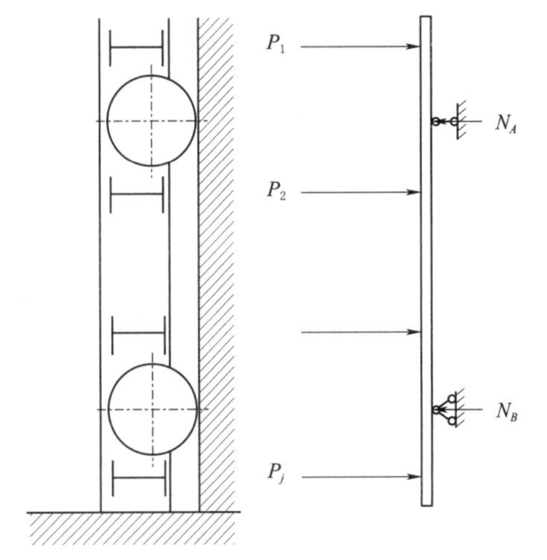

图9.4 边梁的受力情况

$$N_A = \frac{\sum P_j y_j - y_B \sum P_j}{y_A - y_B} \tag{9.20}$$

$$N_B = \frac{\sum P_j y_j - y_A \sum P_j}{y_B - y_A} \tag{9.21}$$

式中 P_j——各主梁上承受的载荷，N；

y_j——各主梁的坐标，m。

2. 边梁上的弯矩和剪力的计算

根据支承反力可以求出边梁各段上的弯矩和剪力。

$$M(y) = \sum P_j y_j - \sum N_i (y - y_i) \quad (y_j \leqslant y, y_i \leqslant y) \tag{9.22}$$

$$Q(y) = \sum P_j - \sum N_i \quad (y_j \leqslant y, y_i \leqslant y) \tag{9.23}$$

式中 P_j——$P_1 \sim P_j$ 中 $y_i \leqslant y$ 的载荷；

N_i——$N_A \sim N_B$ 中 $y_i \leqslant y$ 的支承力。

3. 刚度及稳定计算

边梁刚度按简支梁和悬臂梁的情况分别计算，取最大值。边梁稳定性参照主梁的有关部分。

9.3.5 水平次梁的校核

1. 水平次梁的载荷计算

闸门中间的水平次梁所负担的水压力为梯形分布，为了方便起见，常用水平次梁轴线处水压强度 p_j 作为整个面积上的平均水压强度，水平次梁上的载荷为

$$P_j = \frac{p_j (l_1 + l_2)}{2} \tag{9.24}$$

式中 p_j——水平次梁轴线处水压强度，$p_j = y_j + (H_s - H)$；

l_1、l_2——水平次梁到相邻水平（主、次梁）的距离，$l_1 = y_{j+1} - y_j$，$l_2 = y_j - y_{j-1}$。

2. 最大弯矩与剪力

在等高连接的梁格中，水平次梁遇竖直次梁断开，因此水平次梁按承受均布荷载的简支梁计算。在等高连接的梁格中多用实腹隔板代替竖直次梁，以及在降低连接的梁格中，水平次梁连续地支承在隔板或竖直次梁上，此时水平次梁可按承受均布荷载的多跨连续梁计算，而隔板（竖直次梁）间距相等时，可按表 9.13 进行计算。

表 9.13 多跨连续梁有关参数

名称		跨数				乘数
		2	3	4	5	
支点反力	A_0	0.375	0.400	0.393	0.394	Ql
	A_1	1.250	1.100	1.143	1.132	
	A_2			0.928	0.974	
最大挠度 f_{max}	β	0.521	0.677	0.633	0.644	$\frac{ql^4}{100EI}$

均布荷载的等跨连续梁内力计算：

$$M = kql^2$$

$$Q=kql$$

式中 k——系数，其值按图9.5中相应截面由表9.13查得；

l——两相邻支座的跨度。

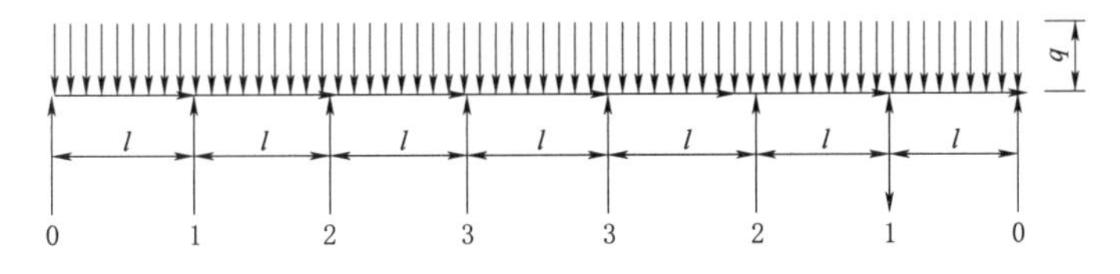

图9.5 水平次梁的受力情况

先对竖直次梁的数目计数，然后求出两跨间的间距 l，由表9.13查出各支座的反力，最后求出 $M(x)$、$Q(x)$。

$$M(x)=\sum A_i ql(x-il)-\frac{1}{2}qx^2 \quad \left(x\leqslant\frac{L}{2}\right) \tag{9.25}$$

$$M(x)=\sum A_i ql(L-x-il)-\frac{1}{2}q(L-x)^2 \quad \left(x>\frac{L}{2}\right)$$

$$Q(x)=\sum A_i ql-qx \quad \left(x\leqslant\frac{L}{2}\right) \tag{9.26}$$

$$Q(x)=\sum A_i ql-q(B-x) \quad \left(x>\frac{L}{2}\right)$$

3. 最大挠度的计算

$$f=\beta\frac{Pl^4}{EI} \tag{9.27}$$

式中 β——系数，见表9.13。

9.3.6 竖直次梁的校核

大跨度的表孔平面闸门多为双主梁式闸门，竖直次梁可看作是支承在主梁上的双支点悬臂梁。竖直次梁除了承受由水平次梁传来的集中荷载，还承受由面板直接传来的水压力，计算时可用三角形或梯形分布的水压载荷来代替作用在其上的集中载荷，这种变换对竖直次梁的最大弯矩的计算无大的影响。

1. 载荷的计算

$$p(y)=b(H_s-H+y) \tag{9.28}$$

2. 弯矩与剪力的计算

竖直次梁的受力情况如图9.6所示。大跨度表孔平面闸门顶梁、底梁截面尺寸较小，端部按悬臂梁计算。深孔闸门的顶梁与底梁，其截面尺寸较大，按主梁计算。假定主梁的支承反力是 N_A、N_B，根据平衡方程可求出 N_A、N_B。

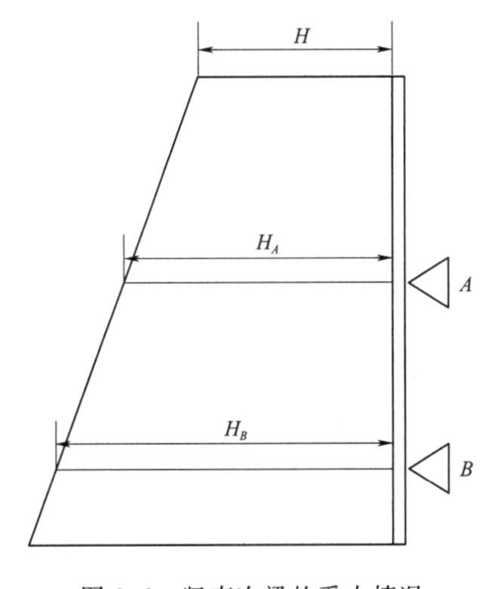

图9.6 竖直次梁的受力情况

其弯矩和剪力的分布函数为

$$M(y)=\frac{1}{3}by^2\left(H_S-H+\frac{1}{2}y\right)-\sum N_i(y-y_i)$$

$$Q(y)=yb\left(H_S-H+\frac{1}{2}y\right)-\sum N_i$$

式中　N_i——N_A、N_B 中 $y_i\leqslant y$ 的支承力。

3. 最大挠度的计算

最大挠度按多支点双悬梁计算。

简支梁：
$$f\approx\frac{5}{384}\frac{Pl^3}{EI} \tag{9.29}$$

悬臂梁：
$$f\approx\frac{Pl^3}{8EI} \tag{9.30}$$

深孔闸门常采用多主梁式闸门。顶梁与底梁，其截面尺寸较大，也是主梁之一，竖直次梁与面板相连时，竖直次梁可逐段按支承在主梁上的简支梁进行计算，分别计算出弯矩、剪力和挠度。此部分内容不作详细讨论。

9.3.7 梁的安全系数的校核

由于受腐蚀的影响，闸门的各构件截面积发生了变化，因而，构件的危险点也可能发生了变化，需要对不同点其安全性进行比较。这种比较人工计算较为繁琐，可以选择若干点进行比较，并进行必要的简化与近似计算。随着计算机的广泛应用，采用计算机辅助计算将提高评估的效率和计算的准确性。

1. 梁的抗弯强度的计算

安全系数可以按式（9.31）和式（9.32）进行计算。

$$\sigma(x)=\frac{M(x)}{W(x)} \tag{9.31}$$

$$n_\sigma(x)=\frac{k[\sigma]}{\sigma(x)} \tag{9.32}$$

式中　n——最小点即为最危险点；

　　　k——修正系数。

2. 梁的抗剪强度的计算

$$\tau(x)=\frac{Q(x)}{S(x)} \tag{9.33}$$

$$n_\tau(x)=\frac{k[\sigma]}{\tau(x)} \tag{9.34}$$

3. 梁的折算应力的计算

$$\sigma_{zh}=\sqrt{\sigma^2+3\tau^2}\leqslant 1.1[\sigma] \tag{9.35}$$

$$n_{\sigma_{zh}}(x)=\frac{k1.1[\sigma]}{\sigma_{zh}(x)} \tag{9.36}$$

4. 刚度的校核，挠度验算

$$\frac{f}{L}=\beta\frac{PL^2}{EI} \tag{9.37}$$

式中 β——系数，根据梁的荷载与支承情况而定；

P——梁所受的荷载总值；

EI——梁的抗弯刚度。

9.4 弧形闸门的校核

弧形闸门也是应用非常广泛的一种门型。具有结构简单、启闭省力、迅速、运转可靠、水流条件好的优点，其型式有水平主横梁式和主纵梁式之分，一般宽高比大的闸门采用水平主梁式弧形闸门。水平主横梁弧形闸门的门叶部分，由面板、水平次梁、竖向次梁与竖向联结系、门背联结系、主梁、支臂、支承桁架、支铰、止水、吊耳等组成。当孔口关闭时，水压力经主梁及支臂而传给支铰，支铰又把水压力传到闸墩或边墩。由于弧形闸门的铰轴一般布置在弧形面板的曲率中心，故作用在面板上的全部水压力通过铰轴中心。复核的标准为《水利水电工程钢闸门设计规范》(SL 74—2019)，弧形闸门的受力情况如图 9.7 所示。

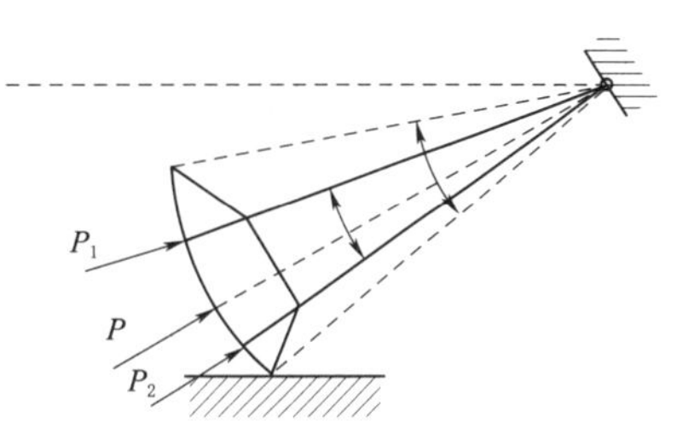

图 9.7 弧形闸门的受力情况

弧形闸门的面板和纵向梁系忽略其曲率影响，近似按平板和直梁计算。面板、水平次梁、竖直次梁等构件的计算方法均和平面闸门相应构件的计算方法相同。主横梁和支臂相连构成刚性承重结构，称为主框架，主横梁和支臂的结构计算按这个主框架进行计算。此时主横梁同时承受弯矩和框架水平推力产生的轴向压力，它是一个偏心受压构件，需验算主横梁跨中和支座两个断面的强度和腹板的局部稳定性，不需验算整体稳定性。支臂为一偏心受压柱，除应满足强度要求之外，支臂还需验算弯矩作用平面内和弯矩作用平面外的稳定。总之，整个闸门的结构计算，按实际可能发生的最不利荷载组合情况，对各个构件进行强度计算、刚度计算和稳定性计算。

弧形闸门空间效应很强，将闸门按空间结构计算无疑更符合闸门工作的实际状况，可以通过有限元分析手段对闸门结构进行复核验算，指导闸门设计和安全评价。

9.4.1 弧形闸门结构与构件形状参数

1. 弧形闸门坐标的建立

为了方便计算建立极坐标和弧形坐标。考虑弧形闸门的特点，首先必须建立以铰轴为原点的极坐标 (ρ, θ)，弧形闸门外形可以用以下参数来描述：

β_1——上支臂与水平面之间的夹角，(°)；

β_2——下支臂与水平面之间的夹角，(°)；

φ_1——弧形闸门的上缘与铰轴的连线与水平面之间的夹角，(°)；

φ_2——弧形闸门的下缘与铰轴的连线与水平面之间的夹角，(°)；

R——弧形闸门的半径，m；

h——弧形闸门铰轴的高度，m；

B——弧形闸门的宽度，m；

$\beta=\beta_2-\beta_1$；$\varphi=\varphi_2-\varphi_1$。

其次，我们建立一个平面直角坐标，原点在水面，垂直方向为 Y 轴，与主梁平行方向为 X 轴，这样，弧形闸门上的任何一点的静水头可以用其 Y 坐标来计算。

最后，建立一个弧形坐标以顶梁为原点，沿闸门弧形方向。水平梁到顶梁的距离分别为 S_1、S_2、…、S_j、…、S_m，对应的水平梁的极坐标为 θ_1、θ_2、…、θ_j、…、θ_m，两者之间的关系为

$$\theta_j=\varphi_1+\frac{360^\circ S_j}{2\pi R} \tag{9.38}$$

而水平梁到水面的高度为

$$y_j=H_s-R(\sin\varphi_2-\sin\varphi_j) \tag{9.39}$$

式中 H_s——闸门的静水头。

2. 弧形闸门的主框架形式参数

弧形闸门的主框架有许多形式，选用带悬臂的斜支臂主框架作为计算模型，其他的框架形式可以看成它的一种特殊形式，包括直支臂主框架、斜支臂主框架、带悬臂的直支臂框架（图 9.8）。斜支臂主框架可以用以下几个参数来描述：

a——支臂在 X 轴上的投影长度，m；

b——中间跨度，m；

c——悬臂的长度，m；

S——支臂的长度，m；

L——主梁的长度，m。

带悬臂的直支臂框架可以看成 $a=0$ 的特例；而直支臂主框架则看成 $a=0$，$c=0$ 的特例。

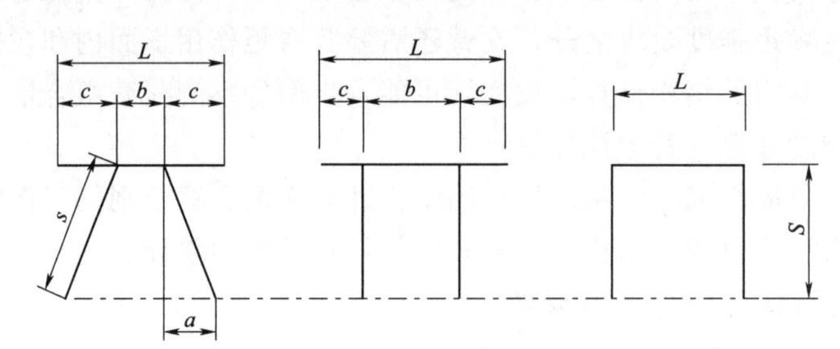

图 9.8 弧形闸门的框架形式

9.4.2 弧形闸门的校核

1. 主框架的校核

弧形闸门的支铰可以看作为铰支座，故主框架可按双铰支座的超静定结构计算。

(1) 主框架的载荷的计算。弧形闸门上承受的静水载荷：

$$P_x=\frac{1}{2}\gamma(2H_s-h)hB \tag{9.40}$$

$$P=\sqrt{P_x{}^2+P_y^2} \tag{9.41}$$

$$P_y=\frac{B}{2}\gamma R^2\left[\frac{\pi\varphi}{180}+2\sin\varphi_1\cos\varphi_2-\frac{1}{2}(\sin2\varphi_1+\sin2\varphi_2)+\frac{2(H_S-h)}{2}(\cos\varphi_1-\cos\varphi_2)\right] \tag{9.42}$$

式中　P——作用在弧形闸门上的合力，N；

P_x——作用在弧形闸门水平方向上的合力，N；

P_y——作用在弧形闸门垂直方向上的合力，N。

将总水压力分配到两个主框架上。

$$\frac{P_1}{\sin(\beta_2-\alpha)}=\frac{P_2}{\sin(\alpha-\beta_1)}=\frac{P}{\sin\beta} \tag{9.43}$$

式中　P_1——作用在上主框架上的作用力，N；

P_2——作用在下主框架上的作用力，N。

作用在支铰处的反力分别为

$$H=\frac{qb^2}{4h(2K_0+3)}\left[1+2(2K_0+3)\left(1+\frac{2c}{b}\right)\frac{c}{b}-\frac{6c^2}{b^2}\right] \tag{9.44}$$

$$V=\frac{1}{2}qL \tag{9.45}$$

式中　H——作用在支铰上的侧向力，N；

V——作用在支铰上的支臂轴向力，N；

(2) 主框架的力矩与剪力。

主横梁上的弯矩：

$$M(x)=\frac{1}{2}x^2q \quad (x<c) \tag{9.46}$$

$$M(x)=\frac{1}{2}x^2q+Hh_0-V(x-c+a) \quad (x\geqslant c) \tag{9.47}$$

作用上支臂上的弯矩：

$$M(x_1)=V\frac{ax}{\sqrt{a^2+h_0^2}}-H\frac{h_0x}{\sqrt{a^2+h_0^2}} \tag{9.48}$$

主横梁上剪力：

$$\begin{aligned}&Q(x)=qx \quad (x<c)\\&Q(x)=qx-V \quad (x\geqslant c)\end{aligned} \tag{9.49}$$

支臂上剪力：

$$Q=V\frac{a}{\sqrt{a^2+h_0{}^2}}-H\frac{h_0}{\sqrt{a^2+h_0{}^2}} \tag{9.50}$$

主横梁的挠度计算：

$x=0$ 处：

$$f=\frac{qc^3}{8EI} \tag{9.51}$$

$x=b/2$ 处：

$$f=\frac{5qb^3}{384EI}-\frac{(Hh_0-Va)b^3}{16EI} \tag{9.52}$$

支臂的挠度很小，可以忽略不计。

(3) 强度计算。

主横梁除承受弯矩外，同时承受框架水平推力，可按偏心受压构件计算。

主梁跨中截面：

正应力：
$$\sigma=\frac{N}{A}\pm\frac{M}{W}\leqslant[\sigma] \tag{9.53}$$

式中 N——主横梁轴向压力，即框架水平推力；

M——主横梁跨中弯矩；

A——主横梁跨中截面面积；

W——主横梁跨中截面抗弯模量；

$[\sigma]$——钢材的抗弯容许应力，按表9.2采用，并考虑修正系数。

主梁支座截面：

正应力：
$$\sigma=\frac{N}{A}\pm\frac{M}{W}\leqslant[\sigma] \tag{9.54}$$

剪应力：
$$\sigma=\frac{QS}{I\delta}\leqslant[\tau] \tag{9.55}$$

式中 N——主横梁轴向压力，即框架水平推力，N；

M——主横梁支座处弯矩，N·m；

Q——主横梁支座处剪力，N；

A——主横梁支座截面面积，m^2；

W——主横梁支座截面抗弯模量，m^3；

I——主横梁支座截面对中和轴的惯性矩，m^4；

S——主横梁支座截面处中和轴一侧截面面积对中和轴的面积矩，m^3；

δ——腹板厚度，m；

$[\sigma]$、$[\tau]$——钢材的抗弯、抗剪容许应力，按表9.2采用，并考虑修正系数。

受较大正应力和剪应力作用处，还应按第三强度理论验算折算应力，满足下式：

$$\sigma_{zh}=\sqrt{\sigma^2+3\tau^2}\leqslant 1.1[\sigma] \tag{9.56}$$

支臂为偏心受压柱，除应满足强度要求外，还应在外力作用下，不失去稳定。支臂失稳形态有两种可能：一是在弯矩作用平面内，因外力过大以致外力和构件内力不能保持静力平衡，使弯曲变形急剧增加而失去稳定；二是在弯矩作用平面外，即垂直于弯矩作用的平面，构件发生弯扭变形而失去稳定。因此，支臂必须按上述两个方向分别进行稳定校核。稳定计算时，构件截面尺寸以现场检测的蚀余厚度为准。稳定计算采用的弯矩、轴向力计算方法为结构力学法。当采用组合式工字钢截面尺寸时，翼缘外伸宽度一般小于其厚度的15倍，腹板高度一般小于其厚度的60倍，否则容易丧失局部稳定性。如果不能满足局部稳定要求，则应采用加劲肋板予以加强。

2. 弧形闸门的面板与梁的校核

通常，弧形闸门及水平次梁、竖直次梁的校核是与平面闸门相类似的，按照平面体系进行校核。因此，平面闸门的校核程序在这里可以借用，但必须进行一些修改。弧形闸门的 X 轴与平面闸门相同，弧形闸门的弧形坐标 S 与平面闸门的 Y 坐标是等价的。弧形闸

门的静水头按 Y 坐标来计算。

9.5 安全评估方法

水闸金属结构的安全性会由于运行磨损、腐蚀、零部件老化、损伤及意外事故等原因而下降，建立可靠的、操作性强的金属结构安全评估体系是十分必要的。目前安全评估方法主要有综合评估法、加权递阶评估法、灰色评估法、模糊集合论评估法、结构可靠度分析法等，它们不同程度地属于半经验半理论的评估方法。本书采用综合评估法确定钢闸门的安全等级。

9.5.1 评估指标体系

综合评估法是以影响金属结构安全的主要因素为主框架，以金属结构在实际运行中容易出现的主要问题和主要检测内容为评估项目，以结构的可靠性为总目标进行综合评估的。总目标由安全性和耐久性两个子目标构成，安全性说明结构的安全程度，耐久性说明结构的使用寿命。为使评估体系具有较完善的内容和较强的可操作性，将其分为一级评估项目和二级评估项目，二级项目是一级项目评估内容的细化，而且对每一细项内容在程度上将评估结果分成 A、B、C、D 四个等级。各等级指标值根据《水利水电工程结构可靠性设计统一标准》(GB 50199—2013) 确定，其值分别为 $A=3.7$，$B=3.2$，$C=2.7$，$D=2.2$。

根据评估项目对金属结构可靠性的影响程度确定项目的权系数。其中，安全性子目标的权系数 $R_1=0.7$，耐久性子目标的权系数 $R_2=0.3$。以闸门结构为例评估体系所包含的两级评估项目的名称、权系数及项目等级标准见表 9.14。

9.5.2 评估方法

子目标评估指标可用下式计算：

$$q=R[M][N][J]$$

式中　q——子目标评估指标；

R——子目标权系数；

$[M]$、$[N]$——一级项目、二级项目的权系数矩阵；

$[J]$——二级项目等级指标矩阵，由 A、B、C、D 四个等级相应的指标值构成。

总目标评估指标的计算可用下式：

$$P=q_1+q_2$$

式中　P——总目标评估指标；

q_1、q_2——安全性子目标和耐久性子目标的评估指标。

水电工程金属结构的安全级别参照规范《水利水电工程结构可靠性设计统一标准》(GB 50199—2013) 确定。对于大型工程，安全级别分为三级，分别为：

$P\geqslant 3.2$，安全级别为Ⅰ级；

$P\geqslant 2.7$，安全级别为Ⅱ级；

$P<2.7$，安全级别为Ⅲ级。

评估指标符合Ⅰ级标准的设备，表示可以安全运行；Ⅱ级、Ⅲ级标准范围的设备则存在不安全因素，应当进行加固、维修或更新改造。水工建筑物金属结构的上述可靠性综合

表 9.14　　评估项目等级标准表

子目标	一级项目		二级项目		二级项目等级标准			
	项目名称	权系数 M	项目名称	权系数 N	A	B	C	D
安全性	1. 结构应力	0.2	主要承重结构 $\sigma/[\sigma]$	0.5	＜1	⩽1.01	⩽1.03	＞1.03
			超载 $H_{实}/H_{设}$	0.3	⩽1	⩽1.01	⩽1.03	＞1.03
			冰压力状态（冰层厚 σ）	0.2	无冰压力	⩽10	⩽30	＞30
	2. 刚度与挠度	0.2	弧门支臂稳定 K	0.6	⩽5	⩽8	⩽11	＞11
			弧门主梁挠度 $\Delta l/l$	0.4	$<\frac{1}{600\sim750}$	$<\frac{1.01}{600\sim750}$	$<\frac{1.02}{600\sim750}$	$\geqslant\frac{1.02}{600\sim750}$
			平面闸门主梁 $\Delta l/l$	1	$<\frac{1}{600\sim750}$	$<\frac{1.01}{600\sim750}$	$<\frac{1.02}{600\sim750}$	$\geqslant\frac{1.02}{600\sim750}$
	3. 振动	0.1	开启过程	0.5	无明显振感	局部有振感，不强烈	全程有振感，局部强烈	有强烈振感
			全开	0.5	无明显振感	有振感	强烈	剧烈，轰鸣
	4. 水流状态	0.1	上游流态	0.6	平顺	有振动	有漩涡	立轴漩涡，夹气
			下游流态	0.4	平顺	有水跃	水跃打击闸门	水跃严重打击闸门
	5. 气蚀	0.1	通气孔	0.5	面积、位置满足要求	面积不足，位置不良	面积严重不足	无通气孔
			闸门及门槽附近	0.5	无	有轻微	有气蚀破坏	严重气蚀破坏
	6. 启闭力	0.1	启闭力 $p_{能力}/p_{启}$	0.4	⩾1.4	⩾1.3	⩾1.2	＜1.2
			启闭力 $p_{能力}/p_{闭}$	0.3	⩾1.3	⩾1.2	⩾1.1	＜1.1
			启闭力 $p_{能力}/p_{持}$	0.3	⩾1.3	⩾1.2	⩾1.1	＜1.1

续表

子目标	一级项目		二级项目		二级项目等级标准			
	项目名称	权系数 M	项目名称	权系数 N	A	B	C	D
安全性	7. 制造安装质量	0.15	焊接质量	0.2	优良	合格	一般	不合格
			材质（钢种、钢号、尺寸）	0.2	全部符合要求	承重结构符合要求	有性能相当代用料	不符合要求
			制造评级	0.2	优良	合格	改进后合格	不合格
			安装评级	0.2	优良	合格	改进后合格	不合格
			性能	0.2	达到设计要求	主要性能达到	基本达到	达不到
	8. 零部件	0.05	零部件	1	完好	轻微破损	严重破损	零部件破坏丢失不完整
耐久性	1. 锈蚀	0.4	锈蚀速度/(mm/a)	0.4	≤0.03	≤0.05	≤0.08	>0.08
			锈蚀深度/mm	0.3	≤0.5	≤1.0	≤1.5	>1.5
			锈蚀面积/m^2	0.3	≤1	≤2	≤3	>3
	2. 工程年龄	0.2	已运行年限/年	1	≤5	≤15	≤25	>25
	3. 管理	0.4	规章年度	0.3	齐全	基本齐全	不全	大部没有
			维修	0.3	定期维修	基本定期	不定期	仅能保养
			操作	0.4	遵守操作规程	基本遵守操作规程	未严格按规程操作	操作随意，有误操作

评估法内容全面，直观易行，可操作性强，评估结果可信，可以应用于实际工程的可靠性评估。由于项目权系数和评估等级的确定带有较多的经验成分，缺乏足够的理论依据，还有待于进一步改进和完善。

9.6 实例分析

9.6.1 概况

某钢桁架弧形闸门门宽 10.0m、高 8.82m、弧形半径 8.9m，由钢面板和 11 榀纵向钢桁架，上、下水平横向钢桁架以及南北支臂钢架组成。该闸门建于 1960 年，1981 年曾对各孔闸门的下部 1/3 闸高范围作除锈、喷锌再加油漆的防腐措施。闸门其他部位未做有效的防腐措施，锈蚀仍在继续发展。因锈蚀严重，管理部门已在检测前将闸门面板全面更换。

9.6.2 外观检测

采取普查与重点检测相结合的方法，在对全部钢闸门进行普查的基础上选择有代表性的三扇闸门（分别记为 1 号、2 号和 3 号）进行重点检测。

(1) 外观形态。各闸门门体未见明显变形，构件无折断、损伤和明显的局部变形。但滚轮、滚轮轴已锈死无法转动，闸门支臂铰链转动普遍不灵活。

(2) 构件规格尺寸检查。闸门构件的实际尺寸与设计尺寸不尽相同。通过对 5620 根构件进行的尺寸检查来看，施工时更改构件尺寸的共有 1616 根，占构件总数的 28.75%，其中以大代小的 1548 根，占更改构件的 95.8%，以小代大的 68 根，占更改构件总数的 4.2%。

(3) 裂缝检测。通过目测，结合木锤轻敲和放大镜观测各构件表面，未发现明显的受力变形缝和损伤裂缝。

(4) 腐蚀状态检测。对于均匀腐蚀的构件，采用特制的游标卡尺和超声波测厚仪测量其蚀余厚度，喷锌层的厚度用涂层厚度测量仪测得。对于坑蚀的构件，当锈坑大而数量较小时，采用特制的千分表测量坑深，用量规或透明尺测量锈坑宽度；当锈坑小而多时，采用橡皮泥敷涂锈坑的方法测量锈坑横截面积。

从腐蚀状态检测结果来看，经过 40 年的运行，构件的腐蚀均在二级或二级以上；二级腐蚀的构件 3693 根，占构件总数的 65.71%；三级腐蚀的构件 1785 根，占构件总数的 31.76%；四级腐蚀的构件 135 根，占构件总数的 2.4%；腐蚀损坏的五级腐蚀较少，共 7 根，占构件总数的 0.12%。

锈蚀最严重的一扇闸门，属于较重腐蚀以上的构件占该扇闸门构件总数的 46.99%。

腐蚀较为严重的部位分别为：上、下桁架的上弦杆（角钢口朝上，易积水）、上、下桁架端部杆件，靠近闸墩的纵桁架部分杆件、滚轮、滚轮轴、上桁架上弦杆的节点连接板等。

实测较大坑深 4.44mm，此锈坑在喷锌保护前即已形成，实际年限为 20 年。

闸门各构件的腐蚀检测的主要结果见表 9.15～表 9.17。

表 9.15　　闸门构件腐蚀截面损失率统计

闸门编号	构件名称		腐蚀截面损失率/%		
			平均值	最大值	最小值
1号	水平上桁杆	上弦杆	4.03	4.98	3.12
		下弦杆	2.41	3.4	1.5
		腹杆	6.39	13.08	0
	下平上桁杆	上弦杆	2.85	4.16	1.8
		下弦杆	3.41	4.65	2.27
		腹杆	6.92	16.58	2.06
	南支臂		6.11	8.61	1.05
	北支臂		5.32	7.06	3.52
2号	水平上桁杆	上弦杆	6.73	7.67	4.2
		下弦杆	2.0	6.3	0.6
		腹杆	5.49	11.19	0.59
	下平上桁杆	上弦杆	8.32	9.69	6.43
		下弦杆	2.27	4.54	1.33
		腹杆	9.6	20.13	2.94
	南支臂		8.09	14.68	3.62
	北支臂		6.38	9.24	3.55
3号	水平上桁杆	上弦杆	4.09	8.84	2.72
		下弦杆	5	5.98	4.46
		腹杆	4.9	7.94	1.78
	下平上桁杆	上弦杆	9.67	20.13	5.12
		下弦杆	5.71	5.87	5.31
		腹杆	9.82	26.14	4.82
	南支臂		9.16	14.37	5.28
	北支臂		8.32	8.74	4.71

表 9.16　　闸门构件均匀腐蚀速率统计

闸门编号	段别	平均年腐蚀速率/(mm/年)	最大年腐蚀		最小年腐蚀	
			速率/(mm/年)	部位	速率/(mm/年)	部位
1号	喷锌段	0.0225	0.034	纵桁架 *FE* 杆	0.015	下桁架上弦杆
	未喷锌段	0.0125	0.028	北支臂 *BG* 杆	0.004	南支臂 *BG* 杆
2号	喷锌段	0.023	0.037	下桁架腹杆	0.012	下桁架下弦杆
	未喷锌段	0.0154	0.025	纵桁架 *AG* 杆	0.007	上桁架下弦杆
3号	喷锌段	0.0222	0.030	下桁架下弦杆	0.013	背拉架
	未喷锌段	0.0152	0.026	南支臂 *BG* 杆	0.009	上桁架上弦杆

表 9.17　　闸门构件坑蚀速率统计

闸门编号	段别	最大坑深/mm	坑蚀速率/(mm/年)		部　位
			年平均	最大年平均	
1 号	喷锌段	2.6	0.046	0.13	纵桁架 *CD* 杆
	未喷锌段	3.27	0.012	0.105	南支臂 *BG* 杆
2 号	喷锌段	3.56	0.039	0.178	下桁架腹杆
	未喷锌段	1.67	0.002	0.054	纵桁架 *GF* 杆
3 号	喷锌段	4.44	0.041	0.222	下桁架腹杆
	未喷锌段	2.05	0.001	0.066	上桁架上弦杆

9.6.3　焊缝质量检测

（1）外观检查。首先对全部焊缝目视检查，同时对 1～3 号三扇闸门中具备检查条件、外观质量相对较差的 369 条焊缝进行外观评估，评估时清除焊缝上的污垢，用 10 倍放大镜检查，辅以量规、样板等工具。结果表明：2 级焊缝 229 处，占总数的 81.03%；3 级焊缝 53 处，占总数的 14.36%；4 级焊缝 17 处，占总数的 4.60%。焊缝严重腐蚀的 2 处，占 0.54%；焊缝一般腐蚀的 28 处，占 7.60%；91.86%的焊缝未出现腐蚀。从总体上看，焊缝存在凹凸不平，局部不饱满或漏焊、跳焊，有气泡和咬边现象，但未发现裂缝。

（2）探伤检测。焊缝的探伤采用渗透探伤和超声波探伤进行检测，共检测焊缝 57 条，其中渗透探伤 48 处，除个别部位有咬边和表面气孔外，未发现裂缝和微小裂纹，被探伤部位均合格；超声探伤 9 处，7 处全格，2 处焊缝内有超标缺陷，被判为不合格。

9.6.4　材料试验

（1）拉伸试验。分别对闸门工字型钢腹板、桁架角钢取样制作成标准试样（完全清除锈蚀部分）测试其力学性能参数。主要结果如下：

工字型钢腹板：屈服强度 264.5～266.7MPa，平均 265.6MPa；极限强度 378.4～381.6MPa，平均 380.0MPa；弹性模量 $2.12 \sim 2.19 \times 10^5$MPa，平均 2.16×10^5MPa。

桁架角钢：屈服强度 244.9～292.7MPa，平均 263.7MPa；极限强度 350.4～418.9MPa，平均 377.3MPa；弹性模量 $1.91 \sim 2.07 \times 10^5$MPa，平均 2.01×10^5MPa。

从极限拉伸试验过程曲线判断，符合 16Mn 钢的特点。

（2）构件锈蚀对强度和应力的影响。在桁架上截取不同锈蚀程度的构件 16 根，分别测定试件锈蚀后的最小截面，推定原截面后，进行极限拉伸试验，以判定构件表面凹凸不平后应力集中，引起屈服强度和极限强度下降的程度。

主要结果见表 9.18。

表 9.18　　闸门构件锈蚀对强度的影响

试件部位与编号		截面积/cm^2		锈蚀率/%	屈服强度/MPa	相对于拉伸强度折减	相对设计承载力折减
		设计	实际				
纵桁架纵梁腹板	1-1	7.0	5.17	26.14	236.6	0.891	0.659
	1-2	7.0	5.85	16.42	253.3	0.954	0.800

续表

试件部位与编号		截面积/cm²		锈蚀率/%	屈服强度/MPa	相对于拉伸强度折减	相对设计承载力折减
		设计	实际				
纵桁架纵梁腹板	1-3	6.3	5.31	15.71	242.4	0.912	0.769
	1-4	6.3	5.92	6.03	242.1	0.911	0.855
	1-5	7.0	5.92	16.42	257.4	0.969	0.820
	1-6	6.3	6.08	3.49	262.2	0.987	0.952
	1-7	6.3	6.2	1.58	262.7	0.989	0.971
水平桁架角钢焊件	2-1	4.0	3.36	16.00	255.9	0.970	0.813
	2-2	4.0	3.20	20.00	220.6	0.837	0.671
	2-3	4.0	3.65	8.75	243.3	0.922	0.840
	2-4	4.0	2.98	25.50	215.8	0.818	0.610
	2-5	5.4	4.87	9.81	239.6	0.909	0.820
	2-6	5.4	4.91	9.07	263.3	0.999	0.909
	2-7	5.4	4.86	10.00	235.8	0.894	0.806
	2-8	4.0	3.97	0.75	255.4	0.968	0.962
	2-9	5.4	5.05	6.48	257.4	0.976	0.909

9.6.5 应力测试与计算复核

1. 应力测试

对有代表性的三扇钢闸门全面检测后，选择纵桁架 20 根杆件，水平桁架 36 根杆件，支臂 8 根杆件上布置 255 个测点（测点布置需综合考虑结构受力和腐蚀），测试构件在各水位组合下的应力情况。试验的水位组合（5 种）由上、下游检修门与闸门形成的闸室内充水取得。

2. 应力计算

闸门各构件的尺寸按实测的最小截面尺寸输入。对明显的结构缺陷采用根据实际情况适当折减构件截面的方法处理。

按材料试验结果，根据构件不同的锈蚀形态和锈蚀率，推定各构件由应力集中引起的应力增加。

计算时，假定水压力的传递途径为面板—纵桁架纵梁—纵桁架—水平桁架—支臂。

3. 主要结果

（1）各构件应力随水位增长明显，且具有规律性。

（2）在低水位时，实测构件内力与计算应力差别较大，随着水位差增大，实测应力越来越接近计算应力。

（3）在设计和校核水位条件下，实测的结构应力略小于计算应力。计算应力值见表 9.19。

表 9.19　　　　闸门构件计算最大拉、压应力

构件名称		纵向桁架		水平桁架		支　臂	
		$+\sigma_{max}$	$-\sigma_{max}$	$+\sigma_{max}$	$-\sigma_{max}$	$+\sigma_{max}$	$-\sigma_{max}$
1号	设计工况	70.93	75.74	172.07	187.32		140.18
	校核工况	101.18	108.51	175.66	185.53		139.79
2号	设计工况	65.59	77.25	168.29	162.52		122.46
	校核工况	93.56	90.55	208.62	200.84		151.46
3号	设计工况	81.42	73.86	172.07	187.32		140.18
	校核工况	106.13	84.99	213.31	231.39		173.36

(4) 根据《水利水电工程钢闸门设计规范》(SL 74—2019) 规定，16号锰钢第一组的容许应力为230MPa，对于大、中型工程的工作门应乘以调整系数0.90～0.95；根据《水利水电工程金属结构报废标准》(SL 226—98)，闸门结构应满足强度条件 $\sigma<K[\sigma]$，K 为使用年限修正系数，取0.90～0.95，达到和超过折旧年限取0.9；综合确定允许应力为230×0.95×0.9=196.65MPa。

(5) 从结果来看，各工况的最大拉应力和最大压力应力均出现在水平桁架上。纵向桁架和支臂的应力水平要小于水平桁架。设计工况时，闸门各构件应力不大于规范允许值，满足强度要求。但在校核工况条件下，2号闸门和3号闸门水平桁架的应力超过规范允许值，2号闸门最大为208.62MPa，超过规范值约6.09%。3号闸门最大为231.39MPa，超过规范值约17.67%。应力超过规范允许值的构件数量为2号闸门3根，占该扇闸门构件总数的1.6%；3号闸门7根，占该扇闸门构件总数的3.89%。虽未达到《水利水电工程金属结构报废标准》规定的闸门报废条件，但此类不满足强度的构件应予以更换。

9.6.6 评估指标计算

根据检查、检测，复核计算的结果，结合工程运行管理的实际情况，确定评估项目和相应的权重，各项目的评级情况列于表9.20。

表 9.20　　　　评估项目等级标准

一级项目			二级项目		项目等级标准											
					1号				2号				3号			
项目名称		权系数 M	项目名称	权系数 N	A	B	C	D	A	B	C	D	A	B	C	D
安全性	1. 结构应力	0.3	主要构件 $\sigma/[\sigma]$	0.6	√							√				√
			超载 $H_{实}/H_{设}$	0.4	√				√				√			
	2. 刚度与挠度	0.2	支臂稳定 K	0.6		√				√				√		
			主梁挠度 $\Delta l/l$	0.4	√				√				√			
	3. 振动	0.05	开启过程	0.5		√			√					√		
			全开	0.5	√				√				√			
	4. 水流状态	0.05	上游流态	0.6	√				√				√			
			下游流态	0.4	√				√				√			

续表

一级项目			二级项目		项目等级标准											
					1号				2号				3号			
	项目名称	权系数 M	项目名称	权系数 N	A	B	C	D	A	B	C	D	A	B	C	D
安全性	5. 气蚀	0.05	通气孔	0.5	√				√				√			
			闸门及门槽附近	0.5	√				√				√			
	6. 启闭力	0.1	启门力 $p_{能力}/p_{启}$	0.5	√				√				√			
			持门力 $p_{能力}/p_{持}$	0.3	√				√				√			
			闭门力 $p_{能力}/p_{闭}$	0.2	√				√				√			
	7. 制造安装质量	0.2	焊接质量	0.2			√				√				√	
			材质（钢种、钢号、尺寸）	0.2			√				√				√	
			制造评级	0.2		√				√				√		
			安装评级	0.2		√				√				√		
			性能	0.2		√				√				√		
	8. 零部件	0.05	零部件	1.0		√				√					√	
耐久性	1. 锈蚀	0.4	锈蚀速度/(mm/年)	0.4		√				√				√		
			锈蚀深度/mm	0.3			√				√				√	
			锈蚀面积/m^2	0.3				√				√				√
	2. 工程年龄	0.2	已运行年限	1.0				√				√				√
	3. 管理	0.4	规章年度	0.2		√				√				√		
			维修	0.4			√				√				√	
			操作	0.4		√				√				√		

按表9.20各项目的评级情况，分别计算各闸门的安全性子目标评估指标和耐久性子目标评估指标。

1. 1号钢闸门

安全性子目标评估指标：

$$q_1=R_1[M][N][J]=0.7\begin{bmatrix}0.3\\0.2\\0.05\\0.05\\0.05\\0.1\\0.2\\0.05\end{bmatrix}^T\begin{bmatrix}1&0&0&0\\0.4&0.6&0&0\\0.5&0.5&0&0\\1&0&0&0\\1&0&0&0\\1&0&0&0\\0&0.6&0.4&0\\0&1&0&0\end{bmatrix}\begin{bmatrix}3.7\\3.2\\2.7\\2.2\end{bmatrix}=2.42$$

耐久性目标评估指标：

$$q_2=R_2[M][N][J]=0.3\begin{bmatrix}0.4\\0.2\\0.4\end{bmatrix}^T\begin{bmatrix}0&0.4&0.3&0.3\\0&0&0&1\\0&0.6&0.4&0\end{bmatrix}\begin{bmatrix}3.7\\3.2\\2.7\\2.2\end{bmatrix}=0.82$$

总目标评估指标：$P=q_1+q_2=3.24>3.2$，安全级别为Ⅰ级，可安全运行。

2. 2 号钢闸门

安全性子目标评估指标 $q_1=2.24$

耐久性目标评估指标 $q_2=0.82$

总目标评估指标：$P=q_1+q_2=3.06>2.7$，安全级别为Ⅱ级，存在不安全因素，需进行维修、加固或更新改造。

3. 3 号钢闸门

安全性子目标评估指标 $q_1=2.22$

耐久性目标评估指标 $q_2=0.82$

总目标评估指标 $P=q_1+q_2=3.04>2.7$，安全级别为Ⅱ级，存在不安全因素，需进行维修、加固或更新改造。

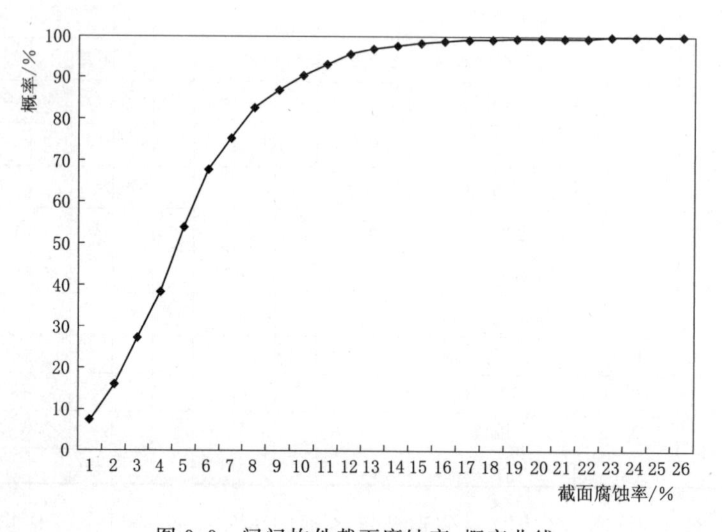

图 9.9 闸门构件截面腐蚀率-概率曲线

第10章 水闸安全评估方法

10.1 概述

水闸安全评估分析实质是水闸结构可靠度评定的过程。水闸结构在使用环境、自然环境及材料内部因素的作用下，结构的性能会逐步劣化，其结果是结构的抗力减少。在规定的时间内和规定的条件下，结构完成预定功能的能力降低，运行指标降低。因此，水闸运用指标是结构安全性、耐久性和适用性的综合。从结构可靠性鉴定角度看，目前有三种方法，即传统经验法、实用经验法和可靠度鉴定法。传统经验法系我国常用的习惯方法，由有经验的专家进行现场观测检查，有时辅以简单的分析计算。然后，凭借专家所掌握的知识和经验对结构可靠性作出宏观评价。该方法优点是简单省时，花费较少，但缺点是受专家专业范围和直接经验的限制，结论会因人而异。这种方法适用于一般比较简单的中小工程。实用经验法在传统经验法的基础上，运用现代测试技术及分析算法手段获取必要的结构功能参数指标，并以此指标与规范指标进行对比分析，根据功能指标差异程度，评定出结构的可靠性等级。这是我国目前普遍应用的方法，其优点是较准确可靠，便于与现行规范接轨。不过，其缺点是工作量较大。可靠度鉴定法，亦称近似概率法，是对影响结构功能的各随机变量及随机过程，应用概率论、数理统计和可靠度理论，借助电算手段，对结构的实际可靠性直接进行统计、分析、判断和评价的方法。该法优点是真实可靠，但缺点是结构功能函数求取比较复杂，每一部件在整个结构功能中的作用和地位难于量化，特别是首先要确定荷载参数的概率统计。一般工程（包括大型）通常并不具备这一类条件。在评定工程结构可靠性等级时，作为一种归纳方法常用所谓的"双因素评定法"。即同时考虑结构现时的病态严重性和治理可能性两个方面的情况。这是因为可靠性鉴定的目的在于决策，在于得出合理的结论以及处理意见。以价值观衡量，人们对病态建筑的忧虑和对疾病一样，重要的不单是疾病的严重程度，而是对不治之症的忧虑，以及对治理病态结构使其功能恢复所能达到的程度与经济承受能力和效益的考虑。

基于以上考虑，《水闸安全评价导则》（SL 214—2015）把水闸安全类别分为四类，一类闸：运用指标能达到设计标准，无影响正常运行的缺陷，按常规维修养护即可保证正常运行；二类闸：运用指标基本达到设计标准，工程存在一定损坏，经大修后，可达到正常运行；三类闸：运用指标达不到设计标准，工程存在严重损坏，经除险加固后，才能达到正常运行；四类闸：运用指标无法达到设计标准，工程存在严重安全问题，需降低标准运用或报废重建。从评定标准可知，决定水闸所属类别主要归结为三个方面：一是运用指标是否能达到设计标准，二是工程损伤的程度，三是结构的可修复性。一般情况下，水闸评估的基本流程如下：

（1）收集工程基本资料。各种影响因素的调查和检测资料是评估的依据，资料越多越详细，评估的结果越能反映实际情况，但是，采集资料工作量大小，受经费和工程现场条件的限制。因此，首先对建筑物进行全面的调查，以了解建筑物的概况和现状；其次对建筑物进行必要的详细检查和重点检测，以获取影响建筑物老化的主要因素的基本资料。

（2）开展工程复核计算。根据检测结果，有针对性地开展防洪标准、渗流稳定性、闸室（岸墙、翼墙）整体稳定性、消能防冲能力结构应力、抗震安全、金属结构安全和机电设备安全等复核计算，对照相关规范分析比较。

（3）评价决策。根据各项评估指标对水闸进行综合评价，从而为水闸养护维修、加固、改造计划的制定提供依据。

应当指出，水闸安全评估与水闸设计有本质的不同，两者不能简单等同。首先，两者的目的不同，水闸设计是为了实现水闸在设计基准期内建筑物完成预定功能的能力，而安全评估则考虑在一定的使用年限后，水闸结构在安全性、适用性和耐久性降低对水闸整体可靠性的影响，为扩建、改建、重建、加固提供参考依据；其次，信息来源不同，水闸设计的材料特征参数、截面特征尺寸等均取值于现行设计规范；而既有安全评估则要求来自工程中实际测量值；再次，实现难易程度不同，一般而言，对于实现水闸设计比实现安全评估要容易得多，安全评估要考虑在既有构件长期损伤积累和各种荷载作用，构件尺寸和支撑条件的改变，可能会导致结构体系更为复杂或难以模拟。

本章在介绍水闸安全评估依据标准，评估指标和方法的基础上，介绍了常用的安全评估方法。

10.2 评估依据与准则

开展水闸安全评估，一般以评价水闸建筑物的可靠性为基本内容。对水闸建筑物及结构安全性、耐久性和适用性的要求即为可靠性的评估准则。所谓要求建筑物具有一定的安全性，即要求建筑物结构及其地基应具有足够的承载能力，结构构件及其连接部件不得因材料强度不足而破坏，或因过度的塑性变形而不适于承载，结构不得转变为几何可变体系，结构或构件的整体和局部不得丧失稳定。对耐久性的要求即结构构件的局部损伤（如裂缝、剥蚀等）不得影响建筑物规定的耐久性，构件、建筑物表面被侵蚀、磨损（如钢筋锈蚀、冻融损坏、冲磨等）的速度较缓慢，以保证建筑物规定的使用年限。建筑物的适用性要求建筑物总体及其构件的变形、建筑物地基不得产生影响正常使用的过大沉降或不均匀沉降、渗漏，不得影响运行操作，以满足规划、设计时预定的各项使用要求。

为了使得评估指标及其标准尽可能具有权威性及可比性，指标及标准的制定要尽量以水工建筑物有关规范为主要依据，同时参考其他行业的规范。考虑到现有规范直接引用到水工建筑物老化病害的评估时，内容不够全面，标准也不完全合适，还应根据评估的要求，重新划定或调整指标的分级，使之具有可操作性。

10.2.1 评估依据

水闸安全评估分析参照的标准有：

(1)《水闸安全评价导则》(SL 214—2015);
(2)《水闸设计规范》(SL 265—2016);
(3)《水工混凝土结构设计规范》(SL 191—2008);
(4)《水工钢闸门和启闭机安全检测技术规程》(SL 101—2014);
(5)《水利水电工程金属结构报废标准》(SL 226—98);
(6)《水工钢闸门和启闭机安全运行规程》(SL/T 722—2020);
(7)《水利水电工程等级划分及洪水标准》(SL 252—2017);
(8)《水工建筑物荷载设计规范》(SL 744—2016);
(9)《水工混凝土试验规程》(SL/T 352—2020);
(10)《水工建筑物抗震设计标准》(GB 51247—2018);
(11)《水闸技术管理规程》(SL 75—2014)。

10.2.2 评估标准

混凝土水闸建筑物的布置及结构型式是多种多样的，总的来讲，可分为三大组成部分：闸室段，上、下游连接段和两岸连接段。闸室段是水闸工程的核心部分，一般由底板、闸墩、闸门、启闭台、启闭机、胸墙、交通桥等七个部分组成。以水闸可靠性为评估总目标，安全性，适用性，耐久性为子标准，并考虑到水闸安全鉴定的方便，按照《水闸安全评价导则》(SL 214—2015) 要求所列出水闸安全分析评价的内容，即工程质量、防洪标准、渗流安全、结构安全、抗震安全、金属结构安全、机电设备安全。

1. 工程质量

检测结果评价应根据现状调查、安全检测结果，结合工程质量检查、勘察和运行观测等资料，对照相应的设计和施工标准综合分析后进行评价。

2. 防洪标准

依据《水利水电工程等级划分及洪水标准》(SL 252—2017)、《洪水标准》(GB 50201—2014) 和工程的最新规划水位，可用闸顶 (胸墙)、封闭堤堤顶现状高程和过流能力评定防洪标准，若闸顶、封闭堤堤顶高程和过流能力不满足要求，则表明水闸防洪标准不满足规范和安全运行要求。

3. 渗流安全

以最新的规划数据，按照《水闸设计规范》(SL 265—2016) 及其他相关标准开展水闸渗流稳定性分析，渗径长度大于规范计算的最小长度，渗透坡降小于允许渗透坡降。

4. 结构安全

以最新的规划数据和工程现状，按照《水闸设计规范》(SL 265—2016) 及其他相关标准开展水闸结构安全性分析。

(1) 土基上闸室、岸墙、翼墙稳定性。土基上的闸室、岸墙、翼墙稳定复核应满足：各种工况组合的闸室平均基底应力不大于地基允许承载力，最大基底应力不大于地基允许承载力的 1.2 倍；土基上闸室基底应力最大值与最小值之比允许值见表 8.21，土基上沿闸室基底面抗滑稳定安全系数的允许值见表 8.22；岩基上的闸室稳定复核应满足：各种工况组合的闸室最大基底应力不大于地基允许承载力；在非地震情况下，闸室基底不出现拉应力；在地震情况下，闸室基底拉应力不大于 100kPa；沿闸室基底面的抗滑稳定安全系数不小于表8.23规定的允许值。如闸室稳定性不满足要求或基底地基反力超过允许值，则可直接判断为三类闸或四类闸。

（2）岩基上的岸墙、翼墙稳定性。岩基上的岸墙、翼墙稳定复核应满足：各种工况组合的岸墙、翼墙最大基底应力不大于地基允许承载力；在基本荷载组合下，不分级别，岩基上翼墙抗倾覆稳定安全系数不小于1.50；在特殊荷载组合条件下，岩基上翼墙抗倾覆稳定安全系数不小于1.30；沿岸墙、翼墙基底面的抗滑稳定安全系数不小于表8.23规定的允许值。

（3）混凝土和钢筋混凝土结构。水闸工程安全检测，以检测混凝土外观缺陷，混凝土强度，碳化深度，混凝土保护层厚度、钢筋锈蚀率和裂缝形态为主，辅以混凝土密实度、内部超声波探伤等，在沿海挡潮闸还需要检测混凝土中氯离子含量。因此，结合《水工混凝土结构设计规范》（SL 191—2008），列出混凝土质量评定标准。在检测基础上，结合混凝土结构强度复核计算，推算结构强度储备，验证是否满足安全运行要求。

1）水工混凝土结构所处的环境条件。根据《水工混凝土结构设计规范》（SL 191—2008）水工混凝土结构所处的环境可分为下列五个类别，见表10.1。

表10.1　水工混凝土结构所处的环境类别

环境类别	环 境 条 件
一	室内正常环境
二	室内潮湿环境；露天环境；长期处于水下或地下的环境
三	淡水水位变化区；有轻度化学侵蚀性地下水的地下环境；海水水下区
四	海上大气区；轻度盐雾作用区；海水水位变化区；中度化学侵蚀性环境
五	使用除冰盐的环境；海水浪溅区；重度盐雾作用区；严重化学侵蚀性环境

注 1. 海上大气区与浪溅区的分界线为设计最高水位加1.5m；浪溅区与水位变化区的分界线为设计最高水位减1.0m；水位变化区与水下区的分界线为设计最低水位减1.0m；重度盐雾作用区为离涨潮岸线50m内的陆上室外环境；轻度盐雾作用区为离涨潮岸线50～500m内的陆上室外环境。
2. 冻融比较严重的二类、三类环境条件下的建筑物，可将其环境类别分别提高为三类、四类。
3. 化学侵蚀性程度的分类见《水工混凝土结构设计规范》（SL 191—2008）表3.3.9。

2）混凝土外观缺陷。外观缺陷评定没有现有规范可以依据，通常由有经验的检测专家和管理人员完成，采用定性评定，评定等级见表10.2，以严重、较严重、一般和较好四个级别定性判断外观完好程度。

表10.2　混凝土外观缺陷的评定标准

等级评定	四	三	二	一
混凝土外观缺陷	严重	较严重	一般	较好

3）混凝土强度。混凝土强度既满足结构功能要求又在一定程度上耐久性要求。根据结构受力和所处的环境确定，设计使用年限为50年的水工结构，《水工混凝土结构设计规范》（SL 191—2008）规定的配筋混凝土最低强度等级见表10.3。素混凝土结构混凝土强度等级可比表10.3降低一个强度等级。设计使用年限为100年的水工结构，混凝土强度等级可比表10.3提高一个强度等级。

表 10.3 配筋混凝土耐久性基本要求

环境类别	混凝土最低强度等级	最小水泥用量 /(kg/m³)	最大水灰比	最大氯离子含量 /%	最大碱含量 /(kg/m³)
一	C20	220	0.60	1.0	不限制
二	C25	260	0.55	0.3	3.0
三	C25	300	0.50	0.2	3.0
四	C30	340	0.45	0.1	2.5
五	C35	360	0.40	0.06	2.5

注 1. 配置钢丝、钢绞线的预应力混凝土构件的混凝土最低强度等级不宜小于 C40；最小水泥用量不宜少于 300kg/m³。
2. 当混凝土中加入优质活性掺合料或能提高耐久性的外加剂时，可适当减少最小水泥用量。
3. 桥梁上部结构及处于露天环境的梁、柱构件，混凝土强度等级不宜低于 C25。
4. 氯离子含量系指其占水泥用量的百分率；预应力混凝土构件中的氯离子含量不宜大于 0.06%。
5. 水工混凝土结构的水下部分，不宜采用碱活性骨料。
6. 处于三类、四类环境条件且受冻严重的结构构件，混凝土的最大水灰比应按《水工建筑物抗冰冻设计规范》(SL 211—2006) 的规定执行，
7. 炎热地区的海水水位变化区和浪溅区，混凝土的各项耐久性基本要求宜按表中的规定适当加严。

4）混凝土保护层厚度。根据《水工混凝土结构设计规范》(SL 191—2008) 混凝土保护层最小厚度见表 10.4。设计使用年限为 100 年的水工结构，钢筋的混凝土保护层厚度应比表 10.4 适当增加。保护层厚度 c 过小，会导致混凝土沿钢筋纵向发生劈裂裂缝，严重影响钢筋的锚固。所以 c 值不应小于钢筋直径 d。同时为使保护层浇筑密实，保护层厚度不应小于骨料最大粒径 1.25 倍。

表 10.4 混凝土保护层最小厚度 单位：mm

项次	构件类别	环境类别				
		一	二	三	四	五
1	板、墙	20	25	30	45	50
2	梁、柱、墩	30	35	45	55	60
3	截面厚度不小于 2.5m 的底板及墩墙	—	40	50	60	65

注 1. 直接与地基接触的结构底层钢筋或无检修条件的结构，保护层厚度应适当增大。
2. 有抗冲耐磨要求的结构面层钢筋，保护层厚度应适当增大。
3. 混凝土强度等级不低于 C30 且浇筑质量有保证的预制构件或薄板，保护层厚度可按表中数值减小 5mm。
4. 钢筋表面涂塑或结构外表面敷设永久性涂料或面层时，保护层厚度可适当减小。
5. 严寒和寒冷地区受冰冻的部位，保护层厚度还应符合《水工建筑物抗冰冻设计规范》(SL 211—2006) 的规定。

5）裂缝宽度。根据《水工混凝土结构设计规范》(SL 191—2008)，钢筋混凝土结构构件最大裂缝限值见表 10.5。

表 10.5 结构构件的裂缝控制等级及最大裂缝限值 w_{lim}

环境类型	钢筋混凝土结构	预应力混凝土结构	
	w_{lim}/mm	裂缝控制等级	w_{lim}/mm
一	0.40	三	0.20
二	0.30	二	—

续表

环境类型	钢筋混凝土结构	预应力混凝土结构	
	w_{lim}/mm	裂缝控制等级	w_{lim}/mm
三	0.25	—	—
四	0.20	—	—
五	0.15	—	—

注 1. 表中的规定适用于用热轧钢筋的钢筋混凝土结构和采用预应力钢丝、钢绞线、螺纹钢筋及钢棒的预应力混凝土结构；当采用其他类型的钢筋时，其裂缝控制要求可按专门标准确定。
2. 结构构件的混凝土保护层厚度大于50mm时，表列裂缝宽度限值可增加0.05mm。
3. 当结构构件不具备检修维护条件时，表列最大裂缝宽度限值宜适当减小。
4. 当结构构件承受水压且水力梯度 $i>20$ 时，表列最大裂缝宽度限值宜减小0.05mm。
5. 结构构件表面设有专门可靠的防渗面层等防护措施时，最大裂缝宽度限值可适当加大。
6. 对严寒地区，当年冻融次数大于100时，表列最大裂缝宽度限值宜适当减小。

6）结构强度。根据《水工混凝土结构设计规范》（SL 191—2008）和结构实际尺寸、实测保护层厚度、配筋、钢筋腐蚀等情况，采用第8.6节提供的方法计算构件抗力，分析构件的荷载效应，若结构抗力大于荷载效应，则结构强度满足要求安全运行要求，否则，就不满足安全运行要求。

7）混凝土碳化深度。是混凝土耐久性评估的重要指标，依据《水工混凝土建筑物缺陷检测和评估技术规程》（DL/T 5251—2010），碳化深度与钢筋保护层厚度相比的相对碳化深度，是衡量构件是否进入老化期的标志之一。

混凝土的碳化分为以下三类：

A类碳化：轻微碳化，大体积混凝土的碳化。

B类碳化：一般碳化，钢筋混凝土碳化深度小于钢筋保护层的厚度。

C类碳化：严重碳化，钢筋混凝土碳化深度达到或超过钢筋保护层的厚度。

8）钢筋锈蚀状况。混凝土内部钢筋锈蚀程度的评级，根据《水工混凝土结构缺陷检测技术规程》（SL 713—2015）规定，采用半电池电位法定性评估钢筋混凝土结构中钢筋的锈蚀性状，评定标准见表10.6。

表10.6　钢筋锈蚀评定标准

钢筋电位状况/mV	钢筋锈蚀状况判别	钢筋电位状况/mV	钢筋锈蚀状况判别
<－200	钢筋发生锈蚀的概率<10%	－350～－200	钢筋锈蚀性状不确定
>－350	钢筋发生锈蚀的概率>90%		

综合分析判定方法是根据检测到的参数综合判定钢筋的锈蚀状态。主要包括裂缝、钢筋保护层厚度、混凝土强度、混凝土碳化深度和混凝土中有害物质含量等。

钢筋的实际锈蚀状况可进行剔凿实测验证。

采用游标卡尺直接量测钢筋的剩余直径、蚀坑深度、长度及锈蚀物的厚度，推算钢筋的截面损失率。

$$l_{s,a}=(d/d_s)^2\times100\%$$

式中　d——钢筋直径实测值，精确至0.1mm；

d_s——钢筋公称直径；

$l_{s,a}$——钢筋的截面损失率，精确至0.1%。

9）消能防冲。评价指标应为结构实际尺寸和根据《水闸设计规范》（SL 265—2016）计算结果的比较。若前者大于后者，则满足要求，否则不满足。水闸工程的冲刷破坏主要由于闸后消力池的深度或长度不够，使闸后水跃冲出消力池形成远驱式水跃，水流流速超过闸后河床土的不冲流速，造成河床冲刷。冲刷坑的位置和深度随出闸的总流量及单宽流量而变化。当冲刷坑距闸室较远，深度又较小，对海漫无影响时，则对整个闸室的稳定安全性无影响；若冲刷坑距闸室较近，深度又较大，不仅造成海漫破坏，而且致使护坦破坏（或护坦下被淘刷），危及闸室的稳定安全性。因此，闸后消能防冲设施的安全性评价应根据不同情况区别对待。

5. 闸门、启闭机安全评估

闸门和启闭机是水闸的主要金属结构，同时也是传力机械和运动机构。因此，闸门和启闭机的损伤不仅是影响构件的安全性，而且涉及能否正常运行。对闸门、启闭机安全检测依据《水工钢闸门和启闭机安全检测技术规程》（SL 101—2014），评定标准可采用《水利水电工程金属结构报废标准》（SL 226—98）和《水利水电工程启闭机制造安装及验收规范》（SL/T 381—2021）。

6. 抗震能力

对于地震设防区的水闸，应按《水工建筑物抗震设计标准》（GB 51247—2018）、《水闸设计规范》（SL 265—2016）和《水工混凝土结构设计规范》（SL 191—2008）等有关规定，进行水闸抗震能力的评估。

评估内容主要分三个方面：场地、地基基础，水闸抗震复核计算，水闸抗震措施的检查评估。

（1）场地、地基基础。按《中国地震动参数区划图》（GB 18306—2015），场地土类型可根据场地土层等效剪切波速（或岩石剪切波速）和场地覆盖层厚度值土层剪切波速划分为五类，见表10.7。地基中存在软弱土、饱和砂土或饱和粉土时，应进行液化、震陷和抗震承载力的分析。

表10.7　场地类别划分

<table>
<tr><th rowspan="2">场地覆盖土层等效剪切波速 v_{se}（或岩石剪切波速 v_s）/(m/s)</th><th colspan="7">场地覆盖土层厚度 d/m</th></tr>
<tr><th>$d=0$</th><th>$0<d<3$</th><th>$3\leqslant d<5$</th><th>$5\leqslant d<15$</th><th>$15\leqslant d<50$</th><th>$50\leqslant d<80$</th><th>$d\geqslant 80$</th></tr>
<tr><td>$v_s>800$</td><td>Ⅰ$_0$</td><td colspan="6">—</td></tr>
<tr><td>$800\geqslant v_s>500$</td><td>Ⅰ$_1$</td><td colspan="6">—</td></tr>
<tr><td>$500\geqslant v_{se}>250$</td><td>—</td><td colspan="2">Ⅰ$_1$</td><td colspan="4">Ⅱ</td></tr>
<tr><td>$250\geqslant v_{se}>150$</td><td>—</td><td>Ⅰ$_1$</td><td colspan="3">Ⅱ</td><td colspan="2">Ⅲ</td></tr>
<tr><td>$v_{se}\leqslant 150$</td><td>—</td><td>Ⅰ$_1$</td><td colspan="2">Ⅱ</td><td colspan="2">Ⅲ</td><td>Ⅳ</td></tr>
</table>

（2）水闸抗震复核计算。水闸抗震复核计算应包括抗震稳定和结构强度计算复核。对闸室和两岸连接建筑物及其地基，应进行抗震稳定计算；对各部位的结构构件，应进行抗震强度计算。水闸地震作用效应计算可采用动力法或拟静力法。设计烈度为Ⅷ度、Ⅸ度的

1、2级水闸，或地基为可液化土的1、2级水闸，应采用动力法进行抗震计算。具体抗震计算校核可按《水工建筑物抗震设计标准》（GB 51247—2018）进行。抗震计算完成后可按水闸稳定性及混凝土结构、砌体结构强度的评估方法进行。

（3）水闸抗震措施的检查评估。水闸抗震措施的检查评估应注意桩基与闸底板的连接及防渗措施，底板可设置防渗墙、齿墙、尾坎等措施，防止因地震作用使地基与闸底板脱离而产生管涌或集中渗流；闸室钢筋混凝土结构的整体性，闸墩分缝止水型式与材料的耐久性；机架桥柱与纵梁、闸墩和桥面结构的连接等部位的加强措施；当机架桥纵梁为预制活动支座时，梁支座应采用挡块、螺栓连接或钢夹板连接等防止地震时梁被震落的措施。机架柱上、下端在净高1/4范围内的箍筋应加密。设计烈度为9度时，在全部高度范围内的箍筋都应加密；提高边墩及岸坡的稳定措施，上游防渗铺盖结构分缝止水及水闸闸底和两岸渗流的排水措施等。根据措施完好性和对水闸抗震的适用性进行评估分级。

7. 电气设备

在水闸安全鉴定中所占比例较小，泄洪及其他应急闸门的启闭机供电可靠性、电气设备安全应符合《电力设备预防性试验规程》（DL/T 596—2021）、《水利水电工程机电设计技术规范》（SL 511—2011）和《电气设备安全设计导则》（GB/T 25295—2010）的规定，旨在检测有关电气设备是否满足安全运行要求和用电安全要求。

8. 监测设施

根据《水闸安全监测技术规范》（SL 766—2018）规定和监测项目布置情况，对监测设施的有效性进行相应的评价。监测设施可靠性评价包括考证资料评价、现场检查与测试评价、历史测值评价及综合评价。考证资料评价主要包括监测设施考证资料完整性、监测仪器选型适应性和安装正确性。现场检查与测试应包括监测设施的外观、标识、线缆及连接、工作状态、运行环境和观测条件等。历史测值评价宜采用监测的物理量进行评价，以过程线分析为主，可结合相关性图、空间分布图、特征值分析等方法。

10.2.3 评估注意点

根据本章第10.1.2节的评估标准，可以看出，涉及水闸安全运行的关键性指标有防洪标准、渗流稳定和结构安全等。在水闸评估分析中，从安全运行角度考虑，只要在上述四个方面存在严重不符合规范要求，即可直接判定为四类闸：

（1）因规划、设计、施工等原因，实际工程规模达不到《水利水电工程等级划分及洪水标准》（SL 252—2017）。

（2）防洪、灌溉、生态和供水等效益基本丧失或被其他工程替代，无进一步开发利用价值的。

（3）水闸渗径长度和渗透坡降不满足《水闸设计规范》（SL 265—2016）要求的。

（4）地基沉降量过大，且沉降仍在持续发展中的，造成闸顶高程不满足设计要求的。

（5）水闸基础或承载结构（如水闸底板）发生结构强度不足等出现结构性破坏的。

10.3 评估指标与方法

10.3.1 评估指标体系的确定原则

评估指标是定量研究水闸结构可靠性状况的基础，拟定的评估指标是否恰当，直接关系到最终的评估结果是否合理、可靠。因此，在建立综合评估指标体系时，拟定评估指标应遵循一定的原则。

（1）科学性原则。评估指标必须概念明确，具有一定的科学内涵，能够度量和反映水闸结构可靠性状况某一方面的特征。

（2）相对完备性原则。应该尽可能地使评估指标能相对全面和完整地反映水闸结构可靠性状况各方面的重要特征和重要影响因素。

（3）简捷性原则。在保证重要特征和因素不被遗漏的同时，应该尽可能选择主要的、有代表性的评估指标，从而减少评估指标的种类和数量，便于计算和分析。

（4）相对独立性原则。所设立的各评估指标应能相对独立地反映水闸结构可靠性状况某一方面的特征，各评估指标之间应尽量排除兼容性。

（5）层次性原则。将水闸结构可靠性综合评估这个复杂问题中的一系列评估指标分解为多个层次来考虑，形成一个包含多个子系统的多层次递阶分析系统，从而由粗到细、由表及里、由局部到全面地对水闸结构可靠性状况进行逐步深入的研究。

（6）可操作性原则。所拟定的评估指标应能通过已有手段和方法进行度量，或能在评估过程中经研究可获得的手段和方法进行度量。

10.3.2 评估指标

（1）运用指标。水闸建筑物的整体可靠性由安全性、耐久性和适用性三个子目标决定。每个评估子目标又可分为一般指标与附加指标。一般指标是指最基本的、普遍要求的评价项目。附加指标则根据水闸老化病害状况和地区特点、水闸特点要求增加的评价项目。在安全性评估指标中，一般指标包括结构承载能力或强度满足程度、结构或结构构件稳定程度和地基承载力；附加指标为严重表层破损和裂缝、钢筋锈蚀、闸门振动等对一般评估指标的影响和部分结构损坏后整体突然倒塌的可能性。在耐久性评估指标中，一般指标包括建筑物寿命长短、表面损伤程度、地基沉降程度；附加指标包括无故障工作时间和环境影响程度。在适用性评估指标中，一般指标包括过流能力满足程度、防渗漏能力满足程度、消能防冲能力满足程度；附加指标包括建筑物的完整程度、水流调控能力、水头损失大小和水流流态。

（2）工程损伤程度。在众多的评估理论和方法中，将工程损伤程度作为运用指标加以定量的评估分析。但在工程实践中，这种定量评估分析显得过于繁琐，操作难度大，导致评估方法的可操作性也大大降低。如混凝土和钢筋混凝土结构的损伤程度包括混凝土表面风化程度、剥落、露石等外观缺陷等综合，还包括了钢筋锈蚀程度等造成外观缺陷，指标之间相互影响，因此难以定量分析。因此，将工程损伤程度作为一个单独的评估指标，采用模糊隶属度的方法，采用现场打分的方法，不细分具体的评估指标。增强可操作性。

（3）可修复程度。该指标实质上是水闸维修加固技术、经济指标和维修加固后的维护成本等可修复程度指标的综合，因此可包括水闸维修加固技术、费用和养护成本等评估指标。

10.3.3 评估方法

在建立评估准则和评估指标后，就需要建立合理的评估方法。一般建筑物的可靠性评估方法大致可分为两大类。第一类研究工程结构的内部应力、变形机理，从力学、物理化学的破坏过程，以结构是否达到破坏的极限状态为标准的评估方法。这类评估方法主要包括试载法、反分析法、经验类比法、可靠性评价法等，它们是评价水工建筑物老化、损坏程度的基本方法，结果具体，信息量大，可以作为建筑物功能恢复时采用的基本方法。这类方法在基础资料、技术难度、测试手段、费用和时间上的要求较多。第二类评估方法从建筑物老化的外部现象开始，研究这种现象反映的破坏机理，采用评价指标体系，判断工程的老化程度，是建立在工程老化病害客观信息基础上的评估方法。这类评估方法主要包括标准比照评价法、专家系统法、系统决策法等。在水闸安全等级评估中，先后建立了确定性的整体评估法、灰色评估法、结构可靠度理论评估法、多层次模糊评估方法、BP反馈型神经网络评估法和专家系统评估法等。

(1) 确定性的整体评估法。该方法也称指标分级综合评估法或加权递阶评估法，由合肥工业大学张志俊等提出的一种水闸安全等级评估的一种方法，特点是以实际检测资料和长期观测成果为依据，根据突出主要因素兼顾次要因素的原则，分层推理综合，最后得出整个水闸的安全评估结论。该法参照《工业建筑可靠性鉴定标准》(GB 50144—2019)，采用三层次四等级评定标准。根据建筑物各部分的耐久性能检查、检测及损伤破坏结果，按实用鉴定评级法逐项对照。安全评估划分为子项目、项目和评定单元三个层次，分别评价结构在正常使用和维护条件下混凝土构件的安全性、耐久和适用性，最终确定水闸的安全等级。

(2) 灰色评估法。灰色系统理论是华中科技大学自动控制系主任邓聚龙教授于1982年首先提出的，用于客观系统的量化、建模、分析、预测、决策和控制，在科学上有很大突破，得到国内外的高度评价及广泛应用。该方法是一门研究信息部分清楚、部分不清楚并带有不确定性现象的应用数学学科，对一些内部信息部分确知、部分信息不确知的系统提供了研究手段和方法。对于信息完全明确的称为白色系统，而信息不完全明确称为灰色系统。合肥工业大学张志俊等认为在水闸安全评估中，由于勘测、设计、施工资料散失、水下结构检测困难、运行管理记录不全等原因造成了部分信息不完全，对水闸病害和老化状态是部分明白，部分不明白的状态类似灰色系统理论中的灰色状态，因此可应用于水闸安全评估。

(3) 结构可靠度理论评估法。由于未来荷载的不定性，材料老化的不定性，构件截面尺寸损失的不定性以及计算模式的不定性等。对于未来预计使用期内水闸的可靠性，只能给出一个概率性的评估。对于具有上述情况的水闸，可以采用结构可靠度理论，对现有水闸的可靠性进行定量的分析计算。1999年，合肥工业大学张志俊等提出了该方法，把水闸荷载和荷载效应、水闸结构抗力作为随机变量，构件失效概率采用条件概率法计算，水闸结构体系可靠度分析方法可用近似值分析法计算结构体系的失效概率，根据各个部件之间的连接关系，确定可靠性的逻辑关系，如属于串联系统还是并联系统。串联系统的失效概率等于各个部件失效概率的乘积；并联系统的失效概率等于各个部件的失效概率之和。根据各个水闸的不同结构布置型式，应用上述逻辑综合方法，推出整个水闸的失效概率。

(4) 多层次模糊综合评估方法。模糊数学是研究现实中许多界限不分明问题的一种数学工具，其基本概念之一是模糊集合。利用模糊数学和模糊逻辑，能很好地处理各种模糊问题。1965年，美国控制论专家、数学家查德发表了论文《模糊集合》，标志着模糊数学这门学科的诞生。该理论已初步应用于模糊控制、模糊识别、模糊聚类分析、模糊决策、模糊评判、系统理论、决策科学等各个方面。1994年，纪清岩等将该方法引入到渠系建筑物老化评判，2004年，王珊红、刘丽等应用到水闸老化评估。该方法认为水闸老化分级的主要目的是评定该建筑物的使用性能，按照老化对水闸建筑物使用性能的影响程度来分级。以实际检测资料和长期观测成果为基本数据，提出根据水闸的完好度、效益当量、可享用量等，根据模糊变换原理和最大隶属变换原则，考虑与被评价事物相关的各个因素，对主要因素应给予较大的权重值，对次要因素可取较小的权重值，建立因素权重集。采用二级模糊评判，运用模糊数学建立计算模型，分别采用两种合成算子进行分层推理综合。2005年，朱琳等提出了一种基于群决策和变权赋权法的水闸老化模糊综合评判方法。该方法在模糊聚类综合评判方法、指标分级综合评判方法、综合隶属度评判方法和灰色评估方法等基础上，改变固定权重，该法对建筑物老化病害的评估按功能分解，以建筑物的可靠性为总目标，以安全性、适用性、耐久性基本功能为子目标，以对目标的影响因素为评估指标，建立全面反映系统目标的指标体系。

（5）BP反馈型神经网络评估法。随着20世纪80年代末神经网络研究热潮的兴起，人工神经网络研究在人工智能领域得到了飞速的发展。人工神经网络具有较强的多维非线性映射能力，一个三层网络就能以任意精度逼近任意给定的连续函数，而且因为它还具有强大的容错性、鲁棒性及泛化能力，在结构分析与初步设计、结构优化设计、结构损伤检测与评估、结构控制、科学决策、施工工程与管理、岩土及交通工程等许多方面得到越来越广泛的应用。BP反馈型神经网络是神经网络中最常见的一类网络形式，是目前应用最为成熟的神经网络系统。在水闸安全评估中，由于影响水闸安全的因素复杂，且具有模糊性、不确定性的特点，因而指标权重的选取往往受到主观因素的影响，是导致水闸评估识别结果缺乏一致性和客观性的主要原因。而与其他方法相比，神经网络方法在处理具有交叉性指标问题及划分结果的客观性上具有明显的优越性。2004年，秦益平等提出采用BP神经网络评估法分析水闸混凝土工程质量的识别，该方法利用人工神经网络模型具有较强的多维非线性映射能力、强大的容错性、鲁棒性及泛化能力。2005年，何鲜峰等应用BP神经网络开展水闸建筑物的安全等级评估。

（6）专家系统评估法。专家系统是人工智能的重要应用领域，诞生于20世纪60年代中期，经过70年代和80年代的较快发展，现在已广泛应用于医疗诊断，地质探矿，资源配置，金融服务和军事指挥等领域。专家系统是一种能像某一领域专家那样向用户提供解决问题方法的计算机应用系统。这种系统主要用软件实现，能根据形式的和先验的知识推导出结论，并具有综合整理，保存，再现与传播专家知识和经验的功能。专家系统通常由知识库、推理机与接口三个主要部分组成。计算机专家系统除使用产生式规则外，也可使用语义网络，框架等表示知识。20世纪90年代以来，专家系统在水利行业逐步得到应用和发展。水闸安全评估的专家系统是合肥工业大学张志俊提出的一种水闸老化评估方法。该法具有透明性，能够解析本身的推理过程，回答用户提出的问题，增加用户对系统所给结论的可接受性。具有灵活性，系统能不断修改原有知识，提高系统的性能。

10.4 确定性的整体评估法

确定性的整体评估法实质上是一种层次分析评判法。该法的基本原理是最终将各方法（或措施）排出优劣次序，作为决策的依据。具体可描述为：首先将决策的问题看作受多种因素影响的大系统，这些相互关联、相互制约的因素可以按照它们之间的隶属关系排成从高到低的若干层次，叫构造递阶层次结构。然后请专家、学者、权威人士对各因素两两比较重要性，再利用数学方法，对各因素层层排序，最后对排序结果进行分析，辅助进行决策。该法的主要特点是定性与定量分析相结合，将人的主观判断用数量形式表达出来并进行科学处理，因此，更能适合复杂的社会科学领域的情况，较准确地反映社会科学领域的问题。同时，这一方法虽然有深刻的理论基础，但表现形式非常简单，容易被人理解、接受。因此，这一方法得到了较为广泛的应用。

10.4.1 评估指标

张志俊等认为水闸的可靠性由其安全性、适用性和耐久性三个子目标决定，并给出了评估分析方法和指标体系。在子目标层安全性指标 $V^{(1)}$，其权系数为 $\alpha^{(1)}$；适用性指标 $V^{(2)}$，其权系数为 $\alpha^{(2)}$；耐久性指标 $V^{(3)}$，其权系数为 $\alpha^{(3)}$。在安全性子目标下设有防洪标准 $V_1^{(1)}$（权系数 $\alpha_1^{(1)}$），渗透稳定性 $V_2^{(1)}$（权系数 $\alpha_2^{(1)}$），消能防冲能力 $V_3^{(1)}$（权系数 $\alpha_3^{(1)}$），结构完好程度 $V_4^{(1)}$（权系数 $\alpha_4^{(1)}$）。而：

$$V_1^{(1)}=T_r/T_d \tag{10.1}$$

式中 T_r——水闸目前能抵御的洪水的重现期；

T_d——现行规范规定的设计洪水的重现期。

$$V_2^{(1)}=J_d/J_r \tag{10.2}$$

式中 J_r——水闸目前的渗透坡降；

J_d——规范规定的渗透坡降。

$$V_3^{(1)}=q_d/q_r \tag{10.3}$$

式中 q_r——水闸实际的单宽流量；

q_d——消能防冲设施实际能抵御的单宽流量。

$V_4^{(1)}$ 是一个模糊指标，它表示被评估水闸目前的破坏程度。

在适用性子目标下，设有水闸的相对过水能力 $V_1^{(2)}$（权系数 $\alpha_1^{(2)}$），相对漏水流量 $V_2^{(2)}$（权系数 $\alpha_2^{(2)}$），闸门及启闭系统控制能力 $V_2^{(3)}$（权系数 $\alpha_2^{(3)}$）。而：

$$V_1^{(2)}=Q_r/Q_d \tag{10.4}$$

式中 Q_r——当前水闸实际过水流量；

Q_d——水闸设计流量。

$$V_2^{(2)}=Q_p/Q_e \tag{10.5}$$

式中 Q_p——水闸的允许漏水流量；

Q_e——水闸的最大漏水流量。

$V_3^{(3)}$ 也是一个模糊指标，它表征闸门及其启闭系统运用是否灵活，控制能力如何。

在耐久性子目标下，设有混凝土裂缝密度 $V_1^{(3)}$（权系数 $\alpha_1^{(3)}$），混凝土最大裂缝宽度 $V_2^{(3)}$（权系数 $\alpha_2^{(3)}$），混凝土平均碳化深度 $V_{31}^{(3)}$（权系数 $\alpha_{31}^{(3)}$）或钢筋混凝土的相对碳化深度 $V_{33}^{(3)}$（权系数 $\alpha_{33}^{(3)}$），钢筋锈蚀度 $V_4^{(3)}$（权系数 $\alpha_4^{(3)}$）和体积损失率 $V_5^{(3)}$（权系数 $\alpha_5^{(3)}$）。而：

$$V_1^{(3)} = \sum_{i=1}^{n} L_i / A \tag{10.6}$$

式中 L_i——面积为 A 的表面上某一裂缝的长度；

A——水闸部件表面面积。

混凝土部件采用平均碳化深度（各个测点的算术平均值），钢筋混凝土部件采用相对碳化深度。而：

$$V_{33}^{(3)} = d_c / s \tag{10.7}$$

式中 d_c——部件表面混凝土的平均碳化深度；

s——钢筋保护层平均厚度。

$V_4^{(3)}$ 用于电池电位法测得的电极电位值来表征，也可以直接查看。

$V_5^{(3)}$ 体积损失率：

$$V_5^{(3)} = G_L / G_0 \tag{10.8}$$

式中 G_L——水流冲刷、冻融剥蚀、泥沙磨损以及人为损坏等使混凝土部件损失的体积；

G_0——混凝土部件原有体积。

耐久性的五个评估指标，在水闸的水上部分、水位变动区和水下部分测出的值是不一样的，而且水闸各部件的重要性也不一样。为了能综合出一个代表整个水闸的值，在同一区中用算术平均值，不同区之间再加权平均（水下区的权系数为 0.4，水位变动区的权系数为 0.35，水上区的权系数为 0.25）。

10.4.2 评估模型

评估模型分成总目标层、子目标层和指标层三个层次，其递阶层次结构如图 10.1 所示。数学模型为：

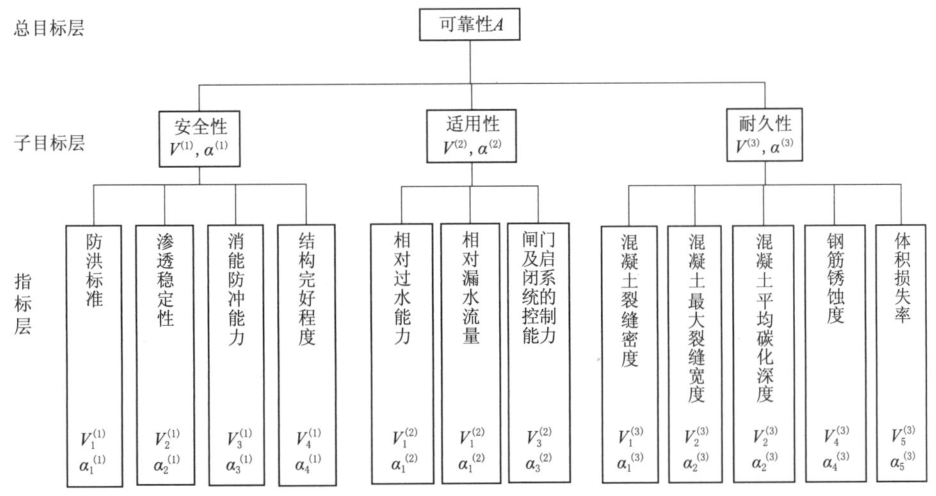

图 10.1 水闸可靠性评估指标及递阶层次结构

子目标层：

$$\sum_{i=1}^{3}\alpha^{(i)}=1,0\leqslant\alpha^{(i)}\leqslant 1\quad(i=1,2,3)\tag{10.9}$$

指标层：

$$\sum_{j=1}^{n_i}\alpha_j^{(i)}=1,0\leqslant\alpha_j^{(i)}\leqslant 1\quad(i=1,2,3;j=1,2,3,\cdots,n_i)\tag{10.10}$$

评估指标 $V_j^{(i)}$ 单指标评判值为 $F_j^{(i)}$（$i=1$，2，3；$j=1$，2，3，…，n_i）。

子目标评判值 $F^{(i)}$ 按式（10.11）计算：

$$F^{(i)}=\sum_{j=1}^{n_i}\alpha_j^{(i)}f_j^{(i)}\quad(i=1,2,3;j=1,2,3,\cdots,n_i)\tag{10.11}$$

式中 $f_j^{(i)}$——被评估水闸关于第 i 个子目标，第 j 个评估指标的实测值或者用隶属频度法量化后的得分值。

总目标的评判值 A 按式（10.12）计算：

$$A=\sum_{i=1}^{3}\alpha^{(i)}\sum_{j=1}^{n_i}\alpha_j^{(i)}F_j^{(i)}\quad(i=1,2,3;j=1,2,3,\cdots,n_i)\tag{10.12}$$

10.4.3 评估标准

根据《水闸安全评价导则》（SL 214—2015），把水闸划分成四个级别。整个水闸安全级别由总目标评判值 A 定量地确定，四个安全级别的 A 值范围见表10.8。

就三个子目标而言，水闸的安全级别由子目标评判值 $F^{(i)}$ 确定，四个安全级别的 $F^{(i)}$ 值的范围见表10.9。安全性子目标的指标级别标准见表10.10，适用性子目标的指标级别标准见表10.11，耐久性子目标的指标级别标准见表10.12。

表10.8　水闸安全级别标准

水闸安全级别		一	二	三	四
A值	混凝土结构	≥10.00	[6.71，10.00)	[0，6.71)	<0
	钢筋混凝土结构	≥10.00	[6.68，10.00)	[0，6.68)	<0

表10.9　子目标级别标准

权系数	子目标名称	适用条件	水闸安全级别			
			一	二	三	四
0.60	安全性		≥10.00	[6.73，10.00)	[0，6.73)	<0
0.22	适用性		≥10.00	[6.39，10.00)	[0，6.39)	<0
0.18	耐久性	混凝土结构	≥10.00	[7.04，10.00)	[0，7.04)	<0
		钢筋混凝土结构	≥10.00	[6.84，10.00)	[0，6.84)	<0

表10.10　安全性子目标指标级别标准

权系数	指标名称	水闸安全级别			
		一	二	三	四
0.28	防洪标准	≥1.00	[0.95，1.00)	[0.85，0.95)	<0.85
0.30	渗透稳定性	≥1.00	[0.95，1.00)	[0.85，0.95)	<0.85

续表

权系数	指标名称		水闸安全级别			
			一	二	三	四
0.22	消能防冲能力		≥1.00	[0.95，1.00)	[0.85，0.95)	＜0.85
0.20	结构完好程度	模糊语言评价	完好	比较完好	不太完好	很不完好
		评分值范围（百分制）	≥85	[60，85)	[30，60)	＜30

表 10.11　　适用性子目标指标级别标准

权系数	指标名称		水闸安全级别			
			一	二	三	四
0.35	相对过水能力		≥1.00	[0.95，1.00)	[0.80，0.95)	＜0.80
0.20	相对漏水能力		≥1.00	[0.90，1.00)	[0.71，0.90)	＜0.71
0.20	结构完好程度	模糊语言评价	完好	比较完好	不太完好	很不完好
		评分值范围（百分制）	≥85	[60，85)	[30，60)	＜30

表 10.12　　耐久性子目标指标级别标准

权系数	指标名称		水闸安全级别			
			一	二	三	四
0.21	混凝土裂缝密度/(m/m^2)	水下区	≤0.01	(0.01，0.04]	(0.04，0.12]	＞0.12
		水位变动区	≤0.02	(0.02，0.05]	(0.05，0.13]	＞0.13
		水上区	≤0.80	(0.80，2.00]	(2.00，4.00]	＞4.0
0.22	混凝土最大裂缝宽度/mm	水下区	≤0.20	(0.20，0.25]	(0.25，0.40]	＞0.40
		水位变动区	≤0.15	(0.15，0.20]	(0.20，0.60]	＞0.60
		水上区	≤0.20	(0.20，0.40]	(0.40，1.00]	＞1.0
0.18	混凝土平均碳化深度/mm	水下区	≤6.0	(6.00，15.00]	(15.00，30.00]	＞30.00
		水位变动区	≤8.0	(8.00，20.00]	(20.00，45.00]	＞45.00
		水上区	≤10.0	(10.00，25.00]	(25.00，60.00]	＞60.00
0.18	钢筋混凝土相对碳化深度/mm	水下区	≤0.30	(0.30，1.00]	(1.00，1.70]	＞1.70
		水位变动区	≤0.30	(0.30，0.60]	(0.60，1.30]	＞1.30
		水上区	≤0.30	(0.30，0.90]	(0.90，1.50]	＞1.50
0.21	钢筋锈蚀度	电位值/mV	≥−100	[−200，−100)	[−400，−200)	＜−400
		外观现象	未锈蚀	有锈斑	有坑斑	全面锈蚀
0.18	体积损失率	水下区	≤0.01	(0.010，0.020]	(0.020，0.040]	＞0.040
		水位变动区	≤0.014	(0.014，0.028]	(0.028，0.070]	＞0.070
		水上区	≤0.001	(0.001，0.004]	(0.004，0.010]	＞0.010

结构完好程度、闸门及启闭系统的控制能力两个指标用隶属频度法量化，即请5～7位专家到水闸现场打分（百分制），然后进行数量统计。具体步骤如下：

（1）请 n 位专家对被评估水闸，就上述两个模糊指标分别打分，每个指标可得 n 个

分数区间，即有 $[a_i,\ b_i]$ $(i=1,\ 2,\ \cdots,\ n)$，记为

$$\begin{cases} m=\min a_i & (i=1,2,\cdots,n) \\ M=\max b_i & (i=1,2,\cdots,n) \end{cases} \tag{10.13}$$

（2）对区间 $[m,\ M]$ 中的每个整数 N，统计 N 关于各个区间的隶属频数 $\mu(N)$：

$$\mu(N)=N\in[a_i,b_i]\text{的次数} \quad (i=1,2,\cdots,n) \tag{10.14}$$

（3）计算总频数 N_t：

$$N_t=\sum_{N=m}^{M}\mu(N) \tag{10.15}$$

N_t 的准确性可由式（10.16）验证：

$$N_t=\sum_{i=1}^{n}[b_i-(a_i-1)] \tag{10.16}$$

（4）确定各个 N 的隶属频率 f：

$$f=\mu(N)/N_t \tag{10.17}$$

隶属频率最高的 N 值就是得分值，若隶属频率最高的是一个区间 $[N_K,\ N_L]$，则取该区间的中位数作为得分值。

10.4.4 评估方法

1. 根据检测数据计算 $V_j^{(i)}$ 的单指标评判值 $F_j^{(i)}$

各个评估指标的实测值在四个老化级别之间，所取数值的变化范围是很大的，为了使各评估指标之间具有可比性，必须把数据标准化。规定把各个评估指标的值换算到 [0，10] 的范围内，再根据式（10.18）和式（10.19）计算单指标评判值 $F_j^{(i)}$。

对于数值越小，老化越严重的评估指标，其评判值 $F_j^{(i)}$ 按式（10.18）计算：

$$F_j^{(i)}=\frac{f_j^{(i)}-m_j^{(i)}}{R_j^{(i)}}\times 10$$

$$R_j^{(i)}=M_j^{(i)}-m_j^{(i)} \tag{10.18}$$

式中 $m_j^{(i)}$——被评估水闸关于第 i 个子目标，第 j 个被评估指标的级别标准的最小值；

$M_j^{(i)}$——被评估水闸关于第 i 个子目标，第 j 个被评估指标的级别标准的最大值；

其余符号意义同前。

对于数值越大，老化越严重的评估指标，其评判值 $F_j^{(i)}$ 按式（10.19）计算：

$$F_j^{(i)}=\frac{M_j^{(i)}-f_j^{(i)}}{R_j^{(i)}}\times 10 \tag{10.19}$$

2. 计算各子目标的评判值 $F^{(i)}$

对于安全性子目标，其评判值 $F^{(1)}$ 为

$$F^{(1)}=F_1^{(1)}\alpha_1^{(1)}+F_2^{(1)}\alpha_2^{(1)}+F_3^{(1)}\alpha_3^{(1)}+F_4^{(1)}\alpha_4^{(1)} \tag{10.20}$$

对于适用性子目标，其评判值 $F^{(2)}$ 为

$$F^{(2)}=F_1^{(2)}\alpha_1^{(2)}+F_2^{(2)}\alpha_2^{(2)}+F_3^{(2)}\alpha_3^{(2)} \tag{10.21}$$

对于耐久性子目标，其评判值 $F^{(3)}$ 为

$$F^{(3)}=F_1^{(3)}\alpha_1^{(3)}+F_2^{(3)}\alpha_2^{(3)}+F_3^{(3)}\alpha_3^{(3)}+F_4^{(3)}\alpha_4^{(3)}+F_5^{(3)}\alpha_5^{(3)} \tag{10.22}$$

用计算出的 $F^{(1)}$、$F^{(2)}$、$F^{(3)}$ 与表 10.9 中的 $F^{(1)}$、$F^{(2)}$、$F^{(3)}$ 对照，可以确定被评

估水闸关于安全性、适用性和耐久性的老化级别。

3. 总目标 A 的评判值

其计算公式为

$$A=F^{(1)}\alpha^{(1)}+F^{(2)}\alpha^{(2)}+F^{(3)}\alpha^{(3)} \tag{10.23}$$

将计算得出的评判值 A 与表 10.8 中的 A 值进行对照，A 值落在哪个区间内，被评估水闸就属于哪个老化级别。

10.5 灰色理论评估法

10.5.1 评估指标

类似确定性的整体评估法，从安全性、适用性和耐久性角度建立安全评估指标，主要考虑安全性，其次是适用性和耐久性。为使评估方法具有普遍的适用性，评估指标采用相对值。因此可建立包括本章第 10.3.1 节中的防洪标准、渗透稳定性、消能防冲能力、结构完好程度、相对过水能力、相对漏水流量、闸门及启闭系统控制能力、混凝土裂缝密度、混凝土最大裂缝宽度、混凝土平均碳化深度或钢筋混凝土的相对碳化深度、钢筋锈蚀度和体积损失率等评估指标，同样也可以建立其他认为必要的评估指标。

为方便评估，把整个水闸划分成部件，根据单个部件的老化对整个水闸可靠性的影响程度，把部件划分成三类：第Ⅰ类是影响最大的，如闸底板、护坦、铺盖和海漫及地基；第Ⅱ类是影响比较大的，如闸墩、胸墙、上下游翼墙、上游护底及地基等；第Ⅲ类是影响相对较小的，如工作桥（排架、纵梁、面板等）、上下游护坡、公路桥以及检修便桥等。同时把部件的老化程度分成 4 个老化级别：第 1 级是符合我国现行标准规范，安全适用耐久，不必采取措施，只需正常养护的；第 2 级上略低于我国现行标准规范，基本安全适用，表面略有破损，只需采取表面防护措施的；第 3 级是不符合我国现行标准规范，影响安全，应进行维修加固的；第 4 级是严重不符合我国现行标准规范危及安全，不能正常使用的。

10.5.2 评估模型

1. 部件老化级别评估

对于水闸的某一部件，通常有 n 个评估指标，即 $i=1，2，\cdots，n$；现分成 4 个老化级别，即 $K=1，2，3，4$。根据每个评估指标的取值，查相应的老化权函数，可以得到式（10.24）关于 4 个老化级别的、老化权函数值的样本矩阵 f_{ik}：

$$f_{ik}=\begin{bmatrix} f_{11} & f_{12} & f_{13} & f_{14} \\ f_{21} & f_{22} & f_{23} & f_{24} \\ \vdots & \vdots & \vdots & \vdots \\ f_{n1} & f_{n2} & f_{n3} & f_{n4} \end{bmatrix} \tag{10.24}$$

同时，一个部件的老化是由多种原因造成的，而每一种病害所起作用不同，所造成后果的严重事故也不同，为体现这种差异，在综合评估一个部件的老化程度时，根据作用不同给予不同的权重系数。假定 n 个评估指标的权重系数 $\alpha_i=(\alpha_1，\alpha_2，\cdots，\alpha_n)$，则被评部件关于 4 个老化级别的综合白化权向量 λ_k，应用式（10.25）计算。

$$\lambda_k = \sum_{i=1}^{n} f_{ik} \cdot \alpha_i \quad (i=1,2,\cdots,n;k=1,2,3,4) \tag{10.25}$$

$\lambda_k=(\lambda_1,\lambda_2,\lambda_3,\lambda_4)$，$\lambda_1$，$\lambda_2$，$\lambda_3$，$\lambda_4$ 分别表示综合考虑几个评估的影响之后，被评部件属于是 1，2，3，4，老化级别的白化权重。λ_1，λ_2，λ_3，λ_4 四个数中，最大的一个所代表的老化级别，就是被评部件的老化级别。

2. 白化权函数的确定

合理确定白化权函数是实现水闸安全评估分析的基础，是灰色系统能够成功应用的前提。白化权函数制定的基础体现了专家知识和经验的结果，是经过统计分析以后，综合了足够多的专家的知识和经验得出来的，并且用公式或图像的形式表现出来，是检测和评估经验的总结。但由于掌握信息的不完全，实际是一个灰数。白化权函数的函数值表示：当某个部件就某个评估指标取某个灰数时，这个部件属于某一个老化级别的权重。f_{ik} 中的脚标 i 代表评估指标的编号，k 代表部件的老化级别编号，f_{ik} 的值，定义在 0 到 1 的闭区间之内，即 $f_{ik}\in[0,1]$，白化权函数集中体现了人们对于部件老化的判断，对于客观情况很有把握的，它可以是一个经过统计分析后得出的一组曲线；也可以是一张表，表示当评估指标大概取什么值时，就该评估指标而言，被评部件应该属于哪个老化级别的权重；当客观情况很复杂时只能通过表观现象判断，也可以是一些用语言表示的规则性结论，即当发现什么情况时，就某个评估指标而言，被评部件应该属于哪个老化级别。

10.5.3 评估方法

根据水闸单个部件老化评估的结论，当有Ⅰ类部件属于 4 级老化时，该水闸应评为四类闸；当Ⅱ类部件的老化级别比Ⅰ类部件低（即老化病害严重，规定当部件的老化级别从 1 级到 4 级，即老化程度从轻微到严重，称为其老化级别从高级逐渐变为低级）一级时，以Ⅰ类部件的老化级别作水闸的老化级别。当Ⅱ类部件的老化级别比Ⅰ类部件低二级时，以Ⅰ类部件的老化给予降一级作为水闸的安全级别。当Ⅱ类部件的老化级别比Ⅰ类部件低三级时，应以Ⅰ类部件的老化级别降二级作为水闸的安全级别。只有在水闸的Ⅰ类部件全部属于一级时，才能评一级或二级水闸，类似地当低类部件的老化级别比高类部件低一级时，应以高类部件的老化级别作为水闸的老化级别（规定部件从Ⅰ类到Ⅲ类，称为从高类到低类）；当低类部件的老化级别比高类部件的老化级别低二级时，应以高类部件的老化级别降一级作为水闸的老化级别；当低类部件的老化级别比高类部件低三级时，应以高类部件的老化级别降二级作为水闸的老化级别。

10.6 可靠度理论评估法

从 20 世纪 90 年代之后，我国水利、土木、交通等部门依据结构可靠度理论相继颁布了各自的设计规范，这标志着我国结构设计跻身于世界先进行列，步入近似概率设计法的阶段。水工结构的可靠性分析问题，由于水工结构的条件、工程复杂性，在结构设计可靠度研究方面进展甚微，目前国内外大多以结构相对简单的重力坝为研究对象。而对水闸运用可靠度理论分析的研究甚少。

在长期对于那些具有长期流量、水位、扬压力和泥沙等方面监测资料的较大规模的水闸，可以采用数理统计法预测该水闸在未来继续使用期内可能遇到的荷载，其几何尺寸、材料性质、损伤程度亦都是可测的。因此，可利用结构可靠度理论，对水闸进行定量的分析计算，使水闸老化评估由纯经验性逐步走向理论分析。但由于《水闸设计规范》（SL 265—2016）尚未实行可靠度理论的水闸设计，所以本评估方法没有直接可依据的水闸规范，有待进一步完善。

10.6.1 分析过程

水闸结构可靠度评估分析过程可分为如下三个阶段：

（1）收集结构随机变量的观测或试验资料，用统计方法进行统计分析，求出其分布规律及有关的统计量，作为可靠度计算的依据。与结构有关的随机变量很多，但大致可分为三类，即外来作用（如荷载等）、材料性质和结构的几何尺寸。结构随机变量的统计分布较多的是正态、对数正态和极值Ⅱ型分布，相应的统计值为均值、标准差或变异系数等。

（2）用力学的方法计算结构的荷载效应，通过试验与统计得结构的抗力，从而建立结构的破坏标准。荷载效应指的是荷载作用下结构中的内力、应力、位移、变形等量值，他们可以用力学方法求解。结构抗力指的是结构抵抗破坏或变形的能力，如屈服极限、强度极限、容许变形和位移等，它们可以由试验或资料统计获得。结构的破坏标准完全由规范所规定。破坏标准联结了结构抗力与荷载效应，它组成了结构可靠度计算的极限状态方程。

（3）用概率论理论计算满足结构破坏标准下结构的可靠度，从而计算出结构的失效概率、可靠度或可靠指标。

10.6.2 荷载和荷载效应

水闸在运行期间承受各种可变和不变的广义荷载的作用，如结构自重、静水压力、扬压力、土压力、泥沙压力、波浪压力、地震荷载和其他荷载等。结构自重在运行期间的变化相对较小，可作为确定量考虑；土压力的变化主要决定于回填土的高度和土的物理力学性能指标，变化较小可作为确定量处理；泥沙压力的变化主要取决于其淤积高度的变化，变化不大可以按确定量考虑。静水压力和扬压力取决于闸前闸后的水位差及止水的运行状况，可以根据长期水位观测资料统计分析，确定其概率分布模型。

对于广义可变荷载可用极值统计学方法分析概率分布函数，步骤如下：

（1）将运行年限 T 分为 N 个时段，每时段为 τ（$\tau=T/N$）。

（2）根据观测数据和运行记录，统计出每 τ 个时段内的荷载最大值 Q。

（3）计算统计参数估计值，做出样本的频数直方图，判断概率分布模型 $F_\tau(x)$，进行概率分布 $F_\tau(x)$ 的拟合优度检验，给出概率分布函数 $F_\tau(x)$。

（4）从（2）统计分析中给出 $F_\tau(x)$ 的统计参数，其平均值和标准差分别为 $\mu\sigma_T$ 和 σQ_T。

按最大项的极值分布原理，给出连续 N 个时段荷载最大值 Q_T（随机变量）的分布函数 $F_\tau(x)$ 为：

$$\begin{aligned}F_T(x)&=P(Q_T\leqslant x)=P(\max_{1\leqslant i\leqslant N}Q_i\leqslant x)\\&=P(Q_1\leqslant x)P(Q_2\leqslant x)\cdots P(Q_N\leqslant x)=\prod_{i=1}^{N}P(Q_i\leqslant x)\\&=[F_\tau(x)]^N\end{aligned}\tag{10.26}$$

（5）由已知的 $F_{\tau}(x)$ 的统计参数 μQ_T，σQ_T 及概率分布函数 $F_{\tau}(x)$，求出 T 年内荷载最大值 Q_T 的统计参数 $\mu\sigma_T$ 和 σQ_T。

当得出各种随机变量的概率分布及其统计参数后，就可依据《水闸设计规范》（SL 265—2016）中推荐的各种计算公式，计算各种广义荷载值。

水闸结构或构件的广义荷载效应应按构件的实际尺寸，并考虑构件及其连接部位的破损程度，用合适结构分析方法确定。计算截面可取破损最严重的截面或者荷载效应最大截面，分别计算，取其最大值作为构件或结构的荷载效应。在选取结构计算简图时，应根据结构连接部位的实际破损情况选取。

10.6.3 构件抗力和可靠度分析

1. 构件抗力

调查水闸在运行期间曾经承受过的最大荷载，并作为验证荷载。假定水闸构件的抗力 R 服从截尾正态分布或截尾对数正态分布，设结构设计时抗力 R 的概率密度为 $f_R(r)$，概率分布函数为 $F_R(r)$。如结构的验证荷载为 R_P（定值），则老化结构抗力的概率分布函数为：

$$F_R^*(r)=P(R<r|R>R_P)=\frac{P(R_P<R<r)}{P(R>R_P)}=\frac{F_R(r)-F_R(R_P)}{1-F_R(R_P)}\quad r>R_P \tag{10.27}$$

概率密度函数为：

$$f_R^*(r)=\frac{f_R(r)}{1-F_R(R_P)}\quad r>R_P \tag{10.28}$$

2. 水闸构件的可靠度分析

构件承载能力极限状态方程可表达为：

$$Z=R-S=0 \tag{10.29}$$

式中 S——水闸构件在运行期间的最大荷载效应，是服从某种概率分布的随机变量。

构件的失效概率 P_f 可由（10.28）式给出：

$$P_f=\int_{R_P}^{\infty}F_R^*(r)[1-F_S(r)]dr \tag{10.30}$$

式中 $F_R^*(r)$——荷载效应 S 的概率分布函数。

老化结构构件的失效概率用条件概率法计算，分析步骤如下：

（1）现场测量水闸构件，确定需要计算的构件截面尺寸和参数。

（2）在运行年限 T 内，按式（10.26）确定在运行期 T 年内的结构最大荷载的概率分布函数及其相关统计参数。

（3）计算构件（截面）的荷载效应。

（4）根据有关调查或实测资料，确定结构构件抗力的统计参数及验证荷载 R_P。

（5）用下述方法计算老化结构构件的失效概率。

考虑功能函数：

$$Z_1=R-S \tag{10.31}$$

和功能函数：

$$Z_2 = R - R_P \tag{10.32}$$

水闸构件的失效概率为：

$$P_f = P(Z_1 < 0 | Z_2 \geqslant 0) \tag{10.33}$$

式中　$P(Z_1<0|Z_2\geqslant 0)$——在 $Z_2\geqslant 0$ 的条件下 $Z_1<0$ 的条件概率。

由于 $Z_2\geqslant 0$ 与 $Z_1<0$ 是两个不相容事件，有：

$$P(Z_1<0) = P(Z_1<0 \cap Z_2\geqslant 0) + P(Z_1<0 \cap Z_2<0)$$

因而：

$$P(Z_1<0 \cap Z_2\geqslant 0) = P(Z_1<0) - P(Z_1<0 \cap Z_2<0) \tag{10.34}$$

其中：

$$P(Z_1<0 \cap Z_2<0) = P(Z_1<0 | Z_2<0) P(Z_2<0) \tag{10.35}$$

而：

$$P(Z_1<0 | Z_2<0) = \Phi[-(\beta_1 - \rho A)/\sqrt{1+\rho^2 B}]$$

式中　$A=\varphi(\beta_2)/\Phi(-\beta_2)$、$B=A(\beta_2-A)$、$\beta_1$ 和 β_2——相应于功能函数 Z_1 和 Z_2 的可靠指标，可用验算点法求得；

ρ——Z_1 和 Z_2 间的线性相关系数；

$\Phi(\cdot)$——标准正态分布函数值；

$\varphi(\cdot)$——标准正态分布的概率密度函数，失效概率 $P_{fi}=\Phi(-\beta_i)$。

10.6.4 结构体系可靠度分析

在实际水闸中，如工作桥排架、涵洞或水闸的闸室是由若干个构件组成的，一个或几个构件的破坏会引起整个结构的破坏不同破坏构件的组合所引起的结构破坏形态不同；一个构件在相同的受力状态下，会发生不同方式的破坏，如闸室底板可以发生弯曲破坏，也可以发生整体滑动。这些情况的可靠度都必须用体系可靠的方法来计算。

设结构有 m 个失效模式，记第 i 个失效模式的功能函数为：

$$Z_i = g_i(X) \quad (i=1,2,\cdots,m) \tag{10.36}$$

式中　$X=(x_1,\ x_2,\ \cdots,\ x_n)$——结构的随机向量。

结构体系的失效概率 P_{fs} 可表示为：

$$P_{fs} = P[\bigcup_{i=1}^{m}(Z\leqslant 0)] \tag{10.37}$$

采用近似值分析法计算结构体系的失效概率，步骤如下：

(1) 取结构体系的主要失效模式。

(2) 一次二阶矩方法计算各主要失效模式的结构可靠指标 β_i 和失效概率 P_{fi}，计算第 i 个失效模式和第 j 个失效模式间的线性相关系数 ρ_{ij} $(i\neq j)$。

(3) 按递减顺序排列失效模式的失效概率，使 $P_{f1}\geqslant P_{f2}\geqslant\cdots\geqslant P_{fm}$。

(4) 对于每一个 i，由式 (10.38) 计算每一个 j $(j<i)$ 下的 K_{ij} 值，然后由式 (10.39) 计算 P'_{fi} 值。

$$K_{ij} = \frac{2}{\pi}\left[(1+\rho_{ij}-\rho_{ij}^2)\left(\frac{3}{4+\rho_{ij}l_{nj}}-\rho_{ij}\right)\exp(3\rho_{ij})\right]\mathrm{arctg}(1/\sqrt{1-\rho_{ij}^2}-1) \tag{10.38}$$

$$P'_{ij}=P_{fi}\prod_{j=1}^{i-1}(1-K_{ij}^{\beta_j/2}) \tag{10.39}$$

(5) 由式 (10.40) 近似计算结构体系的失效概率。

$$P_{fs}=1-\prod_{i=1}^{m}(1-P'_{fi}) \tag{10.40}$$

10.6.5 安全等级评估

从系统可靠度角度，水闸结构是一个并串联组成的复杂结构。如以闸室为中心节点，可以组成两个串联体系，启闭机房—工作桥—闸室—地基是一个串联系统，上游铺盖—闸室—消力池—护坦—海漫也是一个串联系统。因此，在水闸可靠性评估中，要抓住主要矛盾，根据各个部件之间的连接关系，确定它们关于可靠性的逻辑关系，是属于串联系统还是并联系统。串联系统的失效概率等于各个部件失效概率的乘积；并联系统的失效概率等于各个部件的失效概率之和。根据各个水闸的不同结构布置型式，应用上述逻辑综合方法，推出整个水闸的失效概率。

10.7 多层次模糊综合评判法

模糊综合评判是模糊数学的具体应用，它采用模糊变换原理和最大隶属变换原则，考虑与被评价事物相关的各个因素，对其作综合评价。在考虑水闸老化级别时，需要考虑几种、十几种甚至几十种影响因素，这就必须采用综合评判的方法。但是，这种影响因素大多是模糊问题，往往很难用具体数字来表达。采用模糊综合评判原理建立数学模型，能较全面、真实地反映水闸的整体老化状况，得到较为合理的评判结果。

10.7.1 模糊数学基本知识

1. 模糊集的概念

模糊集的基本思想是把普通集合中的特征函数灵活化，使元素对“集合”的隶属度从只能取 {0，1} 中的值扩充到可以取 {0，1} 上的任一数值。

定义：所谓给定了论域 U 域上的一个模糊集 $\underline{A}$，是指对于任意 $u\in U$，都指定了一个数 $\mu_{\underline{A}}(u)\in[0,1]$，叫作 u 对 $\underline{A}$ 的隶属程度，映射：

$$\mu_{\underline{A}}:U\rightarrow[0,1] \quad u\rightarrow\mu_{\underline{A}}(u) \tag{10.41}$$

叫作 $\underline{A}$ 的隶属函数。模糊子集完全由其隶属函数所刻画。

2. 隶属函数的确定

常用的确定隶属函数的方法有模糊统计法、推理确定法、借用已有“客观尺度”的方法、滤波函数法、带信任度的德尔菲法—专家调查法等。隶属函数的确定是模糊集理论应用于实际问题的基石。一个具体的模糊对象，首先应当确定其切合实际的隶属函数，才能应用模糊集有关理论方法作具体的定量分析。

3. 模糊识别——最大隶属度原则Ⅱ

给定论域上的 n 个模糊子集 $\underline{A}_1$，$\underline{A}_2$，…，$\underline{A}_n$，其隶属度函数分别为 $\mu_{\underline{A}_1}(x)$，$\mu_{\underline{A}_2}(x)$ …，$\mu_{\underline{A}_n}(x)$；现有一元素 $x_0\in U$，那么 x_0 应优先划归使

$$\mu_{\underline{A}_i}(x_0)=\max\mu\underline{A}_j(x_0) \quad (j=1,2,\cdots,n) \tag{10.42}$$

4. 模糊综合评判

（1）单层次模糊综合评判模型。设给定两个有限论域：

$$U=\{u_1,\quad u_2,\quad \cdots,\quad u_n\}$$
$$V=\{v_1,\quad v_2,\quad \cdots,\quad v_n\} \tag{10.43}$$

式中 U——综合评判的指标所组成的集合；

V——评语所组成的集合。

存在模糊变换 $\underset{\sim}{R}$：$\underset{\sim}{R}=(r_{ij})_{m\times n}$，$r_{ij}$ 表示指标 u_i 隶属于评语 V_j 的程度。

模糊变换 $\underset{\sim}{R}$ 将 U 映射到 V，即：

$$\underset{\sim}{X}\circ\underset{\sim}{R}=\underset{\sim}{Y} \tag{10.44}$$

式中 $\underset{\sim}{X}$——U 中各评判因素的权重；

$\underset{\sim}{Y}$——评判结果，V 上的模糊子集。

（2）多层次模糊综合评判模型。在实际评判中，通常需要考虑因素很多，而且因素之间还有不同的类别和层次，这时需要建立多层次模型。

按评价因素的不同属性，将 M（表示全体评价因素集的个数）按评价因素的不同属性分解为 m 个分系统，每一个分系统分别有 m_1，m_2，…，m_m 个评价因素，满足：

$$\begin{cases} M=\bigcup\limits_{i=1}^{m} m_i \\ m_i \cap m_j=\phi \quad i\neq j \end{cases} \tag{10.45}$$

多层次综合评判模型的分析计算方法与单层次综合模型相同。该模型反映了客观事物因素间的不同层次，同时也避免了因素过多难于分配权重的弊端。在自然科学、社会科学的许多领域都已取得了理想的应用成果，是目前被广泛应用的综合决策的有效方法之一。

10.7.2 评估模型

多层次模糊综合评判法对水闸安全等级的评估按功能分解，以水闸安全等级为总目标，以安全性、适用性、耐久性基本功能为子目标，以对目标的影响因素为评估指标，建立全面反映系统目标的指标体系。指标体系共有 4 个层次：第一层为评估的总目标，是对水闸的总要求；第二层为评估的子目标，是对水闸的功能要求；第三层为一级评估指标，是对评估目标的主要影响因素；第四层为二级评估指标，是便于量化和描述的直接评价指标，如图 10.2 所示。

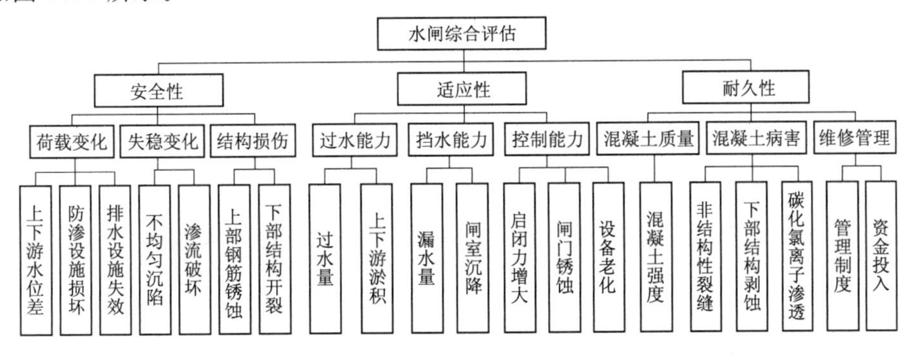

图 10.2 水闸评估层次结构体系

10.7.3 评判模型

1. 建立因素类集及影响因素集

水闸每一组成部分的老化程度都对水闸整体老化产生影响。设水闸由 m 部分组成，每一部分为一个因素类，可建立因素类集：

$$U=\{U_1,U_2,\cdots,U_m\} \tag{10.46}$$

影响水闸每一部分老化的因素又有 n 种，故又需建立影响因素集，即因素子集：

$$U_i=\{u_{i1},u_{i2},\cdots,u_{in}\} \quad (i=1,2,\cdots,m) \tag{10.47}$$

2. 建立因素权重集

在评判水闸老化等级时，各因素类及其影响因素对老化的影响程度是不同的。对主要因素应给予较大的权重值，对次要因素可取较小的权重值，这样才能真正反映出建筑物老化的程度。各因素类和影响因素的权重值的集合叫权重集，用式（10.48）表示：

$$A=\{a_1,a_2,\cdots,a_m\}; \quad A_i=\{a_{i1},a_{i2},\cdots,a_{in}\} \tag{10.48}$$

一般说，权重值应满足归一性和非负性，即：

$$\sum_{i=1}^{m} a_i=1; \quad a_i \geqslant 0 \tag{10.49}$$

在评判中，各因素的权重既具有随机性，又具有模糊性。常见的权数赋值方法有权数专家估测法、频数统计分析法、主成分分析法、层次分析法、模糊逆方程法等。权重的确定方法不少，但均不是十全十美，各有优缺点。究其原因，一方面是由于权重问题比较复杂，另一方面也是由于各种权重确定方法本身存在的局限性。因此，权重通常有固定权重法和变权重法。

（1）固定权重法。固定权重法分三步确定权重。

1）根据层次分析法原理，对同一层次的各元素关于上一层次的某一准则的重要性进行两两比较，得到判断矩阵 $A=[a_{ij}]$，其中，$1\leqslant i\leqslant n$，$1\leqslant j\leqslant n$。矩阵中 a_{ij} 表示因素 i 与因素 j 对上层的相对重要性，为了将比较判断定量化，采用 Saaty 教授“1～9 标度”法。

2）根据判断矩阵 $A=(a_{ij})_{n\times n}$ 求出 n 个元素对于上一层的相对权重向量 $W=(W_1, W_2, \cdots, W_n)^T$，并进行一致性检验。

3）专家权重的集结，对 m 个专家给出的两两比较判断矩阵 D^1，D^2，…，D^m，分别进行 Habamard 乘积变换，然后通过权重向量逐个将各个判断矩阵集结成具有 m 个决策者偏好信息的判断矩阵 A^m。

（2）变权重法。设有 U_1，U_2，…，U_n 共 n 个因素来评估安全等级。水闸完好无损时，评出一组基础权值 λ_{01}，λ_{02}，…，λ_{0i} $[\lambda_{0i}\in(0,1),\ \sum_{i=1}^{n}\lambda_{0i}=1]$。当其他因素的评估值确定后，$U_i$ 在水闸安全评估中所占权重 λ_i 将随 U_i 的评估值增大而增大，其上限 λ_{mi} 由式（10.50）计算：

$$\lambda_{mi}=\frac{\lambda_{0i}}{\max\{\lambda_{0i}\}+\min\{\lambda_{0i}\}} \tag{10.50}$$

设 x_1，x_2，…，x_n 分别是因素 U_1，U_2，…，U_n 的评估值，采用 1 分制的评分形

式，当 $x_i=1$ 时表示 U_i 已经完全损坏，而当 $x_i=0$ 时表示 U_i 完好无损。引入函数 $u_i=u_i(x_i)$，$(i=1, 2, \cdots, n)$，$u_i(x_i)$ 是 x_i 的单调增函数，满足 $u_i(0)=\lambda_{01}$。因此，当 $U_1, U_2, \cdots, U_n$ 取评估值 $x_1, x_2, \cdots, x_n$ 时，确定了一组 $\mu_1, \mu_2, \cdots, \mu_n$，则令：

$$\lambda_i=\frac{\mu_i}{\sum_{k=1}^{n}\mu_k} \quad (i=1,2,3,\cdots,n) \tag{10.51}$$

并以 $\lambda_1, \lambda_2, \cdots, \lambda_n$ 作为对应 $x_1, x_2, \cdots, x_n$ 因素 $U_1, U_2, \cdots, U_n$ 的权值。对任意 $x_i\in[0, x_m]$，记 $U_{mi}=\mu_i(x_m)$ $(i=1, 2, \cdots, n)$。当 $x_i=\cdots x_{i-1}=x_{i+1}=x_n=0$，$x_i=x_m$ 时，应用 $\mu_k=\begin{cases}\lambda_{0k} & k\neq 1\\ \mu_{mi} & k=i\end{cases}$，得：

$$\mu_{mi}=\frac{\mu_{mi}+\sum_{k\neq i}\lambda_{0k}}{1-\lambda_{mi}} \quad (i=1,2,3,\cdots,n) \tag{10.52}$$

变权赋权法的结果是否合理，取决于函数 $\mu_i(x_i)$ 的形式。假设 μ_i 对 x_i 的变化率与 $x_i=(x_m-x_i)$ 成正比，则 μ_i 与 x_i 的关系便可归结为式（10.53）的边值问题：

$$\begin{cases}\dfrac{\mathrm{d}u_i}{\mathrm{d}x_i}=c_i(x_m-x_i)x_i\\ u_i(0)=\lambda_{0i},\mu(x_m)=\mu_{mi}\end{cases} \tag{10.53}$$

求解得：

$$\mu_i(x_i)=(u_{mi}-\lambda_{0i})\left(3-2\frac{x_i}{x_m}\right)\left(\frac{x_i}{x_m}\right)+\lambda_{0i} \quad (i=1,2,3,\cdots,n) \tag{10.54}$$

待定常数 $c_i=(\mu_{mi}-\lambda_{0i})/x_m^3$，由式（10.51）和式（10.54）得到：

$$\lambda_i=\frac{(\mu_{mi}-\mu_{0i})\left(3-2\dfrac{x_i}{x_m}\right)\left(\dfrac{x_i}{x_m}\right)^2+\lambda_{0i}}{\sum_{j=1}^{n}(\mu_{mj}-\mu_{0j})\left(3-2\dfrac{x_i}{x_m}\right)\left(\dfrac{x_i}{x_m}\right)^2+\lambda_{0i}} \quad (i=1,2,\cdots,n) \tag{10.55}$$

3. 建立因素等级集和老化评价集

每个影响因素可按其特征分为轻微、一般、较严重、严重等四个等级，形成等级集：

$$V=\{轻微(V_1),一般(V_2),较严重(V_3),严重(V_4)\} \tag{10.56}$$

表 10.13～表 10.15 列出每个因素等级的定性特征和定量特征值。老化评价集是评定者对水闸老化可能作出的各种总的评价结果所组成的集合，为了方便，仍用 V 表示：

$$V=\{轻微老化(V_1),一般老化(V_2),病害老化(V_3),事故老化(V_4)\} \tag{10.57}$$

表 10.13　混凝土闸底板、闸墩、立柱、工作桥下柱、大梁、翼墙的老化因素等级特征及权重值

序号	因素	因素等级特征				建议权重值 α	
		轻微	一般	较严重	严重	无止水	有止水
1	表层状况	局部起皮	脱壳、起皮面积大于 1/4 总面积，少量成块脱落	脱壳、起皮面积大于 1/3 总面积，局部成块脱落	脱壳、起皮面积大于 1/2 总面积或局部隆起、凹陷	0.20	0.15

续表

序号	因素	因素等级特征				建议权重值 α	
		轻微	一般	较严重	严重	无止水	有止水
2	碳化	平均碳化深度小于1/3保护层厚度	平均碳化深度小于1/2保护层厚度	平均碳化深度大于保护层厚度	混凝土产生顺筋破坏	0.30	0.30
3	裂缝	缝宽<0.5mm	缝宽0.5～2mm，缝深小于保护层厚度	缝宽大于2mm，缝深大于保护层厚度，范围大于1/4总面积	贯穿性裂缝，失筋率大于33%	0.30	0.30
4	强度	$R \geqslant 0.9R_{设}$	$R=(0.76\sim0.9)R_{设}$	$R=(0.6\sim0.76)R_{设}$	$R<0.6R_{设}$	0.20	0.15
5	止水状况	未发现失效	个别部位失效	失效长度小于1/4总长度	失效长度大于1/4总长度	0.00	0.10

注 $R_{设}$ 为设计强度。

表10.14　　闸门、启闭机的老化等级特征及权重值

序号	因素	因素等级特征				建议权重值 α
		轻微	一般	较严重	严重	
1	钢闸门	表面脱落率小于1/4止水轻微漏水，能正常起落	面板及梁锈蚀深度小于1/4厚度，止水漏水长度小于1/3总长度	面板及梁锈蚀深度小于1/2厚度，止水失效，受力梁发生变形，起落困难	梁断裂不能使用	0.50
2	钢筋混凝土闸门	表面起皮率小于1/10，缝宽小于0.20mm，止水轻微漏水，能正常起落	表面起皮率小于1/5，缝深小于保护层厚度，止水漏水长度小于1/3总长度	表面起皮率小于1/2，局部脱落，缝深大于0.5mm，缝深大于保护层厚度，止水大部分失效。	混凝土面板破坏，梁断裂，失筋率大于1/10，不能使用	0.50
3	启闭设备	使用性能良好，只需一般维护	能正常使用，但需中修	不能正常使用	报废	0.50

表10.15　　混凝土交通桥的老化因素等级特征及权重值

序号	因素	因素等级特征				建议权重值 α
		轻微	一般	较严重	严重	
1	表层状况	局部起皮	脱壳、起皮面积大于1/5总面积，少量成块脱落	脱壳、起皮面积大于1/4总面积，局部成块脱落	脱壳、起皮面积大于1/3总面积，较大成块脱落	0.1
2	碳化	平均碳化深度小于1/3保护层厚度	平均碳化深度小于1/2保护层厚度	平均碳化深度大于保护层厚度	混凝土产生顺筋破坏	0.25
3	裂缝	缝宽<0.3mm	缝宽0.3～1mm，缝深小于保护层厚度	缝宽大于1mm，缝深大于保护层厚度	贯穿性裂缝，失筋率大于10%	0.25
4	承载安全系数	$K \geqslant 1.35$	$K=1.2\sim1.35$	$K=1.0\sim1.2$	$K<1.0$	0.2
5	挠度 f	$f \geqslant \frac{L}{300}$	$f=\frac{L}{250}\sim\frac{L}{300}$	$f=\frac{L}{150}\sim\frac{L}{250}$	$f>\frac{L}{150}$	0.2

4. 单因素模糊评判

单独对某一因素进行评判，建立从因素集到等级集的模糊映射，称为单因素模糊评判。设评判对象按因素集中第 ij 个因素 u_{ij} 进行评判，对等级集中第 k 个元素 V_k 的隶属度为 r_{ijk}，这样，可列出单因素评判矩阵：

$$R_i=\begin{bmatrix} r_{i11} & r_{i12} & \cdots & r_{i1p} \\ r_{i21} & r_{i22} & \cdots & r_{i2p} \\ \vdots & \vdots & \vdots & \vdots \\ r_{im1} & \underset{\sim}{r_{im2}} & \cdots & r_{imp} \end{bmatrix} \quad (i=1,2,\cdots,m;j=1,2,\cdots,n;k=1,2,\cdots,p) \tag{10.58}$$

影响因素等级隶属度是将工程实际资料与各因素等级的特征值对照而确定。当实际调查数值与某一等级的特征值相同时，则对该等级的隶属度为 1.0；当调查数值在两个等级的特征值之间时，用内插法确定对两个等级的隶属度，这样可列出单因素评判矩阵 $\underset{\sim}{R_i}$。

(1) 一级模糊综合评判。在单因素模糊评判的基础上，对某类因素进行综合评判，即为一级模糊综合评判。第 i 类因素的模糊评价集为：$\underset{\sim}{B_i}=\underset{\sim}{A_i}\cdot\underset{\sim}{R_i}$，式中 $\underset{\sim}{A_i}$ 为第 i 类各因素的权重值。令 $\underset{\sim}{B_i}=\{t_{i1},\ t_{i2},\ t_{i3},\ t_{i4}\}$，其隶属函数 $\mu_{\underset{\sim}{B_i}}(V_k)=t_{ik}$，$V_k\in V$。它说明 $\underset{\sim}{B_i}$ 是个既考虑各影响因素权重，又考虑各影响因素 U_i 的被评部件的级别模糊集，论域为 V。

模糊矩阵合成运算采用主因素突出型 $M(o,\ V)$ 和加权平均型。前一模型比主因素决定型 $M(\Lambda,\ V)$ 精细，部分地反映了非主要因素的影响，能较好地反映单因素评判结果；后一模型不仅考虑了所有因素的影响，而且保留了单因素评价的全部信息。在水利工程老化模糊综合评判中，在一般情况下，运用以上两种合成算子可以得到比较满意的结果。

(2) 二级模糊综合评判。为全面考虑各因素类的影响，还必须进行第二次综合，这就是二级模糊综合评判。上面所得出的矩阵 $\underset{\sim}{R}$ 即为二级评判的单因素评判矩阵。二级模糊评判集为：

$$\underset{\sim}{B}=\underset{\sim}{A}\cdot\underset{\sim}{R},\underset{\sim}{R}=\{B_1,B_2,\cdots,B_m\}^T \tag{10.59}$$

记 $\underset{\sim}{B}=\{b_1,\ b_2,\ b_3,\ b_4\}$，是个既考虑各因素权重又考虑各影响因素作用的被评部件的级别模糊集。论域为 V，其隶属函数中 $b_1=\mu_{\underset{\sim}{B}}(V_1)$，$b_2=\mu_{\underset{\sim}{B}}(V_2)$，$b_3=\mu_{\underset{\sim}{B}}(V_3)$，$b_4=\mu_{\underset{\sim}{B}}(V_4)$ 是被评部件对于 1、2、3、4 老化级别的综合隶属度。

10.7.4 评判指标处理

采用“综合比较法”作为最大隶属度法的修正。处理方法如下：

(1) 用最大隶属度原则初步评定老化级别，取与最大评判指标 $b_{max}=b_i(i=1,\ 2,\ \cdots,\ m)$ 相对应的老化级别 V_i 为评判结果。

(2) 用“综合比较法”对上述结果进行校核修正。当 $b_i+b_{i-1}+\cdots+b_1\geqslant 0.5$ 时，V_i 为评判结果；$b_i+b_{i-1}+\cdots+b_1<0.5$ 时，V_{i+1} 为评判结果（b_i 为最大评判指标；V_i 为 b_i 相对应的老化级别；V_{i+1} 为 b_{i+1} 相对应的老化级别）。

显然，综合比较法不仅考虑了最大评判指标的贡献，而且也包含了较小评判指标所提供的信息，因此评判结果会更加符合工程实际。

10.8 BP反馈型神经网络评估法

10.8.1 BP反馈型神经网络

人工神经网络是由大量如图10.3所示的人工神经元相互连接而成的一种网状输入输出系统。单一的神经元可以有若干的输入、输出信息，用以感知不同的外界信息并作出反应。单个的神经元功能有限，难以完成复杂的功能。不同的人工神经元之间，通过模拟轴突相互联系、相互作用构成的网络系统却可以模拟人脑智能，完成一些复杂的推理、判断或模拟某种灰色系统的功能。神经网络的特点在于：能够以快速大规模并行处理与决策有关的因素，网络系统特有的分布式存储使得网络某些单元和连接有缺陷时仍可以通过联想得到全部或大部分的信息，能够通过学习或训练不断适应环境，增加知识量。

在各种网络结构中，前馈式网络是一种应用较广的网络，其中又以BP前馈型网络应用最多。BP前馈型神经网络有输入层、输出层及若干隐含层单元组成（图10.4）。输入信息要先向前传播到隐含层结点上，各结点单元之间的相互作用一般通过Sigmoid型激活函数模拟，把隐含结点的输出信息传播到输出结点，最后给出输出结果。正向传播时，每一层神经元的状态仅影响下一层神经元。如果输出层得不到期望输出，产生的误差则转入反向传播过程，误差信息沿原路返回，通过修改各层神经元的权值来减小误差，经过多次反复直至达到预期目标为止。

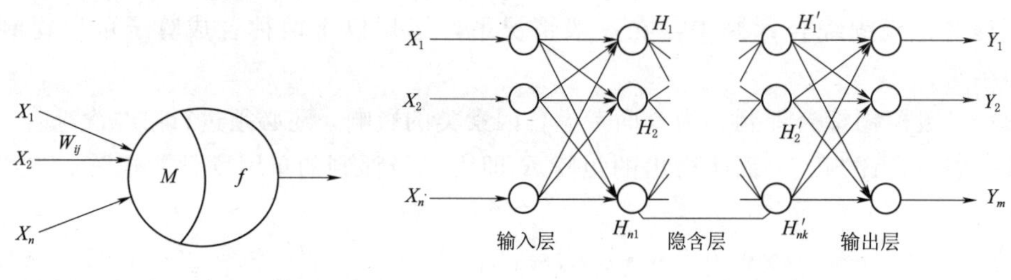

图10.3 人工神经元模型　　　　图10.4 BP前馈型网络模型

基本BP算法：基本BP算法是基于梯度法极小化二次性能指标函数。

$$E=\sum_{k=1}^{m}E_k \tag{10.60}$$

式中 m——样本总数；

E_k——局部误差函数（第k个样本）。

$$E_k=\sum_{i=1}^{n_0}\phi(e_{i,k})=\frac{1}{2}\sum_{i=1}^{n_0}(d_{i,k}-y_{i,k})^2=\frac{1}{2}\sum_{i=1}^{n_0}(e_{i,k}^2) \tag{10.61}$$

式中 $d_{i,k}$——第k个训练样本的目标值；

$y_{i,k}$——第k个训练样本的计算值。

对于第 k 个样本，权 $\omega_{i,j}(k)$ 的调整方程为：

$$\omega_{i,j}(k)-\omega_{i,j}(k-1)=-\eta\frac{\partial E_k}{\partial\omega_{i,j}}=\eta\sum_{l=1}^{n_o}(d_{l,k}-y_{l,k})\frac{\partial y_{l,k}}{\partial\omega_{i,j}} \tag{10.62}$$

式中　η——学习速率。

令 $\overline{y}_{l,k}=\sum_{j=1}^{n_i}\omega_{l,j}x_{j,k}-\theta_l$，则 $y_{l,k}=\sigma(\overline{y}_{l,k})$，于是有：

$$\frac{\partial y_{l,k}}{\partial\omega_{i,j}}=\frac{\partial\sigma(\overline{y}_{l,k})}{\partial\overline{y}_{l,k}}\cdot\frac{\partial\overline{y}_{l,k}}{\partial\omega_{i,j}}=\sigma'(\overline{y}_{l,k})\cdot\frac{\partial(\sum_{j=1}^{n_i}\omega_{l,j}x_{j,k}-\theta_l)}{\partial\omega_{i,j}}=\begin{cases}\sigma'(\overline{y}_{i,k})x_{j,k} & i=l\\ 0 & i\neq l\end{cases} \tag{10.63}$$

所以由式（10.62）和式（10.63）可得权 $\omega_{i,j}$ 的调整方程：

$$\omega_{i,j}(k)=\omega_{i,j}(k-1)+\eta\cdot\sigma'(y_{i,k})\cdot(d_{i,k}-y_{i,k})\cdot x_{j,k} \tag{10.64}$$

如果神经元的变换函数是 Sigmoid，即 $y(x)=\frac{1}{1+e^{-x}}$函数，则：

$$\sigma'(x)=y(x)\cdot[1-y(x)] \tag{10.65}$$

所以，权 $\omega_{i,j}$ 的调整方程为：

$$\omega_{i,j}(k)=\omega_{i,j}(k-1)+\eta\cdot y_{i,k}\cdot(1-y_{i,k})\cdot(d_{i,k}-y_{i,k})\cdot x_{j,k} \tag{10.66}$$

记神经元的局部误差 $\delta_{i,k}=y_{i,k}\cdot(1-y_{i,k})\cdot(d_{i,k}-y_{i,k})$，则有：

$$\omega_{i,j}(k)=\omega_{i,j}(k-1)+\eta\cdot\delta_{i,k}\cdot x_{j,k} \tag{10.67}$$

以上讨论的是假设 i 单元为输出层单元。如果 i 是隐含层单元，则权 $\omega_{i,j}$ 的调整方程仍为式（10.67），只是 $\delta_{i,k}$ 的计算方法不同而已：

$$\delta_{i,k}=y_{i,k}\cdot(1-y_{i,k})\cdot\sum_{j=1}^{n_0}\delta_{j,k}\cdot\omega_{j,i} \tag{10.68}$$

式中　$\delta_{j,k}$ 和 $\omega_{j,i}$——该隐含层的后一层（可能是输出层）的参数。

由此可见，输出层单元的局部误差 $\delta_{j,k}$ 决定于输出误差 $e_{j,k}$ 和神经元的变换函数的偏导数 $\sigma'(x)$，隐含层单元的局部误差 $\delta_{j,k}$ 的计算是以高层的局部误差为基础的。即在计算过程中局部误差是由输出层向输入层方向逐层传递的。

通常，为加快 BP 前馈型网络的收敛速度，在式（10.67）中增加一个惯性项，以平滑权的变化：

$$\Delta\omega_{i,j}(k)=\eta\cdot\delta_{i,k}\cdot x_{j,k}+\mu\cdot\Delta\omega_{i,j}(k-1) \tag{10.69}$$

$$\omega_{i,j}(k)=\omega_{i,j}(k-1)+\Delta\omega_{i,j}(k) \tag{10.70}$$

学习速率 η 和惯性系数 μ 一般取小值，比如取在（0，1）之间。

寻求目标函数的极小有两种基本的方法，即逐个处理和成批处理。所谓逐个处理，即把训练样本依次输入，每输入一个样本都进行连接权的调整。所谓成批处理，是在所有训练样本输入后计算其总误差，然后作一次权的调整，权调整的公式还是式（10.71），只是$\Delta\omega_{i,j}(k)$的计算有所不同而已，$\Delta\omega_{i,j}(k)$的计算一般有两种方法：

$$\Delta\omega_{i,j}(k)=\eta\cdot\sum_{k=1}^{m}\delta_{i,k}\cdot x_{j,k}+\mu\cdot\Delta\omega_{i,j}(k-1) \tag{10.71}$$

或者，

$$\Delta\omega_{i,j}(k)=\eta\cdot\frac{1}{m}\sum_{k=1}^{m}\delta_{i,k}\cdot x_{j,k}+\mu\cdot\Delta\omega_{i,j}(k-1) \tag{10.72}$$

利用式（10.71）进行计算的逐个处理的步骤：

（1）用小的随机数初始化网络的所有的权$\omega_{i,j}$，并给定学习速率η和动量因子μ。

（2）输入一个样本，用现有的权$\omega_{i,j}$计算网络各神经元的实际输出。

（3）判断网络总输出误差是否小于给定的误差限，如果小于，则停止；否则到（4）步。

（4）根据式（10.68）逐层计算各神经元的局部误差$\delta_{j,k}$。

（5）根据式（10.69）计算权的增量，然后根据式（10.70）计算下一时刻的权。

（6）跳转到（2）步。

成批处理的步骤和逐个处理的步骤很相似，步骤如下：

（1）用小的随机数初始化网络的所有的权$\omega_{i,j}$，并给定学习速率η和动量因子μ。

（2）输入一个样本，用现有的权$\omega_{i,j}$；计算网络各神经元的实际输出。

（3）判断网络总输出误差是否小于给定的误差限，如果小于，则停止；否则到（4）步。

（4）根据式（10.68）逐层计算各神经元的局部误差$\delta_{j,k}$。

（5）设置一个存储变量用来累加$\delta_{j,k}x_{j,k}$。

（6）判断所有样本是否计算完毕，如果完毕跳（7），否则跳（2）。

（7）根据式（10.71）或式（10.72）计算权的增量，然后根据式（10.71）计算下一时刻的权。

（8）跳转（2）。

10.8.2 评估指标

影响水闸安全等级的因素很多，其中有定量因素，也有非定量因素。定量因素可以通过对调查资料及检测结果分析计算得到，而非定量因素通常是以语言描述的。安全评估前，首先要确定评估指标。

（1）安全性。安全性评价指标包括：抗滑稳定、抗渗稳定、抗震稳定、防洪能力、消能防冲能力和混凝土结构承载能力几个方面。其中混凝土结构承载能力又包含闸墩、底板、胸墙、闸门、排架柱等几个子项，这几项又包括混凝土强度和钢筋蚀后强度两个评价指标。

（2）适用性。适用性评价指标包括：过流能力、闸门和启闭系统、观测设施、电器设备、上下游导流设施、附属设施（工作桥、交通桥）等。工作桥包括桥体是否完整可靠和栏杆完好与否两个指标，交通桥包括桥头跳车、路面平整度、排水设施通畅与否、泄水管损坏状况、伸缩缝异常变形和破损、栏杆破损状况等几个指标。

（3）耐久性。耐久性评价指标包括闸墩、底板、胸墙、排架柱、（混凝土或钢）闸门几个子项，其中闸墩、底板、胸墙、排架柱、混凝土闸门等子项又包含保护层厚度、最大裂宽、平均碳化深度、钢筋锈蚀、表面状况几个评价指标，钢闸门包括锈蚀程度、焊缝质量、涂层质量几个评价指标等。根据上述评估指标体系的划分，可构建如图 10.5 所示的层次结构模型。

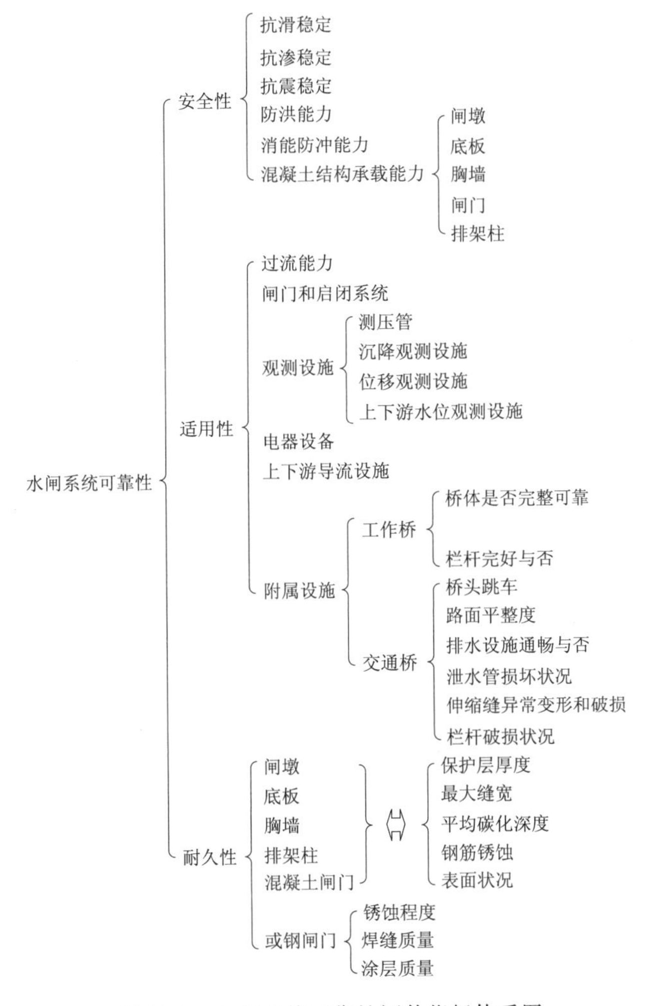

图 10.5 水闸系统可靠性评估指标体系图

10.8.3 评估等级标准

将水闸评估单元、子单元、构件以及评估指标划分为 4 个等级。评估单元可靠性等级表示为一级、二级、三级、四级；子单元可靠性等级表示为 A 级、B 级、C 级、D 级；构件可靠性等级表示为 a 级、b 级、c 级、d 级；评估指标等级表示为 1 级、2 级、3 级、

4 级。

评估单元可靠性分级标准为：

一级，可靠性符合国家现行标准的要求，对应《水闸安全评价导则》（SL 214—2015）中的一类闸。

二级，可靠性略低于国家现行标准要求，对应《水闸安全评价导则》（SL 214—2015）中的二类闸。

三级，可靠性不符合国家现行标准要求，对应《水闸安全评价导则》（SL 214—2015）中的三类闸。

四级，可靠性严重不符合国家现行标准，对应《水闸安全评价导则》（SL 214—2015）中的四类闸。

相对得分是神经网络计算模型的输出参数，根据《水闸安全评价导则》（SL 214—2015）把水闸安全类别分为四类，对各安全等级的划分用综合评估值进行量化处理，量化值见表 10.16。

表 10.16　　水闸安全等级分配

安全等级	一类闸	二类闸	三类闸	四类闸
评判结果	0.85～1.0	0.7～0.85	0.6～0.7	≤0.6

子单元及构件可靠性分级标准如下：

A（a）级，满足国家现行规范要求，不必采取任何措施。

B（b）级，略低于国家现行规范要求，但不影响正常使用。

C（c）级，不满足国家现行规范要求，影响正常使用，应采取措施。

D（d）级，严重不满足国家现行规范要求，必须立即采取措施。

10.8.4 评估流程

BP 前馈型神经网络进行可靠性评定分为两个阶段：

第一阶段是学习阶段：先利用各级子网络对各级子目标（如安全性、适用性、耐久性等）进行评估，再利用总网络根据各级子网络的评估结果对总目标即水闸可靠性进行评估。具体来说就是对各级子目标网络用它们各自影响因素的指标值组成输入向量，以其目标评估值作为网络输出，再以各子目标的输出组成输入向量，以上一级评价体系的评估值作为该网络输出。该网络系统在投入正常使用之前，需要根据收集的大量水闸检测、评估资料对各级子网络和总网络进行训练，当各级网络训练输出均达到要求精度时，将训练好的网络权值和闭值存入一个专用数据库以备对其他水闸评估时直接调用，这样的多重网络组合及其专用数据库就组成了一个可应用的网络系统。

第二阶段是评定阶段：当利用训练好的系统对一座待评水闸进行评估时，首先要利用各级子网络计算各级子目标的评估结果，再利用该结果和总网络算出水闸的可靠性等级评估值，根据该评估值对照表 10.16 就可知晓该水闸所处的可靠性等级。另外，如果有了新的样本数据，也可在训练好的网络的基础上加入新的训练样本，并根据最新训练结果更新数据库。整个评估网络的流程图如图 10.6 所示。

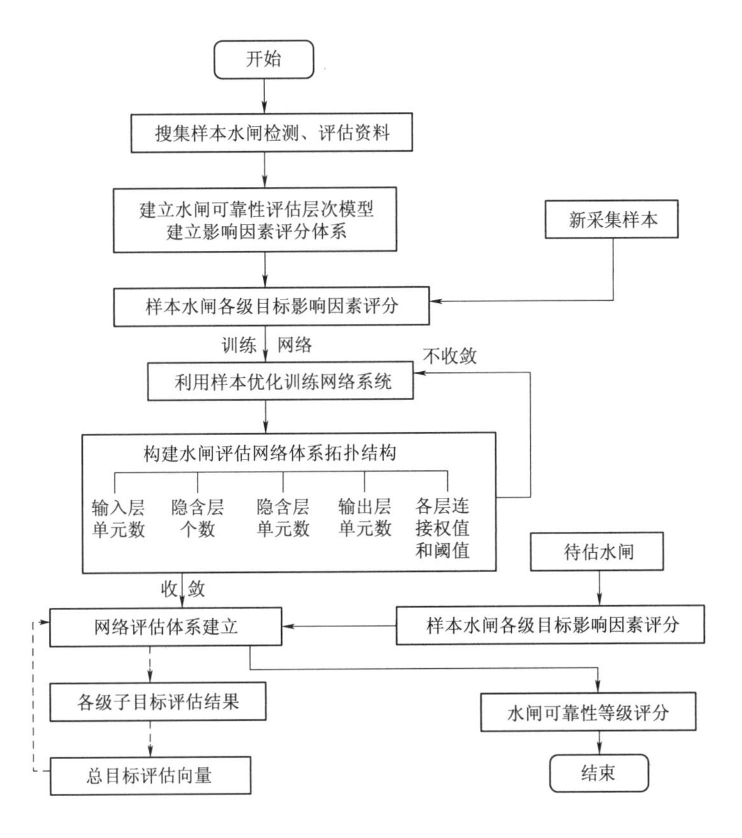

图 10.6　神经网络评估流程图

10.9　中小型水闸安全评估的传力树法

针对水工混凝土建筑物老化病害的防治及评估研究，我国组织了全国大专院校、科研、设计施工单位做了大量的调查研究工作，在此基础上编制了《水闸、溢洪道老化病害评估准则》和《水闸老化评估准则》。前者适用于中小型工程建筑，以简化指标和评估程序提高可操作性为特点；后者针对大中型水闸建立的评估准则。以提高检测精度、增加检测项目并辅以对照我国水闸设计规范的验算为特点。对水工建筑老化病害的评估，其目的在于明确被评估的水工建筑是否需要修补、加固或改造；以及为主管部门决策和科学管理提供依据。考虑到《水闸、溢洪道老化病害评估准则》缺少对中小型水闸部件（构件）安全性方面即承载能力的评估，承载能力的评估是结构可靠性中最为人们关心的安全性功能评估。中小型水闸若采用《水闸老化评估准则》则感到评估指标过多、程序太繁；需要大量的、全面的、系统的、长期的安全性、适用性、耐久性方面的检测资料和计算分析工作，对中小型水闸来说难度较大。本书根据传力树理论，参照《水闸、溢洪道老化病害评估准则》《水闸老化评估准则》以及《工业建筑可靠性鉴定标准》等老化评估标准，提出了适用于中小型水闸安全评估方法。

10.9.1 评估程序和级别标准

中小型水闸安全评估分析的程序如图10.7所示。

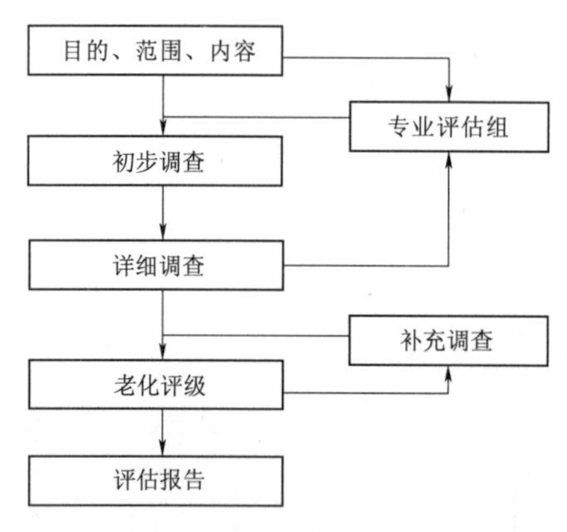

图10.7 中小型水闸安全评估分析的程序

水闸老化状况的评估定级划分为部件（或构件）、单元（部件单元）、水闸（或传力树）三个层次，每个层次分为四个级别，见表10.17。

水闸老化状况评估的部件（或构件）、单元（部件单元）、水闸（或传力树）应按下列规定评定级别：

1. 部件（或构件）

1级：符合国家现行标准规范要求，安全适用，不必采取措施。

2级：略低于国家现行标准规范要求，基本安全适用，可不必采取措施。

3级：不符合国家现行标准规范要求，影响安全或影响正常使用，应采取措施。

表10.17 水闸老化评估定级层次及级别划分

层次	水闸	单元（部件单元）		部件（或构件）
等级	一、二、三、四	Ⅰ、Ⅱ、Ⅲ、Ⅳ		1、2、3、4
范围与内容	节制闸 进水闸 冲砂闸 泄洪闸	闸室		底板、中墩、边墩、板桩
		消力池		护坦、下游翼墙、下游翼墙地基
		海漫		海漫、下游护坡
		铺盖		铺盖、上游翼墙、上游翼墙地基
		上游护底		上游护底、上游护坡
		闸室上部结构	工作桥	工作桥排架、纵梁、面板
			交通桥	交通桥主梁
			检修便桥	检修便桥主梁
			胸墙	胸墙面板、上梁、下梁
		钢闸门		主梁、次梁、支臂、面板

4级：严重不符合国家现行标准规范要求，危及安全或不能正常使用，必须采取措施。

2. 单元（部件单元）

应按对部件单元可靠性影响的不同程度，将组成部件单元的部件（或构件）划分成主要部件（或构件）和次要部件（或构件）两类。

Ⅰ级：主要部件（或构件）符合国家现行标准规范要求；次要部件（或构件）略低于国家现行标准规范要求，正常使用，不必采取措施。

Ⅱ级：主要部件（或构件）符合或略低于国家现行标准规范要求；个别次要部件（或

构件）不符合国家现行标准规范要求，尚可正常使用，应采取适当措施。

Ⅲ级：主要部件（或构件）略低于或不符合国家现行标准规范要求，应采取适当措施；个别次要部件（或构件）严重不符合国家现行标准规范要求，应采取措施。

Ⅳ级：主要部件（或构件）严重不符合国家现行标准规范要求，必须采取措施。

3. 水闸（或传力树）

一级：可靠性符合国家现行标准规范要求，可正常使用，极个别部件（或构件）宜采取适当措施。

二级：可靠性略低于国家现行标准规范要求，不影响正常使用，个别部件（或构件）宜采取适当措施。

三级：可靠性不符合国家现行标准规范要求，影响正常使用，有些部件（或构件）采取措施，个别部件（或构件）应必须立即采取措施。

四级：可靠性严重不符合国家现行标准规范要求，已不能正常使用，必须立即采取措施。

10.9.2 部件（或构件）老化鉴定级别

部件（或构件）的老化级别评定应从安全性、适用性和耐久性三个方面进行。考虑到耐久性的老化评级指标，包括混凝土结构的裂缝表面剥蚀所产生的体积损失、钢筋锈蚀等，以及对钢结构的钢材锈蚀。这些指标可以认为直接影响混凝土本身、钢筋以及钢材横截面的减少，和材质强度的降低。在安全性鉴定评级中，必须通过测试求得部件（或构件）的实有强度和实有横截面积，据以计算部件（或构件）的承载能力。由此可见，耐久性因素在安全性鉴定评级中已经包括进去了。为简化评级指标、减少重复性、便于计算操作，不考虑耐久性的鉴定评级。

部件（或构件）的老化级别评定分混凝土和钢闸门两部分。老化评级均分1、2、3、4四个级别。

1. 混凝土部件（或构件）的鉴定评级

混凝土部件（或构件）的安全性评估包括强度（承载能力）以及抗滑稳定和抗倾覆稳定三个指标。对于结构中杆、柱、梁等构件，只有强度一个指标。在《水闸老化评估准则》中，把地基作为一个部件，其安全性评估中有地基沉降差和抗渗稳定性两个指标。考虑到地基沉降差与地基所支承的上部部件（或构件）的变形直接相关。上部部件（或构件）均为大块体混凝土，其变形主要由于地基沉陷所引起；抗渗稳定性直接影响扬压力，地基土壤的强度 φ、C，以及上部部件（或构件）的变形等。在上部部件抗滑（抗倾覆）安全性评估中必须考虑地基抗渗性对扬压力和地基土壤强度的影响，在适用性评估中也应引入地基抗渗稳定性引起的上部部件（或构件）的变形。因此，为简化指标，取消地基沉降差和抗渗稳定两个指标，即取消地基这一部分。地基沉降差和抗渗稳定性对上部部件的影响转化到上部部件的安全性和适用性级别评估中去。

2. 混凝土部件（或构件）的安全性评估

混凝土杆状构件的强度用截面承载能力来度量，并按表10.18评定级别；混凝土板、壳和大体积结构的安全性用截面承载能力来度量，并按表10.19评定级别；混凝土部件（或构件）的抗滑（抗倾覆）稳定性按表10.20评定级别。

表 10.18　　混凝土杆状构件的承载能力评定级别

混凝土杆状构件种类		承载能力 $\eta=\overline{K}/K$			
		1	2	3	4
工作桥	排架柱 排架横梁 桥面纵梁	≥1.00	<1.00 ≥0.92	<0.92 ≥0.85	<0.85
公路桥	主梁 主拱圈	≥1.00	<1.00 ≥0.95	<0.95 ≥0.87	<0.87
检修便桥	主梁	≥1.00	<1.00 ≥0.91	<0.91 ≥0.84	<0.84
胸墙	上梁 下梁	≥1.00	<1.00 ≥0.93	<0.93 ≥0.85	<0.85

注　表中 η 为构件的强度评估指标；$\overline{K}$ 为构件根据当前所受荷载和实际抗力，计算得出的强度安全系数；K 为规范规定的强度安全系数。

表 10.19　　混凝土板、壳、大体积结构的承载能力评定级别

混凝土板、壳、大体积结构种类	承载能力 $\eta=\overline{K}/K$			
	1	2	3	4
闸底板	≥1.00	<1.00 ≥0.95	<0.95 ≥0.87	<0.87
中墩	≥1.00	<1.00 ≥0.94	<0.94 ≥0.86	<0.86
边墩	≥1.00	<1.00 ≥0.94	<0.94 ≥0.86	<0.86
翼墙、岸墙	≥1.00	<1.00 ≥0.92	<0.92 ≥0.87	<0.87
护坦	≥1.00	<1.00 ≥0.95	<0.95 ≥0.87	<0.87
胸墙面板	≥1.00	<1.00 ≥0.93	<0.93 ≥0.86	<0.86
混凝土铺盖	≥1.00	<1.00 ≥0.92	<0.92 ≥0.87	<0.87
钢筋混凝土板桩	≥1.00	<1.00 ≥0.95	<0.95 ≥0.90	<0.90

表 10.20　　混凝土部件（或构件）的抗滑（抗倾覆）稳定性评定级别

混凝土部件（或构件）种类	抗滑稳定性 $\theta=\overline{K}_c/K_c$			
	1	2	3	4
闸室	≥1.00	<1.00 ≥0.95	<0.95 ≥0.87	<0.87

续表

混凝土部件（或构件）种类	抗滑稳定性			
	$\theta=\overline{K}_c/K_c$			
	1	2	3	4
上游翼墙	≥1.00	<1.00 ≥0.93	<0.93 ≥0.86	<0.86
下游翼墙	≥1.00	<1.00 ≥0.94	<0.94 ≥0.86	<0.86
上游护坡	≥1.00	<1.00 ≥0.90	<0.90 ≥0.85	<0.85
下游护坡	≥1.00	<1.00 ≥0.90	<0.90 ≥0.85	<0.85

注 表中 θ 为水闸部件抗滑稳定性评估指标；$\overline{K}_c$ 为水闸部件计算所得抗滑稳定安全系数；K_c 为《水闸设计规范》（SL 265—2016）规定的抗滑稳定安全系数。

3. 混凝土部件（或构件）的适用性评估

混凝土部件（或构件）的适用性评估包括相对挠度、相对水平位移、倾斜角度和扭转角度四个指标。混凝土部件（或构件）的相对挠度按表 10.21 评定级别；混凝土部件（或构件）的水平位移按表 10.22 评定级别；混凝土部件（或构件）的倾斜角度按表 10.23 评定级别；混凝土部件（或构件）的扭转角度，按表 10.24 评定级别。

表 10.21　　混凝土部件（或构件）的相对挠度评定级别

混凝土部件（或构件）类别	相对挠度			
	$\gamma=f_{max}/l_0$			
	1	2	3	4
工作桥纵梁	≥1/400	>1/400 ≤1/350	>1/350 ≤1/250	>1/250
梁式公路桥主梁	≥1/600	>1/600 ≤1/550	>1/550 ≤1/500	>1/500
公路桥桁架、拱	≥1/800	>1/800 ≤1/750	>1/750 ≤1/700	>1/700
检修便桥主梁	≥1/500	>1/500 ≤1/450	>1/450 ≤1/400	>1/400

注 表中 γ 为混凝土部件（或构件）相对挠度的评估指标；f_{max} 为混凝土部件（或构件）跨中的最大挠度；l_0 为混凝土部件（或构件）的计算跨度。

表 10.22　　混凝土部件（或构件）相对水平位移评定级别

混凝土部件（或构件）类别	相对水平位移			
	$\delta=\overline{X}/X$			
	1	2	3	4
整体式闸底板	≤1.00	>1.00 ≤1.05	>1.05 ≤1.15	>1.15

续表

混凝土部件（或构件）类别	相对水平位移 $\delta=\overline{X}/X$			
	1	2	3	4
分离式闸底板	≤1.00	>1.00 ≤1.10	>1.10 ≤1.20	>1.20
分离式闸室的中墩	≤1.00	>1.00 ≤1.05	>1.05 ≤1.15	>1.15
混凝土铺盖	≤1.00	>1.00 ≤1.10	>1.10 ≤1.20	>1.20
护坦	≤1.00	>1.00 ≤1.10	>1.10 ≤1.20	>1.20
边墩	≤1.00	>1.00 ≤1.05	>1.05 ≤1.15	>1.15
岸墩	≤1.00	>1.00 ≤1.05	>1.05 ≤1.15	>1.15
上游翼墙	≤1.00	>1.00 ≤1.10	>1.10 ≤1.25	>1.25
下游翼墙	≤1.00	>1.00 ≤1.10	>1.10 ≤1.25	>1.25

注 表中 δ 为混凝土部件（或构件）相对水平位移的评估指标；$\overline{X}$ 为混凝土部件（或构件）当前的水平位移值；X 为现行规范规定的水平位移值。

表 10.23　　混凝土部件（构件）倾斜角度评定级别

混凝土部件（或构件）类别	倾斜挠度 $\varepsilon=\delta/H$			
	1	2	3	4
中墩	≤0.001	>0.001 ≤0.003	>0.003 ≤0.006	>0.006
边墩	≤0.001	>0.001 ≤0.003	>0.003 ≤0.006	>0.006
上游翼墙	≤0.002	>0.002 ≤0.004	>0.004 ≤0.008	>0.008
下游翼墙	≤0.002	>0.002 ≤0.004	>0.004 ≤0.008	>0.008

注 表中 ε 为混凝土部件（或构件）的倾斜角度；δ 为混凝土部件（或构件）顶部的水平位移；H 为混凝土部件（或构件）的高度。

表 10.24　　混凝土部件（或构件）扭转角度评定级别

混凝土部件（或构件）类别	扭转角度 ξ/(°)			
	1	2	3	4
中墩	≤0.001	>0.001 ≤0.0015	>0.0015 ≤0.002	>0.002

续表

混凝土部件（或构件）类别	扭转角度 ξ/(°)			
	1	2	3	4
边墩	≤0.001	>0.001 ≤0.0015	>0.0015 ≤0.002	>0.002
上游翼墙	≤0.002	>0.002 ≤0.003	>0.003 ≤0.004	>0.004
下游翼墙	≤0.0015	>0.0015 ≤0.002	>0.002 ≤0.0025	>0.0025

注 扭转角度 ξ 定义为两端棱线所夹的空间角度。

4. 混凝土部件（或构件）可靠性老化级别评估

混凝土部件（或构件）可靠性老化级别评估根据混凝土部件（或构件）的安全性老化级别和适用性老化级别组合运算而得。将承载能力、抗滑（抗倾覆）稳定等安全性老化级别指标划分为主要指标；将挠度、相对水平位移、倾斜和扭转角度适用性老化级别划分为次要指标。主要指标中老化级别最低者代表部件（或构件）安全性的老化级别，次要指标中老化级别最低者代表部件（或构件）适用性的老化级别。部件（或构件）可靠性老化级别按下列原则评估：

(1) 以主要指标老化级别最低者为部件（或构件）的可靠性老化级别。

(2) 次要老化指标级别最低者比主要指标老化级别最低者低二级时，将主要指标老化级别最低者再降一级作为部件（或构件）的可靠性老化级别。

(3) 当次要指标老化级别最低者比主要指标老化级别最低者低三级时，根据挠度、相对水平位移、扭转和倾斜等变形对承载能力的影响程度，可将主要指标老化级别最低者降一级或二级作为部件（或构件）的可靠性老化级别。

5. 钢闸门部件（或构件）的鉴定评级

钢闸门的部件（或构件）含面板、次梁（或次桁架）、主梁（或主桁架）、支臂等。钢闸门部件（或构件）的安全性评估含强度（即承载能力）和连接两个指标。按表10.25评定级别。钢闸门部件（或构件）的适用性评级变形一个指标，按表10.26评定级别。

表10.25　钢闸门部件（或构件）的承载能力评定级别

钢闸门部件（或构件）的种类	承载能力			
	$\eta=\overline{K}/K$			
	1	2	3	4
主梁、支臂、连接	≥1.0	<1.0 ≥0.95	<0.95 ≥0.9	<0.9
面板、次梁、桁架构件	≥1.0	<1.0 ≥0.92	<0.92 ≥0.87	<0.87

注 表中 η 为承载能力评定指标；$\overline{K}$ 为钢闸门部件（或构件）根据当前实际所受荷载和实际抗力计算得出的承载能力安全系数；K 为规范规定的安全系数。

表 10.26 钢闸门部件（或构件）变形评定级别

钢闸门部件（或构件）种类	变形			
	1	2	3	4
主梁、主桁架	$\leqslant L/600$	>1 级变形，功能无影响	>1 级变形，功能有局部影响	>1 级变形，功能有影响
次梁、次桁架	$\leqslant L/500$	>1 级变形，功能无影响	>1 级变形，功能有局部影响	>1 级变形，功能有影响
支臂	$\leqslant H/1000$	>1 级变形，功能无影响	>1 级变形，功能有局部影响	>1 级变形，功能有影响

注 L 为受弯钢闸门部件（或构件）跨度；H 为支臂长度。

将承载能力作为主要指标，变形为次要指标，按照前述《混凝土部件（或构件）老化评级》中的原则，将主要指标老化级别与次要老化级别合成为钢闸门部件（或构件）的老化级别。需要说明的是：钢闸门的主、次桁架以及支臂等均由杆件组成，因此欲知主、次桁架以及支臂的老化级别，必须根据其杆件的老化级别合成求得。合成的原则如下：桁架和支臂的老化级别为四级，仍以 1 级、2 级、3 级、4 级表示。

1 级：杆件老化级别含 2 级者不大于 30%，且不含 3 级和 4 级。

2 级：杆件老化级别含 3 级者不大于 30%，且不含 4 级。

3 级：杆件老化级别含 4 级者小于 10%。

4 级：杆件老化级别含 4 级者大于或等于 10%。

求得桁架和支臂的老化级别以后，参与本章第 10.8.3 节中钢闸门单元的老化级别评估。

10.9.3 单元（部件单元）老化鉴定评级

单元（部件单元）的可靠性老化级别，根据其部件（或构件）的可靠性老化级别组合而成。将部件（或构件）划分为主要部件（或构件）和次要部件（或构件）。在表 10.17 中，上、下游翼墙，上、下游护坡，工作桥面板，胸墙面板，钢闸门的面板，以及次梁（次桁架），为次要部件（或构件），其余均为主要部件（或构件）。单元（部件单元）的可靠性老化级别评估如下：

（1）次要部件（或构件）的老化级别最低者比主要部件（或构件）的老化级别最低者不大于一级时，以主要部件（或构件）的最低老化级别为单元（或部件单元）的老化级别。

（2）次要部件（或构件）的老化级别最低者比主要部件的老化级别最低者低二级时，将主要部件（或构件）的最低老化级别再降一级作为单元（或部件）的老化级别。

（3）当次要部件（或构件）的最低老化级别比主要部件（或构件）的最低者低三级时，根据次要部件（或构件）的老化级别对主要部件（或构件）的影响程度，可将主要部件（或构件）的最低老化级别降一级或二级作为部件（或构件）的老化级别。

从表 10.17 可知单元闸室上部结构由工作桥、交通桥、检修便桥和胸墙四个部件单元组成，必须将四个部件单元的老化级别转化为闸室上部结构单元的老化级别。为此，将交通桥和工作桥划为主要部件单元，检修便桥和胸墙划为次要部件单元，然后根据主要部件单元和次要部件单元两者的最低老化级别，按前述原则求得闸室上部结构单元的老化级别。

10.9.4 水闸（或传力树）安全评估

水闸（或传力树）由闸室、消力池、海漫、铺盖、上游护底、闸室上部结构和钢闸门七个单元组成。根据各单元的老化级别按下列原则求得水闸的老化级别，分四个级别：

一级：单元的老化级别含Ⅱ级者不大于30%，不含Ⅲ级和Ⅳ级。

二级：单元的老化级别含Ⅲ级者不大于30%，不含Ⅳ级。

三级：单元由老化级别含Ⅳ级者小于10%。

四级：单元的老化级别含Ⅳ级者大于或等于10%。

10.10 专家系统评估法

10.10.1 专家系统特点

专家系统具有以下主要特性：

（1）不受时间限制。人类专家的工作时间有限，但专家系统是恒久，一旦开发完成，可随时使用，并可24小时持续运作。

（2）操作成本低。人类专家稀少且昂贵，虽然专家系统的在起步发展时必须花一笔不小的经费，但日常操作的成本比起人类专家便宜许多。因此，在专家不在或经济上请专家不合算的情况下，利用专家系统仍能处理与专家相等水平的工作。

（3）易于传递及复制。专家与专家知识是稀有的资源，在知识密集的工作环境下，新进人员需要作相当多的训练，而关键人物的知识随着人事变动而不能储存，在传递起来亦是耗时费力。但专家系统则不然，它能轻易地将知识传递或复制。

（4）具有一致性。人类专家在判断决策的结果常会因时或因人而异，而专家系统对于所处理的问题则具有一致性的输出。

（5）可处理费时及复杂的问题。由于专家系统具有既定的知识库与严谨的推理程序，因此往往比人类专家还能胜任一些执行起来较费时、复杂度较高的工作，如需要庞大计算量的问题。另外，若工作的内容重复性很高，专家系统尤其能比人类专家有更佳的表现。

（6）使用于特定领域。由于搜集知识库建构以及推理规则建构的有一定的困难，专家系统通常只使用于小范围的特定知识领域。而当问题的知识牵涉较广，或是没有一定的处理程序时，就必须靠人类专家的智慧来处理。

10.10.2 总体结构及网络

1. 系统结构

水闸安全等级评估专家系统设计框图如图10.8所示，体系结构图如图10.9所示。

2. 四个特点

（1）具有透明性。能够解析自身的推理过程，回答用户提出的问题，增加用户对系统所得结论的可接受性。

（2）具有灵活性。系统能不断修改原有知识，提高系统的性能。

（3）具有友好性。系统采用自然语言，以适应不同用户使用。系统采用菜单形式建立友好用户人机对话环境。同时，系统要有与其他成熟的软件、高级语言、数据库保持相连的可能性。

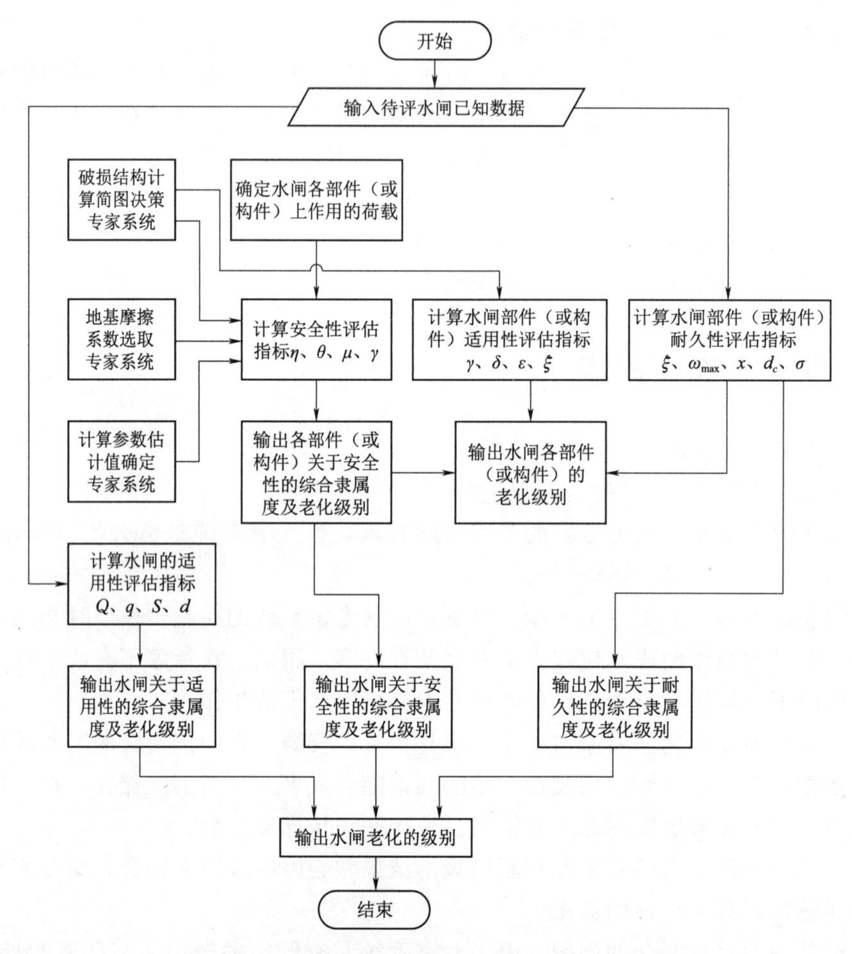

图 10.8 水闸安全等级评估专家系统设计框图

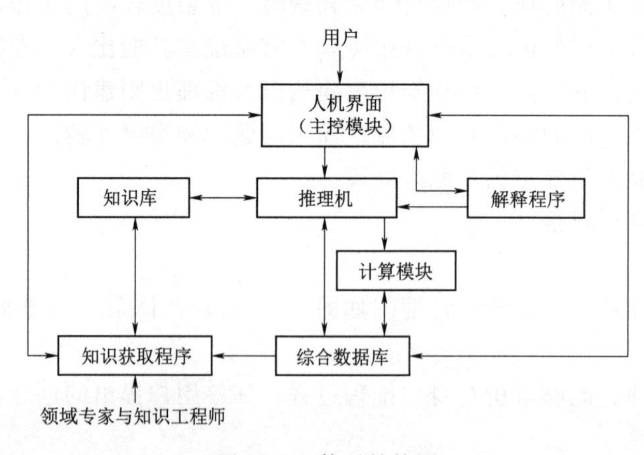

图 10.9 体系结构图

（4）具有实用性。系统采纳的知识要正确，咨询要有针对性。从思维科学、心理学模型出发，对专家系统的核心内容推理和知识表达，提出一种新型的基本知识表达法和联想型自调节求解策略。

3. 系统界面

人机界面（主控模块）是系统总控制模块，用户和系统开发人员可以通过它与其他模块联系。系统主控模块采用菜单形式，用汉语进行人机对话，带有彩色图形输出，可以在屏幕上加载和保存图形文件。

10.10.3 知识库和知识表达

知识库系统的主要工作搜集人类的知识，将之有系统地表达或模块化，使计算机可以进行推论、解决问题。知识库中包含两种形式的内容：一种是知识本身，即对物质及概念作实体的分析，并确认彼此之间的关系；而另一种则是人类专家所特有的经验法则、判断力与直觉。知识库与传统数据库在信息的组织、并入、执行等步骤与方法均有所不同。概括来说，知识库所包含的是可作决策的，而传统数据库的内容则是未经处理过的数据，必须经由检索、解释等过程才能实际被应用。

在水闸安全等级评估知识库中，主要存储水闸老化评估所需的因素、因素关系表、决策表、因素关系表中节点间的函数关系以及逻辑运算关系等。综合数据库用于存放被评水闸及其部件的各种工程特性数据、检测及试验成果数据，以及因素关系表中各节点的推理运算中间值等。知识获取程序可依据各因素及因素关系对专家进行咨询、获取知识，并经一定处理后入知识库中。系统数值计算模块应用了水闸设计规范、混凝土结构设计规范、钢结构设计规范，以及其他规范和规程中推荐的计算公式和标准，主要用于安全复核和评估因素的计算。解释程序的功能分为两类：一类是“推理状态检查”，它回答用户关于咨询过程的各种问题；另一类是“一般问题解答”，它回答用户关于系统自身的一些问题，用户可以用中文向系统提问。

1. 因素关系表

在进行水闸老化评估时，首先把水闸分解成部件。由于促成各种部件老化的因素不同。原则上，每种部件都有其相应的因素关系表，其中有些很相近的可并为一类。即便是同一种部件，由于所处环境不同，促成老化因素也不尽相同，尤其当无法直接取得实测数据，需要根据环境因素间接推测其老化程度时，评估因素关系表也是不完全一样的。以钢筋混凝土闸底板为例，绘出其一种因素关系表（图 10.10）。其中 K_1 为钢筋混凝土闸底板的老化状态变量。1 级是能够达到现行国家规范标准要求，按常规进行养护即可保证正常运用的合格部件；2 级是略低于现行国家规范标准要求，但不影响正常使用的可用部件；3 级是不符合现行国家规范标准要求，必须修补的病态部件；4 级是严重不符合现行国家规范标准，必须除险加固的危险部件。

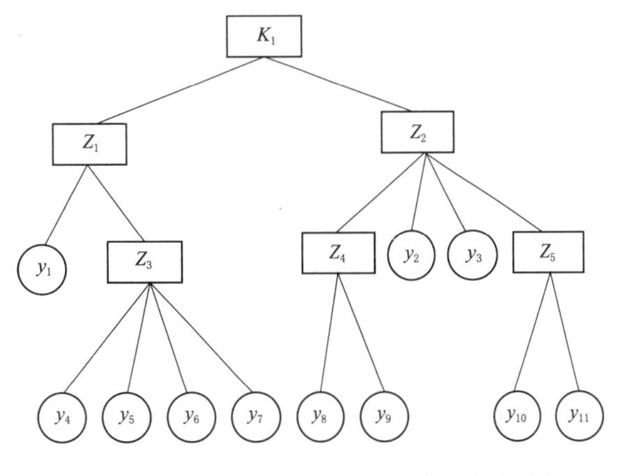

图 10.10 钢筋混凝土闸底板评估因素关系表

y_i（$i=1$，2，…，11）为可由用户直接给出的初始因素及其状态。其中 y_1 为闸底板的强度评价，$y_1=R/S$，

R 为闸底板的抗力，S 为闸底板的作用效应；y_2 为闸底板混凝土的相对碳化深度，$y_2=d/c$，d 为平均碳化深度，c 为钢筋保护层厚度；y_3 为闸底板的钢筋锈蚀度；y_4 为闸底板地基的抗渗稳定性，$y_4=J_s/J$，J 为规范规定的允许渗流坡降，J_s 为实际的渗流坡降；y_5 为闸底板的抗滑稳定性，$y_5=K/\overline{K}$，$\overline{K}$ 为规范规定的抗滑稳定安全系数，K 为实际的抗滑稳定安全系数；y_6 为地基稳定性，$y_6=[R]/\overline{P}$，$\overline{P}$ 为闸板平均基底压应力，$[R]$ 为地基容许承载力；y_7 为闸底板压应力均匀性，$y_7=\overline{E}/E$，$\overline{E}$ 为规范规定的闸底板基底压应力最大值与最小值之比，E 为实际的闸底板基底压应力最大值与最小值之比；y_8 为裂缝密度，$y_8=\sum_{i=1}^{n}L_i/A$，A 为闸底板表面积，$\sum_{i=1}^{n}L_i$ 为 A 表面上裂缝的长度之和；y_9 为闸底板表面的最大裂缝宽度；y_{10} 为闸底板的最大断面损失率，$y_{10}=S/h$，S 为最大剥蚀深度，h 为该处的闸底板厚度；y_{11} 为闸底板的体积损失率，$y_{11}=V/V_0$，V 为闸底板被剥蚀掉的体积，V_0 为闸底板原有的体积；Z_f（$i=1$，2，…，5）为中间因素。Z_1 为对于闸底板安全性的评估，它由 y_1 和 Z_3 决定；Z_2 为对于闸底板耐久性的评估，它由 Z_4、y_2，y_3 和 Z_5 决定；Z_3 为关于闸底板稳定性评估，它由 y_4、y_5、y_6、y_7 决定；Z_4 为对于闸底板裂缝状态的评价，它由 y_8 和 y_9 决定；Z_5 为对于闸底板极剥蚀状态的评价，它由 y_{10} 和 y_{11} 决定。

根据常用水闸的结构型式，绘出沿水流方向各个部件的关系图如图 10.11 所示。

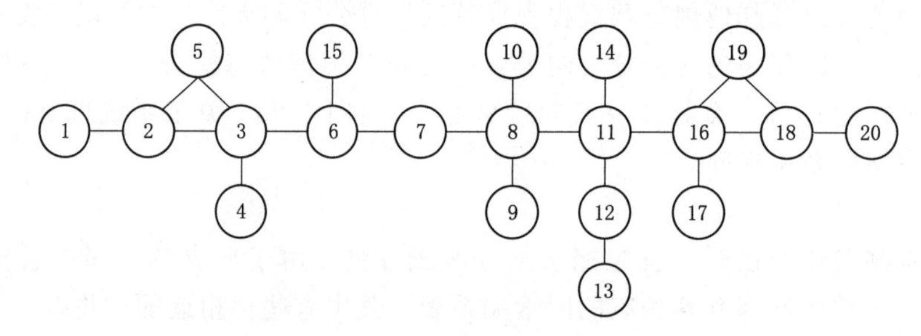

图 10.11 沿水流方向各个部件的关系图

1—上游河道；2—上游防冲槽；3—上游护底；4—上游垫层；5—上游护坡；6—铺盖；7—止水；8—闸底板；9—板桩；10—闸墩；11—消力池护坦；12—排水孔；13—反滤层；14—下游翼墙；15—上游翼墙；16—海漫；17—下游垫层；18—下游防冲槽；19—下游护坡；20—下游河道

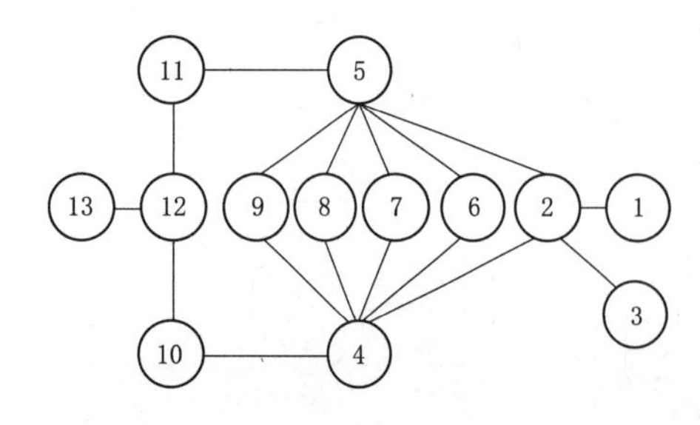

图 10.12 闸室系统各个部件的关系图

1—闸室地基；2—闸底板；3—板桩；4—边墩；5—中墩；6—公路桥；7—检修便桥；8—胸墙；9—闸门；10—工作桥左排架；11—工作桥右排架；12—工作桥纵梁；13—启闭机

根据闸室系统各部件之间的传力关系，绘出其部件关系图（图 10.12）。图 10.12 为各部件构成了一个树状结构。闸底板地基是树根，闸底板是树干下部，中墩和边墩是树干的两个分支，工作桥左右排架都是树枝，工作桥、胸墙、公路桥及闸门等都是树叶。根部部件的损坏将会影响到整棵树，而树枝部件的损坏只能影响到树叶。

2. 因素状态的模糊表达

每个水闸部件的老化程度是由其因素关系表中每个因素的状态决定的。在部件老化的过程中，每个因素的状态是随着时间的推移连续变化的，但在实际应用中，仅需指出一些有特征意义的状态，因此需要用模糊语言来表达。但是，这些模糊语言的表达词都必须有相应“标准”状态的定义。现以钢筋混凝土闸底板为例，其因素状态模糊语言表达词被定义为表 10.27 的“标准”状态。

表 10.27　　钢筋混凝土闸底板因素状态模糊表达词的“标准”语义

级别名称	语义	数字表示	强度 y_1	相对碳化深度 y_2	钢筋锈蚀度 y_3 /mv	抗渗稳定性 y_4	抗滑稳定性 y_5	地基稳定性 y_6	基底闸底板压应力均匀性 y_7	裂缝密度 y_8 /(m/m²)	最大裂缝宽度 y_9 /mm	最大断面损失率 y_{10}	体积损失率 y_{11}
1级	合格	1.0	≥1.0	≤0.3	≥−80	≥1.0	≥1.0	≥1.0	≥1.0	≤0.01	≤0.2	≤0.01	≤0.01
2级	可用	0.9	<1.0 ≥0.94	>0.3 ≤0.8	<−80 ≥160	<1.0 ≥0.95	<1.0 ≥0.94	<1.0 ≥0.92	<1.0 ≥0.90	>0.01 ≤0.03	>0.2 ≤0.4	>0.01 ≤0.03	>0.01 ≤0.02
3级	病态	0.4	<0.94 ≥0.86	<0.8 ≥1.2	<−160 ≥−220	<0.95 ≥0.87	<0.94 ≥0.86	<0.92 ≥0.86	<0.90 ≥0.85	>0.03 ≤0.1	>0.4 ≤1.5	>0.03 ≤0.15	>0.02 ≤0.04
4级	危险	0.0	<0.86	>1.2	<−220	<0.87	<0.86	<0.86	<0.85	>0.10	>1.5	>0.15	>0.04

注　1. 表中钢筋锈蚀度为是用半电池电位法中的电位值度量的。有条件时，可用钢筋的截面损失率来度量。
2. 在上表中，表示等级的数字只是为表达对应的模糊语意而定义的，它们没有数字的含义。

3. 知识表达

当依据原始证据，即初始因素及其状态［例如钢筋混凝土闸底板评估因素元素中的 y_i（$i=1$，2，…，11）及其所表现的状态］来推算水闸部件的老化级别，以及根据部件之间的关系图，由部件老化级别推算整个水闸的老化级别时，都要遵循一定的决策算法，这些决策算法是理论知识和专家经验的体现，在本系统中是用规则表示法以产生式规则表示的。主要采用显式函数关系、选择语句（如 IF - THEN）规则、决策表和一票否决（如抗滑稳定性、抗渗稳定性等）规则。

10.10.4　推理机

推理机的任务是利用知识库中的知识去完成安全等级的推理过程。它负责把规则的前提部分与综合数据库中的数据进行比较，以此往复，直至得出最后结论为止。单个部件的评估结论 K_n 和整个水闸的评估结论 R，最后都存储在综合数据库中，用户可以通过人机界面调用。

（1）推理过程。部件老化评估的推理过程是依据每个部件的因素关系图，自下而上，依据原始证据及其决策算法推算，直到得出部件的老化级别及其评价，此即所谓正向推理。

（2）返回跟踪。返回跟踪则是先选用 A 类规则，由初始证据确定部件的老化级别及其评价，若不行，则先用 A 类规则来确定中间因素的值，再由中间因素的值，推算部件的老化级别及其评价。

整个水闸老化评估的推理是依据部件关系图进行的。一般用以下方式推理：从下游开始，逆水流方向，朝向闸底板逐个部件的顺次评估。整个水闸的安全级别按照水闸安全评价导则划分为四个等级。

10.11　多因素评估法

通常情况下，水闸的安全评估采用层次分析法、整体评估方法、灰色评估方法和模糊集合论评估方法等方法，从结构安全性、适用性和耐久性角度开展水闸安全评估，这种方法侧重于运用指标的评估，如整体稳定性、抗渗稳定性、消能防冲、过水能力、混凝土结构等，适用于单项工程的评估，如混凝土、钢闸门等，其有效性已得到了证明。然而，从水闸安全评估的实践看，水闸的安全检测和评估分析应从运用指标的单项检测与评估发展到多因素的全面检测与评估。在运用指标评估的基础上，水闸修复加固的可行性、费用和加固后运行维护成本是安全评估中是不可忽略的因素。因此，运用指标的单项评估已经不完全适用水闸评估分析。为此，提出了定性和定量分析相结合的多因素评估方法。

10.11.1 评估方法和指标体系

1. 评估指标

根据《水闸安全评价导则》（SL 214—2015）的水闸安全类别评定标准可知，决定水闸所属类别主要归结为三个方面。一是运用指标是否能达到设计标准；二是工程损伤的程度；三是结构的可修复性。因此，将评估指标分成三大类，即运用指标类、损伤程度类和可修复类。

水闸在使用环境、自然环境及材料内部因素的作用下，结构的性能会逐步劣化，其结果是结构的抗力减少，在规定的时间内和规定的条件结构完成预定功能的能力降低，运行指标降低。因此，水闸运用指标是结构安全性、耐久性和适用性的综合。运用指标类指标系指枢纽建筑物可满足现行标准（包括防洪标准、整体稳定性、抗渗稳定性、消能防冲、过水能力、混凝土强度、混凝土保护层和结构强度等）的程度。损伤程度类指结构出现结构性或耐久性损伤程度和对结构的影响程度。包括钢筋混凝土结构外观缺陷、裂缝分布、钢筋锈蚀率，钢闸门变形、裂缝和锈蚀，启闭机和电气设备老化程度等。可修复类是枢纽建筑物在运用指标类和损伤程度类基础上的综合指标，描述确保建筑物安全运行所应采取对应措施和可行性，衡量对应措施的难易程度和技术可行性。

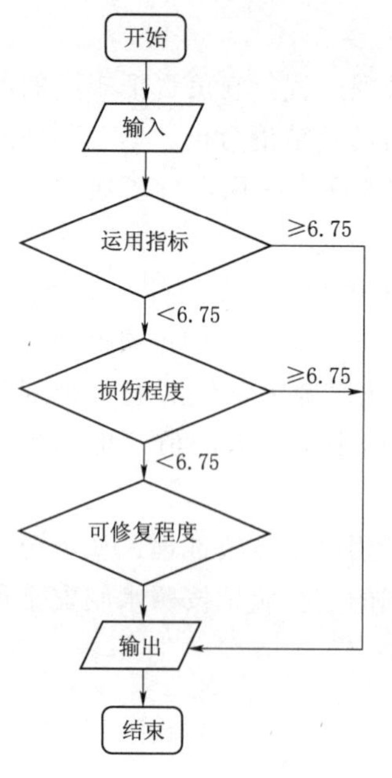

图 10.13 水闸评估程序和步骤图

因此，以水闸安全等级为总目标，建立的指标体系有2个层次。第一层次为总目标，通过综合水闸运用指标、工程损伤程度和可修复性从技术、经济和修复可行性等角度评定水闸的安全级别；第二层次为安全评估的子目标，是对水闸运用指标、损伤程度和可修复性的评价。

2. 评估方法

采用本章第10.3节提出的确定性的整体评估方法，用加权递阶方法确定各个级别的评估值。

3. 评估程序和步骤

水闸评估程序和步骤如图10.13所示。对于不同的评估结果可采用不同评估对策。对于运用指标属一级的水闸，工程也可以选择不采取措施；运用指标属二级的水闸，可进行正常维护管理，同时也可选择不开展工程损伤程度和结构可修复性评价。但对评价等级低于二级的项目要给予特别的关注。运用指标属C级的水闸，应做进一步的检测工作，扩大检测范围，增加检测项目，开展必要验算，采取加固维修措施；运用指标属D级的水闸，应立即采用措施，以免发生意外。C、D级建筑物同时应进一步开展工程损伤程度和结构可修复性评价。

4. 评估标准

根据《水闸安全评价导则》(SL 214—2015)，把水闸划分成四个级别。整个水闸的安全级别由总目标评判值 A 定量的确定，四个安全级别的 A 值范围见表10.28。就三个子目标而言，水闸的运用指标级别由子目标评判值 $F^{(i)}$ 确定，四个老化级别的 $F^{(i)}$ 值的范围见表10.29，工程损伤程度指标在运用指标的基础上，给出水闸钢筋混凝土结构、圬工结构、金属结构、启闭机、电气设备和监测设备等损伤程度，根据水闸安全鉴定专家的工程实践经验判断，在水闸评估分析中作为定性判断依据，四个老化级别的 $F^{(i)}$ 值的范围见表10.30；可修复程度指标子目标级别标准见表10.31。

表10.28　水闸安全级别标准

水闸安全级别		一	二	三	四
A 值	混凝土结构	≥10.00	[6.71，10.00)	[0，6.71)	<0
	钢筋混凝土结构	≥10.00	[6.68，10.00)	[0，6.68)	<0

表10.29　水闸运用指标子目标级别标准

权系数	子目标名称	适用条件	运用指标子目标级别			
			一	二	三	四
0.60	安全性		≥10.00	[6.73，10.00)	[0，6.73)	<0
0.22	适用性		≥10.00	[6.39，10.00)	[0，6.39)	<0
0.18	耐久性	混凝土结构	≥10.00	[7.04，10.00)	[0，7.04)	<0
		钢筋混凝土结构	≥10.00	[6.84，10.00)	[0，6.84)	<0

表10.30　工程损伤程度子目标级别标准

类别	工程损伤程度子目标级别标准			
	一	二	三	四
级别标准	≥10.00	[6.73，10.00)	[0，6.73)	<0

表10.31　可修复程度指标子目标级别标准

类别	可修复程度子目标级别标准			
	一	二	三	四
级别标准	≥10.00	[6.73，10.00)	[0，6.73)	<0

10.11.2 运用指标评估

1. 评估方法

水闸运用指标评估采用确定性的整体评估方法，即结构安全性、耐久性和适用性三个子目标的评价。

2. 评估指标

在子目标层安全性指标 $V^{(1)}$，权系数为 $\alpha^{(1)}$；适用性指标 $V^{(2)}$，权系数为 $\alpha^{(2)}$；耐久

性指标 $V^{(3)}$，其权系数为 $\alpha^{(3)}$。安全性子目标设有防洪标准 $V_1^{(1)}$（权系数 $\alpha_1^{(1)}$），渗透稳定性 $V_2^{(1)}$（权系数 $\alpha_2^{(1)}$），抗滑稳定性 $V_3^{(1)}$（权系数 $\alpha_3^{(1)}$），消能防冲能力 $V_4^{(1)}$（权系数 $\alpha_4^{(1)}$）。而：

$$V_1^{(1)}=T_r/T_d \tag{10.73}$$

式中 T_r——水闸目前能抵御的洪水的重现期；

T_d——现行规范规定的设计洪水的重现期。

$$V_2^{(1)}=J_d/J_r \tag{10.74}$$

式中 J_r——水闸目前的渗透坡降；

J_d——规范规定的渗透坡降。

$$V_3^{(1)}=K_d/K_r \tag{10.75}$$

式中 K_r——规范规定的水闸抗滑安全系数；

K_d——水闸实际的抗滑稳定安全系数。

$$V_4^{(1)}=q_d/q_r \tag{10.76}$$

式中 q_r——水闸实际的单宽流量；

q_d——消能防冲设施能抵御的单宽流量。

$$V_5^{(1)}=\gamma_d/\gamma_r \tag{10.77}$$

式中 γ_r——规范规定的结构安全系数；

γ_d——根据构件实际截面和配筋计算得到的结构安全系数。

适用性子目标设有水闸的相对过水能力 $V_1^{(2)}$（权系数 $\alpha_1^{(2)}$），相对漏水流量 $V_2^{(2)}$（权系数 $\alpha_2^{(2)}$），相对变形能力 $V_2^{(3)}$（权系数 $\alpha_2^{(3)}$），闸门及启闭系统控制能力 $V_2^{(4)}$（权系数 $\alpha_2^{(4)}$）。而：

$$V_1^{(2)}=Q_r/Q_d \tag{10.78}$$

式中 Q_r——当前水闸实际过水流量；

Q_d——水闸设计流量。

$$V_2^{(2)}=Q_p/Q_e \tag{10.79}$$

式中 Q_p——水闸的允许漏水流量；

Q_e——水闸的最大漏水流量。

$V_2^{(3)}$ 和 $V_2^{(4)}$ 是模糊指标，前者表征构件的相对变形能力，后者表征闸门及其启闭系统运用是否灵活，控制能力如何。

耐久性子目标设有混凝土裂缝密度 $V_1^{(3)}$（权系数 $\alpha_1^{(3)}$），混凝土最大裂缝宽度 $V_2^{(3)}$（权系数 $\alpha_2^{(3)}$），混凝土平均碳化深度 $V_{31}^{(3)}$（权系数 $\alpha_{31}^{(3)}$）或钢筋混凝土的相对碳化深度 $V_{33}^{(3)}$（权系数 $\alpha_{33}^{(3)}$），钢筋锈蚀度 $V_4^{(3)}$（权系数 $\alpha_4^{(3)}$）和体积损失率 $V_5^{(3)}$（权系数 $\alpha_5^{(3)}$）。而：

$$V_1^{(3)} = \sum_{i=1}^{n} L_i / A \tag{10.80}$$

式中 L_i——面积为 A 的表面上某一裂缝的长度；

A——水闸部件表面面积。

混凝土部件采用平均碳化深度，钢筋混凝土部件采用相对碳化深度。而：

$$V_{33}^{(3)} = d_c / s \tag{10.81}$$

式中 d_c——部件表面混凝土的平均碳化深度；

s——钢筋保护层平均厚度；

$V_4^{(3)}$ 用于电池电位法测得的电极电位值来表征，也可以直接查看。

$$V_5^{(3)} = G_L / G_0 \tag{10.82}$$

式中 G_L——水流冲刷、冻融剥蚀、泥沙磨损以及人为损坏等使混凝土部件损失的体积；

G_0——混凝土部件原有体积。

耐久性的五个评估指标，水闸水上、水位变动区和水下部位的测值是不一样的。在评估过程中要选择不同的评估指标，调整权系数。

3. 评估标准

运用指标中的安全性指标级别标准见表 10.32，适用性指标级别标准见表 10.33，耐久性指标级别标准见表 10.34。值得注意的是，结构相对变形能力和闸门及启闭系统控制能力是模糊评价指标，可以根据现场有经验的检测人员、水闸管理单位技术人员及检测单位的技术专家共同打分决定，取平均值后然后进行标准化处理。

表 10.32　安全性指标级别标准

权系数	指标名称	运用指标的老化级别			
		一	二	三	四
0.20	防洪标准	≥1.00	[0.90，1.00)	[0.80，0.90)	<0.80
0.25	渗透稳定性	≥1.00	[0.95，1.00)	[0.85，0.95)	<0.85
0.20	抗滑稳定性	≥1.00	[0.95，1.00)	[0.85，0.95)	<0.85
0.15	消能防冲能力	≥1.00	[0.90，1.00)	[0.80，0.90)	<0.80
0.20	结构强度	≥1.00	[0.90，1.00)	[0.80，0.90)	<0.80

表 10.33　适用性指标级别标准

权系数		指标名称	运用指标的老化级别			
			一	二	三	四
0.35		相对过水能力	≥1.00	[0.95，1.00)	[0.80，0.95)	<0.80
0.20		相对漏水能力	≥1.00	[0.90，1.00)	[0.71，0.90)	<0.71
0.20	相对变形能力	模糊语言评价	合适	略大	较大	过大
		评分范围（百分制）	≥85	[60，85)	[30，60)	<30
0.25	闸门及启闭系统控制能力	模糊语言评价	完好	比较完好	不太完好	很不完好
		评分值范围（百分制）	≥85	[60，85)	[30，60)	<30

表 10.34　　耐久性指标级别标准

权系数	指标名称		运用指标的老化级别			
			一	二	三	四
0.27	混凝土最大裂缝宽度/mm	水下区	≤0.20	(0.20，0.25]	(0.25，0.40]	>0.40
		水位变动区	≤0.15	(0.15，0.20]	(0.20，0.60]	>0.60
		水上区	≤0.20	(0.20，0.40]	(0.40，1.00]	>1.0
0.23	混凝土平均碳化深度/mm	水下区	≤6.0	(6.00，15.00]	(15.00，30.00]	>30.00
		水位变动区	≤8.0	(8.00，20.00]	(20.00，45.00]	>45.00
		水上区	≤10.0	(10.00，25.00]	(25.00，60.00]	>60.00
0.23	钢筋混凝土相对碳化深度/mm	水下区	≤0.30	(0.30，1.00]	(1.00，1.70]	>1.70
		水位变动区	≤0.30	(0.30，0.60]	(0.60，1.30]	>1.30
		水上区	≤0.30	(0.30，0.90]	(0.90，1.50]	>1.50
0.27	钢筋锈蚀度	电位值/mV	≥−100	[−200，−100)	[−400，−200)	<−400
		外观现象	未锈蚀	有锈斑	有坑斑	全面锈蚀
		截面损失率/%	[0，5.0)	[5.0，10.0)	[10.0，15.0)	>15.0

10.11.3　损伤程度评估

1. 评估方法

水闸混凝土和钢筋混凝土结构、金属结构和启闭机、砌石结构（干砌块石和浆砌石）和消能防冲设施在运行过程中产生磨损、开裂甚至破坏。如混凝土和钢筋混凝土结构的损伤程度包括混凝土表面风化程度、剥落、露石等外观缺陷等。由于这些参数通常采用难以进行定量分析，采用指标分析显得过于繁琐，评估方法的可操作性也大大降低。因此，损伤程度评估采用模糊隶属度的方法。承担水闸检测任务的单位可协同水闸管理单位和部分安全鉴定专家到水闸现场打分，损伤程度以一级表示最轻，二级次之，四级最为严重。在获得各部件损伤程度的基础上，采用加权递阶的方法确定整个枢纽建筑物的损伤级别。

2. 评估指标和评分标准

包括混凝土和钢筋混凝土结构、金属结构和启闭机、砌石结构（干砌块石和浆砌石）、消能防冲设施、地基基础、监测设施和电气设备等。各部件权系数和损伤程度的评分标准见表 10.35。

表 10.35　　各部件权系数和损伤程度的评分标准

权系数	名称	损伤程度			
		一	二	三	四
0.18	混凝土和钢筋混凝土结构	[0～30)	[30～60)	[60～85)	[85～100)
0.20	地基基础	[0～30)	[30～60)	[60～85)	[85～100)
0.18	消能防冲设施	[0～30)	[30～60)	[60～85)	[85～100)
0.14	金属结构和启闭机	[0～30)	[30～60)	[60～85)	[85～100)

续表

权系数	名　　称	损伤程度			
		一	二	三	四
0.10	砌石结构	[0～30)	[30～60)	[60～85)	[85～100)
0.10	监测设施	[0～30)	[30～60)	[60～85)	[85～100)
0.10	电气设备	[0～30)	[30～60)	[60～85)	[85～100)

3. 数据分析和处理

参照确定性的整体评估法中对结构完好程度的评估方法。

10.11.4 可修复程度评估

1. 评估方法

在水闸安全评估阶段，随着水闸主管部门、安全检测单位、复核计算单位和水闸安全鉴定专家对水闸老化病害和损伤程度的了解逐渐深入，对维修加固技术、费用和养护成本等可修复程度指标有了初步定性判断，通常也是“模糊”的。因此，可采用“模糊隶属度”的方法，建立维修加固技术、费用和养护成本的分项评估，在此基础上采用加权递阶方法评估可修复程度。

2. 评估标准

水闸可修复的指标权重见表10.36。水闸维修加固技术、费用和养护成本的分项评估标准见表10.37～表10.39。

表10.36　　水闸可修复的指标权重

项　目	维修技术	维修费用	养护成本
权重	0.5	0.25	0.25

表10.37　　水闸维修加固技术的评估指标

等级	评　价　标　准	得　分
一	修复加固技术成熟可行，易于实施	≥10.00
二	修复加固技术成熟可行，实施有难度	[6.73，10.00)
三	修复加固技术不成熟，实施难度大	[0，6.73)
四	修复加固不可行	<0

表10.38　　水闸维修加固费用的评估指标

等级	评　价　标　准	得　分
一	维修加固费用低，经济指标合理	≥10.00
二	维修加固费用适中，经济指标略高	[6.73，10.00)
三	维修加固费用较高，经济指标偏高	[0，6.73)
四	维修加固费用明显偏高，经济指标高	<0

表 10.39 水闸养护成本的评估指标

等级	评 价 标 准	得分
一	运用新技术，维修后养护成本低	≥10.00
二	维修后养护成本适中	[6.73，10.00)
三	维修后养护成本较高	[0，6.73)
四	维修后养护成本高	<0

10.12 模式识别法

模式识别（pattern recognition）是指对表征事物或现象的各种形式的（数值的、文字的和逻辑关系的）信息进行处理和分析，以对事物或现象进行描述、辨认、分类和解释的过程，是信息科学和人工智能的重要组成部分。随着时间推移和水闸检测评估工作深入开展，积累的水闸评估资料会越来越丰富。这些由不同专家参与检测与评估的结果蕴涵着丰富的专家经验。模式识别通过一定的方法将待评估水闸和已经经过评估的水闸建立联系，并通过这种联系来评价待评估水闸，比较充分地利用专家知识得出一个较为客观的评价结果。

10.12.1 基本原理

模式识别就是对确定的对象识别它属于哪一类标准模式。模式识别是通过计算待识别对象与标准模式之间的贴近度来进行的。要计算贴近度首先需要确定贴近函数。贴近函数并不是某一固定的函数，只要满足下述要求的一类函数原则上都可作为贴近函数，即对任意模糊集 A，B，$C \in F(X)$，$X \neq \phi$，$\xi \subseteq F(X)$，贴近函数 N：$\xi \times \xi \rightarrow [0, 1]$ 应满足下列条件：

(1) 若 $A \neq \phi$，则 $N(A,A)=1$。

(2) 若 $A \cap B=\phi$，则 $N(B,A)=N(A,B)=0$。

(3) 若 $C \subseteq B \subseteq A$，则 $N(C,A) \leqslant N(B,A)$。

常用的贴近度函数有以下几种，实用中具体选用哪一种应根据具体情况决定。

1) 设 $X \neq \phi$，$\xi \subseteq F(X)$，且 ξ 是 X 上的正规 Fuzzy 集的全体｛即 $A \in \xi$，当且仅当[即 $\exists x \in X$，使 $\mu_A(x)=1$]｝。N_1，N_2：$\xi \times \xi \rightarrow [0,1]$，对任意模糊集 A，$B \in F(X)$，令：

$$N_1(B,A)=\bigvee_{x \in X}[(\mu_B(x) \wedge \mu_A(x)] \tag{10.83}$$

$$N_2(B,A)=\bigvee_{x \in X}[(\mu_B(x) T \mu_A(x)] \tag{10.84}$$

其中 T 是 [0, 1] 上的 t 一模，∧，∨是取小、取大运算。

2) 设 $X \neq \phi$，$\xi \subseteq F(X)-\{\phi\}$，$N_3$，$N_4$：$\xi \times \xi \rightarrow [0, 1]$，对任意模糊集 A，$B \in F(X)$，令：

$$N_3(B,A)=\frac{N_1(B,A)}{N_1(A,A)} \tag{10.85}$$

$$N_4(B,A)=\frac{N_2(B,A)}{N_1(A,A)} \tag{10.86}$$

3）设 $X=\{x_1, x_2, \cdots, x_n\}$ 是有限集，$\xi\subseteq F(X)-\{\phi\}$，$N_5$，$N_6$，$N_7$：$\xi\times\xi\rightarrow[0, 1]$，令：

$$N_5(B,A)=\frac{\sum_{i=1}^{n}[\mu_A(x_i)\wedge\mu_B(x_i)]}{\sum_{i=1}^{n}\mu_A(x_i)} \tag{10.87}$$

$$N_6(B,A)=\frac{\sum_{i=1}^{n}[\mu_A(x_i)\wedge\mu_B(x_i)]}{\sum_{i=1}^{n}[\mu_A(x_i)\vee\mu_B(x_i)]} \tag{10.88}$$

$$N_7(B,A)=\frac{\sum_{i=1}^{n}[\mu_A(x_i)\wedge\mu_B(x_i)]}{\frac{1}{2}\sum_{i=1}^{n}[\mu_A(x_i)+\mu_B(x_i)]} \tag{10.89}$$

10.12.2 聚类分析

模式识别的前提是已知所要识别对象可能存在的标准模式划分，而要完成模式划分就要进行聚类分析。聚类实际上就是将事物按某种属性进行分类。

1. 原始数据处理

作为事物分类依据的属性可以是外在几何尺寸、物理、化学特性或功能等。为了能够充分利用这些属性对事物进行归类，应将这些属性量化，使其成为量化指标，比如水闸系统可靠性层次分析模型中的因素评分值。在水闸分类时一般要用到若干项指标来描述，这些指标可用一向量表示，如：要对 u_1，u_2，…，u_n 个样本水闸进行归类，并用 m 项指标进行描述，则样本向量可记为 $u_i=(u_{i1}, u_{i2}, \cdots, u_{im})$ $(i=1, 2, \cdots, n)$。为了便于归类时进行数据处理，还要先对各指标进行标准化，具体过程如下：

（1）计算各指标原始数据的平均值。

$$\overline{u_k}=\frac{1}{n}(u_{1k}+u_{2k}+\cdots+u_{nk}) \quad (k=1,2,\cdots,m) \tag{10.90}$$

（2）求各指标原始数据的标准差。

$$S_k=\sqrt{\frac{1}{n}\sum_{i=1}^{n}(u_{ik}-\overline{u_k})} \tag{10.91}$$

（3）指标值标准化。

$$u'_{ik}=\frac{u_{ik}-\overline{u_k}}{S_k} \tag{10.92}$$

（4）指标极值标准化为［0，1］区间之内。

$$u''_{ik}=\frac{u'_{ik}-u'_{\min k}}{u'_{\max k}-u'_{\min k}} \tag{10.93}$$

2. 建立模糊相似矩阵

完成原始数据预处理后，建立模糊相似矩阵 $\underset{\sim}{R}$：

$$\underset{\sim}{R}=\begin{bmatrix} r_{11} & r_{12} & \cdots & r_{1n} \\ r_{21} & r_{22} & \cdots & r_{2n} \\ \vdots & \vdots & \vdots & \vdots \\ r_{n1} & r_{n2} & \cdots & r_{nn} \end{bmatrix} \quad (i,j=1,2,\cdots,n) \tag{10.94}$$

r_{ij} 计算方法有最大最小法、算术平均法、几何平均最小法、相关系数法、夹角余弦法、指数相似系数法、距离法、绝对值指数法和专家打分法等。

3. 聚类分析

根据建立的模糊相似关系矩阵，求其传递闭包 $t(\underset{\sim}{R})$ 可得到 $\underset{\sim}{R}$ 的模糊等价关系矩阵 $\underset{\sim}{R}^{+}$，根据等价矩阵中反映的各样本间的等价关系，根据选定的阈值 λ 可以判断样本归类。

10.12.3 模式识别

1. 模式划分

水闸安全等级根据《水闸安全评价导则》（SL 214—2015）分为四类。根据收集到的资料丰富程度的不同，模式划分分两种方法。

（1）当获取的水闸资料大部分未经评估时可采用聚类法。首先将收集到的水闸组成聚类样本集 $U=\{u_1, u_2, \cdots, u_n\}$，根据水闸功能和结构特点划分为 m 个聚类因素，组成聚类因素集。然后根据检测和复核计算结果确定量化指标向量 $u_i=(u_{i1}, u_{i2}, \cdots, u_{im})$ $(i=1, 2, \cdots, n)$，再经标准化后建立相似矩阵，进而得到模糊等价矩阵。根据所得模糊等价矩阵和阈值 λ 将这些水闸进行分类。

（2）当所收集到的水闸都已经过评估或大部分已经过评估时可采用直接归类法。直接利用这些已评估过的水闸的资料根据专家评估结果直接将其归入相应的等级，但前提是以评估的水闸绝对数量较多，并尽可能地涵盖所有级别或大部分级别。

2. 模式识别

模式识别前，先确定评价因素集和标准模式下各因素的指标值，即“模式中心”。确定因素集后，对每一个等级中的各因素取该等级所包含的水闸资料的平均值作为该等级的“模式中心”。有了标准模式的“模式中心”，在对待评水闸进行评估时即可根据选定的模式函数分别计算待评估水闸的各因素与各个标准模式的模式中心的贴近度，最后再进行综合评估。常用的方法有以下两种。

（1）若：

$$\bigwedge_{j=1}^{m} N(B_j,A_{kj})=\bigvee_{i=1}^{n}\left[\bigwedge_{j=1}^{m} N(B_j,A_{ij})\right] \tag{10.95}$$

则判定待评估水闸属于第 k 类模式。其中，m 为评估因素的个数，n 为标准模式的个数，B_j 表示待评估水闸的第 j 个因素，A_{ij} 表示第 i 个标准模式的第 j 个因素的模糊集。

（2）给定权向量 $W=(w_1, w_2, \cdots, w_m)^T$ 其中 $w_j \geqslant 0$，$\sum_{j=1}^{m} w_j=1$，若

$$\sum_{j=1}^{m} w_j N(B_j,A_{kj})=\bigvee_{i=1}^{n}\left[\sum_{j=1}^{m} w_j N(B_j,A_{ij})\right] \tag{10.96}$$

且 $\sum_{j=1}^{m} w_j N(B_j, A_{kj}) \geqslant \lambda_0$（$\lambda_0$ 为所取阈值），则判定待评估水闸属于第 k 类模式。

10.13 水闸安全评估方法总结

水闸安全等级评估主要目的就是为了充分了解水闸工程的工作状况，为其除险加固做准备。但鉴于水闸工作环境和结构型式的复杂性，水闸安全评估工作涵盖岩土工程、钢筋混凝土结构、电气设备、金属结构等领域。研究学科涉及工程和决策科学，从技术科学角度建立不同因素的量化指标，并将其整合到一个评估体系中，形成科学合理的评估方法是项难度极大的工作。目前先后建立了多种评估方法，一定程度上促进了丰富和发展了水闸安全评估理论和方法。将上述方法归类后可分为三大类：确定性的整体评估方法、多层次模糊评估方法和多因素评估法实际上是层次分析的延伸和扩展，属于实用鉴定法一类；BP 反馈型神经网络评估法、模式识别法和专家系统评估法属于人工智能类；结构可靠度理论评估法属于单独一类。在这些方法中，仍需要存在大量共性问题需要进一步加强，以提高评估的科学性和可操作性。

10.13.1 评估指标和体系

（1）基础研究数据积累。水闸安全评估和相关学科的基础研究密切相关。如混凝土耐久性、结构体系可靠度等方面取得的研究成果将大大促进水闸安全评估发展，有助于建立更加科学合理的评价指标和体系。

（2）指标体系及各指标的权重系数。确定性整体评估方法、多层次模糊评估方法和多因素评估法等实用鉴定法通过建立一个梯阶层次结构，把复杂的问题条理化、层次化，然后就最底层的因素进行评估，再从下到上逐层综合，最后获得整体的评估结果，具有简便、实用、易操作的特点。但是，这种方法在很大程度上是建立在经验的基础之上的，在评估指标选择、评估指标的等级标准确定、权重的确定等问题上，都缺乏准确的理论依据，各种方法之间存在较大的分歧。指标体系的合理性需在工程应用中加以验证。在确定性整体评估方法、多层次模糊评估方法和多因素评估法中，指标体系和各指标权重直接决定了评估结果；在 BP 反馈型神经网络评估方法和模式识别方法等方法中，学习样本的可靠性同样和评估指标及各指标的权重有密切关系，目前各项研究成果的指标体系和指标权重，均经过了工程检验，正确性得到了初步验证，但仍需要进一步研究完善。

（3）目前评估方法集中在运用性指标评估上，虽然也提出了多因素评估法，综合考虑了水闸运用指标、损伤程度和可修复性等指标。在经济指标上考虑了水闸除险加固费用、维护养护费用等因素，但仍未考虑水闸失事造成下游经济损失和社会影响。因此在评估指标体系和评估方法上仍有待进一步改进和完善。

10.13.2 评估方法

在水闸安全评估方法上，继续完善智能评估方法，建立考虑水闸维修加固和河流生命健康的水闸安全评估方法。

（1）基于时变可靠度的水闸安全评估。水闸安全评估是一个持续长远的过程，水闸的安全隐患探测的量值存在不确定性因素，安全评估决策也是在特定条件下作出的。运用结构可靠度理论进行水闸等水工建筑可靠性分析计算时，水工结构物有关随机变量的各种参数（均值、变异系数等）是分析计算的基础，所以必须进一步收集有关大、中型水闸荷载、材料物理特性以及基础情况等有关资料，进行统计分析，获得其分布规律和统计值，如水压力、闸底板与地基的摩擦系数、混凝土强度和土的容重等随机变量的统计特征，为更加深入地进行水闸的可靠度计算分析奠定基础。

（2）结合水闸维修结构决策的水闸安全评估方法。进行水闸安全鉴定的最终目的是进行正确的决策。研究表明，从结构可靠性和经济性的角度出发，在一定的技术水平下，所花费的加固费用愈高，则加固后的结构可靠性愈高，失效概率愈小；而加固费用愈低，则结构可靠性愈低，相应失效概率增大。因此，在结构的可靠性与加固费用之间存在着一个最佳的协调问题。因此，考虑水闸结构时变可靠度，结合水闸维修加固决策，建立水闸安全评估新方法。

（3）建立基于河流健康的水闸安全评估方法。水闸在资源水利中占有非常重要的位置，维护河流生命健康是水闸的重要功能。部分水闸造成引起河湖形态变化，河道淤积，导致潮汐变形，河口淤塞，使河流的行蓄洪能力降低；由于水闸拦河挡水，水流流速趋缓，河道径流减少，水体自净能力降低，水体污染加剧。因此，维护河流健康是水闸的重要指标，需要在安全评价体系中加以考虑。

（4）开发水闸安全评估专家系统。BP反馈型神经网络法、模式识别法和专家系统评估法等属于人工智能类的评估方法随着现代数学的发展而得到应用和发展，专家系统作为一种汇集了诸多专家经验知识和计算机知识于一体的综合应用系统，目前已在航天、国防、交通运输等领域得到广泛应用。作为水闸可靠性评价的未来，虽然初步建立起水闸安全评估专家系统，但在知识库、推理机和方法库等方面仍需加以改进和提高，建立包含多种评估方法在内的水闸安全评估专家系统是今后发展的重要方向。

第 11 章　水闸安全检测与评估分析的工程实践

11.1　浏河节制闸安全检测与评估分析

浏河位于江苏省太仓市与上海市嘉定区交界处，上接娄江直通苏州，下入长江可达海上，既为阳澄淀泖地区通向长江的主要泄洪通道之一，又是长江口进入苏州及上游有关地区的重要交通枢纽之一。浏河节制闸是浏河水利枢纽的主要构成部分，位于太仓市浏河镇东南，其距长江边 3.11km，是阳澄区最大通江口门，具有排涝、挡潮、灌溉、水环境调节等综合功能。节制闸为开敞式水闸，共 19 孔（其中 2 孔为通航孔），总净宽 75.00m（6.90m×2+3.60m×17），设计排涝流量 840m^3/s，引潮流量 750m^3/s。主要建筑物包括闸室、工作桥等，均为 2 级水工建筑物。工程建成于 1959 年，1975 年实施了第一次大修，2000 年实施了除险加固。闸室剖面图见图 11.1。

根据《中国地震动参数区划图》（GB 18306—2015），场地区地震动峰值加速度为 0.10g，地震动反应谱特征周期为 0.40s，相应地震基本烈度为Ⅶ度，根据《水工建筑物抗震设计标准》（GB 51247—2018），地震设计烈度为 7 度。

1. 闸室结构

节制闸采用分离式平底板，泄水孔分 8 块底板，每块底板呈“⊔⊔”形，底板中间分缝，中为一孔，两端各悬臂半孔，闸底板采用 140 号素混凝土；通航孔底板孔呈“⊔⊔”形，闸底板为 140 号少筋混凝土；闸底板顶面高程－1.0～－1.5m（吴淞高程），底板厚度均为 2m；闸底板顺水流方向长度为 17.0m，上下游分设 0.7m 深齿墙。垂直水流向宽度为 96.4m，泄水孔闸墩厚 1.0m，通航孔闸墩边墩厚 1.2m、中墩厚 1.5m，闸墩顶高程 9.1m，泄水孔净高 4.50m，胸墙底高 3.50m，胸墙顶高程为 7.5m，再加 1.0m 挡浪板，为 140 号钢筋混凝土。上部设墩墙式排架、工作桥、公路桥和人行便桥。交通桥荷载等级为汽-15 级，采用钢筋混凝土简支梁板；泄水孔采用钢筋混凝土实心板；通航孔采用钢筋混凝土空心简支板。桥面顶高 8.00m，桥总宽 8.70m。闸墩长江侧设钢筋混凝土结构工作桥，泄水孔工作桥采用 C20 钢筋混凝土，通航孔工作桥采用 C25 钢筋混凝土。闸室右侧通航孔边墩为减少土压力，设立浆砌块石圆筒空箱式岸墙，闸室左侧通航孔边墩与原电站相连接。

2. 上、下游翼墙

节制闸浏河侧、长江侧两岸设圆弧翼墙。浏河侧右岸翼墙分为两节，均采用浆砌块石重力式挡土墙，墙顶高程为 4.00m。闸长江侧左岸翼墙分为两节，其中原第一节翼墙采用浆砌块石重力式挡土墙，加高翼墙采用 C20 钢筋混凝土，加高后墙顶高程 7.00m，墙后填土高程 5.00m；原第二节翼墙采用浆砌块石重力式挡土墙，加高翼墙采用 C20 钢筋

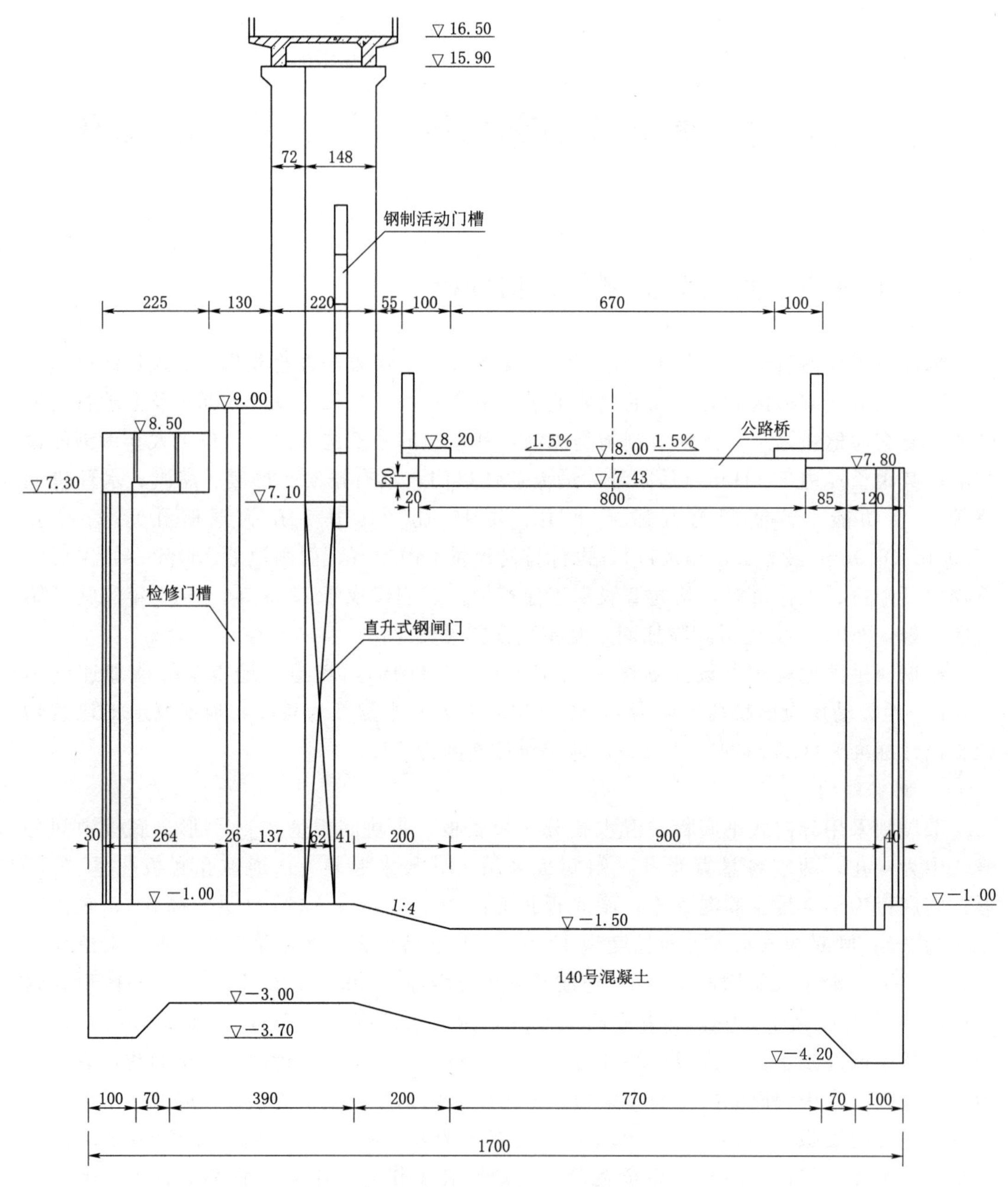

图11.1 浏河节制闸的闸室剖面图（单位：m）

混凝土，加高后墙顶高程7.00m，墙后填土高程5.00m。闸长江侧右岸翼墙分为两节，其中原第一，二节翼墙均采用浆砌块石重力式挡土墙，加高翼墙采用C20钢筋混凝土，加高后墙顶高程7.00m，墙后填土高程5.00m。翼墙后填土区布设7.0m深、直径600mm的水泥搅拌桩以增强稳定性。

3. 上下游护底、护坡

节制闸浏河侧依次设消力池、海漫、防冲槽和抛石等。其中，钢筋混凝土消力池的混凝土标号 170 号，尺寸为 15.0m×0.80m×1.00m（长×厚×深），消力池斜坡段设梅花形排水孔；浆砌块石海漫长 20.0m，坡度为 1∶10（坡比下降）；干砌块石防冲槽长 2.50m；抛石海漫长 15.0m、坡比为 1∶15（坡比上升），后接长 3.5m、深 1.5m 的抛石防冲槽以进一步防止冲刷。

节制闸长江侧依次设消力池、海漫、防冲槽和抛石等。其中，钢筋混凝土消力池的混凝土标号 110 号，尺寸为 15.0m×0.50m×1.00m（长×厚×深），同时兼做防渗铺盖；海漫共长 30.0m，坡比为 1∶15（坡比下降），其中前 10.0m 为浆砌块石结构，后 20.0m 为干砌块石；防冲槽为干砌块石，长度 5.0m；抛石海漫长度为 10.0m，坡比为 1∶10（坡比上升）。

此外，水闸长江侧翼墙外设 0.35m 厚 C15 的灌砌石护坡，下设 0.10m 碎石垫层及 350g/m^2 土工布一层。闸上下游引河底宽 100m，离闸后渐变为 120.0m，坡比为 1∶3。

4. 闸门及启闭机

闸门采用平面定轮直升式钢闸门，两边通航孔各设一台 QPQ2×160kN－8m 卷扬式启闭机启闭，泄水孔均设 QPQ2×80kN－8m 卷扬式启闭机启闭。泄水孔孔口尺寸 3.60m×4.50m，闸门尺寸 3.87m×4.80m，双吊点的吊点中心距为 2.80m；通航孔孔口尺寸 6.90m×8.10m，双吊点的吊点中心距为 5.76m。浏河闸通航孔及泄水孔的闸门门叶材料均采用 A3 钢材制作，焊条采用 E4303 型号进行焊接处理，并采用喷锌加封闭漆防腐。长江侧还设检修门槽以便日常维护和检修。每套检修闸门由 7 块钢制叠梁组成，采用吊机启闭。

11.1.1 地基情况与处理措施

1. 工程地质

浏河节制闸建筑基地以开挖新浏河坡积土为主，闸部地势呈东高西低状态，高程为 6.0～8.2m，高差达 2.20m。表层厂区、道路处均为杂填土，浅部为堆积的素填土，深部以长江三角洲冲积填土为主，土质上部为褐黄色粉质黏土或黏质粉土，下部为灰色淤质黏土局部夹粉细砂。

第（$①_1$）层：杂填土或素填土，褐黄色或杂色，浅表层 0.50m。在厂区、道路等处为杂填土，其下均为开挖新浏河堆积的素填土。土质以黏质粉土为主，结构松散，呈可塑状态，土层厚度为 3.50～5.05m，$\varphi=23°$，$c=5\text{kPa}$。

第（$①_2$）层：素填土，灰色～灰黄色，土质以粉质黏土为主，呈软塑状，压缩系数 0.83MPa^{-1}，属中压缩性土。$\varphi=19°$，$c=15\text{kPa}$，$[R]=95\text{kPa}$。

第（2）层：粉质黏土，褐黄色，可塑状，富含铁锰质锈斑。由于近长江，原来的地形比较复杂，层厚为 0.80～1.80m。在静探曲线上，P_s 为 0.87MPa，压缩系数 0.56MPa^{-1}，属中偏高压缩性土。$\varphi=12°$，$c=15\text{kPa}$，$[R]=90\text{kPa}$。

第（3）层：淤质黏土，灰色，流塑状，偶夹砂层。层厚 9.10～13.40m，压缩系数 0.92MPa^{-1}，属高缩性土，静探曲线 P_s 较小，仅为 0.59MPa；在 JT2 中孔深 8.00～10.00m 范围内有一段 P_s 达 2.10MPa 的异常现象。$\varphi=13°$，$c=8.5\text{kPa}$，$[R]=70\text{kPa}$。

第（$③_1$）层：灰色轻粉质夹砂壤土，以砂性土为主，具有一定的透水性，土质松散，承载力低。$N=3$～16 击（平均 8 击），$\varphi=19°$，$c=11\text{kPa}$，$[R]=80\text{kPa}$。

第（③$_2$）层：灰色重砂壤土-轻砂壤土，偶夹灰褐色粉质黏土薄层，土质结构较均匀，呈稍密至中密状，但层位分布、土层厚度变化较大，局部呈透镜体分布。

第（③$_3$）层：灰褐色粉质黏土与灰色粉砂、砂壤土互层，单层厚3～5mm，且以粉质黏土为主。土质软弱，呈流塑状。土层分布不连续。

第（③$_4$）层：灰褐色粉质黏土与灰色粉砂、砂壤土互层，单层厚3～5mm，以黏性土为主，土质软弱，呈流塑状。

第（4）层：灰色粉砂、砂壤土，含云母片，夹有灰褐色粉质黏土薄层或为互层，单层厚一般砂性土5～10mm，黏性土1～2mm，呈中密状。层面分布高差变化较大，该层未钻穿。

综上所述，闸室底板底面设计高程为－3.0～－3.5m，坐落在灰色轻粉质夹砂壤土上，地基勘探试验数据$N=3\sim16$击（平均8击），$\varphi=19°$，$c=11\text{kPa}$，$[R]=80\text{kPa}$。

2. 地基处理措施

闸室浏河侧齿墙下设深6.10m、厚0.15m杉木板桩防渗墙；长江侧齿墙下设4.90m深、0.15m厚杉木板桩防渗墙。

11.1.2 现状调查分析评价

根据《水闸安全评价导则》（SL 214—2015），水闸管理单位太仓市堤闸管理处组织开展了水闸现状调查，收集了设计、施工、管理等技术资料，在了解工程概况、设计和施工、工程管理与保护范围、主要管理设施、工程调度运用方式和控制运用情况等基础上，开展混凝土结构、闸门和启闭机、电气设备现场调查，初步分析工程存在问题，提出现场安全检测和工程复核计算项目，编写工程现状调查分析报告。

1. 混凝土结构安全状态

闸墩、交通桥、人行便桥露筋，主要原因为钢筋混凝土保护层厚度局部偏低，顺筋锈胀；胸墙横梁开裂，横梁横向钢筋锈蚀严重，导致混凝土保护层开裂、剥落，从而导致表面出现裂缝；翼墙结构缝错位。原闸墩、胸墙、消力池运行至今已达64年，超过50年合理使用年限，混凝土老化病害明显，结构安全状态差。

2. 闸门和启闭机安全状态

闸门运行至今近23年，局部锈蚀，涂料脱落，且已超过20年折旧年限，闸门状态差。如通航孔1号孔闸门面板局部有凹坑；泄水闸工作闸门局部锈蚀，涂料面层局部脱落；通航孔检修叠梁门外观基本完好，通航孔检修门局部锈蚀；启闭机机架、钢丝绳固定良好，油位正常，开度及限位装置正常，制动器、开式齿轮、卷筒、传动轴、滑轮组外观基本完好，机架底部锈蚀。

启闭机运行至今近23年，运行正常，已超过20年折旧年限，安全状态一般。

3. 机电设备安全状态

机电设备包括电动机、控制柜、发电机、变压器、低压开关柜等。电动机外壳及轴承外观良好，接线固定良好；控制柜外观良好，触点良好，主令控制器准确、可靠；低压开关柜外观良好，仪表、指示灯指示正常，电缆敷设较好；柴油发电机外观良好，运行正常；变压器轻微锈蚀，运行正常；防雷设施经检测合格；自动化控制系统运行正常；电动机已运行近23年，但已接近25年报废年限，安全状态一般。

4. 水下结构安全状态

水下结构安全状态通过定期水下地形观测，表明下游河床在 0+050 处（即防冲槽位置附近），在 2003 年时大约有 40m 范围发生冲刷破坏，最深处为−4.70m，冲刷深度约 1.7m；2006 年时大约有 45m 范围发生冲刷破坏，最深处达到−6.70m，冲刷深度约 3.7m；2020 年发现下游河床在 0+060 处（即防冲槽位置附近）最深处达到−6.96m，冲刷深度约 3.96m；河床最深处达−8.86m；在下游 0+080 处的冲刷深度 6.86m。2023 年观测发现下游河床在 0+060 处最深处达到−6.71m，冲刷深度约 3.71m；河床最深处达−8.68m（设计−2.0m），在下游 0+080 处的冲刷深度 6.68m。综上表明，下游防冲槽附近及河床有一定的冲刷破坏，存在影响海漫安全的冲刷现象。

5. 水闸安全管理评价

根据《水闸安全评价导则》（SL 214—2015）对浏河节制闸工程安全管理进行评价。浏河节制闸管理范围明确，上游河道、堤防各为 300m，下游至入江口，左右两侧各为 200m。技术管理人员满足规范和管理要求，管理人员能正确操作水闸，确保正常运行，维修养护经费能足额落实到位。其次管理单位的规章制度齐全并落实，水闸控制运行计划按照防汛排涝并兼顾河道水环境改善需求予以安排；建筑物、金属结构及机电设备均按照全年工作安排进行汛前、汛中及汛后的维修养护，并处于正常运行工作状态；办公、生产和辅助用房，通信设施，交通道路与交通工具，维修养护设备齐全，安全监测满足运行要求。

综合分析表明，浏河节制闸的工程管护范围明确可控，技术人员定岗定编明确、满足管理要求，管理经费足额到位；规章、制度齐全并落实，水闸按审批的控制运用计划合理运用；工程设施完好并得到有效维护，管理设施、安全监测等满足运行要求。工程安全管理评价为良好。

11.1.3 安全检测分析与质量评价

1. 现场安全检测项目

根据现状调查分析结果，确定现场安全检测项目。其中土建工程现场安全检测内容主要包括外观质量缺陷检查、混凝土抗压强度检测、保护层厚度及碳化深度检测、砌体结构和细部构造工程检查；金属结构现场检测项目主要包括巡视检查、外观与现状检测、腐蚀检测、焊缝无损检测、金属硬度检测、启闭机运行状况检测；机电设备现场检测内容主要包括外观检查、电动机、变压器、电力电缆、避雷器、接地电阻。根据工程现状和运用情况，开展结构水下探摸和水下地形测量。

2. 安全检测成果与分析

(1) 混凝土结构。包括闸墩、排架、交通桥、下游便桥局部钢筋锈胀、掉角、破损；胸墙上方横梁横向顺筋裂缝较多；闸室 11 孔底板均有不同程度的损坏，损坏深度最大处为 2 号孔上游底板靠近消力池位置尾槛处，有 250cm（长）×35cm（宽）×18cm（深）的损坏；损坏面积最大处为 9 号孔下游闸门底槛处，有 350cm（长）×50cm（宽）×8cm（深）的损坏。采用回弹法抽查检测混凝土排架的混凝土抗压强度，结果见表 11.1，结果表明混凝土强度满足设计要求。根据设计文件，原闸墩（1959 年）门槽处采用 140 号混凝土，下半部采用 110 号混凝土；泄水孔闸底板（1959 年）采用 140 号素混凝土，通航孔闸底板（1959年）为140号少筋混凝土；胸墙（1959年）为140号钢筋混凝土；泄水孔（2001年）工作桥采用C20钢筋混凝土，通航孔工作桥（2001年）采用C25钢筋混凝土。根据《水工混凝土结构设计规范》（SL 191—2008）的混凝土标号与强度等级的换算，见表11.2，结果表明原闸墩、闸底板、胸墙（建于1958年）、泄水孔工作桥（2001年加固）混凝土强度均不满足现行混凝土耐久性最低强度等级C25要求，排架混凝土强度满足耐久性最低强度等级C25要求。

表11.1　　回弹法抽查检测混凝土排架的混凝土抗压强度结果

构件名称	测区数/个	测区混凝土抗压强度换算值/MPa			推定值/MPa	设计值
		平均值	标准差	最小值		
1号孔左侧排架	10	28.0	1.62	25.6	25.3	C25
1号孔右侧排架	10	28.2	1.68	25.7	25.4	C25
19号孔左侧排架	10	44.8	2.34	41.5	41.0	C25
19号孔右侧排架	10	32.6	1.70	30.3	29.8	C25

表11.2　　混凝土标号与强度等级的换算

混凝土标号	100	150	200	250	300	350	400
混凝土强度等级	C9	C14	C19	C24	C29.5	C35	C40

同时，检测发现闸墩、交通桥板局部破损露筋，钢筋锈蚀；胸墙顺筋开裂，钢筋锈蚀严重，属C类锈蚀；闸墩、胸墙、排架混凝土碳化深度均为B类碳化，局部碳化较大；潮汐电站上游平台坍塌，漏水严重，下游挡墙有漏水点；鱼道闸墩连系梁混凝土破损严重，闸墩混凝土老化露石，闸墩浆砌石与混凝土接合处漏水，闸门底漏水较重；闸室构件接缝无明显差异沉降、错位，左边墩与原泵站挡墙上、下游伸缩缝内填充物有脱落，两侧有水位差时，伸缩缝出现漏水。

（2）上、下游连接段。上、下游连接段建筑物浆砌石结构局部砂浆脱落、破损；下游消力池底板混凝土在靠近闸室部位平面及斜坡段存在不同程度的表层剥落损坏，普遍粗骨料裸露；加高翼墙（2001年）、消力池（1959年）混凝土强度均不满足耐久性最低强度要求；翼墙混凝土碳化深度均为B类碳化，局部碳化较大；下游混凝土翼墙结构缝多处错位。

（3）上下游抛石护坦及河道。局部冲刷严重，上游冲刷深度较大处在距护坦末端24.1m处，范围60.7m×28.6m（上下游方向×左右岸方向），冲刷深度3.2～4.8m；下游冲刷深度较大处在护坦末端附近，范围58.5m×93.1m（上下游方向×左右岸方向），冲刷深度3.0～6.3m，下游防冲槽内抛石高程相对设计高程最大高3.0m。

（4）闸门。闸门侧止水处普遍漏水，检修门槽局部破损，启闭机窗户周边有渗水，墙皮脱落，闸门、启闭机运行正常；通航孔工作门侧止水螺栓个别缺失，无锁定装置；泄水闸工作门吊耳局部锈蚀，面板表层涂料局部脱落，侧止水螺栓个别缺失，无锁定装置；工作闸门、泄水孔检修闸门防腐涂层总厚度偏小；工作闸门腐蚀程度评定为B（一般腐蚀）；检修闸门各部位构件蚀余厚度平均值为7.78～9.89mm；工作闸门焊缝质量符合规范要求。

(5) 启闭机。启闭机机架底部、定滑轮锈蚀较重；大、小齿轮硬度差符合规范要求，泄水孔大齿轮硬度偏低，19 号孔制动轮硬度偏低；运行电压、噪声均符合规范要求，运行电流不平衡度不满足规范要求。

(6) 电气设备。电动机、变压器、电缆、避雷器等均符合规范要求，变压器轻微锈蚀；设备接地电阻均符合规范和安全运行要求。

3. 工程质量分析

闸室混凝土抗压强度不满足规范要求，钢筋锈蚀较重，局部碳化较大，潮汐电站及鱼道漏水较多，评定为 C 级；上、下游连接段混凝土抗压强度不满足规范要求，局部碳化较大，下游翼墙结构缝多处错位，上下游抛石护坦及河道局部冲刷严重，评定为 C 级；闸门腐蚀程度为一般腐蚀，已超过 20 年折旧年限，评定为 C 级；启闭机运行电流不平衡度不满足规范要求，已达 20 年折旧年限，评定为 C 级；电动机已接近报废年限，评定为 B 级。

4. 工程质量评价结论

浏河节制闸建成已运行 64 年，尽管开展了结构加固改造，但由于工程闸墩及水下结构均基于原建筑物，主体结构的建设年代早，设计标准偏低，已不满足现行规范和安全运行要求，且检测结果大部分不满足现行标准要求，影响工程安全，工程质量评定为 C 级。

11.1.4 安全复核分析

1. 复核分析工况

稳定计算水位组合要求如下：正向设计，长江侧采用 100 年一遇高潮位，内河为汛期正常水位；正向校核，长江侧采用 200～300 年一遇高潮位，内河为汛期正常水位。反向设计，长江侧采用 50 年一遇低潮位，内河为非汛期正常水位；反向校核，长江侧采用 100 年一遇低潮位或历史最低潮位，内河为非汛期正常水位。长江侧 100 年一遇高潮位 6.59m，300 年一遇高潮位 6.97m，多年平均低潮位 1.46m，50 年一遇低潮位 0.45m，100 年一遇低潮位 0.42m；浏河侧汛期正常水位 3.11m，非汛期正常水位 3.00m，汛期警戒水位 3.70m，50 年一遇洪水位 4.32m，200 年一遇洪水位 4.49m。

综上所述，复核计算主要建立在原设计和最新规划的基础上，依据《水闸安全评价导则》(SL 214—2015) 等现行的行业和国家相关规范，结合现状调查和现场安全检测结论，开展安全鉴定的复核计算分析。

2. 防洪标准复核

(1) 闸顶高程。浏河节制闸闸室为 2 级水工建筑物，各挡水泄水运用情况闸顶高程计算结果见表 11.3，节制闸实际闸顶高程 8.230～8.360m。结果表明闸顶高程满足规范要求。

表 11.3　　闸顶高程复核计算结果　　单位：m

计算工况	运行情况	水位	加高值	波高	闸顶高程
长江侧挡水	设计水位	6.59	0.50	0.85	7.94
	校核水位	6.97	0.40	0.54	7.91

续表

计算工况	运行情况	水位	加高值	波高	闸顶高程
浏河侧挡水	设计水位	4.32	0.50	0.82	5.64
	校核水位	4.49	0.40	0.53	5.42
过流工况	水位组合1	4.49	1.00	—	5.49
	水位组合2	5.33	1.00	—	6.33

(2) 过流能力。经分析计算，遇区域1999年型50年一遇设计洪水，湘城站最高洪水位4.11m，区域造峰期排江水量7.66亿m^3，均未达到区域水利治理目标；浏河入江口位于长江感潮河段，节制闸引排水易受外江潮位影响，遭遇长江高潮位时，外排影响尤为明显。考虑到应对洪潮遭遇的不利情况，区域1999年型50年一遇洪水遭遇1996年型实况潮位，外江高潮期间洪水无法自排；遇流域枯水年1971年型，受低潮时自主引江能力限制，娄江—浏河用水高峰期引江水量仅0.56亿m^3，降低河道引江效率。综上所述，工程现状过流能力不足。

(3) 综合评价。浏河节制闸闸顶高程满足规范要求，但工程现状过流能力不足，综合评价防洪标准为C级。

3. *渗流安全复核*

(1) 渗径长度分析。节制闸闸身垂直防渗采用杉木板桩，该分部工程于1958年4月完成。由于板桩木料规格不一，因而在制作加工方面也不同，底板上游下设4.90m杉木板桩，大部分用三层板并型，底部下游下设6.10m板桩，大部分是整体桩，但也有两段接成的。闸室与上下游消力池水平止水原设计采用镀锌铁片，2000年加固对水平止水缝进行维修：原镀锌铁片上的10cm油毛毡凿除，嵌入遇水膨胀止水条，氯丁乳胶水泥砂浆封闭。考虑到原水平止水铁片和杉木板桩运行至今已60多年，可能存在腐烂，继续运行水闸安全问题无法保障。

浏河节制闸最大水位差为3.86m，水下探摸表明在浏河侧消力池与闸室底板连接处存在止水失效，鉴于水闸运行多年，止水存在失效，复核只考虑闸室段不透水轮廓线长度。若考虑杉木板桩未腐烂，仍能起到防渗作用，闸室不透水轮廓线长度45.14m，总渗径长度为45.14m，渗径长度满足要求。若考虑杉木板桩腐烂失效，闸室不透水轮廓线长度23.54m，总渗径长度为23.54m，水闸基底不透水轮廓线长度不足，影响水闸渗流安全。

(2) 渗透坡降分析。根据《水闸设计规范》(SL 265—2016)，该闸底板坐落在灰色轻粉质夹砂壤土上，水平段允许坡降为0.15～0.25，出口段允许坡降为0.40～0.50。在最不利水位组合工况下渗透坡降计算结果见表11.4，两种工况下水平段和出口段的渗透坡降满足规范要求，若考虑杉木板桩失效时，闸室底板的渗透坡降增大，影响闸基渗流稳定性。

(3) 绕渗分析。根据浏河节制闸安全检测和水下探摸情况，左侧闸墩与潮汐电站闸墩之间的垂直结构缝位于阴角处，上游、下游伸缩缝内填充物均有脱落，两侧有水位差时，伸缩缝有渗漏。侧向绕渗存在安全隐患。

表 11.4　　渗透坡降计算结果

计算工况	水位组合/m			分段类型	渗透坡降最大值	
	长江侧	浏河侧	水位差		未失效	失效
正向挡水	6.97	3.11	3.86	水平段	0.069	0.135
				出口段	0.177	0.259
反向挡水	1.46	4.49	3.03	水平段	0.052	0.100
				出口段	0.133	0.199

(4) 综合评价。考虑到原水平止水铁片和杉木板桩运行至今已 60 多年，现状消力池与闸室底板连接处存在止水失效，左边墩与原电站挡墙上、下游伸缩缝内填充物缺失，两侧有水位差时，伸缩缝有渗漏。渗流安全为 C 级。

4. 结构安全复核

根据《水闸设计规范》(SL 265—2016)、江苏省水利厅关于印发《江苏省长江堤防防洪能力提升工程建设前期工作技术指导意见》的通知确定闸室和翼墙结构稳定复核的水位组合。

(1) 泄水孔和通航孔。计算结果见表 11.5～表 11.8。复核结果表明浏河节制闸通航孔闸室基底应力、应力比、抗滑稳定性均满足规范要求；泄水孔闸室应力比、抗滑稳定性满足规范要求，最大基底应力偏大。

表 11.5　　泄水孔闸室结构稳定复核计算结果

计算工况		水位组合/m		应力不均匀系数 η		安全系数 K_c	
		长江侧	浏河侧	计算值	允许值	计算值	允许值
正向	设计水位	6.59	3.11	1.25	2.00	1.41	1.30
	校核水位	6.97	3.11	1.40	2.50	1.24	15
反向	设计水位 1	0.45	3.00	1.64	2.00	3.09	1.30
	设计水位 2	1.46	4.32	2.00	2.00	2.19	1.30
	校核水位 1	0.42	3.70	1.83	2.50	2.23	1.15
	校核水位 2	1.46	4.49	2.12	2.50	2.04	1.15
检修工况		2.56	3.05	1.53	2.50	13.36	1.15

表 11.6　　泄水孔闸室基底应力复核计算结果

计算工况		水位组合/m		基底应力/kPa		
		长江侧	浏河侧	σ_{max}	σ_{min}	σ_{ave}
正向	设计水位	6.59	3.11	83	66	75
	校核水位	6.97	3.11	87	62	74
反向	设计水位 1	0.45	3.00	97	59	78
	设计水位 2	1.46	4.32	100	50	75
	校核水位 1	0.42	3.70	99	54	77
	校核水位 2	1.46	4.49	101	48	74

续表

计算工况	水位组合/m		基底应力/kPa		
	长江侧	浏河侧	σ_{max}	σ_{min}	σ_{ave}
检修工况	2.56	3.05	93	61	77
允许值	—	—	96	—	80

表 11.7　　通航孔闸室结构稳定复核计算结果

计算工况		水位组合/m		应力不均匀系数 η		安全系数 K_c	
		长江侧	浏河侧	计算值	允许值	计算值	允许值
正向	设计水位	6.59	3.11	1.66	2.00	1.61	1.30
	校核水位	6.97	3.11	1.87	2.50	1.42	1.15
反向	设计水位 1	0.45	3.00	1.27	2.00	3.54	1.30
	设计水位 2	1.46	4.32	1.43	2.00	2.53	1.30
	校核水位 1	0.42	3.70	1.35	2.50	2.56	1.15
	校核水位 2	1.46	4.49	1.46	2.50	2.35	1.15
检修工况		2.56	3.05	1.18	2.50	15.30	1.15

表 11.8　　通航孔闸室基底应力复核计算结果

计算工况		水位组合/m		基底应力/kPa		
		长江侧	浏河侧	σ_{max}	σ_{min}	σ_{ave}
正向	设计水位	6.59	3.11	93	56	75
	校核水位	6.97	3.11	97	52	75
反向	设计水位 1	0.45	3.00	88	69	79
	设计水位 2	1.46	4.32	89	62	75
	校核水位 1	0.42	3.70	89	66	77
	校核水位 2	1.46	4.49	89	61	75
检修工况		2.56	3.05	84	71	77
允许值		—	—	96	—	80

(2) 翼墙结构。翼墙稳定复核的水位组合有两种工况，其中100年一遇低潮位的墙前0.42m，墙后1.42m；多年平均低潮位的墙前1.46m，墙后2.46m。计算结果见表11.9～表11.12。表明翼墙稳定满足规范要求。

表 11.9　　长江左岸翼墙结构稳定复核计算结果

计算工况	水位组合/m		应力不均匀系数 η		安全系数 K_c	
	墙前	墙后	计算值	允许值	计算值	允许值
100年一遇低潮位	0.42	1.42	1.19	2.50	3.73	1.15
多年平均低潮位	1.46	2.46	1.57	2.00	2.73	1.30

表 11.10　　长江左岸翼墙基底应力复核计算结果

计算工况	水位组合/m		基底应力/kPa		
	墙前	墙后	σ_{max}	σ_{min}	σ_{ave}
100 年一遇低潮位	0.42	1.42	113	95	104
多年平均低潮位	1.46	2.46	120	77	98

表 11.11　　长江右岸翼墙结构稳定复核计算结果

计算工况	水位组合/m		应力不均匀系数 η		安全系数 K_c	
	墙前	墙后	计算值	允许值	计算值	允许值
100 年一遇低潮位	0.42	1.42	1.35	2.50	3.46	1.15
多年平均低潮位	1.46	2.46	1.04	2.00	2.75	1.30

表 11.12　　长江右岸翼墙基底应力复核计算结果

计算工况	水位组合/m		基底应力/kPa		
	墙前	墙后	σ_{max}	σ_{min}	σ_{ave}
100 年一遇低潮位	0.42	1.42	117	87	102
多年平均低潮位	1.46	2.46	96	93	95

（3）消能防冲。复核计算主要包括消力池长度、深度、底板厚度，海漫长度等，结果见表 11.13。结果表明，消力池深度满足安全运行要求，但消力池长度、底板厚度、海漫长度不能满足规范和安全运行要求。根据水下探摸及水下地形测量成果：下游消力池底板混凝土在靠近闸室部位平面及斜坡段存在不同程度的表层剥落损坏，普遍粗骨料裸露，未发现有露筋；上下游抛石护底及河道局部冲刷严重。

表 11.13　　消能设施复核计算结果

计算工况	浏河侧/m	长江侧/m	单宽流量/[m^3/(s·m)]	消力池/m			海漫长度/m
				深度	长度	底板厚度	
正向排水	4.49	1.46	20.00	0.99	14.54	1.18	50.24
	2.86	2.56	20.00	无需设	18.59	0.89	44.88
设计值				1.00	15.00	0.80	30.00
反向引水	2.70	5.33	18.00	0.96	21.71	1.08	46.01
	3.35	3.65	18.00	无需设	17.31	0.47	25.88
设计值				1.00	15.00	0.50	20.00

（4）结构强度。节制闸闸底板厚 2.00m，顺水流方向长度为 17.0m，泄水孔底板垂直水流向宽度为 9.2m，通航孔底板垂直水流向宽度为 11.4m。泄水孔闸墩厚 1.00m，通航孔闸墩边墩厚 1.20m、中墩厚 1.50m，泄水孔闸底板采用 140 号素混凝土；通航孔闸底板为 140 号少筋混凝土，按 C13 混凝土抗拉强度设计值 0.80MPa，允许轴心抗压强度设计值为 6.5MPa 取值，并取单宽板条进行底板应力复核。荷载主要有

自重、边墩、中墩传下来的荷载、水重、扬压力、浮托力、地基反力等，经计算表明通航孔底板最大弯矩设计值为415kN·m，大于允许值413kN·m，通航孔底板结构强度不满足要求；泄水孔底板最大弯矩设计值为315kN·m，小于允许值413kN·m，泄水孔底板结构强度满足要求。

原设计闸墩采用110号混凝土，门槽部分加放钢筋，其余部分为素混凝土，底板连接处适量放置短钢筋。2000年除险加固对闸墩进行修补加固和防碳化处理。复核计算取C10取值，即混凝土抗拉强度为0.65MPa、允许轴心抗压强度为5.0MPa。边墩计算模型简化为悬臂梁，墩头按矩形考虑简化计算，与底板固结，荷载为结构自重、上部结构重量、边墩两侧水压力（包括闸门传来的水压力），考虑最不利荷载组合下的水压力，计算得到闸墩所受最大压应力878kN/m^2，小于允许压应力2395kN/m^2；最大拉应力245kN/m^2，小于允许拉应力311 kN/m^2。结构强度满足要求。

（5）结构安全综合评价。通航孔闸室基底应力、应力比、抗滑稳定性满足规范要求，泄水孔闸室应力比、抗滑稳定性满足规范要求，通航孔泄水孔最大基底应力不满足要求，翼墙稳定满足要求；消能防冲不满足要求；闸墩、通航孔底板、交通桥、胸墙结构强度不满足规范要求；泄水孔底板、工作桥结构强度满足规范要求。根据《水工混凝土结构设计规范》（SL 191—2008），使用年限为50年的水工结构所处环境为二类、三类混凝土最低强度等级均为C25，底板所处环境为二类环境，不满足耐久性最低强度要求。

结构安全总体评定为C级。

5. *抗震安全复核*

节制闸原设计抗震设防烈度为6度。根据《中国地震动参数区划图》（GB 18306—2015），场区Ⅱ类场地基本地震动峰值加速度值为0.10g，基本地震动加速度反应谱特征周期为0.40s，相应地震基本烈度为Ⅶ度，需要进行抗震计算和分析抗震措施。

（1）泄水孔和通航孔。地震工况下泄水孔和通航孔复核计算结果见表11.14～表11.21。地震工况下通航孔闸室基底应力、应力比、抗滑稳定性均满足规范要求；地震工况下泄水孔闸室应力比、抗滑稳定性均满足规范要求，基底应力偏大。

表11.14　地震工况下泄水孔闸室结构稳定复核计算结果

计算工况	水位组合/m		应力不均匀系数 η		安全系数 K_c	
	长江侧	浏河侧	计算值	允许值	计算值	允许值
地震工况	2.56	3.05	1.87	2.50	4.28	1.05

表11.15　地震工况下泄水孔基底应力复核计算结果

计算工况	水位组合/m		基底应力/kPa		
	长江侧	浏河侧	σ_{max}	σ_{min}	σ_{ave}
地震工况	2.56	3.05	101	54	77
允许值	—	—	96	—	80

表 11.16　　地震工况下通航孔闸室结构稳定复核计算结果

计算工况	水位组合/m		应力不均匀系数 η		安全系数 K_c	
	长江侧	浏河侧	计算值	允许值	计算值	允许值
地震工况	2.56	3.05	1.39	2.50	5.23	1.05

表 11.17　　地震工况下通航孔闸室基底应力复核计算结果

计算工况	水位组合/m		基底应力/kPa		
	长江侧	浏河侧	σ_{max}	σ_{min}	σ_{ave}
地震工况	2.56	3.05	90	65	77
允许值	—	—	96	—	80

表 11.18　　地震工况下长江左岸翼墙结构稳定复核计算结果

计算工况	水位组合/m		应力不均匀系数 η		安全系数 K_c	
	墙前	墙后	计算值	允许值	计算值	允许值
地震工况	1.46	2.46	1.81	2.50	2.00	1.05

表 11.19　　地震工况下长江左岸翼墙基底应力复核计算结果

计算工况	水位组合/m		基底应力/kPa		
	墙前	墙后	σ_{max}	σ_{min}	σ_{ave}
地震工况	1.46	2.46	127	70	98

表 11.20　　地震工况下长江右岸翼墙结构稳定复核计算结果

计算工况	水位组合/m		应力不均匀系数 η		安全系数 K_c	
	墙前	墙后	计算值	允许值	计算值	允许值
地震工况	1.46	2.46	1.22	2.50	2.08	1.05

表 11.21　　地震工况下长江右岸翼墙基底应力复核计算结果

计算工况	水位组合/m		基底应力/kPa		
	墙前	墙后	σ_{max}	σ_{min}	σ_{ave}
地震工况	1.46	2.46	104	85	95

(2) 结构强度抗震复核。经计算表明闸墩所受最大压应力 1053kN/m^2，小于允许压应力 2774kN/m^2；最大拉应力 420kN/m^2，大于允许拉应力 361kN/m^2，拉应力不满足要求。浏河节制闸在通航孔中墩和边墩上设排架，排架厚 0.68～0.97m，排架高 6.40m，宽 2.20m。每根梁垂直水流向实际配有纵向钢筋为 8Φ14＋9Φ14，顺水流向实际配有纵向钢筋为 1Φ14＋2Φ14，钢筋采用 HRB335。计算得到的排架纵向钢筋截面积为 1560.68m^2，而实际配筋为 8Φ14＋9Φ14，单侧纵向钢筋面积为 1230.80m^2，配筋不满足要求，结构抗震强度不满足规范要求。

(3) 结构抗震措施。浏河节制闸闸室采用 140 号素混凝土结构分离式平底板，上下游翼墙均采用浆砌块石结构。根据《水工建筑物抗震设计标准（2022 年版）》（GB 51247—

2018)，地震区不宜采用分离式结构，不宜采用浆砌块石结构。根据《水工混凝土结构设计规范》(SL 191—2008) 第 5.1.1 条“需要抗震设防的重要结构，不宜采用素混凝土结构”。综上所述，浏河节制闸抗震措施不满足现行规范要求。

(4) 综合评价。浏河节制闸原设计抗震设防烈度为 6 度，由于地震区划调整，安全鉴定按Ⅶ度复核，地震工况下通航孔闸室基底应力、应力比、抗滑稳定性满足规范要求，地震工况下泄水孔闸室应力比、抗滑稳定性满足规范要求，泄水孔最大基底应力偏大。闸墩、排架柱抗震结构强度不满足规范要求，抗震措施不满足规范要求。综合评定为 C 级。

6. 金属结构安全

闸门未设置锁定装置，结构强度不满足规范要求；通航孔及泄水孔 QPQ2×160 (80) kN-8m 卷扬式启闭机不能满足运行要求；启闭机制造与安装的质量基本符合设计与标准的要求；启闭机的安全保护装置与环境防护措施基本满足要求。综合评定为 C 级。

7. 机电设备安全

机电设备整体较好，电动机、变压器、电缆、避雷器等均满足规范要求。电动机已接近报废年限，电动机选型不满足本工程运行要求。柴油发电机容量满足要求。评定为 B 级。

11.1.5 安全评价和建议

1. 安全评价

浏河节制闸工程质量评定为 C 级，防洪标准、渗流安全、结构安全、抗震安全、金属结构安全均评定为 C 级，机电设备安全评定为 B 级，根据《水闸安全评价导则》(SL 214—2015) 第 5.0.2 条，评定浏河节制闸为四类闸，即运用指标无法达到设计标准，工程存在严重安全隐患，需降低标准运用或报废重建。

2. 建议

工程存在严重安全隐患，应尽快进行拆除重建，重建前管理单位制定保闸措施。

11.2 蠡河控制工程安全检测与评估分析

11.2.1 工程概况

蠡河控制工程位于无锡、苏州两市交界、望虞河与苏南运河交汇处，是太湖流域主要防洪控制口门望亭水利枢纽的重要组成部分，距望亭水利枢纽约 0.2km。蠡河控制工程位于望亭立交工程下游左侧，上通京杭大运河，下接望虞河，是望虞河左岸配套建筑物之一。其主要作用：一是望虞河排泄太湖洪水时，阻止望虞河洪水倒灌大运河，并可排泄大运河洪水；二是望虞河引江济太时，减少水量流失，阻止大运河污水进入望虞河，确保入湖水质；三是沟通望虞河和大运河间的航运。蠡河控制工程由节制闸、套闸组成。其中节制闸闸孔净宽 8m，共 1 孔；套闸上下闸首净宽 8m，套闸闸室长 135m、宽 12m。主要水工建筑物级别为 3 级。工程建成于 1994 年 10 月，1995 年 6 月竣工验收。

根据《中国地震动参数区划图》(GB 18306—2015)，场地区地震动峰值加速度为 $0.10g$，地震动反应谱特征周期为 0.35s，相应地震基本烈度为Ⅶ度，根据《水工建筑物抗震设计标准》(GB 51247—2018)，地震设计烈度为 7 度。

1. 节制闸闸室结构

节制闸为开敞式水闸，整体式平底闸，为钢筋混凝土坞式结构；闸底板厚度为1.10m，顶面设计高程为0.30m（吴淞高程，下同），顶面实际高程为－0.21m；顺水流方向长度为10.0m，上下游分设0.60m深齿墙；垂直水流向宽度为10.20m。闸墩设计顶高程6.00m，实际顶高程5.49m，为变厚度结构，其中底部厚度为1.10m，顶部厚度为0.80m；右侧闸墩与隔水墩相连，左侧闸墩直接挡土。上部设墩墙式排架、工作桥、交通桥和启闭机房。工作桥总宽3.50m，采用π梁结构，梁高0.80m。交通桥荷载等级为汽－10级，采用预制钢筋混凝土空心简支板，桥总宽5.00m，空心板板厚0.45m，桥面设双向1%排水横坡。

2. 套闸闸首

上闸首为开敞式水闸，整体式平底闸，钢筋混凝土坞式结构；闸底板厚1.10m，顶面设计高程为0.30m，底板实际顶高程－0.23m；顺水流方向长度为10.0m，上下游分设0.60m深齿墙；垂直水流向宽度为10.20m。闸墩设计顶高程6.00m，上闸首闸墩实际顶高程5.47m，为变厚度结构，底部厚度为1.10m，顶部厚度为0.80m，左侧闸墩与隔水墩相连，右侧闸墩直接挡土。上部设墩墙式排架、工作桥、交通桥和启闭机房。工作桥结构和节制闸相同。

下闸首为开敞式水闸，整体式平底闸，钢筋混凝土坞式结构；闸底板厚度为1.10m，顶面设计高程为0.30m，底板实际顶高程－0.14m，顺水流方向长度为8.00m，上下游分设0.60m深齿墙；垂直水流向宽度为10.20m。闸墩设计顶高程5.50m，下闸首闸墩实际顶高程5.06m，为变厚度结构，底部厚度为1.10m，顶部厚度为0.80m，左侧闸墩与隔水墩相连，右侧闸墩直接挡土。上部设墩墙式排架、工作桥、人行桥和启闭机房。

3. 套闸闸室

闸室净宽12.00m，闸室墙为浆砌块石墙身、混凝土底板结构，顺水流向分成23节，第一节、最后一节分缝长度15.00m，其他21节每节分缝长度5.00m，闸室护底铺150号混凝土预制块，尺寸0.50m×0.50m×0.15m（长×宽×厚），设ϕ5mm冒水孔，闸室为透水底板并做纵横格梁。左侧闸室墙采用浆砌块石墙身、混凝土底板结构，重力式挡土墙，墙顶设计高程5.00m，墙后设计填土高程5.00m，墙顶设高1.00m、厚0.20m挡浪墙，挡浪墙设计顶高程6.00m，左侧闸室墙挡浪墙实际墙顶高程5.250～5.480m；右侧闸室墙采用浆砌块石墙身、混凝土底板结构，空箱挡土墙，墙顶设计高程5.00m，墙顶设高1.00m、厚0.20m挡浪墙，挡浪墙顶设计高程6.00m，空箱内填土高程3.50m，右侧闸室墙挡浪墙实际墙顶高程5.308～5.617m。

4. 上、下游翼墙

上、下游设直线和圆弧翼墙。上游右岸翼墙分为3节，翼墙采用浆砌块石墙身、混凝土底板结构，重力式挡土墙，墙顶设计高程4.50m，墙后填土设计高程4.50m，墙顶设高1.00m、厚0.20m挡浪墙，挡浪墙设计顶高程5.50m，实际顶高程5.30m。下游右岸翼墙分为3节，翼墙采用浆砌块石墙身、混凝土底板结构，重力式挡土墙，墙顶设计高程4.50m，墙后设计填土高程4.50m，墙顶设高1.00m、厚0.20m挡浪墙，挡浪墙设计顶高程5.50m，下游挡浪墙左岸实际顶高程5.20m，右岸实际顶高程5.40m。

5. 上下游护底、护坡

节制闸上游侧依次设消力池、混凝土块石护底和防冲槽，最后接河道。其中消力池为钢筋混凝土结构，尺寸为15.0m×0.50m×0.50m（长×厚×深）；混凝土块石护底尺寸为30.0m×0.30m（长×厚）；防冲槽尺寸3.0m×2.0m（长×深）；后接河道。下游侧设尺寸为15.0m×0.50m×0.50m（长×厚×深）钢筋混凝土消力池；浆砌块石海漫尺寸为30.0m×0.35m（长×厚）；再接尺寸为3.0m×2.0m（长×深）的防冲槽。

套闸上闸首上游侧依次设尺寸为15.0m×0.50m×0.50m（长×厚×深）的钢筋混凝土消力池，后接尺寸为30.0m×0.30m（长×厚）混凝土块石护底，再接尺寸为3.0m×2.0m（长×深）的防冲槽；后接河道。

下闸首下游侧设再接尺寸为3.0m×2.0m（长×深）的防冲槽；浆砌块石海漫尺寸为30.0m×0.35m（长×厚）；再接尺寸为3.0m×2.0m（长×深）的防冲槽；后接河道。

6. 闸门及启闭机

长江侧设检修门槽。每套检修闸门由7块钢制叠梁组成，采用吊机启闭。节制闸、上闸首闸门为平面升卧式钢闸门，露顶式，闸门设计顶高程5.90m，上闸首闸门实际顶高程5.20m，节制闸闸门实际顶高程5.36m，采用QPQ2×100kN卷扬式启闭机启闭。孔口尺寸8.00m×5.60m，门叶尺寸7.94m×5.60m，双吊点，吊点中心距为6.88m。闸门门叶材料采用A3钢材制作，采用喷锌加封闭漆防腐。上游侧设检修门槽。

下闸首闸门为平面升卧式钢闸门，露顶式，闸门设计顶高程5.30m，下闸首闸门实际顶高程4.73m，采用QPQ2×100kN卷扬式启闭机启闭。孔口尺寸8.00m×5.00m，门叶尺寸7.94m×5.00m，双吊点，吊点中心距为6.88m。闸门门叶材料采用Q235钢材制作，采用喷锌加封闭漆防腐。下游侧设检修门槽。

11.2.2 地基情况与处理措施

1. 工程地质

第①层素填土层（Q_4^{ml}）。灰黄、灰褐色，干～湿，主要由粉质黏土和黏土组成，含铁锰质斑，上部含少量植物根茎、碎石块，土层呈松散状。在本次勘察全部钻孔中揭露该层，揭露层厚2.30～5.50m，层底高程－1.10～2.02m。实测标贯击数介于4～5击之间，土层呈松散状态。

第②$_1$层重粉质壤土（Q_4^{al}）。黄褐色，可塑，中等压缩性，干强度中等，韧性一般。揭露层厚3.50～5.50m，层底高程－5.48～－2.08m。实测标贯击数介于8～12击之间。

第②$_2$层重粉质壤土（Q_4^{al}）。黄褐色、灰褐色，软塑～可塑，局部夹薄层砂壤土，干强度中等，韧性一般。揭露层厚1.70～6.10m，层底高程－8.69～－6.10m，实测标贯击数为7击。

第②$_3$层淤泥质粉质黏土（Q_4^{al}）。灰色，流塑，干强度低，韧性差，略有腥臭味。揭露层厚5.50m，层底高程－13.18m。

第②$_4$层重粉质壤土（Q_4^{al}）。灰褐色，可塑，中等压缩性，干强度中等，韧性一般。揭露层厚2.10～3.50m，层底高程－15.18～－9.60m。

第③层黏土（Q_3^{al}）。褐色，灰褐色，硬塑，干强度高，韧性好。揭露层厚4.00～4.20m，层底高程－15.58～－15.10m，实测标贯击数18击，该层未穿透。

2. 地基处理措施

上闸首下游消力池近上闸首侧设深3.50m、厚0.20m钢筋混凝土防渗板桩。下闸首上游消力池近下闸首侧设3.50m深、0.20m厚钢筋混凝土防渗板桩。

11.2.3 现状调查分析评价

根据《水闸安全评价导则》(SL 214—2015),管理单位组织开展了水闸现状调查,开展节制闸、套闸等工程土石建筑物、混凝土建筑物、闸门和启闭机、机电设备和安全监测设施等现场检查,重点检查建筑物、设备、设施的完整性和运行状态等。

1. 混凝土结构安全状态

节制闸闸墩与排架水面以上采用钢衬(钢衬后面混凝土严重破损露筋),钢衬表面锈蚀。交通桥桥板之间的铰缝局部混凝土损坏与开裂。2号跨右侧桥墩局部钢衬缺失,混凝土破损露筋,影响工程安全运行,整体安全状态较差。套闸闸墩与排架钢衬后面混凝土严重破损露筋,钢衬表面锈蚀;上闸首右侧排架牛腿下游侧面局部破损;下闸首右闸墩检修门槽附近磨损严重、露筋;闸室左右侧挡浪板与压顶局部锈胀露筋;下游隔水墩临套闸侧压顶撞损倒塌,影响工程安全运行,整体安全状态较差。

2. 闸门和启闭机安全状态

节制闸,上、下闸首闸门滚轮、埋件、止水压板局部锈蚀,不影响工程安全运行,整体安全状态较好;启闭机滑轮组一般锈蚀。启闭机2007年更换后已运行16年,运行时间较长,即将达到折旧年限,运行过程中出现制动片磨损,间隙偏大,闸瓦抱偏等问题,经历多次维修,安全状态较差。

3. 机电设备安全状态

节制闸、套闸启闭机电动机、低压柜、柴油发电机外观质量整体较好,整体安全状态较好。

4. 水下结构安全状态

上游左侧埋件在水面处损坏,损坏高度约4cm;右侧闸墩与下游右侧翼墙伸缩缝附近浆砌石翼墙损坏且止水铜片露出,损坏部位上下游方向长207cm、高65cm、深度26cm;下游右侧翼墙在断面桩C.S.4位置往上游2.5m处,底部护坡处有一处淘空损坏,损坏部位上下游长72cm,高19cm,深38cm;下游消力池左侧底板有左右长2m、上下游宽1m的范围出现粗骨料裸露。

上闸首上游左侧闸墩在靠近翼墙处护面钢板下有3根钢筋露出,露筋高度均为10cm左右。上闸首上游右侧闸墩在靠近翼墙处有一块护面钢板脱落,长100cm,高60cm,脱落部位闸墩多根钢筋露出,露筋高度均为85cm左右;上闸首下游右侧墩墙伸缩缝两侧墙面有高200cm、宽40cm、深20cm的破损,闸墩钢筋外露;下闸首上游右侧墩墙垂直缝位置水面缺失一块三角形状的护面钢板,缺失部位高80cm,底边宽1.05m,右侧墩墙伸缩缝宽2~15cm,缝两侧缺角损坏,水面下1.5m高范围有修补痕迹,修补填充物局部脱落;下闸首上游左侧墩墙垂直缝从底板1.4m往上200cm高范围内缝两侧缺角损坏,损坏宽度60cm、深度25cm,左侧闸墩有宽100cm、高80cm范围的露筋损坏;下闸首右侧工作门槽上游侧外侧埋件钢板在水面下60cm高范围内已被过闸船只磨损断裂,下游侧内侧埋件钢板在水下20~50cm处被闸门滚轮磨损断裂,露出二期混凝土;下闸首左侧工作门槽下游侧外侧埋件钢板从水面往下高100cm范围已被过闸船只磨损断裂，下游侧内侧埋件钢板在底板35cm往上至水面300cm高范围内处被闸门滚轮磨损断裂，露出二期混凝土；下闸首下游右侧检修门槽上下游两侧从底板往上1m至水面部位250cm高范围内有缺角露筋损坏。下闸首下游左侧检修门槽上下游两侧从底板往上1m至水面部位250cm高范围内有缺角露筋损坏；下闸首下游右侧墩墙伸缩缝底板往上1m高范围内缝内填充物完好，两侧墙面无错台损坏。1m往上250cm高范围内伸缩缝两侧墙面损坏严重，宽度约30cm，深度15cm，右侧闸墩从伸缩缝至检修门槽部位钢筋裸露；下闸首下游左侧墩墙垂直伸缩缝底板向上1m处缝宽15～20cm，缝两侧墙面缺角损坏现象严重，缝面有砂浆修补痕迹，局部修补砂浆脱落，缝内止水铜片露出。左侧闸墩从伸缩缝至检修门槽部位钢筋裸露。

5. 水闸安全管理评价

根据《水闸安全评价导则》（SL 214—2015）对蠡河控制工程安全管理进行评价。蠡河控制工程管理范围明确，划界确权图纸资料齐全，界碑、界桩等齐全明显。确权划界面积77.06亩，其中水面面积22.68亩，总面积51373.80m^2。技术管理人员满足规范和管理要求，管理人员能正确操作水闸，确保正常运行，维修养护经费能足额落实到位。其次管理单位的规章制度齐全并落实，每年编制年度蠡河控制工程运用作业指导书并报上级主管部门批复；建筑物、金属结构及机电设备均按照全年工作安排进行汛前及汛后的维修养护，并处于正常运行工作状态；安全监测满足运行要求。

综合分析表明，蠡河控制工程的工程管护范围明确可控，技术人员定岗定编明确、满足管理要求，管理经费足额到位；规章、制度齐全并落实，水闸按审批的控制运用计划合理运用；工程设施完好并得到有效维护，管理设施、安全监测等满足运行要求。工程安全管理评价为良好。

11.2.4 安全检测分析与质量评价

1. 现场安全检测项目

根据现状调查分析结果，确定蠡河控制工程的现场安全检测项目。其中土建工程现场安全检测内容主要包括外观质量缺陷检查、混凝土抗压强度检测、保护层厚度及碳化深度检测、砌体结构和细部构造工程检查；金属结构现场检测项目主要包括巡视检查、外观与现状检测、腐蚀检测、焊缝无损检测、金属硬度检测、启闭机运行状况检测；机电设备现场检测内容主要包括外观检查、电动机、控制柜、柴油发电机、接地电阻。根据工程现状和运用情况，开展水下探摸检查。

2. 安全检测成果与分析

（1）混凝土结构。节制闸闸墩与排架钢衬表面锈蚀，混凝土严重破损露筋；交通桥铰缝局部损坏与开裂，混凝土破损露筋；左侧止水钢板在水面处损坏；回弹法检测闸墩、排架、工作桥、交通桥等混凝土抗压强度，其中闸墩为34.3MPa，排架为35.5MPa，工作桥为28.5～44.7MPa，交通桥为28.2～47.8MPa，均满足设计强度等级及耐久性混凝土最低强度等级要求；左侧排架、工作桥梁、启闭机梁、交通桥桥板保护层厚度平均值负偏。下游侧工作桥梁、交通桥桥墩及台帽、交通桥桥板碳化深度较大。左侧排架、交通桥2号跨左侧桥墩的竖直度均满足规范要求。

上下闸首左右闸墩与排架钢衬表面锈蚀与擦痕，局部存在船撞的凹陷；上闸首右侧闸墩钢衬局部破损，紧邻检修门槽，尺寸 0.3m×0.3m；上闸首右侧排架牛腿下游侧面局部破损，尺寸 0.3m×0.2m；下闸首左右排架局部缺钢板护衬；下闸首右闸墩检修门槽附近磨损严重、露筋；上闸首上游左侧闸墩在靠近翼墙处护面钢板下有 3 根钢筋露出，露筋高度均为 10cm 左右；上闸首上游右侧闸墩在靠近翼墙处有一块护面钢板脱落，长 100cm，高 60cm，脱落部位闸墩多根钢筋露出，露筋高度均为 85cm 左右；回弹法检测闸墩、排架、工作桥、交通桥等混凝土抗压强度，其中闸墩为 40.6MPa，排架为 35.7MPa，工作桥为 40.4～42.4MPa，交通桥为 34.4MPa，均满足设计强度等级及耐久性混凝土最低强度等级要求；上下闸首排架与闸墩、启闭机梁、下闸首人行桥左侧排架保护层厚度平均值负偏，影响耐久性；下闸首下游侧工作桥梁混凝土碳化程度为 C 类碳化，属于严重碳化。

(2) 上、下游连接段。上、下游右侧翼墙局部采用了钢衬（钢衬后面浆砌石严重破损、砂浆脱落），钢衬表面锈蚀；上游隔水墩运行过程中上游端倒塌 5.15m；上游隔水墩在上游端部有损坏，从护面钢板至底板位置均出现损坏，损坏高度约 400cm，损坏深度 60～75cm，左右方向宽度 85cm；上游隔水墩在靠近闸室部位有高 230cm、宽 54cm、深 20cm 的损坏区域。

(3) 上、下游抛石护底及河道。上游消力池在靠近套闸侧消力槛有长 2m 范围外露，外露消力槛槛面凹凸不平，粗骨料裸露；右侧闸墩与下游右侧翼墙伸缩缝附近浆砌石翼墙损坏且止水铜片露出，损坏部位上下游方向长 207cm、高 65cm、深 26cm；右侧翼墙底部护坡处有一处淘空损坏，损坏部位上下游长 72cm、高 19cm、深 38cm；下游消力池左侧底板约有左右长 2m、上下游宽 1m 的范围出现粗骨料裸露现象；下游消力槛有局部缺角损坏现象，消力槛表面露石。

(4) 闸门。节制闸工作闸门泄水时的水流流态正常，闸门关闭时局部闸门轻微漏水。闸门侧止水橡皮局部轻微磨损；滚轮及固定螺栓表面锈蚀；闸门止水压板局部表面轻微腐蚀；闸门埋件局部有蚀斑，轻微锈蚀；节制闸闸门自 1995 年建成后已运行 28 年，达到折旧年限。

下闸首闸门滚轮及固定螺栓表面锈蚀；下闸首闸门止水压板未出现局部表面轻微腐蚀；下闸首闸门埋件局部有蚀斑，轻微锈蚀；下闸首锁定装置表面轻微锈蚀；下闸首闸门主横梁翼缘涂层厚度不满足规范要求。

(5) 启闭机。节制闸启闭机滑轮组滑轮局部表面一般锈蚀；卷筒存在磨损现象。左侧启闭机大齿轮硬度不满足规范要求；右侧启闭机大小齿轮硬度差不满足规范要求；右侧启闭机制动轮工作面硬度偏小；电动机三相电流不平衡度均满足规范要求。

下闸首启闭机房为临时性建筑彩钢板房。上下闸首启闭机滑轮组滑轮局部表面一般锈蚀；卷筒存在磨损现象。上下闸首启闭机大齿轮硬度不满足规范要求；上闸首右侧启闭机、下闸首左右侧启闭机制动轮工作面硬度偏大或偏小。

启闭机 2007 年更换后已运行 16 年，运行时间较长，即将达到折旧年限，运行过程中出现制动片磨损，间隙偏大，闸瓦抱偏等问题，经历多次维修，安全状态较差。

(6) 电气设备。电动机、控制柜、高压柜、柴油发电机等相关检测项目均符合规范要求；设备接地电阻均符合规范和安全运行要求。柴油发电机已达到报废年限且容量不足。

3. 工程质量分析

闸室保护层厚度偏小，露筋钢筋锈蚀较重，局部碳化较大，混凝土船受损严重，评定为C级；上、下游连接段翼墙及闸室墙撞损严重，局部碳化较大，评定为C级；闸门腐蚀程度为一般腐蚀，已超过20年折旧年限，评定为B级；启闭机运行电流不平衡度不满足规范要求，启闭机大齿轮硬度不满足规范要求；右侧启闭机大小齿轮硬度差不满足规范要求，安全状态差，评定为C级；柴油发电机已达到报废年限且容量不足，评定为B级。

4. 工程质量评价结论

蠡河控制工程建成已运行30年，尽管开展了维修养护，但由于工程闸墩、翼墙、闸室墙及水下结构受船撞损伤严重，碳化深度大，已不满足现行规范和安全运行要求，且检测结果大部分不满足现行标准要求，影响工程安全，工程质量评定为C级。

11.2.5 安全复核分析

1. 复核分析工况

根据原设计、最新规划包括：《望虞河拓浚工程可行性研究报告（上册）》（江苏省太湖水利规划设计研究院有限公司，2021年12月）、《省水利厅关于明确苏南运河设计洪水位的通知》（苏水计〔2018〕8号）及实际运行情况，对蠡河控制工程水位组合进行调整。

结合现状调查和现场安全检测结果，本次安全鉴定蠡河控制工程发生区域沉降，上闸首累计沉降为0.53m，下闸首累计沉降0.44m，节制闸累计沉降0.51m，上游左侧翼墙累计沉降0.55m，上游右侧翼墙累计沉降0.50m，下游左侧翼墙累计沉降0.46m，下游右侧翼墙累计沉降0.50m，闸室墙累计沉降0.51m。安全复核按沉降后高程进行计算。

综上所述，复核计算主要建立在原设计和最新规划的基础上，依据《水闸安全评价导则》（SL 214—2015）、《江苏省水闸安全鉴定管理办法》（苏水规〔2020〕3号）等现行的行业和国家规范，结合现状调查和现场安全检测结论，以及整体沉降后的高程开展安全鉴定的复核计算分析。

2. 防洪标准复核

（1）闸顶高程。蠡河控制工程主要建筑物级别为3级。各挡水泄水运用情况闸顶高程计算结果见表11.22、表11.23，由此可知，蠡河控制工程节制闸和闸首闸顶高程不满足要求。运河侧翼墙墙顶高程5.282～5.367m，望虞河侧翼墙墙顶高程5.185～5.360m，经计算，运河侧翼墙所需墙顶高程5.76m，望虞河侧翼墙所需墙顶高程5.96m，运河侧、望虞河侧翼墙墙顶高程不满足要求。

左侧闸室墙墙顶高程5.250～5.480m，右侧闸室墙墙顶高程5.308～5.617m，经计算，闸室墙所需墙顶高程5.96m，闸室墙墙顶高程不满足要求。

上游隔水墩顶高程4.47m，低于运河侧最高水位5.17m，下游隔水墩顶高程4.06m，低于望虞河侧最高水位4.83m，隔水墩顶高程不满足要求。

表11.22 上闸首闸顶高程水位复核结果 单位：m

运行情况		水位	加高值	波高	闸顶高程	实际闸顶高程
运河侧挡水	设计水位	4.90	0.40	0.46	5.76	5.47
	最高水位	5.17	0.30	0.29	5.76	

表 11.23　　节制闸闸顶高程水位复核结果　　单位：m

运行情况		水位	加高值	波高	闸顶高程	实际闸顶高程
运河侧挡水	设计水位	4.90	0.40	0.46	5.76	5.49
	最高水位	5.17	0.30	0.29	5.76	
望虞河侧挡水	设计水位	4.80	0.40	0.76	5.96	
	最高水位	4.83	0.30	0.49	5.62	

通航净空不满足实际运行要求，需降低通航净空高度。

(2) 过流能力。蠡河控制工程运行工况发生了较大变化，因区域防洪要求，节制闸新增相机排泄大运河洪水功能，过流能力不足。

(3) 综合评价。蠡河控制工程防洪高程不满足规范要求，工程现状过流能力不足，综合评价防洪标准为 C 级。

3. 渗流安全复核

(1) 渗径长度分析。套闸上闸首上、下游侧消力池均布置有排水孔（其中上闸首上游侧为运河侧，下游侧为望虞河侧），下游消力池布置了长度 3.50m 防渗板桩，闸基不透水轮廓线组成为：上游侧消力池段防渗长度 3.00m；水闸底板，防渗长度 11.90m；下游侧消力池自水闸底板后趾开始至第一个排水孔处结束，防渗长度 3.00m；防渗板桩，防渗长度 7.00m。总渗径长度为 24.90m，经复核渗径长度满足要求。

节制闸闸基不透水轮廓线组成为：上游侧消力池段防渗长度 3.00m；水闸底板，防渗长度 11.90m；下游侧消力池自水闸底板后趾开始至第一个排水孔处结束，防渗长度 3.00m。总渗径长度为 17.90m。经复核渗径长度满足要求。

(2) 渗透坡降分析。根据《水闸设计规范》(SL 265—2016)，该闸底板坐落在重粉质壤土层上，水平段允许坡降为 0.15～0.25，出口段允许坡降为 0.40～0.50。在最不利水位组合工况下渗透坡降计算结果见表 11.24、表 11.25，不同工况下水平段和出口段的渗透坡降满足规范要求。

表 11.24　　套闸上闸首计算水位组合的渗透坡降值

计算工况	水位差/m	分段类型	渗流坡降最大值	允许值
正向校核	2.07	水平段	0.073	0.15～0.25
		出口段	0.252	0.40～0.50
反向校核	1.65	水平段	0.057	0.15～0.25
		出口段	0.228	0.40～0.50
检修工况	3.41	水平段	0.143	0.15～0.25
		出口段	0.491	0.40～0.50

表 11.25　　节制闸计算水位组合的渗透坡降值

计算工况	水位差/m	分段类型	渗流坡降最大值	允许值
水位组合Ⅰ	2.07	水平段	0.095	0.15～0.25
		出口段	0.301	0.40～0.50

续表

计算工况	水位差/m	分段类型	渗流坡降最大值	允许值
水位组合Ⅱ	1.65	水平段	0.076	0.15～0.25
		出口段	0.238	0.40～0.50

（3）闸室墙、翼墙等砌体结构自身防渗。蠡河控制工程自运行以来，上下游翼墙墙后及闸室墙墙后多次被水淹没。闸室墙由于船只撞击，导致浆砌石闸墙松动、砌石缺失、砂浆脱落等现象，从而使墙前与墙后形成连通通道，水位较高时，浆砌石透水，导致墙后淹没，当高水位退去时，容易造成墙后填土流失，影响结构安全性。综上所述，闸室墙、翼墙等砌体自身防渗不满足要求。

（4）综合评价。蠡河控制工程基底渗径长度满足要求，渗流稳定满足规范要求。但闸室墙、翼墙等砌体自身防渗不满足要求。渗流安全为B级。

4. 结构安全复核

（1）节制闸闸室和套闸上下闸首。计算结果见表11.26～表11.28。复核结果表明蠡河控制工程上下闸首、节制闸基底应力、应力比、抗滑稳定性均满足规范要求。

表11.26　　节制闸闸室稳定验算结果表

计算工况	运河侧/m	望虞河侧/m	基底应力/kPa			应力不均匀系数 η	抗滑安全系数 K_c
			σ_{max}	σ_{min}	σ_{ave}		
正向设计	4.90	3.10	79	47	63	1.70	1.64
正向校核	5.17	3.10	82	44	63	1.86	1.39
反向设计	3.18	4.80	64	54	59	1.18	1.72
反向校核	3.18	4.83	64	54	59	1.19	1.68
检修工况	3.18	3.10	69	58	63	1.19	44.27
允许值	—	—	144	—	120	2.00/2.50	1.25/1.10

表11.27　　上闸首稳定验算结果表

计算工况	运河侧/m	望虞河侧/m	基底应力/kPa			应力不均匀系数 η	抗滑安全系数 K_c
			σ_{max}	σ_{min}	σ_{ave}		
正向设计	4.90	3.10	83	43	63	1.95	1.62
正向校核	5.17	3.10	86	40	63	2.15	1.45
反向设计	3.18	4.80	68	51	59	1.37	3.34
反向校核	3.18	4.83	68	50	59	1.38	3.26
检修工况	3.18	闸室无水	80	60	70	1.34	1.81
允许值	—	—	144	—	120	2.00/2.50	1.25/1.10

表11.28　　下闸首稳定验算结果表

计算工况	运河侧/m	望虞河侧/m	基底应力/kPa			应力不均匀系数 η	抗滑安全系数 K_c
			σ_{max}	σ_{min}	σ_{ave}		
正向设计	4.90	3.10	65	44	55	1.46	1.33
正向校核	5.17	3.10	68	40	54	1.68	1.17

续表

计算工况	运河侧/m	望虞河侧/m	基底应力/kPa			应力不均匀系数 η	抗滑安全系数 K_c
			σ_{max}	σ_{min}	σ_{ave}		
反向设计	3.18	4.80	73	37	55	1.97	3.55
反向校核	3.18	4.83	73	37	55	2.00	3.42
检修工况	闸室无水	3.10	66	55	60	1.20	3.63
允许值	—	—	144	—	120	2.00/2.50	1.25/1.10

(2) 闸室墙、翼墙结构。翼墙稳定复核的水位组合有4种工况，计算结果见表11.29～表11.32。复核结果表明，蠡河控制工程闸室墙、翼墙基底应力、应力比、抗滑稳定性，均满足规范要求。

表11.29　左侧闸室墙复核结果

计算工况	墙前/m	墙后/m	基底应力/kPa			应力不均匀系数 η	抗滑安全系数 K_c
			σ_{max}	σ_{min}	σ_{ave}		
水位组合1	4.50	4.50	80	59	70	1.36	1.83
水位组合2	3.18	3.68	71	69	70	1.02	1.39
水位组合2	3.10	3.60	72	69	70	1.03	1.38
水位组合3	3.00	3.50	73	68	71	1.07	1.38
水位组合4	−0.23	3.10	77	70	74	1.10	1.14
允许值	—	—	144	—	120	2.00/2.50	1.25/1.10

表11.30　右侧闸室墙复核结果

计算工况	闸室内/m	闸室外/m	基底应力/kPa			应力不均匀系数 η	抗滑安全系数 K_c
			σ_{max}	σ_{min}	σ_{ave}		
水位组合1	4.30	3.10	59	38	49	1.54	1.87
水位组合2	3.18	4.50	58	37	48	1.57	1.38
水位组合3	−0.23	3.10	77	45	61	1.72	1.96
允许值	—	—	144	—	120	2.00/2.50	1.25/1.10

表11.31　上游一、二级翼墙复核结果

计算工况	墙前/m	墙后/m	基底应力/kPa			应力不均匀系数 η	抗滑安全系数 K_c
			σ_{max}	σ_{min}	σ_{ave}		
水位组合1	3.50	4.00	62	59	60	1.05	3.84
水位组合2	3.18	3.68	65	57	61	1.15	4.08
水位组合3	3.00	3.50	71	54	62	1.31	4.47
水位组合4	2.30	2.80	60	58	59	1.03	1.15
允许值	—	—	144	—	120	2.00/2.50	1.25/1.10

表11.32　　下游一、二级翼墙复核结果表

计算工况	墙前/m	墙后/m	基底应力/kPa			应力不均匀系数 η	抗滑安全系数 K_c
			σ_{max}	σ_{min}	σ_{ave}		
水位组合1	3.50	4.00	62	59	60	1.05	3.84
水位组合2	3.10	3.60	65	57	61	1.15	4.08
水位组合3	3.00	3.50	71	54	62	1.30	4.47
水位组合4	2.50	3.00	61	56	59	1.08	1.14
允许值	—	—	144	—	120	2.00/2.50	1.25/1.10

(3) 消能防冲。水闸消能防冲复核计算主要包括消力池长度、深度、底板厚度、海漫长度等，结果见表11.33。表明望虞河侧、运河侧消力池长度、深度、厚度和海漫长度满足消能防冲要求。

表11.33　　消能设施计算结果

计算工况		运河侧/m	望虞河侧/m	单宽流量/[m^3/(s·m)]	消力池/m			海漫长度/m
					深度	长度	底板厚度	
节制闸	正向	4.90	3.10	3.00	无需设	12.60	0.40	18.02
	反向	3.18	4.80	3.00	无需设	12.52	0.39	17.55
套闸	正向	4.30	3.10	3.00	无需设	12.08	0.36	16.28
	反向	3.18	4.50	3.00	无需设	12.26	0.37	16.67
设计值					0.50	15.00	0.50	30.00

(4) 结构强度。蠡河控制工程重点介绍闸室墙和翼墙砌体结构复核成果。

左侧闸室墙采用浆砌块石墙身、混凝土底板结构，为重力式挡土墙。墙顶高程5.00m，墙后填土高程5.00m，墙顶设高1.00m、厚0.20m的挡浪墙，挡浪墙顶高程6.00m，闸室墙底板底高程－0.20m。左侧闸室墙所受最大压应力110kPa，无拉应力，左侧闸室墙结构强度满足要求。

右侧闸室墙采用浆砌块石墙身、混凝土底板结构，为空箱式挡土墙。墙顶高程5.00m，墙顶设高1.00m、厚0.20m的挡浪墙，挡浪墙顶高程6.00m，空箱内填土高程3.50m，翼墙底板底高程－0.20m。右侧闸室墙所受最大压应力480kPa，最大拉应力292kPa，大于允许拉应力0.24MPa，右侧闸室墙结构强度不满足要求。

上游第一、二节翼墙采用浆砌块石墙身、混凝土底板结构，为重力式挡土墙。墙顶高程4.50m，墙后填土高程4.50m，墙顶设高1.00m、厚0.20m的挡浪墙，挡浪墙顶高程5.50m，翼墙底板底高程－0.20m。翼墙所受最大压应力476kPa，最大拉应力270kPa，大于允许拉应力0.24MPa，上游翼墙结构强度不满足要求。

下游第一、二节翼墙采用浆砌块石墙身、混凝土底板结构，为重力式挡土墙。墙顶高程4.50m，墙后填土高程4.50m，墙顶设高1.00m、厚0.20m的挡浪墙，挡浪墙顶高程5.50m，翼墙底板底高程－0.20m。翼墙所受最大压应力445kPa，最大拉应力252 kPa，大于允许拉应力0.24MPa，下游翼墙结构强度不满足要求。

(5) 结构安全综合评价。节制闸、上下闸首、翼墙、闸室墙稳定均满足规范要求。消能防冲满足要求。闸墩、工作桥、交通桥结构强度满足规范要求。底板结构强度满足要求，配筋不满足最小配筋率要求。闸室墙、翼墙的浆砌块石脱落、缺失严重，浆砌石闸墙墙身结构强度不满足规范要求。蠡河控制工程自运行以来，上下游翼墙墙后及套闸闸室墙后多次被淹没，闸室墙由于船只撞击，导致浆砌石闸墙松动、砌石缺失、砂浆脱落等现象，从而使墙前与墙后形成连通通道，采用粘钢结合螺栓锚固技术对闸室墙进行加固，但钢板与闸室墙之间未做防水设施，水位较高时，浆砌石透水，导致墙后淹没，当高水位退去时，容易造成墙后填土流失，影响结构安全性。

结构安全总体评定为C级。

5. 抗震安全复核

工程原设计抗震设防烈度为6度。根据《中国地震动参数区划图》（GB 18306—2015），场地区地震动峰值加速度为0.10g，地震动反应谱特征周期为0.35s，相应地震基本烈度为Ⅶ度，根据《水工建筑物抗震设计标准》（GB 51247—2018），地震设计烈度为7度，需要进行抗震计算和分析抗震措施。

(1) 节制闸闸室和上下闸首。地震工况下抗震安全计算结果见表11.34～表11.36。地震工况上下闸首、节制闸基底应力、抗滑稳定性均满足规范要求，上下闸首应力比不满足规范要求。

表11.34　地震工况下节制闸闸室稳定验算结果

计算工况	运河侧/m	望虞河侧/m	基底应力/kPa			应力不均匀系数 η	抗滑安全系数 K_c
			σ_{max}	σ_{min}	σ_{ave}		
正常水位	3.18	3.10	80	46	63	1.73	4.51
正向设计	4.90	3.10	90	36	63	2.50	1.24
反向设计	3.18	4.80	76	43	59	1.77	1.26
允许值	—	—	144	—	120	2.50	1.05

表11.35　地震工况下上闸首稳定验算结果

计算工况	运河侧/m	望虞河侧/m	基底应力/kPa			应力不均匀系数 η	抗滑安全系数 K_c
			σ_{max}	σ_{min}	σ_{ave}		
正常水位	3.18	3.10	84	42	63	2.00	2.81
正向设计	4.90	3.10	95	31	63	3.05	1.32
反向设计	3.18	4.80	80	38	59	2.08	2.31
允许值	—	—	144	—	120	2.50	1.05

表11.36　地震工况下下闸首稳定验算结果

计算工况	运河侧/m	望虞河侧/m	基底应力/kPa			应力不均匀系数 η	抗滑安全系数 K_c
			σ_{max}	σ_{min}	σ_{ave}		
正常水位	3.18	3.10	75	39	57	1.93	2.75
正向设计	4.90	3.10	79	30	55	2.58	1.11

续表

计算工况	运河侧 /m	望虞河侧 /m	基底应力/kPa			应力不均匀系数 η	抗滑安全系数 K_c
			σ_{max}	σ_{min}	σ_{ave}		
反向设计	3.18	4.80	87	23	55	3.75	2.29
允许值	—	—	144	—	120	2.50	1.05

(2) 结构强度抗震复核。左侧闸室墙所受最大压应力 99kPa，无拉应力。左侧闸室墙抗震结构强度满足要求。右侧闸室墙所受最大压应力 430kPa，最大拉应力 257kPa，大于允许拉应力 0.24MPa。右侧闸室墙抗震结构强度不满足要求。上游翼墙所受最大压应力 395kPa，最大拉应力 233kPa。上游翼墙抗震结构强度满足要求。下游翼墙所受最大压应力 395kPa，最大拉应力 244kPa，大于允许拉应力 0.24MPa。下游翼墙抗震结构强度不满足要求。

(3) 结构抗震措施。上下游翼墙、闸室墙均采用浆砌块石墙身、混凝土底板结构。本工程抗震设计烈度为Ⅶ度，根据抗震设计规范，地震区不宜采用浆砌块石结构。综上所述，抗震措施不满足现行规范要求。

(4) 综合评价。抗震设防烈度为Ⅶ度，地震工况上下闸首、节制闸、闸室墙、翼墙基底应力、抗滑稳定性均满足规范要求，上下闸首应力比不满足规范要求。上下游翼墙、闸室墙闸墙松动，浆砌石透水，墙体块石缺失严重，右侧闸室墙、下游翼墙抗震结构强度不满足要求。抗震措施不满足规范要求。评定为 C 级。

6. 金属结构安全

闸门面板、主梁、纵梁等局部严重凹陷，斜撑杆局部严重扭曲、变形；套闸启闭机工作级别不满足规范要求。节制闸闸门结构强度、刚度不满足规范要求。现有 QPQ2×100kN-9m 卷扬式启闭机容量不能满足运行要求。启闭机的安全保护装置与环境防护措施基本满足要求。综合评定为 C 级。

7. 机电设备安全

机电设备外观质量整体较好，电动机选型满足本工程运行要求。柴油发电机达到报废年限且容量不足。目前蠡河控制工程设置一路供电电源：一路电源引至望亭变电所，通过 10kV 曙光线到型号为 S11-M-200/10-0.4 的油浸式变压器。变配电设备、控制设备和辅助设备基本满足要求。机电设备评定为 B 级。

11.2.6 安全评价

蠡河控制工程工程质量、防洪标准、结构安全、抗震安全、金属结构安全评定为 C 级，渗流安全、机电设备安全评定为 B 级，根据《水闸安全评价导则》(SL 214—2015) 第 5.0.2 条，评定蠡河控制工程为四类闸，即运用指标无法达到设计标准，工程存在严重安全问题，需降低标准运用或报废重建。

11.3 乌坎水闸安全检测与评估分析

11.3.1 工程概况

乌坎水闸位于广东省陆丰市金厢镇望尧村，位于乌坎河下游的乌坎港出海口，为开敞式整体平底闸，共9联，3孔联7联，2孔联1联，船闸1联，共24孔，单孔净宽8.00m，总净宽为192.00m。工程以防潮为主，兼有排洪、纳咸和通航等功能。工程等别为Ⅲ等，主要建筑物为3级，次要建筑物为4级。上部设排架、工作桥、交通桥和检修平台，交通桥荷载等级为公路-Ⅱ级。主要建筑物设计洪水标准为20年一遇、校核洪水标准为50年一遇；设计潮水标准为50年一遇；排涝标准为10年一遇24h暴雨产生的洪水3天排至正常水位，设计泄流流量2275m^3/s。水闸剖面图见图11.2。

根据《中国地震动参数区划图》(GB 18306—2015)，场地区地震动峰值加速度为0.10g，地震动反应谱特征周期为0.35s，相应地震基本烈度Ⅶ度，根据《水工建筑物抗震设计标准》(GB 51247—2018)，地震设计烈度为7度。

1. 闸室结构

闸室为钢筋混凝土坞式结构；闸底板厚度为1.20m，顶面高程为－3.00m，顺水流方向长度为16.60m，上下游分设1.00m深齿墙；垂直水流向宽度为230.50m，边墩厚0.80m，中墩厚1.20m，缝墩厚1.60m，边墩设岸墙挡土。闸墩顶和胸墙平齐，顶高程为2.50m，胸墙为板式结构，底高程为－0.80m；上部设排架、工作桥、交通桥和检修平台。工作桥采用π梁结构，梁高0.70m；交通桥荷载采用钢筋混凝土空心简支板，等级为公路-Ⅱ级，桥总宽5.00m。

2. 上、下游翼墙

闸室内河、外海侧设直线翼墙，主要采用扶壁式翼墙和浆砌块石翼墙。扶壁式挡土墙与水闸边墩及浆砌石挡土墙设置伸缩缝，缝宽20mm，采用沥青杉板填缝，橡胶止水带止水。

3. 上下游护底、护坡

水闸外海侧底板依次设长17.70m、厚50cm、深0.80m钢筋混凝土消力池，消力池后部设排水孔，消力池斜坡段水平投影长度为3.20m，坡比1∶4(坡比下降)，下设0.10m厚碎石层及0.10m粗砂层，消力池尾坎顶高程－3.00m，坎高0.80m；后接长8.00m、厚0.60m浆砌石海漫，下设0.10m厚碎石层及0.10m粗砂层。海漫后接长33.00m、厚0.60m干砌石海漫。海漫后接防冲槽。

水闸下游侧底板依次设长23.2m、厚60cm海漫，其中起始混凝土斜坡长3.20m，浆砌石水平段长8.00m，干砌石斜坡段长12.0m，斜坡段坡比1∶15。海漫后接防冲槽。

4. 闸门及启闭机

泄洪挡潮闸闸门为平面直升钢闸门，潜孔式，门顶设胸墙，闸门顶高程1.05m，采用QPQ2×125kN卷扬式启闭机启闭。孔口尺寸8.00m×3.80m。闸门尺寸8.10m×4.05m，双吊点，吊点中心距为4.512m。闸门门叶材料采用Q235钢材制成，采用喷锌加封闭漆防腐。内河侧、外海侧各设检修门槽。

11.3.2 地基处理与处理措施

1. 工程地质

本次勘察揭露场地普遍为第四系覆盖及三叠系强风化泥质粉砂岩，主要为第四系全新统杂填土层、第四系全新统冲洪积层和强风化泥质粉砂岩，场地内地层详述如下：

①$_1$ 杂填土层。第四系全新统杂填土层，灰褐色、褐黄色，以黏性土为主，呈软塑～

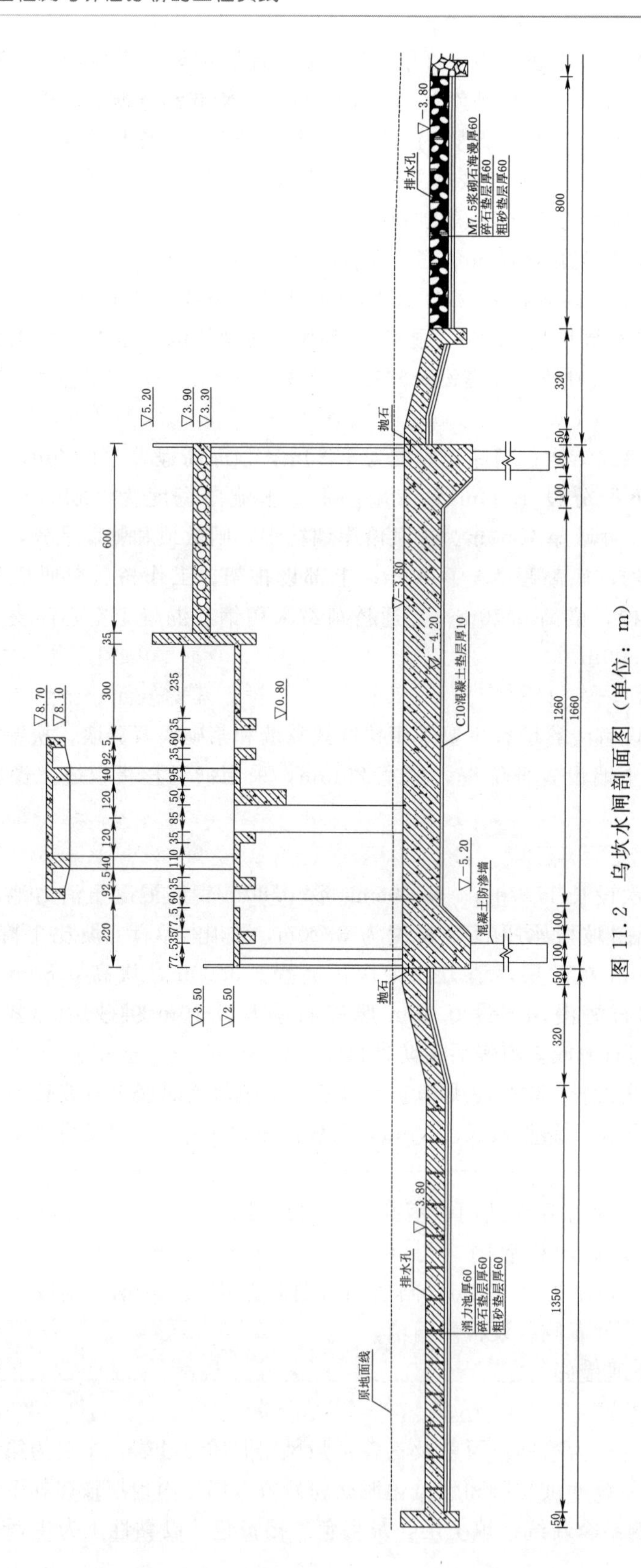

图 11.2 乌坎水闸剖面图（单位：m）

可塑，湿、松散状态，土质不均匀，含有少量碎石、砂砾，该层在本阶段勘察全部钻孔中揭露，层厚 6.40～10.70m，平均层厚 8.73m，层底埋深 6.40～10.70m，层底高程 －4.95～－0.28m。

②$_1$ 粉质黏土层。第四系全新统冲洪积层，灰褐色、褐黄色，呈可塑稍湿，饱和状态，微～弱透水性，该层土场地内分布较均匀，局部含少量砾石和砂，个别钻孔揭露淤泥质土薄层，该层在本阶段勘察全部钻孔中揭露，层厚 3.60～8.20m，平均层厚 6.22m，层底埋深 12.00～17.50m，层底高程－11.71～－6.78m。

②$_2$ 中粗砂层。第四系全新统冲洪积层，灰色、褐黄色，呈松散，饱和状态，以中粗砂为主，主要成分为长石、石英等，含有少量黏性土，该层在本阶段勘察全部钻孔中揭露，层厚 1.30～2.50m，平均层厚 2.15m，层底埋深 14.50～18.70m，层底高程 －13.15～－9.28m。

③$_1$ 强风化泥质粉砂岩。三叠系，褐黄色、褐红色，风化强烈，颗粒均匀，呈粉砂状结构，节理裂隙发育，结构已基本破坏，岩芯较破碎，遇水易软化，手捏易碎，主要成分为石英、长石等，该层在本阶段勘察全部钻孔中揭露，层厚 3.20～3.50m，平均层厚 3.37m，层底埋深 17.80～22.00m，层底高程－16.45～－11.68m，未穿透该层。

2. 地基处理措施

闸室底板段外海侧前趾处采用了高压旋喷防渗处理，内河侧后趾处布置了混凝土防渗墙。

11.3.3 现状调查分析评价

根据《水闸安全评价导则》(SL 214—2015)，水闸管理单位乌坎水闸管理中心组织开展了水闸现状调查，开展土石建筑物、混凝土建筑物、闸门和启闭机、机电设备和安全监测设施等现场检查，重点检查建筑物、设备、设施的完整性和运行状态等。

1. 土石工程安全状态

上游左翼墙墙后回填土表面地砖局部轻微下沉，下游左侧砌石挡墙距离闸室末端 65.3～71.4m 处（防冲槽下游侧）局部倒塌，上下游左右岸挡墙局部存在勾缝砂浆剥落。工程范围内土石工程整体安全状态较好。

2. 混凝土结构安全状态

闸墩、胸墙、排架、工作桥和检修便桥等混凝土外观质量整体较好，但多个闸墩对拉螺栓孔螺栓锈胀露筋，水位变动区布满海生物；排架柱存在锈胀露筋，工作桥梁底部局部露筋，检修平台底部横梁多处露筋，闸墩门槽附近埋件腐蚀严重，混凝土破损；闸墩翼墙混凝土表面局部老化、骨料裸露；启闭机房内多处分缝处材料腐烂并漏水，1 号启闭机顶部屋面存在裂缝，5 号启闭机顶部屋面存在裂缝并渗水，房内涂料大面积潮湿、起皮、发霉、脱落，立柱局部破损露筋。交通桥混凝土结构整体较好。混凝土结构整体安全状态一般。

3. 闸门和启闭机安全状态

由于海水腐蚀和维护不到位等原因多扇闸门门体表面锈蚀明显，构件甚至出现腐蚀损坏，门槽埋件腐蚀较严重。24 号孔船闸闸门外观质量整体较好。闸门运行正常，整体安全状态为一般；启闭机运行正常，整体安全状态为较好。

4. 电气设备安全状态

电动机内部线壳轻微氧化锈蚀，部分接线不规范，控制柜体导线排列部分散乱；启闭机房控制柜、进线柜、馈电柜和柴油发电机房进线柜、馈电柜、补偿柜等外观质量整体较好，柜内主要部件外观较好，运行正常，存在轻微老化、锈蚀等；进线柜、馈电柜外壳轻微氧化锈蚀，内部灰尘较多；变压器外观状态较好。电气设备整体安全状态较好。

5. 水下结构安全状态

水下探摸检查了上游铺盖、上下游两侧翼墙、闸室、消力池、海漫，上下游防冲槽及防冲槽外 20m 范围河床等水下部位。结果表明消能防冲设施完整有效，无明显破损，水下混凝土结构无明显破损，水下砌体结构完整。

6. 水闸安全管理评价

通过现状调查分析，根据《水闸安全评价导则》（SL 214—2015）的要求，对工程安全管理进行评价，工程管护范围明确，但技术人员定岗定编不明确，不满足管理要求；水闸虽按审批的控制运用计划合理运用，但规章制度缺失、不够完善；工程设施不完善，缺乏有效维护。未布设位移监测设施，无相关监测资料；安全监测设施不满足规范要求。

综上所述，乌坎水闸工程安全管理为差。

11.3.4 安全检测分析与质量评价

1. 现场安全检测项目

根据现状调查分析结果，确定乌坎水闸的现场安全检测项目。其中土建工程现场安全检测内容主要包括外观质量缺陷检查、混凝土抗压强度检测、保护层厚度及碳化深度检测和细部构造工程检查；金属结构现场检测项目主要包括巡视检查、外观与现状检测、腐蚀检测、焊缝无损检测、启闭机运行状况检测；机电设备现场检测内容主要包括外观检查、电动机、控制柜、接地电阻。根据工程现状和运用情况，开展水下探摸检查。

2. 安全检测成果与分析

（1）闸室。回弹法检测闸墩、排架、工作便桥、胸墙等混凝土抗压强度，其中闸墩为 33.4～35.7MPa，排架为 30.0～41.6MPa，工作便桥为 30.8～45.7MPa，胸墙为 30.7～37.0MPa，均满足设计强度等级及耐久性混凝土最低强度等级要求；部分检修桥梁、启闭机基础、船闸启闭机基础等为C类严重碳化，部分构件为B类一般碳化；部分检修桥板、排架柱、左右侧闸墩混凝土保护层厚度不满足设计或规范要求，偏小影响结构耐久性。缝墩材料局部缺失，翼墙与闸墩分缝填料局部存在缺失，分缝间无明显差异沉降和错缝；闸墩与翼墙间分缝外观质量整体较好，分缝间均无明显差异沉降及错位状况，排架柱分缝施工期导致的错位，启闭机房内分缝老化腐烂出现漏水。闸墩墩后方回填土外观质量整体较好，墩后填土未发现流失、冲坑和塌陷。

（2）上下游连接段。上下游左右侧翼墙混凝土外观质量整体较好；上下游挡墙局部存在勾缝砂浆剥落，下游左侧砌石挡墙距离闸室末端 65.3～71.4m 处局部倒塌。回弹法检测上下游翼墙等混凝土抗压强度，上游翼墙为 31.9～32.1MPa，下游翼墙为

33.1MPa，均满足设计强度等级及耐久性混凝土最低强度等级要求；翼墙的混凝土碳化为B类碳化，属于一般碳化。上游左侧翼墙与下游左侧翼墙的保护层厚度偏大，对结构耐久性影响较小。其余构件保护层厚度均满足设计要求。翼墙的钢筋未发生锈蚀。翼墙的垂直度均满足规范要求。翼墙与闸墩间分缝、挡墙与翼墙间分缝均无明显差异沉降及错位状况。翼墙墙后方回填土外观质量整体较好，墙后填土未发现流失、冲坑和塌陷现象。

（3）闸门。门体主要构件防腐涂层局部存在剥落，闸门埋件锈蚀明显。工作闸门涂层最小局部厚度均满足涂层推荐厚度最小值要求。闸门平均腐蚀速率为0.030～0.053mm/a，结合现场闸门外观质量，表面涂层局部脱落，有明显的蚀斑、蚀坑，蚀坑深度小于0.5mm，虽有深度为1.0～2.0mm的蚀坑，但较分散。在300mm×300mm范围内只有30个蚀坑，密集处不超过60个。蚀坑平均深度小于板厚的5%，且不大于1mm；最大深度小于板厚的10%，且不大于2mm。构件（杆件）尚未明显削弱，腐蚀程度评为B级（一般腐蚀）。工作闸门的焊缝质量均合格，焊缝外观表面无气孔、夹渣、弧坑、裂纹、电弧擦伤等缺陷。7号、8号、13号、19号与20号孔工作闸门橡胶止水硬度偏大，未见明显老化。闸门构件的材料硬度推定钢材牌号为Q235B。

（4）启闭机。启闭机运行正常，外观质量整体较好。工作闸门启闭机开式齿轮副齿面硬度、制动轮工作面硬度与制动轮工作面表面粗糙度均不满足规范要求。工作闸门启闭机减速器的运行噪声满足规范要求。工作闸门同步偏差较小。启闭力检测结果表明：现状水位条件下，启门力安全储备较大，依靠自重可以关闭闸门。钢丝绳直径和不圆度满足规范要求。

（5）机电设备和保护装置。工作闸门两种型号电动机均不符合现行标准《中小型三相异步电动机能效限定值及能效等级》（GB 18613—2020）能效限定值要求，属于淘汰设备。控制柜、配电柜、电缆、备用电源及全工程接地等相关检测均满足规范要求。

（6）管理范围内上下游河道，堤防。上下游混凝土岸墙外观质量整体较好，但砌体岸墙局部存在勾缝砂浆剥落等现象。岸墙间分缝均无明显差异沉降及错位状况，岸墙分缝处砂浆存在剥落现象。岸墙墙后方回填土外观质量整体较好，墙后填土未发现流失、冲坑和塌陷现象。

（7）水下检查。乌坎水闸上游海漫、上下游两侧翼墙、闸室、下游消力池、海漫等水工建筑物的水下部位无明显损坏现象。下游24号孔海漫末端防冲槽高程为－5.0m；从右侧翼墙末端往下游5m处，河床高程为－6.1m，该处河床处在局部冲刷；从右侧翼墙末端往下游10m处，河床高程－4.5m，该处河床局部淤积。

3. 工程质量评价结论

检测结果基本满足标准要求，运行中发现的质量缺陷尚不影响工程安全，评定为B级。

11.3.5 安全复核分析

安全复核分析在现场调查和安全检测基础上，以最新规划水位和标准为依据，开展防洪标准、渗流安全、结构安全、抗震安全、金属结构、机电设备等复核分析，最终给出安全复核分析结论。

校核（$p=2\%$）工况下，50年一遇闸上游水位2.35m，对应下游水位为1.95m，相应过闸流量为3066.65m^3/s；设计（$p=5\%$）工况下，20年一遇闸上游水位2.00m，对应下游水位为1.73m，相应过闸流量为2490.32m^3/s；设计排涝（$p=10\%$）工况下，10年一遇闸上游水位1.79m，对应下游水位为1.64m，相应过闸流量为1896.35m^3/s；设计挡潮（$p=2\%$）工况下，50年一遇设计挡潮水位2.16m。

1. 防洪标准复核

（1）洪（潮）水标准。根据复核，水闸洪（潮）水标准设计合理，满足要求。

（2）闸顶高程。闸顶高程按挡潮、泄水以及通航要求进行复核，分别为3.96m、3.05m、不低于4.20m，工程现状闸顶（堤顶）高程为5.20m，闸顶高程满足要求。

（3）过流能力乌坎水闸闸门过流能力大于设计洪水过闸流量，过流能力满足要求。

（4）综合评价。闸顶高程满足要求，洪、潮水标准满足规范要求，水闸过流能力满足要求。综合评价防洪标准为A级。

2. 渗流安全复核

（1）渗径长度分析。乌坎水闸闸基不透水轮廓线包括外海侧铺盖段（长度7.8m）、水闸内河侧和外海侧齿墙下混凝土防渗墙（长度26.0m）、水闸底板段（长度为45.6m）、内河侧消力池段（长度4.95m），因此总渗径长度为58.35m。

乌坎水闸最大水位差为2.16m，$L=58.35\text{m}>C\Delta H=10.8\text{m}$，渗径长度满足要求。

（2）渗流稳定。根据《水闸设计规范》（SL 265—2016）规定，当闸基为土基时应验算水闸基底抗渗稳定性，水平段和出口段的渗透坡降应小于规定允许值。该底板坐落在粉质黏土层上，在最不利水位组合工况下，水平段和出口段的渗透坡降分别为0.058和0.19，小于规范规定的0.25～0.35和0.50～0.60，渗透坡降满足规范要求。

（3）综合评价。渗径长度满足要求，水平段和出口段的渗透坡降均满足规范要求，评定为A级。

3. 结构安全复核

（1）闸室及翼墙稳定。闸室稳定计算取闸室三孔一联为计算单元，翼墙稳定计算取整个翼墙为计算单元，基底应力、应力比、抗滑、抗倾覆稳定性复核计算结果见表11.37～表11.39。水闸闸室基底应力、应力比和抗滑、抗倾覆稳定性，均满足规范要求。内河侧、外海侧翼墙稳定满足规范要求。

表11.37　闸室（三孔一联）稳定验算结果

计算工况	内河侧/m	外海侧/m	基底应力/kPa				抗滑安全系数 K_c
			σ_{max}	σ_{min}	σ_{ave}	不均匀系数 η	
正常挡水工况	0.00	−0.73	73	53	63	1.38	28.3
设计洪水工况	2.00	1.73	68	49	59	1.39	39.7
设计挡潮工况	0.00	2.16	61	50	56	1.22	9.27
允许值	—	—	132	—	110	2.00	1.30

续表

计算工况	内河侧/m	外海侧/m	基底应力/kPa				抗滑安全系数 K_c
			σ_{max}	σ_{min}	σ_{ave}	不均匀系数 η	
校核洪水工况	2.35	1.95	71	54	62	1.31	25.3
允许值	—	—	132	—	110	2.50	1.15

表 11.38　　通航孔稳定验算结果

计算工况	内河侧/m	外海侧/m	基底应力/kPa				抗滑安全系数 K_c
			σ_{max}	σ_{min}	σ_{ave}	不均匀系数 η	
正常挡水工况	0.00	0.73	71	52	62	1.37	29.3
设计洪水工况	2.00	1.73	67	48	58	1.39	37.7
设计挡潮工况	0.00	2.16	60	51	56	1.18	8.39
允许值	—	—	132	—	110	2.00	1.30
校核洪水工况	2.35	1.95	69	53	61	1.30	27.7
允许值	—	—	132	—	110	2.50	1.15

表 11.39　　上、下游翼墙稳定验算结果

计算位置	计算工况	水位组/m		基底应力/kPa				抗滑稳定安全系数 K_c	抗倾覆安全系数 K_f
		墙前	墙后	σ_{max}	σ_{min}	σ_{ave}	不均匀系数 η		
翼墙上游段（内河）	设计洪水工况	2.00	2.50	100	55	80	1.81	1.77	1.78
导流墙下游段（外海）	设计挡潮工况	2.16	2.66	98	54	77	1.82	1.76	1.557
允许值				132	—	110	2.00	1.15	1.50

（2）结构强度。工作桥处于临海盐雾侵蚀露天环境中，故为四类环境条件，混凝土强度等级为C30，属2级水工建筑物，承载力安全系数为1.20。计算结果见表11.40。结果表明：乌坎水闸工作桥抗弯及抗剪承载力均满足规范要求，裂缝宽度及挠度不超过规范允许值。

表 11.40　　闸室工作桥结构复核计算结果

计算项目	正弯矩/(kN·m)	负弯矩/(kN·m)	剪力/kN	挠度/mm	裂缝宽度/mm
荷载效应 S	151.77	173.22	110.97	9.66	0.17
抗力 $R(c)$	262.07	262.07	821.21	13.50	0.20
$R(c)/S$	1.73	1.51	7.40	—	—

注　S——荷载效应组合设计值；
R——结构构件的截面承载力设计值；
c——结构构件达到正常使用要求所规定的变形、裂缝宽度或应力等的限值。

闸底板长期处于咸水与淡水交接处水下，为四类环境条件，闸室属2级水工建筑物，承载力安全系数为1.20。闸室底板采用弹性地基梁进行底板内力和配筋验算。闸底板实际配筋为双排直径为25mm的HRB335级钢筋，实际配筋为2944mm^2，计算配筋

$2280mm^2$，实际配筋大于计算配筋量，表明闸底板承载力满足规范要求，裂缝宽度不超过规范允许值。

（3）消能防冲。根据《陆丰市乌坎水闸加固（改建）工程竣工图》，本工程根据类似工程设置消力池及海漫：水闸内河侧设长 23.2m、厚 0.60m 海漫，其中起始混凝土斜坡长 3.20m，浆砌石水平段长 8.00m，干砌石斜坡段长 20.0m，斜坡段坡比 1∶15。海漫后接防冲槽。水闸外海侧设长 17.70m、厚 0.50m、深 0.80m 钢筋混凝土消力池；后接长 8.00m、厚 0.60m M7.5 浆砌石海漫；海漫后接长 30.00m、厚 0.60m 干砌石海漫；海漫后接防冲槽。

本挡潮闸运行工况为：涨潮时关闸挡潮，防止海水倒灌，落潮时开闸排除内河积水。在排涝时期，落潮水位与内河水位齐平，立即打开闸门尽量泄放，过闸水流处于缓流状态，一般无需特别的消能设施。原设计为安全起见，下游消能选出以下最不利工况作为消能设计控制条件：①上游设计洪水位与下游按河道出海口为多年平均低潮位时排放设计洪水推算的闸下水位；②校核洪水位和对应的下游水位（按河道出海口为多年平均低潮位时排放校核洪水推算的闸下水位）；③上游正常水位与按闸门不同开启组合方式下的泄量对应的下游水位。本次复核选取③工况进行复核，下游水位根据下游断面流量-水位曲线内插得。50 年一遇水闸最大下泄流量 $3227.38m^3/s$，相应闸上水位 2.30m，闸下水位 1.81m。

经计算，在设计洪水、校核洪水泄洪运行工况下均可不设消力池；上游正常水位对应闸门不同开启组合方式工况下的消能计算结果见表 11.41，消力池深度、长度、底板厚度和海漫长度满足消能防冲要求。

表 11.41　　消能设施计算结果表

计算工况	Q /(m^3/s)	内河侧 /m	外海侧 /m	开孔数	单宽流量 /[m^3/(s·m)]	消力池			海漫长度 /m
						深度 /m	长度 /m	底板厚度 /m	
1	0	0.00	−0.73	闸门关闭					
2	50	0.00	−0.70	1	6.25	0.64	10.06	0.34	22.86
3	250	0.00	−0.58	1	31.25	0.68	12.01	0.48	19.71
4				2	15.63	0.56	11.74	0.39	18.92
5	300	0.00	−0.55	1	37.50	0.44	10.49	0.52	22.73
6				4	9.38	0.17	8.29	0.32	16.86
7	500	0.00	−0.42	4	15.63	0.36	12.02	0.39	15.84
8	800	0.00	−0.24	4	25.00	0.28	13.15	0.35	14.99
设计尺寸						0.80	20.00	0.70	38.00

（4）结构安全综合评价。闸室稳定满足规范要求，工作桥启闭机梁、闸室底板结构强度满足规范要求，消能防冲满足要求；下游左侧砌石挡墙距离闸室末端 65.3～71.4m 处局部垮塌后形成的土体滑落面积约 $40m^2$，其余段翼墙外观质量整体较好，无明显倾斜，

水下无明显冲刷；翼墙稳定满足规范要求。根据《水闸安全评价导则》（SL 214—2015），结构存在一定缺陷，但尚不影响安全，结构安全总体评定为B级。

4. 抗震安全复核

现状工程根据《中国地震动参数区划图》（GB 18306—2015），工程所在区域对应Ⅱ类场地基本地震动峰值加速度值为0.10g，基本地震动加速度反应谱特征周期为0.35s，相应地震基本烈度为Ⅶ度。乌坎水闸主要建筑物为2级水工建筑物，根据《水工建筑物抗震设计标准》（GB 51247—2018），地震设计烈度为7度，需进行抗震计算和分析抗震措施复核。

（1）闸室、翼墙。结果见表11.42、表11.43。乌坎水闸闸室和翼墙的基底应力、应力比和抗滑稳定性均满足规范要求，翼墙抗倾覆稳定性满足规范要求。

表11.42　地震工况下闸室稳定验算结果

计算工况	内河侧	外海侧	基底应力/kPa				抗滑安全系数K_c
			σ_{max}	σ_{min}	σ_{ave}	不均匀系数η	
闸室地震工况	0.00	−0.73	78	41	60	1.90	4.98
通航孔地震工况	0.00	−0.73	75	40	58	1.59	4.33
允许值	—	—	132	—	110	2.50	1.05

表11.43　翼墙稳定验算结果

计算位置	计算工况	水位组合/m		基底应力/kPa				抗滑稳定安全系数K_c	抗倾覆安全系数K_f
		墙前	墙后	σ_{max}	σ_{min}	σ_{ave}	不均匀系数η		
翼墙上游段（内河）	设计洪水工况	2.00	2.50	104	56	80	1.81	1.56	1.78
导流墙下游段（外海）	设计挡潮工况	2.16	2.66	102	55	78	1.86	1.56	1.76
允许值				132	—	110	2.50	1.05	1.50

（2）抗震措施。闸室采用钢筋混凝土坞式结构，增强闸室整体性，闸室与上下游连接段均设分缝和止水条。乌坎水闸工作桥纵梁、横梁及排架柱构成框架结构，以防止产生位移。

（3）综合评价。地震工况下水位条件对闸室、翼墙复核结果满足规范要求，抗震措施满足安全运行要求。依据《水闸安全评价导则》（SL 214—2015）规定，抗震安全满足标准要求，抗震安全评定为A级。

5. 金属结构安全

在最不利水位组合工况下闸门结构强度和刚度满足规范要求，复核结果见表11.44。

经过对启闭机的选型、制造与安装质量，及安全保护装置与环境防护措施复核，均符合规范要求。

综上所述，闸门结构件的强度、刚度和稳定性满足规范要求。闸门布置、选型、运用条件基本满足设计和运行需要，闸门均未发现变形、扭曲；面板、主梁及边梁等构件表面

表 11.44 钢闸门强度刚度计算结果 单位：MPa

应力 \ 位置	面板	主横梁	纵梁、边梁	次梁
最大折算应力	81.16	—	—	
最大正应力	—	66.40	60.98	59.18
最大剪应力	—	16.67	8.11	12.02
位移/mm	—	5.13	—	—
允许值	228	152/90.25/10.8	152/90.25	152/90.25

注 允许值项四个值从左向右依次与最大折算应力、最大正应力、最大剪应力和顺水流方向最大位移等四项允许值相对应。

有明显的蚀斑、蚀坑，腐蚀程度评为 B 级；闸门与埋件的制造与安装质量基本符合设计与标准要求，闸门未配置锁定装置、检修门。启闭机容量满足要求，钢丝绳直径和不圆度满足规范要求。启闭机制造与安装的质量基本满足要求，启闭机的安全保护装置与环境防护措施基本满足要求。金属结构安全综合评定为 B 级。

6. 机电设备安全

电动机、柴油发电机等设备选型、运用条件满足本工程需要。变配电设备、控制设备及辅助设备基本符合设计与标准的要求。部分电动机三相电流不平衡度不满足规范要求。电气设备安全综合评定为 B 级。

11.3.6 安全评价和建议

1. 安全评价

乌坎水闸工程运行管理一般，工程质量、结构安全、金属结构安全、机电设备安全均评定为 B 级，防洪标准、渗流安全、抗震安全均评定为 A 级，根据《水闸安全评价导则》(SL 214—2015) 评定为二类闸，即运用指标基本达到设计标准，工程存在一定损坏，经大修后，可达到正常运行。

2. 建议

对混凝土缺陷及时修复，重建下游左侧挡墙倒塌部位。维修闸门、启闭机等金属结构，并考虑增设锁定装置、检修闸门等安全设施。对船闸启闭机、检修便桥增设防护栏杆，检修桥及门槽等洞口进行封闭处理。闸门增加控制自动化装置、锁定装置，配置前后检修闸门；增设变形监测设施、扬压力观测等设施。

11.4 蚌埠闸枢纽工程安全检测与评估分析

11.4.1 工程概况

蚌埠闸枢纽工程位于淮河中游，横跨蚌埠市淮上和禹会两区，距中上游淮河临淮岗洪水控制工程约 230km，下游离洪泽湖 250km。控制流域面积 12.1 万 km^2。工程始建于 1958 年底，1962 年基本竣工，历经近 60 年的不断建设与完善。枢纽工程等别为Ⅰ等，工程规模为大 (1) 型，现枢纽工程由 28 孔节制闸、12 孔节制闸、双线船闸、水力发电站、分洪道等部分组成，具有防洪、蓄水、灌溉、航运、发电、城市供水、交通等多种功能。

枢纽工程中的28孔节制闸、12孔节制闸为主要挡水和泄洪建筑物，为1级建筑物，设计标准为百年一遇，设计洪水位闸上23.22m，闸下23.10m，设计流量13090m^3/s；水电站厂房挡水部分按1级建筑物设计，厂内结构和附属工程按3级建筑物设计；船闸按Ⅲ级船闸设计，其主要挡水建筑物按1级建筑物设计，其余按3级建筑物设计。根据《中国地震动参数区划图》（GB 18306—2015），工程所在区域对应Ⅱ类场地区地震动峰值加速度为0.10g，地震动反应谱特征周期为0.35s，相应地震基本烈度为Ⅶ度，根据《水工建筑物抗震设计标准》（GB 51247—2018），地震设计烈度为7度。

1. 28孔节制闸

28孔节制闸位于淮河主河道上，1958年10月开工，1960年5月竣工。闸室为开敞式钢筋混凝土坞式结构，两孔一联，共14联，每孔净宽10.00m，总宽336.00m，闸底板厚3.50m，顶面高程10.00m（废黄河高程），堰顶高程12.00m；底板顺水流方向长度为24.00m，中墩厚1.60m，缝墩厚1.20m，边墩右侧与水电站相邻，边墩左侧设空箱式岸墙；闸墩顶高程26.00m，上部设排架、工作桥、交通桥、检修便桥和启闭机房；工作桥总宽5.60m，采用双π梁结构，梁底高程31.40m，梁高1.50m。交通桥荷载等级为公路-Ⅱ级，采用钢筋混凝土T型梁简支结构，桥总宽10.50m。闸门为弧形钢闸门，分别于1996—2002年分批更换。2003年11月—2008年6月，28孔节制闸进行除险加固。

2. 12孔节制闸

12孔节制闸为开敞式钢筋混凝土坞式结构，位于28孔节制闸北端与淮北大堤之间滩地上，2000年8月开工，2003年5月建成，2003年11月竣工验收。闸轴线和28孔节制闸一致，中心距396.80m。闸室两孔一联，共6联，每孔净宽10.00m，中墩厚1.60m，缝墩厚1.20m，总宽141.70m；闸底板厚2.00m，顶面高程9.132m（废黄河高程）。闸底板顺水流方向长度为25.00m。边墩右侧与水电站相邻，边墩外设空箱扶壁式岸墙。闸墩顶高程25.00m，上部设排架、工作桥、交通桥、检修便桥和启闭机房。工作桥总宽5.20m，采用π梁结构，梁底高程31.90m，梁高1.50m；交通桥荷载等级为公路-Ⅱ级，采用钢筋混凝土空心简支板，桥总宽10.50m，两侧引桥采用直径1.20m、直径1.00m钻孔灌注桩和直径0.50m水泥搅拌桩基础。闸门为弧形钢闸门。

11.4.2 地基情况与处理措施

枢纽工程左岸为地势平坦的冲积平原，右岸在枢纽上游大部分为低山残丘，下游为逐渐宽阔的堆积阶地。从地形地貌特征看，该段淮河属不对称的河道，枢纽区的地貌自南向北为黑虎山山前一级阶地、南岸滩地、淮河河槽和北岸滩地。在枢纽附近，主河槽宽约350m，河底高程−8.5～−9.0m，左岸为北岸滩地河漫滩相沉积较厚，阶地不显，地形高低不平，起伏较大，大体为两边高中间低，地面高程在10.0～19.0m，个别高地在20.0m以上，在400m以外与淮北大堤相接。右岸滩地河漫滩相沉积厚4.0～8.0m，靠近河槽600m范围内，构成河漫滩复合阶地，滩地高程17.0～19.0m，与黑虎山山前一级阶地相接。12孔节制闸在淮河北岸的滩地上，28孔节制闸和电站位于主槽内，船闸位于靠近主河槽的南岸滩地上，分洪道公路桥位于南岸滩地上，滩地中间有一条小河垂直公路桥穿过。由于受上游涡河和右岸低山残丘的影响，沉积环境较复杂，主要为第四纪黏性土或砂性土，各层之间变化较大，南岸黑虎山基岩基本出露为下元古界五河群西固堆组（Pt）

混合花岗岩。工程区主要为第四系全新统地层。表层为轻粉质壤土夹砂壤土，局部夹薄层淤泥质土。其下分别为重粉质壤土、轻粉质壤土、细砂、粉质黏土、轻粉质壤土夹细砂、中砂。下伏下元古界五河群混合花岗岩。主要介绍28孔节制闸、12孔节制闸工程地质情况。

1. 28孔节制闸

28孔节制闸的土层自上而下依次为：

第①层：粉质黏土夹薄层粉土，层厚约8.5m，高程约在17.0～8.5m之间，灰色，软塑，在河床中此层土易受侵蚀。

第②层：重粉质壤土，层厚约9.5m，高程约在8.5～−1.0m之间，为闸址的主要持力层，层顶处局部夹有薄层粉土，结构较松散；中部为灰～深灰色粉质黏土，硬～硬可塑，标贯击数多在10～20之间；下部为灰夹黄色重粉质壤土，粉土含量较大，厚度约2～4m，可～硬塑，夹粉土段结构较松散。

第③层：粉质壤土夹薄层细砂，层厚约2.0m，高程约在−1.0～−3.0m之间，黄夹灰，可塑，为上部重粉质壤土与下部细砂层的过渡层。标贯击数多在7～13之间。

第④层：细砂，层厚大于13m，层顶高程约−3.0m，黄夹灰色，密实，标贯击数多大于20击。

2. 12孔节制闸

12孔节制闸闸址区地质情况复杂，岩性变化较大，透镜体、夹层、互层较多，是第四纪全新世河漫滩相冲积、淤积层。依其地层分布及工程地质特性将滩地分为A、B、C三个区。

A区：在勘探深度内地层自上而下分为7层。

第①层：黄、灰黄色淤泥或中粉质壤土为主，夹细砂、黏土，呈流塑～软塑状态。分布高程：层顶（即地面或河底）17.5～10.00m、层底13.3～8.1m，厚1.0～4.5m。其中，高程13.00m以上以中粉质壤土为主，13.00m以下以淤泥为主。该层土的含水量为32.6%，孔隙比0.929，液性指数0.9，压缩系数为0.51MPa^{-1}，属高压缩性土，压缩模量3.69MPa，直剪试验凝聚力10kPa，内摩擦角3°，标贯击数1.5击，允许承载力40 kPa。

第②层：灰色淤泥质粉土与淤泥互层，该层岩性变化较大，夹砂较多。当土层中含有粉土、细砂较多时，呈松散状态，含淤泥多时，呈流塑～软塑状态。该层分布高程：层顶13.3～8.1m，层底8.4～6.1m，含水量42%，孔隙比1.051，液性指数1.5，压缩系数0.67MPa^{-1}，属高压缩性土，压缩模量2.95MPa，直剪试验凝聚力13kPa，内摩擦角12°，标贯击数3击，允许承载力60kPa。

第③层：灰色粉质黏土，呈可塑～硬塑状态，夹中粉质壤土或重粉质壤土，含少量铁锰结核，土中可见较多裂纹，裂纹缝隙中充填有白色泥状物质。该层分布高程：层顶8.4～6.1m，层底6.5～2.2m。含水量为28.7%，孔隙比0.790，液性指数0.3，压缩系数为0.25MPa^{-1}，属中压缩性土，压缩模量6.83MPa，直剪试验凝聚力50kPa，内摩擦角7°，标贯击数10击，允许承载力200kPa。

第④层：黄色粉质黏土，呈可塑～硬塑状态，夹中粉质壤土、轻粉质壤土，及少量细砂薄层、含铁锰结核，土中可见裂纹，裂纹缝隙中充填有白色泥状物质。该层分布高程：层顶 6.5～2.2m，层底 4.0～0.0m。含水量为 31.7%，孔隙比 0.832，液性指数 0.5，压缩系数 0.28 MPa^{-1}，属中压缩性土，压缩模量 6.32MPa，直剪试验凝聚力 58kPa，内摩擦角 8°。标贯击数 11 击，允许承载力 220kPa。

第⑤层：为灰色软黏土夹轻粉质壤土，自上而下由软塑逐渐变为可塑状态。该层分布高程：层顶 4.1～0.0m，层底 0.3～－3.9m。含水量 39%，孔隙比 1.066，压缩系数 0.54MPa^{-1}，属高压缩性土，压缩模量 3.66MPa，直剪试验凝聚力 37kPa，内摩擦角 4°，不固结不排水三轴剪切试验凝聚力 10kPa，内摩擦角 4.1°，标贯击数 5 击，允许承载力 120kPa。该层下部分布有 1.0～1.5m 厚的可塑状黏土或轻粉质壤土，直剪试验凝聚力 32kPa，内摩擦角 12°，不固结不排水三轴剪切试验凝聚力 32kPa，内摩擦角 5.5°，固结不排水三轴剪切试验凝聚力 41kPa，内摩擦角 10.4°，标贯击数为 7 击，允许承载力 120kPa。

第⑥层：灰、灰黄色细砂，呈中密～密实状态。该层上部 0.5～1.5m 厚为淤泥质壤土与细砂或极细砂互层，呈软塑或松散状态，标贯击数 8～9 击，其中在 16 号、26 号孔附近含淤泥质壤土较多，标贯击数为 6 击。本层上部颗粒较细，向下颗粒逐渐变粗，砂中夹有中粉质壤土或轻粉质壤土。该层分布高程：层顶 1.2～－4.1m，层底－7.5～－13.7m，含水量 25.6%，孔隙比 0.685，压缩系数 0.12MPa^{-1}，压缩模量 13.53MPa，属中压缩性土，直剪试验凝聚力 4kPa，内摩擦角 30°，不固结不排水三轴剪切试验凝聚力 29kPa，内摩擦角 42.4°，固结不排水三轴剪切试验凝聚力 41kPa，内摩擦角 8°。标贯击数 17 击，允许承载力 180 kPa（其中在 2 号、3 号、5 号、7 号、8 号、10 号、16 号、17 号、21 号孔附近在高程 0.3～－3.9m 到－4.0m 之间夹壤土，标贯击数有所降低，平均为 10 击，允许承载力 120kPa）。

第⑦层：黄、灰黄色中砂，夹中粉质壤土和轻粉质壤土，呈中密状态，该层顶部与⑥层底部为渐变过程，过渡带厚 2～3m。其中，在 5 号孔附近，高程－17～－19m 处夹灰色软弱淤泥层，20 号孔高程－14m 处夹淤泥薄层。该层分布高程：层顶－7.5～－13.7m，层底未揭穿，标贯击数为 25 击，允许承载力 250kPa。

B、C 两个区的地质情况基本相同，只是局部的土层分布有区别：

第①层：黄色或灰色轻粉质壤土、砂壤土，局部为淤泥质土透镜体。分布高程从地表至 13m 或 10m 左右，该层土的含水量 38.3%，孔隙比 1.12，液性指数 1.0，压缩系数为 0.8MPa^{-1}，属高压缩土，直剪试验凝聚力 27kPa，内摩擦角 8°，标贯击数 1～14 击。

第②层：极细砂，夹淤泥透镜体。该层分部高程从 13m 或 10～0.0m，含水量为 26.2%，孔隙比 0.731，直剪试验凝聚力为 0，内摩擦角 36.5°，标贯击数 3～6 击。

第③层：淤质中粉质壤土或重粉质壤土，仅在 C 区有分布，分布高程从 8～－2m 左右。含水量为 31.9%，孔隙比 0.912，液性指数 0.83，压缩系数为 0.38 MPa^{-1}，直剪试验凝聚力 11kPa，内摩擦角 13°，标贯击数 2～4 击。

第④层：灰白、灰黄色细砂，分布高程从－2～－8m 左右，标贯击数 5～30 击。

第⑤层：中砂，标贯击数 18～50 击，下部为砂砾石层。

11.4.3 现状调查分析评价

根据《水闸安全评价导则》(SL 214—2015)，安徽省蚌埠闸工程管理处组织开展了水闸现状调查，开展28孔节制闸、12孔节制闸等工程的土石建筑物、混凝土建筑物、闸门和启闭机、机电设备和安全监测设施等现场检查，重点检查建筑物、设备、设施的完整性和运行状态等。

1. 混凝土结构安全状态

28孔节制闸的闸墩、牛腿、工作桥、排架柱、检修桥、交通桥等混凝土结构外观质量整体较好，其中闸墩表面防碳化层局部脱落；12孔节制闸的闸墩、牛腿、工作桥、排架柱、检修桥、公路桥、翼墙与防浪墙等混凝土结构外观质量整体较好，其中牛腿、排架、公路桥墩帽、翼墙、防浪墙局部锈胀露筋。

2. 土石工程安全状态

28孔节制闸的导水墙、分水墩及上下游护坡外观质量整体较好，岸墙墙后填土未发现流失、沉陷和冲坑现象，整体安全状态较好；12孔节制闸的上下游护坡外观质量整体较好，岸墙及翼墙墙后填土未发现流失、沉陷和冲坑现象；其中下游左侧护坡局部预制块缺失；下游左侧护坡踏步条石局部缺失。

3. 闸门和启闭机安全状态

28孔节制闸闸门外观质量整体较好，其中闸门边梁、面板、肋板、支臂均局部锈蚀；启闭机机架、减速器、制动器、传动轴及联轴器、开式齿轮副、卷筒外观质量整体较好，其中开式齿轮副保护盖固定螺栓局部缺失；减速器局部出油口轻微渗油。12孔节制闸工作闸门外观质量整体较好，其中闸门面板、支臂、主梁、边梁、埋件均局部锈蚀；卷扬式启闭机机架、减速器、制动器、传动轴及联轴器、开式齿轮副、卷筒外观质量整体较好，未发现明显缺陷；启闭机电动机、低压柜、高压柜、柴油发电机、变压器、电缆外观质量整体较好。

4. 机电设备安全状态

28孔节制闸和12孔节制闸的启闭机电动机、低压柜、高压柜、柴油发电机、变压器、电缆外观质量整体均较好。

5. 安全监测状态评价

枢纽工程安全监测项目包括现场检查、变形、渗流、环境量监测。监测设施有水位计、流量计、垂直位移测点、扬压力计、河床变形观测断面、伸缩缝计、气温计等，其中水位、伸缩缝、气温采用自动化监测，并设有计算机监控和视频监视。经现场检查，计算机监控系统的数据采集及时准确、操作控制稳定可靠，系统整体运行可靠。为了保证网络安全，系统内网与外网采用物理隔离，且节制闸与水电站控制均独立于互联网外，以保证网络安全。

6. 枢纽工程安全管理评价

根据《水闸安全评价导则》(SL 214—2015) 对枢纽工程安全管理进行评价。表明工程管护范围明确可控，技术人员定岗定编明确、满足管理要求，管理经费足额拨付并到位；规章、制度齐全并落实，水闸按审批的控制运用计划合理运用；工程设施完好并得到有效维护，管理设施、安全监测等满足运行要求。工程安全管理评价为良好。

11.4.4 安全检测分析与质量评价

1. 现场安全检测项目

根据现状调查分析结果，确定现场安全检测项目。

(1) 土建工程。主要包括外观质量缺陷检查、抗压强度（混凝土）、保护层厚度、碳化深度、钢筋锈蚀状况和细部构造工程检查等。

(2) 金属结构。钢闸门检测包括巡视检查、外观与现状检测、腐蚀检测和焊缝检测、止水橡皮硬度检测、材料检测；启闭机检测包括现状检测、开式齿轮副硬度检测、制动轮制动面硬度检测、运行噪声检测、粗糙度检测及制动轮松闸间隙检测。

(3) 机电设备。主要包括现状检测、电流、电压、绝缘电阻、直流电阻、导电回路电阻、变比及组别测量、直流耐压试验、接地电阻检测。

2. 安全检测成果与分析

(1) 混凝土结构。

1) 28孔节制闸。排架柱、检修桥、公路桥T梁等混凝土抗压强度，其中排架柱最大推定值为45.7MPa，最小值为25.1MPa，平均值为34.4MPa；检修桥的最大推定值为34.5MPa，最小值为25.3MPa，平均值为27.5MPa；T梁最大推定值为52.8MPa，最小值为30.3MPa，平均值为39.2MPa；均满足设计要求。钻芯法抽检24号孔左侧闸墩和27号孔右侧闸墩，混凝土抗压强度平均值分别为56.1MPa和49.3MPa，均满足设计要求。排架柱、检修桥和公路桥T梁的保护层厚度满足设计要求。排架柱混凝土碳化平均深度为13.6mm、检修桥和公路桥T梁碳化深度为16.8mm，属于B类一般碳化。通过钢筋腐蚀电位检测表明，闸墩、排架柱、检修桥、公路桥T梁等钢筋均未发生锈蚀。

2) 12孔节制闸。牛腿、排架柱、检修桥、公路桥、桥头堡等混凝土抗压强度，其中排架柱最大推定值为46.1MPa，最小值为28.3MPa，平均值为40.2MPa；牛腿的最大推定值为27.7MPa，最小值为25.2MPa，平均值为26.3MPa；检修桥最大推定值为45.7MPa，最小值为40.4MPa，平均值为43.9MPa；公路桥桥墩最大推定值为48.5MPa，最小值为28.8MPa，平均值为37.0MPa；桥板最大推定值为57.1MPa，最小值为46.5MPa，平均值为53.4MPa；立柱最大推定值为44.8MPa，最小值为28.6MPa，平均值为36.6MPa；均满足设计要求。钻芯法抽检4号孔左侧闸墩和9号孔右侧闸墩，混凝土抗压强度平均值分别为61.3MPa和57.1MPa，均满足设计要求。翼墙、护坡及防浪墙构件的护层厚度满足设计要求，混凝土碳化深度为1.0～2.0mm，碳化程度为B类一般碳化；通过钢筋腐蚀电位检测表明，混凝土内钢筋均未发生锈蚀。

(2) 上、下游连接段。

1) 28孔节制闸。包括导水墙、分水墩等。检测内容包括外观质量调查、细部构造工程检查及墙后填土情况等。混凝土外观质量整体较好，未见明显缺陷。上下游左右护坡、河道及堤防外观质量整体较好，未见明显缺陷。闸墩与上下游导水墙及分水墩之间分缝、下游左侧导水墙之间分缝外观质量整体较好；闸墩与上游右侧分水墩分缝附近混凝土存在局部轻微破损现象。

2) 12孔节制闸。包括翼墙、防浪墙、护坡、上下游河道及堤防等。检测内容包括外观质量调查、抗压强度、碳化深度、保护层厚度、钢筋锈蚀状况、细部构造工程检查及墙后填土情况等。检测结果表明，翼墙、防浪墙、护坡、上下游河道及堤防、闸墩与上下游翼墙之间分缝、上下游翼墙及防浪墙之间分缝、墙后回填土、封闭堤外观质量均整体较好，未发现明显缺陷。

（3）金属结构和启闭机。

1）28孔节制闸。金属结构和启闭机整体性能较好。工作闸门泄水时的水流流态正常，闸门关闭时未发现明显漏水现象，启闭机与闸门运行正常，启闭机室未发现裂缝、漏水、漏雨。工作闸门门体、支承及行走装置、吊耳、止水装置、埋件外观质量整体较好；闸门水平次梁局部存在扭曲，闸门面板、支臂、边梁、肋板存在局部锈蚀，且无锁定装置；大部分构件涂层厚度均满足原设计要求，腐蚀程度评为A级（轻微腐蚀）。

启闭机机架、制动器、减速器、传动轴及联轴器、钢丝绳、卷筒及开式齿轮副外观质量整体较好。开度指示装置运行正常，示值精度满足规范要求；制动器的制动性能正常；启闭机开式齿轮副大小齿轮硬度及硬度差满足规范要求；部分启闭机制动轮工作面硬度偏大；制动轮工作面表面粗糙度均满足规范要求；工作闸门启闭机减速器的运行噪声均满足规范要求；启闭机制动轮松闸间隙不满足规范要求，现场制动运行正常。更换后电动葫芦滑轮、钢丝绳、轨道、挂钩、传动轴外观质量整体较好。

2）12孔节制闸。工作闸门泄水时的水流流态正常，闸门关闭时存在局部闸门轻微漏水，启闭机运行正常，但闸门运行时伴有异响。工作闸门门体、支承及行走装置、吊耳、止水装置、埋件外观质量整体较好，闸门水平次梁、面板、支臂、边梁局部存在轻微锈蚀现象，且无锁定装置。闸门吊耳与吊耳座因锈蚀，导致吊耳运行卡阻。检修闸门外观质量整体较好，滑块固定螺栓、止水压板及螺栓存在轻微锈蚀。工作闸门涂层厚度均满足原设计要求，但检修闸门涂层厚度均不满足原设计要求；工作闸门与检修闸门腐蚀程度评为A级（轻微腐蚀）；工作闸门的焊缝质量均合格，焊缝外观表面无气孔、夹渣、弧坑、裂纹、电弧擦伤等缺陷；工作闸门橡胶止水硬度满足规范要求。

启闭机机架、制动器、减速器、传动轴及联轴器、钢丝绳、卷筒及开式齿轮副外观质量整体较好。开度指示装置运行正常，示值精度满足规范要求；制动器的制动性能正常；部分启闭机开式齿轮副大小齿轮硬度差不满足规范要求；局部启闭机制动轮工作面硬度偏大；制动轮工作面表面粗糙度均满足规范要求；工作闸门启闭机减速器的运行噪声均满足规范要求；部分启闭机制动轮松闸间隙不满足规范要求，现场制动运行正常。电动葫芦滑轮、钢丝绳、轨道、固定装置、传动轴外观质量整体较好。电动葫芦滑轮、钢丝绳、固定装置均局部锈蚀。

（4）电气设备。

1）28孔节制闸。高压柜、变压器、低压柜、电力电缆线路、备用电源等均满足规范和安全运行要求。启闭机控制柜的控制回路及主回路绝缘电阻均满足规范要求。工作闸门启闭机电动机外壳涂层完好，地脚螺栓连接紧固，轴承无锈蚀、渗油现象，铭牌清晰。电动机运行正常，无异响及异常发热现象；电动机绝缘电阻、直流电阻、电流、电压均满足规范要求；但电动机内部接地线未接，存在安全隐患。控制柜外观质量整体较好，柜内主要部件外观完好，运行正常；按钮及指示灯等器件固定牢靠，运行正常。

2）12孔节制闸。高压柜、变压器、低压柜、电力电缆线路、备用电源等满足规范和安全运行要求。工作闸门启闭机电动机外壳涂层完好，地脚螺栓连接紧固，轴承无锈蚀、渗油现象，铭牌清晰。电动机运行正常，无异响及异常发热现象。电动机绝缘电阻、直流电阻、电流、电压均满足规范要求。然而，控制柜经过20年的运行，目前存在传输信号紊乱、继电器保护误动作、接触器吸合失灵等问题，导致控制方式无法切换、闸门无法正常停止，只能采取人为强制断开电源的措施，这严重影响了节制闸的安全运行，因此拟进行全面更新。

3. 工程质量评价结论

12孔节制闸无影响正常运行的缺陷，按常规维修养护即可保证正常运行，评定为A级。28孔节制闸无影响正常运行的缺陷，按常规维修养护即可保证正常运行，评定为A级。

11.4.5 安全复核分析

1. 复核分析工况

根据最新淮河流域综合规划，蚌埠闸水利规划未改变。依据《水闸安全评价导则》(SL 214—2015) 等现行的行业和国家规范，结合现状调查和现场安全检测结论，对水闸的安全状态进行复核计算和分析。本次安全鉴定阶段蚌埠闸的水位组合见表11.45、表11.46。

表11.45 28孔节制闸水位组合

控制工况		闸上水位/m	闸下水位/m	备注
闸顶高程计算	蓄水位	18.50	/	
	设计行洪水位	23.22	23.10	
过流能力计算	设计行洪工况	23.22	23.10	
渗流稳定计算	最大挡水期	18.50	10.32	
稳定计算	基本组合1	17.50	11.50	
	基本组合2	18.50	11.50	
	特殊组合1	17.50	10.32	
抗震计算	特殊组合2	17.50	10.32	
	特殊组合3	18.50	10.32	
消能防冲计算	水位组合1	18.50	10.32	
	水位组合2	23.22	23.10	闸门全开
闸门、启闭力计算	水位组合	18.50	10.32	

表11.46 分洪道水位组合

控制工况		闸上/m	闸下/m	备注
过流能力计算	设计行洪工况	23.22	23.10	
消能防冲计算	水位组合	19.00	18.00	

2. 防洪标准复核

(1) 闸顶高程。闸室为1级水工建筑物，12孔节制闸闸墩实测顶高程为25.00～25.32m，28孔节制闸闸墩实测顶高程为26.00～26.31m，各挡水泄水运用情况下的闸顶高程计算结果详见表 11.47，经复核，闸顶高程均满足要求。

表 11.47　　12 孔节制闸闸顶高程复核结果　　单位：m

工况	运行情况	水位	加高值	波高		闸顶高程	
				12 孔	28 孔	12 孔	28 孔
挡水	正常蓄水位	18.50	0.70	0.97	1.34	20.17	20.54
泄水	设计洪水位	23.22	1.50	—	—	24.72	24.72

（2）过流能力。蚌埠闸设计洪水标准为 100 年一遇，设计洪水位上游 23.22m，下游 23.10m，12 孔节制闸设计行洪流量 3410m^3/s，28 节制闸设计行洪流量 8620m^3/s，分洪道设计行洪流量 1060m^3/s。在原水位条件下计算得到，12 孔节制闸设计行洪时过闸流量 4638m^3/s，28 节制闸设计行洪时过闸流量 9270m^3/s，分洪道设计行洪时过闸流量 1445m^3/s。计算结果表明：12 孔节制闸、28 孔节制闸和分洪道过流能力均满足设计要求。蚌埠闸工程设计行洪时过闸流量大于设计流量 13090m^3/s，过流能力满足要求。

（3）综合评价。闸顶高程满足规范要求，过流能力满足设计要求，综合评价防洪标准为 A 级。

3. *渗流安全复核*

（1）渗径长度分析。①12 孔节制闸闸基不透水轮廓线组成为：上游侧铺盖段（铺盖下方为混凝土回填），防渗长度 24.46m；水闸底板段防渗长度 28.80m；下游消力池段防渗长度 13.90m，因此总渗径长度为 66.56m。最大水位差为 8.18m，$L=79.75\text{m}>C\Delta H=40.90\text{m}$，渗径长度满足要求。②28 孔节制闸闸基不透水轮廓线组成为：上游侧铺盖段为钢筋混凝土铺盖，防渗长度 21.30m；水闸底板段的防渗长度 27.10m，因此总渗径长度为 48.4m。最大水位差为 8.18m，$L=48.4\text{m}>C\Delta H=40.9\text{m}$，渗径长度满足要求。

（2）根据《水闸设计规范》（SL 265—2016），28 孔节制闸底板坐落在重粉质壤土上，12 孔节制闸底板坐落在粉质黏土上，结果见表 11.48，经复核，在最不利水位组合工况下，水平段及出口段的渗透坡降满足规范要求。

表 11.48　　节制闸计算水位组合的渗透坡最大值

计算工况	闸上 /m	闸下 /m	分段类型	12 孔节制闸		28 孔节制闸	
				未失效	未失效	失效	失效
最大挡水	18.50	10.32	水平段	0.12	0.029	0.25～0.35	0.30～0.40
			出口段	0.28	0.25	0.50～0.60	0.60～0.70

（3）综合评价。12 孔节制闸和 28 孔节制闸渗径长度满足要求，渗流稳定满足规范要求。渗流安全为 A 级。

4. *结构安全复核*

根据《水闸设计规范》（SL 265—2016）和淮河流域综合规划等最新工程规划文件确定闸室、岸墙、导水墙和翼墙结构稳定复核的水位组合。

（1）28 孔节制闸和 12 孔节制闸。

1）28 孔节制闸。计算结果见表 11.49～表 11.54。经复核，28 孔节制闸的闸室、岸墙闸室基底应力、应力比、抗滑稳定性均满足规范要求。

表 11.49　　闸室稳定验算结果

计算工况	水位组合/m		应力不均匀系数 η		抗滑稳定安全系数 K_c	
	上游	下游	计算值	允许值	计算值	允许值
基本组合 1	17.50	11.50	1.70	2.00	2.08	1.35
基本组合 2	18.50	11.50	1.99	2.00	1.65	1.35
特殊组合	17.50	10.32	1.79	2.50	1.91	1.20

表 11.50　　闸室基底应力计算结果

计算工况	水位组合/m		基底应力/kPa		
	上游	下游	σ_{max}	σ_{min}	σ_{ave}
基本组合 1	17.50	11.50	159	93	126
基本组合 2	18.50	11.50	164	83	123
特殊组合	17.50	10.32	160	89	124
允许值	—	—	264	—	220

表 11.51　　1 号空箱岸墙稳定验算结果

计算工况	水位组合/m		应力不均匀系数 η		抗滑稳定安全系数 K_c	
	上游	下游	计算值	允许值	计算值	允许值
基本组合 1	17.50	11.50	1.57	2.00	2.96	1.35
基本组合 2	18.50	11.50	1.51	2.00	2.31	1.35
特殊组合	17.50	10.32	1.39	2.50	2.79	1.20

表 11.52　　1 号空箱岸墙基底应力计算结果

计算工况	水位组合/m		基底应力/kPa		
	上游	下游	σ_{max}	σ_{min}	σ_{ave}
基本组合 1	17.50	11.50	187	119	153
基本组合 2	18.50	11.50	179	118	148
特殊组合	17.50	10.32	184	132	158
允许值	—	—	264	—	220

表 11.53　　2 号空箱岸墙稳定验算结果

计算工况	水位组合/m		应力不均匀系数 η		抗滑稳定安全系数 K_c	
	上游	下游	计算值	允许值	计算值	允许值
基本组合 1	17.50	11.50	1.40	2.00	2.71	1.35
基本组合 2	18.50	11.50	1.53	2.00	2.26	1.35
特殊组合	17.50	10.32	1.34	2.50	2.42	1.20

表 11.54　　2号空箱岸墙基底应力计算结果

计算工况	水位组合/m		基底应力/kPa		
	上游	下游	σ_{max}	σ_{min}	σ_{ave}
基本组合1	17.50	11.50	177	126	152
基本组合2	18.50	11.50	180	118	149
特殊组合	17.50	10.32	185	138	162
允许值	—	—	264	—	220

2）12孔节制闸。计算结果见表11.55～表11.58。经复核，12孔节制闸的闸室、岸墙闸室基底应力、应力比、抗滑稳定性均满足规范要求。

表 11.55　　闸室稳定验算结果

计算工况	水位组合/m		应力不均匀系数 η		抗滑稳定安全系数 K_c	
	上游	下游	计算值	允许值	计算值	允许值
基本组合1	17.50	11.50	1.17	2.00	1.82	1.35
基本组合2	18.50	11.50	1.35	2.00	1.43	1.35
特殊组合	17.50	10.32	1.21	2.50	1.61	1.20

表 11.56　　闸室基底应力计算结果

计算工况	水位组合/m		基底应力/kPa		
	上游	下游	σ_{max}	σ_{min}	σ_{ave}
基本组合1	17.50	11.50	115	99	107
基本组合2	18.50	11.50	120	88	104
特殊组合	17.50	10.32	116	96	106
允许值	—	—	240	—	200

表 11.57　　岸墙稳定验算结果

计算工况	水位组合/m		应力不均匀系数 η		抗滑稳定安全系数 K_c	
	墙前	墙后	计算值	允许值	计算值	允许值
基本组合1	17.50	11.50	1.31	2.00	5.35	1.35
基本组合2	18.50	11.50	1.16	2.00	27.8	1.35
特殊组合	17.50	10.32	1.31	2.50	5.35	1.20

表 11.58　　岸墙基底应力计算结果

计算工况	水位组合/m		基底应力/kPa		
	墙前	墙后	σ_{max}	σ_{min}	σ_{ave}
基本组合1	17.50	11.50	168	129	149
基本组合2	18.50	11.50	150	129	140
特殊组合	17.50	10.32	168	129	149
允许值	—	—	216	—	180

(2) 翼墙结构。28孔节制闸的导水墙基底应力、应力比、抗滑稳定性、抗倾覆稳定性计算结果见表11.59～表11.60，均满足规范要求。12孔节制闸的翼墙基底应力、应力比、抗滑稳定性、抗倾覆稳定性计算结果见表11.61～表11.68，均满足规范要求。

表 11.59 导水墙稳定验算结果

计算工况	水位组合/m		抗滑稳定安全系数 K_c		抗倾覆安全系数 K_f	
	墙前	墙后	计算值	允许值	计算值	允许值
设计泄流	23.22	23.22	6.45	1.35	1.77	1.50
水位骤降	17.50	18.50	7.66	1.35	2.28	1.50

表 11.60 导水墙基底应力计算结果

计算工况	水位组合/m		基底应力/kPa				
	墙前	墙后	σ_{max}	σ_{min}	σ_{ave}	不均匀系数 η	允许值
设计泄流	23.22	23.22	166	121	143	1.37	2.00
水位骤降	17.50	18.50	169	150	160	1.13	2.00
允许值			264	—	220	—	—

表 11.61 上游空箱扶壁式翼墙稳定验算结果

计算工况	水位组合/m		抗滑稳定安全系数 K_c		抗倾覆安全系数 K_f	
	墙前	墙后	计算值	允许值	计算值	允许值
设计泄流	23.22	23.22	1.85	1.35	1.83	1.50
水位骤降	17.50	18.50	1.45	1.35	2.02	1.50

表 11.62 上游空箱扶壁式翼墙基底应力计算结果

计算工况	水位组合/m		基底应力/kPa				
	墙前	墙后	σ_{max}	σ_{min}	σ_{ave}	不均匀系数 η	允许值
设计泄流	23.22	23.22	105	104	105	1.01	2.00
水位骤降	17.50	18.50	142	77	110	1.85	2.00
允许值			216	—	180	—	—

表 11.63 下游空箱扶壁式翼墙稳定验算结果

计算工况	水位组合/m		抗滑稳定安全系数 K_c		抗倾覆安全系数 K_f	
	墙前	墙后	计算值	允许值	计算值	允许值
设计泄流	23.10	23.10	1.85	1.35	1.84	1.50
水位骤降	10.32	13.50	1.43	1.35	3.25	1.50

表 11.64　　下游空箱扶壁式翼墙基底应力计算结果

计算工况	水位组合/m		基底应力/kPa				
	墙前	墙后	σ_{max}	σ_{min}	σ_{ave}	不均匀系数 η	允许值
设计泄流	23.10	23.10	106	105	105	1.01	2.00
水位骤降	10.32	13.50	139	83	111	1.68	2.00
允许值			216	—	180	—	—

表 11.65　　上游悬臂式翼墙稳定验算结果

计算工况	水位组合/m		抗滑稳定安全系数 K_c		抗倾覆安全系数 K_f	
	墙前	墙后	计算值	允许值	计算值	允许值
设计泄流	23.22	23.22	2.10	1.35	2.93	1.50
水位骤降	17.50	18.50	1.88	1.35	4.76	1.50

表 11.66　　上游悬臂式翼墙基底应力计算结果

计算工况	水位组合/m		基底应力/kPa			不均匀系数	允许值
	墙前	墙后	σ_{max}	σ_{min}	σ_{ave}	η	
设计泄流	23.22	23.22	108	61	85	1.77	2.00
水位骤降	17.50	18.50	107	56	82	1.92	2.00
允许值			216	—	180	—	—

表 11.67　　下游悬臂式翼墙稳定验算结果

计算工况	水位组合/m		抗滑稳定安全系数 K_c		抗倾覆安全系数 K_f	
	墙前	墙后	计算值	允许值	计算值	允许值
设计泄流	23.10	23.10	2.09	1.35	2.95	1.50
水位骤降	10.32	13.50	1.75	1.35	3.55	1.50

表 11.68　　下游悬臂式翼墙基底应力计算结果

计算工况	水位组合/m		基底应力/kPa				
	墙前	墙后	σ_{max}	σ_{min}	σ_{ave}	不均匀系数 η	允许值
设计泄流	23.10	23.10	92	76	84	1.20	2.00
水位骤降	10.32	13.50	80	60	70	1.33	2.00
允许值			216	—	180	—	—

(3) 消能防冲。

1) 水闸消能防冲复核计算包括消力池长度、深度、底板厚度和海漫长度等。复核计算结果见表 11.69。结果表明 28 孔节制闸的消力池深度、长度、底板厚度和海漫长度满足消能防冲要求。

表 11.69　　28 孔节制闸消能设施计算结果

计算工况	上游/m	下游/m	闸门开度/m	过闸流量/(m^3/s)	消力池/m			海漫长度/m
					深度	消力池	底板厚度	
水位组合 1	18.50	10.32	0.2	469	无需设	9.26	0.44	18.60
水位组合 2	18.50	14.68	0.5	1133	无需设	13.25	0.56	23.91
水位组合 3	18.50	16.67	1.0	2146	无需设	16.52	0.64	27.37
水位组合 4	18.50	17.89	1.5	3051	无需设	18.19	0.58	24.79
水位组合 5	23.22	23.10	全开	8620	无需设	26.40	0.63	25.43
设计值					0	26.40	0.90	42.00

2）12 孔节制闸现有消力池长度、深度、底板厚度复核计算结果见表 11.70，满足规范要求。但计算显示，海漫长度在闸门开度大于 1.00m 后超出现有布置长度。考虑海漫段布置有 4 道高 0.50m 的混凝土槛作为辅助消能设施，并结合水下探摸结果，确认 12 孔节制闸的消力池和海漫底板无损坏，故现有消能设施基本满足要求。

表 11.70　　12 孔节制闸消能设施计算结果

计算工况	上游/m	下游/m	闸门开度/m	过闸流量/(m^3/s)	消力池/m			海漫长度/m
					深度	消力池	底板厚度	
水位组合 1	18.50	10.32	0.3	358	0.68	15.77	0.44	22.70
水位组合 2	18.50	13.50	0.5	587	无需设	18.44	0.50	25.70
水位组合 3	18.50	14.66	1.0	1125	无需设	22.35	0.64	33.33
水位组合 4	18.50	15.45	1.5	1620	无需设	24.52	0.73	37.73
水位组合 5	18.50	16.57	2.0	2075	无需设	25.81	0.74	38.08
设计值					1.00	37.00	0.80	30.00

3）分洪道溢流堰消力池深度、长度、底板厚度、海漫长度复核计算结果见表 11.71，满足消能防冲要求。

表 11.71　　溢流堰消能防冲计算结果

计算工况	上游/m	下游/m	流量/(m^3/s)	消力池/m			海漫长度/m
				深度	长度	底板厚度	
水位组合	19.00	18.00	1060	0.84	11.56	0.36	19.12
设计值				1.00	12.00	0.50	20.00

（4）结构强度。

1）工作桥启闭机梁结构强度。28 孔节制闸和 12 孔节制闸的闸室启闭机梁均为简支梁结构，采用 π 梁结构，承受启闭机梁板自重和启闭机荷载等。结合现场检测结果，混凝土强度等级为 C30，承载力安全系数为 1.35，28 孔节制闸启闭机梁结构复核计算结果见表 11.72，12 孔节制闸闸室启闭机梁结构复核计算结果见表 11.73。结果表明启闭机梁在抗弯及抗剪承载力方面均满足规范要求，且裂缝宽度及挠度不超过规范允许值。

表 11.72　　28 孔节制闸启闭机梁结构复核计算结果

计算项目	弯矩/(kN·m)	剪力/kN	挠度/mm	裂缝宽度/mm
荷载效应 S	780.30	253.91	5.48	0.17
抗力 $R(c)$	1113.58	734.42	23.58	0.30
$R(c)/S$	1.43	2.89	—	—

表 11.73　　12 孔节制闸启闭机梁结构复核计算结果

计算项目	弯矩/(kN·m)	剪力/kN	挠度/mm	裂缝宽度/mm
荷载效应 S	913.64	456.39	6.89	0.19
抗力 $R(c)$	1273.25	1321.6	23.58	0.30
$R(c)/S$	1.39	2.89	—	—

2）闸墩结构强度。根据现场安全检测报告，检测 28 孔节制闸闸墩结构抗压强度推定值为 49.3～56.1MPa，闸墩混凝土保护层厚度平均值为 49～76mm，碳化深度小于混凝土保护层的厚度，闸墩钢筋未发生锈蚀。考虑碳化深度和钢筋锈蚀情况后，闸墩底部最大弯矩为 2030kN·m，边墩所受最大压应力 1167kN/m^2，小于混凝土抗压强度设计值 11900kN/m^2；同时，最大拉应力 804kN/m^2，也小于混凝土抗拉强度设计值 1270kN/m^2。对于 12 孔节制闸，1 号、3 号桥墩墩帽底部存在局部锈胀露筋现象，但不影响闸墩的总体强度。其闸墩结构抗压强度推定值为 57.1～61.3MPa，闸墩混凝土保护层厚度平均值为 57～77mm，碳化深度最大达 17.5mm，小于保护层厚度，且闸墩钢筋未发生锈蚀。考虑闸墩碳化深度和钢筋锈蚀情况后，闸墩底部最大弯矩为 1833kN·m，边墩所受最大压应力为 1023kN/m^2，小于混凝土抗压强度设计值 11900kN/m^2；最大拉应力为 765kN/m^2，小于混凝土抗拉强度设计值 1270kN/m^2。

3）底板结构强度。闸底板结构强度复核取单宽板条作为计算模型。底板荷载主要有自重、边墩、中墩传下来的荷载、水重、扬压力、浮托力、地基反力等，荷载取基底反力的最大值。28 孔节制闸底板的最大弯矩值为 1228kN·m，小于底板正截面允许弯矩 2152kN·m，最大剪力为 639kN，小于斜截面允许剪力 708kN；12 孔节制闸闸底板的最大弯矩值为 1617kN·m，小于底板正截面允许弯矩为 2206kN·m，最大剪力 726kN，小于斜截面允许剪力 1317kN。结果表明 28 孔节制闸和 12 孔节制闸的底板结构强度满足要求。

4）公路桥结构强度。28 孔节制闸的 T 型梁交通桥结构复核计算结果见表 11.74，12 孔节制闸的空心板结构复核计算结果和抗裂验算分别见表 11.75 和表 11.76，两者的结构强度和刚度均满足规范要求。

表 11.74　　28 孔节制闸的 T 型梁交通桥结构复核计算结果

工况	弯矩/(kN·m)	剪力/kN	挠度/mm	裂缝宽度/mm
荷载效应 S	797.3	222.1	5.20	0.09
设计承载力 $R(c)$	1601.1	388.5	11.90	0.20
$R(c)/S$	2.01	1.75	/	/

表 11.75　　12 孔节制闸的空心板结构复核计算结果

工况	弯矩/(kN·m)	剪力/kN	挠度/mm
荷载效应 S	571.4	207.2	9.67
设计承载力 $R(c)$	919.2	320.5	18.3
$R(c)/S$	1.61	1.54	/

表 11.76　　12 孔节制闸的空心板抗裂验算　　单位：MPa

计算项目	正截面抗裂		斜截面抗裂
	$\sigma_{st}-\sigma_{pc}$	$\sigma_{lt}-\sigma_{pc}$	
荷载效应	−1.82	−1.69	0.06
抗力	1.68	0	1.68
安全度	满足	满足	满足

5）结构安全综合评价。28 孔节制闸的闸室及空箱岸墙基底应力、应力比、抗滑稳定性均满足规范要求，导水墙基底应力、应力比、抗滑稳定性、抗倾覆稳定性均满足规范要求。12 孔节制闸的闸室、岸墙基底应力、应力比、抗滑稳定性均满足规范要求，翼墙基底应力、应力比、抗滑稳定性及抗倾覆稳定性均满足规范要求。节制闸闸墩、底板结构强度满足规范要求。结构安全总体评定为 A 级。

5. 抗震安全复核

工程原设计地震设计烈度为 7 度。根据《中国地震动参数区划图》（GB 18306—2015），工程所在区域对应Ⅱ类场地基本地震动峰值加速度值为 0.10g，基本地震动加速度反应谱特征周期为 0.35s，相应地震基本烈度为Ⅶ度。28 孔节制闸主要建筑物为 1 级建筑物，根据《水工建筑物抗震设计标准》（GB 51247—2018），需要开展抗震计算并分析抗震措施的有效性。

经计算表明，地震工况下，28 孔节制闸和 12 孔节制闸的闸室和岸墙基底应力、应力比、抗滑稳定性均满足规范要求。在结构抗震措施上，28 孔节制闸和 12 孔节制闸均采取了相应的抗震措施。如闸室采用钢筋混凝土坞式结构，整体式平底板，以增强闸室整体性；工作桥、交通桥虽采用简支梁结构，但均在支座处设置了抗震挡块，以防止地震产生横向位移。因此结构抗震计算和抗震措施均满足规范要求。评定为 A 级。

6. 金属结构安全

节制闸闸门布置、选型、运用条件满足工程需要，闸门与埋件的制造与安装质量基本符合设计与标准的要求；检修门配置能满足需要。闸门各结构强度满足规范要求，主横梁刚度满足规范要求；启闭机选型、运用条件能满足工程需要，制造与安装质量基本符合设计与标准的要求，安装保护装置与环境防护措施基本满足要求。金属结构安全综合评定为 A 级。

7. 机电设备安全

机电设备外观质量整体较好，检测结果满足规范要求。电动机、柴油发电机等设备的选型、运用条件满足本工程需要。机电设备的制造与安装基本符合设计与标准的要求。变配电设备、控制设备及辅助设备基本符合设计与标准的要求。机电设备安全评定为 A 级。

11.4.6 安全评价和建议

蚌埠闸工程质量、防洪标准、渗流安全、结构安全、抗震安全、金属结构安全、机电设备安全评定为A级，综合评定蚌埠闸为一类，即运用指标能达到设计标准，无影响正常运行的缺陷，按常规维修养护即可保证正常运行。

11.5 黑沟渠首水闸安全检测与评估分析

11.5.1 工程概况

黑沟渠首位于乌鲁木齐市达坂城区境内，东天山主峰博格达峰的南坡的黑沟河出山口上游河段，东经88°18′40″，北纬43°36′27″。渠首引水闸设计流量为5.0m³/s，加大流量为6.25m³/s。根据《水利水电工程等级划分及洪水标准》(SL 252—2017)，渠首工程规模为Ⅲ等中型，主要建筑物级别为3级，次要建筑物级别为4级。设计洪水标准20年一遇，洪峰流量91.7m³/s；校核洪水标准50年一遇，洪峰流量143m³/s。工程始建于1977年，1996年特大洪水对渠首毁坏尤为严重。2008年黑沟渠首安全鉴定类别为“四类闸”，2009年黑沟渠首原址重建。工程为西沟乡2.2万亩耕地和红坑子水库供水。

本工程原设计地震设防烈度为7度。现状工程根据《中国地震动参数区划图》(GB 18306—2015)，场地区地震动峰值加速度为0.20g，相应地震基本烈度为Ⅷ度，根据《水工建筑物抗震设计标准》(GB 51247—2018)地震设计烈度应为8度。

黑沟渠首采用闸堰结合式引水枢纽，由泄洪冲砂闸、引水闸、溢流堰、上下游导流堤等部分组成。枢纽布置采用侧引正排式。其中自溃式溢流堰布置在左岸导流堤上，现已经拆除。泄洪冲砂闸位于河道主流方向，为开敞式平底闸，采用分离式混凝土结构，单孔净宽5.5m，共2孔，闸底板厚0.8m，闸底板顺水流长10.0m。底板顶面高程1795.2m，闸墩顶高程为1798.5m，上部设启闭机房和交通桥；闸室下游后接浆砌石护坦，长14.5m、厚0.8m，坡比1∶8；在护坦末端设置防冲墙，深4.0m。引水闸设置在右岸，为开敞式平底闸，采用分离式混凝土结构，单孔净宽3.0m，共1孔，闸底板厚0.6m，闸底板顺水流方向长10.0m；闸底板顶面高程1796.04m，闸墩顶高程为1798.5m；上部设启闭机房和交通桥。闸室后接长6.0m、厚0.6m浆砌石消能段，后接渠道。左岸引水闸设置在左岸导流墙上，为了防止泥沙进入渠道，进水孔底板距铺盖高1.5m；单孔净宽0.6m，共1孔，孔口后设矩形盖板暗渠与原过河涵洞连接，通过涵洞给左岸渠道送水。

渠首金属结构主要由泄洪冲砂闸和引水闸闸门及启闭设备组成。其中泄洪冲砂闸设置2扇弧形钢闸门，闸门尺寸5.5m×2.4m，采用QHQ2×50kN卷扬式启闭机；引水闸设置1扇平板钢闸门，闸门尺寸3.2m×2.0m，采用LQ-50kN手电两用螺杆式启闭机。左岸引水闸设置1扇平板钢闸门，闸门尺寸0.6m×1.0m，采用LQ-20kN手动螺杆式启闭机。

11.5.2 工程地质

1. 闸址区地质条件

闸址坐落于黑沟河现代河床上，地形两岸山体起伏，中部河床较平坦，较开阔，高程1785～1816m，整体地势呈“凹”字形，两岸高，中间低，河床纵坡6%左右。右岸陡立，左岸阶地发育，相对较缓。闸址基础处于第四系冲洪积卵石混合土层上，河床卵石混合土层厚度6～8m，青灰色，稍湿～饱和。

依据颗粒分析成果：大于60mm颗粒含量23%，2～60mm颗粒含量55%，0.075～2mm颗粒含量15%，小于0.075mm颗粒含量7%。根据超重型动力触探成果可知，卵石混合土超重型动力触探锤击数一般5～9击，表层0.5～1.0m稍密；1.0m以下中密。该层不均匀系数$C_u=137.8$，曲率系数$C_c=5.82$。凝聚力为0，内摩擦角37°，渗透系数为3.7×10^{-2}cm/s，该层建议地基承载力允许值350kPa，变形模量35MPa。闸基卵石混合土物理力学性质建议值见表11.77。

表11.77　闸基卵石混合土物理力学性质建议值

天然密度	比重	超重型动探击数	承载力	变形模量	天然休止角
2.2g/cm^3	2.68	6击	350kPa	35MPa	37°

闸址右岸基岩出露，岩性为华力西粗粒花岗岩，强风化层厚1～4m，风化裂隙发育，下部为弱风化层，块状构造，节理较发育，岩体较破碎，局部破碎。坡角处堆积有少许崩坡积碎石、角砾，多为零星崩塌、掉块形成。闸址左岸发育Ⅰ～Ⅳ级阶地，Ⅰ级阶地为堆积阶地，宽15～20m，岩性以砂卵砾石为主，松散～稍密，粒径大小不定，最大粒径1.5m，具层理。Ⅱ～Ⅳ级阶地为基座阶地。地表局部分布有厚度2～7m的卵砾石，灰色、青灰色，松散～稍密，具层理，下伏华力西期花岗岩。右岸阶地上部为基岩山体，坡度较左岸缓，基岩岩性为华力西粗粒花岗岩，节理发育，岩体破碎至较破碎。

2. 边坡稳定性分析

闸址区两岸不对称，左岸发育有基座阶地，相对较缓，坡度20°～40°，为岩土混合边坡，现状岸坡整体基本稳定，渠首边墙距离河道岸坡约70m，左岸岸坡失稳对闸址建筑物影响甚微。右岸闸址区右岸岸坡陡立，坡度近直立，基岩出露，岩性为强风化粗粒花岗岩，岩体中节理发育至较发育，主要优势结构面与岸坡坡面呈中等至大角度相交，不易产生大规模的滑塌，岸坡整体基本稳定。但在局部由于坡面走向的变化，节理的相互切割，构成不利组合，形成小规模的危岩体，在风化、重力、卸荷等作用下或在暴雨、地震等不利工况下，发育小规模的崩塌、掉块，危及闸体、人员安全，现状有零星小的崩塌和掉块。

11.5.3　现状调查分析评价

开展溢流堰、泄洪冲砂闸、引水闸、左岸引水闸、上下游导流堤等工程的土石建筑物、混凝土建筑物、闸门和启闭机、机电设备和安全监测设施等现场检查，重点检查建筑物、设备、设施的完整性和运行状态等。

1. 溢流堰安全状态

上游左侧导流墙外观质量整体较好，无异常沉降、倾斜、滑移及错动等；为解决过流需要，自溃式溢流堰堰体已经拆除。溢流堰下游导水墙外观质量整体较好，无异常沉降、倾斜、滑移及错动等；防冲墙外观质量整体较差，局部卵石存在剥落。

2. 泄洪冲砂闸安全状态

泄洪冲砂闸护坦边墙及护坦冲蚀明显，护坦后方河道存在两个冲坑，护坦与河床接头处产生部分掏蚀、破损、开裂。未来河水沿破损、开裂处渗漏，对闸基稳定性产生影响。下游侧闸底板防护橡胶局部存在破损，交通桥板存在多条裂缝；2孔闸门顶梁中部均存在局部变形，侧滚轮及底槛锈蚀明显，止水螺栓及侧轨局部存在锈蚀，闸门存在漏水现象，无锁定装置；启闭机运行正常，制动轮工作面局部存在锈蚀。

3. 引水闸安全状态

引水闸导沙坎存在局部破损，在水流冲蚀、渗流作用下，可能危及堰体安全，闸址右岸山体基岩风化严重，岩体破碎，局部有崩塌、掉块分布，危及人员、道路、闸体安全。闸门运行正常，滑块局部存在锈蚀，螺杆与吊耳采用钢筋连接不规范，门槽埋件存在锈蚀现象，闸门存在漏水，无锁定装置。启闭机运行正常，机箱存在漏油，启闭机室外螺杆油渍较多。

4. 左岸引水闸

上游左岸引水闸闸墩、闸底板等混凝土外观质量整体较好。

5. 上下游导流堤

上游右侧导流堤石笼局部存在破损，下游侧导流堤护坡外观质量整体较好。

6. 电气设备安全状态

变压器置于管理房上游侧，设备各部件完整无缺，外壳无锈蚀，瓷瓶无损伤。变压器安装于电杆柱上，设有围栏，接地线接地。动力柜、配电柜及控制柜等柜体内部接线散乱，容易造成短路。启闭机房顶未设有避雷装置，容易造成雷击损坏。柴油发电机布置于管理房左侧偏下游，设备完好，工作正常，接地可靠。柴油发电机经常试车，运行正常。

7. 监测设施

缺少垂直位移及扬压力监测设施，安全监测不满足运行要求。

8. 水闸安全管理评价

通过现状调查分析，根据《水闸安全评价导则》（SL 214—2015）要求，黑沟渠首管理范围明确可控。白杨河流域管理局水利管理中心机构设置齐全、分工明确，人员职责明晰，技术人员定岗定编基本明确，基本满足管理要求，但人员及专业结构略显不足；每年公益性养护维修工程经费落实到位；规章、制度基本齐全并落实，水闸按审批通过的方案实施控制运用。管理中心根据工程检查情况，落实管理经费开展维修养护工作。工程建筑物、金属结构和机电设备得到有效维护。管理单位定期对渠首进行现场检查，布设了水位尺及流量监测设施，按照要求开展水位观测和流量测量，但未布设垂直位移和渗流监测设施，安全监测不满足运行和规范要求。

综上所述，黑沟渠首安全管理评价为较好。

11.5.4 安全检测分析与质量评价

1. 现场安全检测项目

根据现状调查分析结果，确定黑沟渠首的现场安全检测项目。其中土建工程现场安全检测内容主要包括外观质量缺陷检查、混凝土抗压强度检测、钢筋保护层厚度及混凝土碳化深度检测和细部构造工程检查；金属结构现场检测项目主要包括巡视检查、外观与现状检测、腐蚀检测、焊缝无损检测、金属硬度检测、启闭机运行状况检测；机电设备现场检测内容主要包括外观检查、电动机、发电机、电力电缆、控制柜、接地电阻。

2. 安全检测成果与分析

(1) 溢流堰。自溃式溢流堰堰体已经拆除；上游左侧导流墙及下游导流墙等外观质量整体较好，防冲墙外观质量整体较差，局部卵石剥落，剥落面积为 $2m^2$。

检测结果基本满足标准要求，运行中发现的质量缺陷尚不影响工程安全，评定为B级。

(2) 泄洪冲砂闸。

1) 闸室。门槽埋件附近闸墩局部存在破损，泄洪冲砂闸下游侧闸底板防护橡胶压板局部存在破损。交通桥磨耗层存在3条横向裂缝。闸墩及工作桥梁混凝土抗压强度推定值22～28.4MPa，均不满足设计要求。闸墩混凝土抗渗等级满足规范要求。交通桥板、1-2号排架柱及3-1号排架柱的保护层厚度不满足现行规范混凝土保护层厚度最小值要求，其余构件均满足设计或现行规范要求。混凝土碳化为B类碳化，碳化深度小于混凝土保护层的厚度，属于一般碳化。部分构件碳化深度较大，影响耐久性。综合混凝土外观质量、保护层厚度、抗压强度、碳化深度和钢筋腐蚀电位检测成果，混凝土结构钢筋未发生锈蚀。

2) 上下游连接段。上游左侧导水墙外观质量整体较好；上游分水墙冲蚀明显；护坦边墙及护坦冲蚀明显，护坦后方河道存在两个冲坑，其中1号孔冲坑最大深度1.1m，2号孔冲坑最大深度1.5m；护坦与河床接头处存在部分掏蚀、破损开裂现象；下游挡墙及护坡外观质量整体一般；防冲齿墙混凝土存在1处破损，破损面积 $0.5m^2$。防冲墙及下游挡墙的混凝土抗压强度推定值12.2～17.3MPa，均不满足现行规范混凝土最低强度等级要求。防冲墙混凝土碳化深度平均值为26.0mm，下游挡墙混凝土碳化深度平均值为24.0～26.0mm，下游护坡混凝土碳化深度平均值为2.5mm。部分构件碳化深度较大，影响耐久性。

3) 闸门。2孔闸门均存在漏水，其顶梁中部均存在局部变形。滚轮、底槛锈蚀明显。1号孔泄洪冲砂闸工作闸门支臂翼缘涂层厚度不满足涂层推荐厚度最小值要求。泄洪冲砂闸工作闸门构件尚未明显削弱，腐蚀程度为B级（一般腐蚀）支臂腹板蚀余厚度小于6mm。

4) 启闭机。行程控制装置失效、无荷载限制装置。泄洪冲砂闸减速器的运行噪声不满足规范要求。启闭机开式齿轮副齿面硬度满足规范要求。制动轮制动面硬度不满足规范要求。现状水位条件下，启门力安全储备较大，依靠自重可以关闭闸门。

5) 质量评价。检测结果基本满足标准要求，运行中发现的质量缺陷尚不影响工程安全，评定为B级。

(3) 引水闸。

1) 闸室。闸底板及闸墩冲蚀明显。闸墩、闸底板、交通桥及工作桥的混凝土抗压强度推定值26.6～39.2MPa，均满足现行规范混凝土最低强度等级要求。1-2号排架柱及交通桥板的保护层厚度不满足现行规范混凝土保护层厚度最小值要求。闸墩钢筋发生锈蚀的概率小于10%，综合判定混凝土结构钢筋未发生锈蚀。

2) 上下游连接段。下游输水渠局部存在淤积；导沙坎混凝土存在1处破损，在水流冲蚀、渗流作用下，可能危及堰体安全；闸址右岸山体基岩风化严重，岩体破碎，局部有崩塌、掉块分布，危及人员、道路、闸体安全。导沙坎混凝土抗压强度推定值 27.9～30.5MPa，满足现行规范混凝土最低强度等级要求，混凝土碳化深度为 1.0mm。输水渠边墙间分缝均无明显差异沉降及错位。

3）闸门。引水闸工作闸门涂层厚度均满足涂层推荐厚度最小值要求。闸门未发现变形、扭曲，主要构件涂层局部存在剥落，蚀坑深度小于 0.5mm，或虽有深度为 1.0～2.0mm 的蚀坑，但较分散，腐蚀程度评为 B 级（一般腐蚀）。工作闸门焊缝质量合格。引水闸闸门橡胶止水硬度偏大，老化明显。

4）启闭机。螺杆与吊耳采用钢筋连接不规范，螺杆直线度不满足规范要求。启闭机行程控制装置失效、无荷载限制装置。

5）质量评价。检测结果基本满足标准要求，运行中发现的质量缺陷尚不影响工程安全，评定为 B 级。

（4）左岸引水闸。

1）闸室段。墩、闸底板等混凝土外观质量整体较好。

2）闸门。闸门外观质量整体较好。左岸引水闸工作闸门涂层厚度均满足涂层推荐厚度最小值要求。闸门金属结构未发现变形、扭曲，主要构件涂层局部存在剥落，蚀坑深度小于 0.5mm，或虽有深度为 1.0～2.0mm 的蚀坑，但较分散，腐蚀程度评为 B 级（一般腐蚀）。

3）启闭机。机座和机箱局部存在锈蚀，螺杆和螺母外观质量较好，手动结构可以正常操作。启闭机缺少荷载限制装置、行程控制装置以及开度指示装置。

4）质量评价。检测结果基本满足标准要求，运行中发现的质量缺陷尚不影响工程安全，评定为 B 级。

（5）机电设备和保护装置。泄洪冲砂闸启闭机电动机外壳局部存在锈蚀，引水闸启闭机电动机外壳局部存在变形。2 号孔泄洪冲砂闸的电动机三相电流不平衡度不满足规范要求。泄洪冲砂闸控制柜柜体局部锈蚀、变形。启闭机房及配电房未设置防雷装置。

检测结果基本满足标准要求，运行中发现的质量缺陷尚不影响工程安全，评定为 B 级。

（6）河道及导流堤。上下游河道未见明显淤积、冲刷，导流堤质量整体较好。

检测结果均满足标准要求，运行中未发现质量缺陷，且现状满足运行要求的，评定为 A 级。

3. 工程质量评价结论

综合渠首各建筑物的工程质量分级结论，检测结果基本满足标准要求，运行中发现的质量缺陷尚不影响工程安全，评定为 B 级。

11.5.5 安全复核分析

1. 复核分析工况

结合现状调查和现场安全检测结论，对水闸的安全状态进行复核计算和分析。通过试算，当闸、堰过流总量分别达到设计洪水或校核洪水时，对应的水位即设计洪水位或校核洪水位。渠首过设计洪峰流量 91.7m^3/s 时，对应的水位取 1796.78m；渠首过校核洪峰流量 143m^3/s 时，对应的水位取 1797.22m。因此本工程安全鉴定复核后的特征水位及相应流量如下：设计洪水位 1796.78m，设计洪峰流量 91.7m^3/s；校核洪水位 1797.22m，校核洪峰流量 143m³/s。

2. 防洪标准复核

(1) 渠首建于 2009 年，原设计洪水标准为 20 年一遇，对应洪峰流量 91.7m³/s，校核洪水标准为 50 年一遇，对应洪峰流量 143m³/s。依据《水利水电工程等级划分及洪水标准》(SL 252—2017)，复核后设计洪水标准为 20 年一遇，洪水系列延长后，对应洪峰流量 85.1m³/s，校核洪水标准为 50 年一遇，洪峰流量 131m³/s，本次复核仍然采用原设计标准，洪水标准满足现行规范要求。

(2) 现状在满足泄洪冲砂闸闸顶安全超高情况下，设计洪水位工况下泄洪冲砂闸过流能力为 96.7m³/s，溢流堰过流能力 125m³/s，合计过流能力 221.7m³/s；校核洪水位工况下泄洪冲砂闸过流能力为 108.3m³/s，溢流堰过流能力 144m³/s，合计过流能力 252.3m³/s。该渠首泄流能力满足设计、校核流量 91.7m³/s、143m³/s，过流能力满足要求。

(3) 实测闸墩顶和交通桥高程 1798.5m，本次计算的闸墩顶和交通桥高程 1797.62～1798.56m，经对比，闸墩顶和交通桥高程不满足规范要求。

(4) 上游左岸导流堤最低点计算顶高程 1799～1800.76m，部分堤段高于现状堤顶实测高程 1798.52～1801.22m，超高不满足要求；上游右岸导流堤最低点计算顶高程为 1799.06～1799.33m，部分堤段高于现状堤顶实测高程 1798.52～1799.84m，超高不满足要求；下游左岸导流堤最低点计算顶高程为 1796.95～1796.52m，低于现状堤顶实测高程 1797.2～1796.87m，超过满足要求；下游右岸导流堤最低点计算顶高程为 1796.95～1796.52m，低于现状堤顶实测高程 1797.2～1796.87m，超高满足要求。

(5) 该渠首现状布置不合理：①河道来水流量≤3.2m³/s 时，来水经由溢流堰泄流，引水闸引不上水；②河道来水流量为 46.65m³/s 时，大量洪水经由溢流堰泄流，引水闸分别引取设计流量 5m³/s；引水闸前正常引水位、加大流量引水位均高于设计洪水位，受导沙坎影响，泄洪冲砂闸前挡水位均分别高于设计洪水位、校核洪水位，存在严重的调度隐患，直接影响安全引水或无法引水，并且造成防洪与引水的混乱、失衡；③这种情况与水闸运行调度方案存在严重矛盾，说明现状工程布置尤其是溢流堰的情况存在严重问题。

(6) 依据《水闸安全评价导则》(SL 214—2015) 规定，虽然枢纽建筑物防洪安全满足规范要求，但是挡水工况水闸建筑物超高不足，上游导流堤超高也不足。这些问题能通过工程措施解决，故防洪标准评定为 B 级。

3. 渗流安全复核

(1) 渗径长度分析。泄洪冲砂闸防渗体系由上游铺盖、闸室底板和下游护坦组成，渗径长度为 54.5m，同理可得引水闸和溢流堰的渗径长度分别为 47.65m 和 26.5m，计算渗径长度见表 11.78。可见泄洪闸、引水闸、溢流堰计算渗径长度均小于实际渗径长度，渗径长度满足标准要求。

(2) 渗流稳定。泄洪冲砂闸、引水闸和溢流堰的渗透坡降计算结果见表 11.79，结果表明渗透稳定性满足规范要求。

表 11.78 计算渗径长度结果

部位		允许渗径系数 C	上下游最大水位差 /m	计算渗径长度 /m	实际渗径长度 /m
泄洪冲砂闸	正常引水	3	3.83	11.5	54.5
	校核洪水	3	3.13	9.4	
引水闸		3	1.56	4.68	47.65
溢流堰		3	1.08	3.24	26.5

表 11.79 泄洪冲砂闸、引水闸和溢流堰的渗透坡降计算结果

建筑物名称		部位	计算值	允许坡降	结论
泄洪冲砂闸	正常	水平段	0.061	0.17	满足要求
		出口段	0.064	0.45	满足要求
	校核	水平段	0.049	0.17	满足要求
		出口段	0.052	0.45	满足要求
引水闸		水平段	0.031	0.17	满足要求
		出口段	0.138	0.45	满足要求
溢流堰		水平段	0.031	0.17	满足要求
		出口段	0.064	0.45	满足要求

(3) 综合评价。泄洪冲砂闸、引水闸和溢流堰的渗径长度和渗透坡均满足规范要求，渠首渗流安全满足规范要求，评定为A级。

4. 结构安全复核

(1) 整体稳定。黑沟渠首由1孔引水闸、2孔泄洪冲砂闸和1座溢流堰组成，其中泄洪冲砂闸和引水闸的底板与闸墩为分离式结构，因此在稳定计算时需要单独计算闸墩，本次计算选择了基本组合中的完建期、设计洪水位和特殊组合Ⅰ校核洪水位进行分析计算。

引水闸右边墩在完建期、设计洪水位、校核洪水位三种工况下，基底应力最大值分别为168kPa、145kPa、141kPa，小于地基允许承载力350kPa；应力比分别为1.30、1.49、1.58，小于规范允许值2.0、2.0、2.5；抗滑稳定安全系数分别为5.94、18.22、10.58，大于规范允许值1.25、1.25和1.1；抗浮安全系数分别为5.58、4.63，大于规范允许值1.1和1.05；抗倾覆稳定安全系数为6.77，大于规范允许值1.5。引水闸右边墩基底应力、应力不均匀系数、抗滑稳定安全系数、抗浮稳定系数和抗倾覆稳定安全系数均满足规范要求。

泄洪冲砂闸左边墩在完建期、设计洪水位、校核洪水位三种工况下，基底应力最大值分别为228kPa、182kPa、201kPa，小于地基允许承载力350kPa；应力比分别为1.33、1.14、1.56，小于规范要求2.0、2.0、2.5；抗滑稳定安全系数分别为4.03、5.49、12.93，大于规范要求1.25、1.25和1.1；抗浮安全系数分别为5.95、4.73，大于规范要求的1.1和1.05；抗倾覆稳定安全系数为6.34，大于规范要求的1.5。泄洪冲砂闸左边墩基底应力、应力比、抗滑稳定安全系数、抗浮稳定系数和抗倾覆稳定安全系数均满足规范要求。泄洪冲砂闸中墩在完建期、设计洪水位、校核洪水位三种工况下，基底应力最大

值分别为 211kPa、145kPa、129kPa，小于地基允许承载力 350kPa；计算应力比分别为 1.31、1.18、1.06，小于规范要求 2.0、2.0、2.5；抗滑稳定系数分别为 21.46、12.85，大于规范要求的 1.25、1.25 和 1.1；抗浮安全系数分别为 2.62、2.06，大于规范要求的 1.1 和 1.05。泄洪冲砂闸中墩基底应力、应力比、抗滑稳定系数和抗浮稳定系数均满足规范要求。

翼墙在完建期、设计洪水位、校核洪水位三种工况下，基底应力最大值分别为 160kPa、117kPa、144kPa，小于地基允许承载力 350kPa；计算应力比分别为 1.88、1.25、2.33，小于规范要求的 2.0、2.0 和 2.5；抗滑稳定安全系数分别为 7.52、4.6、6.52，大于规范要求 1.25、1.25 和 1.1。抗倾覆稳定安全系数为 8.05，大于规范要求的 1.5。翼墙基底应力、应力比、抗滑稳定安全系数、抗浮稳定系数和抗倾覆稳定安全系数均满足规范要求。

防冲墙在完建期、设计洪水位、校核洪水位三种工况下，基底应力最大值分别为 68kPa、69kPa、79kPa，小于地基允许承载力 350kPa；计算应力比分别为 1.31、1.43、2.05，小于规范要求的 2.0、2.0 和 2.5；抗滑稳定安全系数分别为 9.14、4.05、1.12，大于规范要求 1.25、1.25 和 1.1。抗倾覆稳定安全系数为 3.04，大于规范要求的 1.5。防冲墙的基底应力、应力比、抗滑稳定安全系数、抗浮稳定系数和抗倾覆稳定安全系数均满足规范要求。

导墙在完建期、设计洪水位、校核洪水位三种工况下，基底应力最大值分别为 193.56kPa、131.15kPa、57.94kPa，小于地基允许承载力 350kPa；应力比分别为 1.55、1.85、1.24，小于规范要求的 2.0、2.0 和 2.5；抗滑稳定安全系数分别为 1.25、1.59、1.64，大于规范要求的 1.25、1.25 和 1.1；抗倾覆稳定安全系数为 1.51，大于规范要求的 1.5，导墙的基底应力、应力比、抗滑稳定安全系数、抗浮稳定系数和抗倾覆稳定安全系数均满足规范要求。

泄洪冲砂闸闸室、引水闸闸室、溢流堰、翼墙、导墙等整体稳定指标均满足规范要求，依据《水闸设计规范》(SL 265—2016) 规定，渠首整体稳定性安全分级为 A 级。

(2) 结构应力。

1) 结构应力复核。包括闸室应力、闸门结构强度和刚度复核。其中泄洪冲砂闸采用弧形闸门、引水闸采用平面钢闸门。泄洪冲砂闸需要复核弧形闸门闸墩支座应力及裂缝，计算根据各分部结构布置型式、尺寸与受力条件等按《水闸设计规范》(SL 265—2016)、《水工混凝土结构设计规范》(SL 191—2008) 规定执行。

2) 泄洪冲砂闸墩内力复核。由于泄洪冲砂闸为分离式结构，在设计和校核工况下，中墩两侧水位一致，水压力共同作用于中墩；左侧闸墩与右侧闸墩受力上的区别在于上部结构不同，左侧闸墩承受的上部结构荷载更大，属于最不利闸墩。因此取左侧闸墩进行内力复核。经计算，校核工况下的左侧闸墩最小压应力为 0.05MPa，最大压应力为 0.2MPa，混凝土强度满足安全运行要求。

3) 排架结构承载力复核。泄洪冲砂闸和引水闸的排架混凝土强度等级为 C25，原设计启闭柱截面尺寸 500mm×500mm，每个侧面 3 根受力筋 Φ32@150mm，箍筋 Φ12@100mm，梁截面高×宽＝600mm×400mm。经复核表明排架承载力安全系数分别 1.10～

1.51，均大于规范要求的安全系数1.20，排架承载力安全评定为A级。

4）闸门支座强度复核。复核泄洪冲砂闸闸门弧形支座附近闸墩局部受拉区裂缝验算、弧形闸门支座尺寸验算、裂缝验算。结果表明弧门支座剪跨比$a/h_0>0.30$，不满足规范要求，其余均满足规范要求；但支座剪跨比大并不影响整体结构。因此泄洪冲砂闸弧门支座结构安全评价为B级。

5）钢筋混凝土结构构造。存在的闸室耐久性不满足规范要求，可以通过后期刷涂层处理；另外交通桥桥板不满足规范耐久性要求，裂缝宽度不满足规范要求，但不影响闸室结构。结构耐久性及构造要求评价为B级。

（3）消能防冲。消能计算工况为：设计洪水位、校核洪水位及常遇洪水工况。计算结果见表11.80～表11.84。结果表明泄洪闸、溢流堰下游齿墙深度不满足要求，根据现场观测，泄槽段后方河道出现两个冲坑，导致齿墙外露，为防止进一步冲刷而影响溢流堰结构安全，设置了抛石防冲槽，且在距离齿墙19.8m处又增设二道埋深3m的防冲墙。因此，根据《水闸安全评价导则》（SL 214—2015），消能防冲设施存在缺陷，消能防冲评价为B级。

表11.80　泄洪冲砂闸上游护底首端冲刷计算结果

建筑物	工况	流量	V_0/(m/s)	q'_m/(m²/s)	h'_m/m	d'_m/m
泄洪冲砂闸	常遇洪水	31.3	1.1	2.54	0.32	1.53
	设计洪水	51.93	1.3	4.22	1.58	1.02
	校核洪水	73.29	1.3	5.96	2.02	1.65

表11.81　各建筑物下游护坦末端冲刷深度计算结果

闸室	工况	流量	V_0/(m/s)	q_m/(m²/s)	h_m/m	d_m/m
泄洪冲砂闸	常遇洪水	31.3	1.2	2.61	0.4	1.99
	设计洪水	51.93	1.3	4.33	0.53	3.13
	校核洪水	73.29	1.3	6.31	0.7	4.57

表11.82　导流堤冲刷深度计算结果

	工况	冲刷处水深H_0/m	行进流速/(m/s)	局部冲刷深度h_B/m
上游左岸导流堤段	常遇洪水	0.96	2.74	1.05
	设计洪水	0.55	3.75	0.36
	校核洪水	0.63	4.05	0.42
上游右岸导流堤段	常遇洪水	0.87	2.87	1.2
	设计洪水	0.60	3.91	0.40
	校核洪水	0.73	4.65	0.53
下游右岸导流堤段	常遇洪水	1.30	3.04	1.39
	设计洪水	1.50	3.38	0.82
	校核洪水	1.90	3.80	1.11

表 11.83 溢流堰冲刷深度计算

部位	工况	冲刷处水深 H_0/m	行进流速/(m/s)	局部冲刷深度 h_B/m
溢流堰	常遇洪水	0.38	3.05	0.22
	设计洪水	1.72	3.75	1.0
	校核洪水	2.16	4.05	1.3

表 11.84 溢流堰下游末端齿墙冲刷深度计算

闸室	工况	流量	V_0/(m/s)	q_m/(m^2/s)	h_m/m	d_m/m
溢流堰	设计	39.8	1.3	2.78	0.66	1.70
	校核	69.7	1.3	4.87	0.94	3.18

(4) 结构安全综合评价。渠首整体稳定安全性为A级，结构应力安全性为B级，消能防冲安全性为B级，依据《水闸安全评价导则》(SL 214—2015)，结构安全性评定为B级。

5. 抗震安全复核

渠首闸室上下游翼墙采用浆砌石结构，根据《水工建筑物抗震设计标准》(GB 51247—2018)的规定闸室宜采用钢筋混凝土整体结构，1级、2级、3级水闸的上游防渗铺盖和下游护坦宜采用混凝土结构，并适当布筋，同时做好分缝止水及水闸闸底和两岸渗流的排水措施。渠首泄洪冲砂闸采用分离式结构，闸室底板采用素混凝土，前后铺盖采用浆砌石结构，因此从闸室构造上角度不满足规范要求。

经复核计算，引水闸、泄洪冲砂闸、翼墙、防冲墙在正常引水位和地震组合工况下，抗滑稳定安全系数均大于规范要求1.05；地基承载力均小于允许值350kPa；基底压力分布不均匀系数均小于规范要求的2.5；翼墙、防冲墙的抗倾覆安全系数大于规范要求的1.4。故枢纽在正常引水位和地震组合工况下的抗滑稳定安全和地基承载力均满足规范要求。

在结构安全上，地震工况下的泄洪冲砂闸底板承载力安全系数为4.99，大于规范要求的1.70；引水闸底板承载力安全系数为12.20，大于规范要求的1.70；泄洪冲砂闸排架顺水流和垂直水流方向的承载力安全系数为1.87、1.86，大于规范要求的1.0；引水闸排架顺水流和垂直水流方向的承载力安全系数为1.76、1.75，大于规范要求的1.0；地震工况下的结构安全满足规范要求。

抗震措施存在缺陷尚不影响总体安全，混凝土底板计算受拉，受压安全系数均大于规范要求，抗震稳定性满足规范要求，抗震安全性评定为B级。

6. 金属结构安全

(1) 工程质量。泄洪冲砂闸工作闸门支臂翼缘涂层厚度不满足涂层推荐厚度最小值要求。工作闸门构件腐蚀程度为B级(一般腐蚀)，支臂腹板蚀余厚度小于6mm。引水闸工作闸门门体及埋件安装检测结果满足规范要求。工作闸门构件腐蚀程度为B级(一般腐蚀)，引水闸闸门橡胶止水硬度偏大，老化明显。

(2) 闸门安全复核。泄洪冲砂闸弧形钢闸门应力复核结果见表11.85、表11.86，结果表明，引水闸平面钢闸门面板结构强度满足规范要求，闸门主梁结构强度、刚度满足规范要求。

表11.85 泄洪冲砂闸弧形钢闸门应力计算结果

序号	名称	材料	计算值	容许值	备注
1	面板折算应力/MPa	Q235	146.27	237.6	面板结构安全
2	主梁最大弯曲应力/MPa	Q235	125.66	144.0	主梁结构安全
3	主梁最大剪应力/MPa	Q235	22.63	85.5	
4	主梁截面折算应力/MPa	Q235	87.17	1.1×144.0	
5	主梁跨中挠度（1/600）/mm		2.11	3.33	
6	支臂平面内稳定性计算应力/MPa	Q235	27.38	144	支臂结构安全
7	支臂平面外稳定性计算应力/MPa	Q235	61.19	144	

表11.86 引水闸平面钢闸门应力计算结果

序号	部位及计算类别	材料	计算值		容许值	备注
			引水闸	左岸引水闸		
1	面板折算应力/MPa	Q235	173.0	24.6	237.6	面板结构安全
2	主梁弯应力/MPa	Q235	84.4	16.8	144.0	主梁结构安全
3	主梁剪应力/MPa	Q235	21.9	10.2	85.5	
4	主梁挠度（1/750）/mm	/	2.5	0.4	[4]、[0.8]	

（3）启闭机安全复核。启闭机启闭能力按《水利水电工程钢闸门设计规范》（SL 74—2019）复核。弧形闸门和平面闸门的启闭力计算见表11.87，启闭机选型满足闸门启闭需求。

表11.87 水闸启门力、闭门力计算结果

闸门名称	闸门形式	闸门尺寸/（宽m×高m）	启门力/kN	闭门力/kN	启闭机启闭力/kN
泄洪冲砂闸	弧形闸门	5.5×2.4	42.76	−21.16	2×50
引水闸	平面闸门	3.0×2.0	33.24	−10.35	50

（4）综合评价。依据《水闸安全评价导则》（SL 214—2015），金属结构存在质量缺陷尚不影响安全运行，评定为B级。

7. 机电设备安全

枢纽供电由10kV线路供电，设置80kVA变压器1台，额定电压10000±5%/400V。变压器置于管理房上游侧，设备各部件完整无缺，外壳无锈蚀，瓷瓶无损伤；启闭机房未布设防雷装置；泄洪冲砂闸、引水闸启闭机电动机绝缘电阻和电机定子绕组直流电阻偏差满足规范要求，但三相电流不平衡度不满足规范要求，电动机三相电压偏差满足规范要求；配电柜整体外观较好，柜内主要部件外观完好，运行正常；主回路绝缘电阻和控制回路绝缘电阻满足规范要求。

泄洪冲砂闸控制柜柜体存在局部锈蚀、变形现象，但元器件完好。控制柜的主回路绝

缘电阻和控制回路绝缘电阻均满足规范要求。电缆的绝缘电阻满足规范要求。电气设备接地阻抗值满足规范要求。引水闸配电柜整体外观较好，柜内主要部件外观完好。电缆的绝缘电阻满足规范要求。电气设备接地阻抗值满足规范要求。

依据《水闸安全评价导则》（SL 214—2015），渠首机电设备存在质量缺陷，尚不影响安全运行，故机电设备安全评定为B级。

11.5.6 安全评价和建议

根据本次现场调查分析、土石结构、混凝土结构、金属结构、机电设备安全检测及各项安全复核，在工程质量和安全复核分级基础上评定水闸安全类别，其中渗流稳定评价为A级，其余复核评价为B级，因此，黑沟渠首综合评定为二类闸。

为保证渠首泄洪引水安全及结构安全、满足规范标准要求、谋求更为合理的工程布置和下游灌区现代化建设要求，建议做好渠首预报预警，严格按照控制运用计划进行安全运行管理，建立健全自动化监测和闸控设备。

11.6 刘埠一级渔港水闸安全检测与评估分析

11.6.1 工程概况

江苏省如东县刘埠一级渔港是江苏省南通外向型农业综合开发区的基础建设工程之一。刘埠一级渔港水闸工程（掘苴新闸下移）为刘埠一级渔港配套工程，位于如东县苴镇刘埠村掘苴新闸外海侧，距离掘苴新闸下游2.5km处，具有挡潮、排涝、降渍、通航等功能。刘埠一级渔港水闸工程等别为Ⅲ等，工程规模为中型，主要水工建筑物级别为2级。单孔净宽10.00m，共5孔，设计排涝流量538.00m^3/s。工程于2016年7月主体工程完工，投入试运行。水闸剖面图见图11.3。

根据《中国地震动参数区划图》（GB 18306—2015），工程所在区域对应Ⅱ类场地基本地震动峰值加速度值为0.10g，基本地震动加速度反应谱特征周期为0.40s。根据《水工建筑物抗震设计标准》（GB 51247—2018），抗震设防烈度为Ⅶ度。

1. 闸室结构

水闸单孔净宽10m，共5孔，闸室布置形式采用“两孔一联＋一孔＋两孔一联”的方式，均为整体式平底闸。中孔为通航孔，为开敞式水闸；两侧边孔为泄水孔，为开敞式带胸墙水闸。5孔水闸均为钢筋混凝土坞式结构。闸室底板顶面高程－2.00m（国家1985高程系，下同），厚1.50m，顺水流方向长20.00m，垂直于水流方向总长59.05m。水闸内河侧、外海侧均设厚0.80m、宽1.50m齿墙，两侧边孔的临土侧设厚0.80m、宽1.50m齿墙。闸室分为三联，垂直水流方向长度分别为23.50m、12.00m、23.50m，每联间设宽2.50cm分缝。水闸中墩厚1.30m，边墩厚1.20m，缝墩厚1.00m。边墩外设空箱式岸墙。边墩与空箱式岸墙设宽2.50cm分缝，缝间设水平、垂直止水和嵌缝材料。

闸墩内河侧顶高程4.40m，外海侧顶高程9.00m。两侧边孔胸墙底高程为3.00m，胸墙顶高程9.00m，为板梁式结构。中墩、缝墩头部形状为半圆形，墩体上设工作门槽和检修门槽。上部设墩墙式排架、工作桥、启闭机房、交通桥和检修便桥，两侧岸墙上建桥头堡。工作桥为钢筋混凝土板梁结构，桥面高程16.14m，宽5.50m。工作桥共设4片

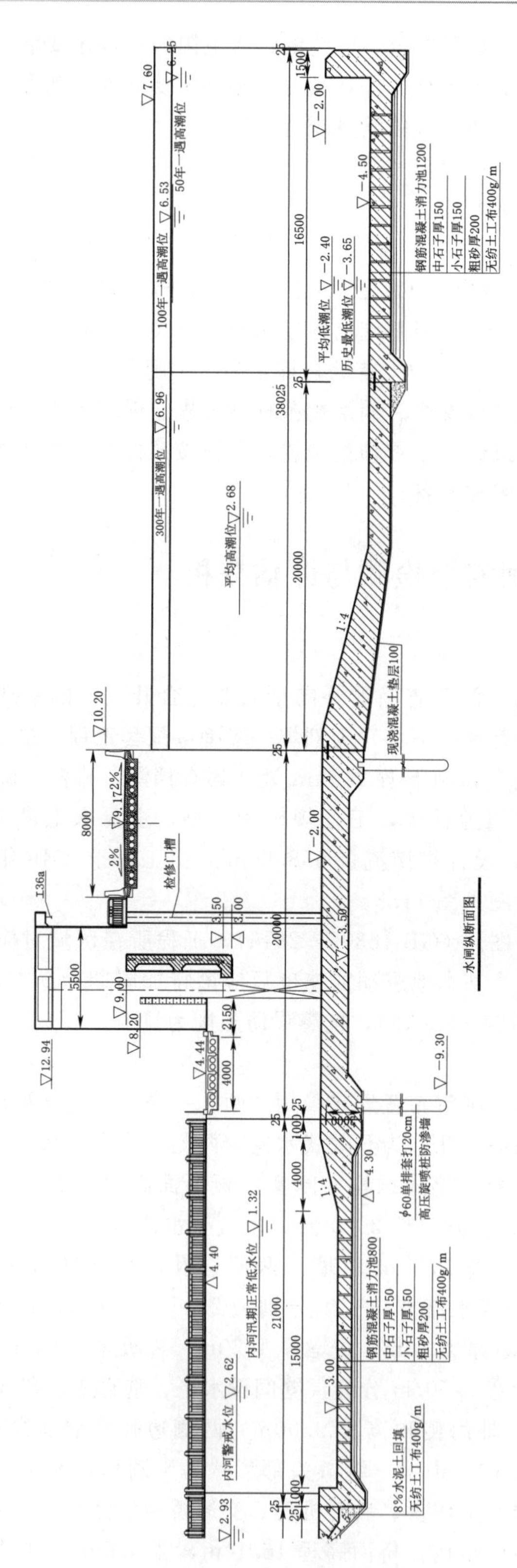

图 11.3 刘埠一级渔港水闸剖面图（单位：m）

主梁，梁高 1.20m，梁宽 0.40m，桥面板厚 0.20m。交通桥布置于闸室外海侧，汽车荷载等级公路-Ⅱ级，采用预制钢筋混凝土空心简支板，桥总宽 8.00m、净宽 7.00m，桥面中心高程 9.17m，空心板板厚 0.55m，桥面设双向 2%排水横坡。检修便桥布置于两侧边孔内河侧，中孔未布置检修便桥，总宽 4.50m，净宽 4.00m，采用预制钢筋混凝土空心简支板，桥面中心高程 4.44m。

2. 上、下游翼墙

闸室内河侧、外海侧设直线和圆弧翼墙。内河侧翼墙共分五级，其中：一级翼墙为钢筋混凝土扶壁式挡土墙，墙顶高程 4.40m，墙后填土高程 4.40m，翼墙底板为渐变式，底高程－3.10m，扶壁厚 0.50m，扶肋间距 4.40m，底板前趾部位设抗滑齿坎，齿坎高 0.80～2.30m；二、三级翼墙为钢筋混凝土扶壁式挡土墙，墙顶高程为 4.40m，墙后填土高程 4.40m，翼墙底板底高程为－2.10m，扶壁厚 0.50m，扶肋间距分别为 4.75m、4.60m，墙顶设栏杆，底板前趾部位设抗滑齿坎，齿坎高 0.80m；四级翼墙为钢筋混凝土扶壁式挡土墙，墙顶高程为 4.40m，墙后填土高程 4.40m，翼墙底板底高程－2.10m，扶壁厚 0.50m，墙顶设栏杆，平面圆弧形布置，圆弧形翼墙两扶壁中心线夹角 19°～20°；五级翼墙为钢筋混凝土扶壁式挡土墙，墙顶高程为 4.40m，墙后填土高程 4.40m，翼墙底板底高程－2.10m，扶臂厚 0.50m，扶肋间距 4.60m，底板前趾部位设抗滑齿坎，齿坎高 0.80m。

外海侧翼墙共分四级，一、二级翼墙为消力池两侧翼墙，平面直线形布置；三级翼墙平面圆弧形布置；四级翼墙平面直线形布置。其中，一级翼墙采用空箱扶壁式钢筋混凝土挡土墙，空箱顶高程 6.60m，墙后填土高程 6.40m，空箱上设高 1.00m、厚 0.25m 挡浪墙，防浪墙顶高程为 7.60m，翼墙底板为渐变式，翼墙底板底高程－2.90～－4.80m，扶臂厚 0.50m，扶肋间距 3.50m，齿坎高 1.20～2.30m，箱内填土顶面高程为 1.0m；二级翼墙采用空箱扶壁式钢筋混凝土挡土墙，空箱顶高程 6.60m，墙后填土高程 6.40m，空箱上设高 1.00m、厚 0.25m 挡浪墙，防浪墙顶高程为 7.60m，翼墙底板底高程－4.80m，扶壁厚 0.50m，扶肋间距 3.875m，齿坎高 1.20m，箱内填土顶面高程为 1.00m；三级翼墙采用空箱扶壁式钢筋混凝土挡土墙，空箱顶高程 6.60m，墙后填土高程 6.40m，空箱上设高 1.00m、厚 0.25m 挡浪墙，防浪墙顶高程为 7.60m，翼墙底板底高程－3.30m，扶壁厚 0.50m，圆弧形翼墙两扶壁中心线夹角 15.6°～16.3°，齿坎高 1.20m，箱内填土顶面高程为 1.00m；四级翼墙为钢筋混凝土扶壁式挡土墙，墙顶高程为 6.60m，上设高 1.00m、厚 0.25m 挡浪墙，防浪墙顶高程为 7.60m，墙后填土高程 6.40m，翼墙底板底高程－1.10m，扶壁厚 0.50m，扶肋间距 4.35～4.40m，齿坎高 1.20m。

岸墙为钢筋混凝土空箱结构，顺水流方向长 20.0m，垂直水流方向长 11.7m。底板顶高程－2.00m，厚 0.90m。外海侧岸墙顶板兼作交通桥道板，外海侧顶高程 8.98～9.10m，厚 0.7m；内河侧顶板顶高程 4.32m。岸墙箱体内设纵横隔墙，墙厚 0.5m，顺水流方向设 3 道隔墙，垂直水流的方向设 1 道隔墙，临水侧空箱内填土高程 1.00m，临土侧空箱内填土高程 2.50m。

3. 上下游护底、护坡

内河侧依次设长 21.00m、深 1.00m、厚 0.80m 钢筋混凝土消力池，斜坡段长

4.00m，坡比1∶4（坡比下降），消力池末端设梅花形排水孔，消力池尾槛高程－2.00m；后接长10.00m、厚0.50m钢筋混凝土护底，护底尾部顶高程－2.00m；后接长15.00m、厚0.30m灌砌块石护底，护底尾部顶高程－2.00m；后接长15.00m、厚0.30m干砌块石护底，护底尾部顶高程－2.00m；后接7.50m长防冲槽，槽深1.50m；后接河道，内河侧河道底高程－2.00m。

外海侧设长38.00m、厚1.20m、深2.50m钢筋混凝土消力池，斜坡段长4.00m，坡比1∶4（坡比下降），消力池末端设梅花形排水孔，消力池尾槛高程－2.00m；后接长27.00m（15.00m＋12.00m）、厚0.50m钢筋混凝土海漫，分为两段，海漫尾部顶高程－2.50m；后接长20.00m（2×10.00m）、厚0.30m灌砌块石海漫，坡比6.4%（坡比下降），海漫尾部顶高程－3.78m；后接长60.00m（6×10.00m）、厚0.30m干砌块石海漫，海漫尾部顶高程－3.78m；后接长14.00m防冲槽，槽深2.00m；后接河道，河道高程为－3.28m。外海侧钢筋混凝土海漫末端设防冲排桩，采用劲性复合桩，外芯为直径0.80m高压旋喷桩，内插直径0.40m PHC管桩，排桩外芯长16.00m，管桩内芯长12.00m。

4. 闸门及启闭机

中孔上、下扉门为平面直升式钢闸门，露顶式，上扉门闸门顶高程7.50m，下扉门闸门顶高程3.50m，上、下扉门采用QPQ2×250kN-8（12.5）m卷扬式启闭机启闭。上扉门门叶尺寸10.64m×4.40m，双吊点，吊点中心距为5.20m，下扉门门叶尺寸9.94m×5.50m，双吊点，吊点中心距为8.50m。闸门门叶材料采用Q235钢材制成，采用喷锌加封闭漆防腐。外海侧设检修门槽，检修闸门由7块浮箱叠梁组成，采用2×CD1-50kN电动葫芦启闭。

边孔闸门为平面直升式钢闸门，门顶设胸墙，闸门顶高程3.50m，采用QPQ2×250kN-12.5m卷扬式启闭机启闭。门叶尺寸9.94m×5.50m，双吊点，吊点中心距为8.50m。闸门门叶材料采用Q235钢材制成，采用喷锌加封闭漆防腐。外海侧设检修门槽，检修闸门由7块浮箱叠梁组成，采用2×CD1-50kN电动葫芦启闭。

11.6.2 地基情况与处理措施

1. 工程地质

工程位于黄海漫滩区至潮间带，地貌类型属苏北滨海平原区海滩，地貌单一，地势向海域微倾，地面高程一般为－0.85～0.95m，平均高潮位时水深1～3m，平均低潮位时露滩。成陆时间较晚，主要覆盖第四纪松散沉积物，以粉土、粉砂及粉质粉砂为主，地质条件较差，在潮流作用下，冲刷与淤积基本达到了动态平衡。

勘探深度45.50m以浅地基土体，根据其物理力学性质、岩性、成因等差异，可划分为3个工程地质层9个亚层。

第①$_2$层：粉土。很湿，以粉土为主，夹粉砂薄层，局部夹层多见，干强度低，低韧性，摇振反应迅速，无光泽，欠均质。灰，稍密，均有分布。层底高程－0.19～－6.95m，厚度7.00～1.00m。

第②$_3$层：粉砂。饱和，以粉砂为主，主要矿物成分为石英、长石、云母等，含少量贝壳碎屑，局部夹少量粉土、粉质粉砂薄层，欠均质。青灰夹灰，稍密为主，局部中密，大部区域为粉土，仅J56、J59孔缺失。层底高程－5.52～－9.00m，厚度7.00～2.50m。

第②$_4$层：淤泥质粉质粉砂。以淤泥质粉质粉砂为主，夹粉砂薄层，局部夹层多见，干强度中等，中等韧性，摇振反应无，稍有光泽，具水平层理，欠均质。灰，流塑，均有分布，层底高程－16.35～－19.30m，厚度5.40～1.50m。

第②$_{4c}$层：粉土。很湿，以粉土为主，夹粉砂薄层，局部夹层多见，干强度低，低韧性，摇振反应迅速，无光泽，欠均质。灰，稍密，均有分布，为2～4层夹层，层底高程－12.15～－16.60m，厚度5.00～1.50m。

第②$_5$层：粉砂。饱和，以粉砂为主，主要矿物成分为石英、长石、云母等，局部夹少量粉土薄层，具水平层理，欠均质。灰，稍密～中密，均有分布，层底高程－19.52～－24.80m，厚度6.50～2.60m。

第②$_6$层：粉质粉砂。以粉质粉砂为主，局部夹少量粉土薄层，干强度中等，中等韧性，摇振反应无，稍有光泽，欠均质。灰夹褐灰，软塑，局部分布于场地中部及南侧，层底高程－22.52～－26.03m，厚度4.20～2.00m。

第③$_1$层：粉质粉砂。含铁锰质氧化物，干强度中等，中等韧性，摇振反应无，稍有光泽，尚均质。暗绿～灰黄，硬可塑，均有分布，层底高程－23.85～－27.83m，厚度4.20～1.00m。

第③$_2$层：粉质粉砂。以粉质粉砂为主，局部夹少量粉砂薄层，干强度中等，中等韧性，摇振反应无，稍有光泽，欠均质。灰黄夹灰，软塑～可塑，均有分布，层底高程－26.45～－33.75m，厚度7.30～1.00m。

第③$_3$层：粉砂。饱和，以粉砂为主，主要矿物成分为石英、长石、云母等，局部偶夹少量粉土薄层，具水平层理，尚均质。青灰，密实为主，局部稍密，未穿透层底高程－26.45～－33.75m，厚度7.30～1.00m。

2. 地基处理措施

闸室底板四周采用直径0.60m高压旋喷桩防渗墙围封，桩底高程－9.30m。

内河一级翼墙前趾下设直径0.60m高压旋喷防渗墙，墙底高程－9.30m；二至四级翼墙前趾下设直径0.60m高压旋喷防渗墙（底板下1.50m范围内复喷形成直径0.80m的加固区域），墙底高程－9.30m。外海侧一、二级翼墙下设直径0.60m高压旋喷桩防渗墙，墙底高程－9.30m；三、四级翼墙前趾下设直径0.60m高压旋喷防渗墙（底板下1.50m范围内复喷形成直径0.80m的加固区域），墙底高程－9.30m。闸室底板基础采用桩径直径0.70m＋直径0.22m（外芯＋内芯）的劲性复合桩，外芯长为8.50m，内芯长为8.00m，桩数为430根。

内河侧一级翼墙底板基础采用桩径直径0.70m＋直径0.22m（外芯＋内芯）劲性复合桩，外芯长为9.50～14.00m，内芯长为8.00m，桩数为170根；内河侧二至五级翼墙底板基础采用桩径直径0.70m＋直径0.22m（内芯＋外芯）的劲性复合桩，外芯长为10.50～15.00m，内芯长为8.00m，桩数为744根。外海侧一级翼墙基础采用84根长24.00m、直径0.80m钻孔灌注桩，桩端部高程－28.20～－29.60m，外海一级翼墙基础外侧增加两排桩径直径0.70m＋直径0.22m（内芯＋外芯）的劲性复合桩，外芯长为11.00～15.00m，内芯长为8.00m，桩数为40根；外海侧二级翼墙基础采用

80 根长 24.00m、直径 0.80m 钻孔灌注桩，桩端部高程－28.70～－29.60m，外海侧二级翼墙基础外侧增加两排桩径直径 0.70m＋直径 0.22m（内芯＋外芯）的劲性复合桩，外芯长为 11.00～15.00m，内芯长为 8.00m，桩数为 40 根；外海侧三级翼墙底板基础采用桩径直径 0.70m＋直径 0.22m（内芯＋外芯）劲性复合桩，外芯长为 9.50～13.50m，内芯长为 8.00m，桩数为 250 根；外海侧四级翼墙底板基础采用桩径直径 0.70m＋直径 0.22m（内芯＋外芯）劲性复合桩，外芯长为 11.50～15.50m，内芯长为 8.00m，桩数为 208 根。

岸墙底板基础采用桩径直径 0.70m＋直径 0.22m（内芯＋外芯）劲性复合桩，外芯长为 9.00m，内芯长为 8.00m，桩数为 164 根。

11.6.3 现状调查分析评价

开展混凝土建筑物、闸门和启闭机、机电设备和安全监测设施等现场检查，重点检查建筑物、设备、设施的完整性和运行状态等。

1. 混凝土结构安全状态

经现场调查，胸墙、翼墙、桥头堡、交通桥及工作桥等混凝土结构外观质量整体较好；启闭机房装饰吊顶及地板局部缺失；检修便桥铺装层未施工完成；3 号孔上游侧闸墩混凝土局部撞损，翼墙未发现异常沉降、倾斜、滑移等，启闭机房与两侧桥头堡分缝存在不均匀沉降。工程范围内混凝土结构整体安全状态较好。

2. 闸门和启闭机安全状态

由于过往船舶撞击 3 号孔下扉门底梁（槽钢）发生中部断裂；闸门门体局部锈蚀，主轮锈蚀，且门槽内生活垃圾较多，闸门整体安全状态一般。工作闸门启闭机结构完整，启闭机外观整体质量较好，运行正常，但 3 号孔下扉门钢丝绳存在断丝。检修闸门启闭机目前无法正常启动，启闭机整体安全状态评估为较好。

3. 机电设备安全状态

电动机地脚螺栓连接紧固，轴承无渗油，线圈排列整齐，电动机壳局部锈蚀；控制柜外观无锈蚀、变形，元器件完好，操作按钮、标志标识完整齐全，指示灯、按钮完好；发电机试车正常。油路、管路无异常，蓄电池状况良好，油箱与发电机组放置于一个房间，未按照消防要求单独设置储油间，不满足消防要求，启闭机房照明用电与启闭机动力用电存在混用现象。机电设备整体安全状态较好。

4. 安全监测

刘埠一级渔港水闸设有视频监控、沉降观测、扬压力观测及水位观测设施。

沉降观测点共布置 58 个测点，其中上游翼墙布置 20 个测点，下游翼墙布置 28 个测点，闸墩布置 10 个测点，测点完好率为 98.27%。从累计位移量看，下游右侧翼墙 XYY4－2 点号累计位移沉降量为 364.9mm，下游左侧翼墙 XZY4－2 点号累计位移沉降量为 230.6mm，个别点出现较大的沉降。根据这些沉降异常点的分布位置的分缝变化情况进行查看，分缝两侧并未发现明显的错位情况，初步分析变化异常的原因为初始测量高程存在偏差。

在上游河道选取 8 个断面，下游河道选取 9 个断面开展河道断面的测量工作，刘埠一级渔港水闸上下游河道局部淤积和冲刷。

扬压力共布置 3 个监测点，均布置在 3 号孔底板。目前扬压力监测数据异常，建议对扬压力监测点进行维修。

5. 水闸安全管理评价

根据《水闸安全评价导则》(SL 214—2015)，评价工程安全管理。结果表明工程管理与保护范围尚未完全到位，在管理上存在盲区，工程管护范围不明确，管理人员数量或素质不满足管理要求，2017 年 12 月主体工程完工验收至今，仍未完成竣工验收，导致维修养护资金没有着落，管理经费未到位，且一直未注册登记；其次运行管理制度暂时参照附近其他水闸的管理制度，安全监测能满足运行要求，但无法按审批的控制运用计划合理运用。2022 年 4 月，正式用电尚未接通，备用电源也未到位，临时采用县防汛仓库的应急发电设备。管理用房及配套设施尚未开建，检修便桥桥面仍未建成。因管理设施不到位，资金不到位，日常巡查、维修养护等制度不能落实到位，工程设施无法得到有效维护。因此，工程安全管理评价为差。

11.6.4 安全检测分析与质量评价

1. 现场安全检测项目

根据现状调查分析结果，确定刘埠一级渔港水闸的现场安全检测项目。其中土建工程现场安全检测内容主要包括外观质量缺陷检查、混凝土抗压强度检测、钢筋保护层厚度及混凝土碳化深度检测和细部构造工程检查；金属结构现场检测项目主要包括巡视检查、外观与现状检测、腐蚀检测、焊缝无损检测、金属硬度检测、启闭机运行状况检测；机电设备现场检测内容主要包括外观检查、电动机、变压器、电力电缆、控制柜、接地电阻。根据工程现状和运用情况，开展混凝土结构水下探摸。

2. 安全检测成果与分析

(1) 闸室。交通桥、胸墙、工作桥、排架及桥头堡等外观质量整体较好；下游 3 号孔左右侧闸墩，由于船只通航碰撞，局部撞损，破损体积 1.28m^3。闸墩混凝土抗压强度推定值为 37.6～45.1MPa。排架混凝土抗压强度推定值为 39.5～40.7MPa。检修便桥混凝土抗压强度推定值为 51.9MPa。4 号闸墩混凝土保护层厚度不满足设计要求，保护层厚度负偏，目前外层已经涂刷氟硅防护材料防碳化处理，对耐久性起到一定作用；其余构件的保护层厚度均满足设计要求；闸墩混凝土碳化均为 B 类碳化，混凝土结构内钢筋未发生锈蚀。1 号闸墩及 6 号闸墩的垂直度不满足规范要求。翼墙与闸墩、闸墩与闸墩及排架与排架间等的分缝质量整体较好，但闸墩与岸墙存在不均匀沉降，启闭机房与右侧桥头堡之间分缝宽 2cm，启闭机房与左侧桥头堡之间分缝宽 1.5cm。

(2) 上、下游连接段。下游右侧护坡退潮后存在冒水现象。下游海漫底板与消力池接触部位（1～2 号孔对应位置)，存在长 25m、宽 60cm、深 20cm 的混凝土破损；4 号孔对应位置靠近消力池部位，存在长 20m、宽 20cm、深 10cm 的混凝土破损。两侧护坡水下区域淤积较厚，淤泥厚度超过 20cm 并逐渐变厚。经检测，混凝土抗压强度及保护层厚度均满足设计要求。翼墙混凝土碳化均为 B 类碳化。混凝土结构钢筋未发生锈蚀。上游左侧 1 号翼墙、上游左侧 4 号翼墙、上游右侧 4 号翼墙、上游右侧 5 号翼墙、下游左侧 3 号翼墙、下游左侧 4 号翼墙的垂直度均不满足规范要求。所取混凝土试样氯离子含量均低于临界值，不容易诱发钢筋锈蚀。上下游翼墙间分缝存在不同程度的错位；分缝缝宽最大35mm，为下游右侧2号与3号翼墙间分缝；分缝前后错位最大15mm，为上游左侧2号与3号翼墙间分缝；分缝上下错位最大16mm，为下游右侧4号与5号翼墙分缝。

（3）闸门。工作闸门漏水明显，闸门门体局部存在锈蚀；3号闸门下扉门底梁（槽钢）被过往船只撞击变形、断裂；侧轮锈蚀明显，转动不灵活；闸门吊耳局部锈蚀，止水螺栓锈蚀明显；闸门防腐蚀涂层最小局部厚度均满足设计要求，腐蚀程度为B级；焊缝质量均合格。检修闸门外观质量整体较好，上游侧面板防腐蚀涂层最小局部厚度不满足设计要求，腐蚀程度为B级。

（4）启闭机。工作闸门启闭机的制动轮表面及滑轮组锈蚀明显，但电动机三相电流不平衡度、三相电压偏差、减速器运行噪声等满足规范要求。启闭机开式齿轮副齿面硬度、制动轮制动面硬度满足规范要求。检修闸门启闭机滑轮锈蚀明显，传动轴及联轴器存在锈蚀，导致检修闸门启闭机无法正常运行。

（5）电气设备。启闭机电动机、控制柜、馈线柜、变压器外观质量整体较好，且运行正常。发电机本体未有效固定，本体与排气管局部锈蚀。启闭机电动机及备用电源的绝缘电阻满足规范要求。但备用电源、2P3配电柜、2P2配电柜及2P1配电柜的接地电阻不满足规范要求。临时采用的备用电源型号为GT200GF，额定频率50Hz，额定功率200kW额定电压400V，发电机电源进线、出线均正常，油路、水路正常，但未有效固定，油箱与发电机组放置于一个房间，未按消防要求单独设置储油间，不满足消防要求。启闭机房照明用电与动力用电混用。

3. 工程质量分析

下游3号孔左右侧闸墩，由于船只通航碰撞，局部撞损。4号闸墩混凝土保护层厚度不满足设计要求，保护层厚度负偏；1号闸墩及6号闸墩垂直度不满足规范要求；下游海漫底板与消力池接触部位，存在长25m、宽60cm、深20cm的混凝土破损；4号孔对应位置靠近消力池部位，存在长20m、宽20cm、深10cm的混凝土破损。翼墙垂直度检测结果较前次呈现增长趋势。闸门门体局部存在锈蚀现象，3号闸门下扉门底梁（槽钢）被过往船只撞击导致变形、断裂。闸门腐蚀程度为B级。启闭机房照明用电与启闭机动力用电存在混用现象。

4. 工程质量评价结论

检测结果基本满足标准要求，运行中发现的质量缺陷尚不影响工程安全，工程质量评定为B级。

11.6.5 安全复核分析

1. 复核分析工况

因水利规划和功能未发生改变，复核条件与原设计及防渗加固工况保持一致。挡潮标准采用100年一遇高潮位设计，设计潮水位6.53m；300年一遇高潮位校核，校核潮水位6.96m。

2. 防洪标准复核

（1）闸顶高程。水闸闸室为2级水工建筑物，内河侧闸墩顶高程4.40m，外海侧闸墩顶高程为9.00m，不同工况组合下的闸顶高程水位复核结果见表11.88，闸顶高程均满足要求。

表 11.88　　闸顶高程水位复核结果　　单位：m

工况组合		水位	加高值	波高	闸顶高程
内河侧挡水	警戒挡水位	2.62	0.40	0.60	3.62
外海侧挡水	设计潮水位	6.53	0.50	0.82	7.85
	校核潮水位	6.96	0.40	0.59	7.95
内河侧泄水	设计高水位	2.93	1.00	—	3.93

中孔为通航孔，采用露顶式闸门，闸门顶高程 7.50m，高出最高挡水位 6.96m 以上 0.54m（大于规定的 0.30m），中孔闸门防洪高程满足要求。交通桥梁底高程 8.39m，高出最高过流水位 2.93m 以上 5.46m，交通桥防洪高程满足要求。

（2）过流能力。水闸 10 年一遇设计流量 $424m^3/s$，20 年一遇设计流量 $538m^3/s$。复核结果见表 11.89，水闸过流能力满足要求。

表 11.89　　过闸流量复核结果

计算工况	水位控制值/m		水位差/m	过闸流量/(m^3/s)
	内河侧	外海侧		
水位组合 1	2.62	2.42	0.20	461.4
水位组合 2	2.93	2.68	0.25	540.8

（3）综合评价。水闸闸顶高程和现状过流能力满足规范要求，防洪标准评价为 A 级。

3. 渗流安全复核

（1）渗径长度分析。水闸最大水位差为 6.27m，闸基不透水轮廓线长度包括：内河侧不透水长度 6.36m，闸底板不透水长度 40.56m，外海侧不透水长度 24.92m，总渗径长度为 71.84m，$L=71.84m \geqslant C\Delta H=68.97m$，满足规范要求。

（2）渗透坡降分析。根据《水闸设计规范》（SL 265—2016），闸底板坐落在粉砂上，结果见表 11.90，在最不利水位组合工况下的水平段及出口段的渗透坡降均满足规范要求。

表 11.90　　计算水位组合的渗透坡降值

工况	内河侧/m	外海侧/m	水位差/m	分段类型	渗流坡降最大值	允许值
正向校核	6.96	1.32	5.64	水平段	0.068	0.05～0.07
				出口段	0.134	0.25～0.30
反向校核	−3.65	2.62	6.27	水平段	0.070	0.05～0.07
				出口段	0.151	0.25～0.30

（3）综合评价。水闸基底渗径长度及渗流稳定均满足规范要求，渗流安全评价为 A 级。

4. 结构安全复核

（1）闸室。闸室稳定计算结果见表 11.91、表 11.92。根据设计单位和施工单位编制的施工设计说明书，闸室、内河侧翼墙基础复合地基承载力特征值不小于 170kPa；外海侧一、二级翼墙基础灌注桩单桩竖向承载力特征值不小于 1150kN，单桩水平力特征值不小于 180kN。复核结果表明：刘埠一级渔港水闸闸室基底应力、应力比、抗滑稳定性均满足规范要求。

表 11.91 中孔闸室稳定验算结果

计算工况	内河侧/m	外海侧/m	基底应力/kPa			应力不均匀系数 η	抗滑安全系数 K_c
			σ_{max}	σ_{min}	σ_{ave}		
正向设计	1.32	6.53	103	87	95	1.19	1.93
正向校核	1.32	6.96	103	90	97	1.14	1.76
反向设计	2.62	−2.40	96	83	89	1.15	2.82
反向校核	2.62	−3.65	105	94	99	1.11	2.93
允许值	—	—	204	—	170	2.00/2.50	1.30/1.15

表 11.92 两孔一联闸室稳定验算结果

计算工况	内河侧/m	外海侧/m	基底应力/kPa			应力不均匀系数 η	抗滑安全系数 K_c
			σ_{max}	σ_{min}	σ_{ave}		
正向设计	1.32	6.53	107	83	95	1.28	1.93
正向校核	1.32	6.96	106	87	97	1.23	1.75
反向设计	2.62	−2.40	105	72	89	1.46	2.81
反向校核	2.62	−3.65	113	82	97	1.39	2.87
允许值	—	—	204	—	170	2.00/2.50	1.30/1.15

（2）翼墙结构。翼墙稳定计算结果见表 11.93～表 11.97。内河侧一、二级翼墙及外海侧四级翼墙基底应力、应力比、抗滑稳定性均满足规范要求，外海侧一、二级翼墙单桩竖向力、不均匀系数和单桩水平力也均满足规范要求。

表 11.93 内河侧一级翼墙复核结果

计算工况	墙前 m	墙后/m	基底应力/kPa			应力不均匀系数 η	抗滑安全系数 K_c
			σ_{max}	σ_{min}	σ_{ave}		
水位组合 1	1.32	2.32	114	69	92	1.64	1.86
水位组合 2	1.32	2.82	128	65	96	1.95	1.70
允许值	—	—	204	—	170	2.00/2.50	1.25/1.10

表 11.94 内河侧二级翼墙复核结果

计算工况	墙前 m	墙后/m	基底应力/kPa			应力不均匀系数 η	抗滑安全系数 K_c
			σ_{max}	σ_{min}	σ_{ave}		
水位组合 1	1.32	2.32	89	47	68	1.90	1.37
水位组合 2	1.32	2.82	94	41	67	2.31	1.21
允许值	—	—	204	—	170	2.00/2.50	1.25/1.10

表 11.95　　外海侧一级翼墙复核结果

计算工况	墙前 m	墙后 /m	单桩桩顶竖向力/kN			应力不均匀系数 η	单桩水平力 /kN
			最大值	最小值	平均值		
水位组合 1	−2.40	0.00	595	587	590	1.01	111
水位组合 2	−3.65	−1.25	617	612	613	1.01	117
允许值	—	—	1380	—	1150	2.00/2.50	180

表 11.96　　外海侧二级翼墙复核结果

计算工况	墙前 m	墙后 /m	单桩桩顶竖向力/kN			应力不均匀系数 η	单桩水平力 /kN
			最大值	最小值	平均值		
水位组合 1	−2.40	0.00	682	561	602	1.22	167
水位组合 2	−3.65	−1.25	709	621	650	1.14	160
允许值	—	—	1380	—	1150	2.00/2.50	180

表 11.97　　外海侧四级翼墙复核结果

计算工况	墙前 m	墙后 /m	基底应力/kPa			应力不均匀系数 η	抗滑安全系数 K_c
			σ_{max}	σ_{min}	σ_{ave}		
水位组合 1	1.32	2.32	143	99	121	1.44	2.43
水位组合 2	1.32	2.82	142	112	127	1.27	2.55
允许值	—	—	204	—	170	2.00/2.50	1.30/1.15

(3) 消能防冲。水闸消能防冲复核计算主要包括消力池长度、深度和底板厚度，海漫长度等。复核结果见表 11.98。复核结果表明：内河侧、外海侧消力池深度、长度、底板厚度、海漫长度均满足消能防冲要求。

表 11.98　　消能设施复核结果

计算工况	内河侧 /m	外海侧 /m	闸门开度 /m	过闸流量 /(m^3/s)	计算结果			
					消力池深度 /m	消力池长度 /m	消力池厚 /m	海漫长度 /m
排涝工况	2.93	−1.40	1.87	538	0.54	25.39	0.71	55.69
	2.93	−0.40	1.87	538	0.19	25.39	0.66	52.15
	2.93	0.60	1.87	538	0	25.39	0.61	47.70
排涝工况	2.93	1.10	1.87	538	0	25.39	0.57	44.90
	2.93	1.60	3.20	407	0	24.32	0.46	36.06
	2.93	2.10	3.20	291	0	22.90	0.35	27.10
	2.93	2.60	3.20	141	0	19.87	0.19	14.98
	2.93	2.60	3.30	598	0	25.76	0.39	30.85
	2.93	−2.40	5.00	925	1.05	26.92	0.98	76.92

续表

计算工况	内河侧/m	外海侧/m	闸门开度/m	过闸流量/(m³/s)	计算结果			
					消力池深度/m	消力池长度/m	消力池厚/m	海漫长度/m
设计值					2.5	38.00	1.20	107.00
引水工况	1.82	2.68	1.20	206	0	14.39	0.34	27.91
设计值					1.0	22.00	0.80	40.00

(4) 结构强度。边孔工作桥为 4 根截面尺寸为 400mm×1200mm 的双跨连续梁，中孔闸室工作桥为 4 根截面尺寸为 400mm×1200mm 的单跨简支梁，承载力安全系数为 1.20。复核结果见表 11.99 和表 11.100。复核结果表明：工作桥抗弯及抗剪承载力均满足规范要求，裂缝宽度及挠度均小于规范允许值。

表 11.99　　边孔两孔一联闸室工作桥结构复核结果

计算项目	正弯矩/(kN·m)	负弯矩/(kN·m)	剪力/kN	挠度/mm	裂缝宽度/mm
荷载效应 S	294.98	565.78	524.44	5.48	0.12
抗力 $R(c)$	1877.66	1877.66	3059.46	28.88	0.30
$R(c)/S$	6.36	3.32	5.83	—	—

表 11.100　　中孔闸室工作桥结构复核结果

计算项目	弯矩/(kN·m)	剪力/kN	挠度/mm	裂缝宽度/mm
荷载效应 S	755.20	279.44	19.87	0.16
抗力 $R(c)$	1877.66	3059.46	28.88	0.30
$R(c)/S$	2.49	10.95	—	—

注　S——荷载效应组合设计值；
R——结构构件的截面承载力设计值；
c——结构构件达到正常使用要求所规定的变形、裂缝宽度或应力等的限值。

交通桥由 7 块简支梁板组成。交通桥设计荷载标准，公路-Ⅱ级，安全等级为二级，结构重要性系数为 1.00。复核结果见表 11.101。复核结果表明：交通桥抗弯及抗剪承载力均满足规范要求，裂缝宽度及挠度均不超过规范允许值。

表 11.101　　交通桥结构复核结果

计算项目	弯矩/(kN·m)	剪力/kN	挠度/mm	裂缝宽度/mm
荷载效应 S	902.90	283.19	17.71	0.08
抗力 R	1007.60	319.58	18.17	0.10
$R(c)/S$	1.12	1.13	—	—

注　S——荷载效应组合设计值；
R——结构构件的截面承载力设计值。

（5）结构安全综合评价。闸室稳定和翼墙稳定均满足规范要求，工作桥启闭机梁和交通桥结构强度也均满足规范要求，消能防冲满足要求。结构安全评定为A级。

5. 抗震安全复核

原设计本工程地震设计烈度为7度，场地类别为Ⅲ类。需要开展抗震复核和分析抗震措施。

（1）闸室。地震工况下闸室及翼墙复核结果见表11.102、表11.103。闸室翼墙基础复合地基承载力特征值不小于170kPa，地震工况下闸室基底应力、应力比、抗滑稳定性均满足规范要求。

表11.102　　地震工况下中孔闸室稳定复核结果

计算工况	内河侧/m	外海侧/m	基底应力/kPa			应力不均匀系数 η	抗滑安全系数 K_c
			σ_{max}	σ_{min}	σ_{ave}		
地震工况1	1.82	2.68	101	57	79	1.78	4.08
地震工况2	1.82	−2.40	104	73	88	1.42	3.65
允许值	—	—	204	—	170	2.50	1.05

表11.103　　地震工况下两孔一联闸室稳定复核结果

计算工况	内河侧/m	外海侧/m	基底应力/kPa			应力不均匀系数 η	抗滑安全系数 K_c
			σ_{max}	σ_{min}	σ_{ave}		
地震工况1	1.82	2.68	102	53	78	1.94	3.99
地震工况2	1.82	−2.40	113	62	88	1.82	2.36
允许值	—	—	204	—	170	2.50	1.05

（2）翼墙。地震工况下翼墙复核结果见表11.104～表11.108。内河侧翼墙基础复合地基承载力特征值不小于170kPa；外海侧一、二级翼墙单桩竖向承载力特征值不小于1150kN，单桩水平力特征值不小于180kN。地震工况下，内河侧一、二级翼墙及外海侧四级翼墙基底应力、应力比、抗滑稳定性均满足规范要求，外海侧一、二级翼墙单桩竖向力、不均匀系数和单桩水平力均满足规范要求。

表11.104　　地震工况下内河侧一级翼墙复核结果

计算工况	墙前/m	墙后/m	基底应力/kPa			应力不均匀系数 η	抗滑安全系数 K_c
			σ_{max}	σ_{min}	σ_{ave}		
地震工况	1.32	2.32	129	55	92	2.36	1.34
允许值	—	—	204	—	170	2.50	1.05

表11.105　　地震工况下内河侧二级翼墙复核结果

计算工况	墙前/m	墙后/m	基底应力/kPa			应力不均匀系数 η	抗滑安全系数 K_c
			σ_{max}	σ_{min}	σ_{ave}		
地震工况	1.32	2.32	98	37	68	2.62	1.13
允许值	—	—	204	—	170	2.50	1.05

表 11.106　　地震工况下外海侧一级翼墙复核结果

计算工况	墙前/m	墙后/m	单桩竖向力/kN			应力不均匀系数 η	单桩水平力/kN
			最大值	最小值	平均值		
地震工况	2.68	3.68	575	380	446	1.51	141
允许值	—	—	1380	—	1150	2.50	216

表 11.107　　地震工况下外海侧二级翼墙复核结果

计算工况	墙前/m	墙后/m	单桩桩顶竖向力/kN			应力不均匀系数 η	单桩水平力/kN
			最大值	最小值	平均值		
地震工况	2.68	3.68	538	350	413	1.54	128
允许值	—	—	1380	—	1150	2.50	180

表 11.108　　地震工况下外海侧四级翼墙复核结果

计算工况	墙前/m	墙后/m	单桩竖向力/kPa			应力不均匀系数 η	抗滑安全系数 K_c
			最大值	最小值	平均值		
地震工况	2.68	3.68	128	49	86	2.59	1.77
允许值	—	—	204	—	170	2.50	1.05

(3) 抗震措施。刘埠一级渔港水闸两孔一联闸室工作桥启闭机房纵梁为双跨连续梁，中孔闸室工作桥启闭机纵梁为单跨简支梁。在其支撑排架顶处设置挡块，可防止产生横向位移。刘埠一级渔港水闸交通桥为简支梁结构，其活动支座端设置了防震锚栓，满足构造要求。

(4) 综合评价。地震工况下闸室、翼墙抗震稳定均满足规范要求，抗震措施满足要求。抗震安全评定为A级。

6. 金属结构安全

闸门结构强度和刚度满足规范要求。中孔下扉门、边孔闸门排涝工况下，原先由于闸门启闭均受卡阻，但经维修后，现已能够仅靠闸门自重就可以关闭闸门。现有2×250kN—12.5m卷扬式启闭机容量可以满足运行要求。3号闸门下扉门底梁（槽钢）被过往船只撞击导致变形、断裂。金属结构安全评定为B级。

7. 机电设备安全

机电设备外观质量整体较好，机电设备检测结果满足标准要求，运行中未发现质量缺陷，且现状满足运行要求。机电设备评定为A级。

11.6.6　安全评价

根据《水闸安全评价导则》(SL 214—2015)，刘埠一级渔港水闸防洪标准、渗流安全、结构安全、抗震安全和机电设备安全均评为A级，工程质量、金属结构安全评为B级，评定刘埠一级渔港水闸为二类闸，运用指标基本达到设计标准，工程存在一定损坏，经大修后，可达到正常运行。

鉴于工程管理评价为较差，建议加强工程管理。

11.7 护漕港节制闸安全检测与评估分析

11.7.1 工程概况

张家港市护漕港节制闸位于德积街道（原金港镇）的护漕港河上，距长江约200m。该节制闸具有排涝、引潮、挡水等综合功能。工程建成于1965年5月，1992年外移重建，为单孔净宽5.50m的节制闸，设计引潮流量41.30m^3/s，排涝流量30.00m^3/s。主要建筑物包括闸室、工作桥等，均为2级水工建筑物。

闸室为开敞式钢筋混凝土坞式结构，闸底板顶面高程为0.50m（吴淞高程），顺水流方向长度为12.45m，垂直水流向宽度为7.55m，边墩厚1.00m，闸墩顶高程8.10m，边墩两侧设控制室。上部设排架、工作桥、交通桥、工作便桥。工作桥总宽3.00m，采用π梁结构，梁高0.50m；工作便桥采用梁板式结构，桥面净宽5.5m。交通桥荷载等级为汽-10级，为钢筋混凝土实心简支板，桥净宽5.00m，桥厚0.45m，桥底高程7.65m。护漕港河侧、长江侧设八字型浆砌块石翼墙，呈对称性布置，翼墙上部均设1.00m高，0.25m厚挡浪墙。护漕港侧、长江侧消力池对称布置，池长13.60m，池深0.70m，外设浆砌块石护坡。

闸门为平面定轮直升钢闸门，露顶式，闸门顶高程7.10m，采用液压式启闭机启闭，双吊点，吊点中心距为4.22m，闸门尺寸5.75m×6.60m。闸门表面采用喷锌进行防腐。护漕港河侧设检修门槽。

11.7.2 工程地质

在场地区钻探范围内所揭示的土层均为第四纪全新世冲击层，根据其土质性状、力学强度自上而下可划分为4层，分述如下。

第$②_1$层：灰色淤泥质重、中粉质黏土，夹青灰色粉砂，局部互层。流塑，局部软塑状态，中～高压缩性。标准贯入击数1～7击（未经杆长修，下同）。场地区普遍分布，厚8.1～10.2m。

第$②_2$层：青灰色极细砂、粉砂，含云母、少量的有机质，夹粉质黏土、重、中粉质壤土薄层，局部互层。中压缩性，呈稍密～中密状态，标准贯入击数8～22击。场地区普遍分布，厚4.6～8.4m。

第$②_3$层：灰色粉质黏土或中、重粉质壤土夹粉砂，局部互层。软塑～流塑状态，中压缩性，标准贯入击数6～15击，场地区普遍分布，厚3.0～6.6m。

第$②_4$层：青灰色重、轻砂壤土或粉砂，含云母、小贝壳，夹中粉质壤土薄层，局部互层，中压缩性，中密～密实状态，上部局部呈稍密状态。

11.7.3 现状调查分析评价

根据《水闸安全评价导则》（SL 214—2015），水闸管理单位张家港市长江防洪工程管理处组织开展了水闸现状调查，收集了设计、施工、管理等技术资料，在了解工程概况、设计和施工、工程管理与保护范围、主要管理设施、工程调度运用方式和控制运用情况等基础上，开展混凝土结构、闸门和启闭机、电气设备现场调查，初步分析工程存在问题，提出现场安全检测和复核计算项目，编写现状调查分析报告。

1. 混凝土结构安全状态

闸墩混凝土表面麻面较多，内河、长江侧闸墩底部由于冲磨导致骨料外露明显，水平撑梁锈胀露筋明显；工作桥 1 号纵梁存在局部轻微破损；交通桥板梁底部局部锈胀露筋；桥头堡外墙局部开裂；防浪墙均锈胀、开裂及露筋。

2. 土石工程安全状态

浆砌石翼墙勾缝砂浆局部开裂、脱落、缺失，砌筑砂浆不饱满；护坡勾缝砂浆局部脱落、缺失，砌筑砂浆不饱满，内河侧左侧格埂存在局部断裂。交通桥连接段浆砌石结构局部开裂。

3. 闸门和启闭机安全状态

闸门横梁、面板、压板等部位局部锈蚀，涂层局部开裂；吊耳、滚轮、门槽锈蚀，门槽涂层局部开裂；闸门侧压板螺栓局部缺失，压板及止水橡皮翘边、局部破损，侧止水处存在漏水现象。

液压启闭机缸体及活塞杆局部锈蚀，且存在漏油；钢丝绳接合套锈蚀；启闭机滑轮锈蚀，润滑不明显；启闭机机架固定不牢靠，启闭时晃动明显。工作桥顶部未设置启闭机房，导致液压缸等缺少必要的保护措施；同时，工作桥顶部也未设置防雷设施，雷雨天气维修设备时易发生雷击。金属油管局部锈蚀，涂层局部开裂。油箱表面有污渍；油箱过滤器及顶部漏油；制动系统损坏，闸门关闭时，未能有效制动，闸门自行滑落至底板。

4. 电气设备安全状态

电动机老化明显，使用年限较长。

5. 安全监测

护漕港节制闸共设沉降点 20 个，其中内河侧左侧翼墙 4 个、内河侧右侧翼墙 4 个、闸墩 2 个、交通桥 2 个、长江侧左侧翼墙 4 个、长江侧右侧翼墙 4 个。根据现场检查及沉降数据分析，护漕港节制闸各沉降点数据变化量均低于规范要求，沉降已趋于稳定。内河、长江侧各设置了 3 个河床观测断面，观测结果表明内河侧河床断面淤积明显，其他断面河床存在轻微淤积。

6. 水闸安全管理评价

通过现状调查分析表明，工程管护范围明确，技术人员定岗定编明确、基本满足管理要求，管理经费足额到位；规章、制度齐全并落实，水闸按审批的控制运用计划合理运用；工程设施完好并得到有效维护，管理设施满足运行要求，安全监测正常运行。综上所述，工程安全管理状况较好。

11.7.4 安全检测分析与质量评价

1. 现场安全检测项目

根据现状调查分析结果，确定护漕港节制闸的现场安全检测项目和内容。其中，土建工程现场安全检测内容主要包括外观质量缺陷检查、混凝土抗压强度检测、钢筋保护层厚度及混凝土碳化深度检测、砌体结构和细部构造工程检查；金属结构现场检测项目主要包括巡视检查、外观与现状检测、腐蚀检测、焊缝无损检测、金属硬度检测、启闭机运行状况检测；机电设备现场检测内容主要包括外观检查、电动机、控制柜、发电机、接地电阻检测。

2. 安全检测成果与分析

（1）闸室。护漕港节制闸闸室段主要包括闸墩、底板、工作桥、交通桥、检修桥、桥头堡等，均为混凝土结构。

左侧闸墩混凝土抗压强度推定值为24.9MPa，排架柱为20.1～20.6MPa，工作桥1号纵梁为21.3MPa，检修桥面板为22.4MPa，均不满足耐久性最低强度要求；工作桥横梁为28.0～29.4MPa，满足耐久性最低强度要求。左侧闸墩保护层厚度为26～37mm，排架柱为18～25mm，工作桥横纵梁为37～48mm，交通桥铺装层为39～49mm，检修桥面板为49～62mm。左侧闸墩及1-2号排架柱混凝土碳化深度为严重碳化，其他构件混凝土碳化深度为一般碳化。闸墩立面垂直度满足规范要求。水平撑梁、交通桥板梁混凝土结构钢筋发生锈蚀。

内河、长江侧闸墩与翼墙沉降缝外观质量整体较好，未有明显沉降或错位，闸墩与翼墙、交通桥左侧砌石结构与闸墩沉降缝局部较宽且填充物缺失。

闸室外观质量整体一般，局部缺陷影响闸室混凝土耐久性，综合评定为B级。

（2）上下游连接段。防浪墙混凝土抗压强度推定值为20.6～23.9MPa，格埂混凝土为21.0～21.8MPa，均不满足耐久性最低强度要求。内河、长江侧防浪墙保护层厚度为16～18mm，混凝土碳化深度为3～12mm，属一般碳化。

防浪墙沉降缝外观质量整体较好，长江侧左侧2号、3号防浪墙上下错位78mm，长江侧右侧2号、3号翼墙上下错位70mm；沉降已趋于稳定。翼墙与护坡连接处未有不均匀沉降。砂浆强度均大于16MPa。

上、下游连接段建筑物外观质量整体一般，局部缺陷影响建筑物耐久性，综合评定为B级。

（3）闸门。工作闸门涂层最小局部厚度为107～229μm。闸门横梁、面板、压板等局部锈蚀，涂层局部开裂，闸门腐蚀程度整体评定为B（一般腐蚀）。闸门止水橡皮硬度大于规范允许偏差。闸门焊缝质量符合标准要求。

闸门外观质量整体较好，按常规维修养护即可保证正常运行，评定为A级。

（4）启闭机。启闭机油箱涂层局部厚度为418～476μm，液压缸为146～228μm，机架为188～219μm；滑轮硬度平均值为87.6HRB；启闭机电动机三相电流最大不平衡度及运行电压满足规范要求，噪声不满足规范要求。工作闸门启闭机左右同步性偏差1～3mm。工作闸门启闭机24h沉降量175mm，超过规范要求的100mm。

启闭机外观质量整体较差，内部泄漏严重，影响工程安全运行，综合评定为C级。

（5）机电设备。电动机定子绕组绝缘电阻、控制柜主回路绝缘电阻、二次控制回路绝缘电阻满足规范要求，电动机、启闭机室、防雷接地系统接地电阻满足规范要求。

电动机、控制柜等外观质量整体一般，电动机等设备老旧，使用年限较长，但目前运行状况良好，综合评定为A级。

（6）水下探摸。内河侧海漫、消力池、闸室底板等外观质量整体较好，无破损。闸室底板与消力池之间的伸缩缝宽6cm，伸缩缝内填充物局部脱落，且有冒泡；闸门左侧底部止水橡皮局部损坏；长江侧海漫、消力池、闸室底板等外观质量整体较好，无破损；左右侧墩墙伸缩缝宽2～3cm，伸缩缝内填料局部脱落；消力池底板与右侧翼墙基础之间的伸缩缝，宽3～4cm，在距闸室1m处翼墙底板有50cm×20cm×6.5cm（长×宽×深）的剥落；消力槛在中间部位断裂，裂缝宽5mm，在消力池底板上长度约1m，需尽快进行修复处理。

3. 工程质量评价结论

质量缺陷已严重影响工程安全，评定为C级。

11.7.5 安全复核分析

1. 复核分析工况

稳定计算水位组合：正向设计，长江侧采用100年一遇高潮位，内河为汛期正常水位；正向校核，长江侧采用200～300年一遇高潮位，内河为汛期正常水位。反向设计，长江侧采用50年一遇低潮位，内河为非汛期正常水位；反向校核，长江侧采用100年一遇低潮位或历史最低潮位，内河为非汛期正常水位。

工程复核计算建立在最新防洪规划水位的基础上。依据《水闸安全评价导则》（SL 214—2015）等现行规范，结合现状调查和现场安全检测结果，复核安全状态。

2. 防洪标准复核

（1）闸顶高程。护漕港节制闸主要水工建筑物级别为2级，闸顶实测高程为7.87m，各运用情况闸顶高程复核结果见表11.109，表明闸顶高程不满足要求，但闸门顶高程为7.10m，不满足0.3～0.5m的超高要求。

表11.109 闸顶高程复核结果 单位：m

工况	运行情况	水位	加高值	波高	闸顶高程
长江侧挡水	设计水位	7.44	0.50	0.37	8.31
	校核水位	7.72	0.40	0.24	8.36
过流工况	排涝	3.50	1.00	—	4.50
	引潮	4.10	1.00	—	5.10

（2）过流能力。复核结果见表11.110，工程设计引潮流量41.30m³/s，设计排涝流量30.00m³/s，过流能力满足要求。

表11.110 护漕港节制闸过闸流量复核结果

计算工况	水位控制值/m		水位差/m	过闸流量/(m³/s)
	长江侧	护漕港河侧		
引潮	3.50	3.20	0.30	42.90
排涝	3.60	3.80	0.20	36.90

（3）综合评价。由于闸顶高程不满足要求，闸门顶高程不满足0.3～0.5m超高；尽管过流能力满足要求，但综合评价防洪标准为C级。

3. 渗流安全复核

（1）渗径长度。节制闸最大水位差为4.72m，结合水下探摸检测成果，复核考虑止水失效最不利情况，闸基不透水轮廓线长度为闸底板不透水长度15.45m，即为总渗径长度$L=15.45\text{m}<C\Delta H=51.92\text{m}$，不满足要求。

（2）渗流稳定。地下轮廓线水平投影长度$L_0=12.45\text{m}$，垂直投影长度$S_0=1.1\text{m}$。$L_0/S_0>5$，土基上有不透水层，则地基有效深度$T_e=6.23\text{m}$。根据《水闸设计规范》(SL 265—2016)，在最不利水位组合工况下渗透坡降值见表11.111，水平段和出口段渗透坡降均不满足规范要求。

表11.111 计算水位组合的渗透坡降值

水位/m		水位差/m	分段类型	渗流坡降最大值	允许值
护漕港河侧	长江侧				
3.00	7.72	4.72	水平段	0.265	0.07～0.10
			出口段	0.530	0.30～0.35

(3) 综合评价。节制闸渗径长度和渗流稳定不满足规范要求，渗流安全评价为C级。

4. 结构安全复核

(1) 闸室及翼墙稳定。闸室稳定复核结果见表11.112、表11.113，翼墙稳定复核结果见表11.114～表11.117，护漕港节制闸闸室、翼墙基底应力、应力比、抗滑稳定性均满足规范要求。

表11.112 闸室稳定复核结果

计算工况	水位组合/m		不均匀系数 η		抗滑稳定安全系数 K_c	
	长江侧	护漕港河侧	计算值	允许值	计算值	允许值
正向设计水位	7.44	3.00	1.38	2.00	1.53	1.30
正向校核水位	7.72	3.00	1.40	2.50	1.49	1.15
反向设计水位	0.58	3.80	1.19	2.00	2.38	1.30
反向校核水位	0.49	3.80	1.19	2.50	2.41	1.15

表11.113 闸室基底应力复核结果

计算工况	水位组合/m		基底应力/kPa		
	长江侧	护漕港河侧	σ_{max}	σ_{min}	σ_{ave}
正向设计水位	7.44	3.00	63	46	54
正向校核水位	7.72	3.00	62	44	53
反向设计水位	0.58	3.80	91	77	84
反向校核水位	0.49	3.80	91	77	84

表11.114 护漕港河侧第一节翼墙稳定复核结果

计算工况	水位组合/m		应力不均匀系数 η		抗滑稳定安全系数 K_c	
	墙前	墙后	计算值	允许值	计算值	允许值
水位组合1	3.00	3.50	1.11	2.00	2.79	1.30
水位组合2	2.60	3.10	1.04	2.50	2.43	1.15

表11.115 护漕港河侧第一节翼墙基底应力复核结果

计算工况	水位组合/m		基底应力/kPa		
	墙前	墙后	σ_{max}	σ_{min}	σ_{ave}
水位组合1	3.00	3.50	79	71	75
水位组合2	2.60	3.10	75	72	73

表11.116 长江侧第一节翼墙稳定复核结果

计算工况	水位组合/m		应力不均匀系数 η		抗滑稳定安全系数 K_c	
	墙前	墙后	计算值	允许值	计算值	允许值
水位组合1	0.58	1.58	1.71	2.00	1.59	1.30
水位组合2	0.49	1.49	1.62	2.50	1.54	1.15

表11.117 长江侧第一节翼墙基底应力计算结果

计算工况	水位组合/m		基底应力/kPa		
	墙前	墙后	σ_{max}	σ_{min}	σ_{ave}
水位组合1	0.58	1.58	89	52	71
水位组合2	0.49	1.49	86	53	70

(2)结构应力。护漕港节制闸工作桥由2根单跨钢筋混凝土简支梁组成，承载力安全系数为1.20。复核结果见表11.118。工作桥抗弯、抗剪承载力以及挠度与裂缝宽度均满足规范要求。

表11.118 护漕港节制闸工作桥结构复核结果

计算项目	弯矩/(kN·m)	剪力/kN	挠度/mm	裂缝宽度/mm
荷载效应 S	160.75	96.78	4.10	0.19
抗力 $R(c)$	199.10	196.34	17.5	0.30
$R(c)/S$	1.24	2.03	4.23	1.59

(3)消能防冲。消力池淹没系数、长度、厚度、海漫长度复核结果见表11.119。

表11.119 消能设施计算结果

计算工况	水位/m		过闸流量/(m^3/s)	淹没系数	消力池/m		海漫长度/m
	护漕港河侧	长江侧			长度	底板厚度	
引潮	2.60	4.10	41.30	1.24	9.44	0.45	21.70
排涝	3.50	2.00	30.00	1.26	8.45	0.39	18.49

(4)综合评价。闸室稳定性、护漕港河侧、长江侧翼墙稳定性满足规范要求，工作桥结构强度和消能防冲满足要求。结构安全评定为A级。

5. 抗震安全复核

根据《中国地震动参数区划图》(GB 18306—2015)，场区Ⅱ类场地基本地震动峰值加速度为0.05g，基本地震动加速度反应谱特征周期为0.40s，相应地震基本烈度为Ⅵ度，不需要进行抗震计算。

6. 金属结构安全

工作闸门复核结果见表11.120，护漕港节制闸工作闸门各结构强度、刚度满足规范要求。

表 11.120　　钢闸门强度刚度计算结果　　单位：MPa

应力＼位置	面板	横梁 腹板及翼缘	纵梁 腹板及翼缘
最大折算应力	135.91	—	—
最大正应力	—	124.27	20.51
最大剪应力	—	15.97	7.57
位移/mm	—	7.04	—
允许值	238	144/86/9.9	144/86

注　允许值有四个值，最大折算应力、最大正应力、最大剪应力及位移分别与允许值依次对应。

根据《水利水电工程钢闸门设计规范》（SL 74—2019）和《水工钢闸门和启闭机安全检测技术规程》（SL 101—2014）规定，为保证闸门正常开启，需对复核启闭门力。引潮工况水位组合下闸门的闭门力为－35.51kN，启门力为 259.01kN；排涝工况水位组合下闸门的闭门力为－49.93kN，启门力为 244.56kN。结果表明仅靠闸门自重就能关闭闸门，现有液压式启闭机能满足运行要求。

闸门顶高程为 7.10m，规划校核防洪水位为 7.60m，不能满足 0.3～0.5m 的超高。金属结构评定为 C 级。

7. 机电设备安全

机电设备外观质量整体一般，检测结果均满足标准要求，运行中未发现质量缺陷，且现状满足运行要求，评定为 A 级。

11.7.6　安全评价和建议

护漕港节制闸工程质量评定为 C 级，防洪标准、渗流安全、金属结构安全评定为 C 级，结构安全、抗震安全、机电设备安全评定为 A 级，综合评定护漕港节制闸为四类闸，即运用指标无法达到设计标准，工程存在严重安全问题，需报废重建。建议尽快拆除重建护漕港节制闸，此前应加强巡查和监测。

11.8　横江水闸安全检测与评估分析

11.8.1　工程概况

横江水闸位于黄山市屯溪区新安江支流横江河段，在横江大桥下游约 120m 处，为低水头、大跨度水闸工程，工程等别为Ⅱ等，工程规模为大（2）型，主要水工建筑物级别为 2 级。主要建筑物由底板、墩墙、钢闸门、两岸翼墙、上游护坦、下游消力池、下游海漫、护岸等组成，呈一字形布置在垂直河流方向。水闸顺水流方向长度为 18.00m，垂直水流向总宽度为 158.00m，总净宽为 120m，共 3 孔，单孔净宽 40m，原设计流量为 3593.30m^3/s。工程于 2012 年 11 月 10 日开工，2015 年 1 月 14 日通过完工验收，工程主要任务在非汛期关闸蓄水，以保持河道内适宜的景观水位；在汛期及突发山洪时开闸泄洪。采用底轴驱动翻板闸门蓄水，并配套液压启闭机。水闸剖面图见图 11.4。

根据《中国地震动参数区划图》（GB 18306—2015），工程区抗震设防烈度小于Ⅵ度，

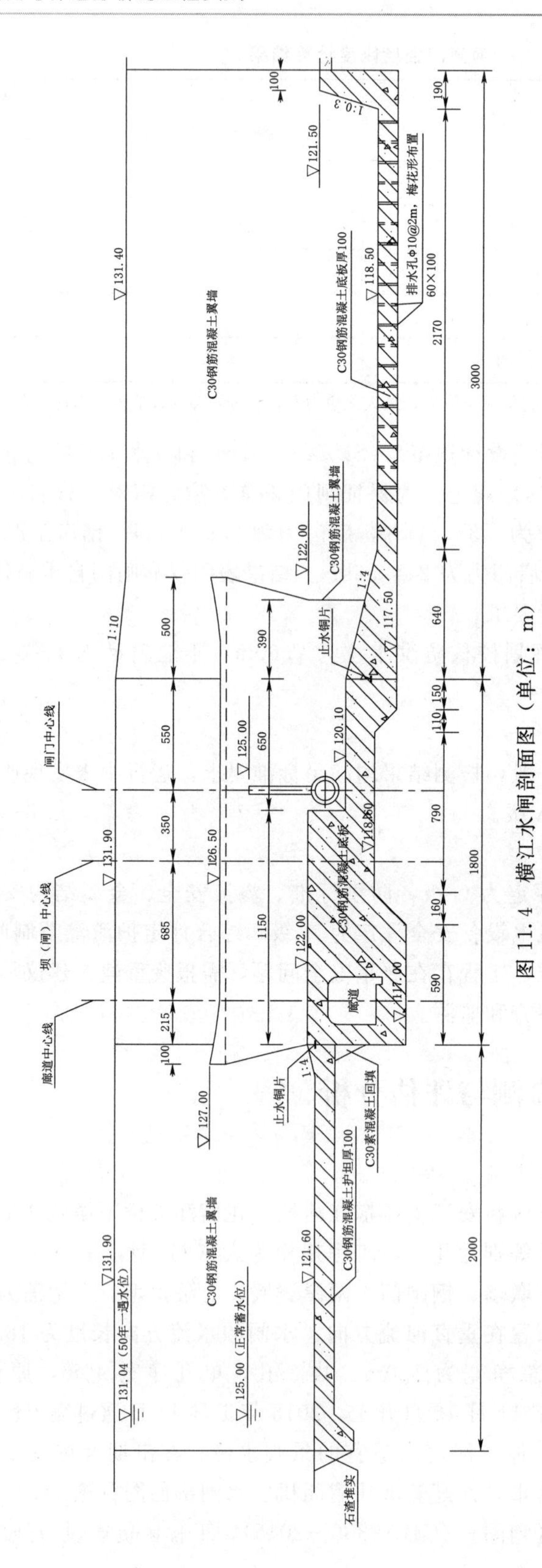

图 11.4 横江水闸剖面图（单位：m）

为抗震不设防区，地震动峰值加速度小于 0.05g。场地类别属Ⅱ类，为一般建设场地。

1. 闸室结构

闸室结构为钢筋混凝土结构，采用分离式布置。其中底板为台阶式，上游侧底槛高程为 122.00m，下游侧底槛高程为 120.10m，闸室底板上游侧设长 7.00m、深 1.10m 齿墙，下游侧设长 2.10m、深 0.60m 齿墙；底部设置 2.5m×2.8m 廊道，垂直水流向长 156.20m，连接控制区、设备区、管理区，连通两岸，廊道内部顶高程 121.00m，底高程 118.20m。闸墩为整体式结构，设有厚 8.00m 的中墩 2 座，墩顶高程为 126.50m；厚 5.5～10.0m 的边墩 2 座，右岸边墩墩顶高程 130.40m，楼梯间位置墩顶高程为 131.90m；左岸边墩墩顶高程 126.50m，楼梯间位置墩顶高程为 131.90m，墩体临岸墙体顶高程为 129.50m，与现状地面齐平。边墩部设置廊道进出口设施，各个墩体内部均布置启闭设备。

2. 上、下游翼墙

上、下游两岸翼墙采用“八”字形扩散布置，扩散角为 10°，与两岸大堤及护岸平顺衔接。右岸上、下游翼墙为“直立墙＋亲水平台＋斜坡堤”的混合堤防护型式，钢筋混凝土翼墙顶高程为 125.60m，并布置亲水平台，亲水平台后接斜坡堤分别至 131.90m（上游）和 131.40m（下游），上、下游堤防与右岸边墩之间设置连接挡墙。

左岸上、下游翼墙在上游护坦和下游消力池范围内，平行老岸墙沿其底部平台边线布置斜顶翼墙，顶高程由 128.0m 渐变至 125.6m（上游）和 124.0m（下游）与左岸边墩及上、下游平台衔接。

3. 上下游护底、护坡

上游布置 C30 钢筋混凝土护坦，尺寸为 20.0m×1.00m（长×厚），护坦与上游河底齐平，顶面高程为 121.60m；下游依次布置钢筋混凝土挖深式扩散消力池、海漫和防冲槽，其中钢筋混凝土消力池尺寸为 30.0m×1.00m×3.00m（长×厚×深），首端宽度 136m，末端宽度 147m，池底高程为 118.50m，尾坎高程为 121.50m；海漫总长度为 50.0m，首段海漫为 C25 钢筋混凝土结构，尺寸为 10.0m×0.50m（长×厚）；次段海漫为 C25 素混凝土，尺寸为 40.0m×0.50m（长×厚）；首端与消力池尾坎齐平，高程为 121.50m；海漫末端与下游河床齐平，高程为 121.00m。海漫末端设置长 0.6m 的 C25 素混凝土防冲墙。

4. 闸门、启闭机

水闸采用底轴驱动翻板闸门，尺寸为 39.35m×3.0m，采用 QHSY 持住力 2×3200kN/启门力 2×1800kN－3.735m 液压式启闭机。闸门由门叶及旋转底轴、支铰及驱动底轴旋转的液压启闭机、翻板闸门锁定装置、闸门充排气系统、启闭机室排水系统等组成。其中旋转底轴通过多个支铰座固定在底板上，闸门门叶固定在旋转底轴上。

工程设 1 座液压泵站，泵站内设油泵电动机组 3 套，两主一备；液压启闭机布置在两侧墩体内，配套电机功率 45kW，并带手动泵操作系统装置，供断电后操作使用。

11.8.2 地质情况与处理措施

1. 工程地质

闸址位于横江大桥下游约 120m 处的横江河谷微地貌为横江河床及河漫滩地貌，地形较平坦。沟谷呈 U 形，风化剥蚀中等。左岸紧临华山路（滨江路），右岸与徽骆驼文化广场相连。

(1) 第四系覆盖层。水闸第四系覆盖层厚度 0.5～3.9m，主要由杂填土及卵石层组成。

第①层：杂填土（Q_4^{ml}）。揭露厚度 2.60～2.90m，层面标高 124.88～128.50m。主要分布在横江两岸及管理用房区域分布。

第②层：卵石（Q_4^{apl}）。稍密～中密结构。颗粒粒径 2～60mm，充填中粗砂，级配较好。揭露层厚 0.30～2.50m，层面标高 121.20～125.90m。重型动力触探试验杆长修正后击数 $N_{63.5}$=7.6～18.5 击，平均 12.1 击。天然重度 20.1kN/m^3，渗透系数 $K=2.3\times10^{-1}$cm/s，黏聚力取 0kPa，内摩擦角取 29.6°。

(2) 基岩。水闸下伏基岩为侏罗系洪琴组（J2h）泥质粉砂岩、中元古界牛屋组（Pt2n）浅变质砂岩。

泥质粉砂岩强风化层（③$_1$）厚度 1.30～2.50m，层面标高 120.20～121.34m。岩体工程分类为Ⅴ类。渗透系数 $K=6.2\times10^{-5}$cm/s，黏聚力 100kPa，内摩擦角 23.6°。

弱风化层（④$_1$）厚度 3.90～10.90m，层面标高为 116.31～119.86m。岩石饱和单轴抗压强度为 6.1～7.3MPa，平均值 f_{rm}=6.67MPa，岩体工程分类为Ⅳ类。天然重度可取 23.3kN/m^3，渗透系数 $K=2.5\times10^{-6}$cm/s，属微透水层，黏聚力 480kPa，内摩擦角 38.5°。

变质砂岩强风化层（③$_2$）厚度 0.70～2.50m，层面标高 120.30～123.80m。岩体工程分类为Ⅴ类。渗透系数 $K=7.5\times10^{-5}$cm/s，黏聚力 120kPa，内摩擦角 26.2°。

弱风化层（④$_2$）厚度 3.50～16.60m，层面标高为 112.80～122.30m。岩石饱和单轴抗压强度为 22.63MPa，平均值 f_{rm}=28.05MPa，岩体工程分类为Ⅳ类。天然重度可取 25.6kN/m^3，黏聚力取 1000kPa，内摩擦角取 42.6°。岩体渗透系数 $K=7.2\times10^{-5}$cm/s；标高 111.0m 以下岩石透水率 $q<5$Lu，$K=2.9\times10^{-5}$cm/s，属弱透水层。

地基土允许承载力 [R]、变形模量 E_0、水闸与岩体基底摩擦系数 f 建议见表 11.121。

表 11.121 主要力学参数建议

岩土层名称	允许承载力 [R]/kPa	变形模量 E_0/MPa	基底摩擦系数 f
①杂填土	70	E_s=4.0	
②卵石	350	E_0=20.0	
③$_1$ 强风化泥质粉砂岩	220	E_0=30.0	0.45
③$_2$ 强风化砂岩	400	E_0=35.0	0.50
④$_1$ 弱风化泥质粉砂岩	1000	压缩性微小	0.55
④$_2$ 弱风化砂岩	3000	压缩性微小	0.65

注 E_s 代表土的性质；E_0 代表风化岩的性质。

(3) 岩体透水性。强风化岩体渗透系数 $K=7.5\times10^{-4}$cm/s，弱风化岩层在标高 11.0m 以上渗透系数 $K=7.2\times10^{-5}$cm/s，透水率大于 5Lu，属弱透水层；弱风化岩体标高 11.0m 以下渗透系数 $K=2.9\times10^{-5}$cm/s，透水率小于 5Lu，为弱透水层。

环境水对混凝土结构无腐蚀性，对钢结构及钢筋混凝土结构中的钢筋具有弱腐蚀性。

2. 地基处理措施

闸室基础坐落于弱风化砂岩上，为中元古界牛屋组浅变质砂岩，顶部表层岩体裂隙较发育，岩芯较破碎，富水性好，连通性较好，地下水富存于风化裂隙和构造裂隙中，地下水通过地表水沿岩体裂隙下渗补给，岩石自上而下风化程度渐弱，为软岩。

为提高基础岩体的整体性、均匀性和耐久性，加强水闸抗滑稳定和抗渗性能，在水闸基础范围内进行固结灌浆处理。水闸固结灌浆布置为：孔深 5m，间距、排距 3.0m（梅花形布置）。左右岸直接利用坐落在岩基上的翼墙和墩墙结构作为两岸连接处防渗体系。

下游消力池底板底部满堂布置锚杆（梅花形布置）。

11.8.3 现状调查分析评价

根据《水闸安全评价导则》（SL 214—2015），水闸管理单位黄山市新安江水电发展有限公司组织开展了水闸现状调查，对闸室、廊道、翼墙等混凝土建筑物、闸门和启闭机、机电设备和安全监测设施等进行了现场检查，重点检查建筑物、设备、设施的完整性和运行状态等。

1. 土石工程安全状态

上、下游翼墙墙后填土完好，未见塌陷。下游左侧浆砌石挡墙外观质量整体较好，3号、4号浆砌石挡墙沉降缝填充物局部缺失，缝隙间局部较宽。

2. 混凝土结构安全状态

闸墩外观质量整体较好，但局部存在开裂现象，外侧墩墙局部锈胀露筋；顶部面板局部开裂；穿墙套位置处局部存在渗水。廊道外观质量整体较好，但廊道侧墙局部开裂，局部灌浆修补后的裂缝存在渗漏，廊道沉降缝连接处底部渗水，并有局部析钙现象。竖井外观质量整体较好，右岸竖井侧墙局部析钙，其他部位未发现破损、锈胀露筋。左岸竖井下游平台挡墙存在多处竖向裂缝，且局部沉降缝存在不均匀沉降。翼墙外观质量整体较好，未有破损、开裂、锈胀露筋。

3. 闸门和启闭机安全状态

（1）闸门。门体无明显变形、扭曲，但下游封板、横梁翼缘、破刀、压板等出现锈蚀，涂层局部开裂、脱落；侧止水处及底轴底水封处漏水；底轴、支铰支座、穿墙套、支铰螺栓等锈蚀，涂层局部开裂、脱落明显，密封橡胶圈局部磨损、变形；支铰处水封压板、螺母锈蚀，水封橡胶局部磨损老化。此外，边孔闸门在特定开启度下会产生明显振动，对周围居民生活造成一定影响。

（2）启闭机。液压缸外观质量整体较好，但缸体表面涂层局部开裂、锈蚀；吊头表面涂层磨损、局部锈蚀；支座表面涂层也局部开裂、锈蚀，且支座侧限位挡块及螺母锈蚀；限位装置运行正常，但开度仪表面局部锈蚀明显。液压阀组及油管外观质量整体较好，液压缸顶部油阀、油管开关阀等局部锈蚀。液压泵组外观质量整体较好，油泵等未见明显缺陷。油箱及附件外观质量整体较好，但端子箱表面涂层局部开裂；机架固定牢靠，但表面局部锈蚀。锁定装置外观质量整体较好，机架固定牢靠，但机架底部埋件锈蚀，电动推杆启闭机表面涂层局部开裂，吊头、滑轮螺母等锈蚀。

4．电气设备安全状态

电动机外壳整体较好，但表面局部轻微锈蚀；地脚螺栓锈蚀，但与机架连接紧固；电动机内部接线良好、干燥。潜水泵电动机位于水下，表面锈蚀；电液推杆启闭机电动机外壳表面锈蚀，但内部接线良好、干燥；启闭机控制柜外观无变形，元器件完好，操作按钮、标志标识完整齐全，指示灯、按钮完好；检修动力柜及电源柜、潜水泵控制箱及风机控制箱等外观完好，内部接线整齐；变压器外观完好，且固定牢靠，并设有安全警示标志。柴油发电机组外观完好，固定牢靠，且运行正常，但机组表面涂层局部开裂。

5．安全监测

工程布设变形监测（沉降、水平位移、底板接缝），渗流监测（扬压力、渗流量），环境量监测（上下游水位、降水量、气温）等监测自动化系统，目前尚未投入使用。上下游侧未设置水尺；监控设备未能正常运行。

6．水闸安全管理评价

通过现状调查分析，根据《水闸安全评价导则》（SL 214—2015）要求，工程管护范围明确，技术人员定岗定编明确、基本满足管理要求，管理经费基本到位；规章、制度齐全并落实，水闸按审批的控制运用计划合理运用；工程设施完好并得到有效维护，管理设施满足运行要求，但安全监测未能正常运行；综上横江水闸工程安全管理评价为较好。

11.8.4 安全检测分析与质量评价

1．现场安全检测项目

根据现状调查分析结果，确定横江水闸的现场安全检测项目和内容。其中，土建工程现场安全检测内容主要包括外观质量缺陷检查、混凝土抗压强度检测、钢筋保护层厚度及混凝土碳化深度检测、砌体结构和细部构造工程检查；金属结构现场检测项目主要包括巡视检查、外观与现状检测、腐蚀检测、焊缝无损检测；机电设备现场检测内容主要包括外观检查、电动机、控制柜、发电机、接地电阻的检测。

2．安全检测成果与分析

（1）闸室。采用回弹法检测闸墩、廊道、竖井等混凝土抗压强度，其中闸墩混凝土强度推定值为39.2MPa，廊道为43.6MPa、竖井为36.3MPa，混凝土抗压强度推定值均符合设计要求及耐久性最低强度要求。1号墩左墩墙、4号墩后墩墙、3号廊道、6号廊道、10号廊道、左侧竖井前墙、左侧竖井横梁混凝土保护层厚度平均值负偏，影响结构耐久性；1号墩面板、2号闸墩、6号横梁、3号墩右墩墙混凝土保护层厚度平均值正偏，但不影响结构耐久性；其他构件混凝土保护层厚度满足规范要求。混凝土碳化为一般碳化。闸墩墩墙立面垂直度满足规范要求。廊道沉降缝橡胶硬度为79.2～86.2HA。

综合混凝土外观质量、混凝土保护层厚度、抗压强度、碳化深度和钢筋腐蚀电位检测成果，闸墩、廊道、竖井混凝土结构钢筋未发生锈蚀，综上水闸混凝土耐久性基本满足要求。闸室混凝土外观质量整体较好，抗压强度、保护层厚度等满足标准要求，运行中发现的质量缺陷尚不影响工程安全，评定为B级。

（2）上下游连接段。采用回弹法检测上下游翼墙混凝土抗压强度，其中上游翼墙混凝土强度推定值为37.1MPa，下游翼墙混凝土强度推定值为31.5～38.5MPa，强度推定值均符合设计要求及耐久性最低强度要求。上游右侧2号翼墙、下游右侧2号翼墙、下游右侧 4 号翼墙混凝土保护层厚度平均值正偏，但不影响结构耐久性；其他构件混凝土保护层厚度满足规范要求，混凝土碳化为一般碳化，翼墙立面垂直度满足规范要求。砂浆强度均大于 16MPa。

根据混凝土外观质量、混凝土保护层厚度、混凝土抗压强度、混凝土碳化深度和钢筋腐蚀电位检测成果，翼墙混凝土结构钢筋未发生锈蚀。综上翼墙耐久性基本满足要求。因此，翼墙、浆砌石挡墙外观质量整体较好，混凝土抗压强度、砂浆强度等满足标准要求，质量缺陷尚不影响工程安全，评定为 B 级。

(3) 闸门。闸门复合涂层最小局部厚度为 364～835μm，均满足设计要求，闸门局部涂层开裂处锈蚀明显。闸门腐蚀程度整体评定为 B 级（一般腐蚀）。闸门橡胶止水硬度大于规范允许偏差，不满足规范要求；闸门焊缝质量符合标准要求。闸门外观质量整体较好，橡胶硬度等不满足规范要求，质量缺陷尚不影响工程安全，评定为 B 级。

(4) 启闭机。液压启闭机油箱涂层最小局部厚度为 299～386μm。活塞杆涂层最小局部厚度为 427～471μm。液压缸涂层最小局部厚度为 241～325μm。支座涂层最小局部厚度为 212～327μm。锁定装置机架涂层最小局部厚度为 459～629μm。启闭机锁定装置肋板腐蚀程度为 B 级（一般腐蚀）。2 台启闭机三相电流最大不平衡度满足规范要求。2 台启闭机电动机噪声不满足规范要求。2 号闸门启闭机左右同步性偏差 6～10mm。开度仪显示开度左右同步性偏差 1～15mm。2 号、3 号闸门启闭机 24h 沉降量满足规范要求。

启闭机外观质量整体较好，运行噪声等不满足规范要求，质量缺陷尚不影响工程安全，评定为 B 级。

(5) 机电设备。3 台启闭机电动机绝缘电阻满足规范要求。1 号电动机各相绕组直流电阻值相互差别超过其最小值的 2%，其他 2 台启闭机电机绕组直流电阻满足规范要求。控制柜及动力柜的接地阻抗值满足规范要求。变压器绕组绝缘电阻、绕组直流电阻，柴油发电机组绝缘电阻、直流电阻满足规范要求。

电动机、控制柜等整体完好，电动机各相绕组直流电阻值不满足规范要求，评定为 B 级。

(6) 水下检查。上游侧翼墙底部为卵石堆积物，无淘刷、损坏。上游铺盖局部被卵石层所覆盖，无损坏。闸室上、下游侧局部堆积有块石、垃圾等杂物；底板局部破损；支铰处止水橡皮局部脱落，闸门支铰处螺栓锈蚀严重，底轴外壳锈蚀；局部钢板外露。闸室与消力池底板伸缩缝内填充物局部缺失，原闸室与消力池底板伸缩缝表面覆有钢板，已被冲走，多数钢板在下游消力池内。消力池底板伸缩缝内填充物有局部缺失；底部基本被块石所覆盖；底板局部破损。下游护坦面上基本被块石、泥沙所覆盖，未见有损坏。游翼墙底部块石、垃圾堆积，基础无淘刷、损坏。

3. 工程质量评价结论

综合工程质量和检测分析表明，运行中出现的质量缺陷尚不影响工程安全，现状工程质量基本满足标准要求，评定为 B 级。

11.8.5 安全复核分析

1. 复核分析工况

原设计标准横江水闸防洪标准为 50 年一遇，设计泄洪流量为 3593.30m^3/s。设计洪水位：闸上游 131.04m、闸下游 130.54m；常遇洪水位（按 10 年一遇）：闸上游

129.38m、闸下游129.06m；设计蓄水位：闸上游125.00m、闸下游122.00m。

月潭水库建成后，横江水闸50年一遇设计流量为3285m^3/s，100年一遇校核流量为3750m^3/s。且根据横江防洪规划方案，横江上游新建洪家岭水库，横江安全泄量为2880m^3/s。因此，横江水闸复核流量和水位以规划水位为基础。

2. 防洪标准复核

（1）防洪高程。横江水闸主要水工建筑物级别为2级，横江水闸右岸边墩墩顶高程130.40m，左岸边墩墩顶高程126.50m，防洪顶高程为131.90m。挡水、泄水运用情况边墩顶高程复核结果见表11.122。考虑到景观、亲水等要求，且横江洪水历时短、退势快等特点，堤顶超高不考虑波浪及壅水高度，按设计洪水位加0.8m确定。在现50年一遇设计洪水位工况下，防洪高程满足要求；在现100年一遇校核洪水位工况下，防洪高程虽大于静水位，但不满足超高要求。

表11.122 边墩顶高程复核结果 单位：m

运行情况		水位	加高值	波高	计算墩顶高程
挡水时	正常蓄水位	125.00	0.50	1.14	126.64
泄水时	原设计洪水位	131.04	1.00	—	132.04
	现50年一遇设计洪水位	130.80	1.00	—	131.80
	现100年一遇校核洪水位	131.45	0.70	—	132.15

（2）过流能力。过水能力复核结果见表11.123，结果表明过流能力满足要求。

表11.123 过闸流量复核结果

工况	水位组合/m		水位差/m	设计流量/(m^3/s)	计算流量/(m^3/s)
	上游侧	下游侧			
正常蓄水放空泄流情况	125.00	124.90	0.10	—	651.00
原设计洪水泄洪情况	131.04	130.67	0.37	3593.30	3620.40
常遇洪水泄洪情况	129.38	129.15	0.23	2451.40	2474.40
现50年一遇设计洪水位	130.80	130.65	0.15	3285.00	3291.1
现100年一遇校核洪水位	131.45	131.25	0.20	3750.00	3757.8

（3）综合评价。横江水闸防洪高程在50年一遇设计洪水位工况下满足要求，但在100年一遇校核洪水位工况下不满足超高要求，需关注并采取相应措施；过流能力满足规范要求。综合评定防洪标准评定为B级，但需关注100年一遇洪水位工况下的安全问题。

3. 渗流安全复核

根据《水闸设计规范》（SL 265—2016）规定“当闸基为岩石地基时，可根据防渗需要在闸室底板上游端设水泥灌浆帷幕”，闸底板坐落在弱风化砂岩上，在水闸基础范围内进行了固结灌浆处理。水闸基底满足防渗要求，渗流安全评定为A级。

4. 结构安全复核

（1）中墩、边墩及翼墙稳定。中墩、边墩和翼墙稳定计算取1号边墩、3号中墩上游侧翼墙和下游侧翼墙为计算单元，复核结果见表 11.124～表 11.129，横江水闸 3 号中墩、1 号边墩基底应力、抗滑稳定性、抗浮稳定性均满足规范要求；上游侧翼墙和下游侧翼墙基底应力、抗滑稳定性均满足规范要求。

表 11.124　　3 号中墩稳定复核结果

计算工况	水位组合/m		抗滑稳定安全系数 K_c		抗浮稳定安全系数 K_f	
	上游侧	下游侧	计算值	允许值	计算值	允许值
正常蓄水位 1	125.00	122.00	6.57	1.08	2.74	1.10
正常蓄水位 2	125.00	120.10	5.12		4.64	
原设计洪水位	131.04	130.54	11.73		1.21	
现 50 年一遇设计洪水位	130.80	130.65	10.91		1.36	
现 100 年一遇校核洪水位	131.45	131.25	11.87	1.03	1.24	1.05

表 11.125　　3 号中墩基底应力复核结果

计算工况	水位组合/m		基底应力/kPa	
	上游侧	下游侧	σ_{max}	σ_{min}
正常蓄水位 1	125.00	122.00	95	52
正常蓄水位 2	125.00	120.10	113	60
原设计洪水位	131.04	130.54	56	25
现 50 年一遇设计洪水位	130.80	130.65	61	34
现 100 年一遇校核洪水位	131.45	131.25	52	23

表 11.126　　1 号边墩稳定复核结果

计算工况	水位组合/m		抗滑稳定安全系数 K_c		抗浮稳定安全系数 K_f	
	临水侧	背水侧	计算值	允许值	计算值	允许值
原设计高水位	131.04/130.54	130.04	10.99	1.08	1.80	1.10
设计蓄水位	125.00/122.00	126.00	4.97		5.24	
正常蓄水位	125.00/124.00	126.00	13.51		3.43	
校核低水位	122.00/120.10	126.00	12.50	1.03	9.89	1.05
现 50 年一遇设计洪水位	130.80/130.65	130.80	11.09		1.95	
现 100 年一遇校核洪水位	131.45/131.25	131.45	10.32		1.65	

表 11.127　　1 号边墩基底应力复核结果

计算工况	水位组合/m		基底应力/kPa	
	临水侧	背水侧	σ_{max}	σ_{min}
原设计高水位	131.04/130.54	130.04	139	60
设计蓄水位	125.00/122.00	126.00	211	112
正常蓄水位	125.00/124.00	126.00	182	103
校核低水位	122.00/120.10	126.00	210	135

续表

计算工况	水位组合/m		基底应力/kPa	
	临水侧	背水侧	σ_{max}	σ_{min}
现 50 年一遇设计洪水位	130.80/130.65	130.80	146	62
现 100 年一遇校核洪水位	131.45/131.25	131.45	131	59

表 11.128　　上游侧翼墙稳定复核结果

计算工况	水位组合/m		抗滑稳定安全系数 K_c		基底应力/kPa	
	墙前	墙后	计算值	允许值	σ_{max}	σ_{min}
原设计高水位	131.04	130.04	1.96	1.08	37	15
设计蓄水位	125.00	126.00	3.98		48	24
校核低水位	122.00	126.00	2.18	1.03	43	28

表 11.129　　下游侧翼墙稳定复核结果

计算工况	水位组合/m		抗滑稳定安全系数 K_c		基底应力/kPa	
	墙前	墙后	计算值	允许值	σ_{max}	σ_{min}
原设计高水位	131.04	131.04	2.26	1.08	73	20
设计常水位	122.00	123.00	2.78		102	61
校核低水位	120.10	123.00	2.48	1.03	101	67

(2) 消能防冲。根据相应消能计算工况，复核正常蓄水放空泄流工况的结果见表 11.130，消力池深度、长度、底板厚度、海漫长度均满足要求。

表 11.130　　消能设施计算结果

工况	水位/m		过闸流量 /(m^3/s)	消力池			海漫长度 /m
	上游侧	下游侧		深度/m	长度/m	底板厚度/m	
正常蓄水放空泄流	125.00	122.00	1010.10	2.26	12.25	0.57	37.95
允许值/设计值				3.00	30.00	1.00	50.00

(3) 综合评价。闸室、翼墙稳定满足规范要求，消力池深度、长度、底板厚度，海漫长度均满足要求。综上，结构安全评定为 A 级。

5. 抗震安全复核

根据《中国地震动参数区划图》(GB 18306—2015) 及黄山市新安江上游段（镇海桥—梅林桥）综合治理工程防洪、蓄水工程初步设计报告，场地类别为Ⅱ类，地震动峰值加速度值为 0.05g，基本地震动加速度反应谱特征周期为 0.40s，相应地震基本烈度为Ⅵ度，可不开展抗震复核。

6. 金属结构安全

(1) 闸门安全复核。

1) 闸门强度。计算结果见表 11.131，结果表明闸门结构强度、刚度满足规范要求。

表 11.131　　钢闸门强度和刚度计算结果　　单位：MPa

位置 应力	面板	主横梁	纵梁	翼缘	次梁	封板
最大折算应力	68.9	18.8	120.8	120.8	30.8	40.1
最大正应力	—	14.3	14.5	10.4	8.2	11.8
最大剪应力	—	6.4	47.8	14.8	12.2	9.7
位移/mm	—	2.0	3.4	—	—	—
允许值	341.6	227.7/207/121.5/2.6	227.7/207/121.5/5.8	222.8/202.5/121.5	227.7/207/121.5	227.7/207/121.5

注　允许值有四个值，最大折算应力、最大正应力、最大剪应力及位移分别与允许值依次对应。

2）闸门振动。采用应变传感器和无线采集系统，测试了3号闸门构件受力较大部位应变，传感器布置在钢闸门纵梁上。根据《水利水电工程钢闸门设计规范》（SL 74—2019），金属结构的局部振动应力要求不大于允许应力的20%，门叶材料为Q345B，大中型工程工作闸门及重要事故闸门调整系数为0.90～0.95，复核取0.90，允许应力为207MPa，则振动应力应小于41.4MPa。结果见表11.132，表明横江水闸钢闸门启闭工况下，振动应力均不超过允许值，可正常运行。3号闸门在启、闭过程中，闸门测点所测应变值在开启工况下为5.4$\mu\varepsilon$，在闭门工况下为4.7$\mu\varepsilon$，振动频率均小于1Hz。

表 11.132　　3号孔闸门应力和振动测试结果

测点编号	应变值/$\mu\varepsilon$	最大应力值/MPa	振幅峰值	
			开启	关闭
1	33	6.70	2.1	1.7
2	30	6.11	2.2	1.9
3	3	0.53	1.5	1.1
4	3	0.62	4.6	3.9
5	8	1.60	2.4	2.2
6	8	1.65	1.1	2.7
7	2	0.44	4.2	4.1
8	16	3.20	5.4	4.7

3）闸门振动有限元分析。经有限元分析表明，有水时闸门前10阶自振频率为1.833～22.090Hz，无水时闸门前10阶自振频率为3.259～36.534Hz，水流脉动频率主要分布于0～0.2Hz，闸门自振频率与水流脉动的能量主频带相差较大，不易引起闸门共振。

（2）启闭机安全复核。根据《水力自控翻板闸门技术规范》（SL 753—2017）、《水利水电工程钢闸门设计规范》（SL 74—2019）和《水工钢闸门和启闭机安全检测技术规程》（SL 101—2014）规定，需复核启闭门力，得到闸门启闭力见表11.133。表明现有QHSY2×3200kN/2×1800kN－3.735m液压式启闭机持住力和启门力能满足运行要求。

表 11.133　　启闭机容量复核结果

计算水位/m		计算结果/kN	
上游水位	下游水位	启门力	持住力
125.50	120.10	3179	5261
124.00	120.10	3145	3648

(3) 综合评价。闸门结构强度、刚度满足规范要求，启闭机容量满足要求。综上金属结构安全评定为 B 级。

7. 机电设备安全

3 台启闭机电动机绝缘电阻满足规范要求。1 号电动机各相绕组直流电阻值相互差别超过其最小值的 2%，其他 2 台启闭机电机绕组直流电阻满足规范要求。

变压器外观完好，且固定牢靠，并设有安全警示标志。变压器绕组绝缘电阻满足规范要求。检测的变压器绕组直流电阻满足规范要求。

柴油发电机组外观完好，固定牢靠，且运行正常，但机组表层涂层存在局部开裂现象，绝缘电阻满足规范要求。检测的柴油发电机组直流电阻满足规范要求。评定为 B 级。

11.8.6　安全评价和建议

横江水闸工程质量、防洪标准、金属结构安全和机电设备安全评定为 B 级，渗流安全、结构安全、抗震安全均评定为 A 级，综合评定为二类闸，即运用指标基本达到设计标准，工程存在一定损坏，经维修后，可达到正常运行。

建议加强浆砌石、混凝土结构、闸门、启闭机等维修养护，及时消除质量缺陷，采取措施减轻或消除闸门振动，开展安全监测和资料整编分析，增设液压启闭机调速阀等备用件。

11.9　洪泽站挡洪闸安全检测与评估分析

11.9.1　工程概况

洪泽站位于淮安市洪泽区境内三河输水线上，位于蒋家坝北约 1km 处，是南水北调多级提水系统的第三梯级，抽引水金湖站来水入洪泽湖向北调水和结合抽排宝应湖、白马湖地区的涝水。挡洪闸位于洪泽湖大堤上，为洪泽站工程的出水配套建筑物，具有调水、排涝和挡洪等功能，共 3 孔，三孔一联，每孔净宽 10m，设计流量 150m^3/s，采用平面直升钢闸门，配 QP2×250kN－15m 卷扬式启闭机。闸室下游侧布置回转式清污机桥。工程 2013 年建成。水闸剖面图见图 11.5。

1. 闸室结构

挡洪闸为开敞式结构，整体式平底闸。水闸单孔净宽 10m，共 3 孔，三孔一联；闸底板板厚为 1.50m，顶面高程为 7.50m（废黄河高程，下同），顺水流方向长度为 20.0m，垂直水流向宽度为 35.40m，上下游分设 0.80m 深齿墙。闸墩边墩厚度为 1.40m，中墩厚度为 1.30m，墩顶高程 19.50m。胸墙底高程为 13.60m，顶高程 19.50m，为板梁式结构。上部结构包括墩墙式排架、工作桥、公路桥和工作便桥，其中工作桥总宽 5.00m，

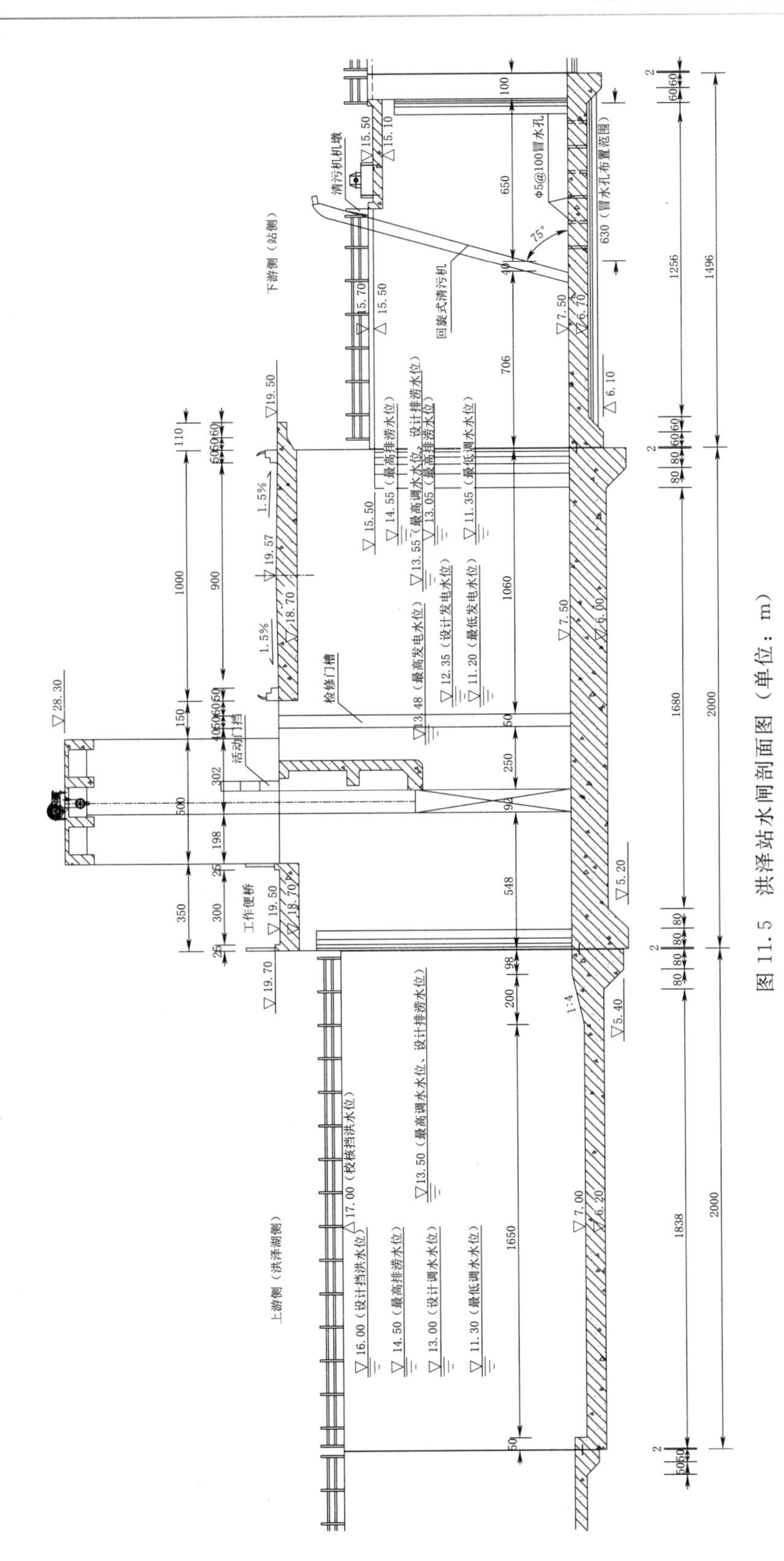

图 11.5 洪泽站水闸剖面图（单位：m）

采用π梁结构，梁底高程27.10m，梁高1.20m。公路桥荷载等级为公路-Ⅱ级，采用钢筋混凝土实心板，桥总宽10.0m。

2. 上、下游翼墙

闸室洪泽湖侧、泵站侧游设直线和圆弧翼墙。洪泽湖侧翼墙分为4节，其中第一、二、三节翼墙采用钢筋混凝土扶臂式翼墙，墙顶高程17.00m，墙后填土高程17.00m；第四节翼墙采用悬臂式翼墙，墙顶高程14.50～17.00m，墙后填土高程17.00m。泵站侧翼墙分为3节。其中第一、二、三节翼墙均采用钢筋混凝土扶臂式挡土墙，墙顶高程15.50m，墙后填土高程15.50m。

3. 上下游护底、护坡

挡洪闸洪泽湖侧布置消力池、护底和防冲槽，其中消力池为钢筋混凝土结构，尺寸为20.0m×0.80m×0.50m（长×厚×深），护底分两段，第一段为钢筋混凝土护底，尺寸为10.0m×0.50m（长×厚）；第二段为C20混凝土护底，尺寸为10.0m×0.50m（长×厚）；后接长9.00m的防冲槽，槽深2.00m。

挡洪闸泵站侧布置护底和防冲槽，其中第一段为钢筋混凝土护底，尺寸为15.0m×0.80m（长×厚），下设中瓜子片、瓜子片、中粗砂垫层；第二段为坡比1∶30的C20混凝土护底尺寸为35.0m×0.20m（长×厚），下设碎石、黄沙垫层。

4. 闸门及启闭机

为平面定轮直升潜孔式钢闸门，门顶高程13.90m，门顶设胸墙。孔口尺寸10.00m×6.10m。闸门尺寸10.12m×6.40m，采用双吊点起吊，吊点中心距为6.60m，QP2×250kN-14m卷扬式启闭机启闭。闸门门叶材料采用Q345，采用喷锌后封闭加中间层再涂漆防腐。泵站侧设检修门槽，每套检修闸门由7块浮箱式叠梁组成。

11.9.2 地基情况与处理措施

场地地貌分区处于里下河浅洼平原区，地貌类型属古泻湖堆积的水网平原，地势较为平坦，除堤顶外，地面高程一般在9.2～11.5m之间，场地广布农田及鱼塘、藕塘。

场地钻探深度范围内所揭示的土层土质，按其成因类型及岩土的性状自上而下可分为以下几层。

1. 现代堆积层（Q_4）

第A层：褐黄、灰黄夹灰褐色粉质黏土，含铁锰质结核，人工堆土，场地大部缺失，在挡洪闸部位为洪泽湖大堤堆土，层厚0.3～10.0m。

2. 全新世沉积层（Q_4）

第①层：灰黄夹灰色粉质黏土，含有机质及碎贝壳，地表为耕作土，软塑～流塑状态，中～高压缩性。层厚0.1～3.1m。

第②$_2$层：灰黄、灰褐夹灰色粉质黏土、重粉质壤土，含铁锰质结核，地表为耕作土，可塑～硬塑状态，中压缩性。场地普遍分布，层厚0.2～7.8m。

3. 晚更新世沉积层（Q_3）

第④层：灰黄、褐黄、灰、棕红色重粉质壤土、粉质黏土，局部中粉质壤土，含铁锰质结核、小砂礓，可塑～硬塑状态，中压缩性。场地普遍分布，层厚0.7～9.6m。

第④′层：灰黄、褐黄、浅灰色重、轻粉质砂壤土、轻粉质壤土，夹黏土薄层，中密～密实，中压缩性。场地分布较广，呈透镜体分布于④层中，层厚0.7～4.4m。

第⑥层：灰黄、灰、褐黄、棕黄色粉质黏土，局部夹粉土，含铁锰质结核、砂礓，可塑～硬塑状态，中压缩性。场地普遍分布，层厚0.7～9.7m。

第⑧层：棕红、褐黄、棕黄夹灰白色粉质黏土、黏土，含铁锰质结核、砂礓和少量砾，可塑～坚硬状态，中压缩性。场地普遍分布，局部未揭穿，最大揭示厚度16.2m。

第⑨层：灰黄、黄灰色细砂、中、粗砂，局部轻砂壤土，杂黏土，含砂礓，局部含较多砾，中密～密实。场地局部缺失，局部未揭穿，最大揭示厚度4.9m。

4. 第三系上新统沉积层（N）

第⑩层：浅灰、灰黄色砂岩，下部为砂砾岩，局部夹泥岩，强风化～全风化，局部弱风化，间层状分布，岩芯破碎，按岩石坚硬程度分类为较软岩，岩体工程地质分类为Ⅴ类。主要矿物成分为长石、石英，大多风化成土状，少量为碎块状，场地普遍分布，勘探未钻穿，已揭露最大厚度10.7m。

11.9.3 现状调查分析评价

根据《水闸安全评价导则》（SL 214—2015），水闸管理单位洪泽站管理所组织开展了水闸现状调查，收集了设计、施工、管理等技术资料，在了解工程概况、设计和施工、工程管理与保护范围、主要管理设施、工程调度运用方式和控制运用情况等基础上，开展混凝土结构、闸门和启闭机、电气设备现场调查，初步分析工程存在问题，提出现场安全检测和工程复核计算项目，编写工程现状调查分析报告。

1. 混凝土结构安全状态

经现场调查，闸墩、工作桥、排架、公路桥、检修桥、胸墙、上下游翼墙及护坡等混凝土结构外观质量整体良好，翼墙与边墩后填土未发现流失、冲坑和塌陷；翼墙与边墩未发现异常沉降、倾斜和滑移。工程范围内混凝土结构未发现质量问题，安全状态整体较好。

2. 金属结构安全状态

工程范围内金属结构外观质量较好，主要问题是滚轮锈蚀。金属结构整体安全状态较好；清污机及拦污栅外观质量较好，整体安全状态较好；启闭机外观质量较好，安全状态整体较好。

3. 机电设备安全状态

电动机地脚螺栓连接紧固，轴承无渗油，线圈排列整齐，但电动机壳内锈蚀明显。配电柜、控制柜和馈线柜外观无锈蚀、变形，元器件完好，操作按钮、标志标识完整齐全，指示灯、按钮完好，自动化监控设备正常运行，机电设备外观质量良好，整体安全状态较好。

4. 安全监测

建筑物垂直位移观测结果准确、观测精度较高，变形规律性好。受地下水位逐步提升影响，存在微上升趋势，但整体变化平稳，符合整体变化规律。相邻底板、岸墙、翼墙间无突变，变化基本同步。沉降趋于稳定表明挡洪闸安全可靠，可以满足工程安全运行需求。

测压管管中水位变化整体规律与上游水位成正相关，观测结果表明测压管扬压力变化较为平稳，与上下游水位变化呈正相关。

5. 水闸安全管理评价

工程隶属于南水北调东线江苏水源有限责任公司淮安分公司，由南水北调东线江苏水源有限责任公司洪泽站管理所负责现场运行管理。根据《水闸安全评价导则》(SL 214—2015) 进行工程现状调查表明，工程管护范围明确可控，技术人员定岗定编明确、满足管理要求，管理经费足额到位；工程按照制度上墙原则，把关键制度和设备操作规程等在显著位置明示，安全管理制度完备，按上级调度指令执行；工程建筑物、金属结构和机电设备经常维护，并处于安全和完好的工作状态；管理设施满足运行要求；综上，挡洪闸安全管理为良好。

11.9.4 安全检测分析与质量评价

1. 现场安全检测项目

根据现状调查分析结果，确定洪泽站挡洪闸的现场安全检测项目。其中土建工程现场安全检测内容主要包括外观质量缺陷检查、混凝土抗压强度检测、钢筋保护层厚度及混凝土碳化深度检测、砌体结构和细部构造工程检查；金属结构现场检测项目主要包括巡视检查、外观与现状检测、腐蚀检测、焊缝无损检测、金属硬度检测、启闭机运行状况检测；机电设备现场检测内容主要包括外观检查、电动机、控制柜、发电机、接地电阻检测。

2. 安全检测成果与分析

(1) 混凝土结构。排架混凝土强度推定值为 31.1～43.9MPa，翼墙混凝土强度推定值为 36.3～44.4MPa，隔墩混凝土强度推定值为 30.1～37.4MPa，闸墩混凝土强度推定值为 39.8～41.6MPa，胸墙混凝土强度推定值为 30.9～41.2MPa，护坡混凝土强度推定值为 33.0～34.5MPa，排架柱、翼墙、清污机隔墩、闸墩及胸墙等构件混凝土抗压强度推定值均满足设计及现行规范要求。混凝土保护层厚度均满足设计要求。构件混凝土碳化均为B类碳化，属于一般碳化，碳化深度小于混凝土保护层厚度。上游左右岸护坡砂浆抗压强度均大于16MPa。钢筋未发生锈蚀。翼墙及闸墩的垂直度满足规范要求。

(2) 闸门。工作闸门巡视检查无异常，外观质量整体较好，滚轮锈蚀，无锁定装置。工作闸门防腐蚀涂层厚度满足设计要求。构件尚未明显削弱，腐蚀程度为A级（轻微腐蚀）。焊缝外观质量未发现裂纹、表面夹渣、咬边、表面气孔等缺陷，且焊缝内部质量符合标准要求。橡胶硬度满足设计要求。材料硬度满足设计要求。检修闸门巡视检查无异常，外观质量整体较好。检修闸门构件的防腐蚀涂层厚度满足设计要求。检修闸门尚未明显削弱，腐蚀程度为A级（轻微腐蚀）；闸门橡胶硬度满足设计要求，闸门材料硬度满足设计要求。

(3) 启闭机。启闭机外观质量整体较好，开式齿轮、制动轮制动面硬度满足规范要求。制动轮和闸瓦之间间隙满足规范要求。启门力安全储备较大，依靠自重能关闭闸门。闸门同步偏差较小，启闭无卡阻。

(4) 电气设备。启闭机及清污机电动机外壳油漆完好、无锈蚀，地脚螺栓连接紧固，轴承无锈蚀、渗油；控制柜及馈线柜外观无锈蚀、变形，内部导线排列整齐，控制柜可靠固定。电动机绝缘电阻、三相电流最大不平衡度和三相电压偏差、启闭运行噪声和接地电阻满足规范要求。发电机外观较好，仪表指示正常，蓄电池安装连接正确，电缆接线正常，绝缘良好，发电机空载试运行和负载运行均正常，电柜体内部电线排列整齐，接地电阻满足规范要求。

3. 工程质量评价结论

混凝土整体质量较好，局部缺陷不影响安全，常规维修养护即可满足正常运行，评定为A级；闸门、启闭机及清污机运行正常，做好常规维修养护即可，评定为A级。检测结果均满足标准要求，且现状满足运行要求，评定为A级。工程质量评定为A级。

11.9.5 安全复核分析

1. 复核分析工况

挡洪闸设计防洪标准为100年一遇，相应的防洪水位为16.00m；校核防洪标准为300年一遇，校核防洪水位为17.00m。规划未改变，复核建立在原设计基础上，结合现状调查和现场安全检测结论，开展安全鉴定复核。

2. 防洪标准复核

(1) 闸顶高程。挡洪闸闸室为1级水工建筑物，各运用工况下闸顶高程复核结果见表11.134，闸顶设计高程为19.50m。闸顶高程满足要求。

表11.134 闸顶高程复核结果 单位：m

运行情况		水位	加高值	波高	闸顶高程
挡水	设计水位	16.00	0.70	2.08	18.78
	校核水位	17.00	0.50	1.81	19.31
排、调水	水位组合1	13.05	1.50	—	14.55
	水位组合2	13.55	1.00	—	14.55

(2) 过流能力。过流能力复核结果见表11.135，设计过闸流量为150.0m^3/s，过流能力满足要求。

表11.135 过闸流量复核结果

水位控制值/m		水位差/m	闸门开启高度/m	过闸流量/(m^3/s)
洪泽湖侧	泵站侧			
11.30	11.35	0.05	全开	180.3

(3) 综合评价。挡洪闸闸顶高程、过流能力满足要求，防洪标准评定为A级。

3. 渗流安全复核

(1) 渗径长度分析。闸基不透水轮廓线长度包括上游铺盖（不透水长度32.36m）、闸底板（不透水长度21.76m），总渗径长度为54.12m；挡洪闸最大水位差为5.50m，计算渗径长度为22.00m，满足要求。

(2) 渗透坡降分析。根据《水闸设计规范》(SL 265—2016)，在最不利水位组合工况下的渗透坡降复核结果见表11.136，水平段和出口段的渗透坡降均满足规范要求。

表11.136 渗透坡降值复核结果

工况	水位/m		水位差/m	分段类型	渗流坡降最大值	允许值
	洪泽湖侧	泵站侧				
校核工况	17.00	11.50	5.50	水平段	0.13	0.30～0.40
				出口段	0.44	0.60～0.70

(3) 综合评价。渗径长度和渗流稳定满足规范要求，测压管监测数据正常，渗流安全评定为A级。

4. 结构安全复核

(1) 闸室。该闸底板坐落在粉质黏土上，地基容许承载力为150kPa。混凝土与土基接触面摩擦系数0.30。洪泽站挡洪闸闸室基底应力、应力比、抗滑稳定性复核结果见表11.137、表11.138，复核结果满足规范要求。

表11.137 闸室稳定验算结果

计算工况	水位组合/m		应力不均匀系数 η		抗滑稳定安全系数 K_c	
	上游	下游	计算值	允许值	计算值	允许值
设计水位	16.00	11.50	1.05	2.00	2.42	1.35
校核水位	17.00	11.50	1.10	2.50	1.89	1.20

表11.138 闸室基底应力计算结果

计算工况	水位组合/m		基底应力/kPa		
	上游	下游	σ_{max}	σ_{min}	σ_{ave}
设计水位	16.00	11.50	107	103	105
校核水位	17.00	11.50	114	104	109
允许值	—	—	180	—	150

(2) 翼墙结构。洪泽湖侧第一节翼墙为空箱扶壁式翼墙，翼墙整体高度为10.80m，扶壁高度9.00m，扶肋厚度0.50m，底板宽为10.50m。该翼墙坐落在粉质黏土上，地基土的容许承载力为150kPa。混凝土与土基接触面摩擦系数为0.30。

泵站侧第一节翼墙为扶壁式翼墙，翼墙整体高度为8.80m，扶壁高度7.00m，扶肋厚度0.50m，底板宽为9.00m。该翼墙坐落在粉质黏土上，地基土的容许承载力为150kPa。混凝土与土基接触面摩擦系数为0.30。计算结果见表11.139～表11.142。洪泽站挡洪闸翼墙基底应力、应力比、抗滑稳定性均满足规范要求。

表11.139 上游第一节翼墙稳定复核结果

计算工况	水位组合/m		应力不均匀系数 η		抗滑稳定安全系数 K_c	
	墙前	墙后	计算值	允许值	计算值	允许值
设计水位	11.30	11.80	1.10	2.00	1.70	1.35
校核水位	16.00	17.00	1.18	2.50	1.54	1.20

表11.140 上游第一节翼墙基底应力复核结果

计算工况	水位组合/m		基底应力/kPa		
	墙前	墙后	σ_{max}	σ_{min}	σ_{ave}
设计水位	11.30	11.80	139	127	133
校核水位	16.00	17.00	143	121	132
允许值	—	—	180	—	150

表 11.141　　下游第一节翼墙稳定复核结果

计算工况	水位组合/m		应力不均匀系数 η		抗滑稳定安全系数 K_c	
	墙前	墙后	计算值	允许值	计算值	允许值
设计水位	11.50	12.50	1.11	2.00	1.50	1.35
校核水位	11.50	13.00	1.22	2.50	1.50	1.20

表 11.142　　下游第一节翼墙基底应力复核结果

计算工况	水位组合/m		基底应力/kPa		
	墙前	墙后	σ_{max}	σ_{min}	σ_{ave}
设计水位	11.50	12.50	114	102	108
校核水位	11.50	13.00	117	96	107
允许值	—	—	180	—	150

(3) 消能防冲。消能复核结果见表 11.143，消力池深度、底板长度、厚度和海漫长度均满足消能防冲要求。

表 11.143　　水闸消能设施复核结果

水位组合		过闸流量/(m^3/s)	消力池/m			海漫长度/m
洪泽湖侧	泵站侧		深度	长度	底板厚度	
11.30	11.35	150.0	无需设	10.16	0.16	8.19
设计值			0.5	20.00	0.80	44.00

(4) 结构强度。挡洪闸工作桥由 2 根 400mm×1200mm 单跨 C30 简支梁组成，复核结果见表 11.144。工作桥抗弯、抗剪承载力及挠度与裂缝宽度均满足规范要求。

表 11.144　　工作桥结构复核计算结果

计算项目	正弯矩/(kN·m)	剪力/kN	挠度/mm	裂缝宽度/mm
荷载效应	601	150	17	0.18
抗力	1366	1127	26	0.30
安全系数	2.27	7.51	1.53	1.67

挡洪闸公路桥设计荷载公路-Ⅱ级，设计安全等级为二级，复核结果见表 11.145，表明公路桥抗弯、抗剪承载力及挠度与裂缝宽度均满足规范要求。

表 11.145　　公路桥结构复核结果

计算项目	最大正弯矩/(kN·m)	最大负弯矩/(kN·m)	最大剪力/kN	挠度/mm	裂缝宽度/mm
荷载效应	656.26	554.00	375.92	10.00	0.18
抗力	677.95	677.95	709.64	18.58	0.20
安全系数	1.03	1.22	1.89	1.86	1.09

(5) 结构安全综合评价。闸室、翼墙稳定性，消力池深度、长度、厚度和海漫长度满足要求。工作桥启闭机梁和公路桥结构强度满足规范要求。结构安全评定为 A 级。

5. 抗震安全复核

根据《中国地震动参数区划图》(GB 18306—2015)及勘察工作中揭露的地层、岩土形状及地区经验，挡洪闸场地类别为Ⅱ类，基本地震动峰值加速度值为 0.05g，基本地震动加速度反应谱特征周期为 0.45s。考虑洪泽湖大堤的重要性，堤段及建筑物按现有标准提高一度进行抗震设计，挡洪闸抗震设防烈度为Ⅶ度，需要抗震计算和分析抗震措施。

(1) 闸室和翼墙。复核结果见表 11.146～表 11.151。地震工况下闸室、翼墙基底应力、应力比、抗滑稳定性均满足规范要求。

表 11.146 闸室稳定复核结果

名称	水位组合/m		应力不均匀系数 η		抗滑稳定安全系数 K_c	
	洪泽湖侧	泵站侧	计算值	允许值	计算值	允许值
地震期	13.50	13.55	1.35	2.50	1.52	1.10

表 11.147 闸室基底应力复核结果

计算工况	水位组合/m		基底应力/kPa		
	洪泽湖侧	泵站侧	σ_{max}	σ_{min}	σ_{ave}
地震期	13.50	13.55	101	74	88
允许值	—	—	180	—	150

表 11.148 洪泽湖侧第一节翼墙稳定复核结果

计算工况	水位组合/m		应力不均匀系数 η		抗滑稳定安全系数 K_c	
	墙前	墙后	计算值	允许值	计算值	允许值
地震工况	13.00	13.50	2.04	2.50	1.31	1.10

表 11.149 洪泽湖侧第一节翼墙基底应力复核结果

计算工况	水位组合/m		基底应力/kPa		
	墙前	墙后	σ_{max}	σ_{min}	σ_{ave}
地震工况	13.00	13.50	154	77	116
允许值	—	—	180	—	150

表 11.150 泵站侧第一节翼墙稳定验算复核结果

计算工况	水位组合/m		应力不均匀系数 η		抗滑稳定安全系数 K_c	
	墙前	墙后	计算值	允许值	计算值	允许值
地震工况	13.05	13.55	1.71	2.5	1.33	1.10

表 11.151 泵站侧第一节翼墙基底应力复核结果

计算工况	水位组合/m		基底应力/kPa		
	墙前	墙后	σ_{max}	σ_{min}	σ_{ave}
地震工况	13.05	13.55	121	71	96
允许值	—	—	180	—	150

(2) 综合评价。地震工况下闸室、翼墙基底应力、应力比、抗滑稳定性均满足规范要求。评定为C级。

6. 金属结构安全

闸门结构件的强度、刚度和稳定性满足规范要求。靠闸门自重能关闭闸门，现有QP2×250kN-15m卷扬式启闭机满足运行要求。金属结构安全评定为A。

7. 机电设备安全

电动机绝缘电阻、三相电流最大不平衡度、接地电阻满足规范要求。发电机外观良好，仪表指示正常，蓄电池安装连接正确，电缆接线正常，绝缘良好，发电机空载试运行和负载运行均正常，接地电阻满足规范要求。机电设备安全评定为A。

11.9.6 安全评价和建议

挡洪闸工程质量评定为A，防洪标准、渗流安全、结构安全、抗震安全、金属结构安全、机电设备安全均评定为A，综合评定为一类闸，即运用指标达到设计标准，无影响正常运行的缺陷，按常规维修养护即可保证正常运行。

11.10 澹台湖枢纽安全检测与评估分析

11.10.1 工程概况

澹台湖枢纽是苏州市城市中心区防洪工程控制建筑物之一，位于苏州市中心城区南面，京杭大运河与老运河交汇处以北约900m的老运河上。是由一座净宽3×10m节制闸、一座16m×120m船闸和一座60m^3/s单向泵站组成，水闸为双向挡水，泵站单向运行，以实现防洪、排涝、航运和改善城市水环境的功能。节制闸布置在老运河河道中央，船闸与泵站之间。泵站紧邻节制闸，布置在节制闸东侧。船闸布置在节制闸西侧。工程于2005年12月开工，2009年8月通过工程验收，水闸剖面图见图11.6。

根据《中国地震动参数区划图》(GB 18306—2015)，该闸区域Ⅱ类场地，基本地震动峰值加速度为0.10g，地震动反应谱特征周期为0.35s，该闸区域地震基本烈度为Ⅶ度，抗震设计烈度为7度。

1. 闸室结构

闸室净宽3×10m，为钢筋混凝土整体坞式结构，底板顺水流方向长13m，垂直向宽34.60m，中墩厚1.3m，边墩厚1.0m；底板厚度为1.20m，顶高程为－1.00m（吴淞高程，下同）。节制闸顺水流方向布置长度（外河防冲槽至内河防冲槽）为123.7m。检修门槽分别设在闸室内、外河侧，门槽宽1.0m，深0.4m。在启闭机房外河侧布置人行桥，为枢纽两岸主要交通通道，与船闸外闸首人行桥相通，宽2.0m，桥顶高程12.25m，桥梁底高程11.70m，为预应力空心板结构。机架桥桥底高程11.00m，桥顶高程12.30m；节制闸东侧设楼梯，由12.10m下至泵房外河侧6.0m高程平台。

2. 上下游护底、护坡

节制闸内、外河侧消力池均为分离式钢筋混凝土结构。底板厚0.6m，内、外河消力池净宽分别为32.60～33.60m、32.60m，内、外河消力池顺水流方向长均为15m，内、外河消力池深均为0.5m，消力池斜坡段长2m，以1∶4的坡度，将闸底板与消力池池底

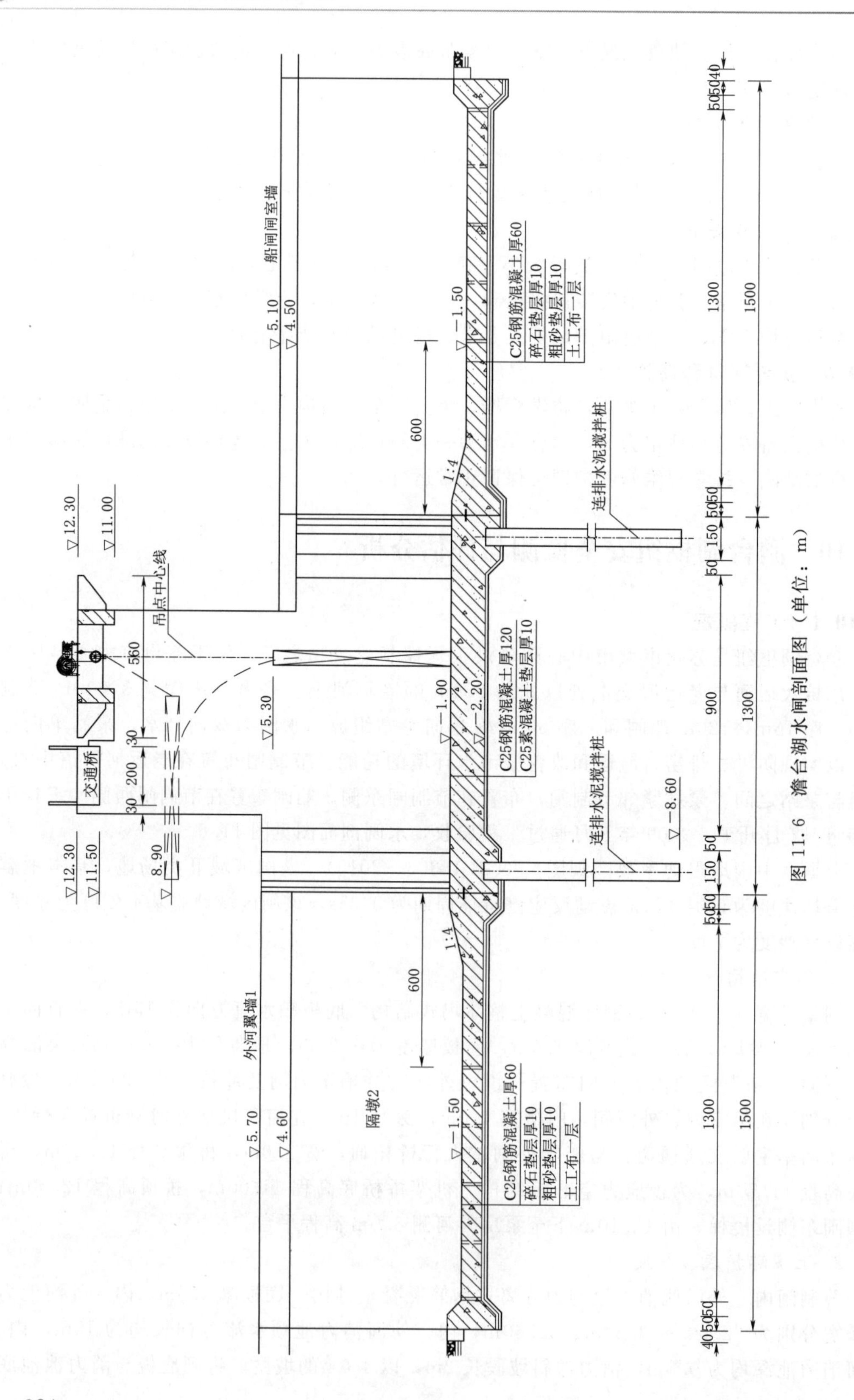

图 11.6 澹台湖水闸剖面图（单位：m）

相接。在内、外河消力池水平段上布设排水孔，采用梅花形布置；消力池底部设土工布、粗砂垫层、碎石垫层等构成反滤层；内、外河消力池底板顶面高程均为－1.50m。内、外河消力池临泵站侧不单独设边墙，而是利用泵站的边墙作分流墩，外河消力池临船闸侧不单独设边墙，而与船闸共用分流墩，墩体厚2.0～5.5m，内河消力池临船闸侧亦不单独设边墙，而是利用船闸闸室墙作分流墩。

内河、京杭运河侧海漫段长度分别为37.7m、30m，采用浆砌块石结构，浆砌块石厚度为0.30m，其下采用0.1m厚的碎石垫层和0.1m厚的粗砂垫层，以及一层土工布作反滤，浆砌块石间设有宽0.4m、高0.6m的混凝土格埂。海漫段设置排水孔。在海漫段的末端设置抛石防冲槽，内河侧面宽5.0m、深1.5m。外河侧面宽8.0m，深2.0m。

3. 闸门及启闭机

工作门采用升卧式钢闸门，尺寸为10.0m×6.30m，闸门顶高程为5.3m；卷扬启闭机操作，启闭机为2×160kN。升卧门平卧后门底高程8.90m，满足防汛警戒水位3.50m以下的通航要求。

11.10.2 地基情况与处理措施

1. 工程地质

工程区位于老运河与京杭大运河交汇处以北900m的老运河上。工程区属于冲、湖积平原区，周围水网稠密。工程区西岸紧邻冬青路，岸边有浆砌石护岸，局部破损，地形平坦，地面高程约4.50m；东岸工程区范围内较为空旷，岸边主要为河底清淤回填，东北部分范围有大量积水，地形有一定起伏，地面高程3.97～5.84m。

勘察所揭露35.0m深度范围内可分为7个土层，其中④层分为$④_2$、$④_3$两个亚层，$④_3$层灰黄、灰色粉土，孔隙比平均为0.81，一般呈中密状态，中压缩性，标贯击数平均10.4击，静探P_s平均值为2.74MPa，工程地质性质尚好，地基允许承载力140kPa；⑤层粉土孔隙比平均为0.79，呈中密状态，中压缩性，标贯击数平均14.3击，静探P_s平均值为7.20MPa，土质较好，地基允许承载力150kPa。⑤层粉土由南向北厚度变薄，尤其内河侧4—4′剖面以北⑤层土底板标高较高，且下伏第⑥层土质较差。

勘察区$①_1$层杂填土孔隙较大，为本场地主要潜水含水层。$①_2$层、$④_2$层黏性土，具微透水性，构成相对隔水层。$④_3$层粉土、⑤层粉土，具弱透水性，厚度大，$④_3$层、⑤层土为主要含水层。潜水位观测及分层止水后承压水位观测表明，潜水位观测孔和承压水位观测孔主要位于东岸，量测的潜水位高程为2.81～3.86m，微承压水位高程为0.2m左右。根据观测结果，$④_3$层、⑤层粉土具有微承压性质。

工程区地处多雨的江南地区，地下水（潜水）接受大气降水补给，通过地面蒸发或向河沟等地表水体排泄。微承压水主要通过地下径流方式补给与排泄。工程区周围无污染源，河水流动且与大运河连通。场地地下水对混凝土无腐蚀性，对钢结构有弱腐蚀性。场地地基土对混凝土无腐蚀性。$④_3$、⑤层土不均匀系数C_u小于10，颗粒较均匀，渗透变形类型为流土。

2. 地基处理措施

节制闸地基采用天然地基，持力层位于处于$④_3$层粉土上，底板四周设一排桩长6m的防渗连续水泥土搅拌桩。

11.10.3 现状调查分析评价

水闸管理单位苏州市河道管理处组织开展了水闸现状调查，开展闸室、导流墙等混凝土结构、闸门和启闭机、电气设备现场调查，初步分析工程存在问题，提出现场安全检测和工程复核计算项目，编写工程现状调查分析报告。

1. 混凝土结构安全状态

节制闸闸墩外观整体较好，局部钢筋锈胀。内河西侧挡墙存在裂缝较多，局部破损、开裂，东侧与泵站隔墩外观较好；外河东西侧隔墩外观整体较好。

2. 闸门和启闭机安全状态

节制闸闸门外观良好，门体无明显变形、扭曲，2号孔闸门侧止水处轻微漏水。启闭机整体状态良好。

3. 机电设备安全状态

节制闸LCU屏、动力屏各指示灯正常，电缆敷设良好；启闭机电机外壳完好，接线牢固，绝缘良好。电气设备整体安全状态较好。

4. 水下结构安全状态

节制闸及内外河侧建筑物沉降稳定，无明显差异沉降。上游引河共设置了3个观测断面，下游引河共设置了3个观测断面。结果表明观测期内河床无明显冲刷，有轻微淤积。

5. 水闸安全管理评价

根据《水闸安全评价导则》（SL 214—2015）对澹台湖枢纽工程安全管理进行评价，结果表明澹台湖枢纽该枢纽管理范围明确可控，技术人员满足管理要求，运行管理和维修养护经费落实。规章、制度齐全并落实，枢纽工程控制运用满足要求。工程建筑物、金属结构和机电设备经常维护，并处于安全的工作状态。工程管理设施齐全、安全监测按要求开展。综上澹台湖枢纽工程安全管理评价为较好。

11.10.4 安全检测分析与质量评价

1. 现场安全检测项目

根据现状调查分析结果，确定澹台湖枢纽的现场安全检测项目。其中土建工程现场安全检测内容主要包括外观质量缺陷检查、混凝土抗压强度检测、钢筋保护层厚度及混凝土碳化深度检测、砌体结构和细部构造工程检查；金属结构现场检测项目主要包括巡视检查、外观与现状检测、腐蚀检测、焊缝无损检测、金属硬度检测、启闭机运行状况检测；机电设备现场检测内容主要包括外观检查、电动机、控制柜、接地电阻检测等。根据工程现状和运用情况，开展混凝土结构水下探摸。

2. 安全检测成果与分析

（1）混凝土结构。回弹法检测1号、2号孔闸墩混凝土抗压强度为25.3～36.7MPa，满足设计及规范要求。1号孔西侧闸墩碳化为C类碳化，碳化深度超过混凝土保护层厚度，1号孔东侧、2号孔东侧闸墩为B类碳化，碳化深度小于混凝土保护层厚度。混凝土保护层厚度整体偏小。闸墩及工作桥细部结构未发现明显错位，结构缝材料外观较好。闸门前底板表面淤积厚度1.2m，外河侧三孔闸室底板表面淤积厚度为1.0m。

（2）上、下游连接段。内河西侧导流墩裂缝较多，局部破损、开裂，导流墩保护层厚度整体偏小。消力池内淤积厚度1.6m，护坦淤积厚度0.8m。内河西侧导流墩存在裂缝较多，局部破损、开裂，东侧导流墩外观较好；外河东西侧导流墩外观整体较好。回弹法检测导流墩混凝土抗压强度为26.3～34.9MPa，满足设计及规范要求。导流墩混凝土碳化为B类碳化，属于一般碳化，碳化深度小于混凝土保护层厚度。导流墩保护层厚度整体偏小。内外河侧导流墩结构缝未发现明显错位，结构缝材料外观较好无缺失。

（3）闸门。闸门外观良好，门体无明显变形、扭曲。水位变动区门体、门槽钢板及防护钢板锈蚀。1号、2号工作闸门各部位涂层最小局部厚度为78～288μm。1号、2号工作闸门金属构件腐蚀厚度较小，涂层基本完好，工作闸门腐蚀程度评定为A级（轻微腐蚀）。焊缝外观质量检查未发现裂纹、表面夹渣、咬边、表面气孔等缺陷，1号、2号工作闸门焊缝质量符合标准要求。

（4）启闭机。启闭机及启闭房外观整体良好。启闭机大齿轮硬度为129～194HB，小齿轮硬度为205～220HB，大小齿轮差为26～81HB；制动轮硬度为82.4～86.6HRC。

（5）电气设备。电动机外壳油漆完好，接线绝缘完好；支座（轴承）等主要零部件无裂纹、变形、损坏。1号、2号孔启闭机电动机绕组绝缘电阻、绕组直流电阻、接地电阻满足规范要求。动力屏各指示灯正常，电缆敷设良好。动力屏、LCU屏接地电阻满足规范要求。

3. 工程质量评价结论

澹台湖枢纽混凝土结构，上下游连接段、闸门和启闭机和电气设备检测指标基本满足标准要求，按常规维修养护即可满足正常运行要求，综合评定节制闸工程质量评定为A级。

11.10.5 安全复核分析

1. 复核分析工况

枫桥站200年一遇防洪水位为5.15m，苏州（二）站（澹台湖）200年一遇防洪水位为5.00m。复核计算主要建立在原设计和最新规划的基础上，依据《水闸安全评价导则》（SL 214—2015）等现行规范和有关要求，结合现状调查和现场安全检测结论，开展安全鉴定复核分析。

2. 防洪标准复核

（1）闸顶高程。闸顶高程复核结果见表11.152，闸顶实际高程为5.70m。表明闸顶高程满足要求。

表11.152 闸顶高程复核结果 单位：m

运行情况		水位	加高值	波高	闸顶高程
挡水	设计洪水位	3.98	0.7	0.34	4.95
	校核洪水位	5.00	0.5	0.20	5.68
排水	内河侧	3.30	1.5	—	4.80
引水	外河侧	3.50	1.5	—	5.00

（2）过流能力。计算结果见表11.153，节制闸设计排涝流量152.1m^3/s，设计引水流量159.9m^3/s，水闸过流能力满足要求。

表 11.153　　过闸流量复核结果

工况	水位控制值/m		水位差/m	过闸流量/(m^3/s)	闸门开度/m
	内河	外河			
排涝	3.30	2.80	0.5	152.1	2.79
引水	3.00	3.50	0.5	159.9	2.90

(3) 综合评价。节制闸闸顶高程和过流能力满足要求，防洪标准评定为 A 级。

3. 渗流安全复核

(1) 渗径长度分析。节制闸最大水位差为 2.2m，考虑节制闸上下游处有水泥防渗搅拌桩，闸基不透水轮廓线长度包括外河侧消力池渗径长度为 6.3m，闸底板不透水长度 37.4m，内河侧消力池渗径长度 6.3m，得实际渗径长度为 50.0m；而计算渗径长度为 22.0m，实际渗径长度大于计算长度，满足要求。

(2) 渗透坡降分析。该闸底板坐落在④$_3$ 层粉土上，复核结果见表 11.154，表明在各水位组合工况下，水平段和出口段的渗透坡降均满足规范要求。

表 11.154　　渗透坡降值复核结果

计算工况	水位/m		水位差/m	分段类型	渗流坡降最大值
	外河侧	内河侧			
正向校核	5.00	2.80	2.20	水平段	0.129
				出口段	0.28
反向校核	1.89	3.30	1.41	水平段	0.083
				出口段	0.18

(3) 综合评价。节制闸渗径长度、水平段和出口段的渗透坡降均满足规范要求，运行正常。渗流安全为 A 级。

4. 结构安全复核

(1) 闸室。节制闸闸室稳定复核结果见表 11.155、表 11.156，澮台湖枢纽节制闸基底应力、应力比、抗滑稳定性均满足规范要求。

(2) 消能防冲。复核结果见表 11.157。表明消力池深度、长度、底板厚度和海漫长度均满足消能防冲要求。

表 11.155　　水闸稳定验算复核结果

计算工况	水位组合/m		应力不均匀系数 η		抗滑稳定安全系数 K_c	
	外河	内河	计算值	允许值	计算值	允许值
设计水位 1	5.00	3.10	1.22	2.00	1.89	1.35
设计水位 2	2.36	3.30	1.24		4.84	
校核水位 1	5.00	2.80	1.25	2.50	1.69	1.20
校核水位 2	1.89	3.30	1.21		3.40	

表 11.156　　水闸闸室基底应力复核结果

计算工况	水位组合/m		基底应力/kPa		
	外河	内河	σ_{max}	σ_{min}	σ_{ave}
设计水位 1	5.00	3.10	55	45	50
设计水位 2	2.36	3.30	56	46	51
校核水位 1	5.00	2.80	56	45	51
校核水位 2	1.89	3.30	56	46	51
允许值	—	—	168	—	140

表 11.157　　消能设施复核结果

工况	水位组合		闸门开度	过闸流量/(m^3/s)	消力池/m			海漫长度/m
	内河侧	外河侧			深度	长度	底板厚度	
排涝	3.30	2.80	全开	152.1	0	12.49	0.28	19.7
设计值	—	—	—	—	0.5	15.00	0.60	30.0
引水	3.00	3.50	全开	159.9	0	12.88	0.29	20.2
设计值	—	—	—	—	0.5	15.00	0.60	30.0

(3) 结构强度。闸室底板和闸墩结构完整、整体稳定满足要求。基础无异常变形和不均匀沉降，混凝土抗压强度、保护层厚度满足要求，碳化深度总体较小。枢纽原设计运用条件更不利、结构尺寸与计算参数等没有发生变化，闸室底板和闸墩结构强度满足规范要求。节制闸工作桥由两根截面尺寸为 1300mm×600mm 的 C30 纵梁组成，结构安全复核结果见表 11.158。表明工作桥抗弯、抗剪承载力及挠度与裂缝宽度均满足规范要求。

表 11.158　　节制闸工作桥结构复核结果

计算项目	弯矩/(kN·m)	剪力/kN	挠度/mm	裂缝宽度/mm
荷载效应	695	839	5.1	0.14
抗力	2524	1516	26.3	0.30
安全系数	3.63	1.81	5.2	2.14

(4) 结构安全综合评价。闸室稳定性，工作桥结构强度、消能防冲满足要求，运行正常，结构安全评定为 A 级。

5. 抗震安全复核

该节制闸抗震设防烈度为Ⅶ度，需要进行抗震计算和分析抗震措施。

(1) 闸室。根据相应地震工况闸室复核结果见表 11.159、表 11.160。地震工况闸室基底应力、应力比、抗滑稳定性均满足规范要求。

表 11.159　　地震工况下闸室稳定复核结果

计算工况	水位组合/m		应力不均匀系数 η		抗滑稳定安全系数 K_c	
	外河	内河	计算值	允许值	计算值	允许值
正向水位	3.98	3.30	1.62	2.50	2.44	1.10
反向水位	2.83	3.30	1.74		2.86	

表 11.160　　水闸闸室基底应力复核结果

计算工况	水位组合/m		基底应力/kPa		
	外河	内河	σ_{max}	σ_{min}	σ_{ave}
正向水位	3.98	3.30	62	38	50
反向水位	2.83	3.30	64	37	51
允许值	—	—	168	—	140

(2) 结构强度抗震复核。澮台湖枢纽节制闸工作桥及上部结构由截面尺寸为7000mm×990mm的墩墙承受该荷载。墩墙一期为C25混凝土，二期为C30混凝土。墩墙保护层厚度设计值为50mm。对墩墙进行抗震安全复核结果见表11.161。表明抗震工况下墩墙抗弯、抗剪承载力及挠度与裂缝宽度均满足规范要求。

表 11.161　　节制闸工作桥墩墙结构复核结果

计算项目	弯矩/(kN·m)	剪力/kN	挠度/mm	裂缝宽度/mm
荷载效应	2982	2807	21.2	0.30
抗力	12674	11180	1.47	0.08
安全系数	4.24	3.98	14.42	3.75

(3) 结构抗震措施。节制闸启闭机房纵梁为连续梁式结构，在其支撑排架顶处设置挡块，可防止产生横向位移；交通桥上部结构为简支梁，其桥墩设置挡块，可防止产生纵、横向位移；启闭机房及交通桥支撑墩，竖向钢筋为Φ22@200，配筋率为$\rho=0.39\%>0.15\%$，满足要求。

(4) 综合评价。澮台湖枢纽节制闸抗震设防烈度为Ⅷ度，闸室抗震稳定、启闭墩墙结构强度满足规范要求，抗震措施有效。抗震安全评定为A级。

6. 金属结构安全

闸门整体质量较好、门体未发现明显变形；根据《水工钢闸门和启闭机安全检测技术规程》(SL 101—2014) 闸门腐蚀程度为A级（轻微腐蚀）。闸门焊缝外观质量检查未发现裂纹、表面夹渣、咬边、表面气孔等缺陷，闸门焊缝内部质量符合标准要求。闸门轻微腐蚀，焊缝质量满足要求，原设计工况水位条件更不利，闸门强度、刚度和稳定性满足规范要求。现有QP2×160kN卷扬式启闭机满足运行要求。金属结构安全评定为A级。

7. 机电设备安全

电动机外壳油漆完好，接线绝缘完好；支座（轴承）等主要零部件无裂纹、变形、损坏情况。1号、2号孔启闭机电动机绕组绝缘电阻、接地电阻满足规范要求。动力屏各指示灯正常，电缆敷设良好；动力屏、LCU屏接地电阻满足规范要求。机电设备安全评定为A级。

11.10.6　安全评价和建议

澮台湖枢纽节制闸工程质量、防洪标准、渗流安全、结构安全、抗震安全、金属结构安全和机电设备安全评定为A级，根据《水闸安全评价导则》(SL 214—2015)，评定澮台湖枢纽节制闸工程为一类闸，即运用指标能达到设计标准，无影响正常运行的缺陷，按常规维修养护即可保证正常运行。

11.11 独流减河防潮闸安全检测与评估分析

11.11.1 工程概况

独流减河防潮闸位于天津市滨海新区大港独流减河入海口处，是大清河与子牙河在独流减河进洪闸汇流后通过独流减河入海的重要水利工程，主要功能是平时挡潮御沙，汛期宣泄洪水，确保京、津、冀地区的防洪安全。水闸剖面图见图 11.7。

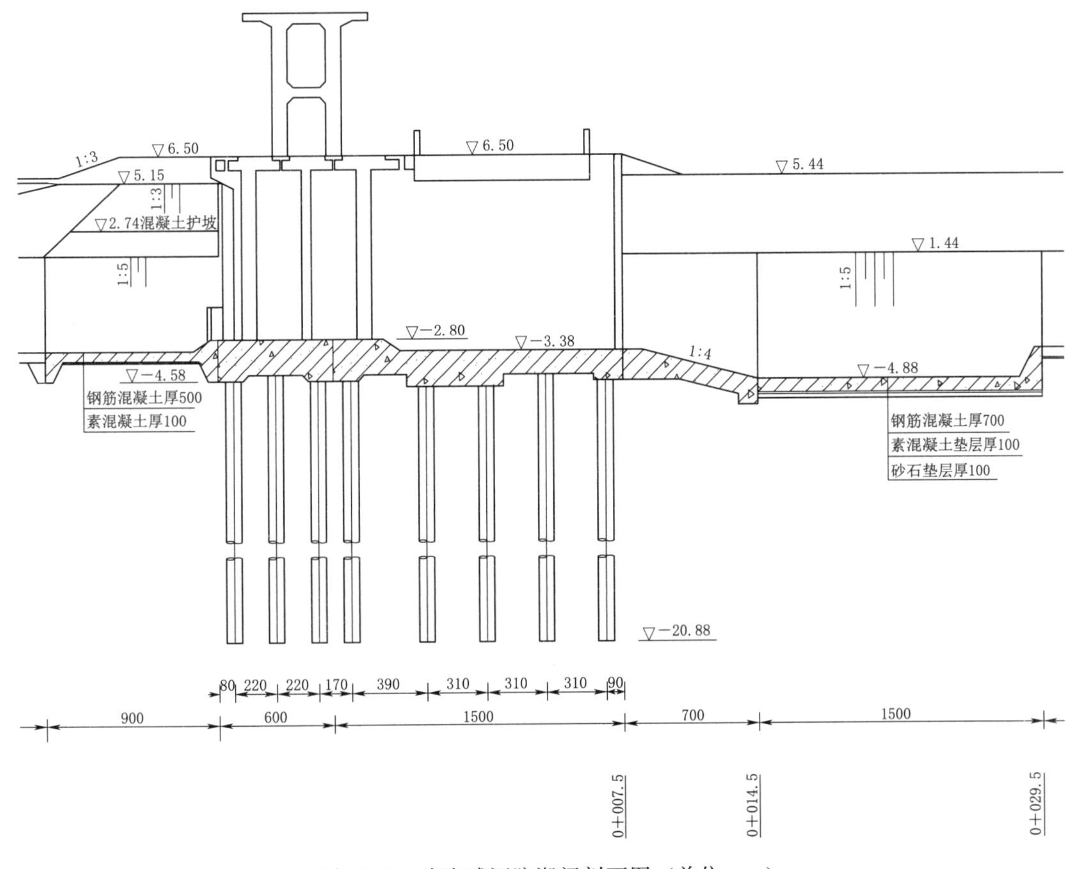

图 11.7 独流减河防潮闸剖面图（单位：m）

1993 年该闸进行了除险改建，共 26 孔，其中过流孔 22 孔，非过流孔 4 孔，每孔净宽 9.80m，总净宽 254.80m。原设计流量为 $3200m^3/s$（闸上水位 3.75m、闸下水位 3.35m）（1985 国家高程，下同）；校核流量 $3200m^3/s$（闸上水位 4.85m、闸下水位 4.55m）。1993 年调整规划，独流减河泄洪规模由 $3200m^3/s$ 增加到 $3600m^3/s$。并采用抬高防潮闸设计运用水位来满足泄洪设计流量，当泄洪 $3600m^3/s$ 时，防潮闸闸上水位为 3.81m、闸下水位为 3.42m。2014 年规划又作调整，在大港分洪道不分洪的情况下，独流减河挡潮闸下泄流量为 $4500m^3/s$。当下泄流量为 $4500m^3/s$ 时，若闸上水位仍维持为 3.81m，应控制闸下水位低于 3.21m。

1. 闸室结构

独流减河防潮闸为开敞式水闸，分离式平底闸，钢筋混凝土坞式结构。闸门处设0.58m高低坎，共26孔，其中过流孔22孔，非过流孔4孔，单孔净宽9.80m，中间18孔（5～22号）闸底板顶面实际高程－3.65m，中边孔（4号、23号）底板高程为－2.62m，外边孔（3号、24号）底板高程为－0.45m。闸底板顺水流方向长度为21.00m，上中下游分设0.30m深齿墙。垂直水流向宽度为287.20m，边墩厚1.20m，独流减河侧中墩厚1.20m，外海侧中墩厚1.00m。闸墩实际顶高程6.23m。水闸上部结构包括排架、工作桥、交通桥和工作便桥，其中工作桥总宽5.10m，采用T型梁结构，梁底高程13.53m，梁高1.20m；交通桥为钢筋混凝土T型梁，按汽-20、拖-100设计，桥总宽7.00m。闸墩底板采用钻孔灌注桩进行桩基处理。

2. 独流减河、外海侧翼墙

闸室独流减河、外海侧设直线翼墙。其中独流减河侧翼墙分3节，为渐变式钢筋混凝土重力式挡土墙，墙顶高程6.23～4.93m，墙后填土高程6.23～4.93m；翼墙底板厚0.50m，底高程3.93～2.63m。外海侧翼墙分2节，为渐变式钢筋混凝土重力式挡土墙，墙顶高程6.23～4.93m，墙后填土高程6.23～3.63m；翼墙底板厚0.50m，底高程为3.78～1.48m。

3. 独流减河、外海侧护底、护坡

闸室独流减河侧依次设长9.00m、厚0.50m钢筋混凝土铺盖，下设厚0.10m素混凝土垫层；后接长15.00m、厚0.50m浆砌块石护底，下设厚0.10m碎石垫层；后接长10.00m抛石防冲槽、槽深1.00m；最后接河道。

闸室外海侧依次设长22.00m、厚0.70m、深1.50m钢筋混凝土消力池，斜坡段长7.00m，坡比1∶4（坡比下降），消力池中部设梅花形排水孔，排水孔下设0.10m厚素混凝土、0.15m厚碎石、0.15m厚砾石、0.15m厚砂石，消力池尾槛高程－3.65m；后接长30.00m、厚0.50m浆砌块石海漫，下设0.10m厚碎石垫层；后接长22.50m、厚0.30m模袋混凝土海漫，海漫末端设防冲墙，采用C80预应力混凝土离心板桩，宽度0.90m，厚度0.40m，内圆直径60mm，防冲墙总长4056m，墙厚0.40m；防冲墙后接抛石防冲槽，防冲槽左右岸两侧各60.00m范围内长度为27.00m，中间部分为12.00m，槽深2.00m；后接河道。

独流减河侧、外海侧翼墙外设浆（干）砌块石护坡，坡比1∶5。

4. 闸门及启闭机

共设工作闸门22扇，为露顶式平面滚轮直升式钢闸门，闸门顶高程为3.23m，2×400kN固定卷扬式启闭机启闭。工作闸门分三种，闸门尺寸分别为外边孔9.80m×3.70m（宽×高）、中边孔9.80m×5.85m（宽×高）、中孔9.80m×6.30m（宽×高）。双吊点中心距为4.90m。闸门门叶采用Q235，采用喷锌加封闭漆防腐。在独流减河、外海侧均设检修门槽。检修闸门为平面滑动叠梁钢闸门，共3扇，其中独流减河侧2扇、外海侧1扇，每扇检修闸门为3节钢叠梁，并配2台2×100kN移动电葫芦。

5. 机电设备

独流减河防潮闸现有35kV和6kV供电线路，配备500kVA、315kVA箱式变压器各一座，另外设置1台200kW柴油发电机作为第三电源。正常情况下使用35kV线路进行供电；如遇其停电时，切换到6kV线路供电。当遭遇2条线路同时停电时，则投入第三电源供电。

两台变压器容量选择均按担负两台启闭机同时启动。变压器分别为S7－315/6和SCB11－500/35。6kV油浸式变压器型号S7－315/6，额定电压6/0.4kV，额定容量315kVA，额定电流30.3/454.8A，生产日期1993年8月；35kV干式电力变压器额定容量500kVA，额定频率50Hz，生产日期2019年10月。柴油发电机型号GF，电压400/230V，电流360A，常用功率200kW，频率50Hz，转速1500r/min，功率因素0.8，制造日期2011年8月。电动机型号YZ180L－8，定子电压380V，电流30A，功率13kW，频率50Hz，转速675r/min，出厂日期1993年10月。

闸上电缆集中在启闭机室内独流减河侧，沿墙所设的电缆通道内，采用电缆梯架分层敷设，动力电缆设在下面3层。从箱式变电站到控制楼，设电缆沟作为电缆通道。到左岸生活区和右岸综合生产区电缆数量少且距离远，采用直埋。电缆（一）型号YJLV－3×150，电压35kV，芯数3，导体截面150mm^2，电缆长度10m；电缆（二）型号YJLV－3×150，电压6kV，芯数3，导体截面150mm^2，电缆长度8m。

11.11.2 地基情况与处理措施

1. 工程地质

场地埋深约30.00m范围内，地基土按成因年代可分为以下4层，按力学性质可进一步划分为9个亚层。

(1) 人工填土层。全场地均有分布，厚度5.00～8.50m，底板高程为－2.40～－3.31m，分为2个亚层。

第一亚层，杂填土（地层编号①$_1$）：厚度一般为1.30～3.50m，底板高程为3.19～－0.90m，呈褐色，松散状态，无层理，以混凝土块、石子、砂子为主，夹废土。

第二亚层，素填土（地层编号①$_2$）：厚度一般为1.50～6.50m，底板高程为－2.40～－3.31m，呈褐色，可塑状态，无层理，以粉质黏土为主，夹贝壳，见石子、沙粒，属中压缩性土。填垫年限大于10年。

(2) 全新统中组海相沉积层。厚度14.30～15.00m，顶板高程为－2.40～－3.31m，分为3个亚层。

第一亚层，粉土（地层编号⑥$_1$）：厚度一般为1.50～2.00m，底板高程为－4.40～－4.81m，呈灰色，中密状态，有层理，夹黏土团块，含有机质，属中压缩性土。

第二亚层，淤泥质粉质黏土、淤泥质黏土（地层编号⑥$_2$）：厚度一般为8.00～9.00m，底板高程为－12.42～－13.81m，呈灰色，流塑状态，有层理，夹粉土薄层，含有机质、贝壳，属高压缩性土。局部夹粉质黏土透镜体。

第三亚层，粉质黏土（地层编号⑥$_3$）：厚度一般为3.80～5.00m，底板高程为－17.61m，呈灰色，软塑～可塑状态，有层理，多夹粉土薄层，含有机质、贝壳，属中压缩性。

本层土水平方向上土质较均匀，分布稳定。

(3) 全新统下组沼泽相沉积层（地层编号⑦）。厚度1.20m左右，顶板高程为

－17.61m左右，主要由粉质黏土组成，呈浅灰色，可塑状态，无层理，含有机质、夹粉土团块，属中压缩性土。

本层土水平方向上土质较均匀，分布稳定。

(4) 全新统下组陆相冲积层。本次勘察钻至最低高程－24.81m，未穿透此层，揭露最大厚度6.00m，顶板高程为－18.81m左右，该层从上而下可分为3个亚层。

第一亚层，粉质黏土（地层编号$⑧_1$）：厚度一般为1.00m左右，底板高程为－19.81m左右，呈灰黄色，可塑状态，无层理，多夹粉土薄层，含铁质及姜石，属中压缩性土。

第二亚层，粉土（地层编号$⑧_2$）：厚度一般为1.50～1.70m，底板高程为－21.31～－21.51m，呈黄褐色，密实状态，无层理，夹粉质黏土薄层，含铁质，属中（偏低）压缩性土。

第三亚层，粉砂（地层编号$⑧_3$）：本次勘察未穿透此层，揭露最大厚度3.50m，最小底板高程为－24.81m左右，呈褐黄色，密实状态，无层理，以长石、石英为主，含云母，属中（偏低）压缩性土。

本层土水平方向上土质较均匀，分布稳定。

综上所述，闸室底板底面实际高程为－4.85～－5.45m，坐落在淤泥质黏土上。

翼墙底板坐落在人工填土上，地基承载力标准为80kPa，混凝土与土基接触面摩擦系数0.20。墙后填土内摩擦角15.10°，黏聚力12.88kPa。

2. 地基处理措施

原防潮闸为分离式闸底板，灌注桩基础，在3～25号墩底板下（墩底板又称大底板），设5根桩，桩径0.80m，桩长13.00～16.00m，在1号、2号、26号、27号墩底板下设4根桩，桩长11.00m。由于原桩基设计不能满足闸室稳定要求，加固改建时，将闸室向上游延伸6.00m，在各墩上延的墩底板下另加设新桩，其布置具体为，4～24号墩底板下增设6根桩，双排布置，桩径0.80m，桩长为17.00～18.00m；3号、25号墩底板下增设4根，双排布置，桩径0.80m，桩长20.00m；在2号、26号墩底板下增设3根桩，单排布置，桩径0.80m，桩长16.00m；在1号、27号墩底板下增设2根桩，单排布置，桩径0.80m，桩长16.00m，为使新老桩基联成一体共同受力，新老闸墩底板布置为刚性连接。

11.11.3 现状调查分析评价

水闸管理单位水利部海河水利委员会海河下游管理局独流减河防潮闸管理处组织开展了水闸现状调查，开展闸室、上下游翼墙等混凝土结构、上下游护坡、闸门和启闭机、电气设备现场调查，初步分析工程存在问题，提出现场安全检测和工程复核计算项目。

1. 土石工程安全状态

工程范围内上下游护坡局部为浆砌石结构，上下游护坡外观质量整体较好，局部勾缝砂浆脱落。翼墙与挡墙墙后填土未发现流失、沉陷和冲坑现象。

2. 混凝土结构安全状态

闸墩、工作桥、排架、交通桥、挡墙等，均为混凝土结构。闸墩上游侧大面积露石；闸墩局部严重锈胀露筋；闸墩及下游检修门槽存在从闸墩顶部到底的贯穿裂缝；老闸墩工作门槽、检修门槽与表面加固的湿喷补偿收缩水泥砂浆由于门槽埋件均产生了锈胀开裂、局部破损；墩头局部破损、锈胀露筋；闸室、消力池及铺盖底板下均脱空；上下游挡墙局部横向开裂、错位；影响工程安全运行，整体安全状态较差。

3. 闸门和启闭机安全状态

闸门外观质量整体较差。闸门面板、纵梁、水平次梁、顶梁、边梁、加肋构件、吊耳与滑轮之间吊板及吊耳等均局部出现孔洞、缺肉且局部锈断，构件已严重削弱，严重腐蚀，影响工程安全运行，整体安全状态较差。

启闭机为卷扬式启闭机。启闭机机架、减速器、制动器、传动轴及联轴器、开式齿轮副、卷筒外观质量整体较好。减速器局部渗油；减速器密封压圈旋出；动滑轮保护外壳严重锈蚀，大面积锈穿。影响工程安全运行，安全状态较差。

4. 机电设备安全状态

启闭机电动机、控制柜、配电柜、变压器、柴油发电机外观质量整体较好。整体安全状态较好。

5. 水闸安全管理评价

根据《水闸安全评价导则》（SL 214—2015）要求和管理要求，独流减河防潮闸管护范围明确可控，技术人员定岗定编明确、基本满足中大型水闸定岗定员标准，运行管理和维修养护经费落实。管理单位运行管理中制定了水闸技术管理实施细则、工程管理制度等规章制度，水闸按审批的控制运用计划合理运用。工程建筑物、金属结构和机电设备得到有效维护，多年来运行正常；工程管理设施满足运行要求，工程观测设施有水位、垂直位移、水平位移、渗压计、测压管，但渗压计、测压管均已损坏，不满足运行及规范要求。

综上所述，独流减河防潮闸安全管理评定为较好。

11.11.4 安全检测分析与质量评价

1. 现场安全检测项目

根据现状调查分析结果，确定独流减河防潮闸的现场安全检测项目和内容。其中土建工程现场安全检测内容主要包括外观质量缺陷检查、抗压强度（混凝土）、保护层厚度、碳化深度、竖直度、钢筋锈蚀状况、抗压强度（砂浆）和细部构造工程检查等。金属结构现场检测项目主要包括钢闸门巡视检查、外观与现状检测、腐蚀检测和无损检测、止水橡皮硬度、材料检测；启闭机现状检测、启闭机运行状况、齿面硬度、制动轮工作面硬度、噪声、粗糙度、制动轮松闸间隙、钢丝绳直径及不圆度、钢丝绳探伤、无损检测、启门力检测。机电设备现场检测内容主要包括现状检测、电流、电压、绝缘电阻、直流电阻、接地电阻检测。根据工程现状和运用情况，开展底板脱空检测、墙后填土检测、水下探摸。

2. 安全检测成果与分析

（1）混凝土结构。闸墩上下游侧混凝土外观质量整体较差。4～25 号墩上游侧表面均大面积露石；3～25 号墩工作门槽附近混凝土局部破损；4～17 号、19～23 号墩均局部锈胀露筋，外露钢筋均严重锈蚀，截面损失严重，局部锈断；5 号墩上游侧牛腿检修桥挡块开裂；3～25 号老闸墩工作门槽、检修门槽与表面加固的湿喷补偿收缩水泥砂浆由于门槽埋件均产生了锈胀开裂、局部破损；3～25 号新闸墩在距下游墩头 4.20m 左右处均存在 1 条竖向贯穿裂缝，从新闸墩顶到老闸墩顶，缝宽 2.00mm；3 号、4 号、6～9 号、11 号、13～23 号墩保留的老闸墩距下游墩头 3.52m 处，高程在 2.09～4.69m 之间，表面湿喷补偿收缩水泥砂浆锈胀，面积 2.60m×1.35m；4 号、9 号、10 号、18～24 号墩下游检修门槽均存在 1 条从闸墩顶到底板的竖向贯穿裂缝，宽度 1.2～2.5mm，长度 11.15m。闸底板混凝土存在腐蚀、孔洞及破碎；闸底板各部位均具有脱空。墩底板、小底板部位属于强透水，混凝土底板与地基土层接触界面存在相对较明显的接触渗流途径。

工作桥、交通桥、排架、桥头堡、墩后填土外观质量较差，工作桥表面防护层局部存在脱落现象；11 号、13 号、18 号、20 号、24 号排架柱上方横梁局部破损露筋表面采用砂浆修补，未对钢筋进行补强；12 号、14 号、15～17 号、20～22 号、24 号排架柱存在锈胀裂缝，长 0.2～0.95m，宽度 1.0～6.0mm；检修桥梁翼板边缘大面积开裂、破损露筋；检修桥梁腹板底面局部锈胀露筋；检修桥格栅盖板局部轻微锈蚀。公路桥支座、人行道、栏杆、桥面铺装未见明显缺陷；交通桥伸缩缝橡胶老化开裂；交通桥主梁腹板底面局部箍筋存在锈胀露筋，共 83 根箍筋；交通桥主梁腹板、翼板和横隔板局部存在破损露筋，总面积 2.88m^2。桥头堡楼梯、栏杆、外装饰未见明显缺陷。墩后填土未发现流失、冲坑和塌陷。

闸墩、排架柱、检修桥、交通桥、工作桥混凝土抗压强度推定值均满足设计要求；钻芯法抽检闸墩混凝土抗压强度均满足设计要求。闸墩、排架柱、检修桥、交通桥、工作桥混凝土碳化程度为 B 类碳化，属于一般碳化，但上游侧 6 号新闸墩、8 号新闸墩左侧面、下游侧 2 号新闸墩左侧面（新）、下游侧 3 号新闸墩左侧面（新）、下游侧 26 号新闸墩右侧面（新）、上游侧 4 号新闸墩右侧面、检修桥 1－1 号桥梁、检修桥 1－4 号桥梁、检修桥 1－6 号桥梁、检修桥 26－1 号桥梁、交通桥 26－1 号桥梁/26－3 号桥梁碳化值较大。上游侧 18 号新闸墩左侧面、下游侧 17 号新闸墩左侧面、1－2 号/3－1 号/6－1 号/12－1 号/15－1 号/21－1 号排架柱、检修桥 26－1 号桥梁/26－6 号桥梁、7 号/15 号/24 号孔下游侧工作桥梁保护层厚度平均值负偏，其余构件保护层厚度不合格点正偏，不影响耐久性。闸墩钢筋锈蚀严重，钢筋筋截面损失率为 38.7%～70.4%。构件竖直度均满足规范要求。闸墩钢筋附近氯离子含量超过或接近氯离子含量临界，闸墩内部钢筋已发生锈蚀。

（2）上、下游连接段。上下游挡土墙外观质量整体较差，上游左右侧第 1 节挡土墙、第 2 节挡土墙、下游右侧第 1 节挡土墙存在横向开裂、错位，开裂宽度 1.00～3.00mm，均向河侧错位 1.00～5.00cm；下游左侧第 1 节挡土墙上游端部破损，面积 1.00m×0.30m；9 号孔中间部位铺盖底板斜面上有一条细微裂缝往上游延伸，至铺盖平面部位钢管混凝土桩前底板（高出底板面 60cm），裂缝长度约 1.5m，宽度 0.2mm；海漫末端防冲槽内抛石局部缺失，存在冲坑；下游浆砌块石和模袋混凝土海漫局部缺损。

上下游花园围墙、护坡、上下游左右挡土墙与闸墩分缝、上下游左右挡土墙之间分缝外观质量整体较好，但上下游左右侧花园围墙均存在裂缝，共 26 条从墙顶到底部的竖向贯穿裂缝，宽度 0.50～4.00mm；浆砌石护坡局部勾缝砂浆脱落；混凝土护坡局部破损；上游左右侧第 1 节挡土墙与闸墩分缝脱开，宽度 2.00～4.00cm。

上下游挡土墙与花园围墙墙后回填土外观质量整体较好，墙后填土未发现流失、冲坑和塌陷。上下游堤防边坡未见明显缺陷。闸室与堤防结合处无明显沉降、塌陷。其中上游左岸堤防堤顶高程在 5.221～5.480m 之间，上游右岸堤防堤顶高程在 5.220～5.389m 之间，下游左岸堤防堤顶高程在 4.988～5.300m 之间，下游右岸堤防堤顶高程在 4.920～

5.036m之间。

挡墙、花园围墙、护坡构件的混凝土抗压强度推定值满足设计要求；挡墙、花园围墙、护坡混凝土碳化程度为B类碳化，属于一般碳化，但下游左侧2号挡土墙、上游右侧4号挡土墙、上游右侧6号挡土墙、下游左侧2号围墙、下游左侧5号围墙、下游右侧2号围墙碳化值较大。挡土墙和围墙保护层厚度平均值正偏，不影响耐久性。挡墙钢筋未发生锈蚀，护坡砂浆强度推定值不满足设计要求。

(3) 闸门。工作闸门泄水时的水流出现不利流态；闸门关闭时4号、5号、6号、8号、9号、10号、11号、13号、16号孔闸门侧止水均存在漏水；启闭机室未发现裂缝、漏水、漏雨等，启闭机房采用建筑彩钢板房；闸门与启闭机运行存在重大安全隐患；闸门至今已运行30年，达到折旧年限。5～22号孔工作闸门在2号水平次梁往上及3号、4号、23号、24号孔工作闸门1号水平次梁往上部位的面板、纵梁、水平次梁、顶梁、边梁、加肋构件等均局部出现孔洞、缺肉且局部锈断，构件已严重削弱，严重腐蚀；15号孔工作闸门纵梁翼缘与顶梁扭曲变形；20号孔闸门面板涂层大面积脱落，脱落面积远大于100mm×100mm；主滚轮轴及滚轮轴螺栓、吊耳与滑轮之间吊板、吊耳及埋件出现缺肉现象，严重腐蚀；工作闸门主滚轮表面锈蚀；工作闸门吊耳与闸门连接状况较差；工作闸门无锁定装置。

检修闸门主梁局部表面涂层大片脱落，脱落面积大于100mm×100mm，属较重腐蚀；检修闸门面板、纵梁、边梁、主梁有密集成片的蚀坑，在300mm×300mm范围内超过60个，蚀坑深度局部1.0mm，较重腐蚀；检修闸门滑块及侧向支承及螺栓轻微锈蚀；检修闸门底梁、吊耳、底止水压板、底止水压板固定螺栓局部出现缺肉，构件已严重削弱，严重腐蚀。

15号孔工作闸门1号主梁翼缘、19号孔工作闸门1号主梁翼缘及右侧外边梁腹板、22号孔工作闸门1号主梁翼缘涂层厚度均不满足规范要求，其余工作闸门构件涂层厚度均满足规范要求。1号检修闸门主梁腹板、1号检修闸门纵梁翼缘及腹板、2号检修闸门主梁腹板、2号检修闸门纵梁翼缘及腹板涂层厚度均满足规范要求，其余检修闸门涂层厚度均不满足规范要求。工作闸门与检修闸门最大腐蚀速率0.323mm/a，局部出现孔洞、缺肉且局部锈断，构件已严重削弱，腐蚀程度评为D级（严重腐蚀）。工作闸门焊缝质量均合格，外观表面无气孔、夹渣、弧坑、裂纹、电弧擦伤等缺陷。工作闸门橡胶止水硬度不满足规范要求，实测值偏大。工作闸门材料硬度推定钢材牌号满足Q235要求。

(4) 启闭机。启闭机机架、制动器、减速器、传动轴及联轴器、钢丝绳、卷筒及开式齿轮副外观质量整体较好。启闭机已运行30年，达到折旧年限；减速器均轻微渗油；且减速器密封压圈均或多或少旋出；开度指示装置、荷载限制装置、行程控制装置已损坏，无法正常工作；制动器制动性能正常。

3号孔左侧、11号孔右侧、18号孔右侧、21号孔左侧、21号孔右侧、24号左侧启闭机大齿轮硬度均满足规范要求，其余启闭机大齿轮硬度均不满足规范要求；3号孔右侧、7号孔右侧、11号孔右侧、21号孔右侧、24号孔右侧启闭机小齿轮硬度均满足规范要求，其余启闭机小齿轮硬度均不满足规范要求；3号孔左侧、11号孔左侧、15号孔左侧、24号孔左侧的启闭机大小齿轮硬度差均不满足规范要求，其余启闭机大小齿轮硬度差均满足规范要求。启闭机减速器大齿轮硬度不满足规范要求；11号孔启闭机左侧制动轮工作面、15号孔启闭机右侧制动轮工作面、18号孔启闭机右侧制动轮工作面、21号孔启闭机左侧制动轮工作面硬度均满足规范要求，其余制动轮工作面硬度均不满足规范要求，制动轮工作面硬度偏大（偏小）；启闭机制动轮工作面表面粗糙度均满足规范要求；10号孔工作闸门启闭机左侧减速器、12号孔工作闸门启闭机右侧减速器和工作闸门启闭机减速器的运行噪声均不满足规范要求，其余工作闸门启闭机减速器的运行噪声均满足规范要求。

7号孔工作闸门启闭机左侧制动轮松闸间隙满足规范要求，其余工作闸门启闭机制动轮松闸间隙不满足规范要求，但现场制动运行正常。3号、5号、14号、18号、21号、24号孔启闭机钢丝绳直径偏差不满足规范要求，其余启闭机钢丝绳直径偏差满足规范要求。启闭机钢丝绳不圆度满足规范要求。每孔钢丝绳综合LMA均大于5%且小于10%应在加强养护的条件下继续使用。启闭机机架焊缝质量均合格，外观表面无气孔、夹渣、弧坑、裂纹、电弧擦伤等缺陷。现状水位条件下，启门力安全储备较大，依靠自重可关闭闸门。

（5）电气设备。

1）工作闸门启闭机电动机外壳涂层完好，地脚螺栓连接紧固，轴承无锈蚀、渗油现象，铭牌清晰。电动机运行正常，无异响及异常发热现象。电动机已运行31年，达到报废年限。电动机绝缘电阻、电流、电压均满足规范要求。3号孔启闭机左侧电动机、21号孔启闭机右侧电动机定子绕组直流电阻均不满足规范要求，其余电动机定子绕组直流电阻均满足规范要求。

2）控制柜。启闭机现地控制柜外观无变形，元器件完好，操作按钮、标志标识完整齐全，按钮完好。启闭机控制柜的控制回路及主回路绝缘电阻均满足规范要求。18号启闭机控制柜、21号启闭机控制柜、24号启闭机控制柜的控制回路绝缘电阻不满足规范要求，其余启闭机控制柜的控制回路及主回路绝缘电阻均满足规范要求。

3）启闭机房配电柜。启闭机房配电柜外观质量整体较好，外观无变形，元器件完好，标志标识完整齐全，开关完好。配电柜的主回路绝缘电阻均满足规范要求。

4）高压柜。高压开关柜、进线柜、计量柜、出线柜外观质量整体较好，外观无变形，元器件完好，标志标识完整齐全，开关完好。高压柜真空断路器绝缘电阻、导电回路电阻均满足规范要求。35kV 2号变出线柜断路器、35kV 3号变出线柜断路器的绝缘电阻均满足规范要求。35kV 2号变避雷器、35kV 3号变避雷器的绝缘电阻均满足规范要求。35kV 2号变出线柜断路器、35kV 3号变出线柜断路器导电回路电阻均满足规范要求。35kV 2号变出线柜断路器、35kV 3号变出线柜断路器交流耐压未发生击穿，无异常声响、冒烟、焦臭等情况，满足要求。35kV 2号变避雷器、35kV 3号变避雷器的泄漏电流满足规范要求。

5）变压器。35kV干式变压器外观质量整体较好，变压器柜体无变形、锈蚀，标志清晰。6kV油浸式变压器油箱外壳、油枕、散热片局部锈蚀。6kV油浸式变压器为淘汰产品，且已运行31年，应予报废。6kV油浸式变压器、35kV干式变压器绝缘电阻、直流电阻均满足规范要求。

6）电力电缆线路。电缆规格满足安全运行要求，不存在过热现象。安装敷设符合规程规定要求。电缆绝缘层完好，无脱落、剥落及龟裂等现象。2号线柜至2号箱站变压器电力电缆、3 号线柜至 3 号箱站变压器电力电缆的绝缘电阻均满足规范要求。

7）备用电源。柴油发电机外观质量整体较好，外观无变形，元器件完好，操作按钮、标志标识完整齐全，指示灯、按钮完好。柴油发电机已运行 13 年，接近报废年限。柴油发电机绝缘电阻满足规范要求。

8）全工程接地电阻。控制柜、启闭机房配电柜、柴油发电机、启闭机房接地引下线的接地电阻均满足规范要求。

3. 工程质量评价结论

闸室及上下游连接段运行中已发现的质量问题，影响工程安全评定为 C 级；闸门及启闭机已达到折旧年限，运行中已发现的质量问题，影响工程安全评定为 C 级；电气设备外观质量整体较好，但电气设备运行年限较长，部分已达到折旧年限或报废年限，评定为 B 级。综上，工程存在影响安全质量缺陷，工程质量评定为 C 级。

11.11.5 安全复核分析

1. 复核分析工况

根据最新规划，独流减河防潮闸设计下泄流量 3600m^3/s，相应闸上水位 3.81m、闸下水位 3.42m；最大下泄流量为 4500m^3/s，相应闸上水位 3.81m、闸下水位 3.21m。天津城市防潮标准为 200 年一遇，塘沽海洋站 200 年一遇重现期高潮位为 3.74m（1985 国家高程，下同），200 年一遇重现期低潮位为－4.29m，历史最高高潮位 3.34m，历史最低低潮位－3.81m，历年平均最高高潮位 2.35m。

由于防潮闸发生区域沉降，闸室累计沉降量最大为＋355.3mm，最小为＋235.4mm，平均沉降量为＋268.9mm。复核按沉降后高程复核。鉴于独流减河防潮闸现状工情、水情发生变化，复核计算主要建立在除险改建、实际运行及现规划基础上，依据《水闸安全评价导则》（SL 214—2015）等现行规范和有关要求，结合现状调查和现场安全检测结论，复核水闸安全状态。安全鉴定复核计算水位按表 11.162。

表 11.162　独流减河防潮闸水位组合（本次安全鉴定）

控制工况		独流减河侧/m	外海侧/m	备　注
闸顶高程	正常蓄水位	2.50	/	独流减河侧正常蓄水位 2.50m
	最高蓄水位	3.00	/	独流减河侧最高蓄水位 3.00m
	200 年一遇高潮位	/	3.74	外海侧 200 年一遇高潮位 3.74m
	设计下泄流量水位	3.81	3.42	独流减河侧设计水位 3.81m/外海侧水位 3.42m
	最大下泄流量水位	3.81	3.21	独流减河侧最大泄洪水位 3.81m/外海侧水位 3.21m
过流能力	设计下泄流量	3.81	3.42	
	最大下泄流量	3.81	3.21	
渗流稳定	校核挡水	3.00	－4.29（闸下无水）	外海侧 200 年一遇低潮位－4.29m
稳定计算	设计挡水	2.50	－2.88	外海侧平均低潮位－2.88m
	设计挡潮	1.20	2.35	独流减河侧最低蓄水位 1.20m/外海侧历年平均高潮位 2.35m

续表

控制工况		独流减河侧/m	外海侧/m	备　注
稳定计算	校核挡水	3.00	−4.29（闸下无水）	
	校核挡潮	1.20	3.74	
抗震稳定计算	正向地震工况	2.50	−2.88	
	反向地震工况	1.20	2.35	
闸门计算	校核挡水	3.00	−4.29（闸下无水）	
	校核挡潮	1.20	3.74	

2. 防洪标准复核

（1）闸顶高程。防潮闸闸墩设计顶高程 6.50m，实际闸墩顶高程 6.14～6.26m。各挡水泄水运用情况闸顶高程计算结果见表 11.163，结果表明闸顶高程满足要求。

表 11.163　闸顶高程复核结果

运行情况		水位/m	计算风速/(m/s)	风区长度/m	加高值/m	波高/m	闸顶高程/m
挡水	正常蓄水位	2.50	28.60	2000	0.50	1.34	4.34
	最高蓄水位	3.00	19.07		0.40	0.87	4.27
	200 年一遇高潮水位	3.74	19.07	4000	0.40	1.16	5.30
泄水	设计泄洪水位	3.81	—	—	1.00	—	4.81
	最大泄洪水位	3.81	—	—	0.70	—	4.51

200 年一遇高潮水位时，外海侧水位 3.74m，独流减河防潮闸闸室平均下沉 0.27m。现状中孔及中边孔闸门顶高程 3.23m，闸门顶位于水下 0.51m，外边孔闸门顶高程 3.25m，闸门顶位于水下 0.49m。因此，该闸门顶高程不满足挡潮要求。

（2）过流能力。考虑现状闸体整体下沉：

1）按照 1992 年原设计除险改建工程闸上设计水位 3.75m，闸下设计水位 3.35m，闸上校核水位 4.85m，闸下校核水位 4.55m，计算现状设计过闸流量为 3962.1m^3/s，现状校核过闸流量为 4304.7m^3/s，均满足设计行洪流量 3200m^3/s 和校核行洪流量 3200m^3/s 的要求。

2）按照 1993 年天津城市防洪规划，独流减河泄洪规模由原规划的 3200m^3/s 增加到 3600m^3/s。闸上设计水位 3.82m，闸下设计水位 3.42m，计算现状设计过闸流量为 3973.5m^3/s，满足设计行洪流量 3600m^3/s 的要求。

3）按照 2014 年独流减河口综合整治规划调整，独流减河防潮闸最大过流能力由 3600m^3/s 提高到 4500m^3/s，当下泄流量为 3600m^3/s 时，相应闸上水位为 3.81m、闸下水位为 3.42m。当下泄流量为 4500m^3/s 时，闸上水位仍维持为 3.81m，应控制闸下水位低于 3.21m。计算现状设计过闸流量为 3973.5m^3/s，最大过流能力 5145.4m^3/s，均满足设计行洪流量 3600m^3/s 和最大过闸流量 4500m^3/s 的要求。

4）参照《水闸设计规范》(SL 265—2016)，一般考虑过闸水位差 0.10～0.30m。闸上水位3.81m，考虑水位差0.10～0.30m时过闸流量分别为2543.8m^3/s、3218.7m^3/s、3669.2m^3/s。

综上，防潮闸现状工程过流能力满足要求。

(3) 综合评价。独流减河防潮闸闸顶高程满足要求，闸门高度不满足挡潮要求，水闸过流能力满足要求，但过闸水头损失偏大，综合评价防洪标准为B级。

3. 渗流安全复核

(1) 渗径长度分析。闸基不透水轮廓线组成为：独流减河侧防渗长度11.74m；闸室底板防渗长度共22.24m；外海侧防渗长度9.24m，总渗径长度为43.22m。渗径长度满足要求。独流减河防潮闸最大水位差为6.65m，$L=43.22\text{m}>C\Delta H=19.95\text{m}$，渗径长度满足要求。

(2) 渗透坡降分析。考虑到两次钻探检测闸室底板均存在脱空，铺盖及消力池注水试验属于中等透水。将基地渗流稳定模型简化为铺盖及消力池首段的水平投影长度的一半以及完整的垂直投影长度，计算得到T_e取值为5.98m，在最不利水位组合工况下渗透坡降计算结果见表11.164，水平段和出口段的渗透坡降均不满足规范要求。

表11.164　计算水位组合的渗透坡降值

计算工况	独流减河侧水位/m	外海侧水位/m	底板面高程/m	水位差/m	分段类型	渗透坡降最大值	允许值
校核挡水	3.00	−4.29（闸下无水）	3.65	6.65	水平段	0.86	0.15
					出口段	0.73	0.28

(3) 综合评价。独流减河防潮闸基底渗径长度满足要求，闸室、消力池、铺盖底板均存在脱空，渗流稳定不满足现行规范要求。渗流安全为C级。

4. 结构安全复核

根据《水闸设计规范》(SL 265—2016)，并且考虑独流减河最新防洪防潮规划，及防潮闸发生区域沉降等情况，确定闸室和翼墙结构稳定复核水位组合。

(1) 闸室。计算结果见表11.165、表11.166。复核结果表明闸室单桩竖向力和不均匀系数满足现行规范要求，单桩水平力不满足现行规范要求，若按照原设计水平承载力210kN，则单桩水平力能满足设计要求。

表11.165　6号墩底板单桩垂直力验算结果

水位组合	水位组合/m		单桩垂直力/kN			应力不均匀系数η	单桩水平力/kN
	独流减河侧	外海侧	最大	最小	平均		
设计挡水	2.50	−2.88	1100	550	766	2.00	153
设计挡潮	1.20	2.35	745	609	663	1.22	75
允许值	—	—	1267	—	1056	2.00	172
校核挡水	3.00	−4.29	1171	549	794	2.13	182
校核挡潮	1.20	3.74	699	583	653	1.20	155
允许值	—	—	1267	—	1056	2.50	172

表 11.166　　5号墩底板单桩垂直力验算结果

水位组合	水位组合/m		单桩垂直力/kN			应力不均匀系数 η	单桩水平力/kN
	独流减河侧	外海侧	最大	最小	平均		
设计挡水	2.50	−2.88	1140	568	793	2.00	153
设计挡潮	1.20	2.35	735	630	671	1.17	75
允许值	—	—	1267	—	1056	2.00	172
校核挡水	3.00	−4.29	1214	569	823	2.13	182
校核挡潮	1.20	3.74	713	610	673	1.17	155
允许值	—	—	1267	—	1056	2.50	172

（2）翼墙结构。计算结果见表11.167、表11.168。翼墙稳定满足规范要求。

表 11.167　　独流减河侧翼墙稳定验算结果

计算工况	水位组合/m		基底应力/kPa			应力不均匀系数 η	抗滑安全系数 K_c	抗倾覆安全系数 K_f
	墙前	墙后	σ_{max}	σ_{min}	σ_{ave}			
最低蓄水位	1.20	1.70	46	38	42	1.22	1.59	15.74
正常蓄水位	2.50	3.00	46	36	41	1.26	1.57	12.61
最高蓄水位	3.00	3.50	46	29	38	1.58	1.36	5.77
允许值	—	—	96	—	80	2.00/2.50	1.30/1.15	1.50

表 11.168　　外海侧翼墙稳定验算结果汇总

计算工况	水位组合/m		基底应力/kPa			应力不均匀系数 η	抗滑安全系数 K_c	抗倾覆安全系数 K_f
	墙前	墙后	σ_{max}	σ_{min}	σ_{ave}			
平均低潮位	−2.88	−1.88	66	34	51	2.00	1.60	14.90
200年一遇高潮位	3.74	3.74	41	34	38	1.18	—	2.36
允许值	—	—	96	—	80	2.00/2.50	1.30/1.15	1.50

（3）结构应力。

1）工作桥。独流减河防潮闸工作桥主梁为简支结构，主要承受启闭机房自重、工作桥自重和启闭机荷载。混凝土为300号，复核结果见表11.169。表明主梁抗弯及抗剪承载力均满足规范要求，挠度不超过现行规范允许值，裂缝宽度超过现行规范允许值。

表 11.169　　工作桥主梁结构复核计算结果

计算项目	弯矩/(kN·m)	剪力/kN	挠度/mm	裂缝宽度/mm
荷载效应 S	1234.70	478.51	19.02	0.21
抗力 $R(c)$	1550.07	747.70	20.40	0.20
$R(c)/S$	1.26	1.56	—	—

2）闸墩。中孔闸墩及上部结构自重$\sum W=7724\text{kN}$，墩底水平截面面积$A=22.74\text{m}^2$，顺水流方向的力矩之和$\sum M=2229\text{kN}\cdot\text{m}$，垂直水流方向的力矩之和$\sum M=2096\text{kN}\cdot\text{m}$，计

算得到闸墩所受最大压应力 825.40kN/m²，小于混凝土抗压强度设计值 5000kN/m²，最大拉应力 146.10kN/m²，小于混凝土抗拉强度设计值 650kN/m²，新老闸墩结构强度满足要求。根据《水工混凝土结构设计规范》(SL 191—2008)，挡潮闸闸墩所处环境为三类（海水水下区），混凝土最低强度等级为 C25，所处环境为四类（海水水位变动区），混凝土最低强度等级为 C30。老闸墩混凝土为 110 号，新建闸墩为 200 号，不满足耐久性最低强度要求。同时偏心受压构件的墩墙受拉或受压钢筋采用 HRB335 级时最小配筋率为 0.15%。老闸墩和新建闸墩设计主受力钢筋均为Ⅱ级钢筋。经计算，老闸墩实际配筋率为 0.127%，新建闸墩实际配筋率为 0.131%，不满足现行规范最小配筋率要求。

3）底板。新、老底板配筋满足强度要求，但不满足现行规范最小配筋率要求（表 11.170）。

表 11.170　底板结构复核计算结果

位置	弯矩/(kN·m)	剪力/kN	计算配筋/mm²	实际配筋/mm²
新建底板	268	324	798（不考虑最小配筋率）	3079
			3560（考虑最小配筋率 0.20%）	
老底板	117	187	592（不考虑最小配筋率）	2454
			3000（考虑最小配筋率 0.25%）	

根据《水工混凝土结构设计规范》(SL 191—2008)，给出了水工混凝土结构所处的环境的分类标准和配筋混凝土耐久性最低强度要求，构件所处环境为三类（海水水下区），混凝土最低强度等级均为 C25，构件所处环境为四类（海水水位变动区），最低强度等级为 C30。老底板混凝土为 110 号，新建底板混凝土为 200 号，不满足耐久性最低强度要求。

根据《水工混凝土结构设计规范》(SL 191—2008)，“受弯构件受拉钢筋采用 HRB235 级时最小配筋率为 0.25%，采用 HRB335 级时最小配筋率为 0.20%”。老闸墩底板设计主受力钢筋为Ⅰ级钢筋，实际配筋率为 0.204%，不满足现行规范最小配筋率要求。新建闸墩设计主受力钢筋为Ⅱ级钢筋，实际配筋率为 0.173%，不满足现行规范最小配筋率要求。

4）排架柱。排架柱计算简化为刚架结构，荷载为启闭机房自重、工作桥主梁荷载、启闭机荷载、排架柱自重和风荷载。工作桥排架柱配筋满足规范要求（表 11.171）。

表 11.171　排架柱结构复核计算结果

位置	弯矩/(kN·m)	轴力/kN	计算配筋/mm²	实际配筋/mm²
排架柱（顺水流）	57.1	1110.3	760.8	2412.6
排架柱（垂直水流）	102.5	1018.6	747.6	4825.2

5）交通桥。独流减河防潮闸交通桥为简支梁桥，为 5 片 300 号混凝土 T 型梁构成，跨径为 11.00m，梁高均为 1.00m；桥面总宽 9.00m，净宽 7.00m，两侧为 1.00m 宽人行道。采用迈达斯桥梁设计软件（Midas Civil）建模的梁格法复核。以交通桥设计荷载等级“汽车-20、挂车-100”及公路Ⅱ级为检算荷载等级，复核成果见表 11.172～表 11.174。

交通桥抗弯承载力不满足汽车-20级和公路-Ⅱ级通行结构安全要求。

表 11.172　汽车-20级复核结果

工　况	弯矩/(kN·m)	剪力/kN	挠度/mm	裂缝/mm
荷载效应 S	888.4	359.5	6.7	0.12
设计值 $R(c)^1$	897.9	487.58	17.5	0.20
修正后设计值 $R(c)^2$	793.9	453.80	/	
$S/R(c)^1$	0.99	0.81		
$S/R(c)^2$	1.12	0.87		

表 11.173　挂车-100级复核结果

工　况	弯矩/(kN·m)	剪力/kN	挠度/mm	裂缝/mm
荷载效应 S	750.6	403.04	7.7	0.13
设计值 $R(c)^1$	897.9	487.58	17.5	0.20
修正后设计值 $R(c)^2$	793.9	453.80	/	
$S/R(c)^1$	0.84	0.83		
$S/R(c)^2$	0.95	0.89		

表 11.174　公路-Ⅱ级复核结果

工　况	弯矩/(kN·m)	剪力/kN	挠度/mm	裂缝/mm
荷载效应 S	922.5	404.3	6.4	0.16
设计值 $R(c)^1$	897.9	487.6	17.5	0.20
修正后设计值 $R(c)^2$	793.9	453.8	/	
$S/R(c)^1$	1.03	0.8		
$S/R(c)^2$	1.16	0.9		

注　1. 表中设计内力已乘以重要性系数 γ_0；

2. 若 $S/R(c)_1$ 的比值小于1.0，则该结构或构件承载力满足要求。

(4) 消能防冲。水闸消能防冲复核计算主要包括消力池长度、深度、底板厚度和海漫长度等。复核计算结果见表11.175。计算结果表明，消力池深度、长度、底板厚度、海漫长度满足消能防冲要求。根据闸门巡视检查：由于闸室较长，闸门整体上移，闸门泄水时的水流出现不利流态。并且根据水下探摸，发现下游海漫底板部位基本被淤积物所覆盖，淤积厚度10～15cm；海漫末端防冲槽内抛石局部缺失，存在冲坑；下游浆砌块石和模袋混凝土海漫局部缺损。

表 11.175　消能设施复核计算结果

闸门开启工况		过闸流量/(m^3/s)	消力池/m			海漫长度/m
			深度	长度	底板厚度	
1	4孔开度 e=1.0m	141	0.61	11.8	0.46	24.0
2	4孔开度 e=1.0m	232	1.17	14.2	0.59	27.9

续表

闸门开启工况		过闸流量 /(m^3/s)	消力池/m		底板厚度	海漫长度 /m
			深度	长度		
3	18孔开度 e=1.0m	1044	淹没水跃，按构造设消力池		0.55	24.4
4	8孔开度 e=1.0m 4孔开度 e=1.5m	1152	淹没水跃，按构造设消力池		0.55	30.8
5	12孔开度 e=1.5m 4孔开度 e=2.0m	1464	淹没水跃，按构造设消力池		0.55	30.8
6	12孔开度 e=2.0m 4孔开度 e=2.5m	1868	淹没水跃，按构造设消力池		0.57	30.5
7	14孔开度 e=2.5m 4孔开度 e=3.0m	2508	淹没水跃，按构造设消力池		0.59	29.0
8	18孔全开，闸上水位3.81m，闸下水位3.42m	3974	淹没水跃，按构造设消力池		0.56	34.38
9	18孔全开，闸上水位3.81m，闸下水位3.21m	5145	淹没水跃，按构造设消力池		0.70	43.56
设计值			1.50	22.00	0.70	52.50

（5）结构安全综合评价。独流减河防潮闸闸室单桩竖向力和不均匀系数满足现行规范要求，单桩水平力不满足现行规范要求；翼墙基底应力、应力比和抗滑稳定性均满足现行规范要求。工作桥主梁抗弯及抗剪承载力均满足现行规范要求，挠度不超过现行规范允许值，裂缝宽度超过现行规范允许值。排架柱结构强度满足要求。闸墩结构强度满足要求，但部分新老闸墩结合处存在通长贯穿裂缝，闸墩钢筋位置处的氯离子含量较大，裸露钢筋锈损，截面损失率较大，闸墩配筋不满足现行规范最小配筋率要求，闸墩构件不满足耐久性最低强度要求。底板结构强度满足要求，配筋不满足现行规范最小配筋率要求。交通桥抗弯承载力不满足现行规范要求，抗剪承载力满足现行规范要求，挠度、裂缝宽度不超过现行规范允许值，消能防冲满足要求，海漫末端防冲槽内抛石局部缺失，存在冲坑，海漫局部缺损。结构安全总体评定为C级。

5. 抗震安全复核

原设计地震设计烈度为7度，根据《中国地震动参数区划图》（GB 18306—2015），工程所在区域对应Ⅱ类场地，基本地震动峰值加速度值为0.15g，基本地震动加速度反应谱特征周期为0.45s，相应地震基本烈度为Ⅶ度。场区场地类别为Ⅳ类，根据《中国地震动参数区划图》（GB 18306—2015），场地地震动峰值加速度调整系数为1.10。因此场地地震动峰值加速度为0.165g。根据场地基本地震动加速度反应谱特征周期调整表，本场地反应谱特征周期为0.90s。根据《水工建筑物抗震设计标准》（GB 51247—2018），需进行抗震复核和分析抗震措施。

（1）闸室、翼墙抗震稳定。地震工况下闸室单桩竖向力、不均匀系数和单桩水平力均不满足现行规范要求。地震工况下翼墙基底应力、应力比和抗滑稳定性均满足现行规范要求（表11.176～表11.179）。

表 11.176　　地震工况下 6 号墩底板单桩垂直力验算结果

工　况	水位组合/m		单桩垂直力/kN			应力不均匀系数 η	单桩水平力/kN
	独流减河侧	外海侧	最大	最小	平均		
正向地震工况	2.50	−2.88	1316	394	757	3.34	222
反向地震工况	1.20	2.35	1085	464	709	2.34	118
允许值	—	—	1267	—	1056	2.50	172

表 11.177　　地震工况下 5 号墩底板单桩垂直力验算结果

水位组合	水位组合/m		单桩垂直力/kN			应力不均匀系数 η	单桩水平力/kN
	独流减河侧	外海侧	最大	最小	平均		
正向地震工况	2.50	−2.88	1381	329	757	4.19	169
反向地震工况	1.20	2.35	1150	399	709	2.88	95
允许值	—	—	1267	—	1056	2.50	172

表 11.178　　地震工况下独流减河侧翼墙稳定验算结果

计算工况	水位组合/m		基底应力/kPa			应力不均匀系数 η	抗滑安全系数 K_c	抗倾覆安全系数 K_f
	墙前	墙后	σ_{max}	σ_{min}	σ_{ave}			
地震工况	2.50	3.00	50	33	42	1.50	1.26	8.93
允许值	—	—	96	—	80	2.50	1.05	1.30

表 11.179　　地震工况下外海侧翼墙稳定验算结果

计算工况	水位组合/m		基底应力/kPa			应力不均匀系数 η	抗滑安全系数 K_c	抗倾覆安全系数 K_f
	墙前	墙后	σ_{max}	σ_{min}	σ_{ave}			
地震工况	−2.88	−1.88	72	29	51	2.48	1.27	8.43
允许值	—	—	96	—	80	2.50	1.05	1.30

(2) 结构强度抗震复核。

1) 闸墩抗震结构强度复核。老闸墩混凝土等级按 C10 复核，新建闸墩混凝土等级按 C20 复核，得到闸墩所受最大压应力 2350kN/m^2，小于混凝土抗压强度设计值 5000kN/m^2，最大拉应力−1671kN/m^2，大于混凝土抗拉强度设计值 1100kN/m^2。

2) 底板抗震结构强度复核。地震工况下新、老底板配筋满足强度要求，但不满足现行最小配筋率要求（表 11.180）。

表 11.180　　底板结构复核计算结果

位置	弯矩/(kN·m)	剪力/kN	计算配筋/mm^2	实际配筋/mm^2
新建底板	376	411	948（不考虑最小配筋率）	3079
			3560（考虑最小配筋率 0.20%）	

续表

位置	弯矩/(kN·m)	剪力/kN	计算配筋/mm²	实际配筋/mm²
老底板	187	398	713（不考虑最小配筋率） 3000（考虑最小配筋率0.25%）	2454

3）排架柱抗震结构强度复核。排架柱计算简化为刚架结构，荷载为启闭机房自重、工作桥主梁荷载、启闭机荷载、排架柱自重和风荷载。经分析表明，工作桥排架柱配筋满足规范要求（表11.181）。

表11.181　排架柱结构复核计算结果

位置	弯矩/(kN·m)	轴力/kN	计算配筋/mm²	实际配筋/mm²
排架柱（顺水流）	181.7	1232.5	1146.4	2412.6
排架柱（垂直水流）	624.7	1152.2	5339.3	4825.2

（3）结构抗震措施。闸室工作桥主梁为简支结构，梁支座处设挡块，以防止产生横向位移。闸室上游连接处铺盖采用钢筋混凝土结构；下游消力池采用钢筋混凝土结构，中部设梅花形排水孔。满足现行规范要求。

独流减河防潮闸上部设框架柱，经计算框架柱轴压比为0.255，小于0.90，满足规范要求。顺水流方向纵向钢筋配筋率为0.95%，大于0.20%；垂直水流方向纵向钢筋配筋率为0.57%，大于0.20%；框架柱全部纵向配筋率为2.3%，大于0.90%，满足规范要求。箍筋加密区间距为150mm；非加密区间距为200mm；箍筋直径均为10mm。箍筋加密区内箍筋的间距和直径均满足规范要求。

水闸闸室为钢筋混凝土分离式结构。根据《水工建筑物抗震设计标准》（GB 51247—2018），地震区不宜采用分离式结构，不满足规范要求。

交通桥梁端至闸墩边缘距离为50cm，根据《公路桥梁抗震设计规范》（JTG/T 2231-01—2020），经计算最小边缘距离值为63.6cm，因此交通桥梁端至闸墩边缘距离不满足现行规范要求。

根据独流减河防潮闸除险改建工程初步设计阶段工程地质勘察结果，在Ⅶ度地震条件下，闸室基础下$Ⅲ_1$层砂壤土为中等液化层，$Ⅲ_3$层砂壤土为轻微液化层，其中$Ⅲ_1$层灰色砂壤土层厚1.90～3.30m，$Ⅲ_3$层灰色砂壤土层厚0.90～1.50m。在地震作用下易发生振动触变和震陷。闸基采用桩基础，桩端布置于$Ⅳ_3$锈黄色粉砂层。根据《水闸设计规范》（SL 265—2016）、《水工建筑物抗震设计标准》（GB 51247—2018）要求，地基中可液化土层应采取相应地基抗液化加固处理，现状未进行抗液化加固处理。同时闸基采用桩基础，但未在底板上游侧设防渗板桩或截水槽等措施，易在底板底部发生渗透破坏。经检测闸室底板均存在脱空。

（4）综合评价。独流减河防潮闸抗震设计烈度为Ⅶ度，地震工况下翼墙基底应力、应力比和抗滑稳定性均满足现行规范要求，地震工况下闸室单桩竖向力、不均匀系数和单桩水平力均不满足现行规范要求。底板抗震结构强度满足要求，配筋不满足现行最小配筋率要求。地震工况下垂直水流方向工作桥排架柱配筋不满足现行规范要求。在Ⅶ度地震条件下存在可液化土层，现状闸基未进行相应抗液化处理。交通桥梁端至闸墩边缘距离不满足现行规范要求。评定为 C 级。

6. 金属结构安全

工作闸门高度不满足挡潮要求。闸门主要构件锈蚀严重，中孔工作闸门面板及主横梁结构强度不满足现行规范要求，边孔闸门面板及主横梁结构强度目前满足规范要求。启闭机容量满足运行要求，启闭机荷载、开度、限位装置不能正常使用。闸门未设锁定装置。闸门及启闭机已达到折旧年限。金属结构安全评定为 C 级。

7. 机电设备安全

变压器、高低压开关设备、电力电缆等主要电气设备可正常运行。电动机、柴油发电机设备配置、运用条件满足工程需要。集中控制平台无法使用，不能满足安全启闭要求。电气设备运行年限较长，经检测，部分启闭机电动机定子绕组直流电阻和控制柜控制回路绝缘电阻不满足现行规范要求，大部分已达到折旧年限。机电设备安全评定为 B 级。

11.11.6 安全评价和建议

独流减河防潮闸运行管理较好，工程质量、渗流安全、结构安全、抗震安全、金属结构安全评定为 C 级，防洪标准、机电设备安全评定为 B 级，根据《水闸安全评价导则》(SL 214—2015) 评定为三类闸，即运用指标达不到设计标准，工程存在严重损坏，经除险加固后，才能达到正常运行。

鉴于现状工情、水情变化，工程运行不满足设计标准，建议除险加固；除险加固实施前，应制定保闸安全应急措施，确保工程安全运行。

11.12 太浦闸安全检测与评估分析

11.12.1 工程概况

太浦闸工程位于苏州市吴江区七都镇境内的太浦河进口处，太浦河泵站北侧，西距东太湖约 2km，是太湖东部骨干泄洪通道和环太湖大堤重要口门控制建筑物，在太湖流域防洪和向下游地区供水中发挥着重要作用。太浦闸工程建于 1958 年，2000 年 11 月经安全鉴定为三类闸，在原址进行拆除重建。工程规模为大 (2) 型，近期设计流量 $784m^3/s$，校核流量 $931m^3/s$；规划设计流量 $985m^3/s$，校核流量 $1220m^3/s$；水闸共 10 孔，其中节制闸 9 孔，南侧边孔为套闸，单孔净宽 12m，总净宽 120m。水闸剖面图见图 11.8。

闸室为钢筋混凝土开敞式整体结构，两孔一联；节制闸采用直升式平板钢闸门，配卷扬式启闭机启闭。闸底板高程 −1.50m，近期按闸槛顶高程 0.00m（镇江吴淞基面，下同），套闸闸室长 70m、宽 12m，行洪时套闸不通航参与行洪。节制闸交通桥与太浦河泵站交通桥成一直线布置。工程管理控制功能区域设置在北岸桥头堡，中间启闭机房横跨河道，将南北两岸衔接，南岸靠近套闸及油泵房，设置南岸桥头堡（即管理用房）。启闭机房通过垂直楼梯与南北两侧建筑物相连接。

1. 闸室布置

节制闸底板厚度为 1.5m，隔墩厚度为 1.3m，缝墩厚 1.0m，边墩厚 1.0m，闸室顺水流方向长 18m。闸槛为实用堰，顶高程 0.00m，槛高 1.50m，“规划规模”实施时，拆

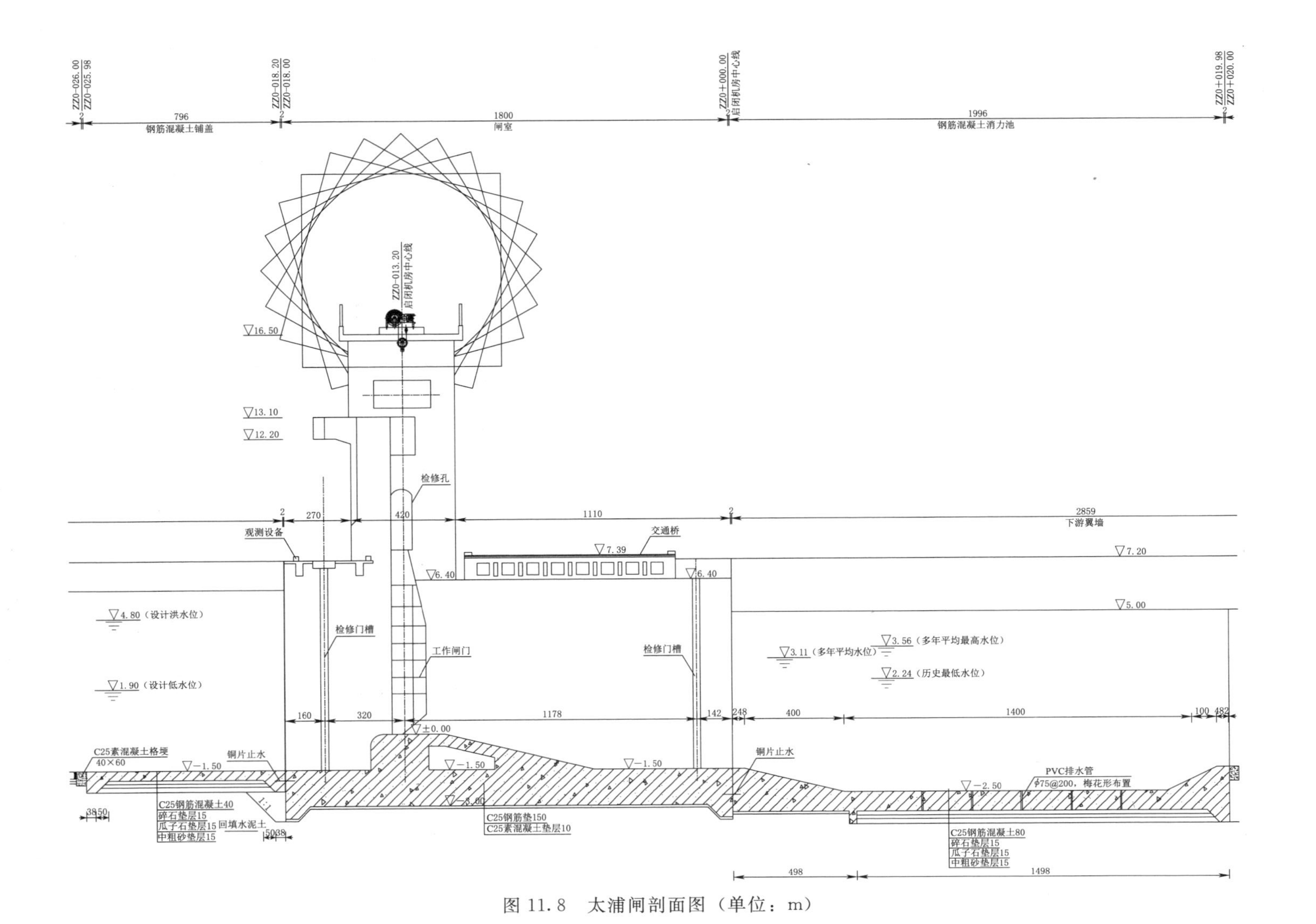

图 11.8 太浦闸剖面图（单位：m）

除宽顶堰，降低闸槛至底板面高程－1.50m。水闸闸顶高程为7.20m，闸上交通桥布置在闸室下游侧，交通桥中心线高程7.20m，总宽8.50m；检修桥布置在闸室上游侧，高程7.20m；工作桥支承在排架上，工作闸门均采用卷扬式启闭机，启闭机房平台高程16.50m、宽5.0m。

2. 消能防冲布置

闸室向上游方向依次为钢筋混凝土铺盖（长8m）、浆砌块石护坦（长10m）、干砌块石护坦（长10m），深抛石防冲槽（5m×1.5m，宽×深）。护坦下设10cm碎石、10cm粗砂垫层。闸室向下游依次为消力池，尺寸为20m×0.80m×1.0m（长×厚×深），浆砌块石（总长31m）、干砌块石海漫、深抛石防冲槽（10m×2.5m，宽×深），海漫下设10cm碎石、10cm粗砂垫层。

3. 两岸连接布置

上下游翼墙与闸室连接，扩散角8°，后接圆弧。其中上游翼墙墙顶高程6.00m，墙后填土高程6.00m，墙前护坦顶面高程为－1.50m；下游翼墙墙顶高程为5.00m，墙后填土高程为5.00m，墙前护坦（或消力池）顶面高程为－2.50m。根据挡土高度不同翼墙分别采用钢筋混凝土扶壁式与悬臂式结构。

两岸护坡采用浆砌块石，厚30cm，下设10cm碎石、10cm粗砂垫层。

4. 金属结构布置

9孔节制闸工作闸门门型为平面直升式钢闸门，工作闸门上、下游侧各布置一道检修门槽，用于闸室检修，配备2扇检修闸门，门型采用浮箱式叠梁，均搁置在上游侧平台上。

11.12.2 地质情况及处理措施

1. 地基土的构成与特征

本工程勘察所揭露30m深度范围内可分为7个土层，其中④层分为$④_1$、$④_2$、$④_3$三个亚层，⑥层分为$⑥_1$、$⑥_2$两个亚层和$⑥_1$、$⑥_2$夹层。现分述如下：

第①层：填土，杂色，湿，素填土为主，粉质黏土回填，硬塑，土质不均匀，该层见于岸上钻孔。此层为现代堆积。原闸底板附近水上钻孔本层为混凝土和碎石垫层。

第②层：灰黄色黏质粉土，湿，稍密，中等压缩性，夹黏土薄层，含少量黑色泥炭质土，含氧化铁斑点，层理清晰，土质尚均匀。此层为全新世晚期沉积层，河口—滨海相。该层见于岸上钻孔。

第③层：灰色淤泥质粉质黏土，饱和，软塑～流塑，高压缩性，夹粉土薄层，含有机质，土质尚均匀。此层为全新世晚期沉积层，湖沼相。见于岸上钻孔。

第$④_1$层：暗绿色粉质黏土，饱和，硬塑～可塑，中压缩性，含铁锰质结核及灰色条带，上部为暗绿色，向下渐变为草黄色。本层中上部土质好，呈硬塑～可塑状态，土质不甚均匀，下部稍软。此层为全新世中期沉积层，河口—湖沼相。该层遍布。

第$④_2$层：草黄色粉质黏土，饱和，可塑，中压缩性，含铁锰质结核及灰色条带，土质不甚均匀。此层为全新世中期沉积层，河口—湖沼相。该层遍布，且该层工程地质性质存在一定的差异。

第$④_{3-1}$层：草黄色砂质粉土，饱和，中密，中等压缩性，夹黏土薄层，含云母碎片。此层为全新世中期沉积层，河流相。该层遍布。

第④$_{3-2}$层：灰色砂质粉土，饱和，中密，中等压缩性，向下颗粒变粗，局部为灰色粉砂，夹黏土薄层，含云母碎片。此层为全新世中期沉积层，河流相。该层遍布。

第⑤层：灰色粉质黏土，饱和，可塑，中压缩性，夹薄层粉土，含氧化铁斑点，含泥钙质结核，层理清晰，土质相对较软。此层为全新世早期沉积层，沼泽相。该层遍布。

第⑥$_1$层：暗绿色粉质黏土，饱和，硬塑～可塑，中压缩性，含铁锰质结核，含大量灰色网纹状黏土条带，土的工程地质性质好。此层为上更新世晚期沉积层，河口—湖沼相。该层遍布。

第⑥$_1$夹层：草黄色砂质粉土，饱和，中密，中等压缩性，夹黏土薄层，含云母碎片。此层为上更新世晚期沉积层，河流相。该层透镜状分布。

第⑥$_2$层：草黄色粉质黏土，饱和，硬塑～可塑，中压缩性，含铁锰质结核，中部粉粒含量较多，土质较软，呈可塑状。此层为上更新世晚期沉积层，河湖相。该层遍布。

第⑥$_2$夹层：灰色粉质黏土，饱和，可塑，中压缩性，含氧化铁斑点，合铁锰质结核。此层为上更新世晚期沉积层，河湖相。该层透镜状分布。

第⑦层：灰绿色砂质粉土，饱和，密实，中等压缩性，偶夹黏土薄层，含云母碎片，质纯。此层为上更新世晚期沉积层，河流相。

2. 地基土的物理力学性质指标

根据《水闸设计规范》（SL 265—2016）提出的抗剪强度建议值见表 11.182，地基土承载力按照《水闸设计规范》（SL 265—2016）规定，并结合静探、标贯原位测试和工程经验综合确定地基允许承载力建议值详见表 11.183。

表 11.182　　抗剪强度建议值

土层编号	土层名称	直剪固快（峰值）		直剪快剪（峰值）	
		C/kPa	φ/(°)	C/kPa	φ/(°)
②	灰黄色黏质粉土	13	23.5		
③	灰色淤泥质粉质黏土	16	13.5		
④$_1$	暗绿色粉质黏土	24	17.5	54	6.0
④$_2$	草黄色粉质黏土	21	19.5	22	6.9
④$_{3-1}$	草黄色砂质粉土	6	28.5	9	27.5
④$_{3-2}$	灰色砂质粉土	4	30.0	8	27.7

表 11.183　　地基允许承载力建议值

土层编号	土层名称	比贯入阻力 P_s/MPa	标准贯入 $N_{63.5}$/击	地基允许承载力建议值 [R]/kPa
④$_1$	暗绿色粉质黏土	2.82	10.2	140
④$_2$	草黄色粉质黏土	1.97	6.3	120

根据《水闸设计规范》（SL 265—2016），结合工程经验类比，闸室基底面与地基之间的摩擦系数 f 值取 0.30～0.35。

11.12.3 现状调查分析评价

根据《水闸安全评价导则》(SL 214—2015)，水闸管理单位太湖局苏州管理局组织开展了水闸现状调查，对闸室、套闸、上下游翼墙混凝土结构、上下游护坡、闸门和启闭机、电气设备进行了现场调查，初步分析工程存在问题，提出现场安全检测和工程复核计算项目。

1. 土石工程安全状态

工程范围内上下游挡墙、上游左岸局部护坡和下游左岸局部护坡为砌体结构，上下游挡墙和上下游护坡外观质量整体良好；翼墙与挡墙墙后填土未发现流失、冲坑和塌陷现象；翼墙与挡墙未发现异常沉降、倾斜和滑移现象；下游左岸护坡局部轻微塌陷（深度为3cm)；下游左岸挡墙局部开裂（宽度为5～10mm)。工程范围内上下游挡墙、上游左岸局部护坡和下游左岸局部护坡存在的问题不影响工程安全运用，整体安全状态较好。

2. 混凝土结构安全状态

经现场调查，混凝土结构外观质量整体良好。工程范围内混凝土结构存在的问题不影响工程安全运用，整体安全状态较好。

3. 闸门和启闭机安全状态

闸门外观质量整体良好，但节制闸闸门门体、左右滚轮、活动门槽、锁定装置局部存在锈蚀现象；节制闸1号闸门上游侧橡胶止水局部存在破损现象；节制闸闸门轴承均存在锈蚀现象。闸门存在的问题不影响工程的安全运用。

启闭机外观质量整体良好。启闭机存在的问题不影响工程的安全运用。

4. 电气设备安全状态

节制闸启闭机电动机地脚螺栓连接紧固，轴承无渗油，线圈排列整齐，但电动机未标明旋转方向，线圈相别未标明。节制闸启闭机电控柜、柴油发电机控制柜、馈电柜、照明计量柜、照明开关控制柜、补偿柜、动力柜与进线柜外观无锈蚀、变形，元器件完好，操作按钮、标志标识完整齐全，指示灯、按钮完好，但电缆电线无走向标识。自动化监控设备正常运行。电气设备存在的问题不影响工程运行安全。

5. 工程管理设施

启闭机房、桥头堡和钢结构开启桥控制室外观质量整体良好，工程运行安全。

6. 安全监测

目前监测项目有变形监测、渗流监测、应力监测、应变及温度监测。

(1) 垂直位移。工程主体垂直位移观测包括人工观测设施和自动观测设施。垂直位移标点布置在闸墩顶部、翼墙分缝处顶部两侧、套闸隔墩岸墙分缝处顶部及南北桥头堡基础等处，共110个点。自动沉降观测设施采用静力水准系统，测点设置在闸墩上游侧顶部，共6个点。堤防垂直位移观测共有22个，在北岸堤防有14个，南岸堤防有8个。沉降人工观测表明2018年度新增沉降量较小、无突变，沉降已趋于稳定。自2013年4月12日以来，各测点累计沉降量最大值为30.4mm，扣除闸底板施工期平均沉降量为20mm，累计沉降量为10.4mm，远小于规范允许值150mm。各联垂直水流方向最大不均匀沉降为22.2mm；各联顺水流方向最大不均匀沉降为27.5mm；各联之间最大不均匀沉降为5.7mm；翼墙与闸室墙最大不均匀沉降为8.3mm。沉降自动观测结果与人工观测数据基本吻合，表明水闸主体存在沉降，但沉降量远小于规范允许值。

（2）水平位移。水平位移测点包括工作基点和位移测点。工作基点分别设置在上游侧南北翼墙内，位移测点布置在闸墩上游侧墩顶位置，中墩顶部布设1个测点，缝墩顶部两侧各布设1个测点，共15个测点。2018年两次观测数据中，各测点的垂直水流方向水平位移单次变化量在－11.5～7.5mm之间，累计变化量在－6.1～6.6mm之间；各测点在顺水流方向水平位移单次变化量在－16.5～10mm之内，累计变化量在－12.2～0.45mm之间，累计变化呈向下游位移趋势。垂直水流方向水平位移未见明显异常，顺水流方向水平位移累计变化呈向下游位移的趋势，但位移距离较小。

（3）底板扬压力。底板扬压力测点设置在节制闸闸室底板及套闸闸室底板内。2018年度太浦闸各渗压计测值基本在50～74kPa，各仪器全年变化幅度均不超过10kPa，所有测点变化规律基本一致，测值处于合理范围之内。

（4）地基反力。测点设置在1号闸室底板和5号闸室底板。2018年度太浦闸各土压计的测值普遍在49～105kPa，各仪器全年变化幅度均不超过18kPa，所有测点变化规律基本一致，测值处于合理范围之内。

（5）底板内力。闸底板内力观测测量底板内的钢筋与混凝土应力，钢筋应力采用钢筋计，混凝土应力采用混凝土应变计。2018年度钢筋计测值－65～－20MPa，全年变化幅度均不超过30MPa；混凝土应变计测值在－382～－248$\mu\varepsilon$之间，无应力计测值－380～－183$\mu\varepsilon$。上述测值与往年测值基本保持一致。表明钢筋混凝底板土为受压应力状态。

（6）伸缩缝监测。伸缩缝测点设置在工程主体伸缩缝处，下游侧北翼墙内设置3个，上游侧北翼墙内设置3个，工程检修桥侧闸墩上设置4个、上游侧南翼墙内设置3个、下游侧南翼墙内设置9个、套闸闸墩上设置9个。三向伸缩缝测点设置在启闭机房底部桥墩处，南北侧各对称设置10个。观测表明伸缩缝间距变化量均处于合理范围之内。

（7）钢结构变形监测。太浦闸启闭机房、南北桥头堡均采用钢结构形式，采用在测点处粘贴反射片通过全站仪观测的方法进行观测。此外，为更好掌握启闭机房钢结构变形情况，太浦河枢纽管理所于2018年4月在启闭机房底部桥墩处安装了三向伸缩缝测缝装置，进行三向伸缩缝观测工作。结果表明，各测点X、Y、Z三个方向单次变化量及累计变化量均较小，各测点未见明显异常，结构趋于稳定。

7. 水闸安全管理评价

通过现状调查分析，根据《水闸安全评价导则》（SL 214—2015）的要求，对太浦闸工程管护范围明确可控，技术人员定岗定编明确、满足管理要求，管理经费足额到位；规章、制度齐全并落实，水闸按太湖防总或太湖局调度指令执行；工程设施完好并得到有效维护，管理设施、安全监测等满足运行要求；综上所述，工程安全管理为良好。

11.12.4 安全检测分析与质量评价

1. 安全检测成果与分析

（1）闸室。闸墩、工作桥、启闭墩墙、检修桥、轨道梁、牛腿外观质量整体良好；交通桥外观质量整体良好，但1号跨桥板局部轻微破损；闸墩与翼墙接缝处、缝墩与墩接缝处和启闭墩与缝墩接缝处外观质量整体良好，缝内填料完好，结构分缝无错位、脱开现象。局部外观缺陷对结构安全无影响。

回弹法抽测闸墩、启闭墩墙、交通桥板、检修平台板梁混凝土抗压强度，闸墩混凝土强度推定值为32.4～39.1MPa，启闭墩墙混凝土强度推定值为38.8～44.3MPa，交通桥板混凝土强度推定值为53.3～56.5MPa，检修平台板梁混凝土强度推定值为33.8～36.9MPa，混凝土抗压强度推定值满足设计要求。闸墩、启闭隔墩、交通桥板和检修平台板梁混凝土保护层厚度合格率87%～100%，均满足规范要求。闸墩、启闭墩墙、交通桥板、检修桥板梁构件混凝土碳化均为B类碳化，属于一般碳化，混凝土碳化深度小于混凝土保护层厚度。闸墩、启闭墩墙、靠船墩、隔墩、闸室墙混凝土结构腐蚀电位大于－200mV。闸墩、启闭墩墙、交通桥板、检修平台板梁钢筋未锈蚀。闸墩、启闭墩墙垂直度平均值在0.8～1.6mm之间，满足规范要求。闸室局部存在的缺陷不影响安全，常规维修养护即可满足正常运行，评定为A级。

(2) 上下游连接段。上下游左右岸翼墙外观质量整体良好，但下游右侧翼墙贴面钢板局部锈蚀、划痕，下游左侧翼墙局部破损；上游左右侧护坡与护岸外观质量整体较好，但上游左侧护岸挡墙局部勾缝砂浆与砌石脱开，宽度5mm；下游左侧护岸挡墙局部勾缝砂浆脱落；下游左侧护岸挡墙第12段局部开裂，宽度10mm；翼墙分缝和护岸挡墙外观质量整体较好，但上游右侧翼墙第三段与第四段分缝局部填料破损；下游左侧翼墙第三段与第四段分缝附近局部破损现象；下游右侧翼墙第一段与第二段分缝存在脱开现象，宽度4.5cm；下游左侧护岸挡墙第四段与第五段分缝填料破损，第五段与第六段分缝填料缺失、树木析出，第七段与第八段分缝杂草析出。局部外观缺陷对结构安全无影响。回弹法检测翼墙混凝土强度推定值为28.3～35.3MPa，混凝土抗压强度推定值均满足设计要求。上下游护岸挡墙砂浆强度满足设计要求。上游左侧翼墙和下游右侧翼墙混凝土保护层合格率90%满足规范要求。翼墙混凝土碳化均为B类碳化，属于一般碳化，混凝土碳化深度小于混凝土保护层厚度。翼墙混凝土结构腐蚀电位大于－200mV。翼墙钢筋未锈蚀。翼墙垂直度平均值在2.2～2.6mm之间，满足规范要求。综合上述，局部存在的缺陷不影响安全，常规维修养护即可满足正常运行，评定为A级。

(3) 闸门。闸门巡视结果良好，闸门门槽及附近区域混凝土外观较好，无明显缺陷，启闭机房未发现裂缝、漏水、漏雨等情况，闸门启闭机运行正常。闸门门体、顶梁、纵梁等均无明显变形、扭曲，门体主要构件及连接螺栓质量较好，但6号闸门主梁腹板、7号闸门主梁翼缘局部锈蚀；9扇闸门左右滚轮和下滚轮轴承均存在锈蚀现象；1号闸门上游侧橡胶止水局部破损；9扇闸门活动门槽均局部锈蚀；锁定装置均局部锈蚀。节制闸闸门水下结构表面检查未发现损坏及异常，无涂层脱落、门体变形、锈蚀、焊缝开裂等现象，螺栓、铆钉无松动及缺失，支撑行走机构各部件完好；闸门底部止水及侧向止水结构完好，未发现漏水现象。局部外观缺陷对闸门整体安全运行无影响。

工作闸门构件的防腐蚀涂层平均厚度在350～651μm之间，涂层厚度设计值为350μm，工作闸门构件防腐蚀涂层厚度满足规范要求。检修闸门构件的防腐蚀涂层平均厚度在350～699μm之间，涂层厚度设计值为350μm，检修闸门构件防腐蚀涂层厚度满足规范要求。工作闸门平均腐蚀厚度为0.03～0.21mm，平均腐蚀速率为0.01～0.04mm/a，构件尚未明显削弱，腐蚀程度为A级（轻微腐蚀）；检修闸门平均腐蚀厚度为0.05～0.17mm，平均腐蚀速率为0.01～0.04mm/a，构件尚未明显削弱，腐蚀程度为A级（轻微腐蚀）。闸门应力检测现状试验水位下，上下游水头差比较小，钢闸门应力值普遍较小。1号孔闸门最大拉应力为4.73MPa（上横梁），剪应力为3.11MPa（下横梁）；5号孔闸门最大拉应力为5.73MPa（下横梁），剪应力为9.64MPa（下横梁）；7号孔闸门最大拉应力为1.67MPa（边梁），剪应力为1.55MPa（下横梁）；9号孔闸门最大拉应力为1.52MPa（纵梁），剪应力为1.23MPa（下横梁）。工作闸门材料硬度合格率94%～97%满足规范要求。闸门主梁与边梁腹板组合一类焊缝、吊耳与门体组合二类焊缝、面板对接二类焊缝外观质量检查的过程中未发现裂纹、表面夹渣、咬边、表面气孔等缺陷，闸门主梁与边梁腹板组合一类焊缝、吊耳与门体组合二类焊缝、面板对接二类焊缝的内部质量符合标准要求。综合上述，局部存在的缺陷不影响安全，常规维修养护即可满足正常运行，评定为A级。

（4）启闭机。固定卷扬式启闭机现状整体较好，运行正常。电动葫芦现状整体较好，运行正常。但传动轴与联轴器存在锈蚀现象，滑轮局部存在锈蚀、涂层脱落现象，轨道局部存在锈蚀现象。

1-1号启闭机制动面硬度满足规范要求；1-2号、4-1号、4-2号、7-1号、7-2号、9-1号和9-2号启闭机制动面硬度偏大，工程运行过程中加强检查，注意制动轮磨损和裂纹情况。启闭机机架构件的防腐蚀涂层平均厚度在92～355μm之间。1号、5号、7号、9号闸门启门力和闭门力安全储备较大，依靠自重可以关闭闸门；试验过程中，闸门运行平稳、启闭无卡阻。实测启闭力和荷重仪显示值差值在3.6～15.2kN之间，仪表正常显示各个吊点的启闭力，荷重仪精度偏低。运行过程中发现荷重仪显示值异常，应立即检查闸门、滚轮有无卡阻现象。

1-1号、1-2号、5-2号和7-1号启闭机的运行噪声较大，其余启闭机噪声均满足规范要求。电动机三相电流不平衡度满足规范要求；电压满足要求。1号、5号、7号、9号工作闸门启闭机的同步偏差满足要求。闸门开度仪具有调节定值极限位置、自动切断主回路功能，开度仪安全可靠；部分开度仪精度偏低。但太浦闸根据下游实测流量调整闸门开度，按调度流量控制，故不影响工程安全运行。综合上述，局部存在的缺陷不影响安全，常规维修养护即可满足正常运行，评定为A级。

（5）桥头堡和启闭机房。桥头堡与启闭机房外观质量整体良好。南北桥头堡构件的防腐蚀涂层厚度在242～656μm之间，涂层厚度设计值为250μm，构件均满足规范要求。启闭机房构件的防腐蚀涂层厚度在256～1757μm之间，涂层厚度设计值为250μm，构件均满足规范要求。南北桥头堡平均腐蚀厚度为0.04～0.08mm，平均腐蚀速率为0.01～0.02mm/a，构件尚未明显削弱，腐蚀程度为A级（轻微腐蚀）；启闭机房钢结构平均腐蚀厚度为0.06～0.15mm，平均腐蚀速率为0.02～0.04mm/a，构件尚未明显削弱，腐蚀程度为A级（轻微腐蚀）。启闭机房钢结构对接焊缝外观质量检查的过程中未发现裂纹、表面夹渣、咬边、表面气孔等缺陷，启闭机房钢结构焊缝的内部质量符合标准要求。局部存在的缺陷不影响安全，常规维修养护即可满足正常运行，评定为A级。

（6）机电设备。节制闸启闭机电动机地脚螺栓连接紧固，轴承无渗油，线圈排列整齐，但电动机未标明旋转方向，线圈相别未标明。电动机绝缘电阻满足规范要求，接地电阻满足规范要求。

节制闸控制台外观无变形，元器件完好，操作台操作按钮、标志标识完整齐全，指示灯、按钮完好。节制闸控制柜接地电阻满足规范要求。

交流动力配电箱外观整体良好，柜体内部电线排列整齐，但电缆电线无走向标识。交流动力配电箱接地电阻满足规范要求。

低压成套设备外观整体良好，柜体内部电线排列整齐，但电缆电线无走向标识。D1照明计量柜、D2进线柜、D3馈电柜、D4无功补偿柜接地电阻满足规范要求。

发电机外观较好，仪表指示正常，蓄电池安装连接正确，电缆接线正常，绝缘良好，发电机空载试运行和负荷运行均正常；发电机柜体内部电线排列整齐，但电缆电线无走向标识。变压器控制柜外观质量良好，绝缘瓷管外观质量良好。干式变压器绝缘电阻、直流电阻满足规范要求；主变柜负荷开关接触电阻、绝缘电阻、工频耐压满足规范要求；进线电缆和主变电缆绝缘电阻满足规范要求；进线柜避雷器和杆上避雷器绝缘电阻、直流试验满足规范要求。

检测结果均满足标准要求，且现状满足运行要求，评定为A级。

(7) 水下探摸。通过太浦闸水工建筑物上下游的水下摄像检查，整体情况良好，但上下游伸缩缝、闸室底板、墩墙表面均不同程度地被水生物覆盖，混凝土结构检查均未发现损坏现象；下游消力池底板在2号、3号孔之间靠近浆砌块石底板处发现一条水泥沉船，长4m、宽2m。存在的缺陷不影响安全，常规维修养护即可满足正常运行，评定为A级。

2. 工程质量评价结论

根据以上各项工程质量评定结果，检测结果均满足标准要求，运行中发现的质量缺陷尚不影响工程安全的，且现状满足运行要求，综合评定太浦闸工程质量评价结果为A级。

11.12.5 安全复核分析

1. 复核分析工况

太浦闸工程规划参数和功能未发生变化，复核计算基于原设计工况组合开展，主要建筑物设计烈度为6°，可不进行抗震复核，但1级水工建筑物仍应按规范要求采取适当抗震措施。太浦闸100年一遇设计洪水位为4.80m，校核水位为5.50m，太湖多年平均水位3.11m，闸上、下游多年平均年最高水位分别为3.88m和3.56m，闸下历史最低水位2.24m。太浦河泵站进水池（闸上）设计水位1.90m，最低运行水位1.70m；出水池（闸下）设计水位3.29m，最高运行水位3.34m。检修水位采用枯水期（11月至次年4月）20年一遇水位，闸上4.02m，闸下3.54m。太浦闸最高通航水位为3.50m，最低通航水位为2.60m。

2. 防洪标准复核

(1) 洪水标准。2013年国务院批复了《太湖流域综合规划》，工程规划标准和任务均未发生改变。根据《水利水电工程等级划分及洪水标准》(SL 252—2017) 及流域规划要求，太浦闸设计洪水标准为100年一遇，相应太湖设计洪水位4.80m，校核洪水位为5.50m。

(2) 闸顶高程。各挡水泄水运用情况闸顶高程计算结果见表11.184，闸顶实际高程为7.18m。闸顶高程满足规范要求。

表 11.184　闸顶高程复核结果

运行情况		水位/m	加高值/m	风区长度/m	风速/(m/s)	波高/m	闸顶高程/m
挡水	设计洪水位	4.8	0.7	5000	23.1	1.55	7.05
	校核洪水位	5.5	0.5	5000	15.4	1.06	7.06
排水	近期规模	4.51	1.5	—	—	—	6.01
		5.33	1.0				6.33
	规划规模	4.51	1.5	—	—	—	6.01
		5.28	1.0				6.28

(3) 过流能力。工程规划未发生变化，上、下游河床冲淤变化不明显，节制闸过流能力满足规范要求。

(4) 综合评价。太浦闸工程等别为Ⅰ等，主要建筑物为1级。闸顶高程和过流能力满足规范要求。综合评价防洪标准为A级。

3. 渗流安全复核

(1) 轮廓线复核。节制闸最大水位落差为1.94m，闸基不透水轮廓线长度包括闸底板（长22.50m），下游消力池（长6.48m），总渗径长度为28.98m，$L=28.98\text{m}>C\Delta H=13.58\text{m}$，满足要求。

(2) 渗流稳定。闸底板地下轮廓线的水平投影长度$L_0=22.98\text{m}$，垂直投影长度$S_0=2.5\text{m}$。$L_0/S_0>5$，水闸土基上无不透水层，则地基有效深度$T_e=11.49\text{m}$。详见表11.185。

表 11.185　计算水位组合的渗透坡降值

工况	上游水位/m	下游水位/m	水位差/m	分段类型	渗流坡降最大值
正向设计	3.52	2.24	1.28	水平段	0.10
				出口段	0.15
正向校核	5.5	3.56	1.94	水平段	0.16
				出口段	0.25
反向设计	1.90	3.29	1.39	水平段	0.10
				出口段	0.18
反向校核	1.70	3.34	1.64	水平段	0.10
				出口段	0.19

根据《水闸设计规范》(SL 265—2016)，闸底板坐落在粉质黏土上，其允许水平段水力坡降为0.25～0.35，允许出口段水力坡降为0.50～0.60。在各水位组合工况下，水平段和出口段的渗透坡降均满足规范要求。

(3) 综合评价。水闸基底渗流满足规范要求，运行正常。综合评价渗流安全为A级。

4. 结构安全复核

(1) 闸室稳定。根据《水闸设计规范》(SL 265—2016)，闸室稳定计算结果见表11.186～表11.189，表明节制闸闸室基底应力、应力比、抗滑稳定性均满足规范要求。

表 11.186　节制闸中孔稳定验算结果

计算工况	水位组合/m		应力不均匀系数 η		抗滑稳定安全系数 K_c	
	上游	下游	计算值	允许值	计算值	允许值
挡水-设计 1	4.80	3.56	1.57	2.0	4.39	1.35
挡水-设计 2	3.52	2.24	1.67		5.37	
挡水-设计 4	1.90	3.29	1.62		4.87	
挡水-校核 3	5.50	3.56	1.46	2.5	2.44	1.20
挡水-校核 5	1.70	3.34	1.68		4.09	
检修	4.02	3.54	1.65		16.55	

表 11.187　节制闸中孔基底应力计算结果

计算工况	水位组合/m		基底应力/kPa		
	上游	下游	σ_{max}	σ_{min}	σ_{ave}
挡水-设计 1	4.80	3.56	72	46	59
挡水-设计 2	3.52	2.24	75	45	60
挡水-设计 4	1.90	3.29	81	50	66
挡水-校核 3	5.50	3.56	67	46	57
挡水-校核 5	1.70	3.34	79	47	63
检修	4.02	3.54	76	46	61
允许值	—	—	144	—	120

表 11.188　节制闸边孔稳定验算结果

计算工况	水位组合/m		应力不均匀系数 η		抗滑稳定安全系数 K_c	
	上游	下游	计算值	允许值	计算值	允许值
挡水-设计 1	4.80	3.56	1.86	2.0	2.74	1.35
挡水-设计 2	3.52	2.24	1.93		2.96	
挡水-设计 4	1.90	3.29	1.92		3.05	
挡水-校核 3	5.50	3.56	1.75	2.5	2.04	1.20
挡水-校核 5	1.70	3.34	1.90		2.92	
检修	4.02	3.54	1.89		3.02	

表 11.189　节制闸边孔基底应力计算结果

计算工况	水位组合/m		基底应力/kPa		
	上游	下游	σ_{max}	σ_{min}	σ_{ave}
挡水-设计 1	4.80	3.56	82	44	63
挡水-设计 2	3.52	2.24	85	44	64.5
挡水-设计 4	1.90	3.29	92	48	70
挡水-校核 3	5.50	3.56	77	44	60.5
挡水-校核 5	1.70	3.34	93	49	71
检修	4.02	3.54	83	44	63.5
允许值	—	—	144	—	120

(2) 翼墙稳定。翼墙1、翼墙3、翼墙4、翼墙5坐落在粉质黏土上，翼墙与土基接触面摩擦系数0.35。翼墙1为扶壁式翼墙，翼墙墙后填土高程为6m，翼墙顶高程为6m；翼墙3为悬臂式翼墙，翼墙墙后填土高程为6m，翼墙顶高程为6m；翼墙4为扶壁式翼墙，翼墙墙后填土高程为5m，翼墙顶高程为5m；翼墙5为悬臂式翼墙，翼墙墙后填土高程为5m，翼墙顶高程为5m。根据《水工挡土墙设计规范》（SL 379—2007)，计算结果见表11.190、表11.191。表明翼墙基底应力、应力比、抗滑稳定性均满足规范要求。

表 11.190　　翼墙稳定验算结果

位置	计算工况	水位组合/m		应力不均匀系数 η		抗滑稳定安全系数 K_c	
		墙后	墙前	计算值	允许值	计算值	允许值
上游侧翼墙1	正常工况（低水位）	3.5	1.9	1.18	2.0	2.48	1.35
	设计洪水位	5.8	4.8	1.11		3.92	
	校核洪水位	6.0	5.5	1.03	2.5	2.99	1.20
上游侧翼墙3	正常工况（低水位）	3.5	1.9	1.58	2.0	2.35	1.35
	设计洪水位	5.8	4.8	1.01		6.33	
	校核洪水位	6.0	5.5	1.22	2.5	3.76	1.20
下游侧翼墙4	正常工况（低水位）	3.5	2.24	1.15	2.0	2.64	1.25
	高水位	4.56	3.56	1.08		4.35	
下游侧翼墙5	正常工况（低水位）	3.5	2.24	1.08		2.47	
	高水位	4.56	3.56	1.02		2.92	

表 11.191　　翼墙基底应力计算结果

位置	计算工况	水位组合/m		基底应力/kPa		
		墙后	墙前	σ_{max}	σ_{min}	σ_{ave}
上游侧翼墙1	正常工况（低水位）	3.5	1.9	120	102	111
	设计洪水位	5.8	4.8	98	89	94
	校核洪水位	6.0	5.5	92	89	91
上游侧翼墙3	正常工况（低水位）	3.5	1.9	113	71	92
	设计洪水位	5.8	4.8	76	76	76
	校核洪水位	6.0	5.5	80	66	73
下游侧翼墙4	正常工况（低水位）	3.5	2.24	104	99	102
	高水位	4.56	3.56	97	90	94
下游侧翼墙5	正常工况（低水位）	3.5	2.24	109	101	105
	高水位	4.56	3.56	99	97	98
	允许值	—	—	144	—	120

(3) 工作桥结构应力。太浦闸启闭机工作桥共10跨，采用C30混凝土，纵梁受力钢筋为HRB400，横梁受力钢筋为HRB335，各梁箍筋为HPB300。梁底保护层厚度设计值为30mm。工作桥承载力安全系数取为1.35。纵梁和横梁复核结果见表11.192、表

11.193。表明横梁和纵梁的强度、刚度和裂缝宽度满足规范要求。

表 11.192　　横梁结构复核计算结果

计算项目	最大弯矩/(kN·m)	最大剪力/kN	挠度/mm	裂缝宽度/mm
荷载效应	67	119	0.14	0.07
抗力	239	787	7.5	0.30
安全系数	3.59	6.63	53	4.28

表 11.193　　纵梁结构复核计算结果

计算项目	缝墩支座弯矩/(kN·m)	跨中弯矩/(kN·m)	中墩支座弯矩/(kN·m)	最大剪力/kN	挠度/mm	裂缝宽度/mm
荷载效应	1508	1169	2264	608	8.9	0.22
抗力	2658	3258	4134	2365	34.1	0.30
安全系数	1.76	2.78	1.82	3.89	3.83	1.36

(4) 交通桥结构复核。交通桥共计 10 跨，每跨各有 8 块空心梁板，空心板全长 12.96m，计算跨度 12.6m；桥台支座采用圆板式橡胶支座，规格为 ϕ200mm×42mm，支座中心间距 12.6m。桥面净宽 8m；原设计荷载等级为公路-Ⅱ级，按照《公路桥涵设计通用规范》(JTG D60—2015)、《公路钢筋混凝土及预应力混凝土桥涵设计规范》(JTG D62—2018) 设计交通桥空心梁板，现根据最新规范复核，荷载等级仍为公路-Ⅱ级。空心梁板正截面及斜截面抗剪承载力见表 11.194，表明交通桥承载力满足规范要求。

表 11.194　　交通桥复核结果

工况	弯矩/(kN·m)	剪力/kN	
		距支座 $h/2$ 处	箍筋间距变化处
荷载效应	890	251	230
设计抗力	927	870	710
设计抗力与荷载效应比值	1.04	3.48	3.08

注　1. 表中设计内力已乘以重要性系数 γ_0；
2. 若抗力效应与设计荷载效应的比值大于 1.0，则该结构或构件承载力满足要求。

考虑长期影响系数 η_θ 后的活载作用下挠度复核结果见表 11.195，计算时将式中的 EI 用抗弯刚度 B_0 代替，η_θ 取 1.425。结果正常使用阶段的挠度值满足规范要求。

表 11.195　　交通桥挠度计算复核结果　　单位：mm

荷载类型	公路-Ⅱ级	挠度限值
挠度	16.8	$l/600=21.0$

设计荷载作用下预制预应力板的抗裂验算见表 11.196，表明抗裂满足规范要求。

(5) 消能防冲。水闸消能防冲复核计算主要包括：消力池长度、深度、底板厚度和海漫长度等。不同流态（孔流与堰流）情况下的过闸流量不同，所需消能工的结构尺寸也会相应变化。消力池长度 20m，底板首端厚度 0.8m，海漫设计长度 31m，计算结果见表 11.197，结果表明，消能防冲设施满足规范要求。

表 11.196　　预制预应力板抗裂验算结果　　单位：MPa

计算项目	正截面抗裂		斜截面抗裂
	$\sigma_{st}-\sigma_{pc}$	$\sigma_{lt}-\sigma_{pc}$	
荷载效应	−0.57	−1.63	−8.24
抗力	1.85	0	0

表 11.197　　消能设施计算结果

运行条件	工况序号	组合方式	上游水位/m	下游水位/m	过闸流量/(m^3/s)	消力池			海漫长度/m	下泄方式
						深度/m	长度/m	底板厚度/m		
近期规模	1	暴雨为1999年型百年一遇，太浦河不疏浚，口门不控制时的不利情况	4.51	4.32	784	0	17.2	0.32	14.3	敞泄
	2	太浦河不疏浚，口门不控制时的不利情况	4.19	4.10	540	0	15.5	0.21	9.9	敞泄
	3	太浦河不疏浚，口门控制时的不利情况	3.21	2.70	100	0	9.7	0.15	6.6	局开
	4	太浦河不疏浚，太湖水位5.50m，满足上引河不冲流速的流量水位	5.33	4.58	931	0	18.8	0.49	22.0	局开
规划规模	5	暴雨为1999年型百年一遇，太浦河疏浚，口门不控制时的不利情况	4.51	4.35	985	0	18.1	0.35	15.4	敞泄
	6	太浦河疏浚，口门不控制时的不利情况	4.3	4.16	904	0	17.6	0.32	14.3	敞泄
	7	太浦河疏浚，口门控制时的不利情况	3.21	2.67	100	0	9.7	0.15	6.7	局开
	8	太浦河疏浚，口门控制时的不利情况	5.28	4.48	1220	0	19.8	0.57	25.6	局开

(6) 综合分析。闸室和翼墙稳定，工作桥和交通桥强度、刚度，消能防冲等均满足规范和设计要求。结构安全评定为A级。

5. 抗震安全复核

工程场区建筑场地属Ⅲ类，为抗震不利地段。根据《中国地震动参数区划图》(GB 18306—2015)，本工程区地震动峰值加速度为0.05g，相当于地震基本烈度Ⅶ度，设计烈度为6度。根据《中国地震动参数区划图》(GB 18306—2015)，该闸区域Ⅱ类场地基本地震动峰值加速度为0.10g，地震动反应谱特征周期为0.35s，该闸区域地震烈度为Ⅶ度，需要进行抗震计算和抗震措施复核。

场地液化判别。场地④$_{3-1}$层草黄色砂质粉土，④$_{3-2}$层草灰色砂质粉土均为不液化土层。分别对太浦闸的抗震稳定，抗震结构安全及抗震构造复核，计算结果见表11.198～表11.203，太浦闸抗震安全满足规范要求。

表 11.198　　节制闸稳定验算结果

位置	上游	下游	应力不均匀系数 η		抗滑稳定安全系数 K_c	
				允许值	计算值	允许值
节制闸中孔	3.52	3.11	2.26	2.5	4.29	1.10
节制闸边孔	3.52	3.11	2.46		3.00	

表 11.199 节制闸基底应力计算结果

位置	水位组合/m		基底应力/kPa		
	上游	下游	σ_{max}	σ_{min}	σ_{ave}
节制闸中孔	3.52	3.11	104	46	75
节制闸边孔	3.52	3.11	94	38	66
允许值	—	—	144	—	120

表 11.200 翼墙稳定验算结果

位置	墙后	墙前	应力不均匀系数 η		抗滑稳定安全系数 K_c	
			计算值	允许值	计算值	允许值
上游侧翼墙 1	4.11	3.11	1.21	2.5	2.33	1.10
下游侧翼墙 4	4.29	3.29	1.01	2.5	3.62	1.05

表 11.201 翼墙基底应力计算结果

位置	水位组合/m		基底应力/kPa		
	墙后	墙前	σ_{max}	σ_{min}	σ_{ave}
上游侧翼墙 1	4.11	3.11	114	94	104
下游侧翼墙 4	4.29	3.29	96	95	96
允许值	—	—	144	—	120

表 11.202 工作桥抗震安全复核结果

计算项目	缝墩支座弯矩/(kN·m)	跨中弯矩/(kN·m)	中墩支座弯矩/(kN·m)	最大剪力/kN
荷载效应	2195	1059	2249	862
抗力	5316	6516	8268	3280
安全系数	2.42	6.15	3.69	3.80

表 11.203 启闭墩墙抗震安全复核结果

计算项目	缝墩偏心受压	隔墩偏心受压
荷载效应/(kN·m)	1949	492
抗力/(kN·m)	2461	2272
安全系数	1.26	4.61

6. 启闭机房网架安全复核

启闭机房采用网架结构。网架结构复核计算结构最大位移 11.8mm，等效应力 61.6MPa，小于 Q345B 和 Q235B 材料设计强度，网架结构强度满足规范要求。高强度螺栓连接复核计算结果见表 11.204，螺栓强度满足规范要求。

表 11.204　　高强度螺栓复核结果

剪力计算值 N_v/kN	受剪承载力设计值 N_v^b/kN	拉力计算值 N_t/kN	受拉承载力设计值 N_t^b/kN	$\frac{N_v}{N_v^b}+\frac{N_t}{N_t^b}$
95.8	124.0	14.2	69.8	1.0

7. 钢闸门复核

闸门及其各部件应力见表 11.205，结果表明节制闸闸门结构强度和刚度满足规范要求。

表 11.205　　节制闸钢闸门强度刚度计算结果

应力＼位置	面板	主横梁	纵梁、边梁
最大折算应力/MPa	69	157	110
最大正应力/MPa	—	109	48
最大剪应力/MPa	—	64	42
挠度/mm	8.2	7.1	7.6
允许值	251/19.9	167/152/90/19.9	167/152/90/29.2

注　允许值有四个值，最大折算应力、最大正应力、最大剪应力、挠度分别与允许值依次对应。

闸门巡视检查内容符合要求；外观缺陷不影响工程安全；腐蚀程度为 A 级（轻微腐蚀）；焊缝质量符合规范要求；闸门强度和刚度满足规范要求。闸门运行平稳，无异常振动现象。根据《水工钢闸门和启闭机安全检测技术规程》（SL 101—2014）规定，闸门安全等级评定为“安全”。

8. 启闭机复核

为保证闸门正常开启，需复核启闭门力，取最不利工况分析。计算得到闸门闭门力为－158kN，启门力为 248kN。结果表明仅靠闸门自重就可以关闭闸门。现场试验过程中，闸门运行平稳、启闭无卡阻。因此 QP2×250kN 卷扬式启闭机可满足运行要求。

节制闸启闭机，滑轮局部存在锈蚀、涂层脱落现象。部分启闭机制动面硬度偏大，工程运行过程中加强检查，注意制动轮磨损和裂纹情况。启闭机巡视检查内容符合要求；存在的缺陷不影响工程安全；运行状况检测各项内容符合要求；启闭机容量满足运行要求。节制闸闸门运行平稳，启闭无卡阻。根据《水工钢闸门和启闭机安全检测技术规程》（SL 101—2014）规定，启闭机安全等级评定为“安全”。

9. 机电设备安全

节制闸启闭机电动机地脚螺栓连接紧固，轴承无渗油，线圈排列整齐，但电动机未标明旋转方向，线圈相别未标明。电动机绝缘电阻满足规范要求，接地电阻满足规范要求。节制闸控制台外观无变形，元器件完好，操作台操作按钮、标志标识完整齐全，指示灯、按钮完好。节制闸控制柜接地电阻满足规范要求。交流动力配电箱外观整体良好，柜体内部电线排列整齐，但电缆电线无走向标识。交流动力配电箱接地电阻满足规范要求。低压成套设备外观整体良好，柜体内部电线排列整齐，但电缆电线无走向标识。D1 照明计量柜、D2 进线柜、D3 馈电柜、D4 无功补偿柜接地电阻满足规范要求。

发电机外观较好，仪表指示正常，蓄电池安装连接正确，电缆接线正常，绝缘良好，发电机空载试运行和负荷运行均正常；发电机柜体内部电线排列整齐，但电缆电线无走向标识。变压器控制柜外观质量良好，绝缘瓷管外观质量良好。干式变压器绝缘电阻、直流电阻满足规范要求；主变柜负荷开关接触电阻、绝缘电阻、工频耐压满足规范要求；进线电缆和主变电缆绝缘电阻满足规范要求；进线柜避雷器和杆上避雷器绝缘电阻、直流试验满足规范要求。

机电设备检测结果满足标准要求。综合评定为 A 级。

11.12.6 安全评价和建议

1. 安全评价

根据《水闸安全评价导则》（SL 214—2015），太浦闸工程质量评定为 A 级，安全复核分析的各项安全性分级为 A 级，评定为一类闸，即运用指标能达到设计标准，无影响正常运行的缺陷，按常规维修养护即可保证正常运行。

2. 建议

加强工程日常巡查和维修养护，及时修复缺陷部位，尤其要加强闸门启闭机设施养护。

参考文献

[1] 张严明. 全国病险水库与水闸除险加固专业技术论文集［M］. 北京：中国水利水电出版社，2001.

[2] 周新刚. 混凝土结构的耐久性与损伤防治［M］. 北京：中国建材工业出版社，1999.

[3] 蒋元駉，韩素芳，等. 混凝土工程病害与修补加固［M］. 北京：海洋出版社，1996.

[4] 罗骐先. 水工建筑物混凝土的超声检测［M］. 北京：水利电力出版社，1986.

[5] 张启岳，等. 土石坝观测技术［M］. 北京：水利电力出版社，1993.

[6] 谈松曦. 水闸设计［M］. 北京：水利电力出版社，1986.

[7] 邸小坛，周燕. 旧建筑物的检测加固与维护［M］. 北京：地震出版社，1990.

[8] 高孟潭. GB 18306—2015《中国地震动参数区划图》宣贯教材［M］. 北京：中国质检出版社，中国标准出版社，2015.

[9] 袁庚尧，余伦创. 全国病险水闸除险加固专项规划综述［J］. 水利水电工程设计，2003，(3)：6-9.

[10] 刘宁. 对中国水工程安全评价和隐患治理的认识［J］. 中国水利，2005，(22)：9-13.

[11] 李家正，句广东，王仲华. 病险闸建筑物的检测及安全评价［J］. 人民长江，2001，(6)：46-48.

[12] 金初阳，柯敏勇，洪晓林，等. 水闸病害检测与评估分析［J］. 水利水运科学研究，2000，(1)：73-77.

[13] 陈乃辉. 关于水闸安全鉴定的几点思考［J］. 治淮，2022，(6)：62-63.

[14] 王怿之，江朝华，毛成，等. 水工钢闸门腐蚀检测及评价方法研究［J］. 中国水运（下半月），2017，17（18）：126-128.

[15] 陈阳葵，王建成，罗少彤. 广东省水利工程安全鉴定工作的做法和经验［J］. 广东水利水电，2002，(3)：75-76.

[16] 许诺，陈凯，张志来. 现代化船闸管理方法探究［J］. 科学技术创新，2020，(5)：129-130.

[17] 刘建树，郑圣义，李秀琳，等. 上庄新闸工作闸门质量检测评估［J］. 水利科技与经济，2020，26（5）：6-10.

[18] 胡玮，冯晓波，朱锐，等. 南水北调中线某节制闸弧形门小开度振动观测与安全评价［J］. 南水北调与水利科技，2018，16（5）：139-143.

[19] 杨梓，郝邺，王晓东. 北京安河泄洪闸金属结构安全检测与评价［J］. 中国水能及电气化，2021，(6)：66-70.

[20] 宗睿，杨艳红，申琪，等. 官厅水库溢洪道闸门及启闭机安全检测与复核计算［J］. 北京水务，2024，(S1)：60-64.

[21] 李娜，汪自力，郭博文，等. 影响三四类水闸判定的关键因素及对策［J］. 人民黄河，2021，43（10）：119-122.

[22] 赵林章，董洪汉，李频，等. 淡水环境中水工钢闸门腐蚀机理及影响因素研究［J］. 江苏水利，2018，(3)：6-10.

[23] 梁建鹏，杨玉峰. 水工混凝土结构腐蚀检测与评估方法［J］. 江西水利科技，2016，42（5）：342-347.

[24] 吴建华，张亚梅. 混凝土抗氯离子渗透性试验方法综述［J］. 混凝土，2009，(2)：38-41.

[25] 郁建红，李思达. 水闸病害的类型及其成因分析研究［J］. 科技资讯，2006，(29)：75.

[26] 顾红鹰，董延朋，刘力真. 水下检测设备分类概述及应用分析［J］. 山东水利，2017，(10)：75-76.

[27] 甘进，李世桢，王彬，等. 工程结构物水下检测技术及其应用 [J]. 武汉理工大学学报（交通科学与工程版），2021，45 (3)：499 - 506.
[28] 杜家佳，杜国平，曹建辉，等. 高坝大库声纳渗流检测可视化成像研究 [J]. 大坝与安全，2016，(2)：37 - 40.
[29] 张震. 基于改进 ROV 技术的水工建筑物水下检测应用 [J]. 自动化与仪表，2021，36 (9)：40 - 44.
[30] 肖俊，曹温博，郑鸿志. 水下机器人在北京雨洪工程水下检测中的应用 [J]. 水利建设与管理，2022，42 (9)：18 - 23.
[31] 李一行，赵凤新. 新一代地震区划图实施中的相关法律和政策问题 [J]. 城市与减灾，2016，(3)：39 - 42.
[32] 李昱蓉，任海霞，李大伟. 《水利水电工程钢闸门设计规范》修订探析 [J]. 东北水利水电，2020，38 (6)：55 - 58.
[33] 王化翠，吕洁. 水利水电勘测设计标准相关问题及解决对策 [J]. 水利技术监督，2023，(12)：7 - 8.
[34] 顾强生，金初阳，陈灿明，等. 斗龙港闸安全检测与分析 [J]. 水利水运科学研究，1998，(3)：228 - 237.
[35] 蒋安之，程志虎. 第二专题 水下目视检测技术——（二）水下摄影与电视摄象技术 [J]. 无损检测，1998，(1)：20 - 23.
[36] 罗骐先，宋人心，傅翔，等. 超声法探测结构物水下裂缝 [J]. 水运工程，2001，(1)：9 - 12.
[37] 邓世坤. 探地雷达在水利设施现状及隐患探测中的应用 [J]. 物探与化探，2000，(4)：296 - 301.
[38] 戴呈祥. 江河水闸隐患探测技术 [J]. 广东水利水电，2002，(1)：13 - 15.
[39] 徐兴新，吴晋，沈锦音. 探地雷达检测闸坝水下工程隐患 [J]. 水利水运工程学报，2002 (1)：67 - 72.
[40] 袁迎曙，贾福萍，蔡跃. 锈蚀钢筋混凝土梁的结构性能退化模型 [J]. 土木工程学报，2001，(3)：47 - 52.
[41] 惠云玲，李荣，林志伸，等. 混凝土基本构件钢筋锈蚀前后性能试验研究 [J]. 工业建筑，1997，(6)：15 - 19.
[42] 吴瑾，吴胜兴. 锈蚀钢筋混凝土受弯构件承载力计算模型 [J]. 建筑技术开发，2002，(5)：20 - 22.
[43] 汪滨，李军. 水电工程钢结构评估软件开发 [J]. 水利水电技术，2003，(3)：5 - 8.
[44] 刘柏青，周素真，雷声隆，等. 灌区混凝土建筑物老化病害评估指标及其标准的研究 [J]. 中国农村水利水电，1998，(5)：16 - 18.
[45] 张志俊. 水闸老化状态的整体评估方法 [J]. 中国农村水利水电，1998，(4)：34 - 37.
[46] 张志俊，吴太平，沈敏. 水闸老化的加权递阶评估方法 [J]. 水利水运科学研究，1998，(3)：238 - 243.
[47] 张志俊，崔德密，郑继. 水闸老化的灰色评估法 [J]. 水利水运科学研究，1998，(3)：244 - 248.
[48] 张志俊，唐新军. 水闸老化病害状态的结构可靠性理论评估方法 [J]. 新疆农业大学学报，1999，(3)：224 - 228.
[49] 张志俊，毛鉴，唐新军. 水闸老化评估的专家系统方法 [J]. 新疆工学院学报，1999，(4)：290 - 294.
[50] 崔德密，乔润德. 水闸老化病害指标分级综合评估法及应用 [J]. 人民长江，2001，(5)：39 - 41.
[51] 纪清岩，郑旌辉. 渠系建筑物老化与模糊综合评判 [J]. 人民黄河，1994，(12)：39 - 43.
[52] 朱琳，王仁超，孙颖环，等. 水闸老化评判中的群决策和变权赋权法 [J]. 水利水电技术，2005，(4)：98 - 101.
[53] 秦益平，李永和. 基于神经网络的上海地区混凝土水闸质量识别 [J]. 上海大学学报（自然科学版），2004，(4)：430 - 434.
[54] 金初阳，陈辉，张秉友. 嶂山闸闸门钢结构安全评估 [J]. 水利水运科学研究，1996，(1)：82 - 88.
[55] 沈建霞，万乾山，朱庆华. 数据分析法确定嶂山闸闸基渗透压力 [J]. 岩土工程技术，

2004，(3)：147-150.
[56] 唐劲松，刘观标. 嶂山闸扬压力异常原因分析 [J]. 水电自动化与大坝监测，2004，(6)：49-52.
[57] 中华人民共和国水利部 水闸技术管理规程：SL 75—2014 [S]. 北京：中国水利水电出版社，2014.
[58] 中华人民共和国住房和城乡建设部 回弹法检测混凝土抗压强度技术规程：JGJ/T 23—2011 [S]. 北京：中国建筑工业出版社，2011.
[59] 中华人民共和国水利部 水闸安全监测技术规范：SL 768—2018 [S]. 北京：中国水利水电出版社，2012.
[60] 中华人民共和国水利部 土石坝安全监测技术规范：SL 551—2012 [S]. 北京：中国水利水电出版社，2012.
[61] 中华人民共和国水利部 水利水电工程钢闸门设计规范：SL 74—2019 [S]. 北京：中国水利水电出版社，2020.
[62] 中华人民共和国水利部 铸铁闸门技术条件：SL 545—2011 [S]. 北京：中国水利水电出版社，2011.
[63] 中华人民共和国水利部 水利水电工程启闭机设计规范：SL 41—2018 [S]. 北京：中国水利水电出版社，2019.
[64] 中华人民共和国国家质量监督检验检疫总局 中国国家标准化管理委员会 水利水电工程钢闸门制造、安装及验收规范：GB/T 14173—2008 [S]. 北京：中国标准出版社，2009.
[65] 中华人民共和国水利部 水利水电工程启闭机制造安装及验收规范：SL/T 381—2021 [S]. 北京：中国水利水电出版社，2022.
[66] 中华人民共和国水利部 水利水电工程单元工程施工质量验收评定标准——水工金属结构安装工程：SL 635—2012 [S]. 北京：中国水利水电出版社，2012.
[67] 中华人民共和国水利部 水工金属结构防腐蚀规范（附条文说明）：SL 105—2007 [S]. 北京：中国水利水电出版社，2008.
[68] 中华人民共和国水利部 水工钢闸门和启闭机安全运行规程：SL/T 722—2020 [S]. 北京：中国水利水电出版社，2020.
[69] 中华人民共和国水利部 水利水电工程金属结构报废标准：SL 226—98 [S]. 北京：中国水利水电出版社，1999.
[70] 中华人民共和国水利部 水工钢闸门和启闭机安全检测技术规程：SL 101—2014 [S]. 北京：中国水利水电出版社，2014.
[71] 中华人民共和国水利部 水工金属结构制造安装质量检验通则：SL 582—2012 [S]. 北京：中国水利水电出版社，2012.
[72] 中华人民共和国水利部 水工金属结构焊接通用技术条件：SL 36—2016 [S]. 北京：中国水利水电出版社，2016.
[73] 国家市场监督管理总局 国家标准化管理委员会 焊缝无损检测 超声检测 技术、检测等级和评定：GB 11345—2013 [S]. 北京：中国标准出版社，2013.
[74] 中华人民共和国水利部 水闸安全评价导则：SL 214—2015 [S]. 北京：中国水利水电出版社，2015.
[75] 住房和城乡建设部 中华人民共和国国家质量监督检验检疫总局 防洪标准：GB 50201—2014 [S]. 北京：中国标准出版社，2015.
[76] 中华人民共和国水利部 水利水电工程等级划分及洪水标准：SL 252—2017 [S]. 北京：中国水利水电出版社，2017.
[77] 中华人民共和国水利部 水利工程水利计算规范：SL 104—2015 [S]. 北京：中国水利水电出版

社，2015.
[78] 中华人民共和国水利部 水利水电工程设计洪水计算规范：SL 44—2006 [S]. 北京：中国水利水电出版社，2006.
[79] 中华人民共和国水利部 水闸设计规范：SL 265—2016 [S]. 北京：中国水利水电出版社，2016.
[80] 中华人民共和国住房和城乡建设部 堤防工程设计规范：GB 50286—2013 [S]. 北京：中国计划出版社，2013.
[81] 中华人民共和国水利部 海堤工程设计规范：SL 435—2008 [S]. 北京：中国水利水电出版社，2009.
[82] 中华人民共和国水利部 水工挡土墙设计规范：SL 379—2007 [S]. 北京：中国水利水电出版社，2007.
[83] 中华人民共和国水利部 水利水电工程边坡设计规范：SL 386—2007 [S]. 北京：中国水利水电出版社，2007.
[84] 中华人民共和国国家质量监督检验检疫总局 中国国家标准化管理委员会 中国地震动参数区划图：GB 18306—2015 [S]. 北京：中国计划出版社，2016.
[85] 中华人民共和国住房和城乡建设部 水工建筑物抗震设计标准：GB 51247—2018 [S]. 北京：中国计划出版社，2018.
[86] 中华人民共和国住房和城乡建设部 中华人民共和国国家质量监督检验检疫总局 水利水电工程地质勘察规范（附条文说明）：GB 50487—2008 [S]. 北京：中国计划出版社，2009.
[87] 中华人民共和国水利部 水工建筑物荷载设计规范：SL 744—2016 [S]. 北京：中国水利水电出版社，2017.
[88] 中华人民共和国水利部 水工混凝土结构设计规范：SL 191—2008 [S]. 北京：中国水利水电出版社，2009.
[89] 中华人民共和国交通运输部 公路桥涵设计通用规范：JTG D60—2015 [S]. 北京：人民交通出版社，2015.
[90] 中华人民共和国交通运输部 公路钢筋混凝土及预应力混凝土桥涵设计规范：JTG 3362—2018 [S]. 北京：人民交通出版社，2018.
[91] 中华人民共和国水利部 水利水电工程厂（站）用电系统设计规范：SL 485—2010 [S]. 北京：中国水利水电出版社，2011.
[92] 中华人民共和国水利部 灌排泵站机电设备报废标准：SL 510—2011 [S]. 北京：中国水利水电出版社，2011.
[93] 中华人民共和国水利部 水工混凝土试验规程：SL/T 352—2020 [S]. 北京：中国水利水电出版社，2021.
[94] 中国工程建设标准化协会 超声法检测混凝土缺陷技术规程：CECS：21—2000 [S]. 北京：中国城市出版社，2001.
[95] 中国工程建设标准化协会 超声回弹综合法检测混凝土抗压强度技术规程：T/CECS 02—2020 [S]. 北京：中国计划出版社，2020.
[96] 中华人民共和国住房和城乡建设部 混凝土中钢筋检测技术标准：JGJ/T 152—2019 [S]. 北京：中国建筑工业出版社，2020.
[97] 中华人民共和国水利部 水工混凝土结构缺陷检测技术规程：SL 713—2015 [S]. 北京：中国水利水电出版社，2015.
[98] 中华人民共和国住房和城乡建设部 国家质量监督检验检疫总局 砌体工程现场检测技术标准：GB/T 50315—2011 [S]. 北京：中国计划出版社，2012.
[99] 中华人民共和国住房和城乡建设部 工程测量标准：GB 50026—2020 [S]. 北京：中国计划出版社，2021.

[100] 中华人民共和国水利部 水利水电工程施工测量规范：SL 52—2015 [S]. 北京：中国水利水电出版社，2015.

[101] 中华人民共和国交通运输部 水运工程混凝土试验检测技术规范：JTS/T 236—2019 [S]. 北京：人民交通出版社，2019.

[102] 中华人民共和国交通运输部 水运工程混凝土结构实体检测技术规程：JTS 239—2015 [S]. 北京：人民交通出版社，2015.

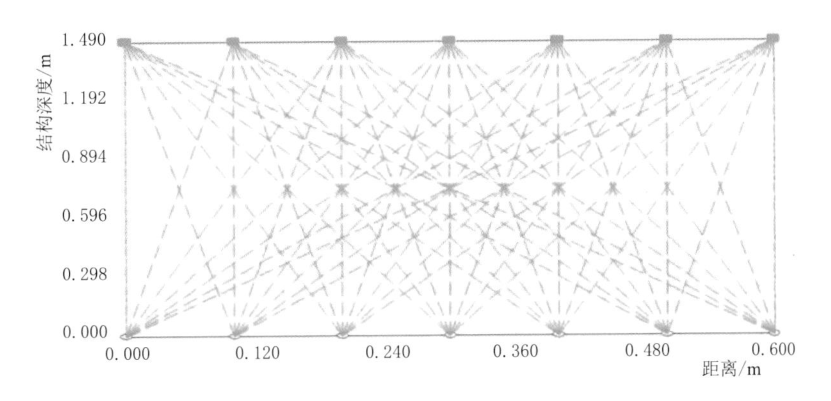

彩插 1　超声波 CT 法检测示意图

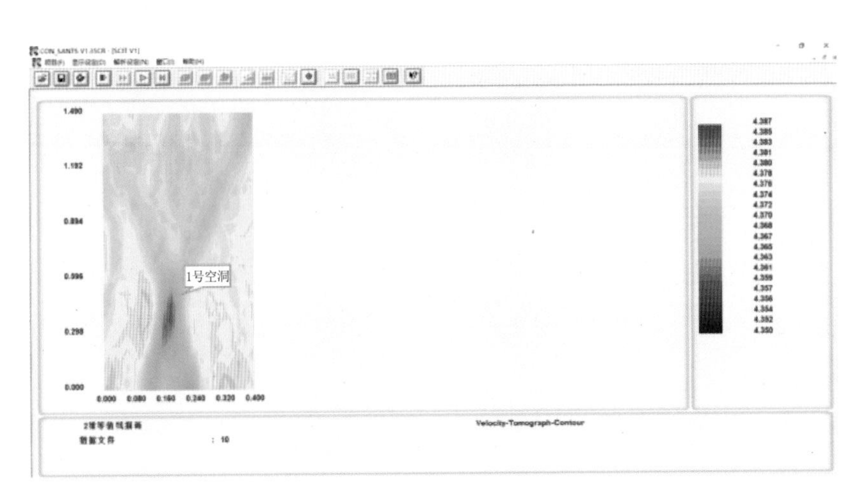

彩插 2　超声波 CT 法成像图

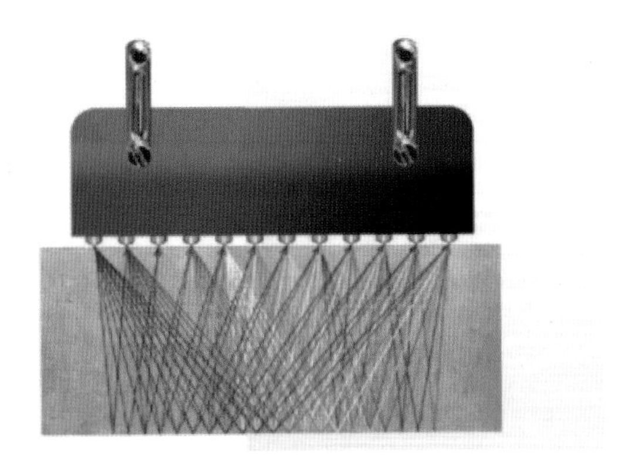

彩插 3　超声波横波反射探测混凝土原理图

彩插 4　A1040 MIRA 超声波断层成像仪

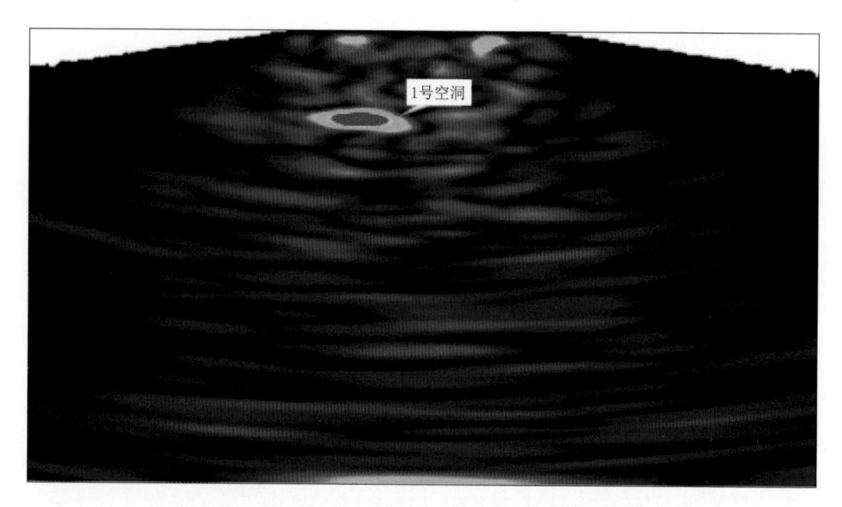

彩插 5　A1040 MIRA 超声横波反射成像图

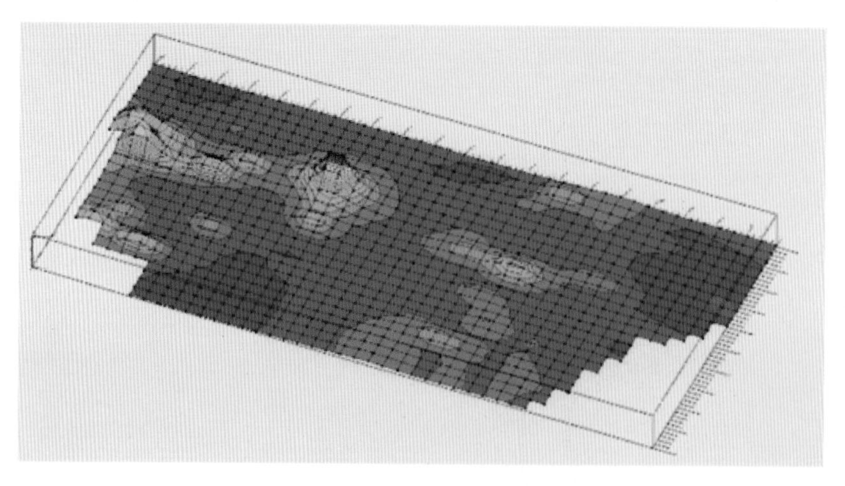

彩插 6　渗漏流速等值线测量成果三维可视图

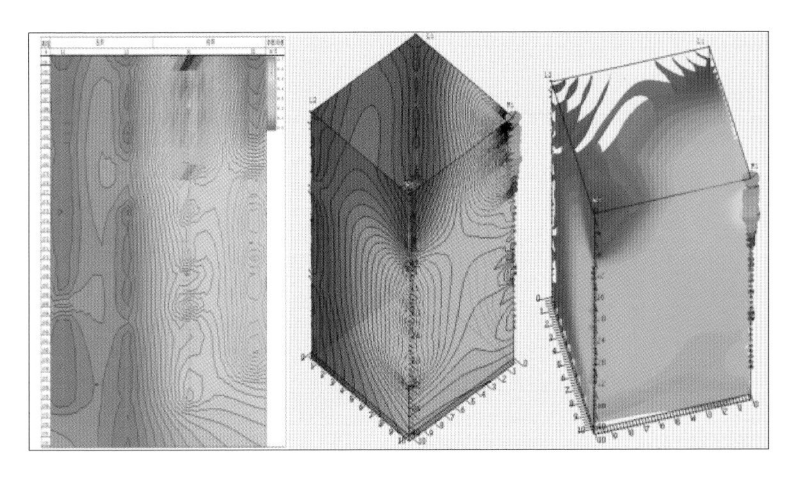

彩插 7　左右坝绕坝渗漏流速等值线图（左、中）及绕坝渗流场三维可视化图（右）

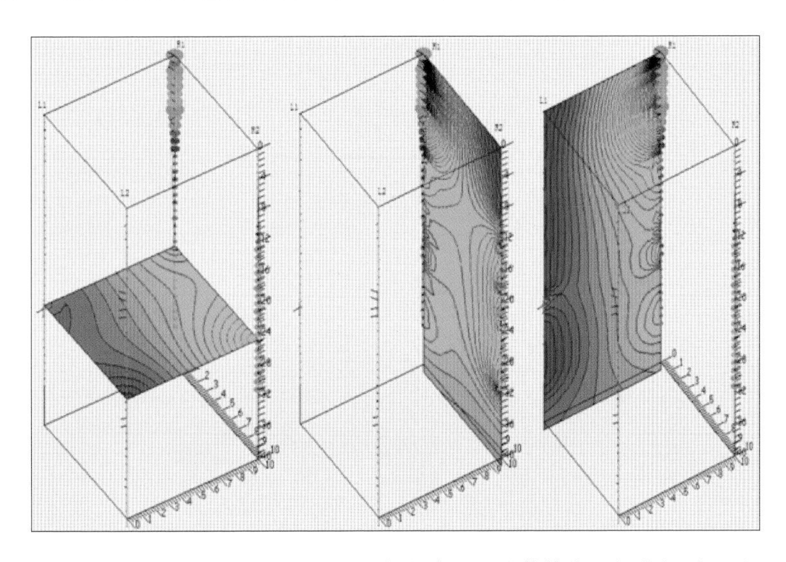

彩插 8　绕坝渗流断面 X、Y、Z 方向渗漏流速等值线可视化切平面图

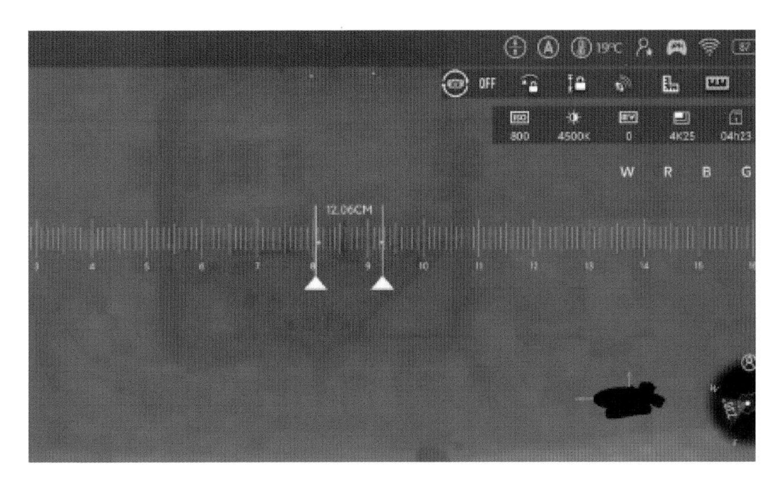

彩插 9　高精度尺度测量

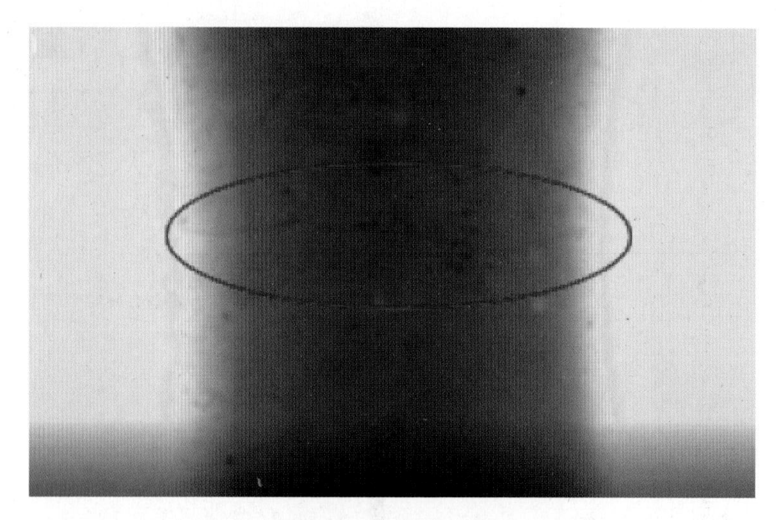

彩插 10　混凝土裂缝

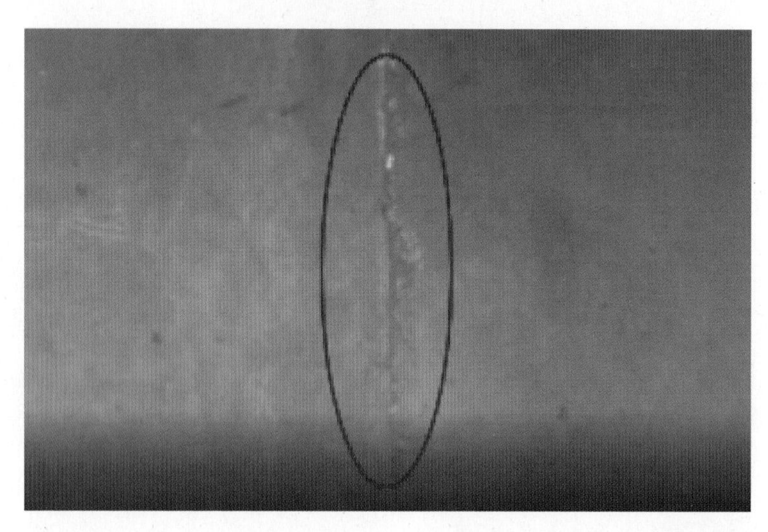

彩插 11　混凝土局部脱落

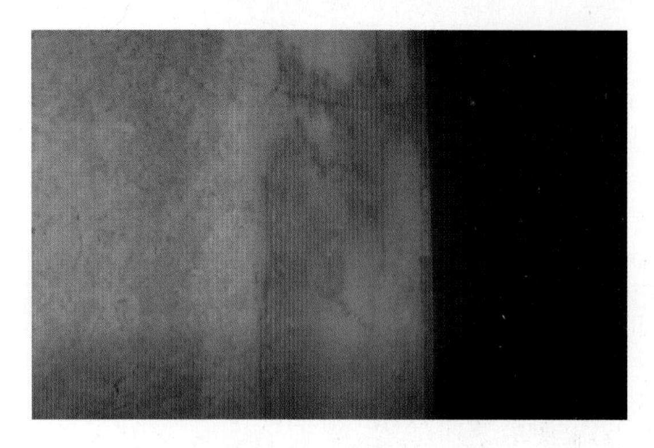

彩插 12　金属结构轻微锈蚀

彩插 13　底板下游侧淤积物较多